═ 智能科学与技术丛书 ═

DATA MINING

Practical Machine Learning
Tools and Techniques,
Fourth Edition

数据挖掘
实用机器学习工具与技术

（原书第4版）

［新西兰］ 伊恩 H. 威腾（Ian H. Witten）
         埃贝·弗兰克（Eibe Frank）   著
         马克 A. 霍尔（Mark A. Hall）
［加］   克里斯多夫 J. 帕尔（Christopher J. Pal）

         李川 郭立坤 彭京 蔡国强 任艳 等译

图书在版编目（CIP）数据

数据挖掘：实用机器学习工具与技术（原书第4版）/（新西兰）伊恩 H. 威腾（Ian H. Witten）等著；李川等译．—北京：机械工业出版社，2018.1（2021.10重印）
（智能科学与技术丛书）
书名原文：Data Mining: Practical Machine Learning Tools and Techniques, Fourth Edition
ISBN 978-7-111-58916-7

I. 数… II. ① 伊… ② 李… III. 数据采集 IV. TP274

中国版本图书馆 CIP 数据核字（2018）第 004330 号

本书版权登记号：图字 01-2017-0492

Data Mining: Practical Machine Learning Tools and Techniques, Fourth Edition
Ian H. Witten, Eibe Frank, Mark A. Hall, Christopher J. Pal
ISBN: 9780128042915

Copyright © 2017, 2011, 2005, 2000 Elsevier Inc. All rights reserved.
Authorized Chinese translation published by China Machine Press.

《数据挖掘：实用机器学习工具与技术》（原书第4版）（李川 郭立坤 彭京 蔡国强 任艳 等译 ）
ISBN: 9787111589167

Copyright © Elsevier Inc. and China Machine Press. All rights reserved.

No part of this publication may be reproduced or transmitted in any form or by any means, electronic or mechanical, including photocopying, recording, or any information storage and retrieval system, without permission in writing from Elsevier (Singapore) Pte Ltd. Details on how to seek permission, further information about the Elsevier's permissions policies and arrangements with organizations such as the Copyright Clearance Center and the Copyright Licensing Agency, can be found at our website: www.elsevier.com/permissions.

This book and the individual contributions contained in it are protected under copyright by Elsevier Inc. and China Machine Press (other than as may be noted herein).

This edition of Data Mining: Practical Machine Learning Tools and Techniques, Fourth Edition is published by China Machine Press under arrangement with ELSEVIER INC.

This edition is authorized for sale in China only, excluding Hong Kong, Macau and Taiwan. Unauthorized export of this edition is a violation of the Copyright Act. Violation of this Law is subject to Civil and Criminal Penalties.

本版由 ELSEVIER INC. 授权机械工业出版社在中国大陆地区（不包括香港、澳门以及台湾地区）出版发行。

本版仅限在中国大陆地区（不包括香港、澳门以及台湾地区）出版及标价销售。未经许可之出口，视为违反著作权法，将受民事及刑事法律之制裁。

本书封底贴有 Elsevier 防伪标签，无标签者不得销售。

注意

本书涉及领域的知识和实践标准在不断变化。新的研究和经验拓展我们的理解，因此须对研究方法、专业实践或医疗方法作出调整。从业者和研究人员必须始终依靠自身经验和知识来评估和使用本书中提到的所有信息、方法、化合物或本书中描述的实验。在使用这些信息或方法时，他们应注意自身和他人的安全，包括注意他们负有专业责任的当事人的安全。在法律允许的最大范围内，爱思唯尔、译文的原文作者、原文编辑及原文内容提供者均不对因产品责任、疏忽或其他人身或财产伤害及/或损失承担责任，亦不对由于使用或操作文中提到的方法、产品、说明或思想而导致的人身或财产伤害及/或损失承担责任。

出版发行：机械工业出版社（北京市西城区百万庄大街22号　邮政编码：100037）
责任编辑：曲　熠　　　　　　　　　　　　责任校对：李秋荣
印　　刷：北京捷迅佳彩印刷有限公司　　　版　　次：2021年10月第1版第2次印刷
开　　本：185mm×260mm　1/16　　　　　印　　张：27.25
书　　号：ISBN 978-7-111-58916-7　　　　定　　价：99.00元

凡购本书，如有缺页、倒页、脱页，由本社发行部调换
客服热线：（010）88378991　88361066　　　投稿热线：（010）88379604
购书热线：（010）68326294　88379649　68995259　　读者信箱：hzjsj@hzbook.com

版权所有·侵权必究
封底无防伪标均为盗版
本书法律顾问：北京大成律师事务所　韩光/邹晓东

译者序

Data Mining: Practical Machine Learning Tools and Techniques, Fourth Edition

随着大数据时代的到来，数据的汇聚、融合、开放、应用在热烈、纷扰、踌躇的节拍中坚定前行。数据挖掘的深度发展为机器学习提供了丰富的实用工具与技术，并在悄无声息中急剧地改变着人们的生活方式。随着2017年年初Master击败中日韩的超一流围棋选手，大数据分析技术终于突破了所谓的"技术临界点"。科大讯飞的语音精准识别更是打开了数据挖掘在虚拟空间、人机交互、机器人等领域的应用之门。同真实的自然界一样，新兴的"数据自然界"中潜藏着无尽的奥秘和巨大的财富，吸引着大批来自自然科学、人文学科以及商界的精英投身其中。新技术革命时代，正确地解读数据、有效地利用数据，是指引人类前行的灯塔。

本书的几位作者在业内大名鼎鼎，其中Ian H. Witten和Eibe Frank共同设计了影响深远的Weka系统。Weka的设计集合了前人工作的大成，正如Google一样，它也是通过简单思想的迅速实现给所有人带来了前所未有的不同感受。完美的图形界面、直观的可视化呈现、友好的用户界面消除了初学者的陌生感，对于专业人士的探索也能时常予以灵感。而且，Weka系统为高校的数据挖掘教学提供了实验环境，可谓施惠于众人。

Ian H. Witten和Eibe Frank研发出Weka系统后，将他们在开发过程中积累的经验、实际的数据挖掘项目以及教学过程中的体会集结成册，即本书的第1版。随着数据挖掘技术的更新和发展，经过Weka研究小组的辛勤工作，Weka软件日趋成熟。2005年，本书推出第2版。第2版最大的变化是增加了专门介绍Weka系统的内容。得益于数据挖掘领域的飞速发展和用户日新月异的需求引导，Weka系统在过去的十余年里焕然一新，增加了大量的数据挖掘功能，集成了非常丰富的机器学习算法和相关技术。2011年，本书第3版面世，该版介绍了大量新涌现的数据挖掘算法和诸如Web数据挖掘等新领域。第4版则针对当下数据挖掘的深度发展，着重增加了深度学习的有关内容，详细介绍了概率算法与深度学习的基本理论。

本书的翻译工作主要由四川大学李川副教授负责。郭立坤、彭京、蔡国强和任艳协助进行了后期统稿工作。参与翻译的还有四川大学计算机科学与技术专业的研究生们，他们是冯冰清、刘光明、缪杨帆、蒋志恒、胡代艳、潘科学、张若愚、李晓娟、李茜锦等。他们在紧张的学习之余认真负责地翻译本书，在此对他们表示感谢！此外，也感谢机械工业出版社各位编辑在本书的翻译过程中给予的大力支持。

尽管译者心正意诚，然受限于自身水平，本书的翻译仍有可能存在不足之处，敬请各位读者给予批评、指正，以使本书更趋完善。

李　川

2017年11月

前　言
Data Mining: Practical Machine Learning Tools and Techniques, Fourth Edition

　　计算和通信的结合建立了一个以信息为基础的新领域。但绝大多数信息尚处于原始状态，即以数据形式存在的状态。假如我们将数据定义为被记录下来的事实，那么"信息"就是隐藏于这些记录事实的数据中的一系列模式或预期。在数据库中蕴藏了大量具有潜在重要性的信息，这些信息尚未被发现和利用，我们的任务就是将这些信息释放出来。

　　数据挖掘是将隐含的、尚不为人知的同时又是潜在有用的信息从数据中提取出来。为此我们编写计算机程序，自动在数据库中筛选有用的规律或模式。如果能发现一些明显的模式，则可以将其归纳出来，以对未来的数据进行准确预测。当然，数据挖掘结果中肯定会出现一些问题，比如许多模式可能是价值不大的或者没有实际意义的，还有一些可能是虚假的，或者是由于某些具体数据集的巧合而产生的。在现实世界中，数据是不完美的：有些被人为篡改，有些会丢失。我们观察到的所有东西都不是完全精确的：任何规律都有例外，并且总会出现不符合任何一个规律的实例。算法必须具有足够的健壮性以应付不完美的数据，并能提取出不精确但有用的规律。

　　机器学习为数据挖掘提供了技术基础，能够将信息从数据库的原始数据中提取出来，以可以理解的形式表达，并可用于多种用途。这是一种抽象化过程：如实地全盘接收现有数据，然后在此基础上推导出所有隐藏在这些数据中的结构。本书将介绍在数据挖掘实践中为了发现和描述数据中的结构模式而采用的机器学习工具与技术。

　　就像所有新兴技术都会受到商界的强烈关注一样，关于数据挖掘应用的报道可谓是铺天盖地。夸张的报道宣称通过设立学习算法就能从浩瀚的数据汪洋中发现那些神秘的规律，其实机器学习绝没有什么魔法，也没有什么隐藏的力量，更没有什么巫术，有的只是一些能将有用信息从原始数据中提取出来的简单和实用的技术。本书将介绍这些技术，并展示它们是如何工作的。

　　在许多应用中，机器学习使得从数据样本中获取结构描述成为可能。这种结构描述可用于预测、解释和理解。有些数据挖掘应用侧重于预测，即从数据所描述的过去预测将来在新情况下会发生什么，通常是预测新的样本分类。但也许人们更感兴趣的是，"学习"的结果是一个可以用来对样本进行分类的真实结构描述。这种结构描述不仅支持预测，也支持解释和理解。根据经验，在绝大多数数据挖掘实践应用中，用户感兴趣的莫过于掌握样本的本质。事实上，这是机器学习优于传统统计模型的一个主要优点。

　　本书诠释了多种多样的机器学习方法。其中部分出于方便教学的目的而仅仅罗列了一些简单方案，以清楚解释基本思想如何实现。其他则更多考虑到具体实现而列举了很多应用于实际工作中的真实系统。在这些方法中，有很多都是近几年发展起来的。

　　我们创建了一套综合软件以说明书中的思想。软件名称是怀卡托智能分析环境（Waikato Environment for Knowledge Analysis），简称 Weka⊖，它的 Java 源代码参见 www.cs.waikato.ac.nz/ml/weka。Weka 几乎可以完整地、产业化地实现本书中所包含的所有技术。它包括了机器学习方法的说明性代码以及具体实现。针对一些简单技术，它提供了清楚而简洁的实

　　⊖　Weka（发音与 Mecca 类似）是一种天生充满好奇心的不会飞的鸟，这种鸟仅在新西兰的岛屿上出现过。

例,以帮助理解机器学习中的相关机理。Weka还提供了一个工作平台,完整、实用、高水准地实现了很多流行的学习方案,这些方案能够运用于实际的数据挖掘项目或学术研究。最后,它还包括了一个形如Java类库的框架,这个框架支持嵌入式机器学习的应用乃至新学习方案的实现。

本书旨在介绍用于数据挖掘领域的机器学习工具和技术。读完本书后,你将对这些技术有所了解,并能体会到它们的功效和实用价值。如果你希望用自己的数据进行实验,用Weka就能轻松做到。但Weka绝不是唯一的选择,例如,免费统计计算环境R就包含许多机器学习算法。Python编程语言的爱好者可能更喜欢流行的scikit-learn库。用于分布式计算的现代"大数据"框架也支持机器学习,如Apache Spark。在实际应用中,部署机器学习的选择有很多。本书仅讨论基本的学习算法,没有深入研究特定软件的实现细节,但会在恰当的位置指出所讨论的算法可以在Weka软件的什么位置找到。本书还简要介绍了其他机器学习软件,如用于高维数据的"深度学习"。不过,大多数具体软件的信息被归纳到了附录中。

提供数据挖掘案例研究的商业书籍中往往涉及一些非常实用的方法,这些方法与当前机器学习教材中出现的更理论化、更原则化的方法之间存在鸿沟,本书跨越了这个鸿沟。这个鸿沟相当大,为了让机器学习技术应用得到成果,需要理解它们是如何工作的。这不是一种可以盲目应用而后便期待好结果出现的技术。不同的问题需要用不同的技术解决,但是根据实际问题来选择合适的技术并非易事,你需要知道到底有多少种可能的解决方案。本书所论及的技术范围相当广泛,并不囿于某种特定的商业软件或方案。书中给出了大量实例,但是展示实例所采用的数据集却小得足以让你搞清楚实例的整个过程。真实的数据集太大,不能做到这一点(而且真实数据集的获取常受限于商业机密)。本书所选择的数据集并非用来说明那些大型数据中的实际问题,而是要帮助你理解不同技术的作用、它们是如何工作的以及它们的应用范围是什么。

本书面向对实际数据挖掘技术所包含的原理和方法感兴趣的"技术敏感型"普通读者;本书同样适用于需要获得这方面新技术的信息专家,以及所有希望了解机器学习领域技术细节的人;本书也是为有着一般兴趣的信息系统实际工作者所写的,例如程序员、咨询顾问、开发人员、信息技术管理员、规范编写者、专利审核者、业余爱好者以及学生和教授。他们需要这样一本书:拥有大量实例且简单易读,向读者阐释机器学习相关的主要技术是什么、它们做什么、如何运用它们以及它们是如何工作的。本书面向实际,倾向于告诉读者"如何去做",同时包括许多算法和伪代码。所有在实际工作中进行数据挖掘的读者将直接得益于书中叙述的技术。本书旨在帮助那些希望找到隐藏在天花乱坠广告宣传下的机器学习真谛的人们,以及帮助那些需要实际可行的、非学术的、值得信赖的方案的人们。对于本书的大部分内容,我们避免对特定的理论或数学知识做要求。然而,随着其逐渐成熟,我们认识到这门学科的复杂性,所以我们在第9章和第10章给出了实质性的理论材料,它们是全面理解最近的实践技术尤其是深度学习所必需的。

本书分为几个层次,不管你是想走马观花地浏览一下基本概念,还是想深入详尽地掌握所有技术细节,阅读本书都可以满足你的要求。我们相信机器学习的使用者需要更多地了解他们运用的算法如何工作。人们常常发现,优秀的数据模型是与它的诠释者分不开的——诠释者需要知道模型是如何产生的,并且熟悉模型的长处和局限性。当然,并不要求所有的用户都对算法的细节有深入理解。

根据上述考量，我们将对机器学习方法的描述分为几个彼此承接的层次。本书共分为两部分，第一部分是关于数据挖掘中机器学习的简单介绍，读者将首先在前三章学习机器学习的基本思想。第 1 章通过实例说明机器学习是什么以及能用在什么地方，并给出了一些现实中的实际应用。第 2 章和第 3 章给出了不同的输入和输出，或者称之为知识表达（knowledge representation），不同的输出要用到不同的算法。第 4 章介绍机器学习的基本方法，这些方法都以简化形式出现，便于读者理解。其中的相关原理通过各种具体算法来呈现，但并未包含复杂细节和精妙的实现方案。为了从机器学习技术的应用升级到解决具体的数据挖掘问题，必须对机器学习的效果进行评估。第 5 章可以单独阅读，它能帮助读者评估从机器学习中得到的结果，解决性能评估中出现的某些复杂问题。

第二部分介绍数据挖掘中机器学习的一些高级技术。在最底层和最详细的层次上，第 6 章和第 7 章详尽地揭示了实现一系列机器学习算法的步骤，以及在实际应用中为了更好地完成数据挖掘任务所必需的、较为复杂的部分（但忽略了某些算法对复杂数学原理的要求）。一些读者也许想忽略这部分的具体内容，但只有到这一层，我们才涉及完整且可运作的机器学习的 Weka 实现方案。第 8 章讨论了一些涉及机器学习输入和输出的实际问题，例如选择属性和离散化属性。第 9 章和第 10 章分别为机器学习和深度学习提供了对概率方法的严谨描述。第 11 章除了介绍有监督学习和无监督学习外，还介绍了半监督学习和多实例学习，而第 12 章主要介绍集成学习技术，这种技术综合了不同学习技术的输出。第 13 章展望未来的发展趋势。

本书描述了在实际机器学习中所使用的大多数方法，但是没有涉及强化学习（reinforcement learning），因为它仅仅是一种优化技术，在实际的数据挖掘中极少应用；也没有包括遗传算法（genetic algorithm）、关系学习（relational learning）和归纳逻辑程序设计（inductive logic programming），因为它们很少被主流数据挖掘应用采纳。

附录 A 介绍了在第 9 章和第 10 章需要用到的一些数学知识。附录 B 介绍了 Weka 数据挖掘工作平台，该平台给出了第一、二部分中所描述的大部分思想的实现。之所以这样安排，是为了清晰地将概念与实践层面区分开。在第一、二部分，每章的末尾都给出了相关的 Weka 算法。你可以忽略它们或浏览阅读，或者当你急于继续分析数据而不想被算法是如何工作的技术细节所打扰时，选择直接开始 Weka 实践。

更新与修改

我们于 1999 年完成本书的第 1 版，分别于 2005 年和 2011 年完成第 2 版和第 3 版。经过精心修改、润色的第 4 版于 2016 年同读者见面。这个世界在过去 20 年间可谓沧海桑田！在保留前版基本核心内容的同时，我们增加了很多新内容，力图使本书与时俱进。当然，我们也对第 3 版中出现的错误进行了校正，并将这些错误集中放到公开的勘误文件里。读者可以通过访问本书主页 http://www.cs.waikato.ac.nz/ml/weka/book.html 得到勘误表。

第 2 版

本书第 2 版最主要的改变是增加了专门的篇章来介绍 Weka 机器学习工作平台。这样做可以将书中的主要部分独立于工作平台呈现给读者。在第 1 版中广泛使用和普及的 Weka 工作平台在第 2 版中已经改头换面，增加了新的图形用户界面或者说是三个独立的交互界面，这使得读者用起来更加得心应手。其中最基本的界面是 Explorer 界面，通过这个界面，所有Weka功能都可以通过菜单选择和表单填写的方式完成。另一个界面是Knowledge Flow界面，它允许对流数据处理过程进行设置。第三个界面是Experimenter界面，你可以使用它对语料库进行设置，使其自动运行已选定的机器学习算法，这些算法都带有不同的参数，Experimenter界面可以收集性能统计数据，并在所得实验结果的基础上进行有意义的测试。这些界面可以降低数据挖掘者的门槛。第2版中包括一套如何使用它们的完整介绍。

此外，第2版还包括一些我们前面曾大致提及的新内容。我们对介绍规则学习和成本敏感评估的章节进行了扩充。为了满足普遍需求，我们增加了一些神经网络方面的内容：感知器和相关的Winnow算法、多层感知器和BP算法，以及logistic回归。我们介绍了如何利用核感知器和径向基函数网络来得到非线性决策边界，以及用于回归分析的支持向量机。另外，应读者的要求并考虑到Weka新特性的更新，我们还加入了有关贝叶斯网络的新章节，其中介绍了如何基于这些网络来学习分类器以及如何利用AD树来高效地应用这些分类器。

在过去的五年（1999～2004）中，文本数据挖掘受到了极大的关注，这样的趋势反映在以下方面：字符串属性在Weka中的出现、用于文本分类的多项式贝叶斯以及文本变换。我们还介绍了用于搜寻实例空间的高效数据结构：为高效寻找最近邻以及加快基于距离的聚类而采用的kD树和球形树。我们给出新的属性选择方案（如竞赛搜索和支持向量机的使用），以及新型组合模型技术（如累加回归、累加logistic回归、logistic模型树以及选择树等），还讨论了利用无标签数据提高分类效果的最新进展，包括协同训练（cotraining）和co-EM方法。

第3版

第3版在第2版的基础上进行了彻底革新，大量新方法、新算法的引入使得本书在内容上与时俱进。我们的基本理念是将本书和Weka软件平台更紧密地融合。这一版中Weka的版本已经涵盖本书绝大多数思想的实现。同时，你也能通过本书获取关于Weka的几乎所有信息。在第3版中，我们还添加了大量参考文献——引用数量是第1版的3倍之多。

Weka变得焕然一新，易于使用，并且在数据挖掘能力上有很大提高。它已经集成了无比丰富的机器学习算法和相关技术。Weka的进步部分得益于数据挖掘领域的近期进展，部分受惠于用户引导以及需求驱动，它使得我们对用户的数据挖掘需求了如指掌，在充分借鉴发展经验的同时又能很好地选择本书内容。

第3版中增加了一些重要的材料，包括Web挖掘和对个人如何经常从所谓的匿名数据中"重新识别"的讨论。其他的扩充技术包括多实例学习、互动成本效益分析（cost-benefit analysis）的新材料、成本复杂度（cost-complexity）剪枝、使用扩展前缀树在内存中存储压缩版本的数据集的高级关联规则算法、核岭回归以及随机梯度下降和层次聚类方法。我们增加了新的数据转换：偏最小二乘回归、蓄水池抽样、一分类学习、分解多类分类问题为嵌套二分法的集成以及校准类概率。我们还在集成学习技术中增加了新的信息：随机化与装袋以及旋转森林。此外，还增加了数据流学习和Web挖掘的新章节。

第4版

编写第4版的主要原因是为了增加深度学习方面的综合材料，本质上是由于领域内真正庞大的数据资源（如图片和语音处理）的出现，以及真正庞大的计算资源的可利用性，包括服务器集群和图形处理单元，这些激发了新的发展。然而，深度学习技术是建立在理论和实践有力结合的基础之上的。而且我们还收到其他请求，要求我们加入更多的、更严谨的、更理论化的材料。

这迫使我们重新思考书中理论的作用。我们深思熟虑后添加了两个新的理论指导章节：第 10 章的深度学习以及第 9 章的概率方法。第 10 章涵盖深度学习本身以及它的前身；第 9 章给出了概率方法原则性的理论发展，这对于了解其他新算法是非常必要的。我们意识到很多读者并不愿意学习这些理论，我们保证本书的其余部分将是简单、易理解的。但是，新增的理论基础对于想快速理解研究界的先进技术的读者而言将是关键的材料。

Weka 的发展非常迅速。它现在提供使用其他语言和系统的方法，例如流行的 R 统计计算语言、Spark 和 Hadoop 分布式计算框架、Python 和 Groovy 脚本语言，以及面向流学习的 MOA 系统等。鉴于在一本纸质书中记录如此全面而快速发展的系统是不可能的或者说是不可取的，为此，我们创建了一系列的在线开放课程，例如用 Weka 进行数据挖掘。更多用 Weka 进行的数据挖掘以及用 Weka 进行的高级数据挖掘见 https://weka.waikato.ac.nz。

第 4 版包含许多其他更新和补充以及更多的参考文献。这里不再一一介绍，你不妨试着进一步阅读。

致 谢

Data Mining: Practical Machine Learning Tools and Techniques, Fourth Edition

书写致谢部分常常是最美好的时候！许多人给了我们帮助，我们非常享受这个机会来表达谢意。本书源于新西兰怀卡托大学计算机科学系的机器学习研究项目，项目早期科研人员给了我们极大的鼓励与帮助，他们是John Cleary、Sally Jo Cunningham、Matt Humphrey、Lyn Hunt、Bob McQueen、Lloyd Smith以及Tony Smith。我们还极大地受益于与后加入项目团队的Michal Mayo和Robert Durrant的交流。特别感谢项目经理Geoff Holmes带来了极其丰富的灵感与鼓励，同时还要特别感谢Bernhard Pfahringer在Weka软件部分做了重要的工作。机器学习项目所有相关的科研人员都给了我们思考上的帮助，这里特别提到几位学生：Steve Garner、Stuart Inglis以及Craig Nevill-Manning，他们帮助我们一起度过了希望渺茫、万事艰难的项目启动初期。

Weka系统证明了本书的许多想法，Weka是本书非常重要的部分。该部分的构思由作者完成，设计与实现主要由Eibe Frank、Mark Hall、Peter Reutemann以及Len Trigg完成，怀卡托大学机器学习实验室的诸多成员都做了很重要的初期工作。相对于本书第1版时期，Weka团队有了极大的扩充，做出贡献的成员非常多，因此对每个人都表达充分的感谢不太实际。这里我们要感谢：Chris Beckham为Weka提供的包，Remco Bouckaert提供的Bayes net包等一系列贡献，Lin Dong实现的多实例学习方法，Dale Fletcher在有关数据库方面提供的帮助，James Foulds的多实例过滤，Anna Huang的信息瓶颈聚类，Martin Gütlein的特征选择，Kathryn Hempstalk的一分类分类器，Ashraf Kibriya和Richard Kirkby多到难以列举的贡献，Nikhil Kishore的elastic net回归，Niels Landwehr的logistic模型树，Chi-Chung Lau的所有知识流界面图标，Abdelaziz Mahoui的K*实现，Jonathan Miles的核滤波实现，Stenfan Mutter的关联规则挖掘，Malcolm Ware大量各方面的贡献，Haijian Shi的树学习器，Marc Sumner的快速logistic模型树，Tony Voyle的最小中值二乘回归，Yong Wang的Pace回归以及M5′的最初实现，Benjamin Weber对Weka语法解析模块的统一，Xin Xu的多实例学习包JRip以及logistic回归等诸多贡献。对所有这些努力工作的人，我们在此一并表示最真诚的感谢，同时也感谢怀卡托大学之外的相关人员对Weka部分所做的贡献。

我们生活在南半球一个偏远（但十分漂亮）的角落，非常感激那些来我们系的访问学者，他们带给我们非常重要的反馈，帮助我们拓展思路。我们尤其希望提到Rob Holte、Carl Gutwin以及Russell Beale，他们三位的访问都长达数月；David Aha虽然仅造访了几天，但同样在项目最脆弱的初期阶段给了我们极大的热情与鼓励；Kai Ming Ting在本书的许多主题上与我们有长达两年的合作，他带领我们进入机器学习的主流中。最近也有许多访问学者，包括Arie Ben-David、Carla Brodley、Gregory Butler、Stefan Kramer、Johannes Schneider、Jan van Rijn和Michalis Vlachos，还有很多学者来到系里为我们作学术报告。特别感谢Albert Bifet对第3版草稿的详细反馈意见，大部分我们已经采纳并且做了修改。

怀卡托大学的学生对这个项目的开展和推进起到了非常重要的作用，他们当中的许多人已经在上述Weka贡献者之列，实际上他们在其他部分同样做了很多工作。早期Jamie Littin研究了链波下降规则以及关联学习，Brent Martin探索了基于实例的学习方法以及基于实例的嵌套表示，Murray Fife 刻苦钻研关联学习，Nadeeka Madapathage 调查了表示机器学习算法的函数式语言的使用。Kathryn Hempstalk 研究了一分类学习方法，Richard Kirkby 研究了数据流。Gabi Schmidberger 研究了密度估计树，Lan Huang 研究了基于概念的文本聚类，Alyona Medelyan 研究了关键短语提取。最近，Felipe Bravo 研究了针对 Twitter 的情感分类，Mi Li 研究了快速聚类方法，Tim Leathart 研究了集成嵌套二分法。其他研究生也在很多方面影响了我们，尤其是 Gordon Paynter、YingYing Wen 以及 Zane Bray 三位与我们一起研究了文本挖掘，还有 Quan Sun 和 Xiaofeng Yu。同事 Steve Jones 和 Malika Mahoui 一起为本项目及其他机器学习项目做了深入的研究贡献。我们也从许多来自 Freiburg 的访问学生身上学到了很多，这其中就包括 Nils Weidmann。

Ian Witten 希望感谢他之前在卡尔加里大学的学生所做的重要工作，尤其是 Brent Krawchuk、Dave Maulsby、Thong Phan 以及 Tanja Mitrovic，这些学生帮助他形成机器学习方面的初期想法，同时还有卡尔加里大学的老师 Bruce MacDonald、Brain Gaines 和 David Hill 以及坎特伯雷大学的老师 John Andreae。

Eibe Frank 感谢他之前在卡尔斯鲁厄大学的主管 Klaus-Peter Huber 对他的影响，让他对能学习的机器如此着迷。在他的旅途中，与加拿大的 Peter Turney、Joel Martin、Berry de Bruijn 以及德国的 Luc de Raedt、Christoph Helma、Kristian Kersting、Stefan Kramer、Ulrich Rückert、Ashwin Srinivasan 的交流同样让他获益良多。

Mark Hall 感谢现在就职于密苏里州立大学的前主管 Lloyd Smith 在他论文偏离了原有主题而进入机器学习领域时仍有极大耐心，感谢包括访问学者在内的所有工作人员，尤其感谢多年来怀卡托大学机器学习小组的全体人员极具价值的见解以及鼓舞人心的讨论。

Chris Pal 感谢其他几位作者邀请他撰写第 4 版，感谢家人为了支持他的写作而尽量不占用他的时间。感谢 Polytechique Montréal 提供的休假机会，使得他有时间前往新西兰，同时也感谢怀卡托大学计算机科学系的接待，是他们使得这次合作更加富有成效。还要感谢他的许多导师、学术团队、合著者和同事，多年来，他们的见解一直在影响着他，包括 Brendan Frey、Geoff Hinton、Yoshua Bengio、Sam Roweis、Andrew McCallum 和 Charles Sutton 等。特别感谢 Hugo Larochelle 对深度学习的教学建议。Chris 感谢蒙特利尔研究所的朋友和同事对学习算法的贡献，还要感谢 Theano 开发团队，正在这里学习和已经毕业的学生共同创造了研究机器学习的绝佳氛围。特别感谢 Chris Beckham，他对本版新章节的早期草稿提供了出色的反馈意见。

Morgan Kaufmann 出版公司的 Charlie Kent 以及 Tim Pitts 非常努力地工作才有了本书的出版，项目经理 Nicky Carter 让进展变得如此顺利。感谢加州大学欧文分校的机器学习数据库储藏室的图书管理员仔细搜集的数据集，这些数据集对研究工作价值巨大。

我们的研究由新西兰科研、科技基金以及新西兰皇家学会马斯登基金资助。怀卡托大学计算机科学系为我们提供了大量帮助，同时我们还要特别感谢 Mark Apperley 的英明领导和温暖人心的鼓励。本书第 1 版的部分章节是两位作者在加拿大卡尔加里大学访问时所写，感谢卡尔加里大学计算机科学系所给予的支持，同时还要感谢用本书上机器学习课程的学生，他们虽然辛苦劳累但是依旧保持着积极向上的态度。本书第 2 版的部分章节是在莱斯布里奇大学访问期间所写的，感谢加拿大 iCORE 对我们这次前往阿尔伯塔省南部地区访学的支持。

最后，最重要的是感谢我们的家人和同事。Pam、Anna 以及 Nikki 对家里有一个作家有何影响了然于心（"没有下次了！"），但依然接受 Ian 在家里任何一个地方写书。Julie 总是非常支持 Eibe，即使在 Eibe 不得不在机器学习实验室挑灯夜读的时候也不例外。Immo 以及 Ollig 让我们愉悦和放松。Bernadette 十分支持 Mark，用尽各种办法让 Charlotte、Luke、Zach、Kyle 和 Francesca 不那么吵闹，让 Mark 得以集中精力。我们来自加拿大、英国、德国、爱尔兰、新西兰以及萨摩亚：新西兰将我们聚在一起，感谢这个充满田园风光的完美国度。

目 录

Data Mining: Practical Machine Learning Tools and Techniques, Fourth Edition

译者序
前言
致谢

第一部分　数据挖掘基础

第1章　绪论 ………………………… 2
1.1　数据挖掘和机器学习 …………… 2
　　1.1.1　描述结构模式 …………… 3
　　1.1.2　机器学习 ………………… 5
　　1.1.3　数据挖掘 ………………… 6
1.2　简单的例子：天气问题和其他问题 … 6
　　1.2.1　天气问题 ………………… 6
　　1.2.2　隐形眼镜：一个理想化的问题 … 8
　　1.2.3　鸢尾花：一个经典的数值型数据集 … 9
　　1.2.4　CPU性能：引入数值预测 … 10
　　1.2.5　劳资协商：一个更真实的例子 … 11
　　1.2.6　大豆分类：一个经典的机器学习的成功例子 … 12
1.3　应用领域 ………………………… 14
　　1.3.1　Web挖掘 ………………… 14
　　1.3.2　包含判断的决策 ………… 15
　　1.3.3　图像筛选 ………………… 15
　　1.3.4　负载预测 ………………… 16
　　1.3.5　诊断 ……………………… 17
　　1.3.6　市场和销售 ……………… 17
　　1.3.7　其他应用 ………………… 18
1.4　数据挖掘过程 …………………… 19
1.5　机器学习和统计学 ……………… 20
1.6　将泛化看作搜索 ………………… 21
　　1.6.1　枚举概念空间 …………… 22
　　1.6.2　偏差 ……………………… 22
1.7　数据挖掘和道德问题 …………… 24
　　1.7.1　再识别 …………………… 24
　　1.7.2　使用个人信息 …………… 25
　　1.7.3　其他问题 ………………… 26
1.8　拓展阅读及参考文献 …………… 26

第2章　输入：概念、实例和属性 … 29
2.1　概念 ……………………………… 29
2.2　实例 ……………………………… 31
　　2.2.1　关系 ……………………… 31
　　2.2.2　其他实例类型 …………… 34
2.3　属性 ……………………………… 35
2.4　输入准备 ………………………… 36
　　2.4.1　数据收集 ………………… 37
　　2.4.2　ARFF格式 ……………… 37
　　2.4.3　稀疏数据 ………………… 39
　　2.4.4　属性类型 ………………… 40
　　2.4.5　缺失值 …………………… 41
　　2.4.6　不正确的值 ……………… 42
　　2.4.7　非均衡数据 ……………… 42
　　2.4.8　了解数据 ………………… 43
2.5　拓展阅读及参考文献 …………… 43

第3章　输出：知识表达 …………… 44
3.1　表 ………………………………… 44
3.2　线性模型 ………………………… 44
3.3　树 ………………………………… 46
3.4　规则 ……………………………… 49
　　3.4.1　分类规则 ………………… 49
　　3.4.2　关联规则 ………………… 52
　　3.4.3　包含例外的规则 ………… 53
　　3.4.4　表达能力更强的规则 …… 54
3.5　基于实例的表达 ………………… 56

3.6 聚类 ································· 58
3.7 拓展阅读及参考文献 ············· 59

第4章 算法：基本方法 ············· 60
4.1 推断基本规则 ······················ 60
4.2 简单概率模型 ······················ 63
    4.2.1 缺失值和数值属性 ············ 65
    4.2.2 用于文档分类的朴素贝叶斯 ··· 67
    4.2.3 讨论 ························· 68
4.3 分治法：创建决策树 ············· 69
    4.3.1 计算信息量 ···················· 71
    4.3.2 高度分支属性 ·················· 73
4.4 覆盖算法：建立规则 ············· 74
    4.4.1 规则与树 ······················ 75
    4.4.2 一个简单的覆盖算法 ·········· 76
    4.4.3 规则与决策列表 ··············· 79
4.5 关联规则挖掘 ······················ 79
    4.5.1 项集 ··························· 80
    4.5.2 关联规则 ······················ 81
    4.5.3 高效地生成规则 ··············· 84
4.6 线性模型 ··························· 86
    4.6.1 数值预测：线性回归 ·········· 86
    4.6.2 线性分类：logistic 回归 ····· 87
    4.6.3 使用感知机的线性分类 ······· 89
    4.6.4 使用 Winnow 的线性分类 ···· 90
4.7 基于实例的学习 ··················· 91
    4.7.1 距离函数 ······················ 92
    4.7.2 高效寻找最近邻 ··············· 92
    4.7.3 讨论 ··························· 96
4.8 聚类 ································· 96
    4.8.1 基于距离的迭代聚类 ·········· 97
    4.8.2 更快的距离计算 ··············· 98
    4.8.3 选择簇的个数 ·················· 99
    4.8.4 层次聚类 ····················· 100
    4.8.5 层次聚类示例 ················ 101
    4.8.6 增量聚类 ····················· 102
    4.8.7 分类效用 ····················· 104
    4.8.8 讨论 ·························· 106
4.9 多实例学习 ······················· 107
    4.9.1 聚集输入 ····················· 107
    4.9.2 聚集输出 ····················· 107
4.10 拓展阅读及参考文献 ············ 108
4.11 Weka 实现 ······················· 109

第5章 可信度：评估学习结果 ····· 111
5.1 训练和测试 ······················· 111
5.2 预测性能 ·························· 113
5.3 交叉验证 ·························· 115
5.4 其他评估方法 ···················· 116
    5.4.1 留一交叉验证法 ············· 116
    5.4.2 自助法 ······················· 116
5.5 超参数选择 ······················· 117
5.6 数据挖掘方法比较 ··············· 118
5.7 预测概率 ·························· 121
    5.7.1 二次损失函数 ················ 121
    5.7.2 信息损失函数 ················ 122
    5.7.3 讨论 ·························· 123
5.8 计算成本 ·························· 123
    5.8.1 成本敏感分类 ················ 125
    5.8.2 成本敏感学习 ················ 126
    5.8.3 提升图 ······················· 126
    5.8.4 ROC 曲线 ··················· 129
    5.8.5 召回率 – 精确率曲线 ········ 130
    5.8.6 讨论 ·························· 131
    5.8.7 成本曲线 ····················· 132
5.9 评估数值预测 ···················· 134
5.10 最小描述长度原理 ············· 136
5.11 将 MDL 原理应用于聚类 ····· 138
5.12 使用验证集进行模型选择 ···· 138
5.13 拓展阅读及参考文献 ·········· 139

第二部分 高级机器学习方案

第6章 树和规则 ····················· 144
6.1 决策树 ···························· 144
    6.1.1 数值属性 ···················· 144
    6.1.2 缺失值 ······················· 145
    6.1.3 剪枝 ·························· 146
    6.1.4 估计误差率 ·················· 147
    6.1.5 决策树归纳法的复杂度 ····· 149

6.1.6	从决策树到规则	150
6.1.7	C4.5：选择和选项	150
6.1.8	成本-复杂度剪枝	151
6.1.9	讨论	151
6.2	分类规则	152
6.2.1	选择测试的标准	152
6.2.2	缺失值和数值属性	153
6.2.3	生成好的规则	153
6.2.4	使用全局优化	155
6.2.5	从局部决策树中获得规则	157
6.2.6	包含例外的规则	158
6.2.7	讨论	160
6.3	关联规则	161
6.3.1	建立频繁模式树	161
6.3.2	寻找大项集	163
6.3.3	讨论	166
6.4	Weka 实现	167

第 7 章 基于实例的学习和线性模型的扩展 … 168

7.1	基于实例的学习	168
7.1.1	减少样本集的数量	168
7.1.2	对噪声样本集剪枝	169
7.1.3	属性加权	170
7.1.4	泛化样本集	170
7.1.5	用于泛化样本集的距离函数	171
7.1.6	泛化的距离函数	172
7.1.7	讨论	172
7.2	扩展线性模型	173
7.2.1	最大间隔超平面	173
7.2.2	非线性类边界	174
7.2.3	支持向量回归	176
7.2.4	核岭回归	177
7.2.5	核感知机	178
7.2.6	多层感知机	179
7.2.7	径向基函数网络	184
7.2.8	随机梯度下降	185
7.2.9	讨论	186
7.3	局部线性模型用于数值预测	187
7.3.1	模型树	187
7.3.2	构建树	188
7.3.3	对树剪枝	188
7.3.4	名目属性	189
7.3.5	缺失值	189
7.3.6	模型树归纳的伪代码	190
7.3.7	从模型树到规则	192
7.3.8	局部加权线性回归	192
7.3.9	讨论	193
7.4	Weka 实现	194

第 8 章 数据转换 … 195

8.1	属性选择	196
8.1.1	独立于方案的选择	197
8.1.2	搜索属性空间	199
8.1.3	具体方案相关的选择	200
8.2	离散化数值属性	201
8.2.1	无监督离散化	202
8.2.2	基于熵的离散化	203
8.2.3	其他离散化方法	205
8.2.4	基于熵和基于误差的离散化	205
8.2.5	将离散属性转换成数值属性	206
8.3	投影	207
8.3.1	主成分分析	207
8.3.2	随机投影	209
8.3.3	偏最小二乘回归	209
8.3.4	独立成分分析	210
8.3.5	线性判别分析	211
8.3.6	二次判别分析	211
8.3.7	Fisher 线性判别分析	211
8.3.8	从文本到属性向量	212
8.3.9	时间序列	213
8.4	抽样	214
8.5	数据清洗	215
8.5.1	改进决策树	215
8.5.2	稳健回归	215
8.5.3	检测异常	216
8.5.4	一分类学习	217
8.5.5	离群点检测	217
8.5.6	生成人工数据	218

8.6 将多分类问题转换成二分类
问题 ····· 219
 8.6.1 简单方法 ····· 219
 8.6.2 误差校正输出编码 ····· 220
 8.6.3 集成嵌套二分法 ····· 221
8.7 校准类概率 ····· 223
8.8 拓展阅读及参考文献 ····· 224
8.9 Weka 实现 ····· 226

第 9 章 概率方法 ····· 228
9.1 基础 ····· 228
 9.1.1 最大似然估计 ····· 229
 9.1.2 最大后验参数估计 ····· 230
9.2 贝叶斯网络 ····· 230
 9.2.1 预测 ····· 231
 9.2.2 学习贝叶斯网络 ····· 233
 9.2.3 具体算法 ····· 235
 9.2.4 用于快速学习的数据结构 ····· 237
9.3 聚类和概率密度估计 ····· 239
 9.3.1 用于高斯混合模型的期望
   最大化算法 ····· 239
 9.3.2 扩展混合模型 ····· 242
 9.3.3 使用先验分布聚类 ····· 243
 9.3.4 相关属性聚类 ····· 244
 9.3.5 核密度估计 ····· 245
 9.3.6 比较用于分类的参数、半参数
   和无参数的密度模型 ····· 245
9.4 隐藏变量模型 ····· 246
 9.4.1 对数似然和梯度的期望 ····· 246
 9.4.2 期望最大化算法 ····· 247
 9.4.3 将期望最大化算法应用于
   贝叶斯网络 ····· 248
9.5 贝叶斯估计与预测 ····· 249
9.6 图模型和因子图 ····· 251
 9.6.1 图模型和盘子表示法 ····· 251
 9.6.2 概率主成分分析 ····· 252
 9.6.3 隐含语义分析 ····· 254
 9.6.4 使用主成分分析来降维 ····· 255
 9.6.5 概率 LSA ····· 256
 9.6.6 隐含狄利克雷分布 ····· 257
 9.6.7 因子图 ····· 258
 9.6.8 马尔可夫随机场 ····· 260
 9.6.9 使用 sum-product 算法和 max-
   product 算法进行计算 ····· 261
9.7 条件概率模型 ····· 265
 9.7.1 概率模型的线性和多项式
   回归 ····· 265
 9.7.2 使用先验参数 ····· 266
 9.7.3 多分类 logistic 回归 ····· 268
 9.7.4 梯度下降和二阶方法 ····· 271
 9.7.5 广义线性模型 ····· 271
 9.7.6 有序类的预测 ····· 272
 9.7.7 使用核函数的条件概率模型 ····· 273
9.8 时序模型 ····· 273
 9.8.1 马尔可夫模型和 N 元法 ····· 273
 9.8.2 隐马尔可夫模型 ····· 274
 9.8.3 条件随机场 ····· 275
9.9 拓展阅读及参考文献 ····· 278
9.10 Weka 实现 ····· 282

第 10 章 深度学习 ····· 283
10.1 深度前馈网络 ····· 284
 10.1.1 MNIST 评估 ····· 284
 10.1.2 损失和正则化 ····· 285
 10.1.3 深层网络体系结构 ····· 286
 10.1.4 激活函数 ····· 287
 10.1.5 重新审视反向传播 ····· 288
 10.1.6 计算图以及复杂的网络
   结构 ····· 290
 10.1.7 验证反向传播算法的实现 ····· 291
10.2 训练和评估深度网络 ····· 292
 10.2.1 早停 ····· 292
 10.2.2 验证、交叉验证以及超参数
   调整 ····· 292
 10.2.3 小批量随机梯度下降 ····· 293
 10.2.4 小批量随机梯度下降的
   伪代码 ····· 294
 10.2.5 学习率和计划 ····· 294
 10.2.6 先验参数的正则化 ····· 295
 10.2.7 丢弃法 ····· 295

10.2.8　批规范化 ·················· 295
10.2.9　参数初始化 ·················· 295
10.2.10　无监督的预训练 ············ 296
10.2.11　数据扩充和合成转换 ······ 296
10.3　卷积神经网络 ······················ 296
10.3.1　ImageNet 评估和深度卷积神经网络 ·················· 297
10.3.2　从图像滤波到可学习的卷积层 ·················· 297
10.3.3　卷积层和梯度 ············ 300
10.3.4　池化层二次抽样层以及梯度 ·················· 300
10.3.5　实现 ·················· 301
10.4　自编码器 ··························· 301
10.4.1　使用 RBM 预训练深度自编码器 ·················· 302
10.4.2　降噪自编码器和分层训练 ··· 304
10.4.3　重构和判别式学习的结合 ··· 304
10.5　随机深度网络 ······················ 304
10.5.1　玻尔兹曼机 ·················· 304
10.5.2　受限玻尔兹曼机 ············ 306
10.5.3　对比分歧 ·················· 306
10.5.4　分类变量和连续变量 ······ 306
10.5.5　深度玻尔兹曼机 ············ 307
10.5.6　深度信念网络 ············ 308
10.6　递归神经网络 ······················ 309
10.6.1　梯度爆炸与梯度消失 ······ 310
10.6.2　其他递归网络结构 ······ 311
10.7　拓展阅读及参考文献 ············ 312
10.8　深度学习软件以及网络实现 ··· 315
10.8.1　Theano ······················ 315
10.8.2　Tensor Flow ·················· 315
10.8.3　Torch ·················· 315
10.8.4　CNTK ·················· 315
10.8.5　Caffe ·················· 315
10.8.6　DeepLearning4j ············ 316
10.8.7　其他包：Lasagne、Keras 以及 cuDNN ·················· 316
10.9　Weka 实现 ·················· 316

第 11 章　有监督和无监督学习 ······· 317
11.1　半监督学习 ·················· 317
11.1.1　用以分类的聚类 ············ 317
11.1.2　协同训练 ·················· 318
11.1.3　EM 和协同训练 ············ 319
11.1.4　神经网络方法 ············ 319
11.2　多实例学习 ·················· 320
11.2.1　转换为单实例学习 ········ 320
11.2.2　升级学习算法 ············ 321
11.2.3　专用多实例方法 ············ 322
11.3　拓展阅读及参考文献 ············ 323
11.4　Weka 实现 ·················· 323

第 12 章　集成学习 ·················· 325
12.1　组合多种模型 ·················· 325
12.2　装袋 ·················· 326
12.2.1　偏差－方差分解 ············ 326
12.2.2　考虑成本的装袋 ············ 327
12.3　随机化 ·················· 328
12.3.1　随机化与装袋 ············ 328
12.3.2　旋转森林 ·················· 329
12.4　提升 ·················· 329
12.4.1　AdaBoost 算法 ············ 330
12.4.2　提升算法的威力 ············ 331
12.5　累加回归 ·················· 332
12.5.1　数值预测 ·················· 332
12.5.2　累加 logistic 回归 ········ 333
12.6　可解释的集成器 ·················· 334
12.6.1　选择树 ·················· 334
12.6.2　logistic 模型树 ············ 336
12.7　堆栈 ·················· 336
12.8　拓展阅读及参考文献 ············ 338
12.9　Weka 实现 ·················· 339

第 13 章　扩展和应用 ·················· 340
13.1　应用机器学习 ·················· 340
13.2　从大型的数据集学习 ············ 342
13.3　数据流学习 ·················· 344
13.4　融合领域知识 ·················· 346

13.5 文本挖掘 ·········· 347
　13.5.1 文档分类与聚类 ·········· 348
　13.5.2 信息提取 ·········· 349
　13.5.3 自然语言处理 ·········· 350
13.6 Web 挖掘 ·········· 350
　13.6.1 包装器归纳 ·········· 351
　13.6.2 网页分级 ·········· 351
13.7 图像和语音 ·········· 353
　13.7.1 图像 ·········· 353
　13.7.2 语音 ·········· 354
13.8 对抗情形 ·········· 354
13.9 无处不在的数据挖掘 ·········· 355
13.10 拓展阅读及参考文献 ·········· 357
13.11 Weka 实现 ·········· 359

附录 A　理论基础 ·········· 360

附录 B　Weka 工作平台 ·········· 375

索引 ·········· 388

参考文献[⊖]

[⊖] 参考文献为在线资源，请访问华章网站 www.hzbook.com 下载。

第一部分
Data Mining: Practical Machine Learning Tools and Techniques, Fourth Edition

数据挖掘基础

第 1 章
Data Mining: Practical Machine Learning Tools and Techniques, Fourth Edition

绪　　论

　　人工授精的过程是从妇女的卵巢中收集卵子，在与丈夫或捐赠人的精子结合后产生胚胎，然后从中选择几个移植到妇女的子宫里。关键是要选出那些存活可能性最大的胚胎。选择根据 60 个左右胚胎特征的记录做出，这些特征包括它们的形态、卵母细胞、滤泡和精液样品。特征属性的数量非常大，胚胎学家很难同时对所有属性进行评估，并结合历史数据得出最终结论：这个胚胎是否能够产生一个活的婴儿。在英国的一个研究项目中，研究者探索运用机器学习技术，使用胚胎训练数据的历史记录和结果来做出这个选择。

　　每年，新西兰奶牛场场主都要面临艰难的商业决策：哪些牛应该留在牧场，哪些需要卖到屠宰场。随着饲料储备的减少，每年牧场在接近挤奶季节末期时只留下 1/5 的奶牛。每头牛的生育和牛奶产量的历史数据都会影响这个决定。除此以外还要考虑的因素有：年龄（每头牛都将在 8 岁接近生育期的终结）、健康问题、难产的历史数据、不良的性情特征（如尥蹶子、跳栅栏）以及在下一个季节里不产牛犊。过去的几年，几百万头牛中的每一头牛都用 700 多个属性记录下来。机器学习正是用来考察成功的奶牛场场主在做决定的时候需要考虑哪些因素，不是为了使决策自动化，而是向其他人推广这些奶牛场场主的技术和经验。

　　机器学习是从数据中挖掘知识。它是一项正在萌芽的新技术，范围涉及生与死、从欧洲到两极、家庭和事业，正逐渐引起人们的重视。

1.1　数据挖掘和机器学习

　　我们正在被数据所淹没。存在于这个世界和我们生活中的数据量似乎在不断地增长，而且没有停止的迹象。无处不在的个人计算机将那些以前会丢弃的数据保存起来。便宜的、大容量的硬盘推迟了用这些数据做什么的决定，因为我们可以买更多的硬盘来保存数据。无处不在的电子数据记录了我们的决策，如超市里的商品选择、个人的理财习惯以及收入和消费。我们以自己的方式生活在这个世界上，而每一个行为又成为一条数据库里的记录。互联网用信息将我们淹没，与此同时，我们在网上所做的每一个选择都被记录。所有这些信息记录了个人的选择，而在商业和企业领域存在着数不清的相似案例。我们都知道，人类对数据的掌握永远无法赶上数据升级的速度。而且在数据量增加的同时，人们对数据的理解也在减弱。隐藏在这些数据后的是信息，是具有潜在用处的信息，而这些信息却很少被显现出来或者被开发利用。

　　本书讨论如何在数据中寻找模式。这并不稀奇。人类从一开始就试图在数据中寻找模式：猎人在动物迁徙的行为中寻找模式；农夫在庄稼的生长中寻找模式；政客在选民的意见中寻找模式；恋人在对方的反应中寻找模式。科学家的工作（像一个婴儿）是理解数据，从数据中找出模式，并用它们来指导在真实世界中如何运作，然后把它们概括成理论，这些理论能够预测出在新的情况下会发生什么。企业家的工作是要辨别出机会，就是那些可以转变成有利可图的生意的行为中的一些模式，并且利用这些机会。

在数据挖掘（data mining）中，计算机以电子化的形式存储数据，并且能自动地查询数据，或至少扩增数据。这仍算不得新鲜事。长久以来，经济学家、统计学家、预测家和信息工程师相信，存在于数据中的模式能够被自动地找到、识别、确认并能用于预测。该理论的最新发展使得由数据中找出模式的机遇剧增。最近几年，数据库急剧膨胀，如每天记录顾客选择商品行为的数据库，正把数据挖掘带到新的商业应用技术的前沿。据估计，存储在全世界数据库里的数据量正以每20个月翻一倍的速度增长。尽管很难从量的意义上真正验证这个数字，但是我们可以从质上把握这个增长速度。随着数据量的膨胀，以及利用机器承担数据搜索工作变得越来越常见，数据挖掘的机会正在增长。世界变得越来越丰富多彩，从中产生的数据淹没了我们，数据挖掘技术成为我们洞察构成数据的模式的唯一希望。被充分研究过的数据是宝贵的资源，它能够引导人们去获得新的洞察力，用商业语言来讲就是"获得竞争优势"。

数据挖掘就是通过分析存在于数据库里的数据来解决问题。例如，在竞争激烈的市场上，客户忠诚度摇摆问题就是一个经常提到的事例。一个有关客户商品选择以及客户个人资料的数据库是解决这个问题的关键。以前客户的行为模式能够被用来分析并识别那些喜欢选购不同商品和喜欢选择同种商品客户的特性。一旦这些特性被发现，它们将被用于当前实际的客户群中，鉴别出那些善变的客户群体，并加以特殊对待。要知道对整个客户群都加以特殊对待的成本是高昂的。同样的技术还能被用来辨别出那些对企业当前提供的服务并不满意，但有可能对其他服务感兴趣的客户群，并向他们提供特殊建议，从而推广这些服务。在当代竞争激烈、以客户和服务为中心的经济中，数据是推动企业发展的原材料。

数据挖掘被定义为找出数据中的模式的过程。这个过程必须是自动的或（通常）半自动的。数据量总是相当可观的，但从中发现的模式必须是有意义的，并能产生出一些效益，例如经济上的效益。

如何表示数据模式？有价值的模式能够让我们在新数据上做出非凡的预测。表示一个模式有两种极端方法：一种是内部结构很难被理解的黑盒；另一种是展示模式结构的透明盒，它的结构揭示了模式的结构。我们假设两种方法都能做出好的预测，它们的区别在于被挖掘出的模式能否以结构的形式表现，这个结构是否能够经得起分析，理由是否充分，能否用来形成未来的决策。如果模式能够以显而易见的方法获得决策结构，则称它们为结构模式，换句话说，它们有助于解释有关数据的一些现象。

现在我们可以说，本书介绍的是有关寻找、描述存在于数据里结构模式的技术，但是也涉及一些使用黑盒方法能够得到更优预测准确度的应用。本书所涉及的大部分技术已经在机器学习领域里开发出来了。下面首先介绍什么是结构模式。

1.1.1 描述结构模式

结构模式是什么？你如何描述它们？用什么形式输入？我们将以说明的形式来回答这个问题，而不是尝试给出正式的、最终的死板定义。本章后面将给出很多例子，现在让我们从一个例子入手来体验一下我们正在讲解的内容。

表1-1给出了隐形眼镜的一组数据。这组数据是验光师针对病人的情况做出的诊断：使用软的隐形眼镜、硬的隐形眼镜或不能佩戴隐形眼镜。我们将在以后详细讨论单个属性的意义。表中的每一行代表一个例子。下面是有关这个信息的部分结构描述。

```
If tear production rate = reduced then recommendation = none
Otherwise, if age = young and astigmatic = no then recommendation = soft
```

表 1-1 隐形眼镜数据

age	spectacle prescription	astigmatism	tear production rate	recommended lenses
young	myope	no	reduced	none
young	myope	no	normal	soft
young	myope	yes	reduced	none
young	myope	yes	normal	hard
young	hypermetrope	no	reduced	none
young	hypermetrope	no	normal	soft
young	hypermetrope	yes	reduced	none
young	hypermetrope	yes	normal	hard
prepresbyopic	myope	no	reduced	none
prepresbyopic	myope	no	normal	soft
prepresbyopic	myope	yes	reduced	none
prepresbyopic	myope	yes	normal	hard
prepresbyopic	hypermetrope	no	reduced	none
prepresbyopic	hypermetrope	no	normal	soft
prepresbyopic	hypermetrope	yes	reduced	none
prepresbyopic	hypermetrope	yes	normal	none
presbyopic	myope	no	reduced	none
presbyopic	myope	no	normal	none
presbyopic	myope	yes	reduced	none
presbyopic	myope	yes	normal	hard
presbyopic	hypermetrope	no	reduced	none
presbyopic	hypermetrope	no	normal	soft
presbyopic	hypermetrope	yes	reduced	none
presbyopic	hypermetrope	yes	normal	none

结构描述倒不一定像以上这样以规则的形式来表达。另一种流行的表达方法是决策树，它明确了需要做出的决策序列以及建议。

这是一个非常简单的例子。首先，这个表呈现了所有可能值的组合。属性年龄（age）有 3 种可能值，属性视力诊断（spectacle prescription）、散光（astigmatism）和眼泪流速（tear production rate）分别有 2 种可能值。所以这个表有 24 行记录（3×2×2×2=24）。上面所提到的规则并不是真正从数据中概括出来，而仅仅是对数据的总结。在多数学习情况下，所给出的样本集非常不完整，所以我们的一部分工作就是将其推广到其他新的样本上实现一般化。用户可以想象一下，如果从上面的表格中忽略一些 tear production rate 的值是 reduced 的行，仍然可以得出规则：

If tear production rate = reduced then recommendation = none

这个规则可以推广到那些缺失的行，并且能正确地把它们填充到表里去。其次，样本中的每一个属性都指定了一个值。现实的数据集不可避免地会存在一些样本中的某些属性值因为一些原因而不可知，例如数据没有被测量、丢失或其他原因。最后，上面所提到的规则能正确地对例子进行分类，但在通常情况下，因为数据中存在一些错误或者"干扰"，错误分类的情况会发生在用来训练分类器的数据上。

1.1.2 机器学习

现在我们已经有了一些输入和输出的概念，下面我们将转入机器学习的主题。究竟什么是学习？什么是机器学习（machine learning）？这是哲学范畴的问题，在本书中，我们不涉及有关哲学的问题，而着重立足于实践。然而，在卷起袖子着手研究机器学习之前，值得花一些时间从一些基本的问题入手，弄清其中的微妙之处。字典中所给出的"学习"的定义如下：

- 通过研究、体验或者被教授得到知识。
- 从信息或观察中得知。
- 获得记忆。
- 被告知或查明。
- 接受指令。

当涉及计算机的时候，这些定义就存在一些缺陷。对于前两条定义，事实上不可能检测学习是否完成。我们怎么能知道一台机器是否拥有某种知识？我们也不大可能向机器提出问题，即使能，那也只是在测试机器回答问题的能力，而不可能测试它学习的能力。我们又如何知道它是否意识到什么？有关计算机是否能意识到或有知觉的问题是一个争论激烈的哲学问题。对于后三条定义，用人类的术语来说，我们看到它们做出的贡献局限于记忆和接受指令，这个定义对我们所指的机器学习似乎太简单了，也太被动，对于计算机来说，这些任务太平凡。而我们只对在新情况下其性能的改善，或至少其性能所具有的潜力感兴趣。要知道，你可以通过死记硬背的学习方法来记忆或得知某事，却没有能力在新的情况下运用新的知识；你也能够得到指导，却毫无收益。

之前我们是从可操作的角度定义机器学习，即机器学习是从大量的数据中自动或半自动地寻找模式的过程，而且这个模式必须有用。我们可以用同样的方法为学习建立一个可操作的定义，即当事物以"令自身在将来表现更好"为标准来改变其行为时，它学到了东西。

这个定义将学习和表现（而不是知识）捆绑在一起。你可以通过观察和比较现在和过去的行为来评估学习。这是一个非常客观且看上去更令人满意的定义。

但是仍然存在一些问题。学习是一个有点圆滑的概念。很多事物都能以多种途径改变它们的行为，以使它们能在未来做得更好，但是我们不愿意说它们已经真正学到了。一只舒服的拖鞋就是一个很好的例子。拖鞋学到了脚的形状了吗？当然，拖鞋确实改变了它的外形从而成为一只很舒服的拖鞋。但是我们很难想称之为学习。在日常语言中，我们经常用"训练"这个词表示一种无意识的学习。我们训练动物甚至植物，尽管这个概念从训练像拖鞋一类没有生命的事物上得到拓展，但学习是不同的。学习意味着思考和目的，并且必须有意识地去做一些事。这就是为什么我们不愿说葡萄藤学会了沿着葡萄园的架子生长，而说它已经被训练。没有目的的学习只能是训练，或进一步说，在学习中，目的是学习者的，而在训练中，目的是老师的。

因此从计算机的视角出发，以可操作的、性能为指导的原则进一步审视第二种学习的定义时，就存在一些问题。当判断是否真正学到一些东西时，你需要去看是否打算去学、其中是否包含一些目的。当应用到机器上时，它使得概念抽象化，因为我们无法弄清楚人工制品是否能够做出有目的的举动。哲学上有关"学习"真正意味着什么的讨论，就像有关"目的"或"打算"真正意味什么一样充满困难，甚至连法院也很难把握目的的含义。

1.1.3 数据挖掘

幸运的是，本书所介绍的学习技术没有呈现出这种概念上的问题，它们被称为"机器学习"，并没有真正预示任何有关学习到底是什么的特殊哲学态度。数据挖掘是一个特殊的主题，它涉及实践意义上的学习，而不是理论意义上的学习。我们对从数据中找出和表达结构模式的技术感兴趣，这个结构模式能作为一个工具来帮助解释数据，并从中做出预测。数据是以一个样本集的形式出现，例如一些已改变其忠诚对象的客户的样本，或一种特定的隐形眼镜针对某种特殊情况被推荐的样本。输出是以在新的样本上做出预测的形式出现：一个具体客户是否将发生改变的预测，或者在给定的条件下哪种隐形眼镜将被推荐的预测。

许多学习技术都在寻找有关学到什么的结构描述，这种描述可能变得非常复杂，通常表现为之前所述的一套规则，或是本章中要阐述的决策树。这种描述可以用来解释已经学到什么，解释关于新的预测的基本思想，所以能够被人们所理解。经验表明许多机器学习应用到数据挖掘领域中时，拥有清楚的知识结构是必要的，而结构描述也同样重要，它往往比在新的例子上有良好的表现能力更重要。人们频繁地使用数据挖掘不只为了预测，也为了获得知识。从数据中获得知识听起来像是一个好主意，但前提是你能做到。下面将指导读者如何去做。

1.2 简单的例子：天气问题和其他问题

在本书中，我们将用到很多例子。本书内容是关于从实例中学习知识的，这种形式就显得格外合适。我们将不断提到一些标准的数据集。不同的数据集往往揭示出新的问题和挑战，在考虑学习方法的时候，对不同问题的思考对研究有着指导意义，也会增加研究的趣味性。实际上，非常有必要来研究不同的数据集。这里所用的每一个数据集都由 100 多个实例问题组成。我们可以在相同的问题集上对不同的算法进行测试和比较。

本节使用理想化的简单例子。数据挖掘的真正应用对象是由几千个、几十万个甚至几百万个独立的样本组成。但是在解释算法做什么和如何做时，我们需要一些简单的例子，它们不但能够抓住问题的本质，而且小的数据量也有助于人们理解其中每一个细节问题。我们将在本节以及本书里研究这些例子。这些例子比较倾向于"学术性"，它们能够帮助我们理解将要发生什么。一些真正在专业领域里运用的学习技术将在 1.3 节中讨论，本书所提到的其他例子将在"拓展阅读"部分提及。

通常真实的数据集还存在一个问题，即它们通常是专有的。没有人愿意与你共享他们的客户和产品选购的数据库，从而让你理解他们的数据挖掘的应用和如何工作的细节。企业数据是非常宝贵的资源，它们的价值随着数据挖掘技术的发展而急剧增加。这里我们关注的是理解这些数据挖掘方法是如何工作的。详细了解数据挖掘工作的细节，有利于我们跟踪数据挖掘方法在真正数据上的操作。这就是我们使用一些简单例子的原因。但是这些例子并不是过分简单的，它们足以表现真正数据集的特性。

1.2.1 天气问题

天气问题是一个很小的数据集，我们将不断地用该数据集来说明机器学习的方法。这完全是一个虚构的例子，它假设了可以进行某种体育运动的天气条件。总的来说，数据集中的样本由一些属性的值来表示，这些值是从不同方面的测量样本而得到的。天气问题有 4 个属性：outlook（阴晴）、temperature（温度）、humidity（湿度）和 windy（刮风）。结论为是否能 play（玩）。

表 1-2 是天气问题最简单的形式。所有 4 个属性的值都是符号类别，而不是数值。其中，阴晴属性值分别是 sunny、overcast、rainy；温度属性值分别是 hot、mild、cool；湿度属性值分别是 high、normal；刮风属性值是 true、false。这些值可以建立 36 个可能的组合（3×3×3×2×2=36），其中 14 个样本作为输入样本。

表 1-2 天气数据

outlook	temperature	humidity	windy	play	outlook	temperature	humidity	windy	play
sunny	hot	high	false	no	sunny	mild	high	false	no
sunny	hot	high	true	no	sunny	cool	normal	false	yes
overcast	hot	high	false	yes	rainy	mild	normal	false	yes
rainy	mild	high	false	yes	sunny	mild	normal	true	yes
rainy	cool	normal	false	yes	overcast	mild	high	true	yes
rainy	cool	normal	true	no	overcast	hot	normal	false	yes
overcast	cool	normal	true	yes	rainy	mild	high	true	no

从这些信息中学到的一组规则——也许不是非常好——形式如下：

```
If outlook = sunny and humidity = high     then play = no
If outlook = rainy and windy = true        then play = no
If outlook = overcast                      then play = yes
If humidity = normal                       then play = yes
If none of the above                       then play = yes
```

这些规则按先后次序判断：首先看第一条规则，如果不适用，就用第二条，以此类推。如果一组规则按次序判断，称为决策列表（decision list）。作为决策列表来判断时，规则能对表中的所有实例正确地进行分类，如果脱离上下文，单独使用规则进行判断，有些规则将是错误的。例如，规则 if humidity = normal then play = yes 将错分一个样本（在表中检查哪个实例被分错）。毫无疑问，一组规则的意义取决于它是如何被判断的。

表 1-3 是一个稍复杂形式的天气问题。其中温度和湿度两个属性的值为数值型。这意味着许多学习方案必须对两个属性建立不等式，而不是像上一个例子所描述的简单、相等的测试。这个问题称为数值属性问题（numeric-attribute problem）。因为并非所有属性都是数值型，所以也叫作混合属性问题（mixed-attribute problem）。

表 1-3 带有数值型属性值的天气数据

outlook	temperature	humidity	windy	play	outlook	temperature	humidity	windy	play
sunny	85	85	false	no	sunny	72	95	false	no
sunny	80	90	true	no	sunny	69	70	false	yes
overcast	83	86	false	yes	rainy	75	80	false	yes
rainy	70	96	false	yes	sunny	75	70	true	yes
rainy	68	80	false	yes	overcast	72	90	true	yes
rainy	65	70	true	no	overcast	81	75	false	yes
overcast	64	65	true	yes	rainy	71	91	true	no

所以第一个规则应该是以下形式：

```
If outlook = sunny and humidity > 83 then play = no
```

得到一些包含数值测试的规则是一个稍微复杂一点的过程。

到现在为止，我们看到的规则是分类规则（classification rule）：它们以是否能玩去预测样本的分类。也可以不管它的分类，仅仅寻找一些规则，这些规则和不同的属性值紧密关联，这称为关联规则（association rule）。从表1-2中可以找到许多关联规则。下面是一些好的关联规则：

```
If temperature = cool                          then humidity = normal
If humidity = normal and windy = false         then play = yes
If outlook = sunny and play = no               then humidity = high
If windy = false and play = no                 then outlook = sunny
                                               and humidity = high.
```

以上列出的规则对于所给的数据的准确率达到100%，它们没有做出任何错误的预测。前两个规则分别适用于数据集中的4个样本，第三个规则适用于3个样本，第四个规则适用于2个样本。除此以外，还能找出很多其他规则。实际上，从天气数据中能找出60多个能适用于两个以上样本的关联规则，并且是完全正确的。如果要寻找小于100%准确率的规则，将会找到更多。原因是关联规则能够"预测"任何属性值，并且能够预测一个以上的属性值，而分类规则仅预测一个特定的类。例如，上面第四个规则的预测结论是：outlook是sunny，humidity是high。

1.2.2 隐形眼镜：一个理想化的问题

前面介绍的隐形眼镜数据，是通过给定的一些有关患者的信息，向其推荐隐形眼镜的类型。注意，这个例子仅为了说明问题，它把问题过于简单化，不能用于实际诊断。

表1-1的第一列给出了患者的年龄。这里需要解释一下：presbyopia是老花眼的一种，通常发生在中年人中；第二列是眼镜的诊断，myope是近视，hypermetrope是远视；第三列显示患者是否散光；第四列是有关眼泪的产生速率，这是一个重要的因素，因为隐形眼镜需要泪水润滑。最后一列显示所推荐的隐形眼镜的类型：hard、soft或者none。这个表给出了所有属性值的组合。

图1-1是从这些信息中学到的一个简单规则集。这是一组比较大的规则集，但是它们确实对所有例子都能准确地分类。这些规则是完善的，也是确定的：它们为每一个可能的例子给出了一个唯一的诊断。但通常不是这样的。有时在某些情况下没有任何规则可以适用，而有时能够适用的规则不止一个，从而会产生出自相矛盾的建议。所以有时规则可能会与概率或者权值联系在一起，以指出其中的一些规则相对于另一些更重要或者更可靠。

```
If tear production rate = reduced then recommendation = none.
If age = young and astigmatic = no and tear production rate = normal
   then recommendation = soft
If age = pre-presbyopic and astigmatic = no and tear production
   rate = normal then recommendation = soft
If age = presbyopic and spectacle prescription = myope and
   astigmatic = no then recommendation = none
If spectacle prescription = hypermetrope and astigmatic = no and
   tear production rate = normal then recommendation = soft
If spectacle prescription = myope and astigmatic = yes and
   tear production rate = normal then recommendation = hard
If age = young and astigmatic = yes and tear production rate = normal
   then recommendation = hard
If age = pre-presbyopic and spectacle prescription = hypermetrope
   and astigmatic = yes then recommendation = none
If age = presbyopic and spectacle prescription = hypermetrope
   and astigmatic = yes then recommendation = none
```

图1-1 隐形眼镜数据的规则

你也许想知道一个小的规则集是否也有很好的表现。如果的确表现好，是否应该使用小的规则集？为什么？本书向我们展示的恰好是这一类问题。因为样本构造了一个问题空间的完整集合。规则只是总结了所有给出的信息，并以一种不同的、更精练的方式来表达。尽管规则没有泛化，但它也是一种非常有用的分析问题的方法。人们频繁地使用机器学习技术来洞察数据的结构，而不是对新的数据做出预测。实际上，在机器学习领域，一项杰出而成功的研究是以压缩一个海量数据库开始的，这个海量数据库的数据容量相当于象棋最后阶段所有可能性的数量，最终得到一个大小合理的数据结构。为这个计划所选择的数据结构不是规则集，而是决策树。

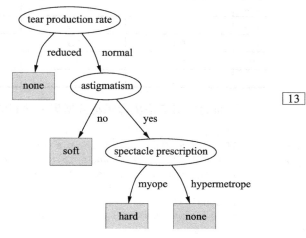

图 1-2 以决策树的形式展示了关于隐形眼镜数据的结构描述，它是一种可以用于多种用途的更为简练、明了的规则表示法，并且有更便于观察的优势（然而，与图 1-1 给出的规则集相比，决策树对两个实例的分类是错误的）。树首先对 tear production rate 进行测试，产生的两个分支与两个可能的输出

图 1-2 隐形眼镜数据的决策树

结果相对应。如果 tear production rate 是 reduced（左分支），输出是 none；如果是 normal（右分支），第二个测试是 astigmatism 属性。最后，无论测试是什么结果，所达到的树的叶子均指出了向患者推荐的隐形眼镜的种类。从机器学习的方案来看，什么才是最自然、最容易被理解的输出形式？有关这部分内容将在第 3 章阐明。

1.2.3 鸢尾花：一个经典的数值型数据集

鸢尾花数据集是由杰出的统计学家 R. A. Fisher 在 20 世纪 30 年代中期开创的，它被公认为用于机器学习的最著名的数据集。它包含 3 个植物种类（Iris setosa、Iris versicolor 和 Iris virginica），每个种类各有 50 个样本。表 1-4 摘录了这个数据集。它由 4 个属性组成：sepal length（花萼长度）、sepal width（花萼宽度）、petal length（花瓣长度）和 petal width（花瓣宽度）(测量单位是厘米)。与前面的数据集不同的是，鸢尾花的所有属性都是数值型。

表 1-4 鸢尾花数据

	sepal length	sepal width	petal length	petal width	type
1	5.1	3.5	1.4	0.2	Iris setosa
2	4.9	3.0	1.4	0.2	I. setosa
3	4.7	3.2	1.3	0.2	I. setosa
4	4.6	3.1	1.5	0.2	I. setosa
5	5.0	3.6	1.4	0.2	I. setosa
...					
51	7.0	3.2	4.7	1.4	Iris versicolor
52	6.4	3.2	4.5	1.5	I. versicolor
53	6.9	3.1	4.9	1.5	I. versicolor
54	5.5	2.3	4.0	1.3	I. versicolor

(续)

	sepal length	sepal width	petal length	petal width	type
55	6.5	2.8	4.6	1.5	I. versicolor
...					
101	6.3	3.3	6.0	2.5	Iris virginica
102	5.8	2.7	5.1	1.9	I. virginica
103	7.1	3.0	5.9	2.1	I. virginica
104	6.3	2.9	5.6	1.8	I. virginica
105	6.5	3.0	5.8	2.2	I. virginica
...					

下面的规则集是从鸢尾花数据集中学到的：

```
If petal-length < 2.45 then Iris-setosa
If sepal-width < 2.10 then Iris-versicolor
If sepal-width < 2.45 and petal-length < 4.55 then Iris-versicolor
If sepal-width < 2.95 and petal-width < 1.35 then Iris-versicolor
If petal-length ≥ 2.45 and petal-length < 4.45 then Iris-versicolor
If sepal-length ≥ 5.85 and petal-length < 4.75 then Iris-versicolor
If sepal-width < 2.55 and petal-length < 4.95 and petal-width < 1.55 then
   Iris-versicolor
If petal-length ≥ 2.45 and petal-length < 4.95 and petal-width < 1.55 then
   Iris-versicolor
If sepal-length ≥ 6.55 and petal-length < 5.05 then Iris-versicolor
If sepal-width < 2.75 and petal-width < 1.65 and sepal-length < 6.05
   then Iris-versicolor
If sepal-length ≥ 5.85 and sepal-length < 5.95 and petal-length < 4.85
   then Iris-versicolor
If petal-length ≥ 5.15 then Iris-virginica
If petal-width ≥ 1.85 then Iris-virginica
If petal-width ≥ 1.75 and sepal-width < 3.05 then Iris-virginica
If petal-length ≥ 4.95 and petal-width < 1.55 then Iris-virginica
```

这些规则非常烦琐，我们将在第 3 章里看到能表达同样信息却更加紧凑的规则。

1.2.4 CPU 性能：引入数值预测

尽管鸢尾花数据集包含数值的属性，但它的输出（即鸢尾花的类型）是一个类别，而不是一个数值。表 1-5 给出了输出和属性都是数值型的一些数据。它是有关计算机在几个相关属性上处理能力的关联表现。每一行表示一台计算机的配置，共有 209 个不同的计算机配置。

表 1-5 CPU 性能数据

	周期 (ns)	主存 (Kb)		缓存 (KB)	信道		性能
		Min	Max		Min	Max	
	MYCT	MMIN	MMAX	CACH	CHMAN	CHMAX	PRP
1	125	256	6000	256	16	128	198
2	29	8000	32 000	32	8	32	269
3	29	8000	32 000	32	8	32	220
4	29	8000	32 000	32	8	32	172
5	29	8000	16 000	32	8	16	132
...							

| | 周期（ns） | 主存（Kb） | | 缓存（KB） | 信道 | | 性能 |
| | | Min | Max | | Min | Max | |
	MYCT	MMIN	MMAX	CACH	CHMAN	CHMAX	PRP
207	125	2000	8000	0	2	14	52
208	480	512	8000	32	0	0	67
209	480	1000	4000	0	0	0	45

处理连续预测值的传统方法是把结果写成一个线性属性值的和，并为每一个属性加上适当的权值。例如：

$$PRP = -55.9 + 0.0489\ MYCT + 0.0153\ MMIN + 0.0056\ MMAX$$
$$+ 0.6410\ CACH - 0.2700\ CHMIN + 1.480\ CHMAX$$

（缩写的变量名在表的第二行给出。）这个公式称为回归公式（regression equation），确定权值的过程称为回归（regression）。我们将在第4章介绍一个统计学中众所周知的回归过程。然而，基本的回归方法不足以发现非线性关系（尽管变体确实存在，本书后面将阐述其中的一个）。在第3章中，我们将考察能够用于预测数值量的不同表现方式。

在鸢尾花和CPU性能数据中，所有属性都是数值型，而实际的数据通常表现为数值和非数值的混合形式。

1.2.5 劳资协商：一个更真实的例子

表1-6是劳资协商数据集，它概括了加拿大人在1987～1988年劳资协商的结果。它包括在至少有500人的组织（教师、护士、大学老师、警察等）的商业和个人服务部门中达成的所有集体协议。每个案例涉及一个合同，结果是合同被认为可以接受（acceptable）或者不能接受（unacceptable）。可以接受的合同是劳工和管理双方都能接受的协议。不能接受的合同是因为某一方不愿接受而导致提议失败，或者可以接受的合同在某种程度上引起不安，因为从专家的角度来看，它们是不应该被接受的。

表 1-6 劳资协商数据

属性	类型	1	2	3	…	40
duration	(number of years)	1	2	3		2
wage increase 1st year	percentage	2%	4%	4.3%		4.5
wage increase 2nd year	percentage	?	5%	4.4%		4.0
wage increase 3rd year	percentage	?	?	?		?
costofliving adjustment	{none, tcf, tc}	none	tcf	?		none
working hours per week	(number of hours)	28	35	38		40
pension	{none, ret-allw, empl-cntr}	none	?	?		?
standby pay	percentage	?	13%	?		?
shift-work supplement	percentage	?	5%	4%		4
education allowance	{yes, no}	yes	?	?		?
statutory holidays	(number of days)	11	15	12		12
vacation	{below-avg, avg, gen}	avg	gen	gen		avg
long-term disability assistance	{yes, no}	no	?	?		yes
dental plan contribution	{none, half, full}	none	?	full		full
bereavement assistance	{yes, no}	no	?	?		yes
health plan contribution	{none, half, full}	none	?	full		half
acceptability of contract	{good, bad}	bad	good	good		good

这个数据集有 40 个样本（另外，通常留出 17 个样本用于测试）。与其他表不同，表 1-6 是以列而不是行的形式来表示样本，否则表的宽度将要延伸好几页。其中一些未知或缺失的值用问号来标记。

这个数据集比我们先前介绍的更真实。它存在很多缺失值，看上去似乎不太可能得到一个真正的分类。

图 1-3 为表示数据集的两个决策树。图 1-3a 是一种简单且近似的形式，它并没有展示确切的数据。例如，对一些实际上被标注为 good 的合同，它预测为 bad 结果。但是它做出了直觉的判断：如果第一年工资的增长幅度（wage increase 1st year）很小（小于 2.5%），这个合同就是不好的（对雇员来说）。如果第一年工资的增长大于这个百分比，而且还有很多法定假期（statutory holidays）（超过 10 天），它就是好的。如果法定假期比较少，但是如果第一年工资的增长幅度足够大（大于 4%），它也是好的。

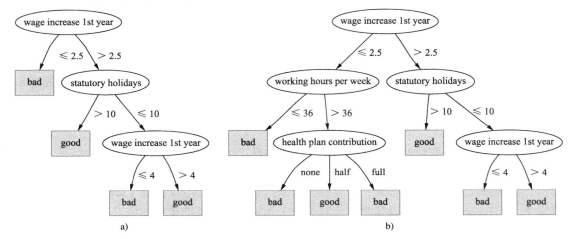

图 1-3 劳资协商数据的决策树

图 1-3b 是一个更为复杂的决策树，它表示了同一个数据集。顺着左分支仔细向下看，直觉上并不能使人理解为什么当工作时间（working hours per week）超过 36 小时时，如果没有给出健康计划（health plan contribution）或者给出一个完整的健康计划，这个合同就是不好的；但是如果给出了一半（half）的健康计划，这个合同却又变成好的了。健康计划在决策中起作用是十分合理的，但是不能说制定了一半的健康计划是好的，而拥有完整健康计划和没有健康计划是不好的。然而，仔细考虑一下可以发现这还是有意义的，因为"好"的合同是工人和管理者双方都能接受的合同。也许这个结构反映的是达成协议所要做的妥协。这种关于决策树哪个部分意味着什么的精细推理为更好地了解数据以及考虑潜在的问题提供了好的方法。

实际上，相比图 1-3a，图 1-3b 是对训练数据集更为准确的表示。但它不一定是好坏合同概念的更准确的表示。尽管它在分析用于训练分类器的数据时拥有更高的准确性，但是在分析一个独立的测试数据集时，它的性能可能有所降低。它可能对训练数据"过度拟合"，即过于符合训练数据。图 1-3a 是将图 1-3b 剪枝以后得到的树。有关内容我们将在第 6 章进行学习。

1.2.6 大豆分类：一个经典的机器学习的成功例子

在将机器学习应用于解决实际问题时，经常引用的一个早期的成功案例是为诊断大豆疾病找出鉴别规则。数据是从描述大豆作物疾病的问卷调查表中采集的，共有 680 多个样本，每个样本表示一个有病的大豆作物。大豆苗从 35 个属性方面被检测，每个属性拥有一组小范围的可能值。所有样本都由一个植物生物学领域的专家标记上诊断结果：有 19 个恐怖的疾病分类，如腐皮壳菌层茎秆溃疡、丝核菌根腐烂、细菌枯萎病等。

表 1-7 给出了所有属性，每个属性拥有多个不同的值，每个实例记录一个特定的植株。为了便于阅读，所有属性被划分到不同的分类中。

表 1-7 大豆数据

	属性	取值个数	样本值		属性	取值个数	样本值
environment	time of occurrence	7	july	leaves	condition	2	abnormal
	precipitation	3	above normal		leaf spot size	3	—
	temperature	3	normal		yellow leaf spot halo	3	absent
	cropping history	4	same as last year		leaf spot margins	3	—
	hail damage	2	yes		shredding	2	absent
	damaged area	4	scattered		leaf malformation	2	absent
	severity	3	severe		leaf mildew growth	3	absent
	plant height	2	normal	stem	condition	2	abnormal
	plant growth	2	abnormal		stem lodging	2	yes
	seed treatment	3	fungicide		stem cankers	4	above soil line
	germination	3	less than 80%		canker lesion color	3	—
seed	condition	2	normal		fruiting bodies on stems	2	present
	mold growth	2	absent		external decay of stem	3	firm and dry
	discoloration	2	absent		mycelium on stem	2	absent
	size	2	normal		internal discoloration	3	none
	shriveling	2	absent		sclerotia	2	absent
fruit	condition of fruit pods	3	normal	roots	condition	3	normal
	fruit spots	5	—	diagnosis		19	diaporthe stem canker

下面是两个人从数据中学到的示例规则。

```
If  leaf condition = normal and
    stem condition = abnormal and
    stem cankers = below soil line and
    canker lesion color = brown
then
    diagnosis is rhizoctonia root rot

If  leaf malformation = absent and
    stem condition = abnormal and
    stem cankers = below soil line and
    canker lesion color = brown
then
    diagnosis is rhizoctonia root rot
```

这些规则很好地展示了预备知识的潜在作用。预备知识在机器学习领域通常也称为领域知识（domain knowledge），这是因为实际上这两种描述的区别仅仅在于一种是 leaf condition is normal，另一种是 leaf malformation is absent。在这个领域，是指如果叶子状态是正常，那么叶子就不可能是畸形。所以以上任何一种情况的发生将是另外一种情况的一个特例。因此如果第一个规则是正确的，那么第二个必定是正确的。如果叶子不是畸形，但是叶子状态不正常，就要运用第二个规则，也就是说，叶子有除了畸形以外的不正常状态存在。这些规则不是从漫不经心的阅读中就能显而易见的。

在20世纪70年代末的研究中发现，每个疾病类型的诊断规则都能由机器学习算法从300个训练样本中建立。这些训练样本是从整个病例中精心挑选出来的，各个样本都截然不同，并且在样本空间"相隔很远"。与此同时，对那些做出诊断的植物病理学家进行访谈，然后把他们的专家经验翻译成诊断的规则。令人惊奇的是，与专家产生的规则相比，计算机产生的规则在剩余的测试实例上有更卓越的表现。它对病毒预测的准确率达到97.5%，相对而言，由专家给出的规则的准确率只有72%。此外，不但由学习算法发现的规则胜过专家合作的结果，而且用学习算法揭示的规则代替了专家自己的规则，真是令人惊讶。

1.3 应用领域

我们在本章开始介绍的例子是猜测性的研究项目，不是产品系统。前面的数据都是一些小问题，我们特意选择一些小型的例子来应用书中所提到的算法。那么它们真正运用在哪里？这里将介绍一些真正进入实际应用的机器学习方法。

在领域应用方面，强调性能方面学习的使用，重点是在新的样本上有良好的表现能力。本书同时也描述了使用学习系统从由数据推断出的决策结构中获得知识。我们相信这与做出高质量的预测一样重要，也许在将来作为技术运用后还会更加重要。但是它在应用领域尚缺乏代表性，因为当使用学习技术来获得洞见时，结论通常不是一个能运用在实际工作中的应用系统。然而，从下面的三个例子可以看出，决策结构是可以理解的，它是衡量方案是否成功的一个关键特征。

1.3.1 Web挖掘

万维网信息挖掘正在成为一个急速发展的领域。搜索引擎公司通过考察网页之间的超链接得到网页和网站的"权威性"度量。权威性（prestige）在字典中的定义是"通过成功和影响力所取得的高地位"。PageRank这个度量值就用来度量网页的权威性，它由谷歌创始人发明并被很多搜索引擎开发商以各种形式所采用。连接到网站的网页越多，网站的权威值也就越高，特别是当这些连接到网站的网页本身也具有高权威值的时候。这个定义听起来好像有点循环定义的意味，但它完全可行。搜索引擎便是使用PageRank这个度量值（也包括其他一些度量）将网页进行排序，然后将排序后的结果返回给用户。

搜索引擎还采用另外一种方法来处理网页排名问题，那就是使用基于查询实例训练集的机器学习方法。训练集包括蕴含查询关键词的文档，以及由人工判断的文档和查询之间的相关性。接着便可以通过一种学习算法来分析训练数据，并得到一种预测任意文档和查询之间相关性的方法。我们计算得到每个文档的一系列特征值，这些特征值的取值取决于查询关键词的具体情况，比如关键词是否出现在标题标签中，是否出现在文档的URL中，在文档中出现的频率是多少，以及它在指向该文档的超链接的锚文本中出现的频率是多少。若是多关键词查询，特征值还包括两个不同关键词在文档中紧挨着出现的频率等。特征值的种类很多，典型的用于排名学习的算法通常包含成百上千种特征值。

搜索引擎不仅可以挖掘Web内容，还能挖掘用户的查询内容，也即用户查询关键词，以此来针对客户可能的兴趣进行广告精准投放。搜索引擎公司有很大的动力来实现广告精准投放，因为广告提供商会根据用户的点击量来向搜索引擎公司支付相应的报酬。搜索引擎公司还挖掘用户的点击信息，用户在返回的搜索结果中的点击信息本身就蕴含了有用的知识，这些知识可以帮助进一步提高用户的搜索质量。在线售书商通过挖掘购书数据库中的信息得到很多购物推荐，比如"购买此书的客户同时也购买那本书"。同样，这些售书商也具有很大的动力来向客户推荐那些诱人的、个性化的选项。电影网站根据某用户之前的选择以及其他用户的选择来进行电影推荐，他们的盈利水平取决于其网站用户的回头率。

另外，还有社交网络以及其他一些个人数据值得关注。我们生活在一个"自我暴露"的时代：人们在博客和推特上分享自己最隐秘的想法和照片，对音乐和电影的品味，对书、软件、小工具以及酒店的看法，还有社交生活。他们也许坚信所参与的这些网络活动都是匿名的或是假名的，但是他们的想法通常都错了（我们在 1.6 节中会谈到这个问题）。总之，靠 Web 挖掘盈利有着巨大的商业前景。

1.3.2 包含判断的决策

在申请贷款时，你必须填一张有关金融和个人信息的调查表。信贷公司根据这些基本信息做出决策：是否批准你的贷款。这些决策的制定要通过两个阶段完成：首先，运用统计的方法来决定那些明确能"接受"或"拒绝"的案例。其次，对处于临界线的比较复杂的案例，需要人来做出判断。例如，一个信贷公司使用一个统计的决策过程产生一个数值参数，这个参数是从调查表提供的信息中计算出来的。如果这个参数超过一个预先设定的标准，申请人将被接受；如果低于标准的下限，申请人将被拒绝。这个方案能够处理 90% 的案例，剩下的 10% 需要由信贷员亲自做出决策。对申请人能否真正偿还贷款的历史数据研究表明，有超过一半处于临界线并得到贷款的申请人未按期付款。当然，如果拒绝给达到临界条件的申请人贷款，将使问题简单化。但是信贷公司的专业人士指出，如果能够可靠地确定那些在未来有偿还能力的客户，那么公司必须争取这些客户。他们通常是信用机构里较活跃的客户，他们的资金长期处于不稳定状态。因此在一个不喜欢坏账的公司会计和一个追求业绩的销售主管之间，必须有适当的折中。

我们把这个例子引入机器学习。在这个案例中，输入由 1000 个训练样本组成，这些样本是处于临界线并得到贷款的案例，而且标明借贷人是否最终偿还了贷款。每个训练样本由调查表里提取的 20 多个属性组成，如：年龄、为当前雇主工作的年数、在当前地址居住的年数、拥有银行账户的年数，以及所持有的其他信用卡。用一个机器学习程序生成一个小的分类规则集，它在一个单独选出的测试集上正确预测了 2/3 处于临界线的案例。这些规则的使用不但提高了信贷决策的成功率，而且信贷公司发现可以用它们来向客户解释决策背后的原因。尽管这是一个探索中的项目，只取得了一些小的发展成果，但是信贷公司显然对得到的结果很满意，因为所得到的规则能够立刻运用到实际工作中。

1.3.3 图像筛选

从卫星技术发展早期开始，环境科学家就已经试图从卫星图片上探测出浮油区域，以期及早给出生态灾难的警报并制止非法倾倒的行为。雷达卫星为监控沿海水域提供了机遇，因为它不受昼夜变化以及天气条件的影响。浮油区域将以一个深色区域的样式出现在图像上，其大小、形状的发展变化取决于天气和海洋条件。然而，其他一些看上去比较深色的区域是由于当地的气候条件（如大风）造成的。探测浮油区域是一个代价很高的手工过程，需要受过培训的人员进入图片中的每个区域进行实地调查。

已开发出来的危险探测系统用于为随后的手动处理筛选图片。该系统欲销售给世界范围内的广大终端用户——因为各个政府机构和公司处于不同地域，有着不同的目标和应用，所以，系统需要高度客户化来满足不同的需求。机器学习根据用户提供的浮油区域和非浮油区域的图像样本来训练系统，并且能让用户控制如何在未能察觉到的浮油区域和虚假警报之间进行权衡。与其他机器学习应用的不同之处在于，这个学习方案本身将投入到实际应用领域里，而其他的则是先产生一个分类器，然后投入到实际运用中。

这里的输入是从雷达卫星获得的一个原始像素图像集，而输出是一个非常小的图像集，这些图像是推断出的浮油区域，并且用彩色的边框加以标记。在这一过程中，首先需要运用标准图像操作对图像进行标准化处理。接着，识别出可疑的深色区域。从每一个区域提取数十个属性用于刻画区域的规模、形状、面积、色彩饱和度、边界的锐利度和锯齿形状，附近的其他区域，以及有关邻近区域的背景信息。最后，把标准的学习技术运用在获得的属性向量上。

在此过程中遇到了一些有趣的问题。第一，用于训练的数据极少。幸运的是，原油泄漏事件是很少发生的，而人工分类的成本极其昂贵。第二，问题的不均衡性：在训练数据中，极少比例的深色区域是由真正的浮油造成的。第三，样本自然地组成批，每一批都是从一个图像中提取的区域的集合，批与批之间的背景是不一样的。第四，作为一个过滤器来完成筛选的工作，并且必须为用户提供一种可变更虚假报警率的简便方法。

1.3.4 负载预测

在电力供应行业，尽早地判断出电力的未来需求量有着重要的意义。如果能准确地估计出每小时、每天、每月、每季和每年的最大和最小负载，那么电力公司能够在很多领域（如运作储备、维护调度以及燃料库存管理）取得巨大的经济效益。

在过去十年里，一个"自动的负载预测助理"已经为一个主要的电力供应商工作了，它能够提前两天提供每小时负载的预测。完成这个预测需要利用过去15年收集的数据手工建立一个复杂的模型。这个模型有三个组件：年基本负载量、年内负载周期以及假期的影响。要得到基本负载，就需要对数据做正常化处理，也就是对前一年的数据进行标准化，方法是：每小时读出的负载数值减去每小时平均负载量，然后除以全年负载的标准差。电力负载在三个基本频率上显示出周期性的变化：每天，用电量在早晨最低，而在中午和晚上达到最高；每周，电力需求在周末的时候较低；按季节统计，电力需求量在每年的冬季和夏季增加，分别是为了满足取暖和降温的需要；在一些主要的节假日里，如感恩节、圣诞节和新年，电力负载和平时相比显示出急剧的变化，对于这些特殊时段要分别用过去15年在同一天每小时的平均负载量单独进行建模。一些次要的官方节假日，如哥伦布日，将和学校假期一起作为正常日（消费）模型的分支进行处理。以典型时段的次序综合考虑所有因素重建一年的负载，接着把节假日插入正确的位置，然后对负载进行反向规范化，从而计算出大致的增长量。

综上所述，所建的负载模型是静态的，是从历史数据中手工建立起来的，并且隐含地假设全年的天气情况"正常"。最后一步，要考虑天气条件的影响，使用一种技术找出历史上和当前情况相似的天，并把那天的历史信息作为一个预测器。这时的预测是对静态负载模型的一次附加修正。为了防止出现较大偏差，需要找出非常相似的8天，取它们附加修正值的均值。为此需要建立一个数据库来记录当地 3 个气象中心在过去 15 年里每小时的温度、湿度、风速和云层覆盖度，以及真实负载和由静态模型预测的负载量之间的差异。用一个线性回归分析方法分析相关的参数对负载的影响，并且使用系数对用于寻找最相似日子的距离函数进行权衡。

这个系统表现出和受过培训的专业人员相近的预测能力，但预测的速度更快，只要几秒钟而不是几小时就能对某一天做出预测。操作人员可以通过分析预测结果对天气变化的敏感程度来验证系统为修正预测结果所使用的天气变化"最相似"的日子。

1.3.5 诊断

诊断是专家系统的主要应用领域之一。虽说手工编写的规则在专家系统中通常运作得很好，但有时会过于耗费人工，在这种情况下机器学习就很有用。

对于电机设备，例如发动机和发电机，预防性的维护能够避免因故障而导致工业生产过程的中断。机械师定期检查每一台设备，在不同的位置测量设备的振动状况，判断这台设备是否需要维修。典型的故障包括轴心偏移、机构松弛、轴承失效和泵动不平衡。某个化学工厂拥有 1000 多台不同的设备，范围从很小的泵到非常大的涡轮交流发电机，这些设备至今仍需要由有 20 多年工作经验的专家进行诊断。通过对设备装置不同位置振动的测量，以及使用傅里叶分析法在三个轴向上检测出基本转速下每个共振所产生的能量，进行故障的判断。由于受到测量和记录过程的限制，所得到的信息非常繁杂，需要专家对这些信息进行综合研究后做出诊断。尽管手工编制的专家系统已经在一些方面得到发展，但由于得到诊断方案的过程必须在不同类型的机械装置上重复很多遍，所以也在探索运用机器学习方案。

600 多个故障中的每一个均由一组测量和专家的诊断结果组成，它们都是可用的，代表着专家在这一领域 20 余年的经验。其中有一半由于不同的原因不能令人满意而不得不丢弃，剩下的将作为训练样本投入使用。这个诊断系统的目的不是确定是否存在故障，而是要判断出是什么故障。因此，训练集里没有必要包括没有故障的事例。由测量得到的属性值是属于较低层的数据，必须使用一些中间处理方法将它们扩大。中间处理方法是一些基本属性的公式，这些公式是专家结合一些有因果关系的领域知识所制定的。用一个归纳法公式对衍生出的属性进行运算，从而产生一组诊断规则。一开始，专家并不满意这些规则，因为他不能将这些规则与他的知识和经验联系起来。对于他来说，统计的证据本身并不是一个充分的解释。为了让建立的规则令人满意，必须使用更多的背景知识。尽管产生的规则将会非常复杂，但是专家喜欢它，因为他能够根据自己的机械专业知识对它们进行评估。专家对一些由第三方产生的规则和他自己使用的规则达成一致感到高兴，而且愿意从其他规则中获得新的洞见。

从性能测试的结果可以看出，机器学到的规则略优于由专家根据以往的经验手工编制的规则，这一结论在化学工厂的后续使用中得到证实。有趣的是，这个系统的应用不是因为它有良好的性能表现，而是因为由机器学到的规则已经得到这个领域内专家的肯定。

1.3.6 市场和销售

数据挖掘最活跃的一些应用是在市场和销售领域。在这个领域，各个公司都掌握着大量的精确数据记录，这些数据仅在最近才被认为拥有巨大的潜在价值。在这些应用中，预测是主要兴趣所在，用于做出决策的结构常常是完全不相干的。

我们已经提到有关客户忠诚度摇摆问题，以及找出那些可能会背叛的客户的挑战，因为可以通过特殊对待这部分客户而将他们争取回来。银行是数据挖掘技术较早的使用者，因为数据挖掘的使用在信用度审核方面取得了成功。如今，为减少储户的流失，数据挖掘被用来考查个人银行业务模型。这个模型将预示出一个银行业务的变化，甚至是生活的变化，如移居到另一个城市，这些变化可能会导致储户选择一个不同的银行。或者，一个通过电话管理的银行业务的客户群，当连续几小时的电话接通率较低时，这部分客户的流失率将高于均值。数据挖掘能为新推出的服务找出所适合的群体，例如一个有利可图的、可靠的客户群，他们除了11、12月以外很少从信用卡上提取现金，他们愿意为度个好假期而支付高昂的银行利息。在移动通信领域，移动电话公司为了留住他们的基本用户群，需要找出可能从新推出的服务中获利的行为模型，然后向这个客户群宣传新服务。为挽留所有用户而特别提供一些激励措施的代价是昂贵的。成功的数据挖掘使得移动电话公司能够精准定位那些有可能产生最大利润的用户群。

购物篮分析（market basket analysis）是使用关联技术从交易过程中特别是从超市收银数据中找出那些以成组形式同时出现的商品，例如超市结账数据。对于许多零售商来说，这是唯一能够用于数据挖掘的销售信息来源。例如，对收银数据的自动分析将揭示一个事实：那些买啤酒的客户同时也买薯片。这是一个对超市管理人员来说也许具有重要意义的发现（尽管这是个很明显的并不需要数据挖掘技术来揭示的发现）。或者也可能找出另一个事实：一些顾客通常在星期四买尿片的同时也买啤酒。这个结论起初令人吃惊，如果再仔细想一下，考虑到年轻父母为了在家度周末而囤货，就变得可以理解了。这些信息能够用于多种目的：规划货架，仅对会同时被购买的一组商品中的一种进行打折，当一个产品单独销售时提供与这个产品相匹配产品的赠券，等等。

鉴别单个客户的购买历史记录可以创造出巨大的附加价值。事实上，对这个价值的追求造成折扣卡或"忠诚"卡的繁荣，让零售商无论何时都能从购买行为中鉴别出特殊的客户。从个人数据中获得的结论将比折扣的现金价值更高。对个别顾客的鉴别不但使得对其历史购买模式进行分析，而且能精确地针对潜在的用户发送有关特殊服务的邮件，或者在购物结算时实时打印个人礼券。超市想让你感觉到尽管物价在无情地上涨，但是超市不会过多地涨价，这是因为有购物礼券的特价商品会吸引你囤积一些正常情况下不会购买的商品。

直销是另一个数据挖掘广泛应用的领域。促销行为的代价是昂贵的，它拥有低的反馈率，一旦得到反馈却能产生高额利润。任何一项能使促销广告更加集中，并给出尽量少的样品，但是获得相同或者几乎相同的反馈信息的技术都是有价值的。一些有商业价值的数据库包含着基于邮政编码的人口统计信息，邮政编码定义了邻里关联的信息，它能与现有的客户信息相关联，从中找到一个社会经济模型，进而预测出哪些客户将会转化成真正的客户。这个模型能够从一个最初的邮递广告反馈信息上预测出可能的未来客户。反馈信息是人们寄回的反馈卡，或者拨800电话寻求更多信息。快递公司比大型购物中心的零售商更有优势掌握单个客户的购买历史，使用数据挖掘能够从中找出那些有可能响应特殊服务的客户。有针对性的广告活动可以节约资金，并能减少对客户的打扰——只向那些可能需要产品的客户提供服务。

1.3.7 其他应用

有关机器学习的其他应用不胜枚举。本小节将简要介绍一些应用领域来说明机器学习运用的广泛性。

复杂的工艺流程通常涉及控制参数的调整。从天然气中分离出原油是对石油进行提炼的一个必不可少的过程，而分离过程的控制是一项比较棘手的工作。英国石油公司使用机器学习为设置参数建立规则。现在这个过程只需要10分钟，而以往同样的工作，专家需要花一天多的时间完成。西屋公司（Westinghouse）在制造核燃料芯块的过程中，使用机器学习建立规则以控制生产过程。据说，这为他们每年节约1000多万美元（1984年）。坐落在美国田纳西州的R. R. Donnelly印刷公司运用同样的理论控制轮转凹版印刷过程，减少了由人为因素造成的不当参数设置，人为错误的数量也由每年500多降低到30以下。

在客户支持和服务领域，我们已经讨论过数据挖掘在贷款审批、市场和销售中的应用。另一个例子是当一个客户反映电话通信故障后，电话公司必须做出决定派何种技师来解决问题。贝尔大西洋公司（Bell Atlantic）于1991年开发了用来做出这个决策的专家系统，该系统已于1999年被一组由机器学习得到的规则所替代，这一举措降低了错误决策的数量，每年为该公司节约1000多万美元。

数据挖掘也被用于许多科学领域。在生物学领域，机器学习能帮助人们从每一个新的染色体中识别出数千个基因。在生物医学领域，使用机器学习技术不但能够从药物的化学属性而且也能从它们的三维结构上预测出药物的作用。这既加速了药物开发的进程，又降低了开发成本。在天文学领域，机器学习技术已经被用于开发一个完全自动的分类系统，用于分析那些太小、不容易被观察到的天体。在化学领域，机器学习被用于从核磁共振影像中预测出特定的有机复合物的结构。在所有这些应用中，机器学习技术所达到的性能级别——或者应该说是技能——都能抗衡或超过人类专家。

一项需要连续监控的工作，对人类来说是耗时且异常枯燥的，在这种情况下，自动化技术尤其受到欢迎。前面所提到的有关石油泄漏的监控是机器学习在生态方面的应用。其他一些应用相对来说比较间接。例如，机器学习正被用于根据电视观众的以往选择和节目预告，来预测出观众对电视频道的偏好。而在其他方面的一些应用甚至能挽救生命。危重病人需要进行长时间的监控，以觉察不能用生理节律和用药来解释的病人指标变化情况，目的是在适当的时候发出警报。最后，在依赖于易受攻击的计算机网络系统且网络安全性日益受到关注的世界中，使用机器学习能够从识别非正常的操作模式的过程中探测出非法入侵。

1.4 数据挖掘过程

本书主要介绍数据挖掘中的机器学习技术：实际数据挖掘应用中的技术核心。成功地在业务环境中实现这些技术要求我们理解我们没有或不会的重要方面，这贯穿本书始终。

正如CRISP-DM定义的参考模型一样，图1-4展示了数据挖掘工程的生命周期。在应用数据挖掘之前，你首先要明确想通过实现它来达到什么目的。这就是"业务理解"阶段：研究业务的目标、需求，判断数据挖掘是否能够满足它们，决定哪种数据能够收集起来建立一个可部署的模型。在下个阶段，即"数据理解"阶段，一个初始的数据集被建立起来并且被学习，以观察它是否适用于后续过程。如果数据质量较差，那么就需要在更严格的标准下收集新的数据。洞悉这一阶段获得的数据可能触发对业务环境的再次认识——或许应用数据挖掘的目标需要被重新审视？

接下来的三个步骤——数据准备、建模、评估正是本书要处理的。数据准备涉及对原始数据的预处理，以便机器学习算法能够产生一个模型——理想情况下，数据中隐含信息的结构化描述。预处理可能也包含模型构建活动，因为许多预处理工具建立了数据的内部模型来转换它。实际上，数据准备和建模通常一起进行。这几乎总是需要重复的：在建模过程中获得的结果提供了新的洞见，影响预处理技术的选择。

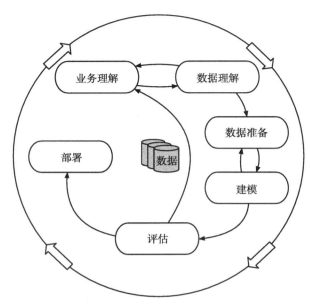

图1-4　数据挖掘工程的生命周期

在任何成功的数据挖掘应用中，接下来的阶段是重中之重——这便是评估。从数据中推断出的结构化描述是否有一些预测值，或者它们是否简单反映了一些假的规则？本书解释了许多评估机器学习模型的预测性能的技术。如果评估阶段表明模型不好，你可能需要重新考虑整个项目，并返回到业务理解阶段，以确定更富有成效的业务目标或数据收集的途径。如果模型的精度足够高，下一步便是在实践中部署它。这通常涉及一个更大的软件系统集成，所以该模型需要移交给项目的软件工程师。这是建模技术的实现细则中非常重要的步骤。例如，为了使模型能够嵌入不同的软件系统，可能需要以不同的编程语言重新实现。

1.5　机器学习和统计学

机器学习和统计学的区别是什么？玩世不恭者嘲讽地看待这一领域中的商业利益激增和炒作，他们将数据挖掘等同于统计加市场。实际上，试图在数据挖掘和统计之间寻求一个分界线是不现实的，因为它是一项连续的、多维的数据分析技术。其中一些技术源于标准的统计课程，另一些更紧密地与源于计算机科学领域的机器学习相关联。从历史上来说，两方面存在一些不同的惯例。如果一定要指出一个特别不同之处，就是统计学更侧重于测试假说，而机器学习更注重于规划出一个泛化的过程，作为一个在全部可能的假说中的搜索。但是这个解释过于简单化，统计学远不只是测试假说，而且许多机器学习技术也并没有包含任何搜索。

过去，一些非常相似的方案已经在机器学习和统计学上得到并行发展。其中一个是决策树归纳法。4位统计学家（Breiman等）于20世纪80年代中期出版了《Classification and regression trees》（分类和回归树）一书，同时卓越的机器学习研究学家J. Ross Quinlan于20

世纪 70 年代和 80 年代初为从样本中推导出分类树开发了一个系统。这两个独立的项目对从实例中生成树给出了非常相似的方案，但是研究人员很晚才意识到彼此的成就。第二个相似的方案产生于用于分类的最近邻方法中。机器学习研究人员对一些标准的统计技术进行了广泛的改进，使得分类的性能得到改进的同时，提高了计算过程的效率。我们将在第 4 章研究决策树和最近邻方法。

如今，机器学习和统计学已经结合起来。在本书中，我们将要考察的一些技术在很大程度上融入了统计的思想，从一开始创建和提炼原始样本集，就在数据可视化、属性的选择和去除异常等方面运用标准的统计法。大部分学习算法在创建规则或树以及修正"过度拟合"的模型时，使用了统计测试，过度拟合就是在产生模型过程中过分依赖于一些特定样本的细节（我们已经在图 1-3 劳资协商问题的两个决策树中看到过一个过度拟合的例子）。统计测试用来验证机器学习的模型和评估机器学习算法。在研究数据挖掘实用技术时，我们将学到大量的统计知识。

1.6 将泛化看作搜索

将学习问题可视化的一种方法（有别于统计方法），是设想一个在可能的概念描述空间中与数据相匹配的搜索。尽管将泛化看作搜索的想法对思考机器学习来说是一个强大的概念工具，但它并不是理解本书所描述的实用方案的必要部分。

为了明确起见，假设概念描述（concept description）是学习的结果，由一组规则表示，如 1.2 节中有关天气问题的规则（尽管其他概念描述语言也能同样做到）。假定我们要列出所有可能的规则集，然后从中寻找一些能够满足给定样本集的规则。这是一个大工程？是的。不可能完成？乍一看似乎如此，因为对可能产生的规则数量没有限制。但事实上可能的规则集的数量是有限的。首先要注意，每个单独的规则不能大于一个固定的最大值，每个属性至多有一个条件：表 1-2 中的天气数据共包含了 4 个条件。因为可能的规则的数量是有限的，所以可能的规则集的数量尽管非常大，但也是有限的。然而，我们对那些拥有非常多规则的规则集不感兴趣。实际上，我们对那些包含的规则数量大于样本数量的规则集不感兴趣，因为很难想象每个样本有一个以上的规则。因此，如果我们仅考虑那些小于样本数量的规则集，那么问题将得到极大简化，尽管数量依然很大。

表 1-3 第二个版本的天气问题似乎存在一个严重的危机，因为规则中包含了数值，所以可能的概念描述的数量将趋于无限。如果它们是实数，不可能将它们一一枚举出来，甚至理论上也不可行。但是在样本中出现的数字如果用数值形式的分割点来表示，这些问题将会迎刃而解。例如，表 1-3 中的温度属性所包含的值是 64、65、68、69、70、71、72、75、80、81、83 和 85，共 12 个不同的值，即存在 13 个可能的区间，那么就可以为涉及温度的规则设置分割点，所以这个问题将不再是无限的。

泛化的过程可以被认为是在一个庞大但有限的搜索空间中进行搜索。原则上说，可以枚举出所有描述，从中剔除一些不符合样本的描述，来解决问题。一个肯定的样本会去除所有不匹配的描述，而一个否定的样本则会去除所有匹配的描述。每个样本剩余的描述集将缩小（或与原来相同）。如果只剩下一个描述，那么它就是目标描述（目标概念）。

如果剩下多个描述，仍然可以用来对未知的事物进行分类。如果未知的事物与所有剩余的描述相匹配，它就应该被分到所匹配的目标。如果不能和其中任何一个相匹配，就把它分到目标描述以外。但是，如果仅和其中一部分相匹配，就会出现歧义。在这种情况下，如果未知事物的类已经标出，那么会导致剩余描述集缩小，因为那些错分事物的规则集会被拒绝。

1.6.1 枚举概念空间

搜索被认为是观察学习过程的一种好方法。然而，搜索空间是极大的，尽管它是有限的。一般来说，枚举出所有可能的描述，并从中寻找匹配的描述是极不实际的。在天气问题中，对于每个规则，存在 $4 \times 4 \times 3 \times 3 \times 2 = 288$ 个可能性。outlook 属性存在 4 种可能性：sunny、overcast、rainy 或者有可能根本不在规则中。同样，temperature 存在 4 种可能性，windy 和 humidity 分别有 3 种，类有 2 种。如果把规则集里的规则数量限制在 14 个以内（训练集里有 14 个样本），就有可能产生 2.7×10^{34} 个不同的规则集。那就需要枚举出很多描述，特别对于这样一个明显很琐碎的问题。

尽管有一些方法可以使得枚举的过程更可行，但仍然存在一个严峻的问题：实际上，整个处理过程只涵盖唯一一个可接受描述是很少见的。所以会产生两种情况，即样本在处理过后仍然存在大量的描述，或者所有描述都被去除。第一种情况的出现是由于没有充分理解样本，所以除"正确"描述以外的其他描述没有被去除。实际上，人们通常想要找到一个"最佳"描述，所以有必要运用一些其他标准从剩余的描述集中选出最好的一个。第二种情况的出现是因为描述语言表达不充分，不能把握住真正的概念，或者是因为样本中存在干扰。如果输入的样本由于一些属性值存在错误而导致一个"错误"的分类，或者样本的类被标错，有可能把正确的描述从空间中去除，所以剩下的描述集就为空。如果实例中存在干扰，这种情况非常可能发生，而且必然会发生，除非是人造的数据。

另一种将泛化看作搜索的方法，不是将它设想成一个枚举出所有描述并从中去除所有不适用的描述的过程，而是作为一种在描述空间的爬山行为，根据一些预先制定的匹配标准，寻找最匹配实例集的描述。这是一种最实际的机器学习工作方法。然而，除了一些很琐碎的事例，在整个空间彻底搜索是不可行的。许多实际的算法包含启发式搜索，并且不能保证找到最优的描述。

1.6.2 偏差

将泛化看作在一个可能的概念空间的搜索，就可以让机器学习系统里最重要的决策更加明确：

- 概念描述语言
- 在空间搜索的次序
- 避免特定训练数据过度拟合的方法

当讨论搜索的"偏差"时，通常要提到语言偏差（language bias）、搜索偏差（search bias）和避免过度拟合偏差（overfitting-avoidance bias）这三个属性。在选择一种表达概念的语言时，为一个可以接受的描述寻找一个特殊途径时，需要对一个复杂的概念进行简化时，都会使学习方案产生偏差。

1. 语言偏差

对于语言偏差来说，最重要的问题是概念描述语言是否具有普遍性，或者它是否在能够被学到的概念上加了约束条件。如果考虑一个包含所有可能性的样本集，那么概念就是将这个集合划分为多个子集的分界线。在天气问题的例子中，如果要枚举出所有可能的天气条件，那么概念"玩"就是所有可能的天气条件的一个子集。一种"通用"语言应该能够表示出每一个可能的样本子集。实际上，可能的样本集普遍很大，从这方面说，这只是一个理论上的设想，不能用于实际。

如果概念描述语言允许包括逻辑或（or），也就是析取，那么任何一个子集都能表示。如果描述语言是基于规则的，那么使用分开的规则就能够达到析取的目的。例如，一个可能的概念描述仅仅是枚举样本：

```
If outlook = overcast and temperature = hot and humidity = high
  and windy = false then play = yes
If outlook = rainy and temperature = mild and humidity = high
  and windy = false then play = yes
If outlook = rainy and temperature = cool and humidity = normal
  and windy = false then play = yes
If outlook = overcast and temperature = cool and humidity = normal
  and windy = true then play = yes
…
If none of the above then play = no
```

这不是一个具有启发性的概念描述：它只是简单地记录了已经被观察到的一些肯定的样本，并且假设剩下的都是否定的样本。每个肯定的样本被赋予一个自身的规则，概念是规则以逻辑或的形式构成。或者，可以设想为每个否定的样本制定一些单独的规则，同样也会得到乏味的概念。在这两种方法里，概念描述并没有表示出任何泛化，只是简单地记录原始数据。

然而，如果不允许使用逻辑或的原则，那么一些可能的概念（样本集）将不可能被表达出来。从这个意义上说，一个机器学习方案也许不会轻易达到好的表现。

其他语言偏差是由在特殊领域所使用的知识而产生的。例如，它或许是一些属性值的组合，而这些组合可能永远不会发生。当一个属性隐含另一个属性时，这种情况将会发生。在1.2节中，为大豆问题寻找规则的时候，我们曾经看到一个相关的例子。当然，考虑包含冗余或不可能的属性值组合的概念是没有意义的。领域知识能够用于缩小查询空间。知识就是力量，即使是一点知识也能起很大作用，甚至一个小小的线索都能极大地缩小搜索空间。

2. 搜索偏差

在实际的数据挖掘问题中，存在一些可选的概念描述，它们都与数据相匹配。问题是要根据一些标准（通常是简单的标准）找出"最佳"的一个。我们使用统计学的术语拟合（fit），意味着寻找一个与数据合理拟合的最佳描述。但是，要在整个空间进行搜索并保证所找到的描述是最好的一个，通常从计算上是不可行的。所以搜索过程是启发式的，并且不能做出关于最终结果最优的保证。这为偏差的产生创造了空间：不同的启发式搜索以不同的方式在搜索中产生偏差。

例如，一个学习方案可能是采用"贪心"搜索规则而产生的，通过尝试在每个阶段找出最好的规则，然后把它加入规则集。然而，最好的一对规则并不是单独找出的两个最佳规则的叠加。或者当构造一个决策树时，早先做出的基于一个特定属性的分割，或许在考虑如何在这个结点下生成树时被认为是错误的决定。使用束搜索（beam search）解决这些问题，方法是不产生一个不能改变的约束方案，而是并行地寻求一个由多个动态替换方案组成的集合，替换方案的个数就是束宽（beam width）。这将使学习算法变得非常复杂，但是将有可能避免与贪心搜索相关联的短视。当然，如果束宽不够大，短视有可能发生。还有一些更复杂的搜索策略能够帮助解决这个问题。

一个更通用和更高层次的搜索偏差需要调查搜索是由一般性的描述开始再对它进行提炼，还是由一个特殊的样本出发然后对它进行推广。前者称为从一般到具体的搜索偏差，而后者称为从具体到一般的搜索偏差。许多学习算法采用前一种策略，由一个空的决策树或一个非常一般的规则开始，对它进行具体化处理，使它与样本拟合。然而，从另一个方向对它进行研究也是非常可行的。基于实例的方法从一个特定的样本出发，观察它如何泛化并推广到同一类型的其他样本中。

3. 避免过度拟合偏差

避免过度拟合偏差是另一种形式的搜索偏差。但是因为它涉及一个比较特殊的问题，所以我们将它加以区别对待。前面已经讨论过逻辑或的问题，如果允许包含逻辑或，在总结数据的时候就会存在没有用的概念描述，然而如果禁止使用逻辑或，一些概念将无法得到。通常解决这个问题的方法是从一个最简单的概念描述出发，逐渐将它复杂化——由简到繁的顺序。这是为了迎合简单的概念描述，从而使搜索产生偏差。

采用由简到繁的搜索，在找到足够复杂的概念描述时停止，是一种避免过度拟合的好方法。这有时被称为前向剪枝（forward pruning）或先剪枝（prepruning），因为一些描述将在变得复杂以前就被剪枝。采用后向剪枝（backward pruning）或称后剪枝（postpruning）也是可行的。首先，我们找出一个与数据拟合很好的描述，然后采用后向剪枝，使之变成一个更简单的同样与数据拟合的描述。看上去这是多余的一步，其实不然。通常为找出一个简单的理论，首先需要找到一个复杂的理论，然后对它进行简化。前向剪枝和后向剪枝都可避免过度拟合偏差。

总之，将泛化看作搜索是思考有关学习问题的一种好方法，而实际操作过程中，偏差是唯一使得它可行的方法。不同的学习算法对应不同的概念描述空间，并用不同的偏差来搜索。有趣的是，不同的描述语言和偏差在解决某些问题上表现突出，而在另一些问题上却差强人意。正如每位老师都知道的，绝对好的学习方法是不存在的。

1.7 数据挖掘和道德问题

数据挖掘中数据特别是有关人的数据的使用，隐含着严肃的道德问题。数据挖掘技术的运用者必须意识到围绕特殊应用的道德问题，从而负责地使用它们。

当使用对象是人时，数据挖掘频繁地用于区别对待：谁得到贷款、谁得到特殊待遇，等等。某些形式的区别对待（如种族、性别、宗教等）不但是不道德的，而且是非法的。然而，情况是复杂的——这取决于应用。在医疗诊断中使用性别和种族的信息当然是道德的，但是在研究贷款支付行为上使用同样的信息却是不道德的。甚至在丢弃一些敏感信息以后，创建的模型仍然存在歧视的风险，因为模型可能依赖于一些变量，这些变量是种族或性别特征的替代品。例如，人们居住的一些地区总是和一些特定的种族特征相关联，所以在数据挖掘研究中使用邮政编码就会使模型存在种族歧视的风险，尽管一些种族信息已经明确地从数据中删除。

1.7.1 再识别

最近对所谓"再识别"（reidentification）技术的研究让我们对数据匿名的困难有了清醒的认识。例如可以通过5位数的邮政编码、出生日期（包括出生年份）以及性别这3种公开的个人记录识别出超过 85% 的美国人。不知道邮政编码？没关系，仅根据所在城市、出生日期以及性别也能识别出超过 50% 的美国人。当马萨诸塞州政府公布了 20 世纪 90 年代中期所有州雇员的医疗记录之后，某政府官员向公众保证所公布的信息是匿名的，因为像姓名、家庭地址、社会保障号等个人信息都已被删除，但这位官员不久就收到了一封包含他个人医疗记录（包括诊断结论和处方）的邮件。

在很多公司满怀善意地公布所谓的匿名数据之后，人们才发现有相当多的个人实际上很容易被识别。仅 2006 年一年，就有两千万条用户搜索记录被互联网公司提供给研究团体。互联网公司认为删除所有用户个人信息就能实现匿名。但很快《纽约时报》的记者就证明可以将号码为 4417749 的用户的身份信息识别出来（在公布该用户信息之前已取得其许可）。他们能做到这一点归因于对该用户曾使用过的搜索关键词的分析，这些关键词涉及她对自己家乡庭院设计师以及一些与她同姓的人的查询，报道者是通过公共数据库里的信息将这些人与她联系起来的。

两个月后，Netflix 这家网上电影租赁公司公布了他们所掌握的一亿条电影评分记录（分数从 1 到 5）。令他们吃惊的是，他们发现从数据库中识别出用户并掌握用户过去评价的每一部电影是轻而易举的事情。举个例子来说，如果知道了数据库中用户对 6 部电影的大致评分时间（误差两周）信息，就能识别出数据库中 99% 的用户。如果仅知道用户对两部电影的大致评分时间（误差 3 天），就能识别出近 70% 的用户。只要掌握了你朋友（或敌人）的一点点信息，你就能掌握他们在 Netflix 上所评价过的所有电影。

但如果彻底将所有可能的具有识别能力的信息从数据库中删除，我们将得不到任何有用信息。

1.7.2 使用个人信息

在决定提供个人信息之前，人们需要知道如何使用这些信息和使用这些信息的目的，采取什么措施保障这些信息的机密性和完整性，提供或者保留这些信息会有什么样的后果，以及应该拥有一些纠正信息的权利。无论何时收集这些信息，相关人员都应该被告知这些事宜——不是以一种有法律效应的打印件的形式，而是直接用他们能够理解的朴实语言。

数据挖掘技术的潜在使用意味着数据库里的数据在使用方面会得到扩展，也许会远远超出在开始收集数据时所做的设想。这将产生一个严肃的问题，即必须明确收集数据的条件以及使用目的。数据的拥有者能把所收集的数据用于收集之初所告知的使用目的以外的其他方面吗？对于收集的个人数据当然不能。但是通常存在一些复杂的情况。

从数据挖掘中能够发现一些令人惊奇的东西。例如，据报道，法国的一个主要消费团体已经发现，拥有红色汽车的人往往不按期支付他们的汽车贷款。这种发现的作用是什么？它基于什么信息？这些信息是在什么条件下收集的？以一种什么样的途径来有道德地使用它？显而易见，保险公司在业务中根据一些成见来区别对待人群，如年轻的男性支付更多的汽车保险费。这些成见并没有完全基于统计学的关联，也没有包含有关这个世界的普通常识。是否以上发现能够说明选红色车的人的一些情况，或者是否它应该被作为不相关的部分加以抛弃，这些都需要根据人们对世界的理解而不是纯粹统计的标准来做出判断。

当你得到数据时，你需要问谁可以使用它、收集它的目的是什么，以及可以合法地从中得到什么样的结论。道德的尺度对数据挖掘实践者提出了严峻的问题。在处理数据的过程中，考虑使用一些社会规范是非常有必要的。一些标准也许已经发展了几十年或几个世纪，但是信息专家也许并不清楚。例如，你知道在图书馆的社区里，读者的隐私被理所当然地视为一种权利，应该得到保护吗？如果你打电话给大学图书馆，询问某某书被谁借走了，他们并不会告诉你。这将使学生避免由于屈服于一个发怒的教授所施加的压力而交出书，而这本书是他最近提交奖学金申请所急需的。这也将禁止对大学道德委员会主席怀疑的娱乐阅读品位进行深入探询。而创建数字图书馆的人或许并没有意识到这些敏感问题，为了向读者推荐新书，他们用数据挖掘系统分析数据和比较个人的阅读习惯，甚至可能会把结果卖给出版商。

1.7.3 其他问题

数据的使用除了要符合社会标准外，还必须使用符合逻辑和科学的标准来分析从中得出的结论。如果你确实得到一些结论（如拥有红色车的人的信用风险比较大），则需要对这些结论附加说明，这种说明要用非纯粹的统计报告论据来支持。关键是在整个过程中，数据挖掘仅仅是一个工具。人们得到结果后，还要结合其他知识来决定采取什么行为。

数据挖掘还引出了其他问题，当考虑在数据挖掘中用到哪些社会资源时，它就真正成为一个政治问题。前面我们已经提到数据挖掘在分析购物篮上的应用，通过分析超市的收银记录，洞察人们所购买的东西之间的关联。所得到的信息有什么用途？超市经理是否应该把啤酒和薯片放在一起来方便客户？或者将它们远远地分开，让客户稍感不便，从而尽量延长他们在超市的时间以增大他们购买未列入计划商品的可能性？超市经理是否应该把最昂贵的、利润最高的尿片移到靠近啤酒的位置，以更多地向忙碌的父亲销售高利润商品？是否还要在旁边加上高级婴儿用品？

当然，任何一个使用高级技术的人都应该深入思考他们在做什么。如果数据被定义为记录的事实，那么信息就是基于数据的模型集或者期望。可以把知识定义为期望集的累积，把智慧定义为附加在知识上的价值。尽管我们不在这里研究这些问题，但它们是值得思考的。

正如我们在本章的一开始所看到的，在本书中阐述的技术也许会用于做一些生活中最复杂、最迫切的决定。数据挖掘是一个需要我们严肃对待的技术。

1.8 拓展阅读及参考文献

为了不打断正文的连贯性，所有引用都被收集在每章结束的一节中。这是第一个描述了本章所涉及的材料的论文、书籍和其他资源的小节。本章开篇提到的人类体外受精的研究由牛津大学计算机实验室承担，而对奶牛筛选的研究在新西兰怀卡托大学计算机科学系进行。

天气问题的例子来自于 Quinlan（1986），已被广泛地用来解释机器学习方案。从绪论到 1.2 节中提到的实例问题来自于 Lichman（2013）。隐形眼镜的例子出自 Cendrowska（1987），他引入了我们将在第 4 章介绍的 PRISM 规则学习算法。鸢尾花数据集出自一篇关于统计推断的早期经典论文（Fisher，1936）。劳资协商的数据来自《Collective Bargaining Review》——一个加拿大工会的出版物，由工业关系信息服务发行（BLI，1988）。Michalski 和 Chilausky（1980）首先描述了大豆问题。

1.3 节中提到的一些应用出自一篇优秀的论文，它给出了丰富的机器学习应用和规则归纳法（Langley 和 Simon，1995）；另一个有关领域应用的案例出自《Machine Learning Journal》（Kohavi 和 Provost，1988）。Chakrabarti（2003）写了一本优秀易懂的关于 Web 挖掘的书；最近的另一本书是 Liu 的《Web Data Mining》（2009）。Michie（1989）详细阐述了信贷公司应用；浮油探测的应用来自 Kubat 等（1998）；电力负载预测工作的应用源于

Jabbour、Riveros、Landsbergen 和 Meyer（1988）；电子机械设备预防性维护应用出自 Saitta 和 Neri（1998）。1.3 节中提到的一些其他项目（包括节约的美元数和有关的参考文献）更完整的描述出自 Alberta Ingenuity Centre for Machine Learning 的网站。Luan（2002）描述了有关高等教育的数据挖掘应用。《Machine Learning Journal》的另一篇特别文章讨论了从数据挖掘应用和协作式问题解决中吸取的教训（Lavrac 等，2004）。

"纸尿裤和啤酒"的故事已经家喻户晓。根据伦敦《Financial Times》（金融时报）（1996 年 2 月 7 日）的一篇文章，关于数据挖掘能做什么，常常引用美国一家大型连锁超市的例子。该超市发现，对于许多顾客一种品牌的婴儿纸尿裤和一个品牌的啤酒有很强的关联。大多数买纸尿裤的顾客同样也会买啤酒。即使是对超市最了解的人也很难提出这种关联，但数据挖掘表明它的确存在，零售经销商把这两种产品放在靠近的架子上，从而利用这种关联。然而，这似乎只是一个传说。Power（2002）追溯了它的历史。

Shearer（2000）讨论了数据挖掘过程，包括数据挖掘的跨行业标准流程（CRISP-DM），如图 1-4 所示。

1.5 节提到的《Classification and regression trees》一书由 Breiman、Friedman、Olshen 和 Stone（1984）完成，而 Quinlan（1993）独立计算得出的类似方案在一系列的论文中得以体现，并最终集结成册。

第一本有关数据挖掘的书是由 Piatetsky-Shapiro 和 Frawley（1991）写的，它收集了 20 世纪 80 年代末的一个关于从数据库里发现知识的研讨会上发表的论文。另一本书出自 1994 年的一个研讨会（Fayyad、Piatetsky-Shapiro、Smyth 和 Uthurusamy，1996）。还有一些是以商业为主的数据挖掘方面的书，它们主要关注实际方面的应用：如何把所使用的方法背后的技术的表面描述运用到实际中。它们是有价值的应用和启示的来源。例如，来自 Syllogic（欧洲一家系统和数据库的咨询服务公司）的 Adriaans 和 Zantige（1996），很早以前就对数据挖掘做过介绍。来自宾夕法尼亚州一家专门研究数据仓库和数据挖掘公司的 Berry 和 Linoff（1997），为市场、销售和客户支持提供了一个出色的基于样本的数据挖掘技术综述。Cabena、Hadjinian、Stadler、Verhees 和 Zanasi（1998）这 5 位来自 IBM 跨国实验室的研究人员用许多真实世界中的应用例子概括了数据挖掘的过程。Dhar 和 Stein（1997）给出了有关数据挖掘在商业方面的前景，包括对许多技术大致的、通俗的综述。为数据挖掘软件公司工作的 Groth（1998）给出了一个数据挖掘的简洁介绍，并对数据挖掘软件产品进行了广泛的综述。本书包括一张他们公司产品演示版本的光盘。Weiss 和 Indurkhya（1998）为他们称为"大数据"的数据做出预测，广泛研究了不同的统计技术。Han、Kamber 和 Pei（2011）从数据库的角度讨论数据挖掘，重点关注从大型公司的数据库中发现知识，还讨论了挖掘复杂类型的数据。这个领域里受到广泛尊敬的一个国际作家团体 Hand、Manilla 和 Smyth 撰写了一本各个学科在数据挖掘应用方面的书。最后，Nisbet、Elder 和 Miner（2009）写了一本通俗易懂的统计分析和数据挖掘应用的书。

此外，有关机器学习的书往往使用学术的文体，比较适用于大学课程但不能作为实际应用的指导。Mitchell（1997）写了一本出色的书，该书涵盖了大量的机器学习技术，包括本书未提及的基因算法和增强学习。Langley（1996）写了另一本很好的教材。尽管上面提到的 Quinlan（1993）的书集中讨论一个特殊的学习算法 C4.5——我们将在第 4 章和第 6 章中详细介绍它，但对于许多机器学习的问题和技术来说，它仍是一个很好的启蒙。从统计的角度来看，Hastie、Tibshirani 和 Friedman（2009）写的绝对是一本卓越的机器学习的书。它从理论上来指导研究，并且采用了很好的例证。另一本优秀的书从概率角度讨论了机器学习，作者为 Murphy（2012）。Russell 和 Norvig 的《Artificial intelligence：A modern approach》(人工智能：一种现代方法)（2009）是经典教材的第 3 版，其中涵盖了大量关于机器学习和数据挖掘的信息。

模式识别是一个与机器学习紧密相关的主题，它们运用了许多相同的技术。Duda 等（2001）有关模式识别（Duda 和 Hart，1973）的第 2 版是一本优秀和成功的书。Ripley（1996）和 Bishop（1995）阐述了用于模式识别的神经网络。Bishop 最新的一本书是《Pattern recognition and machine learning》（2006）。用神经网络进行数据挖掘是 Bigus（1996）所著的书里的一个主题，Bigus 为 IBM 工作，本书介绍了由他开发的 IBM 神经网络应用产品。最近一本关于深度学习的教材是 Goodfellow、Bengio 和 Courville（2016）。

支持向量机和基于核的学习是机器学习的重要主题。Cristianini 和 Shawe-Taylor（2000）给出了一个很好的介绍，并概括了在生物信息学、文本分析和图像分析领域的附加算法、核和解决方案的应用和模式发现问题（Shawe-Taylor 和 Cristianini，2004）。Schölkopf 和 Smola（2002）详细介绍了支持向量机及相关的核函数。

Ohm（2009）对再识别技术这个新兴领域以及其对匿名化的影响进行了探讨。

第 2 章

Data Mining: Practical Machine Learning Tools and Techniques, Fourth Edition

输入：概念、实例和属性

在深入研究机器学习方案如何运作以前，需要了解可以采取哪些不同形式的输入。下一章将介绍会产生哪些不同形式的输出。与所有软件系统一样，了解输入和输出分别是什么远比理解软件如何工作更为重要，机器学习也不例外。

机器学习的输入采用概念（concept）、实例（instance）和属性（attribute）的形式。能够被学习的事物称为概念描述（concept description）。机器学习中的概念，乍看上去就和学习一样，很难给出精确的定义，这里也不打算纠结它是什么和不是什么的哲学问题。从某种意义上说，学习过程的结果即——一个概念的描述——正是我们所要发现的，是可理解的（intelligible），能够被理解、商讨和辩论，并且是可操作的（operational），即能够被运用到实际的样本上。下一节将介绍不同机器学习问题之间的一些差异，这些差异在实际数据挖掘中非常具体，也非常重要。

机器学习中，信息以实例（instances）集的形式呈现给学习者。正如第 1 章所述，每个实例都是一个将要被学习的、独立的概念样本。当然，在许多情况下，原始数据并不能由一些单一的、独立的实例表示。也许应该把背景知识作为输入的一部分考虑进来。原始数据可能会以一大块的形式出现，并不可以拆成单一的实例。原始数据也可能是一个序列，像一个时间序列，如果将它剪成数段则将会失去意义。本书是有关数据挖掘的简单而实用的方法，重点研究那些能够以独立样本形式出现的信息。

每个实例由测量实例不同方面的一些属性值所定性。属性存在许多不同的类型，尽管典型的数据挖掘方案只处理数值属性和名目（nominal）属性（或称分类属性）。

最后，我们将考察为数据挖掘进行数据输入准备的问题，并且介绍一个与本书配套的 Weka 系统所使用的简单格式——它用一个文本文件表示输入信息。

2.1 概念

在数据挖掘应用领域里，存在 4 种完全不同的学习方式。分类学习（classification learning）是用一个已分类的样本集来表示学习方案，并希望从这个样本集中学习对未来样本进行分类的方法。关联学习（association learning）用于寻找任何特性之间的关联，不仅是为了预测一个特定的类值。聚类（clustering）用于寻找能够组合在一起的样本，并依此分组。数值预测（numeric prediction）预测出的结论不是一个离散类而是一个数值量。不管采用什么方式进行学习，这里将被学习的东西称为概念（concept），由学习方案产生的输出就是概念描述（concept description）。

第 1 章里的大部分例子属于分类问题。天气问题（表 1-2 和表 1-3）是一组日期的集合，并对每一天标注了是否适合进行体育活动的判断结果。问题是要学习如何用"是否玩"对新的一天进行分类。存在于隐形眼镜数据（表 1-1）里的问题是要学习如何向一个新的患者推荐一副适合的眼镜，或者把问题再明确一点，因为这套数据展示了所有属性值的组合，需要学习对所给数据进行总结的方法。从鸢尾花数据（表1-4）中要学习如何根据花萼的长度和宽度以及花瓣的长度和宽度，推断新鸢尾花属于setosa、versicolor或virginica中的哪一种。对于劳工谈判数据（表1-6），要根据合同时间、第一年、第二年、第三年的工资增长幅度以及生活费调整等，判断一个新的合同能否被接受。

我们假定书中的所有样本属于且只能属于一个类别。然而还是存在一些分类场景，每个样本可能属于多个类别。这种相关的术语叫作多类标实例（multilabeled instances）。应对这种场景的一种简单方法就是把它们当作几种不同的分类问题来对待，每个对应一个可能的类别，相应的问题就是确定实例是否属于该类别。

分类学习有时又称为有监督（supervised）学习，因为从某种意义上来说，学习方案是在指导下操作的，这里所说的指导即每个训练样本都有一个明确的结论。如"是否玩"的判断、推荐的隐形眼镜类型、鸢尾花的品种、劳工合同的可接受性。这些结论称为样本的类（class）。把学到的概念描述在一个独立的数据测试集上进行测试，已知这个测试集的分类，但是对于机器它是未知的，以此来判断分类学习是否成功。在测试数据上的成功率是对所学到的概念的客观评价。在许多实际数据挖掘应用中，衡量数据挖掘成功的标准是以人类使用者对所学到的概念描述（规则、决策树，或其他任何结果）的接受程度所决定的，是主观评价。

第1章的大部分例子同样可以用于关联学习，关联学习中没有指出特定的类。问题是如何从数据中找出"有趣的"结构。1.2节已经给出了一些天气数据的关联规则。关联规则和分类规则在两个方面存在不同：关联规则可以"预测"任何一个属性，不只是类，也可以一次预测一个以上的属性值。正因如此，关联规则的数量要远远多于分类规则，其中的问题是要避免被过多的关联规则所困扰。所以，通常要为关联规则制定一个能够适用的最小样本数量（如80%的数据集），并且还要大于一个特定的最小准确率（如准确率为95%）。尽管如此，仍然会产生大量的规则，因此必须手工验证它们是否有意义。关联规则通常仅包含非数值型的属性，一般不会从鸢尾花数据集中寻找关联规则。

当样本不存在一个特定的类时，可以采用聚类的方法将那些看上去会自然落在一起的样本集合在一起。表2-1是一个省略了鸢尾花类型的数据版本。150个实例很可能自然地落入3个与鸢尾花类型相对应的聚类内。其中的挑战是要找出这些聚类，并把实例分配到各个聚类上，还要能够将新的实例分配到相应的聚类上。有可能一个或多个鸢尾花品种自然地分成多个子聚类，这时产生的自然聚类数量将超过3个。聚类的成功与否通常以所得到的结论对人类使用者是否有用来主观地衡量。它常伴随着第二步分类学习，所学到的规则将给出如何把新的实例安置到相应聚类里的可以理解的描述。

表2-1 聚类问题的鸢尾花数据

	sepal length	sepal width	petal length	petal width		sepal length	sepal width	petal length	petal width
1	5.1	3.5	1.4	0.2	54	5.5	2.3	4.0	1.3
2	4.9	3.0	1.4	0.2	55	6.5	2.8	4.6	1.5
3	4.7	3.2	1.3	0.2	…				
4	4.6	3.1	1.5	0.2	101	6.3	3.3	6.0	2.5
5	5.0	3.6	1.4	0.2	102	5.8	2.7	5.1	1.9
…					103	7.1	3.0	5.9	2.1
51	7.0	3.2	4.7	1.4	104	6.3	2.9	5.6	1.8
52	6.4	3.2	4.5	1.5	105	6.5	3.0	5.8	2.2
53	6.9	3.1	4.9	1.5	…				

数值预测是分类学习的一种变体，数值预测的结论是一个数值，而不是一个分类。CPU 性能问题就是一个数值预测的例子。表 2-2 展示了另一个例子，在这个版本的天气数据里，预测值不是"玩"或者"不玩"，而是"玩的时间"（单位为 min）。对于数值预测问题以及其他的机器学习，所学到的描述性结构往往比对新实例的预测值更能引起人们的兴趣。这个结构指出了哪些是重要的属性，以及它们与数值结论存在什么样的关系。

表 2-2 数值类的天气数据

outlook	temperature	humidity	windy	play time
sunny	85	85	false	5
sunny	80	90	true	0
overcast	83	86	false	55
rainy	70	96	false	40
rainy	68	80	false	65
rainy	65	70	true	45
overcast	64	65	true	60
sunny	72	95	false	0
sunny	69	70	false	70
rainy	75	80	false	45
sunny	75	70	true	50
overcast	72	90	true	55
overcast	81	75	false	75
rainy	71	91	true	10

2.2 实例

机器学习方案的输入是一个实例集。这些实例由机器学习方案进行分类、关联或聚类。尽管到现在为止，它们被称为样本（example），但是从现在开始我们将使用更专业的术语实例（instance）来表示输入。每个实例都是一个被用来学习的单一、独立的概念样本。每个实例由一组预先定义的属性值来表示。上一章讨论过的所有数据集（天气、隐形眼镜、鸢尾花和劳工协商问题）中的实例都是这样产生的。每个数据集都可以表示成一个实例与属性的矩阵，用数据库的术语说这是单一关系或平面文件（flat file）。

用一个独立的实例集来表示输入数据是迄今为止用于实际数据挖掘中最普遍的方法。然而这种阐明问题的方法存在一些局限性，下面对局限性存在的原因进行解释。实例之间通常存在某种关系，并不真正是彼此分离、独立的。例如，从一棵给出的家族树上学习姐妹（sister）的概念。想象你自己的家族树，并把所有家族成员（和他们的性别）分别放置在各个结点上。这棵树以及家庭成员的名单和对应的他们是否存在姐妹关系的描述就是学习过程的输入。

2.2.1 关系

图 2-1 显示了一棵家族树的一部分，树下面两个定义姐妹关系的表所用的方法稍微有点不同。第三列里的 yes 意味着第二列的家族成员和第一列里的家族成员存在姐妹关系（这是一个建立在给定样本上的随意判断）。

首先需要注意的是左边那张表的第三列中存在很多 no。因为每列有 12 个成员，所以共有 12×12=144 对成员，其中大部分成员对并不存在姐妹关系。右边那张表给出了同样的信息，但只记录了肯定的实例，并假设剩余的都是否定的实例。仅明确指出肯定样本且采用一个不变的假设（剩下的都是否定的样本）的做法称为封闭世界假定（closed-world assumption）。这是理论研究中常用的假设，但是在解决实际问题时它并不实用，封闭世界意味着包含了所有事件，而在实际中很少存在"封闭"的世界。

图 2-1 中的两张表都不能离开家族树单独使用。这个树同样能够用表格形式来表示，表 2-3 显示了以表格形式表达的该树的部分内容。现在这个问题可以用两种关系来表达。但是这些表不包含独立的实例集，因为判断姐妹关系所依据的列（姓名、父母 1 和父母 2）的值

需要参考家族树关系的行。表2-4是把两张表合并成一张表后产生的单独的实例集。

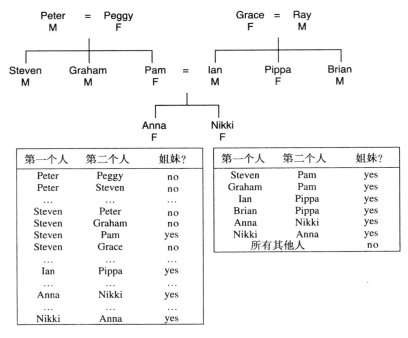

图2-1 一棵家族树和两种表示姐妹关系的方法

现在已经成功地把原始关系问题转换成实例的形式，每个实例都是一个单一、独立的概念样本，这个样本被用来学习。当然，实例并没有真正独立，在表的不同行之间存在许多关系，但是如果从姐妹关系的概念角度考虑，它们是独立的。许多机器学习方法在处理这类数据时仍然存在问题，这些问题将在3.6节中讨论，但是现在至少已经把数据重新转化为正确的形式。一个姐妹关系的简单规则如下：

```
If second person's gender = female
   and first person's parent1 = second person's parent1
   then sister-of = yes.
```

表2-3 家族树

姓名	性别	父母1	父母2
Peter	male	?	?
Peggy	female	?	?
Steven	male	Peter	Peggy
Graham	male	Peter	Peggy
Pam	female	Peter	Peggy
Ian	male	Grace	Ray

这个例子说明了如何从一棵树上获取不同结点间的关系，并转换成单独的实例集。用数据库的术语说，获取了两个关系，并把它们合并成一个。这是一个平整过程，技术上称为反规范化（denormalization）。对一些存在（有限的）关系的（有限的）集来说，这个过程是可以实现的。

表2-4所示的结构能够用来表示两个家庭成员间的任何亲属关系：祖孙关系、孙子与祖父的兄弟之间的关系或其他关系。要表示出更多家庭成员之间的关系就需要一张更大的表。如果家庭成员的总数没有事先明确，将对关系的表示造成很大的困难。假如要学习核心家庭（nuclear family）（父母和他们的孩子）的概念，所包含的人的总数取决于人口最多的核心家庭，尽管可以猜测一个合理的最大数字（10或20），但是真正的核心家庭成员数量只能通过扫描整棵树来找出。然而，如果有一个存在有限关系的有限集，至少在理论上可以产生一个新的记录了家庭成员之间的所有组合的"超级关系"，无论有多少家庭成员，这个"超级关

系"足以表示出成员之间的任何关系。但是，从计算和存储的代价来说，这种方法都是不可行的。

表 2-4 在一张表中表示姐妹关系

第一个人				第二个人				姐妹关系
姓名	性别	父母1	父母2	姓名	性别	父母1	父母2	
Steven	male	Peter	Peggy	Pam	female	Peter	Peggy	yes
Graham	male	Peter	Peggy	Pam	female	Peter	Peggy	yes
Ian	male	Grace	Ray	Pippa	female	Grace	Ray	yes
Brian	male	Grace	Ray	Pippa	female	Grace	Ray	yes
Anna	female	Pam	Ian	Nikki	female	Pam	Ian	yes
Nikki	female	Pam	Ian	Anna	female	Pam	Ian	yes
所有其他人								no

反规范化存在的另一个问题是在一些数据上产生了显而易见的规律性，而这些规律性完全是虚假的，实际上它们仅是原始数据库结构的再现。例如，设想一个超市数据库里存在一个顾客和他所买商品之间的关系、一个商品和供应商之间的关系以及一个供应商和供应商地址之间的关系。经过反规范化后将产生一个平面文件，每个实例将包含顾客、商品、供应商和供应商地址。一个在数据库中寻找结构的数据库挖掘工具也许会得出一个事实：买啤酒的顾客也买薯片，对超市经理来说，这是一个重大的发现。然而，它也许也会产生另一个事实：供应商的名字能准确地预测出供应商的地址，这个"发现"根本不可能引起超市经理的任何兴趣。这个伪装成一个从平面文件中得到的重大发现的事实，已经由原始数据库结构明确显现出来了。

尽管任何真正的输入实例集必须是有限的，但是许多抽象的计算问题包含了一些非有限的关系。像祖先关系（ancestor-of）这样的概念包括一个贯穿树的任意长度的路径，虽然人类的家族树或许是有限的（尽管大得惊人），但是很多人造问题产生的数据确实是无限的。这听起来也许很深奥，但是这种现象在类似于列表处理及逻辑编程等领域却很常见，且在一个称为归纳逻辑编程（inductive logic programming）的机器学习分支领域里有过探讨。在可能的实例数量是无限的情况下，计算机科学家通常使用递归的方法进行处理。例如：

```
If person1 is a parent of person2
   then person1 is an ancestor of person2
If person1 is a parent of person2
   and person2 is an ancestor of person3
   then person1 is an ancestor of person3
```

不管两个人的关系有多远，都能用这个简单的祖先（ancestor）的递归定义来表示。归纳逻辑编程技术能够从一个像表 2-5 所示的有限实例集里学习递归规则。

递归技术的一个真正缺陷是不善于处理噪声数据，除了一些小的人造数据集外，对其他数据集来说，它的处理速度往往太慢以致不能用。本书没有涉及这个技术，但 Bergadano 和 Gunetti（1996）曾对此提出了一个综合处理法。

表 2-5 用表描述另一种关系

第一个人				第二个人				祖先关系
姓名	性别	父母1	父母2	姓名	性别	父母1	父母2	
Peter	male	?	?	Steven	male	Peter	Peggy	yes

（续）

第一个人				第二个人				祖先关系
姓名	性别	父母1	父母2	姓名	性别	父母1	父母2	
Peter	male	?	?	Pam	female	Peter	Peggy	yes
Peter	male	?	?	Anna	female	Pam	Ian	yes
Peter	male	?	?	Nikki	female	Pam	Ian	yes
Pam	female	Peter	Peggy	Nikki	female	Pam	Ian	yes
Grace	female	?	?	Ian	male	Grace	Ray	yes
Grace	female	?	?	Nikki	female	Pam	Ian	yes
其他实例								yes
所有其他人								no

2.2.2 其他实例类型

如前所述，广义上的关系给我们提出了重大挑战，本书将不再提及。诸如图和树这样的结构化样本可以被视作关系的特例，它们常通过提取出基于其自身结构的局部或全局特征而被映射为一些独立实例，而这些特征可以用属性来表示。同样，项目序列也能被视作描述项目的关系，或者是其中的项目个体也可被视作一个固定的属性集。所幸大多数实际数据挖掘问题都能被有效地表达为一个实例集，每个这样的实例集都能被看作一个希望被习得的概念样本。

在某些情况下，概念样本并非由单个实体表示，而是由一系列具有相同属性的实体构成。这种多实体形式出现在一些重要的真实应用中。其中一个例子是关于活跃药分子特性推论，即药分子的活跃性由药分子与键合点的关联程度决定。问题在于可以通过药分子键的旋转得到两种不同的情况。如果药分子中仅有一个形状与其键合点相连并具有预期效应，我们便称其为正相；如果药分子的所有形状都与其键合点不相连，我们便称其为负相。这样，一个多实体就是一个形状集合，利用整个形状集合才能对正或负进行分类。

当数据库中的关系执行联接操作时，也即将从属关系中的若干行同目标关系中的相应行进行联接时，也自然会出现多实例问题。举个例子来说，我们可能想要根据保存在从属表中的用户学期描述信息来将用户分为计算机专家和计算机菜鸟。而目标关系中仅有分类信息和用户ID，于是将这两张表联接成一个文件。然而，属于单个用户的行并非独立。分类是基于单个用户所进行的，所以同单个用户个体联接的所有学期实例的集合共同被视作一个单独的学习样本。

多实体学习的目的依然是产生出一个概念描述，但由于学习算法将不得不面临处理训练样本中所包含的不完全信息，这使得学习任务变得更艰难。学习算法将每个实例看作多个属性向量的集合，而并非一个单独的属性向量。如果算法知道向量集合中哪些成员对样本分类有用，事情就简单了，可惜情况并非如此。

一些特殊的学习算法被开发出来以处理多实例问题。我们将在第6章中介绍一部分这样的特殊算法。当然，我们也可以将多实例问题重塑为一张单独的包含独立实体的关系表，从而应用标准的机器学习算法解决问题。第4章将就这一问题展开讨论。

总之，数据挖掘算法的输入通常表达为一张包含很多独立实体的表，这些实体就是被学习的概念。基于这样的认识，我们应该自嘲地将我们所提到的数据库挖掘（database mining）称为文件挖掘（file mining），因为关系型数据比单层的文件数据要复杂得多。一个由有限关系组成的有限集合总是能够被重构成一张独立的表，虽然这样的重构通常会面临巨大的空间开销。此外，反规范化会导致数据中出现一些虚假的规律性，因此在应用学习算法之前必须对数据进行考察，以免出现人为的规律性。潜在的无限概念可以通过学习得到递归规则得以解决，但是这超出了本书的范围。最后，一些重要的真实问题自然需要通过多实例格式得以表达，其中每个样本实际上都是一个单独的实体集合。

2.3 属性

每个单一、独立的实例是由一组固定的和预先定义的特征或属性（attribute）作为输入提供给机器学习的。实例是如天气、隐形眼镜、鸢尾花和CPU性能问题的表的行；属性是列（劳工协商数据是一个例外，因为空间的原因用列表示实例，用行表示属性）。

在实际的数据挖掘所考虑的问题中，一个固定特征集的使用是一种限制条件。如果不同实例有不同的特征会怎样？例如，假设实例是交通工具，车轮的数量就是一个可以用于许多车辆的特征，但是不能用于船只；桅杆的根数是船只的特征，但不适用于陆地车辆。一种标准的工作方法是把每个可能的特征作为一个属性，并使用一个"无关值"的标记指出对于一个特定的案例哪个属性不适用。当一个属性的存在（如配偶的名字）取决于另一个属性值时（已婚或未婚）就会出现类似的情况。

一个特定实例的一个属性值是属性所对应部分的一个测量值。数值（numeric）量和名目（nominal）量之间存在明显的差异。数值属性有时也称为连续（continuous）属性，它是测量到的实数或整数值。需要注意的是，从数学的观点上说，整数值在数学意义上当然是不连续的，这里滥用了"连续"这个术语。名目属性是从一个预先定义的有限的可能值的集合中取值，有时候也称为分类属性，但是也存在其他可能性。在统计的文章中经常介绍"测量尺度"，如名目（nominal）、有序（ordinal）、区间（interval）和比率（ratio）。

名目值是一些独特的符号。这些值作为标签或者名字使用，所以称它们为名目。这个词出自拉丁文name。例如，在天气数据中，outlook的属性值是sunny、overcast和rainy。这3个值之间没有隐含任何关系，没有先后次序或距离测量。把值进行相加或者相乘，或是比较它们的大小也是没有意义的。使用这类属性的规则只能测试相等或不等，如：

```
outlook: sunny    →  no
         overcast →  yes
         rainy    →  yes
```

有序值是那些有可能进行排序的类别值。尽管值间有排序（ordering）的可能，但是绝不存在距离（distance）。例如，在天气数据里，temperature的属性值是hot、mild和cool，它们是有序的。你是否可以把它们看成：

hot > mild > cool 或者 hot < mild < cool

只要保持连贯性，两者皆可。重要的是要把mild放置在其他两个值之间。尽管在两个值之间进行比较是有意义的，但是将它们相加或者相减都没有意义。hot和mild之间的差异不能和mild和cool之间的差异进行比较。使用这类属性的规则可能包括一个比较，如下所示：

```
temperature = hot  →  no
temperature < hot  →  yes
```

注意，名目量和有序量之间的差异并不总是直接明了的。实际上，以上使用的这个有序量的样本 outlook 就并不十分清楚，也许还会出现分歧意见，认为 3 个值之间确实存在序列。overcast 可以被认为是介于 sunny 和 rainy 之间的值，它是天气由好转坏的一个过渡阶段。

区间值不但是有序的，而且可以用固定和相等的单位进行度量。温度就是一个很好的例子，它用度表示（如华氏），而不是用凉爽、温和以及炎热这样的非数值刻度来表示。讨论两个温度的差异是很明确的工作，如 46° 和 48°，也可以与其他两个温度之间的差异进行比较，如 22° 和 24°。另一个例子是日期，可以讨论 1939 年和 1945 年之间的差异（6 年），甚至可以计算 1939 年和 1945 年的均值（1942 年），然而将 1939 年与 1945 年相加（3884），或者将 1939 年乘以 3（5817），都没有任何意义。因为作为开始点的 0 年完全是臆想出来的，在历史上它已经更改很多次了（孩子们有时候会疑惑公元前 300 年在当时是如何称呼的）。

比率值的测量方法内在定义了一个零点。例如，当测量一个物体到另一个物体的距离时，物体到它自身的距离形成一个自然的零值。比率值通常是实数，所以可以进行任何数学运算。当然，将距离乘以 3 也是合理的，甚至两个距离相乘将得到面积。

然而，问题是一个"固有"定义的零点是否基于我们的科学知识？科学知识是和文化相联系的。例如，华氏并没有最低温度的限制，它的刻度是一个区间。但是现在我们把温度看作基于绝对零的一个比率值。用年来计算时间是基于由文化定义的零，如公元元年不是一个比率刻度，而是开始于宇宙大爆炸的年份。在谈论钱的零点时，人们通常会谈到某一物品要比另一种物品贵一倍，但对于我们中间那些不断将信用卡刷爆的人来说，这种谈论就不是很有意义了。

许多实际的数据挖掘系统只采用 4 种测量标准中的两种：名目和有序。名目属性有时称为类别（categorical）属性、枚举（enumerated）属性或离散（discrete）属性。枚举是计算机科学里的一个标准术语，用来表示一个类别的数据类型，但严格的定义应该是它与自然数字有一对一的对应关系，其中隐含了顺序的关系，但是在机器学习中没有隐含顺序关系。离散也含有顺序的关系，因为通常需要离散一个连续的数量值。有序的属性经常称为数值的或连续的属性，但是不存在数学连贯性的暗示。名目值的一个特例是二分值（dichotomy），它只有两个值，通常设计成如天气数据里所见到的 true 和 false，或者 yes 和 no 的形式。这类属性有时也称为布尔（Boolean）属性。

机器学习系统可以使用许多有关属性的其他种类信息。例如，空间上的考虑能够用来把搜索限制在表示或者比较那些在空间上正确的数据。循环的顺序会影响到多种测试方案的制定。例如，在时间的一个日常概念中，对一个属性是天（day）的测试可能涉及明天、前天、下一个工作日以及下周的同一天。部分排序是一般或者具体的关系，在实际中频繁发生。这种信息通常作为元数据（metadata）被提及，元数据是关于数据的数据。然而，当今的一些用于数据挖掘的实际方案很少能将元数据考虑进来，不过这种能力会在未来得到迅速发展。

2.4 输入准备

在整个数据挖掘过程中，为数据挖掘研究所做的数据输入准备工作常常需要花费大量的精力。本书并不打算真正讨论数据准备问题，只是指出其中包含的一些问题，从中认识到它的复杂性。接下来讨论一种特殊的文件输入格式——属性相关文件格式（ARFF），它是附录 B 部分 Weka 系统使用的一种输入格式。然后阐述在将数据集转换成 ARFF 格式过程中将会产生的问题，以及需要注意的一些简单实用的点。实验表明，真实数据的数据质量低得令人失望，所以数据清理（data cleaning，仔细检查数据的过程）是数据挖掘的重要步骤。

2.4.1 数据收集

在着手开始研究数据挖掘问题之前，首先需要把所有数据汇集成一系列实例。在讨论家族树时，我们已经解释了对关系数据进行反规范化的原因。尽管它揭示了数据集中的基本问题，但是这种独立的非人造的样本并没有真正反映实际是怎样的一个过程。真正的商业应用需要从不同部门收集数据，例如，在营销研究中，需要从销售部门、顾客账单部门和顾客服务部门收集数据。

将不同的数据源进行整合是一项具有挑战性的工作，虽然不存在深奥的原则性问题，但是处理起来很棘手。因为不同的部门也许使用不同的记录形式、不同的习惯、不同的时间段、不同的数据汇总程度、不同的主键和不同的错误形式，所以数据必须集中、整合和清理。大型数据库整合的概念称为数据仓库（data warehousing），数据仓库提供了一个访问成组数据的接口，它超越了部门的界限。旧数据在数据仓库中以商业决策借用的方式发布。把数据转移到数据仓库将证实一个事实：将各个部门在日常工作中产生的一些部门级信息聚集起来后，会产生巨大的战略价值。显而易见，数据仓库的存在是数据挖掘工作一个非常有用的先决条件，如果没有数据仓库，就必须实施包含在数据仓库里的大量步骤，以便为挖掘做准备。

甚至数据仓库也不可能包含所有必要的数据，有时需要越过部门把数据和相关问题联系起来分析。例如，第 1 章中讲述的在电力负载预测里考虑天气数据，以及在市场和销售应用中考虑人口统计学的数据。这些数据有时称为重叠数据（overlay data），它通常不是由一个组织收集的，而是明显与数据挖掘问题有关。当然，重叠数据也必须清理，并且要与其他已经收集到的数据进行整合。

数据整合的另一个实际问题是什么程度的数据整合是合理的。当奶牛农场主决定出售哪些牛时，牛的产奶量记录是一个重要的决定因素。每头牛的产奶量由一个自动的挤奶机器每天记录两次，所以需要将数据进行合并。同样，当电话公司研究客户行为时，有些电话访问的原始数据是不会用到的，必须把这些数据整合到客户层。数据是按月使用还是按季度使用，或者推迟几个月或几个季度？选择正确的数据类型和数据整合的程度通常关系着数据挖掘的成功与否。

因为数据整合涉及很多问题，所以不能期望在一开始就取得成功。这就是为什么数据汇集、数据清理、数据整合和一般的数据准备工作需要花费很长时间。

2.4.2 ARFF 格式

现在来看一种标准的数据集表示方式——ARFF 文件。我们介绍的是该文件的常规版本，实际上还有一种称为 XRFF 的版本，如名字所示，它给出了 ARFF 文件头，且用可扩展标记语言（XML）给出了实例信息。

图 2-2 是表 1-3 中天气数据的一个 ARFF 文件。该版本的一些属性是数值属性。由 % 开始的行是注释行。文件开始处紧接着文件注释的是关系的名称（weather）和一组属性的定义（outlook、temperature、humidity、windy 和 play）。名目属性后面括号里的是一组名目值。如果名目值内包含空格，则必须加引号。数值属性后跟一个关键字 numeric。

```
% ARFF file for the weather data with some numeric features
%
@relation weather

@attribute outlook { sunny, overcast, rainy }
@attribute temperature numeric
@attribute humidity numeric
@attribute windy { true, false }
@attribute play? { yes, no }

@data
%
% 14 instances
%
sunny, 85, 85, false, no
sunny, 80, 90, true, no
overcast, 83, 86, false, yes
rainy, 70, 96, false, yes
rainy, 68, 80, false, yes
rainy, 65, 70, true, no
overcast, 64, 65, true, yes
sunny, 72, 95, false, no
sunny, 69, 70, false, yes
rainy, 75, 80, false, yes
sunny, 75, 70, true, yes
overcast, 72, 90, true, yes
overcast, 81, 75, false, yes
rainy, 71, 91, true, no
```

图 2-2 天气数据的 ARFF 文件

尽管天气问题需要从其他属性值中预测类值 play？，但是在数据文件中类属性与其他属性并没有任何区别。ARFF 文件格式只给出了一个数据集，并没有指出将要预测哪些属性。这意味着可以在同样的文件上考察每个属性究竟能否从其他属性中预测出，或用同样的文件来寻找关联规则或聚类。

在属性定义后以 @data 开始的行，是数据集中实例数据开始的标志。每一行表示一个实例，属性值按照属性的顺序排列，并用逗号隔开。如果有缺失值，将用问号表示（在这个数据集里没有缺失值）。ARFF 文件里的属性说明可以用来检查数据，确保所有属性值都是有效的，数据检查工作可以由读入 ARFF 文件的程序自动完成。

除了有像天气数据中存在的名目属性和数值属性外，ARFF 格式还有另外 3 种属性形式：字符串属性、日期属性和赋值关系属性。字符串属性的值是文本。如果需要定义一个名为 description 的字符串属性，应该用如下形式：

`@attribute description string`

在实例数据中，可以用引号包括任意的字符串（如果字符串里包含引号，要在每个引号前加上反斜杠"\"）。字符串存储在一个字符串表中，并由它们在表中的地址表示。因此含有相同字符的两个字符串将拥有相同的值。

字符串属性包含的值可以非常长，甚至可以是一个文件。为了能使用字符串属性进行文本挖掘，有必要对它们进行处理。例如，也许可以将一个字符串属性转换成大量的数值属性，字符串中的每个单词对应一个数字，这个数字是单词在字符串中出现的次数。此种转换方式将在 8.3 节中讨论。

日期属性是一个特殊形式的字符串，用以下方式定义（表示一个名为 today 的属性）：

`@attribute today date`

Weka 使用 ISO-8601 标准组合日期和时间，格式为 yyyy-MM-dd'T'HH:mm:ss，用 4 位数字表示年，用 2 位数字分别表示月和日，字母 T 以后各用 2 位数字表示小时、分钟和秒[⊖]。在文件的数据部分，日期用相应的日期和时间的字符串表示，例如"2004-04-03T12:00:00"。尽管它们被表示成字符串，但是在文件读入时，日期将被转换成数值形式。日期也可以在内部转换成多种不同的格式，所以在数据文件里可以使用绝对时间戳和一些转换方法，以形成一天中的时间或者一周里的天，从而便于考察阶段性的行为。

赋值关系属性不同于其他类型属性之处在于它允许在 ARFF 格式中出现多实例问题。关系属性的值是一个单独的实例集合。关系属性在定义时有一个名称，其类型为"关系"（relational），并伴有一个内嵌的属性块，这个属性块给出了所引用实例的结构。举例来说，有一个名为 bag 的赋值关系属性，其值是一个与没有 play 属性的天气数据具有相同结构的数据集，可以用如下方式表示：

```
@attribute bag relational
    @attribute outlook {sunny, overcast, rainy}
    @attribute temperature numeric
    @attribute humidity numeric
    @attribute windy {true, false}
@end bag
```

符号 @end bag 表示这个内嵌属性块的结尾。图 2-3 展示了一个描述基于天气数据的多实例问题的 ARFF 文件。在这个例子中，每个样本由一个 ID 号、连续两个来自原始天气数据的实例以及一个类标组成。每个属性值包含一个字符串，字符串封装了两个由 "\n" 字符隔开的天气实例。这种形式可能适合于那些持续两天的运动。对于那些具有不定天数的运动（例如顶级板球赛需要 3～5 天的时间），也可以采用与上例相似的数据集。不过要注意的是，在多实例学习中，所给实例的顺序通常来说并不重要。一个算法也许可以习得这样的规则：如果要开展板球运动，要求在一段时间内没有一天下雨并且至少有一天是晴天，而并不要求某种确定的天气事件序列。

```
% Multiple instance ARFF file for the weather data
%
@relation weather

@attribute bag_ID { 1, 2, 3, 4, 5, 6, 7 }
@attribute bag relational
    @attribute outlook { sunny, overcast, rainy }
    @attribute temperature numeric
    @attribute humidity numeric
    @attribute windy { true, false }
@end bag
@attribute play? { yes, no }

@data
%
% seven "multiple instance" instances
%
1, "sunny, 85, 85, false\nsunny, 80, 90, true", no
2, "overcast, 83, 86, false\nrainy, 70, 96, false", yes
3, "rainy, 68, 80, false\nrainy, 65, 70, true", yes
4, "overcast, 64, 65, true\nsunny, 72, 95, false", yes
5, "sunny, 69, 70, false\nrainy, 75, 80, false", yes
6, "sunny, 75, 70, true\novercast, 72, 90, true", yes
7, "overcast, 81, 75, false\nrainy, 71, 91, true", yes
```

图 2-3 天气数据的多实例 ARFF 格式文件

2.4.3 稀疏数据

有时大部分实例的很多属性值是 0。例如，记录顾客购物情况的购物篮数据，不管购物

⊖ Weka 包括了一种机制，该机制通过在属性定义中包含一个特殊字符串来定义不同格式的日期属性。

清单有多大，顾客购买的商品都只占超市所提供的一小部分。购物篮数据记录了顾客所购买的每种商品的数量，除此以外的几乎所有库存商品的数量都是 0。数据文件可以看作一个由行和列分别表示顾客和所存储商品的矩阵，这个矩阵是稀疏矩阵，几乎所有项都是 0。另一个例子出现在文本挖掘中，这里的实例是文档。而矩阵行和列分别表示文档和单词，用数字表示一个特定的单词在文章中出现的次数。由于大部分文章的词汇量并不大，所以很多项也是 0。

明确地表示出一个稀疏矩阵的每一项并不实际。下面按序表示每个属性值：

```
0, X, 0, 0, 0, 0, Y, 0, 0, 0, "class A"
0, 0, 0, W, 0, 0, 0, 0, 0, 0, "class B"
```

作为代替的另一种表示方法是将非 0 值属性用其属性位置和值明确标出，如：

```
{1 X, 6 Y, 10 "class A"}
{3 W, 10 "class B"}
```

收集每一个非 0 值属性的索引号（索引从 0 开始）和属性值，并将每一个实例包含在大括号里。在 ARFF 文件格式里，稀疏数据文件包含相同的 @relation 和 @attribute 标签，紧接着是一个 @data 行，但是数据部分的表示方法不同，由以上所示的在大括号里用属性说明表示。注意，省略的值都是 0，它们并不是 "缺失" 值！如果存在一个未知值，则必须用一个问号明确地将其表示出来。

2.4.4 属性类型

ARFF 文件格式允许两种基本数据类型：名目值和数量值。字符串和日期属性实际上也分别是名目值和数量值，尽管字符串在使用以前通常需要转换成数值形式，如字向量。赋值关系属性包含单独的实例集，这些实例集有各自的基本属性，如数值型和名目型。但是对两种基本类型的诠释方法取决于所使用的机器学习方案。例如，很多机器学习方案把数值属性作为有序的刻度处理，并且仅在数值间进行小于和大于的比较。然而，另一些将它们作为比率值处理，并且使用距离计算。所以将数据用于数据挖掘以前，要理解机器学习方法的工作原理。

如果机器学习方法处理数值属性是用比率值测出的，将会引出一个标准化的问题。属性值通常被标准化成一个固定的范围，如 0~1，把所有值除以所有出现的值中最大的一个，或者先减去一个最小值，然后除以最大和最小值之差。另一项标准化技术是计算属性值的统计均值和标准差，把每一个值减去统计均值后除以标准差。这个过程称为将一个统计变量标准化，并且得到均值是 0、标准差是 1 的值的集合。

有些机器学习方案，如各种基于实例的不同的机器学习和回归方法，只能处理比率值，因为它们根据属性的值计算两个实例之间的 "距离"。如果实际的值是有序的，那么必须定义一个数值距离公式。一种处理方法是使用两层的距离：1 表示两个值不同，0 表示相同。任何名目值都能够作为数值用距离公式处理，但它是一个有点粗糙的技术——掩盖了实例间真正不同的程度。另一种可行的方法是为每一个名目属性建立综合的二值属性。有关内容将在 7.3 节使用树进行数值预测时涉及。

有时名目值和数值之间存在真正的映射关系。例如，邮政编码指定的区域可以用地理坐标来表示；电话号码的前几位也有相同功能，它与所在的区域相关。学生证号码的前两位数也许是学生入学的年份。

实际的数据集普遍存在名目值作为整数编码的情形。例如，一个整数形式的标识符也许用来作为一个属性的代码，如零件号码，但是这些整数值不能用于小于或大于的比较。如果是这样，明确指出属性是名目值而不是数量值是非常重要的。

把一个有序值作为名目值处理是可行的。实际上，有些机器学习方案只处理名目值。例如，在隐形眼镜问题里，年龄属性就是作为名目值来对待的，所产生的一部分规则如下：

```
If age = young and astigmatic = no
   and tear production rate = normal
   then recommendation = soft
If age = pre-presbyopic and astigmatic = no
   and tear production rate = normal
   then recommendation = soft
```

但事实上年龄（特别是这种形式的年龄）是一个真正的有序值，可以用如下方式表示：

young < pre-presbyopic < presbyopic.

如果将它作为有序值对待，那么上面两条规则就可以合并成一个：

```
If age ≤ pre-presbyopic and astigmatic = no
   and tear production rate = normal
   then recommendation = soft
```

这是一种更紧凑、更令人满意的方法，它表示的含义与上面两条规则是相同的。

2.4.5 缺失值

实际中遇到的很多数据集包含缺失值，例如表1-6中的劳工协商数据。缺失值通常是指超出正常范围，可能会在正常值是正数的位置出现一个负数（如 -1），或在一个正常情况下不可能出现0值的位置出现0。对于名目属性，缺失值可能会由空格或横线表示。如果需要对不同形式的缺失值加以区别（如未知、未记录、无关值），可以用不同的负整数表示（-1、-2等）。

必须仔细研究数据中缺失值的意义。缺失值的出现有多种原因。例如，测量设备出现故障，在数据收集过程中改变了试验方法，整理几个相似但不相同的数据集。被访问者在访问中也许会拒绝回答某些问题，如年龄或收入。在考古研究领域，一个样本（如一个头盖骨）被损坏了，导致某些参数不能测出。在生物学研究领域，所有参数在测量以前，植物或动物就已经死了。这些情况的出现对纳入考虑之中的样本意味着什么？头盖骨的损坏是有某种意义，还是仅仅是随机事件？植物已死去这个事实有意义，还是没有意义？

大多数机器学习方案隐含地假设：一个实例的某个属性值缺失并没有特别意义，这个值只是未知而已。然而，这个值为什么缺失也许会有一个很好的理由，可能是基于所了解的信息而做出的决策，不执行某些特定测试。如果是这样，这其中提供的关于实例的信息要比仅仅了解有缺失值这个事实多得多。如果是这样，也许将属性的可能值记录为"未测试"更为妥当，也可将此作为数据集中的另一个属性。上面的例子说明，只有熟悉数据的人才能做出一个明智的判断：一个特定值的缺失是否存在一些特别的意义，是否应该将它作为一个一般的缺失值进行处理。当然，如果存在几种类型的缺失值，那就意味着出现了异常状况，需要调查具体原因。

如果缺失值意味着一个操作员曾经决定不进行一个特定的测量，那么它将传达出较这个值是未知的这个事实更多的信息。例如，人们在分析医学数据库时已经注意到，一般情况下病情的诊断是按照医生决定所做的测试的结果，但是有时候，医生不需要知道测试结果就可以做出诊断。在这种情况下，带有某些缺失值的记录是做一个完整诊断所需的全部，那些实际值可以被完全忽略。

2.4.6 不正确的值

仔细检查数据挖掘文件以从中找出不良的属性和属性值是非常重要的。数据挖掘中使用的数据并不是为了数据挖掘而收集的。在最初收集数据时，数据的某些方面可能并不重要，所以留下空白或没有被检查。由于这样不会对收集数据的初衷造成任何影响，所以不用更正它。然而，当这个数据库用于数据挖掘时，错误和省略的部分立刻变得相当重要。例如，银行并不真正需要知道客户的年龄，所以它们的数据库中也许会存在许多缺失或不正确的（有关年龄的）值。但是在由数据挖掘得到的规则中，年龄也许会成为一个非常重要的特性。

数据集的印刷错误显然会造成不正确的值。通常表现为名目属性的值被拼错，这将为名目属性制造一个额外的值。或者不是拼错，而是一个同义词，如百事和百事可乐。很明显，一个事先定义的格式，如 ARFF 格式的优势在于可以检查数据文件以保证数据内部的连贯性。然而，在原数据文件中出现的错误通常会经过转换保存到用于数据挖掘的文件里。因此每一个属性所拥有的可能值的列表都应该仔细检查。

印刷或测量在数值上造成的错误通常会导致超出范畴的值，可以通过一次取一个变量进行作图的方法检查错误。错误的值往往会远离一个由其余的值构成的模式。当然，有时候要找出错误值是困难的，尤其是在一个不熟悉的知识领域里。

重复的数据是另一种错误源。如果数据文件中的一些实例是重复的，很多机器学习工具将会产生不同的结果，因为重复将对结果产生很多影响。

人们在向数据库输入个人数据时常常会故意制造一些错误。他们也许会在拼写他们的地名时做一些小的改动，试图确认他们的信息是否会被出售给广告商，而使他们收到大量的垃圾邮件。如果以前一些人的保险申请曾经被拒绝过，也许他们会在再次申请保险时调整他们名字的拼写。严格的计算机化的数据输入系统通常强制性地要求输入一些信息。例如，一个外国人在美国租车时，计算机坚持要他在美国的邮政编码。可是他来自其他国家，根本没有美国的邮政编码。万般无奈之下，操作人员建议他使用租车公司的邮政编码。如果这是很普遍的做法，那么在以后的数据挖掘中将出现一群客户的地址和租车公司在同一区域。

同样，超市出纳员有时会在顾客不能提供购物卡时使用他们自己的购物卡，为了让顾客得到折扣，或者是为了在出纳员的账户上增加积分。只有深入了解有关的背景知识，才能够解释如上所示的系统性的数据错误。

最后，数据也存在有效期。随着周围情况的变化，数据也会发生变化。例如，邮件单里的许多项目——姓名、地址、电话号码就经常会发生变化。所以在数据挖掘里需要考虑用于挖掘的数据是否依旧有效。

2.4.7 非均衡数据

在分类方案的实际应用中，其中一类远远超过其他类是经常的发生情况。例如，当预测爱尔兰的天气时，预测明天会下雨而不是晴天会更加安全。给定一个由以上两个值作为类属性的数据集，数据集中其他属性适合预测相关的，我们可以无视其他属性的值直接预测下雨从而得到一个非常的精度。事实上，很难想出一个数值更准确的预测（一个更严谨的例子是1.3节的图像筛选问题：在训练数据中的许多黑暗地区，只有一小部分是真正的浮油区域——幸运的话）。

2.4.8 了解数据

在数据挖掘中有必要加强对数据的理解。一些可以显示名目属性值的柱状分布图，和数值属性值的分布图（也许对实例进行排序或绘图）的简单工具都有助于理解数据。用图形的方式将数据可视化能够方便地鉴别出界外值，是一种很好的表示数据文件中错误的方法，也为非正常情况的编码提供了很大的便利。如用 9999 表示一个缺失的年或用 -1kg 表示一个缺失的质量，人们并没有提供这些表示法的说明。还需要与领域的专家商量来解释反常的、缺失的值，以及那些用整数表示范畴而不是真正数量值的重要性，等等。将属性值两两进行坐标投影，或者将各个属性与对应的类值进行坐标投影都将有助于对数据的理解。

数据清理是一个费时费力的过程，却是成功的数据挖掘所绝对必需的。人们经常放弃一些大型的数据集，就是因为他们不可能完全核对数据。取而代之的是，可以抽取一些实例仔细研究，从中会得到惊人的发现。所以花一些时间来审视数据是值得的。

2.5 拓展阅读及参考文献

Pyle（1999）为数据挖掘提供了一个详尽的数据准备的指导。现在许多人对数据仓库和它所呈现出来的问题很感兴趣。据我们所知，Kimball 和 Ross（2002）对此类问题做的阐述是最好的。Cabena（1998）等认为数据准备的工作量在一个数据挖掘应用中占到 60%，他们也谈到其中所包含的一些问题的工作量。

Bergadano 和 Gunetti（1996）对处理有限和无限关系的归纳逻辑编程进行了研究。Stevens（1946）引入了有关属性的不同"测量等级"的概念，并且在统计包，如 SPSS（Nie等，1970）的相关手册里进行了详尽的阐述。

Dietterich 等（1997）介绍了原始、特定意义上的多实例学习设置问题，它由药物活性预测问题得来。2.1 节开始部分提到的多类别实例问题是另一种不同的设置，Read 等（2009）讨论了一些方法以便用标准分类算法来处理这些问题。

第 3 章
Data Mining: Practical Machine Learning Tools and Techniques, Fourth Edition

输出：知识表达

本书提供的大部分数据挖掘技术能产生出一些容易理解的描述，这些描述是关于数据中的结构模式。在了解这些数据挖掘技术是如何工作以前，首先必须知道数据中的结构模式是如何表达的。机器学习所能发现的模式有许多不同的表达形式，每一种形式就是一种推断数据输出结构的技术。一旦理解了输出结构的表达形式，就向理解数据输出结构是如何产生的前进了一大步。

第 1 章给出了很多数据挖掘的例子。这些例子的输出采用的形式是决策树和分类规则，这是许多机器学习方法所采用的基本知识表达形式。对决策树或者规则的集合而言，知识是一个名不副实的词，这里用到这个词并不意味着我们想要暗示这些结构胜过浮现在我们脑海里的真正的知识，只是需要用一个词描绘由机器学习方法产生的结构。在一些更加复杂的规则中允许使用例外，可以表示不同实例的各个属性值之间的关系。正如我们在第 1 章中所提到的，有些问题中的类别是数值型的，处理这些问题的传统方法是使用线性模型。线性模型还可以适用于处理二分类问题。此外，一些特殊形式的树能进一步用于数值预测。基于实例的表达形式则着重于研究实例本身，而不需要像规则那样分析实例的属性值。最后，还有一些机器学习方法会产生出一些实例的聚类。这些不同的知识表达形式是与第 2 章中介绍的不同机器学习问题相对应的。

3.1 表

表示机器学习输出结构最简单、最基本的方法是采用与输入相同的形式——表（table）。例如，表 1-2 是一个天气数据的决策表，只需要从中寻找一些适合的条件来确定"是否玩"。当然，这个过程也可以用于数值预测问题，这种情况下，结构有时就是一个回归表（regression table）。为了更简单些，建立一个决策表或者回归表也许需要涉及属性选择的问题。例如，如果温度属性和决策无关，形成更小的、扼要的表就是一个很好的决策表。当然，关键问题是确定去除哪些属性而不会影响最终的决策。

3.2 线性模型

另一个简单的表达形式是线性模型（linear model），其输出仅仅是属性值的总和。当然，如果属性值各有权值，则需要加权求和。赋权的诀窍在于赋权后得到的输出结果能尽量接近希望达到的输出结果。这里，输出和输入的属性值都是数值型。统计学家采用回归（regression）这个词来表示预测数值型变量的过程，线型回归模型（linear regression model）是这类模型的术语之一。遗憾的是，"回归"这个词通常的意思是返回到之前的状态，这与它在这里的术语意思并没有直观的联系。

线性模型可以非常容易地被可视化为一张二维平面图，相当于在一系列数据点中画一条直线。图 3-1 所示的直线对应于曾出现在第 1 章中的 CPU 性能数据（见表 1-5），其中输入数据只有 cache 属性。

纵坐标显示的是性能属性，横坐标显示的是缓存大小，它们都是数值型数据。直线代表了"最佳拟合"预测等式：

PRP=37.06+2.47 CACH

给定一个测试实例，可以通过将观察得到的缓存大小代入等式得到预测的性能。这个等式包含了一个常量"偏差"（37.06）以及缓存的权值（2.47）。当然，线性模型可以扩展为多属性值，只需对每一个属性的权值以及偏差进行赋值，它们就能很好地拟合了训练数据。

线性模型也可以应用到二元分类问题。这时，那条由模型产生的直线将数

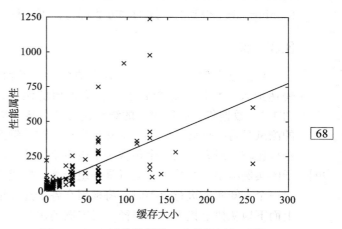

图 3-1 CPU 性能数据的一个线性回归函数

据分为两类：这条直线显示了伴随两种数据值变化而发生改变的决策结果。这样的一条直线也常称为决策边界（decision boundary）。图 3-2 显示了这样一条决策边界，它将鸢尾花数据分成两种类型：Iris setosas 和 Iris versicolors。在这种情况下，利用两种输入属性（花瓣长度和花瓣宽度）来绘制数据图，那条代表决策边界的直线是关于这两种属性值的函数。位于直线上的点满足如下等式：

2.0−0.5PETAL-LENGTH−0.8PETAL-WIDTH=0

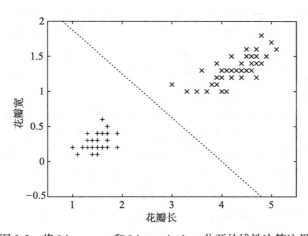

图 3-2 将 Iris setosas 和 Iris versicolors 分开的线性决策边界

与前面的例子一样，给定一个测试实例，就能通过将观察属性值代入表达式而实现预测。不同的是，在这个例子中，我们通过判断结果大于或等于 0（此时是 Iris setosa）或是小于 0（Iris versicolor）来实现鸢尾花的种类预测。同样，这个模型也能扩展成具有多属性值的情况，只是原来的二维决策边界将变为更高维的决策平面，甚至是"超平面"。这种情况下就需要通过训练数据对各属性值的权值进行赋值，以得到正确的超平面对数据进行分类。

在图 3-1 和图 3-2 中，我们可以使用不同的方法得到不同的属性权值，从而通过改变属性权值来改变直线的位置和方向。图 3-1 中的权值是由一种称为最小二乘线性回归（least squares linear regression)的方法得到的;图3-2中的权值是由感知器训练规则(perceptron training rule)得到的。这两种方法都将在第4章中介绍。

3.3 树

从独立实例集学习的"分治"方法会自然而然地产生被称为决策树(decision tree)的表达形式。我们已经看到了一些决策树的例子,如隐形眼镜(见图1-2)和劳资协商(见图1-3)数据集。决策树上的结点包含了对某个特定属性的测试。一般来说,在一个结点上的测试是将一个属性值与一个常量进行比较。然而,有些树结点上的测试是在两个属性之间进行比较,或者使用一个包含一个或多个属性的函数公式进行比较。叶子结点对所有到达叶子的实例给出一个分类,或者是一组分类,抑或是一个包括了所有可能分类的概率分布。当对一个未知实例进行分类时,将根据在各个连续结点上对未知实例的属性值的测试结果,自上而下地从树上找出一条路径,当实例到达叶子时,实例的分类就是叶子所标注的类。

如果在一个结点上测试的属性是名目属性,那么在这个结点之下产生的分支的个数就是这个名目属性所有可能属性值的个数。这种情况下,因为每个可能的名目属性值对应一个分支,所以相同的名目属性将不会在以后的建树过程中再次被测试。而有些时候,名目属性值被分成两个子集,那么就只能产生两个分支,(实例的分配)取决于属性值所在的子集。这种情况下,一个名目属性也许会在一条路径上不止一次地被测试。

如果属性是数值属性,那么在一个结点上的测试通常是判断这个数值是否大于或者小于某一个事先定义的常量,给出一个二叉分裂。或者也可能使用三叉分裂,将会出现多个不同的可能性。如果把缺失值也作为一个独立的属性值看待,那么将会产生出第三个分支。对于一个整数的数值属性的另一种处理方法,是用小于、等于和大于实行三叉分裂。而对于实数值的数值属性来说,等于操作并没有实际意义,所以在实数上的测试应该是用一个区间而不是一个常量,同样也可以用落在区间以下、区间内和区间以上的判断实行三叉分裂。一个数值属性通常要在给出的任何一条从树根到叶子的路径上被测试多次,每一次测试都会采用一个不同的常量。6.1节将详细讨论处理数值属性的方法。

缺失值是一个显而易见的问题:当在一个结点上所测试的属性值缺失时,就不能确定应该将它分配到哪个分支上。正如2.4节所讨论的,有时将缺失值作为属性的一个独立值来处理。否则就应该采用一种特殊的缺失值的处理方法,而不是仅仅把缺失值当作属性可能拥有的另一个可能值。一种简单的解决方法是记录训练集中到达每个分支的实例数量,如果一个测试实例的值缺失,就将它分配到获得最多实例的那个分支上。

一种更成熟的解决方法是将实例分裂成几个部分,然后分别将它们分配到下面的每个分支上,并且由此向下,直至到达子树所包含的叶子。分裂过程采用 0~1 的权值来完成,一个分支所拥有的权值与到达这个分支的训练实例成比例,所有权值之和为1。一个加权的实例也许在较低的结点上会再次分裂。最后,实例的不同部分将分别到达叶子结点,到达叶子结点后的实例分类的决策,必须由渗透到叶子结点的权值重新组合后产生。6.1节将介绍这部分内容。

目前本书已经给出了决策树的描述,它可以通过将某些属性的值与一个常量进行比较来在结点处对数据进行划分。决策树是一种最为常用的方法。若使用两个输入属性在两个维度上将决策树进行可视化,比较一个属性值与一个常量的值就可以将数据从平行于该轴的方向进行划分。但实际上还存在其他的可能性。有些树将两个属性与另一个属性进行比较,还有一些树则计算多个属性的函数。例如，使用 3.2 节中所描述的超平面得到一个并不平行于某个轴的倾斜分割。与线性模型一样，函数树（functional tree）也可以在叶子结点得到可用于预测的倾斜分割。树中的某些结点还可以指定不同属性的其他分割，尽管树的构建者还不能决定选择哪个属性。在进行分类时，若属性看起来都是同样有用，那么上面的方法就非常有用。这样的结点就叫作选项（option）结点，在对未知的实例进行分类时，该实例会符合所有从选项结点得到的分支。这就意味着该实例最后可能形成多个叶子，给出多个可能的预测值，这些值可以通过如多数投票的方式来进行整合。

对一个数据集进行手动建树是具有启发性的，甚至是很有趣的。为了有效地建树，需要有一种观察数据的好方法，因为通过观察可以判断哪个属性有可能成为用于测试的最佳属性，以及应该采用哪种适当的测试方法。附录 B 中介绍的 Weka Explorer 里有一个用户分类器（User Classifier），用户可以使用这个工具以交互的方式创建决策树。它根据用户选择的两个属性绘出一个数据散布图。当找到一对能够很好地区别实例类别的属性时，用户可以在散点图上围绕适合的数据点画出一个多边形将数据一分为二。

例如，图 3-3a 显示用户正在一个有 3 个类的数据集（鸢尾花数据集）上操作，并且已经找出两个属性：petallength 和 petalwidth，这两个属性能够很好地将数据按类进行分离。手动画出的一个长方形分离出其中的一个类（Iris versicolor）。然后，用户可以切换到树视图（见图 3-3b）来观察。左边的叶子结点主要包含了一种类型的鸢尾花（Iris versicolor，仅有两个 Iris virginica 被错分在这里）；右边的叶子结点主要包括另外两种类型的鸢尾花（Iris setosa 和 Iris virginica，有两个 Iris versicolor 被错分在这里）。用户也许会选择右边的叶子进一步分析，用另一个矩形或者基于一个不同的属性对，再继续将数据分裂（尽管图 3-3a 所示的两个属性看上去是很好的选择）。

我们前面所关注的决策树是用于预测名目型量而不是数值型量。当要预测数值型量时，如图 1-5 所示的 CPU 性能数据，我们可以采用同样的树，不同之处在于每一个叶子结点需要包含一个数值型值，这个数值型值是该叶子结点所采用的所有训练数据集数值的均值。

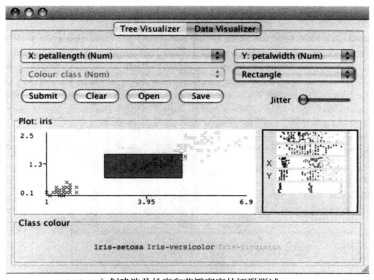

a）创建涉及长度和花瓣宽度的矩形测试

图 3-3 用交互的方式创建一个决策树图

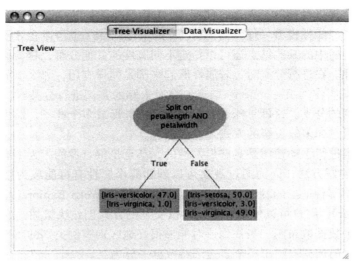

b）结果（未完成）决策树

图 3-3 （续）

由于决策树所预测的是一个数值型量，所以这样的在叶子结点上包含平均数值型值的决策树又称为回归树（regression trees）。

图 3-4a 显示了一个 CPU 性能数据的回归等式，图 3-4b 显示了一棵回归树。该树叶子结点上的数字代表所有能到达该叶子结点的实例的结果均值。这棵树比回归等式大很多也复杂很多，并且通过这棵树得到的预测值与真实值之间的误差绝对值的均值比由回归等式得到的小很多。回归树具有更高的准确性，因为在这个问题中一个简单的线性模型很难有效表达数据的模式。然而，由于回归树很大，所以它显得臃肿并难以解释。

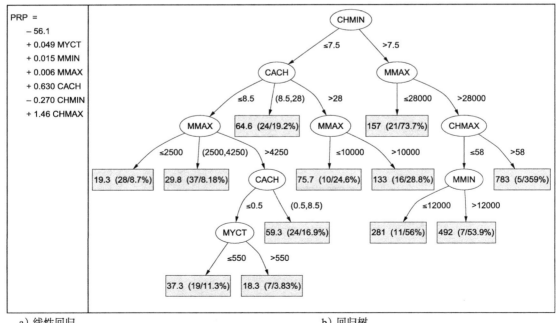

a）线性回归　　　　　　　　　　　　　　　　　　b）回归树

图 3-4　CPU 性能数据模型

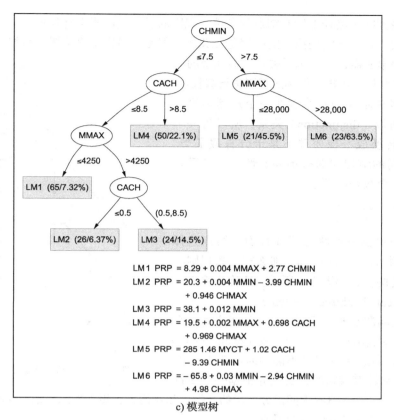

c) 模型树

图 3-4 （续）

将回归等式和回归树结合起来是完全可能的。图 3-4c 中树的叶子结点包含了线性表达式（即回归等式），而并非单独的预测值。这种树称为模型树（model tree）。图 3-4c 中包含了 6 个线性模型，用 LM1～LM6 分别标注，相应地属于 6 个叶子结点。模型树比回归树更小也更容易理解，其在训练数据上的平均误差值也更小（但是，我们将在第 5 章中看到，通过计算训练数据集的平均误差来评价模型的优劣通常并非一种好方法）。

3.4 规则

规则是一种受欢迎的取代决策树的方法，前面已经介绍了一些例子，如天气、隐形眼镜、鸢尾花和大豆数据集。规则的前件（antecedent）或者前提条件是一系列的测试，就像在决策树结点上的测试；规则的后件（consequent）或者结论则给出适合于规则所覆盖实例的一个或多个分类，或者给出实例在所有类上的概率分布。通常，前提条件是用逻辑与（AND）的方式组合在一起，如果使用规则，那么必须要通过所有测试。然而，在一些规则的表达公式中，前提条件通常是一些一般的逻辑表达式，而不是一些简单的逻辑与的组合。我们通常认为逻辑或（OR）能有效地将独立的规则组合在一起，如果其中的任何一个规则适用于这个实例，那么将规则结论得到的类（或概率分布）赋予这个实例。但是，当多个规则得出不同的结论时，就会引出矛盾的问题。我们很快会涉及这个问题。

3.4.1 分类规则

从决策树上直接读出一组分类规则是容易的。每一片叶子可以产生一条规则。规则的前件包含了从根到叶子路径上所有结点的条件，规则的后件是叶子上标注的类。这个过程能产生明确的规则，并且与它们执行的次序是无关的。但是，通常从决策树上直接读出的规则的复杂度远远超出所需，所以为了去除一些冗余的测试，常常需要对从决策树上得到的规则进行剪枝。

因为决策树不易表示隐含在一个规则集里不同规则间的析取（disjunction）关系，所以将一个通用规则集转换成一棵树并不是十分直截了当。规则拥有相同的结构却拥有不同属性，就是反映这个问题的一个很好的例子，例如：

```
If a and b then x
If c and d then x
```

有必要打破这种对称形式并且为根结点选择一个测试。例如，如果选择 a，那么第二条规则必须在树上重复两次，如图 3-5 所示。这称为重复子树问题（replicated subtree problem）。

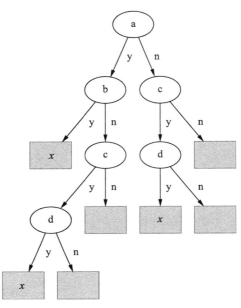

图 3-5　一个简单析取关系的决策树

重复子树问题是非常重要的，下面再来看几个例子。图 3-6 左侧图显示了一个异或（exclusive-or）函数，如果 x=1 或 y=1（但是不能同时等于 1），输出就是 a。将它转变成树时，必须先根据一个属性进行分离，产生一个图 3-6 中间部分所示的结构。相对而言，规则能忠实地反映有关属性的真正的对称问题，如图 3-6 的右侧图所示。

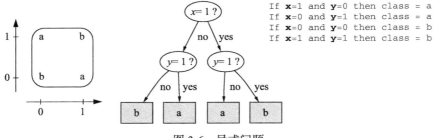

图 3-6　异或问题

在这个例子中，规则并不比树简洁。实际上，它们只是用一种明显的方式从树中读取规则。但在其他情况下，规则比树更加紧凑，特别是当有可能获得一个"默认"规则时，它能覆盖其他规则未说明的情形。例如，要知道从图 3-7 中找出规则的效果如何，这个规则里有 4 个属性，分别是 x、y、z 和 w，每一个属性的值可以是 1、2 或 3，右边是由规则得到的树。树右上部分的 3 个灰色三角形中的每一个都应该包含一个完整的三层子树（灰色部分），这是一个比较极端的重复子树问题，也是一个对于简单概念的复杂描述。

规则受欢迎的一个原因是，每条规则似乎都表示一个独立的知识"金块"。新的规则可以添加到一个已有的规则集中，却不会扰乱已经存在的规则；而向一个树结构添加新的规则后，需要重新调整整棵树的结构。然而，这种规则的独立性是一种错觉，因为它忽略了如何执行规则集的问题。前面已经讨论过，如果规则意味着像一个"决策列表"那样按照先后次序来解释，那么单独地取出其中的一部分规则也许是不正确的。

```
If x=1 and y=1 then class = a
If z=1 and w=1 then class = a
Otherwise class = b
```

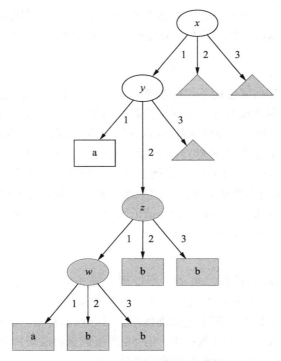

图 3-7 具有重复子树的决策树

另一方面，如果解释的次序并不重要，那么当不同的规则在相同的实例上产生不同的结论时，就不清楚应该如何进行处理。当规则直接从决策树上读出时，这种情况并不会出现，因为存在于规则结构里的冗余将阻止任何在解释过程中出现的模糊情况。但是，当规则由其他方法产生时，确实会产生模棱两可的情况。

如果规则集对一个特定的样本给出了多个分类，那么一种处理方法是不给出任何结论。另一种方法是统计每一条规则在训练数据上适用的频率，选择频率最高的一条规则所对应的结论作为这个样本的分类。这些策略会导致产生完全不同的结论。当规则不能对一个实例进行分类时，就产生了另一个不同的问题。决策树或者从决策树上读出的规则不会出现这个问题，然而这种情况很容易发生在通用规则集上。一种处理方法是对这种样本不进行分类，另一种方法是选择出现频率最高的类作为默认类。同样，这些策略也有可能产生完全不同的结论。单独的规则是简单的，而规则的集合看上去似乎也很简单，但是如果给出的规则集并没有附上额外的信息，仍然不清楚如何对它进行解释。

一种特别简单明了的情况出现在当规则产生布尔型的类时（如 yes 和 no），而且只采用那些仅产生一个结果（如 yes）的规则。假设一个特定的实例不是类 yes，那么它一定是类 no，这是封闭世界的假定。这样一来，规则之间就不会产生任何冲突，在规则解释的过程中也不会出现模棱两可的情况，任何解释的方法都将给出相同的结果。这种规则集可以写成一个逻辑表达式，称为析取范式（disjunctive normal form），即表达为对合取（AND）条件进行析取（OR）运算的形式。

正是这个简单的特例，使得人们产生设想：规则是很容易处理的。因为这里的每一条规则确实被当作一个新的、独立的信息块来操作，采用一种简单的办法为析取做贡献。不幸的是，这种方法只适用于结论是布尔值的情况，并且要假设是一个封闭的世界，而这两个限制条件在实际情况中都是不现实的。在存在多个类的情况下，由机器学习算法产生的规则必然会产生有序的规则集，这将牺牲模块化的可能性，因为规则执行的次序是非常重要的。

3.4.2 关联规则

关联规则能够预测任何属性而不仅仅是类，所以关联规则也能预测属性的组合，但除此以外关联规则与分类规则并没有什么不同。关联规则在使用的时候不像分类规则那样被组合成一个规则集来使用。不同的关联规则揭示出数据集的不同规律，通常用来预测不同的事物。

因为从一个很小的数据集上能够产生出很多不同的关联规则，所以只局限于研究那些能够应用在实例数量比较大，并且能在实例上获得较高准确率的关联规则。关联规则的覆盖量（coverage）是关联规则能够正确预测的实例数量，通常称为支持度（support）。准确率（accuracy）通常称为置信度（confidence），是正确预测的实例数量在关联规则应用所涉及的全部实例中占据的比例。例如，对于规则：

```
If temperature = cool then humidity = normal
```

其覆盖量是那些温度属性是凉爽的、湿度属性是正常的天数（在表 1-2 的数据中有 4 天），准确率是湿度属性为正常的天数在温度为凉爽的天数中所占的比例（这个例子的准确率是 100%）。通常需要明确最小覆盖量和准确率，只寻找那些覆盖量和准确率至少达到预定最小值的关联规则。例如，在天气数据中，有 58 条覆盖量和准确率分别至少是 2 和 95% 的规则（将覆盖量转换为一个相对于实例总数的百分比的形式也许会更为方便）。

可以预测多个结果的关联规则在解释的时候必须小心处理。例如，表 1-2 所示的天气数据中的一条关联规则如下：

```
If windy = false and play = no then outlook = sunny
                            and humidity = high.
```

它并不仅仅是以下两个独立规则的简写形式：

```
If windy = false and play = no then outlook = sunny
If windy = false and play = no then humidity = high
```

前一条规则确实暗示了下两条规则能达到最小覆盖量和准确率，但是除此以外，它还暗示了更多的信息。前一条规则意味着没有风、不能玩与晴天、湿度大的样本个数至少达到了指定的最小覆盖量。同时，它也意味着这种天气的天数在没有风、不能玩的天数中所占的比例至少达到了指定的最小准确率。它还隐含了下面的规则：

```
If humidity = high and windy = false and play = no then outlook = sunny
```

因为这条规则与原先的规则有相同的覆盖量，它的准确率一定至少和原先规则相同，并且因为湿度大、没有风、不能玩的天数必然小于没有风、不能玩的天数，所以准确率会提高。

综上所述，特定关联规则之间存在关系：一些规则隐含另一些规则。当有多条规则相关联时，要减少所产生的规则的数量，合理的做法是给用户提供最重要的一条规则。上面的例子中，仅保留第一条规则。

3.4.3 包含例外的规则

分类规则的一个自然扩展就是允许规则包含例外 (exception)。它是在现有的规则上使用例外表达法来增量地修改一个规则集,而不需要重新建立整个规则集。例如,前面讨论过的鸢尾花问题,假如表 3-1 给出了一个新找到的花的数据,专家判断这个新找到的花是一个 Iris setosa 的实例。如果用第 1 章给出的规则对花进行分类,那么下面两条规则将会得出错误结论:

```
If petal-length ≥ 2.45 and petal-length < 4.45 then Iris-versicolor
If petal-length ≥ 2.45 and petal-length < 4.95 and petal-width < 1.55
    then Iris-versicolor
```

对这两条规则进行修改,才能对新的实例进行正确分类。然而,只是简单地改变这些规则中属性值的测试边界并不能解决问题,因为用来建立规则集的实例也会被错分。对规则集的修改并不像听上去那么简单。

首先专家需要给出解释,为什么新的花与规则相抵触,根据得到的解释仅对相关的规则进行扩展,而不是修改现存规则中的测试。例如,上面两条规则中的第一条错将新的 Iris setosa 分到 Iris versicolor 类里。可以利用其他一些属性建立一个例外,来取代修改规则中不等式里的边界值:

```
If petal-length ≥ 2.45 and petal-length < 4.45 then Iris-versicolor
    EXCEPT if petal-width < 1.0 then Iris-setosa
```

这个规则表明,如果花瓣长度在 2.45～4.45cm 之间,这种花就是 Iris versicolor,但是有个例外,如果同时花瓣的宽度小于 1.0cm,那它就是 Iris setosa。

表 3-1 新的鸢尾花

sepal length	sepal width	petal length	petal width	type
5.1	3.5	2.6	0.2	?

当然,还可能出现例外之中又包含例外的双重嵌套结构,甚至会出现三重、四重等例外嵌套结构,这使得规则集具有树的某些特点,除了可以用来对现存的规则集做增量的修改外,这些包含了例外的规则能够表达的所有概念描述。

图 3-8 所示的规则集能够对鸢尾花数据集中的所有样本正确地分类(第 1 章)。这些规则一开始很难理解,下面我们将一步一步地给予解释。首先选择一个默认的输出类 Iris setosa,并将其显示在第一行。对这个数据集来说,默认类的选择是任意的,因为每一种类型都有 50 个样本。通常选择出现频率最高的类作为默认值。

```
Default: Iris-setosa                                                  1
except if petal-length ≥ 2.45 and petal-length < 5.355                2
         and petal-width < 1.75                                       3
       then Iris-versicolor                                           4
            except if petal-length ≥ 4.95 and petal-width < 1.55      5
                 then Iris-virginica                                  6
                 else if sepal-length < 4.95 and sepal-width ≥ 2.45   7
                      then Iris-virginica                             8
       else if petal-length ≥ 3.35                                    9
            then Iris-virginica                                      10
                 except if petal-length < 4.85 and sepal-length < 5.95  11
                      then Iris-versicolor                           12
```

图 3-8 鸢尾花数据的规则

接下来的规则给出在该默认值时相应的例外。第 2～4 行的第一个 if...then 给出了一个产生 Iris versicolor 分类的条件。然而这个规则存在两个例外（第 5～8 行），我们稍后处理。如果不符合第 2 行和第 3 行的条件，将转到第 9 行 else，它表示了最初默认类的第 2 种例外。如果符合第 9 行的条件，就属于类 Iris virginica（第 10 行）。第 11～12 行是这一规则的另一个例外。

现在讨论第 5～8 行的例外情况。如果满足第 5 行或第 7 行中的任何一个测试条件，那么 Iris versicolor 的结论将被废除。这两个例外将得出相同的结论：Iris virginica（第 6 行和第 8 行）。第 11 行和第 12 行是最后一个例外，当满足第 11 行的条件时，它废除了在第 10 行得到的 Iris virginica 结论，最后产生的分类是 Iris versicolor。

在弄清楚如何阅读这些规则以前，需要花些时间仔细思考这些规则。尽管需要花一点儿时间，但在熟悉之后，解决 except 和 if...then...else 问题是轻而易举的。人们习惯于使用规则、例外和例外的例外来思考真实的问题，所以这也是表达复杂规则集的好方法。但是这种表达方法最主要的优点是整个规则集的增长幅度适中。尽管对整个规则集的理解有点困难，但是每一个单独的结论、每一个单独的 then 语句，只需要在那些导致它的规则和例外的范围内考虑。然而对于决策列表，则需要重新审视前面的所有规则来判断一个单独规则的确切影响。当开始理解大的规则集时，这种局部性特性是重要的。从心理上看，人们习惯把一个特定事件集或一种事件看作数据，当观察任何一个在例外结构里的结论时，以及当其中的一个事件转变成结论的一个例外时，增加 except 子句是解决问题的一种简单方法。

这里需要指出，default...except if...then... 结构逻辑上与 if...then...else... 相等，else 是无条件的，并且精确地指出默认值是什么。当然，一个无条件的 else 就是一个默认值（注意：上面的规则中没有无条件的 else）。从逻辑上说，基于例外的规则可以简单地用 if...then...else 语句改写。采用例外形式来陈述，所获的益处更趋向于心理上的而不是逻辑上的。这里假设默认值和较早出现的测试的应用范围，相对于以后的例外情况的应用范围更为广泛。如果真实情况确实如此，用户能够明白这是一个似乎可行的方法，用（普遍的）规则和（极少的）例外情况的表达方式，比一个不同的但逻辑相同的结构，更容易被领会。

3.4.4 表达能力更强的规则

前面已经隐含地假设了规则中的条件涉及一个属性值和一个常量的测试，但这也许还并不令人满意。举一个具体的例子，假设图 3-9 显示了一组 8 个形状和尺寸不同的积木，希望学到 standing up（站立）的概念。这是一个经典的二类问题，这两个类分别是 standing（站立）和 lying（卧倒）。其中 4 块有阴影的积木是正例概念样本（standing），没有阴影的积木是负例概念样本（lying）。学习算法的输入信息是每块积木的 width（宽度）、height（高度）和 number of sides（边数）。训练数据见表 3-2。

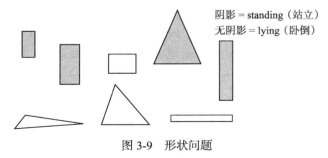

图 3-9 形状问题

从这个数据中可能产生的常规规则集是：

```
if width ≥ 3.5 and height < 7.0 then lying
if height ≥ 3.5 then standing
```

表 3-2　形状问题的训练数据

width	height	sides	class	width	height	sides	class
2	4	4	Standing	7	6	3	Lying
3	6	4	Standing	2	9	4	Standing
4	3	4	Lying	9	1	4	Lying
7	8	3	Standing	10	2	3	Lying

为什么 width 的分界点是 3.5？因为它是卧倒积木的最小宽度 4 与高度小于 7 的站立积木的最大宽度 3 的均值。同样，7.0 是 height 的分界点，因为它是卧倒积木最大高度 6 与宽度大于 3.5 的站立积木的最小高度 8 的均值。将数值型的阈值设定为概念边界值的中间值是一种通用的方法。

尽管这两条规则能够在给出的样本上很好地运行，但它们不是最好的方案。因为它们不能对许多新的积木进行分类（例如，积木的宽度是 1，高度是 2），还可以很容易找出许多合理的而这两条规则不适用的积木。

在对这 8 块积木进行分类时，人们也许会发现"站立积木的高度大于宽度"。这条规则是在属性值之间进行比较，而不是将属性值与一个常量进行比较：

```
if width > height then lying
if height > width then standing
```

height 和 width 的真实值并不重要，重要的是它们之间的比较结果。

许多机器学习方案并不考虑属性之间的关系，因为这样做代价太高。实际上，有一种可行的方法就是添加额外的第二属性表示两个原始属性是相等或者不相等，如果是数值属性，可以给出它们之间的差值。例如，可以在表 3-2 中增加一个宽度是否小于高度（width<height？）的二元属性。这些属性通常作为数据处理工作的一部分被加入。

经过看似较小的改进后，关系的知识表达能力能够得到极大的扩展。其中的奥秘是采用能使实例作用明确的方法来表示规则：

```
if width(block) > height(block) then lying(block)
if height(block) > width(block) then standing(block)
```

尽管这个例子似乎并没有得到很多扩展，但是如果能够把实例分解成多个部分，那么规则的表现能力确实能够得到扩展。例如，如果一个由大量石块堆出的塔（tower），石块层层堆积，那么位于塔最顶端的石块是站立的，这就可以用如下的规则表示：

```
if height(tower.top) > width(tower.top) then standing(tower.top)
```

这里的 tower.top 是指最顶端的那一石块。到现在为止，我们并没有获得任何益处。但是，如果用 tower.rest 表示塔的其余部分，那么可以用下面的规则表示塔是由全部站立的石块组成：

```
if height(tower.top) > width(tower.top) and standing(tower.rest)
    then standing(tower)
```

看似很小的附加条件 standing（tower.rest）是一个递归表达形式，只有当塔的其余部分全部由站立的石块组成时，附加条件 standing（tower.rest）才能得到满足。相同规则的递归程序将对此进行测试。当然，有必要增加一个如下的规则为递归设置一个适合的"跳出点（bottoms out）"：

```
if tower = empty then standing(tower.top)
```

这样的规则集称为逻辑程序（logic program），在机器学习领域里称为归纳逻辑编程（inductive logic programming）。本书将不再深入涉及这一内容。

3.5 基于实例的表达

最简单的学习形式是简单地记住或者死记硬背（rote learning）。一旦记住了一个训练实例集，在遇到一个新的实例时，就会在记忆中找出与之相似的一个训练实例。唯一的问题是如何理解"相似"，我们将很快对此进行解释。首先需要注意，这是采用一种完全不同的方法来表达从实例集里提取的"知识"：保存实例本身，并且将类未知的新实例与现有类已知的实例联系起来进行操作。这种方法直接在样本上工作，而不是建立规则。这就是基于实例的学习（instance-based learning）。从某种意义上看，所有其他机器学习方法都是"基于实例"的，因为我们总是从一个作为初始训练信息的实例集开始。但是基于实例的知识表达使用实例本身来表达所学到的（知识），而不是推断出一个规则集或决策树并保存它。

在基于实例的学习中，对一个新的实例进行分类时，才进行实质性的工作，而不是处理训练集时进行。从这一点上看，基于实例的学习方法和其他已介绍的学习方法的不同之处是"学习"发生的时间不同。基于实例的学习是懒惰的，尽可能延缓实质性的工作，而其他学习方法是急切的，只要发现数据就产生一个泛化。在基于实例的学习中，使用一种距离度量将每个新实例与现有的实例进行比较，利用最接近的现存实例赋予新实例类别。这称为最近邻（nearest-neighbor）分类方法。有时使用不止一个最近邻实例，并且用最近的 k 个邻居所属的多数类（如果类是数值型，就是经距离-加权的均值）赋予新的实例。这就是 k 最近邻（k-nearest-neighbor）法。

当样本仅有一个数值属性时，计算两个样本之间的距离没有多大意义——它仅仅是两个属性值之差。当存在多个数值属性时，几乎是直接使用标准欧几里得距离。然而，这里假设所有属性值已经被规范化，且同样重要，机器学习中的一个重要问题是判断哪些属性是重要属性。

当表示名目属性时，有必要对名目属性的不同值之间提出一个"距离"。如果属性值是红、绿和蓝，它们之间的距离是什么？通常，如果属性值相同，那么它们之间的距离是 0；否则，距离是 1。所以红和红之间的距离是 0，红和绿之间的距离是 1。但是，比较合理的处理方法是采用一个更复杂的属性表达。例如，当有多种颜色时，可以在颜色区间使用一个色调的数值度量，与绿色相比，黄色更接近桔黄色和土黄色。

有些属性也许比另一些属性更加重要，这通常通过某种属性加权反映在距离度量上。从训练集上获得合适的属性权值是基于实例学习中的一个关键问题。

也许没有必要存储所有训练实例。一方面是因为它可能使最近邻的计算过程异常缓慢，另一方面它将不切实际地占用大量的存储空间。通常，与类相对应的属性空间的部分区域比其他区域更稳定，所以在这些稳定的区域内只需要少数几个样本。例如，你也许可以期望类边界以内所需的样本密度小于靠近类边界所需的密度。决定应该保留哪些实例以及应该抛弃哪些实例是基于实例学习的另一个关键问题。

基于实例学习表达方式有一个明显的弱点，就是它不能对所学到的（知识）给出一个清晰的数据结构。从这方面说，它和在本书一开始所陈述的"学习"相冲突，实例并没有真正"描述"数据中的模式。然而，实例结合距离度量在实例空间绘出的边界能够区别不同的类别，这是一种显式的知识表达形式。例如，给出两个属于不同类的实例，最近邻规则能有效地利用实例之间连线的垂直平分线将实例空间分隔开来。如果每个类都有多个实例，那么实例空间将被一组直线分隔开来，这组直线是经过挑选的、属于一个类别的实例与另一个类别实例之间连线的垂直平分线。图3-10a里用一个九边形将属于实心圆的类从属于空心圆的类里分离出来。这个多边形隐含着最近邻规则的操作。

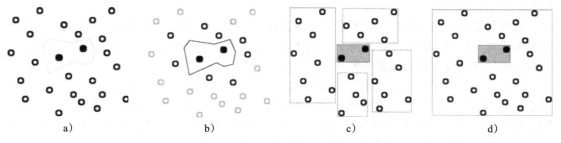

图3-10 分隔实例空间的不同方法

当训练实例被丢弃后，结果是每个类只保存几个有代表性的样本。图3-10b用深色空心圆圈显示的仅是几个真正在最近邻决策中使用到的样本，其他样本（淡灰色的空心圆圈）可以被丢弃而不对结果产生任何影响。这些有代表性的样本就是一种显式的知识表达形式。

一些基于实例的表达法能够进一步对实例进行显式的泛化。典型的方法是通过建立矩形区域来包围属于同一类的实例。图3-10c展示了可能产生的矩形区域。如果一个未知类的实例落入某一矩形区域内，它将被赋予相应的类，而落在所有矩形区域外的样本将服从最近邻规则。当然，这将产生与直接的最近邻规则不同的决策边界，若将图3-10a的多边形与矩形重叠后就会发现（不同之处）。落入矩形的多边形部分将被砍掉，而由矩形边界取代。

在实例空间的矩形泛化就像是包含特殊条件形式的规则，它对一个数值变量进行上、下边界的测试，并选择位于其间的区域。不同尺寸的矩形对应由逻辑与组合在一起的在不同属性上的测试。选择一个最适合的矩形作为测试边界所产生的规则，将比由基于规则的机器学习方案产生的规则更为保守，因为对于区域的每一个边界，都有一个真正的实例落在边界上（或边界内）。而像$x < a$（x是一个属性值，a是一个常量）的测试将包围一半的空间，不管x有多小，只要它小于a。当在实例空间中运用矩形泛化时，能够做到保守，因为如果一个新的样本落在所有区域以外，还可以求助于最近邻的度量方法。而采用基于规则的方法时，如果没有规则适用于这个样本，那么它将不能被分类，或者仅得到一个默认的分类。更加保守的规则的优点是：尽管保守的规则并不完整，但它也许比一个覆盖所有事件的规则集的表达更为清楚。最后，要保证区域之间不重叠，也就是保证最多只能有一个规则适合应用于一个样本，这样就避免了在其他基于规则学习系统中，多个规则适用于一个样本的难题。

一个更复杂的泛化是允许矩形区域嵌入在其他矩形区域中。正如图3-10d所示，基本上属于一个类的样本区域里包含了属于另一个不同类的内部区域。还可以允许嵌套内的嵌套，那么内部区域本身就可以包含一个不同类的内部区域，这个类也可能与最外面的区域属于同一个类。这种处理方法与3.4节允许规则中有例外以及例外的例外相类似。

这里需要指出的是，在样本空间里，用边界的方法将基于实例学习可视化的技术有一点轻微的风险：它做了一个隐含的假设，假设属性是数值型的而不是名目型的。如果一个名目属性的不同属性值被放置在一条直线上，那么在这条直线上进行分段的泛化是没有意义的——每个测试包含了一个属性值或者所有属性值（也许是属性值的任意一个子集）。尽管你能很容易或不太容易地将图 3-10 的样本想象成扩展到多维空间上，但是要想象包含了名目属性的规则在多维实例空间上将是如何的，就困难多了。在许多场合里，机器学习需要处理大量的属性，当扩展到高维实例空间时，直觉往往会让我们步入歧途。

3.6 聚类

当机器学习学到的是聚类而不是一个分类器时，输出则采用一个显示实例如何落入聚类的图形形式。最简单的方法是让每个实例伴随一个聚类的编号，通过将实例分布在二维空间并对空间加以分隔的形式来表示各个聚类，如图 3-11a 所示。

有些聚类算法允许一个实例可以属于多个聚类，如维恩图（Venn diagram），将实例分布在二维图形上，然后画出重叠的子集来表示每个聚类，如图 3-11b 所示。另一些算法将实例与各个聚类的概率相关联而不是（直接）与类别相关联。从这个意义上说，每个实例存在一个对于各个聚类的成员归属的可能性或者程度，如图 3-11c 所示。这个特殊的关联意味着一个概率问题，所以对于每个实例，所有概率和为 1，尽管并不总是这样。其他算法产生一个分层的聚类结构，位于结构顶层的实例空间被分为几个聚类，每个聚类将在下一层又被分为几个子聚类，以此类推。这样就产生图 3-11d 所示的结构，聚类的成员在低层聚集的紧密程度要高于在高层聚集的程度。这种图称为树状图（dendrogram）。这个术语与树图（tree diagram）有着相同的含义（希腊语 dendron 是"一棵树"），但是在聚类中似乎更倾向于使用古文，因为聚类技术首先运用的领域是生物物种，而在生物学领域通常使用古文对生物物种进行命名。

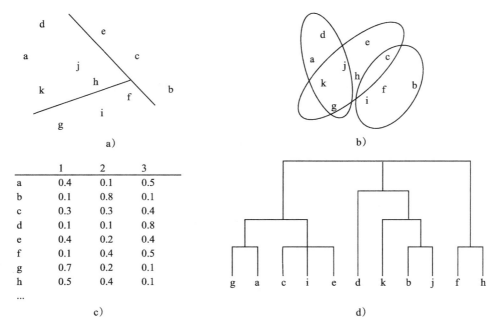

图 3-11 表示聚类的不同方法

聚类之后通常伴随着推导出一个决策树或规则集的步骤，从而将每个实例分配到它所属的聚类。这样说来，聚类操作只不过是通向结构描述的一个步骤。

3.7 拓展阅读及参考文献

传统上知识表达是人工智能的一个重要主题，并在 Brachman 和 Levesque（1985）的一系列系统的论文中已得到了很好的论述。de Raedt 在《Logical and relation》（2008）一书中对归纳逻辑编程以及相关课题的领域做了详尽的讲述。

我们提到过处理不同规则之间冲突的问题，对此有多种处理方案，称为冲突解决策略（conflict resolution strategy），这些策略已经进一步运用到基于规则的程序系统中。有关基于规则编程的书中阐述了有关策略的内容，如 Brownstown 等（1985）所著的书。然而，它们是为用于手动设置的而非学习来的规则集而设计的。Gaines 和 Compton（1995）做了关于手动设置的包含例外的规则应用在一个大型数据集上的研究，并且 Richards 和 Compton（1998）探讨了它们作为经典的知识工程的替代作用。

更多有关概念表达的不同方法，可以在那些有关从样本中推出概念的机器学习方法的论文中找到。这部分内容在第 4 章、第 6 章和第 7 章均有涉及，并在第 9 章中以概率分布的形式表示概念的图模型进行了讨论。

第 4 章
Data Mining: Practical Machine Learning Tools and Techniques, Fourth Edition

算法：基本方法

我们已经学习了如何表达输入和输出，现在来看机器学习算法。本章将介绍在实际数据挖掘中使用的技术背后的一些基本概念。这里将不深入考查一些很微妙的问题，比如高级的算法版本、可能的优化方法以及实际数据挖掘中产生的复杂问题。这部分内容会在第 6 章进行阐述，届时将结合真正用于机器学习的实现方案进行讨论，譬如与本书配套的数据挖掘开发工具里的一些方案，以及在真实世界中的应用。深入理解这些更为复杂的问题是非常重要的，这样才能在分析某个具体数据集时了解数据中真正发生了什么。

本章将研究一些基本概念。其中最有指导意义的一句话就是"简单的方法通常能很好地工作"。在分析实际数据集时，建议采用"简单优先"的方法论。数据集能够展示很多不同的、简单的数据结构形式。在第一个数据集里，也许只有一个属性承担了所有工作，而其他的都是无关或冗余的属性。在第二个数据集里，所有属性也许是独立地、均等地对最终结果做出贡献。在第三个数据集里，也许拥有一个包含了几个属性的简单逻辑结构，这个结构可以由一个决策树得到。在第四个数据集里，也许存在一些独立的规则，能将实例划分到不同的类。在第五个数据集里，也许展示出不同属性子集间的依赖性。在第六个数据集里，也许包含了一些数值属性间的线性依赖关系，关键是要为各个属性选择合适的权值，并求一个加权的属性值之和。在第七个数据集里，归类到实例空间的具体区域也许要受控于实例间的距离。在第八个数据集里，也许没有提供类值，学习是无监督学习。

在变化无穷的数据集里，会产生很多不同的数据结构形式。要寻找某一种结构的数据挖掘工具，不管多有效，都可能会完全丢失其他不同结构的规律性，而这些结构是非常基本的。结果得到的是结构复杂的、难以理解的一种分类结构，而不是简单的、优美的、能够立刻被理解的另一种结构形式。

上面所描述的 8 种不同数据集形式中的每一个，都对应着一个适于揭示其内在规律不同的机器学习方案。本章将分别对这些结构进行讨论。

4.1 推断基本规则

这里有一种能从实例集里方便地找出非常简单的分类规则的方法，称为 1 规则（1-rule，1R）。它产生一层的决策树，用一个规则集的形式表示，只在某个特定的属性上进行测试。1R 是一种简单、廉价的方法，但常常能得到非常好的规则用以描述存在于数据中的结构。由它得出的简单规则经常能达到高得令人吃惊的准确率。也许这是因为真实世界的数据集中的数据结构相当基本，仅用一个属性就足以准确地判断出一个实例的类别。所以在任何实例上，首先尝试采用最简单的方法总是一个不错的计划。

这种方法的思想是：建立一个只对单一属性进行测试的规则，并将其应用于不同的分支。每一个分支对应一个不同的属性值。分支的类就是训练数据在这个分支上出现最多的类。这种方法很容易计算出规则的误差率——只要计算在训练数据上产生的错误，即统计不属于多数类的实例数量。

每一个属性都会产生一个不同的规则集,每条规则对应这个属性的每个值。对每一个属性的规则集的误差率进行评估,从中选出性能最好的一个。就是这么简单!图 4-1 是用伪代码形式表示的算法。

```
对于每一个属性
    对于该属性的每个属性值,按如下方式产生一条规则
        计算每个类别出现的次数
        找出最频繁的类别
        产生一条规则将该类别分配给该属性值
    计算规则的误差率
选择误差率最小的规则
```

图 4-1　1R 伪代码

这里用表 1-2 的天气数据来研究 1R 是如何工作的(在讨论学习算法如何工作时,我们将多次采用这个数据)。为了在最后一列得到分类结果 play,1R 将考虑 4 个规则集,一个属性对应一个规则集。表 4-1 列出了这些规则。其中的 * 表示采用了一个任意的选择,因为规则产生出两个可能性相等的结论。表中给出了每个规则产生的错误分类的数量,以及整个规则集产生的错误分类的数量。1R 选择所产生的规则集的错误数量最小的属性,就是第一和第三个规则集。可以从中任意选择一个规则集来打破这个平局:

```
outlook: sunny → no
         overcast → yes
         rainy → yes
```

注意在一开始就没有对天气数据所涉及的活动做出特别说明。从得出的结论看非常奇怪,似乎在多云或者雨天才能进行这项活动,晴天却不适合。也许这是一项室内活动。

表 4-1　评估天气数据中的属性

	属性	规则	误差	总误差
1	outlook	sunny → no overcast → yes rainy → yes	2/5 0/4 2/5	4/14
2	temperature	hot → no* mild → yes cool → yes	2/4 2/6 1/4	5/14
3	humidity	high → no normal → yes	3/7 1/7	4/14
4	windy	false → yes true → no*	2/8 3/6	5/14

令人惊奇的是,尽管 1R 非常简单,但是它的表现毫不逊色于更复杂的学习方法。只对单个属性进行测试的规则往往可以替代一个复杂结构,在确定了性能基线的情况下,建议采用 "简单优先" 的方法论,首先使用简单、基本的技术,然后再将它发展成更加复杂的学习方法。不可避免的是,对复杂学习方法所产生的结果进行解释较为困难。

缺失值和数值属性

尽管 1R 是一种非常基本的学习方法,但是它可适用于缺失值和数值属性。1R 处理缺

失值和数值属性的方法既简单又高效，即把缺失作为另一个属性值，例如，如果天气数据在 outlook 属性上存在缺失值，那么在 outlook 属性上产生的规则集将指定 4 个可能的类值，分别为 sunny、overcast、rainy，第 4 个为 missing（缺失）。

我们可以采用一种简单的离散化方法将数值属性转换成名目属性。首先，将训练样本按照数值属性的值进行排序，产生一个类值的序列。例如，根据 temperature 属性值对数值版本的天气数据（表 1-3）进行排序后产生的序列如下：

64	65	68	69	70	71	72	72	75	75	80	81	83	85
Yes	No	Yes	Yes	Yes	No	No	Yes	Yes	Yes	No	Yes	Yes	No

离散化通过在这个序列上放置断点来达到分隔的目的。一种可行的方法是在类值发生变化处放置断点，产生 8 个区间：

Yes | No | Yes Yes Yes | No No | Yes Yes Yes | No | Yes Yes | No

将断点设置在两边样本之间的中间位置，即 64.5、66.5、70.5、72、77.5、80.5、84。然而，两个属性值为 72 的实例产生了一个问题，因为它们拥有相同的 temperature 属性值，却属于不同的类别。最简单的解决办法是将处于 72 的断点向右移一个，新的断点将是 73.5，从而产生出一个混合的部分，其中 no 是多数类。

离散化存在的一个严重问题是，有可能形成大量的类别范畴。1R 算法将自然地倾向于选择能被分裂成很多区间的属性，因为它会将数据集分裂成很多部分，所以实例与它们各自所在部分的多数类同属一类的可能性增大。事实上，一个极端的例子是每个实例中一个属性拥有一个不同的值。如标识码（identification code）属性表示实例是唯一的，它在训练数据上产生的误差率是 0，因为每个部分只有一个实例。当然，高度分支的属性通常不能在测试样本上有很好的表现，实际上标识码属性将不可能在训练实例以外的样本上产生正确的预测。这种现象被称为过度拟合（overfitting）。第 1 章已经讨论过要避免过度拟合偏差，在后面的章节里我们将不断地遇到这个问题。

对于 1R 算法，当一个属性存在大量可能值时，过度拟合就很有可能发生。所以，当离散一个数值属性时，需要采用一条规则，这条规则规定了每个区间上多数类样本所需达到的最小数量。如果设置的最小样本数量是 3，那么上面的区间将只剩下 2 个。划分过程将由以下形式开始：

Yes   No   Yes   Yes | Yes   …

在第一个区间里，确保多数类 yes 出现 3 次。然而紧接着的实例也是 yes，所以将它纳入第一个区间也不会产生任何损失。新产生的分离结果是：

Yes No Yes Yes Yes | No No Yes Yes Yes | No Yes Yes No

这样除了最后一个区间，每一区间至少包括 3 个属于多数类的实例，通常在最后一个区间会出现少于 3 个多数类实例的情况。分隔的边界一般要落在两个不同类的样本之间。

当相邻的段拥有相同的多数类时（如第一个区间和第二个区间），将它们合并之后并不会影响规则集的意义。所以，最终的离散化结果是：

```
Yes  No  Yes  Yes  Yes  No  No  Yes  Yes  Yes | No  Yes  Yes  No
```

从中产生的规则集是：
```
temperature: ≤77.5 →yes
            >77.5 →no
```

第二个规则包含一个任意的决策，这里选择 no。如果选择 yes，正如此例所示，将没有必要使用任何断点，使用相邻的类别来打破平局更加合适。实际上，这个规则在训练数据集上产生了 5 个错误，不如前面在 outlook 属性上产生的规则有效。用同样的方法在 humidity 属性上产生的规则如下：

```
humidity: ≤82.5 →yes
         >82.5 and ≤95.5 →no
         >95.5 →yes
```

这个规则在训练集上只产生了 3 个错误，它是在表 1-3 数据上最好的 1R。

最后，如果一个数值属性存在缺失值，便为它们建立一个额外的区间，并且只在那些已经定义了属性值的实例上运用离散化过程。

4.2 简单概率模型

1R 方法使用单一属性作为决策的依据，并且选择其中工作性能最好的那个属性。另一项简单技术是对一个给定的类使用所有属性，让它们对决策做出同等重要、彼此独立的贡献。当然，这是不现实的，现实数据集里的属性并不同等重要，也不彼此独立。但是它引出了一个简单方案，并且在实际中表现极佳。

表 4-2 是天气数据的汇总，它统计了每种属性值配对和 play 的每个属性值（yes 和 no）一同出现的次数。例如，从表 1-2 中可以发现，outlook 属性为 sunny 的 5 个样本中，2 个样本的 play = yes，3 个样本的 play = no。表 4-2 的第一行为每个属性的所有可能值简单记录了这样的出现次数，最后一列的 play 数字统计了 yes 和 no 总共出现的次数。表的下半部分是以分数形式或用观察到的概率改写了同样的信息。例如，play 是 yes 的天数是 9，其中 outlook 是 sunny 的有 2 天，由此产生的分数是 2/9。对于表中的 play 列，分数则有不同的含义，它们分别为 play 属性值是 yes 和 no 的天数在总天数中所占的百分比。

表 4-2 拥有统计数和概率的天气数据

outlook			temperature			humidity			windy			play	
	yes	no		yes	no		yes	no		yes	no	yse	no
sunny	2	3	hot	2	2	high	3	4	false	6	2	9	5
overcast	4	0	mild	4	2	normal	6	1	true	3	3		
rainy	3	2	cool	3	1								
sunny	2/9	3/5	hot	2/9	2/5	high	3/9	4/5	false	6/9	2/5	9/14	5/14
overcast	4/9	0/5	mild	4/9	2/5	normal	6/9	1/5	true	3/9	3/5		
rainy	3/9	2/5	cool	3/9	1/5								

假设遇到表 4-3 所示的一个新样本。我们认为表 4-2 中的 5 个属性（outlook、temperature、humidity、windy 以及 play 为 yes 或 no 的总体似然）是同等重要、彼此独立的，并将与其对应的分数相乘。查看结果为 yes 的情形，有：

$$yes 的似然 = 2/9 \times 3/9 \times 3/9 \times 3/9 \times 9/14 = 0.0053$$

这些分数是根据新的一天的属性值，从表4-2中取出与yes相对应的值，最后的9/14是play为yes的天数占总天数（14天）的百分比。对结果为no的相似计算将得到：

$$\text{no 的似然} = 3/5 \times 1/5 \times 4/5 \times 3/5 \times 5/14 = 0.0206$$

表 4-3　新的一天

outlook	temperature	humidity	windy	play
sunny	cool	high	true	?

可以看出，对于这个新的一天，play是no的可能性是yes的4倍。通过规范化将这两个结果转换成概率，使它们的概率之和为1：

$$\text{yes 的概率} = \frac{0.0053}{0.0053 + 0.0206} = 20.5\%$$

$$\text{no 的概率} = \frac{0.0206}{0.0053 + 0.0206} = 79.5\%$$

这个简单且直观的方法基于有条件概率的贝叶斯规则。贝叶斯规则指出，如果存在一个假说 H 和基于假说的例证 E，那么

$$P(H|E) = \frac{P(E|H)P(H)}{P(E)} \tag{4.1}$$

$P(A)$ 指事件 A 发生的概率，$P(A|B)$ 是基于另一事件 B 发生，事件 A 发生的概率。假说 H 为play的结果是yes，那么 $P(H|E)$ 将是20.5%，正如前面计算所得。例证 E 是新的一天的属性值的特定组合：outlook = sunny、temperature = cool、humidity = high、windy = true。这4个例证分别用 E_1、E_2、E_3 和 E_4 表示。假设这些例证是独立的（对于给出的类），将概率相乘后就得到它们的组合概率：

$$P(\text{yes}|E) = \frac{P(E_1|\text{yes}) \times P(E_2|\text{yes}) \times P(E_3|\text{yes}) \times P(E_4|\text{yes}) \times P(\text{yes})}{P(E)} \tag{4.2}$$

不用担心分母部分。我们不需要考虑分母，因为分母会在最后的规范化步骤（使yes和no的概率之和为1）里被消除。最后的 $P(\text{yes})$ 是在不知道任何例证 E 的情况下，结论是yes的概率，即对于所涉及的特定日期的情况一无所知，称为假说 H 的先验概率（prior probability）。在这个例子里，先验概率是9/14，因为14个训练样本里有9个样本的play属性值是yes。将表4-2里的分数替换成适合的例证概率得到：

$$P(\text{yes}|E) = \frac{2/9 \times 3/9 \times 3/9 \times 3/9 \times 9/14}{P(E)}$$

和前面计算的一样。同样，分母 $P(E)$ 将在做规范化时消失。

这种方法称为朴素贝叶斯（Naïve Bayes），因为它基于贝叶斯规则并"朴素"地假设（属性）独立——只有当事件彼此独立时，概率相乘才是有效的。属性独立的假设，在现实生活中肯定是过于简单的假设。尽管有些名不副实，但在实际数据集上进行测试时，朴素贝叶斯工作得非常好，特别是当与一些在第8章将要介绍的属性选择程序相结合后，属性选择程序可去除数据中的一些冗余，从而造成非独立的属性。

如果某个属性值没有联合每一个类值一起出现在训练集里，那么朴素贝叶斯法将会出错。假设在一个不同的天气数据中，所有训练数据的属性值outlook = sunny，总是伴随着结

论 no，那么属性值 outlook = sunny 为 yes 的概率 P(outlook = sunny | yes) 是 0，因为其他的概率将与这个 0 相乘，所以不管其他概率有多大，最终 yes 的概率都将是 0。概率 0 超过其他概率掌握了否决权。这不是一个好现象。然而，对利用频率来计算概率的方法进行一些小的调整，便很容易弥补这个缺陷。

例如，正如表 4-2 上半部分所示，对于 play = yes，有 2 个样本的 outlook 是 sunny，4 个样本的 outlook 是 overcast，3 个样本的 outlook 是 rainy，下半部分给出了这些事件的概率，分别是 2/9、4/9 和 3/9。我们可以在每一个分子上加 1，并且在分母上加 3 进行补偿，所以得到的概率分别为 3/12、5/12 和 4/12。这将保证当一个属性值出现 0 次时，得到一个很小但是非 0 的概率。在每一个计数结果上加 1 的方法是一项标准的技术，称为拉普拉斯估计器（Laplace estimator），它出自 18 世纪伟大的法国数学家 Pierre Laplace。尽管它在实际中能很好地工作，但是也没有特别的理由需要在计数结果上加 1。取而代之，可以用一个很小的常量 μ 来代替：

$$\frac{2+\mu/3}{9+\mu}, \frac{4+\mu/3}{9+\mu}, \frac{3+\mu/3}{9+\mu}$$

这里将 μ 设为 3，它有效地提供了一个权值，这个权值决定了先验值（1/3、1/3 和 1/3）对每个可能属性值的影响力。与训练数据集的一个新的例证相比，大的 μ 值说明这些先验值是非常重要的，小的 μ 值则说明先验值的影响力较小。最后，在分子部分将 μ 平均分成 3 份并没有特别的理由，所以可以使用以下形式代替：

$$\frac{2+\mu p_1}{9+\mu}, \frac{4+\mu p_2}{9+\mu}, \frac{3+\mu p_3}{9+\mu}$$

这里 p_1、p_2 和 p_3 之和为 1。这 3 个数值分别是属性 outlook 的值为 sunny、overcast 和 rainy 时的先验概率。

这种对虚构数据使用伪数的平滑参数技术可以通过使用概率框架来严格证明。思考这个例子中的每个参数，三个数字都有一个相关的概率分布。这被称为贝叶斯公式，我们将在第 9 章中详细介绍。原始的"先验"分布决定了先验信息的重要性，当新的线索来自训练集时，将这些信息考虑在内，它们可以被更新为"后验"分布。如果先验分布具有一种特殊的形式，即"狄利克雷"分布，则后验分布具有相同的形式。附录 A 中给出了狄利克雷分布的定义，其中也包含了更详细的理论解释。

结果是，后验分布的均值是由先验分布计算得到的，在某种程度上是上述例子的推广。因此，这种启发式平滑技术可以从理论上证明，使用参数的非零均值的狄利克雷先验，然后以后验均值作为参数的更新估计。

这种贝叶斯公式的优点是来自严格的理论框架。然而从实际的角度来看，它并不清楚应该如何分配先验概率。在实践中，只要训练实例的数量合理，使用不同的先验概率几乎没有差别。人们通常用拉普拉斯估计器估计频率，将计数结果初始化为 1 而不是 0。

4.2.1 缺失值和数值属性

使用贝叶斯公式的一个优势是：处理缺失值并不是难题。例如，如果表 4-3 样本中 outlook 的属性值是缺失值，计算时只需要省略这个属性，结果是：

yes 的似然 = 3/9 × 3/9 × 3/9 × 9/14 = 0.0238
no 的似然 = 1/5 × 4/5 × 3/5 × 5/14 = 0.0343

这两个值分别比前面的计算值要高出很多，原因是缺少了其中的一个分数。但这并不会成为问题，因为两个公式都缺少一个分数，这些似然还要被进一步标准化。最终产生的 yes 和 no 的概率分别是 41% 和 59%。

在一个训练实例中，如果一个属性值缺失，它便不会被包括在频率计算中，概率的计算取决于真正出现属性值的训练实例的个数，而不是训练实例的总数。

在处理数字值时，通常把它们假设成拥有"正态"（normal）或者"高斯"（Gaussian）的概率分布形式。表 4-4 对天气数据做了总结，其中数值属性数据来源于表 1-3。对于名目属性的计算方法和以前一样；对于数值属性，只需列出所有出现的值。然后，名目属性的统计值经标准化成为概率；而数值属性计算出每一个数值属性在每一个类上的均值和标准差。所以，所有类值为 yes 的实例在属性 temperature 上的均值是 73，标准差是 6.2。这里的均值是简单属性值的均值（数值属性在同一个类上的），也就是（在同一个类上的）属性值之和除以属性值的个数。标准差是样本方差的平方根值，计算方法为：将每一个属性值减去均值后进行平方，然后求和，最后除以属性值的个数减 1。在求出这个样本的方差后，再对方差取平方根得到标准差。这是对一个数据集计算均值和标准差的标准方法（"减 1"是为了得到样本的自由度，这是一个统计学概念，这里将不再深入介绍）。

表 4-4 有统计汇总的数值天气数据

	outlook		temperature		humidity		windy			play	
	yes	no	yes	no	yes	no		yes	no	yes	no
sunny	2	3	83	85	86	85	false	6	2	9	5
overcast	4	0	70	80	96	90	true	3	3		
rainy	3	2	68	65	80	70					
			64	72	65	95					
			69	71	70	91					
			75		80						
			75		70						
			72		90						
			81		75						
sunny	2/9	3/5	mean	73	74.6	mean	79.1	86.2	false	6/9	2/5	9/14	5/14
overcast	4/9	0/5	std dev	6.2	7.9	std dev	10.2	9.7	true	3/9	3/5		
rainy	3/9	2/5										

对于一个均值为 μ 和标准差为 σ 的正态分布，它的概率密度函数表达式看似有些令人生畏：

$$f(x) = \frac{1}{\sqrt{2\pi}\sigma} e^{-\frac{(x-\mu)^2}{2\sigma^2}}$$

不必害怕！它意味着当属性 temperature 有一个值（譬如说 66）时，如果考虑 yes 的结果，只需将 $x = 66$、$\mu = 73$ 和 $\sigma = 6.2$ 代入公式。所以由概率密度公式得出的值为：

$$f(\text{temperature} = 66 \mid \text{yes}) = \frac{1}{\sqrt{2\pi} \times 6.2} e^{-\frac{(66-73)^2}{2 \times 6.2^2}} = 0.0340$$

当属性 humidity 的值是 90 时，使用相同方法计算结论为 yes 的概率密度：

$$f(\text{humidity} = 90 \mid \text{yes}) = 0.0221$$

某个事件的概率密度函数与它的概率是密切相关的，但它们并不是一回事。如果 temperature 是连续的，那么当 temperature 正好是 66 或是其他任何确定的值（比如 63.14159262）时的概率就为 0。概率密度函数 $f(x)$ 的真正含义是指这个量落在 x 附近的一个很小区域里，譬如说在 $x-\varepsilon/2$ 和 $x+\varepsilon/2$ 之间的概率是 $\varepsilon \cdot f(x)$。使用这些概率时，你也许会认为应该要乘以精确值 ε，然而没有必要。因为同样的 ε 会出现在 yes 和 no 的似然中，并且在计算概率时被消除。

对表 4-5 所列的新的一天运用这些概率，得到：

yes 的似然 = $2/9 \times 0.0340 \times 0.0221 \times 3/9 \times 9/14 = 0.000036$

no 的似然 = $3/5 \times 0.0279 \times 0.0381 \times 3/5 \times 5/14 = 0.000137$

由此产生的概率为：

$$\text{yes 的概率} = \frac{0.000036}{0.000036 + 0.000137} = 20.8\%$$

$$\text{no 的概率} = \frac{0.000137}{0.000036 + 0.000137} = 79.2\%$$

表 4-5 另一个新的一天

outlook	temperature	humidity	windy	play
sunny	66	90	true	?

这些数值与先前对表 4-3 所示的新的一天的概率计算结果非常接近，因为属性 temperature 和 humidity 的属性值分别为 66 和 90，与前面用 cool 和 high 分别作为这两个属性值时计算出的概率相似。

正态分布的假设很容易将朴素贝叶斯分类器进行扩展，使它能够处理数值属性。如果任何数值属性的值有缺失，那么均值和标准差的计算仅基于现有的属性值。

4.2.2 用于文档分类的朴素贝叶斯

机器学习的一个重要领域是文档分类，其中每一个实例就是一个文档，而实例的类就是文档的主题。如果文档是新闻，那么它的类也许可以是国内新闻、海外新闻、财经新闻和体育新闻。文档的特性是由出现在文档中的单词所描述的，一种应用机器学习分类文档的方法是用布尔值属性表示每个单词的出现或者空缺。在文档分类的应用方面，朴素贝叶斯是一项深受欢迎的技术，因为它的处理速度快而且非常准确。

然而，朴素贝叶斯法忽略了每个单词在文档中出现的次数，而在决定一个文档的分类时，这些信息拥有潜在的重要价值。取而代之的是，一个文档可以看作一个词袋（bag of words），即一个集合，这个集合包含文件中的所有单词，在文件中多次出现的单词在集合中也多次出现（从技术上说，一个集合所包含的每个成员应是唯一的，而一个词袋可以拥有重复的成员）。采用一个修改过的朴素贝叶斯便可利用单词的频率，这个修改过的朴素贝叶斯有时称为多项式朴素贝叶斯（multinominal Naïve Bayes）。

假设 n_1, n_2, $\cdots$, n_k 是单词 i 在文件中出现的次数，P_1, P_2, $\cdots$, P_k 是从所有 H 类文档中抽样得到的单词 i 的概率。假设概率与单词的上下文以及单词在文件中的位置无关。这些假设生成一个文档概率的多项式分布（multinomial distribution）。在这种分布中，对于一个给定类别 H 文档 E 的概率，换句话说，计算贝叶斯规则中 $P(E|H)$ 的公式是：

$$P(E\mid H) = N! \times \prod_{i=1}^{k} \frac{P_i^{n_i}}{n_i!}$$

其中，$N = n_1+n_2+\cdots+n_k$ 是文档中单词的数量。使用阶乘的原因是考虑到词袋模型中每个单词出现的次序并不重要。P_i 是通过计算所有属于类别 H 的训练文档中单词 i 出现的相对频率而得到的估计。实际上，应该还有一项，即类别 H 的模型生成与 E 长度相等的文档的概率，但是通常假设对于所有类别（这个概率）都是相等的，因此可以忽略这一项。

例如，假设单词表里只有两个单词：yellow（黄）和 blue（蓝），对于一个特定文档类别 H，存在 $P(\text{yellow}|H) = 75\%$，$P(\text{blue}|H) = 25\%$（你也许称类别 H 为 yellowish green 类文档）。假如 E 是文档 blue yellow blue，且长度 $N = 3$ 个单词，存在 4 个可能的、拥有 3 个词的词袋，其中一个是 {yellow yellow yellow}，根据上面得出的公式得到它的概率为：

$$P(\{\text{yellow yellow yellow}\}\mid H) = 3! \times \frac{0.75^3}{3!} \times \frac{0.25^0}{0!} = \frac{27}{64}$$

其他 3 个的概率分别是：

$$P(\{\text{blue blue blue}\}\mid H) = \frac{1}{64}$$

$$P(\{\text{yellow yellow blue}\}\mid H) = \frac{27}{64}$$

$$P(\{\text{yellow blue blue}\}\mid H) = \frac{9}{64}$$

这里的 E 与最后一种情况相对应（注意：一个词袋中的单词次序可以忽略），所以由 yellowish green 文档模型生成 E 的概率是 9/64 或 14%。假如对于另一个类 very bluish green 文档（称它为 H'）有 $P(\text{yellow}|H')=10\%$ 和 $P(\text{blue}|H')=90\%$。由这个模型生成 E 的概率为 24%。

如果只有这两个类，是不是意味着 E 是 very bluish green 文档类呢？并不一定。前面给出的贝叶斯规则说，必须考虑每一个假说的先验概率。如果你实际上知道 yellowish green 文档的罕见程度是 yellowish green 文档的 2 倍，这远大于 14% 和 24% 的不同，倾向于 yellowish green 类文档。

前面概率公式中的阶乘并不需要真正计算，因为它对于每一个类是一样的，所以会在标准化的过程中被消除。然而，在公式里仍然需要将很多小概率相乘，这将迅速生成非常小的数值，从而在大的文档上造成下溢。不过这种问题可以通过对概率取对数替代概率本身来避免。

在多项式朴素贝叶斯公式里，判断一个文档的类不仅要根据文档中出现的单词，还要根据这些单词在文档中出现的次数。对于文档分类来说，多项式朴素贝叶斯模型的性能通常优于普通的朴素贝叶斯模型，尤其在大型字典级文档上表现尤其突出。

4.2.3 讨论

朴素贝叶斯法给出了一种简单并且概念清晰的方法，用以表达、使用和学习概率的知识。使用它能够达到很好的预测结果。在许多数据集上，朴素贝叶斯的性能可以与一些更加成熟的分类器相媲美，甚至会有更出色的表现。有一句格言是"始终从简单的方法入手"。同样，在机器学习领域，人们不断地努力使用更精细的学习方案，以期获得好的预测结果，但最终只是在几年后发现，那些简单的方法（如 1R 和朴素贝叶斯）能够得到同样甚至更好的结果。

朴素贝叶斯在很多数据集上的表现差强人意，其中的原因显而易见。因为朴素贝叶斯处理属性时，认为属性之间是完全独立的，所以一些冗余的属性会破坏机器学习过程。一个极端的例子是，如果在天气数据中加入一个新的属性，该属性拥有与属性 temperature 相同的值，那么属性 temperature 的影响力将会增加：属性 temperature 的所有概率将被平方，在最后的决策上具有更大的影响力。如果在数据集中加入 10 个这样的属性，那么最终的决策仅根据属性 temperature 做出。属性之间的依赖性不可避免地会降低朴素贝叶斯识别数据中究竟发生什么的能力。然而，这种情况可以通过在决策过程中采用仔细挑选属性子集的方法来避免。第 8 章将阐述如何选择属性。

对于数值属性，正态分布的假设是朴素贝叶斯的另一个限制，我们在这里进行一些说明。许多属性值并不呈正态分布。然而，对于数值属性，我们也可以采用其他分布形式——正态分布并没有特殊的魔力。如果你知道一个特定的属性可能遵循其他分布形式，可以使用那种分布形式的标准估计过程。如果你怀疑数值分布不是正态分布，又不知道真正的分布形式，可以使用"核密度估计"（kernel density estimation）过程。核密度估计并不把属性值的分布假设成任何特定形式的分布。另一种可行的处理方法是先将数据离散化。

4.3 分治法：创建决策树

创建决策树的问题可以用递归形式表示。首先，选择一个属性放置在根结点，为每一个可能的属性值产生一个分支。这将使样本集分裂成多个子集，一个子集对应一个属性值。然后在每一个分支上递归地重复这个过程，仅使用真正到达这个分支的实例。如果一个结点上的所有实例拥有相同的类别，即停止该部分树的扩展。

唯一存在的问题是，对于一个给定的、拥有不同类别的样本集，如何判断应该在哪个属性上进行分裂。再次来看天气数据，每次分裂都存在 4 种可能性，在最顶层产生的树如图 4-2 所示。哪个才是最好的选择呢？类别分是 yes 和 no 的实例数量显示在叶子上。当叶子只拥有单一类别 yes 或 no 时，将不必继续分裂，到达那个分支的递归过程也将停止。因为我们要寻找较小的树，所以希望递归过程尽早停止。如果能够测量每一个结点的纯度，就可以选择能产生最纯子结点的那个属性进行分裂。观察图 4-2，然后思考哪个属性是最佳选择。

我们将要使用的纯度量度称为信息量（information），单位是比特（bit）。纯度量度与树的一个结点相关联，代表了期望信息总量，用于说明到达这个结点的新实例将被分到 yes 还是 no 类所需的信息总量。不同于计算机内存所用的比特，这里所期望的信息量通常牵涉 1 比特中的部分——经常小于 1！根据那个结点上 yes 和 no 类的实例数量来计算。我们很快将在后面看到计算的具体细节。首先讨论如何使用它。当对图 4-2a 所示的第 1 棵树进行评估时，叶结点上的 yes 和 no 类的实例数量分别是 [2,3]、[4,0] 和 [3,2]，因此，这些结点上的信息量分别是：

$$\text{info}([2,3]) = 0.971 \text{ bit}$$
$$\text{info}([4,0]) = 0.0 \text{ bit}$$
$$\text{info}([3,2]) = 0.971 \text{ bit}$$

计算它们的平均信息量，并考虑到达每个分支的实例的数量：有 5 个实例到达第 1 和第 3 分支；4 个实例到达第 2 分支：

$$\text{info}([2,3],[4,0],[3,2]) = (5/14) \times 0.971 + (4/14) \times 0 + (5/14) \times 0.971$$
$$= 0.693 \text{ bit}$$

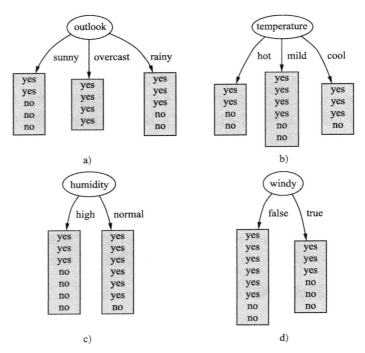

图 4-2 天气数据的树桩

如图 4-2a 所示，这个均值代表了期望的信息总量，也即对一个新实例的类别进行说明所必需的信息量。

在创建任何初始树（图 4-2）之前，处于根结点的训练样本由 9 个 yes 和 5 个 no 组成，与之相对应的信息值是：

$$\text{info}([9,5]) = 0.940 \text{ bit}$$

因此图 4-2a 所示的树所获的信息增益（information gain）为：

$$\text{gain(outlook)} = \text{info}([9,5]) - \text{info}([2,3],[4,0],[3,2]) = 0.940 - 0.693 = 0.247 \text{ bit}$$

它能够解释成在属性 outlook 上建立一个分支的信息量。

随后的方法就很清楚了。为每一个属性计算信息增益，选择获得最多信息量的属性进行分裂。图 4-2 的信息增益分别是：

$$\text{gain(outlook)} = 0.247 \text{ bit}$$
$$\text{gain(temperature)} = 0.029 \text{ bit}$$
$$\text{gain(humidity)} = 0.152 \text{ bit}$$
$$\text{gain(windy)} = 0.048 \text{ bit}$$

所以在根结点选择 outlook 作为分裂属性。希望这个最佳选择与你的直觉相一致。它是唯一能获得一个全纯子结点的选择，这为 outlook 属性超越其他所有属性赢得了相当大的优势。humidity 属性是次佳选择，因为它产生了一个几乎是全纯且较大的子结点。

接着继续进行递归过程。图 4-3 显示了在 outlook 属性值为 sunny 的结点上的进一步分支的可能性。很明显，在属性 outlook 上的再次分裂不会发生任何新的变化，所以仅考虑其他 3 个属性。在这 3 个属性上产生的信息增益分别为：

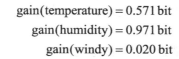

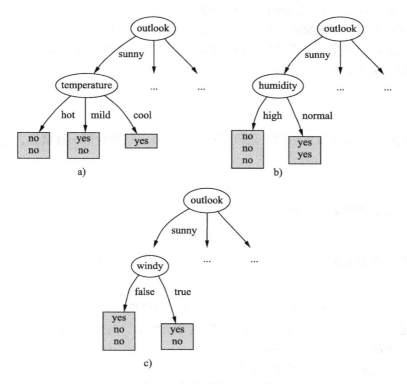

图 4-3 天气数据的扩展树桩

因此选择 humidity 属性作为在这一结点的分裂属性。随之产生的子结点并不需要进一步分裂,所以这个分支就结束了。

继续应用这样的思想方法,将产生关于天气数据的决策树,如图 4-4 所示。理想的停止条件是所有叶结点都是纯的,即叶结点包含的实例拥有相同的类别。然而,也许并不可能达到这种理想状态,因为当训练集里包含 2 个拥有相同属性值、但属于不同类别的样本时,递归过程将不可能停止。所以,停止条件应为数据不能被进一步分裂,也即当某属性的信息增益为零时,分裂停止。

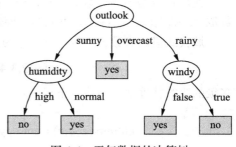

图 4-4 天气数据的决策树

4.3.1 计算信息量

现在讨论如何计算用于对不同分裂进行评估的信息量。这一节将描述基本的思想,下一节将考察一种修正的方法,它通常用于克服对那些存在众多可能值的属性进行分裂选择时的偏差。

一个给定的样本到达某个含有一定数量的 yes 实例和 no 实例的结点,在考察对这个样本进行分类所需的信息总量计算公式之前，首先来考虑一下我们期望这个量值所拥有的属性：
- 当 yes 或者 no 的实例数量为 0 时，信息量为 0。
- 当 yes 和 no 的实例数量相同时，信息量达到最大。

另外，这种量度不仅能够应用在二类问题上，还要能应用在多类问题上。

信息测量与制定决策所获得的信息量相关，考虑决策的本质能获得更为微妙的信息特性。决策能够一次性做出，或者分几个阶段做出，在两种情况下所包含的信息量是相同的。例如：

$$\text{info}([2,3,4])$$

这种情况所包含的决策可由两个阶段做出。首先决定是否为第一种情形，或者是其他两种情形中的一种：

$$\text{info}([2,7])$$

然后决定其他两种情形是什么：

$$\text{info}([3,4])$$

有些时候，不需要做第二步决策，即当决策结果为第一种情形时。考虑这些因素后产生如下等式：

$$\text{info}([2,3,4]) = \text{info}([2,7]) + (7/9) \times \text{info}([3,4])$$

当然，这些数字并没有特殊的含义，忽略这些真实值，与此类似的关系一定是成立的。由此可以在先前的清单上增加一条标准：
- 信息必须遵循如上所示的多阶段特性。

令人惊喜的是，只用一个函数便能满足所有这些特性，该函数称为信息值（information value）或者熵（entropy）：

$$\text{entropy}(p_1, p_2, \cdots, p_n) = -p_1 \log p_1 - p_2 \log p_2 \cdots -p_n \log p_n$$

使用负号是因为分数 $p_1, p_2, \cdots, p_n$ 的对数值为负，因此熵实际是正数。一般对数的底数取 2，熵是以"比特"为单元的，即通常在计算机上使用的比特。

熵公式里的参数 $p_1, p_2, \cdots, p_n$ 为分数，它们的和为 1，例如：

$$\text{info}([2,3,4]) = \text{entropy}(2/9, 3/9, 4/9)$$

多级的决策特性通常写成如下形式：

$$\text{entropy}(p,q,r) = \text{entropy}(p,q+r) + (q+r) \cdot \text{entropy}\left(\frac{q}{q+r}, \frac{r}{q+r}\right)$$

这里 $p+q+r=1$。

因为采用对数计算方法，信息量度计算不需要算出各个分数，例如：

$$\text{info}([2,3,4]) = -2/9 \times \log 2/9 - 3/9 \times \log 3/9 - 4/9 \times \log 4/9$$
$$= [-2\log 2 - 3\log 3 - 4\log 4 + 9\log 9]/9$$

这是在实际中通用的信息量度计算方法。所以图 4-2a 所示的第一个叶结点的信息值是：

$$\text{info}([2,3]) = -2/5 \times \log 2/5 - 3/5 \times \log 3/5 = 0.971 \text{ bit}$$

4.3.2 高度分支属性

当一些属性拥有的可能值的数量很大,从而使分支的路径增加,产生很多子结点时,计算信息增益就会出现一个问题。当数据集的某个属性对于每一个实例存在一个不同属性值(譬如一个标识码属性)时,这个问题可以通过一个极端的例子来说明。

表 4-6 给出了带有额外属性的天气数据。图 4-5 是对 ID code 属性进行分裂产生的树桩。给定这个属性的值,要说明它的类别所需的信息量是:

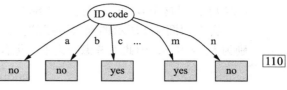

图 4-5 ID code 属性的树桩

$$\frac{1}{14}(\text{info}([0,1]) + \text{info}([0,1]) + \text{info}([1,0]) + \cdots + \text{info}([1,0]) + \text{info}([0,1]))$$

表 4-6 带有标识码属性的天气数据

ID code	outlook	temperature	humidity	windy	play
a	sunny	hot	high	false	no
b	sunny	hot	high	true	no
c	overcast	hot	high	false	yes
d	rainy	mild	high	false	yes
e	rainy	cool	normal	false	yes
f	rainy	cool	normal	true	no
g	overcast	cool	normal	true	yes
h	sunny	mild	high	false	no
i	sunny	cool	normal	false	yes
j	rainy	mild	normal	false	yes
k	sunny	mild	normal	true	yes
l	overcast	mild	high	true	yes
m	overcast	hot	normal	false	yes
n	rainy	mild	high	true	no

由于 14 项中的每一项都是 0,所以信息量为 0。这个结果并不奇怪:ID code 属性能够区别每个实例,所以它能确定类别,而不会出现任何模棱两可的情况,见表 4-6。所以这个属性的信息增益就是在根结点上的信息量,即 info([9,5]) = 0.940 bit。它比在其他任何属性上获得的信息增益值要大,毫无疑问 ID code 将被选为分裂属性。但是标识码属性上的分支对预测未知实例的类别并没有任何帮助,也没能描述任何有关决策的结构,而这两点正是机器学习的双重目标。

由此可见,采用度量信息增益的方法会倾向于选择拥有较多可能属性值的属性。为了弥补这一缺陷,一个称为增益率(gain ratio)的修正量度被广泛采用。增益率的获得考虑了属性分裂数据集后所产生的子结点的数量和规模,而忽略任何有关类别的信息。在图 4-5 的情形中,每个分支只含 1 个实例,所以分裂后的信息值为:

$$\text{info}([1,1,\cdots,1]) = -1/14 \times \log 1/14 \times 14$$

因为同样的分数 1/14 出现了 14 次，所以结果为 log14 或 3.807 bit，这是一个非常高的信息值。因为分裂后所产生的信息值是指要确定各个实例应该被分配到哪个分支上所需要的比特数，分支越多，这个信息值越大。增益率的计算方法是将原来的信息增益（在这个例子中是 0.940）除以这个属性的信息值（3.807），得到 ID code 属性的增益率（0.247）。

再返回图 4-2 所示的天气数据的树桩，属性 outlook 将数据集分裂成 3 个子集，规模分别为 5、4 和 5，因此不考虑子集中所包含的类别，产生一个内在的信息值：

$$\text{info}([5,4,5]) = 1.577$$

可以看出，越是高度分支的属性，这个内在的信息值也越大，正如在假定的 ID code 属性上得到的信息值。信息增益可以通过将其除以内在的信息值，从而获得增益率的方法来进行修正。

表 4-7 总结了对图 4-2 所示的树桩的计算结果。属性 outlook 的结果依然排在首位，而属性 humidity 以一个更为接近的值排在第二位，因为它将数据集分裂成 2 个子集而不是 3 个。在这个例子中，假定的 ID code 属性增益率为 0.247，仍然是 4 个属性中的首选。然而，它的优势已经大大降低。在实际的开发过程中，可以采用一个特别的测试来防止在这类无用属性上的分裂。

表 4-7 对图 4-2 所示树桩的增益率计算

outlook		temperature		humidity		windy	
info：	0.693	info：	0.911	info：	0.788	info：	0.892
gain： 0.940−0.693	0.247	gain： 0.940−0.911	0.029	gain： 0.940−0.788	0.152	gain： 0.940−0.892	0.048
split info： info([5,4,5])	1.577	split info： info([4,6,4])	1.557	split info： info([7,7])	1.000	split info： info([8,6])	0.985
gain ratio： 0.247/1.577	0.156	gain ratio： 0.029/1.557	0.019	gain ratio： 0.152/1	0.152	Gain ratio： 0.048/0.985	0.049

不幸的是，在一些情况下增益率修正法补偿过度，会造成倾向于选择某个属性，仅仅是因为这个属性的内在信息值比其他属性要小很多。一种标准的弥补方法是选择能够得到最大增益率的属性，而且那个属性的信息增益至少要等于所有属性的信息增益的均值。

我们已经阐释了基本信息增益算法 ID3。在称为 C4.5 的决策树归纳的一个实用且有影响力的系统中，积累了一系列改进 ID3 的方法。这些改进措施包括处理数值属性、缺失值、干扰数据以及由树产生规则的方法，有关内容将在 6.1 节中描述。

4.4 覆盖算法：建立规则

如上所述，决策树算法是基于分治法来解决分类问题的。它们自上而下地在每一个阶段寻找一个能将实例按类别分隔的最佳属性，然后对分隔所得的子问题进行递归处理。这种方法生成一棵决策树，如果有必要，可以将它转换成一个分类规则集。尽管要从决策树中产生有效规则，但这个转换过程并不简单。

另一种方法是依次取出每个类，寻找一种方法使之能覆盖所有属于这个类别的实例，同时能剔除不属于这个类别的实例。这种方法称为覆盖（covering），因为在每一个阶段都要找出一个能够"覆盖"部分实例的规则。覆盖法的自身特性决定了它将产生一个规则集而不是一棵决策树。

可以在二维的实例空间上观察覆盖法,如图 4-6a 所示。首先产生一个覆盖 a 类实例的规则。作为规则中的第一个测试,如中间图所示那样,垂直分割属性空间。由此给出一个起始规则:

If x > 1.2 then class = a

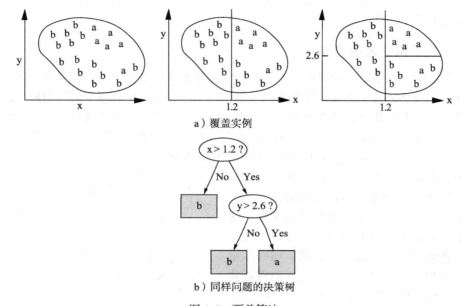

图 4-6　覆盖算法

然而,这个规则同时覆盖了很多 a 类和 b 类的实例,所以在规则中增加一个新的测试,如图 4-6a 中的右侧图所示,在水平方向进一步对实例空间进行分割。

If x > 1.2 and y > 2.6 then class = a

这个规则覆盖了除了一个 a 类实例以外其他所有 a 类的实例。也许可以就此结束,但是如果感觉有必要覆盖最后一个 a 类实例,也许需要添加另一个规则:

If x > 1.4 and y < 2.4 then class = a

同样的过程可以产生覆盖 b 类实例的两个规则:

If x ≤ 1.2 then class = b
If x > 1.2 and y ≤ 2.6 then class = b

同样,有一个 a 类实例被错误地包含进来。如果有必要去除它,就必须在第二个规则中增加更多的测试,并且需要再添加额外规则来覆盖被新测试排除在外的 b 类实例。

4.4.1　规则与树

对于同一个数据,自上而下的分治算法至少从表面上看与覆盖算法是很相似的。它也可能使用 x 属性对数据集进行首次分裂,也很可能在相同的位置 $x = 1.2$ 处进行分裂。然而,覆盖算法仅考虑覆盖一个类别的实例,而由分治法产生的分裂需要同时考虑两个类别,因为分治算法要建立一个能够应用于所有类别上的单一的概念描述。第二次分裂或许也在同样的位置 $y = 2.6$,从而产生图 4-6b 所示的决策树。这棵树与规则集完全对应,在这个例子中,覆盖法和分治算法本质上并没有什么不同。

但是在许多情况下，规则和树在表达的清楚明晰上存在差异。例如，在 3.4 节讨论重复子树问题时，曾经提到规则可以是对称的，而树必须首先选择一个属性进行分裂，这会导致树比一个等效的规则集大得多。另一个不同之处是，在多类的情况下，决策树分裂将考虑所有类别的情况，试图使分裂的纯度最大化，而规则建立法一次只集中处理一个类别，并不考虑其他类别上发生的情况。

4.4.2 一个简单的覆盖算法

覆盖算法向正在建设中的规则里添加测试，总是要尽力创建一个能获得最大准确率的规则。相反，分治算法是向正在建设中的树上添加测试，总是要尽力将不同类别最大程度地分开。这两种方法都牵涉寻找某个属性以进行分裂的过程。但是两者寻找最佳属性的标准是不同的。分治算法（如 ID3）选择一个属性以使信息增益最大化，而我们即将讨论的覆盖算法则要选择一个属性 – 值配对，使期望类别概率达到最大化。

图 4-7 展示了一个实例空间，这个空间包含了所有实例、一个部分创建完成的规则，以及同样的规则在加入一个新条件后的情况。这个新的条件限制了规则的覆盖量：指导思想是要尽可能多地包含期望类别的实例，同时尽量不包含其他类别的实例。假设新的规则将总共覆盖 t 个实例，其中存在 p 个属于这个期望类别的实例，以及 $t–p$ 个其他类别的实例，即规则所产生的错误。然后，选择新的条件使 p/t 最大化。

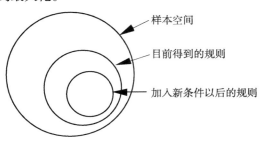

图 4-7　覆盖算法操作过程中的实例空间

举个例子来帮助理解。这次改用表 1-1 的隐形眼镜数据。依次生成 3 个规则，分别覆盖 3 个类别（hard、soft 和 none）中的每一个。首先寻找一个规则：

```
If ? then recommendation = hard
```

对于未知条件"?"，存在 9 个选择：

age = young	2/8
age = prepresbyopic	1/8
age = presbyopic	1/8
spectacle prescription = myope	3/12
spectacle prescription = hypermetrope	1/12
astigmatism = no	0/12
astigmatism = yes	4/12
tear production rate = reduced	0/12
tear production rate = normal	4/12

右边的数值表示由这个条件选出的实例集中"正确"实例的比例。这里，"正确"意味着建议使用 hard 隐形眼镜。例如，由条件 age = young 选出 8 个实例，其中 2 个建议使用 hard 隐形眼镜，所以第一个比例值是 2/8（为了能很好理解，最好看一下表 1-1 的隐形眼镜数据，并统计表中的记录）。

选择最大的一个比例值 4/12，从上面列表里的第 7 个和最后一个之间任意选一个，建立规则：

If astigmatism = yes then recommendation = hard

这个规则并不非常准确，只从它所覆盖的 12 个实例中得到 4 个正确的实例，见表 4-8。因此对它进行进一步修正：

If astigmatism = yes and ? then recommendation = hard

表 4-8　astigmatism = yes 的部分隐形眼镜数据

age	spectacle prescription	astigmatism	tear production rate	recommended lenses
young	myope	yes	reduced	none
young	myope	yes	normal	hard
young	hypermetrope	yes	reduced	none
young	hypermetrope	yes	normal	hard
prepresbyopic	myope	yes	reduced	none
prepresbyopic	myope	yes	normal	hard
prepresbyopic	hypermetrope	yes	reduced	none
prepresbyopic	hypermetrope	yes	normal	none
presbyopic	myope	yes	reduced	none
presbyopic	myope	yes	normal	hard
presbyopic	hypermetrope	yes	reduced	none
presbyopic	hypermetrope	yes	normal	none

未知条件 "?" 的可能性有 7 个，产生 7 个选择：

age = young	2/4
age = prepresbyopic	1/4
age = presbyopic	1/4
spectacle prescription = myope	3/6
spectacle prescription = hypermetrope	1/6
tear production rate = reduced	0/6
tear production rate = normal	4/6

再次统计表 4-8 中的记录。显然，最后一个胜出，6 个实例中有 4 个正确，相应的规则是：

If astigmatism = yes and tear production rate = normal
　then recommendation = hard

可以就此停止了吗？也许可以。但是现在要找出丝毫不差的规则，而不管它们有多么复杂。表 4-9 所示的是到目前为止规则所能覆盖的实例。那么下一个可能的条件是：

age = young	2/2
age = prepresbyopic	1/2
age = presbyopic	1/2
spectacle prescription = myope	3/3
spectacle prescription = hypermetrope	1/3

表 4-9　astigmatism = yes 和 tear production rate = normal 的部分隐形眼镜数据

age	spectacle prescription	astigmatism	tear production rate	recommended lenses
young	myope	yes	normal	hard
young	hypermetrope	yes	normal	hard
prepresbyopic	myope	yes	normal	hard

age	spectacle prescription	astigmatism	tear production rate	recommended lenses
prepresbyopic	hypermetrope	yes	normal	none
presbyopic	myope	yes	normal	hard
presbyopic	hypermetrope	yes	normal	none

我们需要在第 1 和第 4 之间选择一个。到目前为止，我们都是将分数当作数值来处理，尽管这两个分数值相等（都为 1），但是它们有不同的覆盖量：一个选择条件仅覆盖 2 个正确的实例，而另一个覆盖了 3 个。在同等条件下，总是选择拥有更大覆盖量的那个规则，所以最终的规则为：

```
If astigmatism = yes and tear production rate = normal
    and spectacle prescription = myope then recommendation = hard
```

这确实是在隐形眼镜问题上产生的规则之一。但是它仅包含 4 个建议使用 hard 隐形眼镜情况中的 3 个。因此，从实例集中删除这 3 个实例，并且重新开始寻找另一种形式的规则：

```
If ? then recommendation = hard
```

按照同样的过程，将最终发现 age = young 是作为第一个条件的最佳选择。这个条件的覆盖量是 7，之所以是 7，是因为有 3 个实例已经从原有的实例集中被删除了，总共还剩下 21 个实例。第 2 个条件的最佳选择是 astigmatism = yes，选择的是 1/3（实际上，还存在一个相同的比例值）；tear production rate = normal 是第 3 个最佳选择，选择的是 1/1。

```
If age = young and astigmatism = yes
    and tear production rate = normal
    then recommendation = hard
```

这个规则实际上覆盖了原始数据集中的 3 个实例，其中的 2 个已经被前面建立的规则覆盖了——但这也没有关系，因为这两个规则给出的建议是一样的。

现在所有 hard 隐形眼镜的实例都已经覆盖了，下一步是用相同的步骤生成 soft 隐形眼镜的规则。最后生成 none 类别的规则，除非所寻找的规则集是带有默认规则的，如果是这种情形，便不需要给最后的类别寻找显示的规则了。

以上的描述是用 PRISM 法来创建规则。它只建立正确或者 "完美" 的规则。它利用准确率公式 p/t 来衡量规则的成功率。任何准确率低于 100% 的规则都 "不正确"，因为低于 100% 准确率的规则意味着将实例分配到并不是它所属的类别上。PRISM 不断向每一个规则增加条件，直至规则达到完美——规则的准确率是 100%。图 4-8 给出了这个算法的总结。最外面的循环在各个类上重复，依次为每个类别产生规则。注意，在每次循环开始以前，需要将样本集重新初始化到完整的数据集状态。然后为那个类别建立规则，并从数据集中删除实例，直到没有这个类别的实例存在为止。每当开始创建规则时，要从一个空的规则开始

```
对于每个类别C
    将E初始化为实例集
    while E中包含类别为C的实例
        创建一个左侧为空的规则R来预测类别C
        直到R是完美的规则（或者没有更多的属性可用）
            对于R中每一个没有用过的属性A以及每一个属性值v
                考虑将条件A = v加入R的左侧
            选择使准确率p/t达到最大值的A和v
                （通过选择最大的p来打破平局的情况）
            将A = v加入R
        将规则R覆盖的实例从E中移除
```

图 4-8 一个基本规则学习器的伪代码

（空规则覆盖了所有样本），接着不断加入测试来限制规则，直到规则仅覆盖所期望的类别为止。在每一个阶段，选择最有希望的测试，就是使规则的准确率达到最大化的一个测试。最后，选择拥有最大覆盖量的测试来打破平局。

4.4.3 规则与决策列表

考虑为某个特定类别产生的规则，也就是将图4-8所示算法中的最外层循环去掉。从规则产生的过程似乎可以很清楚地看到，这些规则打算按照先后次序进行解释，就像是一个决策列表，依次测试规则直至找到一个适用的规则，然后使用它。这是因为只要新的规则建立完成，由新规则所覆盖的实例将从实例集中被删除（图4-8倒数第3行代码），所以后来生成的规则是为那些没有被这个规则所覆盖的实例设计的。然而，尽管表面看来规则应该依次被检验，但这并不是必需的。考虑到为这个类别生成的任何后续规则都将有相同的效果——它们均预测出同样的类别。这意味着它们以什么样的顺序执行是没有关系的：如果能够找到一个覆盖这个实例的规则，就可以预测出这个实例的类别；或者找不到这样的一个规则，也就不可能预测出实例的类别。

现在回到完整的算法上。依次考虑每一个类，并且产生能够将属于这个类别的实例从其他类别的实例中识别出来的规则。为某个类别所建的规则和为其他类别所建的规则之间没有隐含的顺序关系。因此，产生的规则能够以独立于顺序的方式执行。

正如在3.4节所讨论的，顺序独立的规则似乎以各自独立的知识"金块"的行为方式使规则更具有模块性，但同时也存在劣势，即当所采用的规则起冲突时，便不清楚应该如何处理了。用这种方法产生的规则，会使一个测试样本得到多个分类，即它能够适用于不同类别上的规则。而其他测试样本也可能不会得到任何分类。处理这种情况的一个简单策略是在模糊事件上强制执行一个决策，从所预测出的类别中选择（与类别对应的）训练实例数量最多的那个类别。或者，如果没有预测出的类别，那么选择总体上拥有最多训练实例的类别。这种问题不会出现在决策列表上，因为决策列表需要按顺序解释，并且一旦一个规则适用，就立刻停止解释过程：最后一个默认的附加规则能够保证任何测试实例都会有一个分类。采用一种稍微不同的方法，也许能为多类问题产生一个好的决策列表。6.2节将涉及相关内容。

诸如PRISM之类的算法可以描述为变治法（separate-and-conquer）：寻找一条能够覆盖许多同类实例的规则（去除不属于此类的实例），将这些已经被覆盖的实例从实例集中移除，因为这些实例已经被规则考虑到了，然后继续在剩下的实例上执行这个过程。这种方法和分治决策树方法是很妙的对照。移除（实例）的步骤大大提高了算法的效率，因为实例集的规模在操作过程中不断地缩减。

4.5 关联规则挖掘

关联规则与分类规则类似。可以采用同样的方法找出关联规则，方法是对每个可能出现在规则右边的表达式执行一个分治的规则归纳过程。不但任何属性都可以伴随着任何可能的属性值出现在右边，而且一个单独的关联规则经常能够预测出不止一个属性的值。要找出这些规则，必须对在右边的每一种可能的属性组合，用每种可能的属性值的组合，执行一次规则归纳过程。从中将产生数量庞大的关联规则，因此必须根据它们的覆盖量（应用规则预测正确的实例数量）和准确率（同样的数值但表示为它在规则应用中所涉及的全部实例中占据的比例）对其进行剪枝。但是这种方法非常不可行（注意，如 3.4 节所述，覆盖量（coverage）经常称为支持度（support），准确率（accuracy）也经常称为置信度（confidence））。

这里需要说明，我们仅对拥有高覆盖量的关联规则感兴趣。暂时忽略一个规则左右两边的不同，只寻找能够达到预定最小覆盖量的属性－值配对的组合。它们（这些组合）称为频繁项集（frequent item set）：一个属性－值配对就是一个项（item）。这个术语出自购物篮分析，项是购物车里的商品，超市经理需要寻找购物篮里物品之间的关联。

4.5.1 项集

表 4-10 的第 1 列给出了表 1-2 天气数据的单独项，并在右边给出该项在数据集上出现的次数。它们是 1 项集。下一步要建立 2 项集，方法是将单独项进行配对。当然，没有理由要建立一个包含两个相同属性但属性值不同的 2 项集（如 outlook = sunny 和 outlook = overcast），因为它不可能出现在任何一个真正的实例上。

表 4-10 覆盖量等于 2 或大于 2 的天气数据的项集

	1 项集		2 项集		3 项集		4 项集	
1	outlook=sunny	5	outlook=sunny temperature=mild	2	outlook=sunny temperature=hot humidity=high	2	outlook=sunny temperature=hot humidity=high play=no	2
2	outlook=overcast	4	outlook=sunny temperature=hot	2	outlook=sunny temperature=hot play=no	2	outlook=sunny humidity=high windy=false play=no	2
3	outlook=rainy	5	outlook=sunny humidity=normal	2	outlook=sunny humidity=normal play=yes	2	outlook=overcast temperature=hot windy=false play=yes	2
4	temperature=cool	4	outlook=sunny humidity=high	3	outlook=sunny humidity=high windy=false	2	outlook=rainy temperature=mild windy=false play=yes	2
5	temperature=mild	6	outlook=sunny windy=true	2	outlook=sunny humidity=high play=no	3	outlook=rainy humidity=normal windy=false play=yes	2
6	temperature=hot	4	outlook=sunny windy=false	3	outlook=sunny windy=false play=no	2	temperature=cool humidity=normal windy=false play=yes	2
7	humidity=normal	7	outlook=sunny play=yes	2	outlook=overcast temperature=hot windy=false	2		
8	humidity=high	7	outlook=sunny play=no	3	outlook=overcast temperature=hot play=yes	2		

(续)

	1 项集		2 项集		3 项集		4 项集	
9	windy=true	6	outlook=overcast temperature=hot	2	outlook=overcast humidity=normal play=yes	2		
10	windy=false	8	outlook=overcast humidity=normal	2	outlook=overcast humidity=high play=yes	2		
11	play=yes	9	outlook=overcast humidity=high	2	outlook=overcast windy=true play=yes	2		
12	play=no	5	outlook=overcast windy=true	2	outlook=overcast windy=false play=yes	2		
13			outlook=overcast windy=false	2	outlook=rainy temperature=cool humidity=normal	2		
…			…		…			
38			humidity=normal windy=false	4	humidity=normal windy=false play=yes	4		
39			humidity=normal play=yes	6	humidity=high windy=false play=no	2		
40			humidity=high windy=true	3				
…			…					
47			windy=false play=no	2				

假设要寻找最小覆盖量为 2 的关联规则，就要去除那些覆盖实例的个数小于 2 的项集。因此将剩下 47 个 2 项集，表 4-10 的第 2 列显示了其中的部分 2 项集及其在数据集中出现的次数。接下来要建立 3 项集，将有 39 个 3 项集的覆盖量为 2 或大于 2。在这个数据集上，存在 6 个 4 项集，没有 5 项集，一个覆盖量是 2 或大于 2 的 5 项集只可能与一个重复的实例相对应。例如，表中的前两行显示 outlook = sunny 有 5 天，其中 temperature = hot 有 2 天。实际上，这两天又都是 humidity = high 和 play = no。

4.5.2 关联规则

下面将讨论如何有效地建立项集，但是需要首先介绍如何将项集转换成规则。一旦拥有规定覆盖量的项集建立完毕，紧接着就要分别将项集转换成至少拥有指定最小准确率的规则或者是规则集。有一些项集将会产生多个规则，而其他一些项集也许根本不产生任何规则。例如，一个覆盖量是 4 的 3 项集（表 4-10 的第 38 行）：

    humidity = normal, windy = false, play = yes

这个 3 项集将产生 7 条潜在的规则：

If humidity = normal and windy = false then play = yes	4/4
If humidity = normal and play = yes then windy = false	4/6
If windy = false and play = yes then humidity = normal	4/6
If humidity = normal then windy = false and play = yes	4/7
If windy = false then humidity = normal and play = yes	4/8
If play = yes then humidity = normal and windy = false	4/9
If-then humidity = normal and windy = false and play = yes	4/14

右边的数值是所有3个条件都满足时的实例数量,即覆盖量除以前件满足时的实例数量。用分数形式表示规则正确时所对应的实例百分率,也就是规则的准确率。假设指定的最小准确率为100%,那么只能把第1个规则纳入最后的规则集。从表4-10中寻找前件表达式可以获得分数的分母(尽管部分未在表中列出)。上面的最后一条规则不存在前件,而且它的分母是数据集中实例的总数。

表4-11是天气数据的最终规则集,规则集的最小覆盖量是2,最小准确率是100%,以覆盖量排序。共有58条规则,其中3条规则的覆盖量是4,5条规则的覆盖量是3,50条的覆盖量为2。只有7条规则的后件含两个条件,没有一条规则的后件是含两个以上条件的。第一条规则是从上面讨论的项集中得到的。有时同一个项集里会产生多条规则。例如,规则9、10和11是从表4-10第6行的4项集上产生的:

temperature = cool, humidity = normal, windy = false, play = yes

表4-11 天气数据的关联规则

	关联规则			覆盖量	准确率(%)
1	humidity=normal windy=false	⇒	play=yes	4	100
2	temperature=cool	⇒	humidity=normal	4	100
3	outlook=overcast	⇒	play=yes	4	100
4	temperature=cool play=yes	⇒	humidity=normal	3	100
5	outlook=rainy windy=false	⇒	play=yes	3	100
6	outlook=rainy play=yes	⇒	windy=false	3	100
7	outlook=sunny humidity=high	⇒	play=no	3	100
8	outlook=sunny play=no	⇒	humidity=high	3	100
9	temperature=cool windy=false	⇒	humidity=normal play=yes	2	100
10	temperature=cool humidity=normal windy=false⇒	⇒	play=yes	2	100
11	temperature=cool windy=false play=yes	⇒	humidity=normal	2	100
12	outlook=rainy humidity=normal windy=false	⇒	play=yes	2	100

（续）

	关联规则			覆盖量	准确率（%）
13	outlook=rainy humidity=normal play=yes	⇒	windy=false	2	100
14	outlook=rainy temperature=mild windy=false	⇒	play=yes	2	100
15	outlook=rainy temperature=mild play=yes	⇒	windy=false	2	100
16	temperature=mild windy=false play=yes	⇒	outlook=rainy	2	100
17	outlook=overcast temperature=hot	⇒	windy=false play=yes	2	100
18	outlook=overcast windy=false	⇒	temperature=hot play=yes	2	100
19	temperature=hot play=yes	⇒	outlook=overcast windy=false	2	100
20	outlook=overcast temperature=hot windy=false⇒	⇒	play=yes	2	100
21	outlook=overcast temperature=hot play=yes	⇒	windy=false	2	100
22	outlook=overcast windy=false play=yes	⇒	temperature=hot	2	100
23	temperature=hot windy=false play=yes	⇒	outlook=overcast	2	100
24	windy=false play=no	⇒	outlook=sunny humidity=high	2	100
25	outlook=sunny humidity=high windy=false	⇒	play=no	2	100
26	outlook=sunny windy=false play=no	⇒	humidity=high	2	100
27	humidity=high windy=false play=no	⇒	outlook=sunny	2	100
28	outlook=sunny temperature=hot	⇒	humidity=high play=no	2	100
29	temperature=hot play=no	⇒	outlook=sunny humidity=high	2	100
30	outlook=sunny temperature=hot humidity=high	⇒	play=no	2	100

（续）

	关联规则			覆盖量	准确率（%）
31	outlook=sunny temperature=hot play=no	⇒	humidity=high	2	100
…	…	⇒	…		
58	outlook=sunny temperature=hot	⇒	humidity=high	2	100

它的覆盖量是 2。这个 4 项集的 3 个子集拥有的覆盖量也是 2：

```
temperature = cool, windy = false
temperature = cool, humidity = normal, windy = false
temperature = cool, windy = false, play = yes
```

因此它们产生规则 9、10 和 11，这 3 条规则都拥有 100% 的准确率（在训练数据集上）。

4.5.3 高效地生成规则

现在来详细考察一个使产生的关联规则达到指定的最小覆盖量和准确率的算法。这个算法分两个阶段：首先产生达到指定最小覆盖量的项集，然后从每一个项集中找出能够达到指定最小准确率的规则。

第一个处理阶段是产生所有能达到给定最小覆盖量的 1 项集（表 4-10 中的第 1 列），然后使用 1 项集产生 2 项集（第 2 列）、3 项集（第 3 列），等等。每一步操作都要对整个数据集访问一遍，统计每种项集的数量，访问结束后将合格的项集保存在一个散列表（一种标准的数据结构）中，散列表中的各个元素能够被迅速找出。从 1 项集中产生出 2 项集的候选成员，然后再对数据集访问一遍，统计每个 2 项集的覆盖量；最终将那些小于最小覆盖量的 2 项集成员从散列表中删除。2 项集成员只是将 1 项集成员成对取出的所有组合，因为只有构成一个 2 项集的两个 1 项集都达到最小覆盖量时，这个 2 项集才有可能达到最小覆盖量。这一点具有通用性：如果 3 项集中的 3 个 2 项集都达到最小覆盖量，那么这个 3 项集才有可能达到最小覆盖量。对 4 项集也是如此。

举一个例子来解释如何产生项集的成员。假设有 5 个 3 项集：（A B C）、（A B D）、（A C D）、（A C E）和（B C D）。这里 A 是一个属性，如 outlook = sunny。那么将前两个成员合并，即得到（A B C D），这是一个 4 项集的成员，因为它的其他三项子集（A C D）和（B C D）的覆盖量都大于最小覆盖量。如果 3 项集是按字母进行排序的，就像这个例子所示的序列，那么仅需要考虑对前两个成员相同的 3 项集配对。例如，我们不考虑（A C D）和（B C D），因为（A B C D）也可以从（A B C）和（A B D）中产生，并且如果它们两个不是 3 项集的成员，那么（A B C D）就不可能成为 4 项集的成员。所以，只能产生两对 3 项集的组合：一对是已经讨论过的（A B C）和（A B D），另一对是（A C D）和（A C E）。第二对产生一个 4 项集（A C D E），由于它的 3 项集没有全部达到最小覆盖量，所以它将被丢弃。散列表能够帮助我们做这种检查：只要依次将 4 项集中的各项移出，并检查剩余的 3 项集是否真正出现在散列表中。在这个例子中，只存在一个 4 项集候选成员（A B C D）。这个 4 项集是否真正拥有最小覆盖量，只能通过对数据集中的实例进行检查才能确认。

第二个处理阶段是取出每一个项集，从中产生规则，并检查产生的规则是否拥有指定的最小准确率。如果规则的右边只有一个测试，任务将变得简单，只要依次将每个条件作为规则的后件来考虑，从项集中删除它，用完整项集的覆盖量除以结果子集的覆盖量（从散列表中获得）即可得到对应于规则的准确率。我们同样对后件中包含多个测试的关联规则感兴趣，将项集的每种子集放在右边，而将剩余的项作为前件放在左边，似乎必须对这些结果进行评估。

除非项集的规模较小，否则这种穷举法将使得计算强度过于密集，因为可能子集的数量会随着项集的规模成指数级增长。然而，还有一种更好的方法。观察在3.4节论述关联规则时的一条规则：

```
If windy = false and play = no
  then outlook = sunny and humidity = high
```

如果这个双后件（double-consequent）规则满足给定的最小覆盖量和准确率，那么从同样的项集中产生的两个单后件（single-consequent）规则也一定满足最小覆盖量和准确率：

```
If humidity = high and windy = false and play = no
  then outlook = sunny
If outlook = sunny and windy = false and play = no
  then humidity = high
```

反过来，如果其中某个单后件规则不能满足最小覆盖量和准确率，那么就没有必要考虑双后件规则了。这给出了一个从单后件规则建立双后件的候选规则的方法，此法同样也适用于从双后件规则中建立三后件候选规则，以此类推。当然，必须由散列表检查每一个候选规则，观察它们的准确率是否真正大于指定的最小准确率。通常用这种方法检查的规则数要远远小于穷举法。有趣的是，从含 n 个后件的规则中产生含 $(n+1)$ 个后件的候选规则的方法与前面讲述的从 n 项集中产生 $(n+1)$ 项集的候选项集是完全一样的。

图4-9所示的是关联规则挖掘过程两个阶段的伪代码。图4-9a显示如何找到全覆盖的所有项集。在实际实现中，最小覆盖（或支持）将由用户指定的参数决定。图4-9b所示的是对于一个由以前算法发现的特定项集，如何找到足够准确的所有规则。接着，在实践中，最小精度（或置信度）将由用户指定的参数确定。为了查找特定数据集的所有规则，在第二部分中展示的过程将应用于第一部分中使用该算法发现的所有项集。注意，第二部分中的代码需要访问第一部分建立的散列表，该散列表包含所有已找到的足够频繁的项集以及它们的覆盖范围。以这种方式，图4-9b所示的算法完全不需要回到原来的数据：精度可以根据这些表中的信息来估计。

通常需要在大型数据集中寻找关联规则，所以高效的算法具有很高的应用价值。以上描述的算法对于每种不同规模的项集都要在数据集上访问一遍。有时候，由于数据集太大而不能全部读入主内存，必须存储在硬盘上，因此值得考虑在一次访问操作中同时检查两个相邻规模的项集，以减少访问整个数据集的次数。例如，一旦2项集产生，在用实例集统计集合中真正存在的2项集数量之前，可以先从2项集中生成所有3项集。尽管这种方法考虑的3项集的数量大于真正3项集的数量，但是访问整个数据集的次数将减少。

实际上，建立关联规则所需的计算量取决于指定的最小覆盖量。准确率的影响力较小，因为它并不会影响访问整个数据集的次数。在很多情况下，需要在一个预定的最小准确率的标准上选用一定数量，比如50个能够达到最大可能覆盖量的规则。一种方法是指定一个较高的覆盖量，然后逐渐降低，对于每一个覆盖量，重复执行整个寻找规则的算法，直至达到所要求的规则数量为止。

```
将 k 设置为 1
产生所有能达到给定最小覆盖量的 k 项集,并存储到一个散列表中
while 产生满足最小覆盖量的 k 项集
    k 递增
    找出散列表 (k-1) 中只有最后一项不同的所有 (k-1) 项集对
    通过组合每对的两个 (k-1) 项集创建一个 k 项集
    删除所有的包含不在散列表 (k-1) 中的 (k-1) 项集的 k 项集
    访问数据集,删除所有不满足最小覆盖量的 k 项集
    按字典序存储保留下的 k 项集及其覆盖量到散列表 k 中
```

a) 全覆盖发现所有项集

```
将 n 设置为 1
产生 k 项集的所有能达到给定最小准确率的 n 后件规则,并存储到一个散列表中
while 产生满足最小准确率的 n 后件规则
    n 递增
    找出散列表 (n-1) 中只有最后一项不同的所有 (n-1) 后件规则
    通过组合每对的两个 (n-1) 后件规则创建一个 n 后件规则
    用散列表计算准确率,删除所有不满足最小准确率的 n 后件规则
    对每个后件的项按字典序排序,存储保留下的 n 后件规则及其准确率到散列表 n 中
```

b) 在 k 项集中发现所有足够精神的关联规则

图 4-9

本书采用的表格输入格式,特别是基于这种格式的标准 ARFF 文件,在处理很多关联规则问题时效率很低。关联规则通常使用在属性具有二值(binary)特性时,也就是存在或不存在,并且一个给定实例的大部分属性值不存在。这是 2.4 节讲述的一种稀疏数据的表达形式,相同的算法可以用于这类数据来寻找关联规则。

4.6 线性模型

我们所讨论过的决策树和规则在名目属性上运作得非常自然,也可以扩展到数值属性上。把数值测试直接运用到决策树或规则归纳方法上,或者将数值属性事先离散化成名目属性的形式。我们将在第 6 章和第 7 章分别介绍如何做。然而,有一些方法可以很自然地运用于数值属性。首先看几个简单的方案,这些方案是更加复杂的机器学习方法的基础,那些复杂的学习方法将在以后讨论。

4.6.1 数值预测:线性回归

当结论或者类是数值且所有属性值都是数值时,线性回归法是一种我们自然而然会考虑的技术。线性回归是统计学的一种常用方法。它的主导思想是利用预定的权值将属性进行线性组合来表示类别:

$$x = w_0 + w_1 a_1 + w_2 a_2 + \cdots + w_k a_k$$

这里 x 是类, $a_1, a_2, \cdots, a_k$ 是属性值, $w_0, w_1, \cdots, w_k$ 是权值。

权值是从训练数据中计算出来的。这里的标记比较多,因为需要一种能表达每个训练实例属性值的方法。第一个实例将有一个类 $x^{(1)}$ 和属性值 $a_1^{(1)}, a_2^{(1)}, \cdots, a_k^{(1)}$,上标表示是第一个实例。此外,为了标注的方便,再假设一个额外属性 a_0,它的值总是为 1。

对第一个实例类的预测值可以写成如下形式:

$$w_0 a_0^{(1)} + w_1 a_1^{(1)} + w_2 a_2^{(1)} + \cdots + w_k a_k^{(1)} = \sum_{j=0}^{k} w_j a_j^{(1)}$$

这是第一个实例类值的预测值,而不是真实值。我们感兴趣的是预测值和真实值的差异。线性回归法是选择共 $k+1$ 个系数 w_j 使所有训练实例上的预测值和真实值的差值的平方和达到最小。假设有 n 个训练实例,第 i 个实例的上标是 (i),那么预测值和真实值的差值的平方和为:

$$\sum_{i=1}^{n} \left(x^{(i)} - \sum_{j=0}^{k} w_j a_j^{(i)} \right)^2$$

括号里的表达式是第 i 个实例的真实类值和它的预测类值之差。我们要通过选择适当的系数来使这个平方和达到最小化。

乍一看,这个公式有点复杂。但是,如果你有相关的数学基础,最小化技术便是直截了当的。如果给予的实例数量足够,简单地说,就是样本的数量要多于属性的数量,那么选择适合的权值使得差值的平方和达到最小并不难。尽管这个过程确实包含一个矩阵倒置的操作,但是相关软件包已经开发出来,可以直接拿来使用。

一旦完成了数学计算,将得到一个基于训练数据的数值型的权值集合,可以用来预测新实例的类值。前面已经看过这样的例子,当查看 CPU 性能数据时,图 3-4a 给出了实际的数值型的权值。这个公式可用来对新的测试实例进行 CPU 性能预测。

线性回归是一种出色的、简单的适用于数值预测的方法,在统计应用领域广泛使用了数十年。当然,线性模型也存在缺陷。如果数据呈现出非线性关系,线性回归将会找到一条最适合的直线,"最适合"是指最小均方差。这条线也许并不十分适合。然而,线性模型可以作为其他更为复杂的学习方法的基础。

4.6.2 线性分类:logistic 回归

线性回归法可以方便地应用于含有数值属性的分类问题。事实上,任何回归技术,无论是线性的还是非线性的,都可以用来分类。技巧是对每一个类执行一个回归,使属于该类的训练实例的输出结果为 1,而不属于该类的输出结果为 0。结果得到该类的一个线性表达式。然后,对于一个给定的未知类的测试实例,计算每个线性表达式的值并选择其中最大的。这种方法有时称为多响应线性回归(multiresponse linear regression)。

一种查看多响应线性回归的方法是将线性表达式想象成与每个类对应的数值型的隶属函数(membership function)。对于属于这个类别的实例,隶属函数值为 1,对于其他类别的实例,函数值为 0。对于一个给出的新实例,计算新实例与各个类别的从属关系,从中选择(从属关系)最大的一个。

在实际应用中,多响应线性回归通常能产生很好的结果,但是也存在两个缺陷:第一,隶属函数产生的不是概率值,因为从属关系值有可能落在 0～1 以外。第二,最小二乘回归假设误差不但是统计上的独立,而且是呈现出具有相同标准差的正态分布,当多响应线性回归用于分类问题时,明显地违背了这个假设,因为这时观察值仅呈现 0 和 1。

一种与之相关的称为 logistic 回归(logistic regression)的统计技术不存在这个问题。直接逼近 0 和 1 的方法会在超越目标时出现非法的概率值,而 logistic 回归是在一个经转换的目标变量上建立一个线性模型。

首先假设只有两个类的情况。logistic 回归将原始目标变量：
$$\Pr[1|a_1, a_2, \cdots, a_k]$$
这个无法用线性函数来正确地近似表达的变量替换为：
$$\log(\Pr[1|a_1, a_2, \cdots, a_k])/(1-\Pr[1|a_1, a_2, \cdots, a_k])$$
结果值将不再局限于 0 到 1 的区间，而是负无穷大和正无穷大之间的任何值。图 4-10a 是转换函数图，常称为对数变换（logit transformation）。

转换后的变量使用一个线性函数来近似，就像是由线性回归法所建立的函数。结果模型是：
$$\Pr[1|a_1, a_2, \cdots, a_k] = 1/(1 + \exp(-w_0-w_1a_1-\cdots-w_ka_k))$$
这里权值为 w。图 4-10b 展示了这个函数在一维数据空间上的一个例子，带有两个权值分别为 $w_0 = -0.125$ 和 $w_1 = 0.5$。

和线性回归一样，需要找出能与训练数据匹配得较好的权值。线性回归使用平方误差来测量匹配的良好程度。在 logistic 回归里，使用模型的对数似然（log-likelihood）。这便是：
$$\sum_{i=1}^{n}(1-x^{(i)})\log(1-\Pr[1|a_1^{(i)}, a_2^{(i)}, \cdots a_k^{(i)}]) + x^{(i)}\log(\Pr[1|a_1^{(i)}, a_2^{(i)}, \cdots, a_k^{(i)}])$$
其中 $x^{(i)}$ 是 0 或者 1。

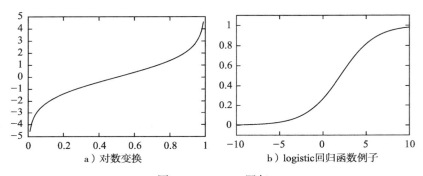

a）对数变换　　　　　　b）logistic 回归函数例子

图 4-10　logistic 回归

应该选择能够使对数似然最大化的权值 w_i。解决最大化问题的方法有几种。其中一种简单的方法是迭代地解决一系列加权最小二乘回归问题，直到对数似然收敛于一个最大值，通常在经过几次的迭代过程即可。

将 logistic 回归推广到多类问题，一种可能的方法是如前面多响应线性回归里讲述的，为每个类别独立地形成 logistic 回归（模型）。不幸的是，所得到的概率估计值之和不为 1。为了获得适当的概率，有必要将用于每个类别的模型结合起来。这样将产生一个联合优化问题，已经有一些解决方案能有效地处理这个问题。

线性函数处理分类问题的使用方法能够很容易地在实例空间上进行察看。二类问题的 logistic 回归决策边界是在预测概率为 0.5 处：
$$\Pr[1|a_1, a_2, \cdots, a_k] = 1/(1 + \exp(-w_0-w_1a_1-\cdots-w_ka_k)) = 0.5$$
它发生在
$$-w_0-w_1a_1-\cdots-w_ka_k = 0$$
时。由于这是关于属性值的线性等式，所以边界是一个在实例空间上的线性平面，或称超平面（hyperplane）。很容易观察到不能由单个超平面分隔的实例点的集合，这些便是 logistic 回归模型不能正确区分的实例。

多响应线性回归也存在同样问题。每一个类获得一个从训练数据上计算出的权值向量。

先着重讨论一对具体的类别。假如类 1 的权值向量是：

$$w_0^{(1)} + w_1^{(1)}a_1 + w_2^{(1)}a_2 + \cdots + w_k^{(1)}a_k$$

类 2 的权值向量是上标为 2 的同样的表达式。如果对于一个实例存在：

$$w_0^{(1)} + w_1^{(1)}a_1 + \cdots + w_k^{(1)}a_k > w_0^{(2)} + w_1^{(2)}a_1 + \cdots + w_k^{(2)}a_k$$

那么这个实例将被分配到类 1 而不是类 2。换句话说，就是一个实例将被分配到类 1 的条件是：

$$\left(w_0^{(1)} - w_0^{(2)}\right) + \left(w_1^{(1)} - w_1^{(2)}\right)a_1 + \cdots + \left(w_k^{(1)} - w_k^{(2)}\right)a_k > 0$$

这是一个关于属性值的线性不等式，所以每对类之间的边界是一个超平面。

4.6.3 使用感知机的线性分类

logistic 回归试图通过将训练数据的概率最大化产生正确的概率估计。当然，正确的概率估计会产生正确的分类。但是，如果模型的唯一目的只是预测类的标签，则没有必要进行概率估计。一种不同的方法是学习一个超平面，能将属于不同类别的实例分开，假设只有两个类。如果使用一个超平面能够将数据完美地分成两组，那么就称该数据为线性可分（linearly separable）的数据。如果数据是线性可分的，便有一个非常简单的算法用于寻找一个分隔超平面。

这种算法称为感知机学习规则（perceptron learning rule）。在仔细研究它之前，再来看一下用于表示超平面的等式：

$$w_0 a_0 + w_1 a_1 + w_2 a_2 + \cdots + w_k a_k = 0$$

这里，a_1，a_2，$\cdots$，a_k 分别是属性的值，w_0，w_1，$\cdots$，w_k 是定义超平面的权值。假设扩展每一个训练实例 a_1，a_2，$\cdots$，a_k 使它存在一个额外属性 a_0，属性值始终为 1（正如在线性回归里一样）。这个扩展属性称为偏差（bias），意味着在求总和时不必包含一个额外的常量元素。如果所求出的和大于 0，将它预测成第一个类，否则为第二个类。我们希望找出权值，那样训练数据就可以被超平面正确地分隔开。

图 4-11a 给出了为寻找一个分隔超平面的感知机学习规则。这个算法不断迭代直到找出一个完美的解决方案，但只有当数据中确实存在一个分隔超平面时，也就是当数据是线性可分时才能很好地工作。每次循环都要在所有训练实例上运行。如果遇到一个错分的实例，就要改变超平面的参数，让错分的实例更靠近超平面，或者甚至跃过超平面进入正确的一边。如果实例属于第一个类别，便将它的属性值加入权值向量，否则从权值向量中减去它的属性值。

我们来看看为什么这样做。考虑一个属于第一类别的实例 a 加进来以后：

$$(w_0 + a_0)a_0 + (w_1 + a_1)a_1 + (w_2 + a_2)a_2 + \cdots + (w_k + a_k)a_k$$

这意味着 a 的输出所得的增加值为：

$$a_0 \times a_0 + a_1 \times a_1 + a_2 \times a_2 + \cdots + a_k \times a_k$$

这个数总是正数。所以超平面将向能使实例 a 获得正例分类的正确方向移动。相反，如果一个实例属于第二个类，而被错分，那么这个实例的输出经过修改后将降低，同样将超平面朝正确的方向移动。

这种修正是递增的，会与先前的更新相抵触。然而，如果数据是线性可分的，那么在经过有限次的循环之后，算法将收敛。当然，如果数据不是线性可分的，算法将无法停止，所以当这种方法应用于实际中时，需要强制设定一个循环次数的上限。

得到的超平面称为一个感知机（perceptron），它是神经网络的前辈（6.4节将介绍神经网络）。图 4-11b 是将感知机用包含结点和加权边的图形来表示，形象地称它为一个"神经"的"网络"。它有两层结点：输入和输出。输入层上的每个结点代表一个属性，加上一个总是设置为 1 的额外结点。输出层仅有一个结点。每一个在输入层上的结点都被连接到输出层。这些连接是加权的，权值是由感知机学习规则找到的数值。

a）学习规则

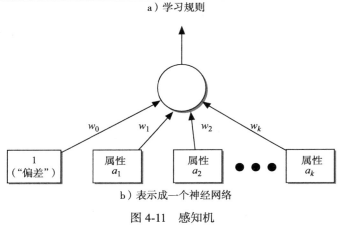

b）表示成一个神经网络

图 4-11 感知机

将一个实例放置在感知机上时，实例的属性值将"激活"输入层。属性值分别与权值相乘，并且在输出结点上求和。如果经加权的属性值之和大于 0，那么输出结果为 1，表示实例属于第一类；否则，输出结果为 −1，表示实例属于第二类。

4.6.4 使用 Winnow 的线性分类

感知机并非保证为线性可分的数据找到分隔超平面的唯一方法。对于二值属性的数据集，有一种处理方法称为 Winnow 算法，如图 4-12a 所示。两种算法的结构非常相似。和感知机一样，当出现错分的实例时，Winnow 才更新权值向量。它是错误驱动（mistake driven）型的。

两种方法的不同之处在于如何更新权值。感知机规则应用一个加法机制，通过加上（或者减去）实例的属性向量来修改权值向量。Winnow 采用乘法更新权值向量，将权值乘以用户指定的参数 α（或者 α 的倒数）来分别地修改权值。属性 a_i 的值为 0 或者 1，因为处理的是二值数据。如果属性值为 0，那么权值不变，因为它们没有参与决策。否则，如果属性帮助做出了一个正确的决策，那么乘数为 α，如果没有帮助做出正确的决策，那么乘数为 $1/\alpha$。

另一个不同是 Winnow 在线性函数中的阈值也是一个用户定义的参数。我们称这个阈值为 θ，当且仅当满足以下条件时，才将这个实例分配到类 1 上：

$$w_0a_0 + w_1a_1 + w_2a_2 + \cdots + w_ka_k > \theta$$

乘数 α 需要大于 1。在开始的时候将 w_i 设置成常量。

```
当存在错误分类实例时
    对于每个实例 a 循环操作
        使用当前的权值对实例 a 进行分类
        如果预测类别不正确
            如果 a 属于第一个类
                对于每个属性值 a_i，当 a_i 为 1 时将 w_i 乘以 α
                （如果 a_i 为 0，w_i 保持不变）
            否则
                对于每个属性值 a_i，当 a_i 为 1 时 w_i 除以 α
                （如果 a_i 为 0，w_i 保持不变）
```

a）不平衡版本

```
当存在错误分类实例时
    对于每个实例 a 循环操作
        使用当前的权值对实例 a 进行分类
        如果预测类别不正确
            如果 a 属于第一个类
                对于每个属性值 a_i，且 a_i 为 1 时
                    将 w_i^+ 乘以 α
                    将 w_i^- 除以 α
                （如果 a_i 为 0，w_i^+ 和 w_i^- 保持不变）
            否则
                将 w_i^- 乘以 α
                将 w_i^+ 除以 α
                （如果 a_i 为 0，w_i^+ 和 w_i^- 保持不变）
```

b）平衡版本

图 4-12 Winnow 算法

以上描述的算法不允许有负的权值——取决于具体的应用领域——这可能成为一种缺点。还有另一个版本称为平衡的 Winnow（balanced Winnow），平衡的 Winnow 允许使用负的权值。这个版本包含两个权值向量，每个类对应一个权值向量。如果一个实例满足以下条件，它将被分到类 1 中：

$$(w_0^+ - w_0^-)a_0 + (w_1^+ - w_1^-)a_1 + \cdots + (w_k^+ - w_k^-)a_k > \theta$$

图 4-12b 即为平衡的 Winnow 算法。Winnow 算法是对于跟踪数据集上的相关属性非常有效的方法，为此称为有效属性（attribute-efficient）学习器。如果一个数据集存在很多（二值）属性，并且其中的大部分属性不相关的，那么 Winnow 也许是一个好的候选算法。Winnow 和感知机算法一样可以用于实时设置，在实时设置的情况下，新实例连续不断地到达，每当有新实例到达时，这两个算法能增量地更新它们的假定。

4.7 基于实例的学习

在基于实例的学习中，训练样本被一字不差地保存，并且使用一个距离函数来判定训练集中的哪个实例与一个未知的测试实例最靠近。一旦找到最靠近的训练实例，那么最靠近实例所属的类就被预测为测试实例的类。剩下的唯一问题就是定义距离函数，这并不十分困

难,尤其是当属性为数值属性时。

4.7.1 距离函数

尽管存在其他可能的选择,但是大部分基于实例的学习方法使用欧几里得距离函数。属性值为 $a_1^{(1)}$, $a_2^{(1)}$, $\cdots$, $a_k^{(1)}$ (k 是属性的个数)的实例与另一个属性值为 $a_1^{(2)}$, $a_2^{(2)}$, $\cdots$, $a_k^{(2)}$ 的实例之间的距离定义为:

$$\sqrt{(a_1^{(1)} - a_1^{(2)})^2 + (a_2^{(1)} - a_2^{(2)})^2 + \cdots + (a_k^{(1)} - a_k^{(2)})^2}$$

比较距离时,不必计算平方根,直接使用平方和进行比较。欧几里得距离可以由曼哈顿(Manhattan 或 city-block)距离度量来替代,曼哈顿距离不是计算属性值差值的平方,而是将差值(取绝对值以后)相加。其他方法采用指数大于 2 的形式。更高的指数增加了大差异的影响力而削弱了小差异的影响力。通常欧几里得距离公式是一个很好的折中方法。在一些特殊场合,其他距离度量法也许更为适合。关键是要思考真实的距离以及二者之间以某个具体距离分隔开意味着什么?又如,这个距离的两倍又意味着什么?

不同的属性用不同的尺度量度,如果直接使用欧几里得公式,某些属性的结果可能被另外一些使用较大量度尺寸的属性完全削弱。所以,通常需要用以下公式将所有属性值标准化,使之在 0 和 1 之间:

$$a_i = \frac{v_i - \min v_i}{\max v_i - \min v_i}$$

其中,v_i 是属性 i 的真实值,最大和最小属性值是从训练集的所有实例中获得的。

这些公式隐含的假设为数值属性。这里,两个值之间的差就是它们之间的数值差,将这个差值平方以后再相加得到距离函数。对于名目属性,属性值是符号值而不是数值,两个不同的名目属性值之差常认为是 1,如果名目属性值相同,它们的差值为 0。这里无须量度尺寸,因为只使用 1 和 0。

一种通用的处理缺失值的方法为:对于名目属性,假设缺失属性值与其他属性值的差达到最大值。因此如果两个属性值中的一个或者两个都缺失,或者如果两个属性值不同,那么它们之间的差值为 1;只有两个属性值都不缺失并且相同时,它们之间的差值才为 0。对于数值属性,两个缺失值之差也为 1。但是,如果仅有一个属性值缺失,那么它们的差值是另一个值的标准化值,或是 1 减去那个标准化值,取两者中较大的那个。这意味着如果属性值缺失,差值将会达到可能的最大差值。

4.7.2 高效寻找最近邻

尽管基于实例的学习方法不但简单而且很有效果,但是通常速度很慢。一种显而易见的、用于寻找哪个训练集成员最靠近类未知的测试实例的方法是,计算训练集里的每一个训练实例到测试实例的距离,并选择距离最小的那一个。这个过程与训练实例的数量成线性关系,换句话说,就是做一个单独的预测所花费的时间与训练实例的数量成比例关系。处理整个测试集所花费的时间与训练集实例数量和测试集实例数量的乘积成比例关系。

以树的形式表示训练实例集能更加有效地找出最近邻实例,尽管怎样用树来表示并不十分明显。其中一种适合的树结构是 kD 树(kD-tree)。kD 树是一个二叉树,它用一个超平面将输入实例空间分隔开,然后再将每一个部分递归地进行分裂。在二维数据空间上,所有分裂都与一个轴平行或者垂直。这种数据结构之所以称为 kD 树，是因为它将一系列的数据点存储在 k 维空间，k 是属性的数量。

图 4-13a 显示了 $k = 2$ 的小例子，图 4-13b 显示了 4 个训练实例以及构成树的超平面。注意，这些超平面不是决策边界，分类决策将在稍后介绍的最近邻基础上做出。第一次分裂是水平分裂（h），分裂点（7，4）是树的根结点。左分支将不再进一步分裂，它包含了一个点（2，2），该点是树的叶子。右分支在点（6，7）处进行垂直分裂（v）。它的右分支为空，左分支包含一个点（3，8）。如该例所示，每个区域只有一个点或者没有点。树的兄弟分支，如图 4-13a 中根结点的两个子分支，并不一定要发展到相同的深度。训练集中的每一个点与树的一个结点相对应，最多达一半的结点是叶结点。

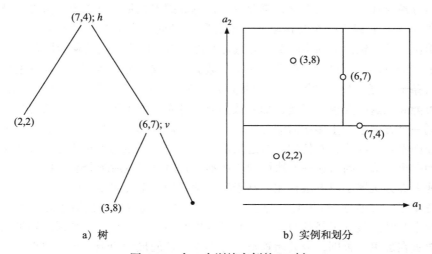

a) 树　　　　　　　　　　b) 实例和划分

图 4-13　含 4 个训练实例的 kD 树

如何为一个数据集创建一棵 kD 树？当新的训练实例加入时，kD 树能够进行有效的更新吗？kD 树又是如何提升最近邻计算速度的？先来看最后一个问题。

为了找到一个给定目标点的最近邻，需要从树的根结点开始向下沿树找出目标点所在的区域。图 4-14 是一个近似于图 4-13b 的实例空间，只是多几个实例并增加了一条边界。目标点不是树上的实例中的一个，图中用了一个星形标出。目标点所在区域的叶结点涂成黑色。正如该例所示，叶结点不一定是目标点的最近邻，但这是寻找最近点的很好的首次尝试。值得注意的是，任何更近的近邻点必须落在更近的地方，例如落在图 4-14 的虚线圆范围内。为了确定是否存在一个更近的近邻，首先检查叶结点的兄弟结点是否有可能存在一个更近的近邻。黑色结点的兄弟结点是图 4-14 有阴影的部分，但是虚线圆并没有与之相交，所以兄弟结点内不可能包含更近的近邻。然后回溯到父结点，并检查父结点的兄弟结点，父结点的兄弟结点覆盖了所有横线以上的区域。在这个例子中，必须对这个区域做进一步研究，因为这个区域与当前的最佳圆相交。首先找出它的子结点（即初始点的两个叔辈结点），检查它们是否和圆相交（左边那个不相交，而右边那个与圆相交），并由此向下寻找是否存在

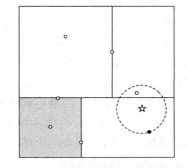

图 4-14　使用 kD 树寻找星形的最近邻

一个更近点（存在）。

在典型的案例中，这个算法比考察所有点来寻找最近邻的方法快很多。寻找一个初始的近似最近邻点（如图 4-14 中的黑色点）与树的深度密切相关，树的深度为树的结点个数取对数，即 $\log_2 n$。回溯并检查是否存在最近邻的工作量有一小部分取决于树，另一部分取决于初始近似点的好坏程度。但是对于一个结构良好的树来说，它的结点近似于方形，而不是瘦长的矩形，这部分工作量也取决于结点个数的对数（如果数据集中属性的数量不是太大的话）。

如何才能在一个训练样本集上创建一棵好树？关键问题归结为对要分裂的第一个训练实例的选择以及分裂的方向。一旦完成这项工作，就可以在初始分裂所生成的每个子结点上递归地应用相同的方法来完成建树过程。

为了给分裂寻找一个好的方向，需要分别计算数据点在每个轴向上的方差，选择最大方差所对应的轴，然后建立一个与该轴垂直的分隔超平面。为了给分隔超平面找到一个好位置，要找出位于那个轴向上的中间值，并选择与之相对应的点。这将使分隔面垂直于（数据）散布范围最广的方向，让每一边都拥有一半的数据点。这种方法将产生一棵平衡的树。为了避免出现长条形区域，最好能沿不同的轴连续分裂。因为每个阶段都选择方差最大的轴向，因此很有可能满足这一要求。但是，如果数据点的分布非常不均衡，采用选择中间值的方法也许会在同一个方向上产生多次后续分隔，从而产生瘦长形的超矩形。一种更好的解决方法是计算均值而不是中间值，并使用最接近均值的点。由此产生的树也不是完美的平衡，但是它的区域趋向于方形，因为这种方法增加了在不同方向上产生后续分裂的机会。

与其他大部分机器学习方法相比，基于实例学习的一个优势是新的实例可以在任何时候加入到训练集里。在使用 kD 树时，为了保持这个优势，需要用新的数据点不断地更新这棵树。判断哪个叶结点包含了新的数据点，并且找出叶结点的超矩形。如果超矩形为空，就将新数据点放置在那里；否则，分裂超矩形，分裂在最长的尺寸边上进行，以保持方形。这种简单的探索式方法并不能保证在加入一系列点以后树依然会维持平衡，也不能保证为搜索最近邻塑造良好的超矩形。有时从头开始重建树不失为良策，例如当树的深度达到最可能的深度值的 2 倍时。

我们已经看到，kD 树是可用于有效寻找最近邻的良好数据结构，但是并不完美。当处理分布偏斜的数据集时便呈现出一个基本冲突：既要求树有完美的平衡结构，又要求区域近似方形。更重要的是，矩形甚至正方形都不是最好的使用形状，原因是它们都有角。如果黑色的实例离目标点再远一点，图 4-14 中的虚线圆会更大，那么虚线圆将有可能与左上方矩形的右下角相交，因此也必须对这个矩形进行检查，尽管实际上定义这个矩形的训练实例离这个方角很远。矩形区域的角是个难以处理的问题。

解决方案是什么？答案是使用超球面，而不用超矩形。当然，相邻的球体可能相互重叠，而矩形可以彼此相毗邻，但这并不是一个问题，因为前面讲述的用于 kD 树的最近邻算法并不需要区域之间不相交。一个称为球树（ball tree）的数据结构定义了 k 维超球面（"球"），它覆盖了所有数据点，并将它们排成一个树结构。

图 4-15a 展示了二维空间上的 16 个实例，被由重叠圆组成的图案所覆盖。图 4-15b 是由这些圆形成的树。树的不同层上的圆用不同形式的虚线画出，更小的圆被打上灰色的阴影。树的每个结点代表一个球，采用同样的表达习惯将结点分别画成虚线或者打上阴影，这样就能清楚辨别出球属于哪一层。为了有助于对树的理解，结点上标明了数字以显示那个球里数据点的个数。注意：这个数字不一定和落在这个球所代表的球形空间区域里的数据点

数量一致。每一层上的区域有时会重叠，但是落在重叠区域里的点只能被分配到重叠球中的一个上（从图中看不出到底是哪个）。与如图 4-15b 所示的存储数据点占有量有所不同的是，真实球树的结点存储了球的中心点和半径，叶结点则记录了所包含的数据点。

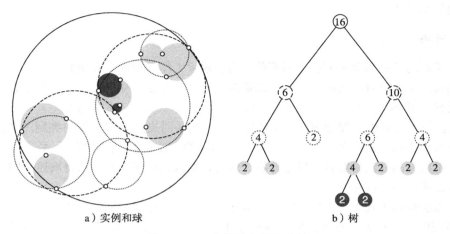

图 4-15 16 个训练实例的球树

使用球树找出给定目标点的最近邻方法是，首先自上向下贯穿整棵树找出包含目标点所在的叶子结点，并在这个球里找出与目标点最靠近的点。这将给出目标点距离它的最近邻点的一个上限值。然后，和 kD 树一样，检查兄弟结点。如果目标点到兄弟结点中心的距离超过兄弟结点的半径与当前上限值之和，那么兄弟结点里不可能存在一个更近的点；否则，必须进一步检查位于兄弟结点以下的树。在图 4-16 中，目标点用一个星形表示，黑色点是当前已知目标点的最近邻。灰色球里的所有内容将被排除，因为灰色球的中心点离得太远，所以它不可能包含一个更近的点。递归地向树的根结点进行回溯处理，检查所有可能包含一个更近于当前上限值的点的球。

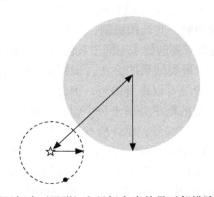

图 4-16 根据目标点（星形）和目标点当前最近邻排除整个球（灰色）

球树是自上而下地建立，和 kD 树一样，根本问题是要找到一种好的方法将包含数据点集的球分裂成两个。在实践中，不必等到叶子结点只有两个数据点时才停止，可以采用和 kD 树一样的方法，一旦结点上的数据点达到预先设置的最小数量，便可提前停止建树过程。这里有一种可行的分裂方法：从球中选择一个离球的中心最远的点，然后选择第二个点离第一个点最远。将球中的所有点分配到离这两个聚类中心最近的一个上，然后计算每个聚类的中心，以及聚类能够包含它所有数据点所需的最小半径。这种方法的优点是分裂一个包含 n 个数据点的球的成本只是随 n 呈线性增加。其他更好的算法会产生出更紧凑的球，但是需要的计算量更大。这里将不再继续讨论用于创建球树，或者用于新的实例加入时对球树进行增量更新的复杂算法。

4.7.3 讨论

基于实例的最近邻学习方法不但简单，而且通常工作得很好。在前面描述的方法中，每一个属性在决策上具有相同的影响力，就像朴素贝叶斯方法一样。另一个问题是数据库很容易受干扰样本破坏。一个解决方案是采用 k 最近邻法，找出固定的、小的、k 个最近邻，如 5 个，让它们通过简单的投票方法（少数服从多数）共同决定测试实例的类别（注意：前面曾使用 k 来代表属性的个数，这里的 k 是一个不同的、独立的使用方法）。另一种增强数据库抵抗干扰数据的方法是明智地挑选样本，然后再加入训练集。第 6 章将阐述一些改进的方法，同时也指出各自存在的不足。

最近邻法起源于几十年以前，统计学家在 20 世纪 50 年代早期就分析了 k 最近邻法。如果训练实例的数量很大，直观感觉需要使用不止一个最近邻，但是，如果实例的数量非常少，很明显这种方法是危险的。当 k 和实例的数量 n 都变成无穷大，使得 $k/n \to 0$ 时，那么在数据集上产生的误差概率将达到理论上的最小值。早在 20 世纪 60 年代，最近邻法就已经被采纳为分类方法，并已在模式识别领域广泛使用了 30 多年。

最近邻分类法的速度之慢是众所周知的，这种情况一直持续到 20 世纪 90 年代早期开始使用 kD 树，尽管 kD 树数据结构本身发展要早得多。在实践中，当实例空间的维数增加时，这些树就变得效率很低，只有当属性数量很小（最高为 10）时，它才有应用价值。球树是最近才研究的，是属于一种更为通用结构的一个实例，这种通用结构有时称为度量树（metric tree）。

4.8 聚类

不是预测实例的类别，而是将实例分成自然的组时，就需要用到聚类技术。这些聚类想必反映了实例所属的某个领域中的一些运作机制，这些机制导致一些实例之间彼此十分相似，而有别于其他实例。自然聚类所需的技术不同于我们目前学到的分类和关联学习的方法。

如 3.6 节所述，有多种表示聚类结果的方法。识别出的组可以是排他的，因此任何实例只能属于其中的某一个组；或者是可以重叠的组，因此一个实例可以落入几个组；或者是以概率的形式，一个实例是以一定的概率分属于每个组；或者是分层的，在顶层将实例大致地进行分组，随后每个组再被进一步细分，也许所有路径最终都要到达一个单独实例。对这些可能方法的选择应该由运作机制的本质属性所支配，这些运作机制被认为是特定聚类现象的依据。然而，因为这些运作机制很少被认知（毕竟聚类是真正存在的，我们正试图去发现它），再加上一些实践运用上的原因，所以选择通常是由现存的聚类工具所支配的。

下面将考察一个算法，这个算法将在数值领域内形成聚类，把实例划分到不相交的聚类上。正如基于实例学习的基本的最近邻法一样，该算法是一种简单明了的技术，已经使用了几十年。该算法被称为 k- 均值，并且已经发展出许多变体。

在基本方法中，k 个初始点被选为初始的聚类中心，所有点被分配到最近的一个聚类中心，计算每个簇中点的均值，形成新的聚类中心，这样迭代下去直到簇不再发生变化。此过程仅在预先知道簇的数目时才能工作。这就引出了一个自然的问题：如何选择 k？通常簇的大致数量是未知的,并且需要发现聚类的所有点。因此,我们继续讨论当簇的数量没有预先知道时该如何做。一些技术提出了层次聚类的方法,算法通过给整个数据集赋予 $k=2$,接着在每个簇内重复、递归。我们继续来看通过"凝聚(agglomeration)"等来构建层次聚类结构的技术,从各个个体实例开始,并依次将它们加入到簇中。然后,我们来看一种增量工作的方法,以处理每个新出现的实例。这种方法是在20世纪80年代末发展并包含在两个称为Cobweb(用于名称属性)和Classit(用于数值属性)系统中。它们都提出了一个分层分组的实例,并使用一个称为分类效用(category utility)的衡量簇"质量"的度量。

4.8.1 基于距离的迭代聚类

经典的聚类技术称为 k 均值(k-means)。首先;指定所需寻找的聚类个数,这便是参数 k。然后随机选出 k 个点作为聚类的中心。根据普通的欧几里得距离量度,将所有实例分配到各自最靠近的聚类中心。下一步是计算出实例所在的每个聚类的质心(centroid)或者均值,这就是"均值"部分。这些质心将成为各个聚类的新的中心值。最后,用新的聚类中心重复整个过程。迭代过程不断继续,直到在连续的几轮里每个聚类上分到的点与在上一轮分到的点相同,此时聚类的中心已经固定,并且会永远保持。

图4-17显示了这个过程是如何工作的,基于一个简单的有15个实例和2个数字属性的散点图数据集。每4列对应 k 均值算法的一次迭代。在这个例子中,假定我们看到3个簇,因此设置 $k=3$。初始时,最左上角的3个聚类中心以不同的几何形状表示,分别被随机放置。然后,通过找距离最近的聚类中心,实例被暂时分配到最近的簇中,这样就完成了算法的第一次迭代。到目前为止,集群看起来很凌乱,这并不奇怪,因为最初的聚类中心是随机的。关键是根据刚刚创建的任务更新中心。在下一次迭代中,根据已分配到每个簇的实例重新计算聚类中心,得到下面第二列的情形。然后将实例重新分配给这些新的中心,得到随后的情景。这将产生一组更好的簇。然而,中心仍然不在簇的中间,并且一个圆仍然被错误地聚到了三角形的簇中。因此,这两步——中心重计算和实例重分配需要不断重复。这将产生第二步,其中的簇看起来非常合理。但是顶上两个簇的中心仍然需要更新,因为它们是基于旧的实例被分配到簇中。接下来重新计算分配,如最后迭代所示,所有实例仍然分配到同一个聚类中心。该算法已收敛。

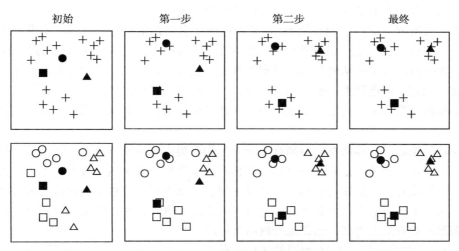

图4-17 基于距离的迭代聚类

这个聚类法简单并且有效。很容易证明选择质心作为聚类的中心，使得聚类中每一个点到中心的距离平方和达到最小。一旦迭代过程的结果趋于稳定，每一个点被分配到离它最近的聚类中心，所以最终是将所有点到它们各自聚类中心的距离平方和最小化。但是，它只是一个局部的最小值，并不能保证是一个全局的最小值。最终的聚类对初始的聚类中心相当敏感。在初始随机选择上的微小变化会造成完全不同的聚类结果。实际上，通常不可能找到全局优化的聚类，这也是所有实际应用聚类技术的真实现状。为了增加找到全局最小值的机会，人们经常需要用不同的初始选择多次运行算法，然后从中选择一个最佳的结果，即距离平方和最小的那个。

可以容易地设想出一种用 k 均值方法聚类失败的情况。假设在一个二维空间上有 4 个实例分布在一个矩形的（4 个）顶端。处于短边两端的实例分别形成两个自然的聚类。但是，如果两个初始聚类的中心落在长边的中点上，将会产生一个稳定的结构，无论长边和短边之差如何大，所产生的两个聚类中的每一个都将拥有位于长边两端的两个实例。

通过仔细挑选初始聚类中心（通常也被称为"种子"）可以极大地提高 k 均值聚类算法的效率。下面给出的方法相较于那种随意选择种子集的方法有更好的算法效率。首先按照均匀概率分布从整个空间中随机挑选出一个种子。然后按照正比于每一个点与第一个种子之间距离的概率来挑选出第二个种子。接下来，在每一个阶段，都按照正比于每一个点与已选出的种子之间距离的概率来挑选后续的种子。这样的过程被称为 k-means++ 算法，它比随机挑选种子的 k 均值算法有更快的速度和更高的准确性。

4.8.2 更快的距离计算

k 均值聚类算法通常需要多次迭代，每次都要计算每一个实例到 k 个聚类中心的距离，从而决定它的聚类。利用一些简单的近似法可以使得计算速度大大提高。例如，可以将数据集投影，然后按照选定的轴进行分裂，而不是由选择最近的聚类中心所隐含的使用任意超平面分裂法。但是所得到的聚类的质量会不可避免地降低。

这里介绍一种更好的加速法。寻找最近聚类中心和用基于实例学习方法寻找最近邻的差别并不很大。那么是否同样可以借用 kD 树和球树这两种有效的解决方案？当然可以！实际上，可以采用一种更加有效的方法，因为在 k 均值的每一次迭代过程中，所有数据点都被一起处理，而在基于实例的学习中，测试实例被单独处理。

首先，为所有数据点创建一棵 kD 树或者球树，它们在整个聚类过程中将保持不变。每一次 k 均值的迭代会产生一组聚类中心，所有数据点必须经检验后分配到最近的聚类中心。一种处理数据点的方法是从树的根结点向下直至到达叶结点，然后分别检查叶结点上的每个点，从而寻找它的最近聚类中心。但是，也许一个较高位置的内部结点所代表的区域会完全落入某个单独的聚类中心所涉及的范围内。在这种情况下，所有位于那个结点下的数据点被一次处理完。

最终目的是通过计算数据点所拥有的质心，为聚类中心寻找新位置。计算质心是利用计算聚类中数据点的连续向量和，并且统计到目前为止数据点的个数。最后，用向量和除以统计个数就得到质心。假如在树的每一个结点上保存该结点拥有的数据点向量之和以及数据点的个数，当整个结点落入某个聚类范围内时，那么那个聚类计算总值便能立刻得到更新。否则，则需深入查看结点内部，递归地沿树向下处理。

图 4-18 使用的是与图 4-15 相同的实例和球树，但两个聚类中心用两颗黑色的星表示。

因为所有实例都被分配到最近的聚类中心，所以实例空间被一条粗直线分成两部分，如图 4-18a 所示。从图 4-18b 树的根结点开始，每个聚类的向量和以及每个聚类拥有的数据点的统计个数都被初始化为 0。处理是自上而下递归地进行的。当到达 A 结点时，A 上的所有数据点将落入聚类 1，所以聚类 1 的总和数以及数据点统计数可用结点 A 的总和数以及数据点统计数进行更新，到此为止。然后经递归返回到 B 结点，因为这个球跨越了聚类的边界，所以必须分别检验它上面的数据点。当到达结点 C 时，它完全落入聚类 2 中，同样，可以立即更新聚类 2，并不再需要继续往下。树只需要被检验到图 4-18b 中的虚线边界处，优点是至少位于虚线以下的结点不需要被处理了——至少不需要在这一轮的 k 均值迭代中进行处理。在下一轮迭代中，聚类中心将会改变，情况也许会有所不同。

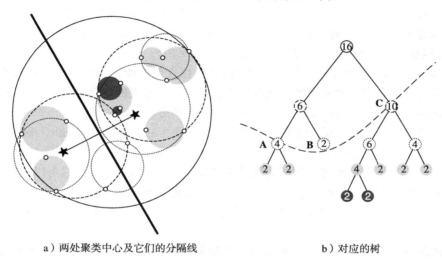

a）两处聚类中心及它们的分隔线　　　　b）对应的树

图 4-18　球树

4.8.3　选择簇的个数

假设要使用 k 均值法，但聚类的个数未知。一种解决方法是对不同的可能个数进行试验，然后看哪个最好。一种简单的方法是从一个给定的最小个数开始，或许是 $k = 1$，然后一直试验到一个较小的、固定的最大值。注意，在训练数据上根据距离平方总和标准得到的"最佳"聚类，将总是选择和数据点一样多的聚类！为了抑制选择很多聚类的方案，必须应用诸如 5.10 节中所述的 MDL 准则的方法。

还有一种可能的方法是开始先找出很少几个聚类，然后决定是否值得再将它们分裂。你可以选择 $k=2$，执行 k 均值聚类直到它终止，然后考虑分裂每个聚类。如果最初考虑的二分聚类是不能取消的，并且每个部分的分裂是独立考察的，那么计算时间将大大减少。分裂聚类的一种方法是在变化最大的方向、距离聚类中心一个标准差的位置产生一个新的种子，随后在反方向、等距建立第二个种子（如果速度太慢，另一种方法是在任意方向选择一个与聚类边界范围成比例的距离）。然后运用这两个新的种子，对聚类中的点进行 k 均值聚类。

聚类分裂暂时完成，是否值得保留分裂，或者原来的聚类也是合理的？查看所有点离开聚类中心距离的平方总和是没有用的，两个子聚类的总和一定是较小的。应该为创建一个额外的聚类引入惩罚，这是 MDL 准则的作用。利用这个原理来查看表示两个新聚类中心以及每个点与它们之间关系所需的信息，是否超过表示原先的聚类中心以及所有点与它们之间关系所需要的信息。如果是超过了，那么新的聚类是徒劳的，将被放弃。

如果分裂被保留下来，试着对每个新的聚类进一步分裂。这个过程一直继续到不再有值得保留的分裂。

将这个迭代聚类过程和 kD 树或球树数据结构结合起来，可在实现过程中获得额外的效率。那样，从根结点沿着树一直向下到达数据点。当考虑分裂一个聚类时，没有必要考虑整棵树，只需考虑要覆盖这个聚类所需的部分。例如，当决定是否分裂图 4-18a 左下方（粗线下方）的聚类时，只需考虑图 4-18b 中的树结点 A 和 B，因为结点 C 与这个聚类无关。

4.8.4 层次聚类

首先形成一对初始簇，然后递归地考虑每个结点是否值得分裂，这会得到一个层次结构，该层次结构可以用一种叫作树状图（dendrogram）的二叉树表示。实际上，我们在图 3-11d 中已经给出了一个树状图（其中有些分支是三叉的）。也可以用集合或子集的维恩图来表示同样的信息：层次结构对应于子集间可以相互包含但不能相交的事实。在某些情况下，集合中的聚类之间存在一种差异性的度量。树状图中每个结点的高度可以与它们孩子之间的差异性成比例。这为层次聚类提供了一个容易解释的图形。

代替自顶向下形成聚类层次结构的是叫作凝聚聚类（agglomerative clustering）的自底向上的方法。很多年前便有人提出了这个想法，但最近它又流行起来了。基本的算法很简单。你只需要一个任意两个聚类之间距离的度量（如果有一个相似性度量，它可以很容易转换成一个距离）。首先将每个实例看作一个聚类，然后找出两个最近的聚类，将它们合并，继续上述过程直到只剩下一个聚类。合并过程的记录会形成一个层次聚类结构，即一个二叉树状图。

可能的距离度量有许多种。一种是聚类之间的最小距离，即最近的两个成员间的距离。这便得到单链接（single-linkage）聚类算法。由于该度量值考虑了两个聚类中最近的两个成员间的距离，因此该过程对离群点很敏感：增加单个实例便能完全改变整个聚类结构。同样，如果我们定义聚类的直径作为聚类成员间的最大距离，单链接聚类便会产生直径非常大的聚类。另一种度量是聚类间的最大距离，而不是最小距离。只有两个聚类的所有成员都相似时，才认为两个聚类的距离很近，有时这也称为完全链接（complete linkage）方法。这种度量也对离群点敏感，并且倾向于寻找紧凑的、直径较小的聚类。然而，最后也会出现一些实例与其他聚类的距离比与它自己所在聚类内其他点的距离近很多的情况。

还有很多其他的距离度量，它们代表了聚类成员间最小和最大距离的一种折中。还有一种度量与 k 均值算法类似，用聚类成员的中心来代表聚类，使用中心之间的距离，叫作中心链接（centroid-linkage）方法。当实例位于欧几里得空间时，中心的定义很明确，该方法效果很好。但当实例之间只有成对的相似性度量时，由于中心不能用实例表示，它们间的相似性不能被定义，因此该方法便不可行。另一种避免该问题的度量，是计算两个聚类每对成员之间的平均距离，叫作平均链接（average-linkage）方法。这看起来似乎要做大量运算，但既然你已经要通过计算所有成对的距离来找出最大和最小的距离度量，那么对它们取均值也不会带来额外的负担。这些度量都有一个技术上的缺陷：它们的结果依赖于距离度量的数值规模。最小和最大距离度量得到的结果只依赖于距离的大小顺序（ordering）。相反，对所有距离进行单调变换，即使保持它们的相对顺序不变，基于中心的和平均距离的聚类结果也会改变。

另一种叫作组平均（group-average）聚类的方法，用的是合并后的聚类中所有成员间的平均距离。这与前面提到的"平均"方法不同，因为它包含了相同原始聚类的均值对。最后，Ward's 聚类方法是计算两个聚类合并前后所有实例距聚类中心距离的平方和的增量。其思想是在每个聚类步骤中最小化该二次距离的增量。

如果所有聚类都是紧凑并且分隔良好的，那么所有这些度量都会得到同样的层次聚类结果；否则，它们会得到相当不同的结构。

4.8.5 层次聚类示例

图 4-19 展示了凝聚层次聚类的结果（这些可视化结果是由 FigTree 程序生成的，见 http://tree.bio.ed.ac.uk/software/figtree/）。这个数据集包含 50 个不同生物种类的实例，从海豚到猫鼬，从长颈鹿到龙虾都有，有一个数值属性（腿的数目从 0 到 6，但映射到了 [0, 1] 范围内）和 15 个布尔属性（例如是否有羽毛、是否下蛋以及是否有毒，在计算距离时这些属性都可以看作值为 0 和 1 的二值属性）。

共有两种显示方式：一种是标准的树状图，另一种是极坐标图。图 4-19a 和 b 用两种方式展示了一个凝聚聚类的结果，图 4-19c 和图 4-19d 用同样的两种方式展示了另一个凝聚聚类的结果。不同之处在于，图 4-19a 和图 4-19b 中的实例对是使用完全链接度量产生的，而图 4-19c 和图 4-19d 中的实例对是使用单链接度量产生的。可以看到，完全链接方法倾向于产生紧凑的聚类，而单链接方法在树的底层会产生直径很大的簇。

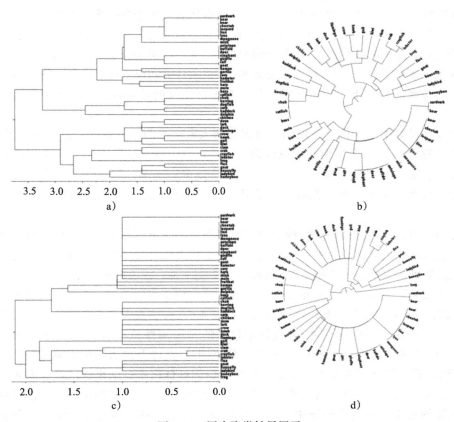

图 4-19 层次聚类结果展示

在所有 4 个可视化结果中，树状图中每个结点的高度是与其后代的差异性成比例的，该差异性用实例间的欧式距离度量。图 4-19a 和 c 的下方提供了一个数值刻度。图 4-19a 和 b 中的完全链接方法和图 4-19c 和 d 中的单链接方法相比，从根结点到叶结点总的差异性要大很多，这是因为前者使用的是每个簇实例间的最大距离，而后者使用的是最小距离。第一种情况下，总的差异性略小于 3.75，这几乎就是实例间最大的可能距离（两个 15 个属性中有 14 属性不同的实例间的距离是 $\sqrt{14} \approx 3.74$）。第二种情况下，总的差异性略大于 2（即 $\sqrt{4}$），这是 4 个布尔属性不同时计算得到的结果。

对于完全链接方法（图 4-19a），许多元素在差异性为 1 时连接在一起，这相当于只有一个布尔属性不同。只有一个实例的差异性较小：crab 和 crayfish 只有腿的数目不同（在映射之后，分别是 4/6 和 6/6）。其他经常出现的差异性的值如 $\sqrt{2}$、$\sqrt{3}$、$\sqrt{4}$ 等，分别相应于 2 个、3 个、4 个布尔属性值不同的情况。对于使用簇间最小距离的单链接方法（图 4-19c）来说，在差异性为 1 时连接到一起的元素就更多了。

标准树状图和极坐标图这两种显示方法哪种更有用，这是个人喜好问题。尽管可能开始时对极坐标图不是很熟悉，但它将可视化结果展开，能更平均地利用整个可用空间。

4.8.6 增量聚类

k 均值算法对整个数据集进行迭代运算直至收敛，层次聚类方法会在合并阶段检查目前所有的簇，而下面我们将要考察的聚类方法是一个实例接一个实例增量工作的。在任何阶段，簇在叶结点包含实例形成一个树结构，根结点代表着整个数据集。开始时，树只有一个根结点。实例一个个加进来，树则在每个阶段进行适当的更新。更新也许只是寻找恰当的位置来放置代表新实例的叶结点，或者是要彻底重建受到新实例影响的部分树。决定怎样更新以及在哪里更新的关键是一个称为分类效用（category utility）的量，它度量将实例集划分成簇的总体质量。将在下一节中详细讨论它是怎样定义的。先来看一下聚类算法是如何工作的。

这个过程最好用一个例子来说明。再次使用大家熟悉的天气数据，但不包括属性 play。为了便于跟踪程序，14 个实例分别被标为 a，b，c，…，n（见表 4-6）。出于兴趣，我们包含了类标 yes 或 no，尽管必须强调对于这个人造数据集来说，假设实例的两个类必须是两个完全分隔的类别范畴几乎是没有什么意义的。图 4-20 展示了聚类过程中出现的一些关键情形。

一开始，当新的实例被纳入结构中时，它们各自形成顶层总簇下的子簇。每个新实例都被试探着放入现有的叶结点，然后对顶层结点的子结点集进行分类效用评估，看看这个叶结点是否是新实例的一个好的"宿主"。对前 5 个实例来说，没有这样的宿主：根据分类效用，最好让每个实例形成一个新的叶结点。到第 6 个实例终于可以形成一个簇了，将新实例 f 和旧实例（即宿主）e 结合在一起。再回过头来看表 4-6，你将发现第 5 个和第 6 个实例的确非常相似，只有 windy 属性值不同（还有这里忽略的 play 属性值不同）。接下来实例 g 被置入同一个簇中（它和 f 比较，只是 outlook 属性值不同）。这涉及再次调用聚类过程。首先，对 g 进行评估，看看根结点的 5 个子结点中哪个能成为最佳宿主；结果是已经成为簇的最右边的那个子结点。然后运用聚类算法将这个结点作为根结点，对它的两个子结点进行评估，看哪个是较好的宿主。在这个例子中，根据分类效用度量，将新实例自己作为一个子簇是最好的。

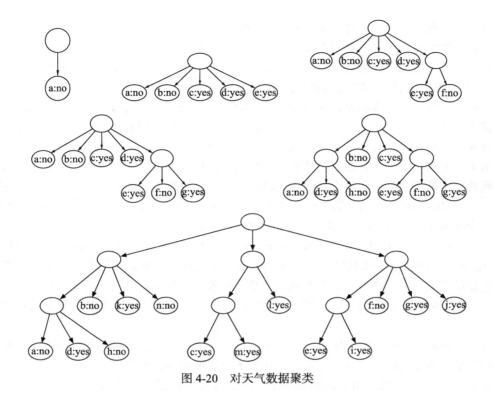

图 4-20 对天气数据聚类

如果按这样的方法继续下去,不会有从根本上重建树的机会,那么最终的聚类结果会过度依赖于实例的顺序。为了避免这一点,需要有一些重建的规则,在图 4-20 中展示的下一步,当实例 h 加入进来时,你便能看到这一点。这时,两个现存的结点合并成一个簇:在新实例 h 添加进来之前,结点 a 和 d 被合并。一种实现的方法是考虑所有成对结点的合并,评估每对的分类效用。然而,这样做计算耗费很大,如果在每个新实例添加时都运行的话,会带来许多重复工作。

不用上面的方法,还有另一种方法就是每当为寻找合适的宿主而对某层的结点进行扫描时,同时记录下最适合的结点(能对这层的分裂产生最大分类效用的结点)和第二适合结点。最好的那个作为新实例的宿主(除非新实例自身作为一个簇会更好)。但在将新实例加入宿主之前,先考虑将宿主和第二适合结点的合并。在本例中,a 是首选宿主而 d 是第二适合结点。对 a 和 d 的合并进行评估,结果是合并可以提高分类效用。因此将这两个结点合并起来,产生在 h 被加入之前的图 4-20 中的第五个分层结构。然后,考虑将 h 放置在新的、经合并的结点,最好的结果是将它自己作为一个子簇。

与合并相反的操作也被实现了,这种操作称为分裂(splitting)。每当鉴别出最好的宿主,而合并又被证明是无益时,便考虑对宿主结点的分裂。分裂的效果正好与合并相反,用结点的子结点来替代该结点。例如,要分裂图 4-20 中最右侧的结点,便将叶结点 e、f 和 g 提升一层,使它们与 a、b、c 和 d 成为兄弟结点。合并和分裂为弥补由于不适当的实例次序所引起的错误选择,提供了一种增量重建树的方法。

14 个实例最终的分层结构如图 4-20 所示。有两个主要的簇,每个下面还有子簇。如果 play/don't play 两种特性确实代表了数据的内在特征,那么期望的结果是每种各有一个簇。从图中看不出这样清晰的结构,只能(非常)粗略地辨别出来。在树的底层,标有 yes 的实例有聚集在一起的趋势，同样，标有 no 的实例也有聚集在一起的趋势。

对数值属性可采用完全相同的方法。基于对属性的均值和标准差的估计，对数值属性同样可以定义分类效用。详细内容在下节中论述。然而有一个问题必须在这里提出：当估计某个结点的某个属性的标准差时，如果这个结点只包含一个实例，结果为零，只含一个实例的情况是较常出现的。不幸的是，零方差在分类效用公式里会产生无穷大。一个简单的启发式解决方案是给每个属性强加一个最小方差。由于没有绝对精确的测量，强加这样一个最小值还是合理的：它代表了对一个样本的测量误差。这个参数称为敏锐度（acuity）。

图 4-21a 展示了对部分鸢尾花数据集（30 个实例，每个类各有 10 个实例）采用增量算法得到的层次聚类结果。顶层有两个簇（即代表整个数据集的结点的子簇）。第一个包括 Iris virginicas 和 Iris versicolors，第二个只包含 Iris setosas。Iris setosas 本身又分裂成两个子簇，其中一个含 4 个品种而另一个含 6 个。另一个顶层簇分裂成三个子簇，每个都含有相当复杂的结构。第一、二个都只包含 Iris versicolors，除了一个例外，即每个都含有一个离群的 Iris virginica；第三个子簇只包含 Iris virginicas。这是对鸢尾花数据相当令人满意的聚类结果：它显示了这三个品种并不是人为的，而是反映数据上存在真实的差异。但这还是一个有点过于乐观的结论，原因是为了得到这个适当的分类，必须对敏锐度参数的设定做相当多的试验。

以此方案聚类，将为每个实例产生一个叶结点。这会使得正常大小的数据集不可避免地形成一个很大的分层结构，在某种意义上相当于对数据集的过度拟合。因此第二个数值参数称为截止（cutoff）参数，用来限制结构增长。某些实例被断定与其他实例足够相似的则不准有它们自己的子结点，这个参数就是用来控制相似度阈值的。截止是根据分类效用来确定的，当加入一个新的结点所带来的分类效用的增加足够小时，就将这个结点截掉。

图 4-21b 展示的同样是鸢尾花数据，但聚类应用了截止参数。许多叶结点含多个实例，因为它们的父结点被截掉了。由于一些细节被抑制了，三种鸢尾花的划分从这个结构图中就比较容易看出来了。同样，为得到这个聚类结果，必须对截止参数的设定做一些试验，而且事实上更加强烈的截止将导致更差的聚类结果。

如果使用含 150 个实例的完整鸢尾花数据集，得到的聚类结果是相似的。但是，聚类结果还是有赖于实例的次序：图 4-21 是变更了输入文件的三种鸢尾花的次序所得到的结果。如果所有 Iris setosas 最先出现，接着是所有 Iris versicolors 和所有 Iris virginicas，最终的聚类结果则是相当差的。

4.8.7 分类效用

现在来看如何计算分类效用，它用于度量将实例集分隔成簇的总体质量。我们在 5.9 节从理论上学习了如何应用最短描述长度原理来度量聚类的质量。分类效用不是以 MDL 为基础的，而是类似于定义在条件概率上的二次损失函数。

分类效用的定义看起来是相当令人恐怖的：

$$CU(C_1, C_2, \cdots, C_k) = \frac{\sum_\ell P(C_\ell) \sum_i \sum_j (P(a_i = v_{ij} | C_\ell)^2 - P(a_i = v_{ij})^2)}{k}$$

其中 $C_1, C_2, \cdots, C_k$ 是 k 个簇；外层的求和是针对这些簇的；接下来的内层求和是针对属性的；a_i 代表第 i 个属性，它的值有 $v_{i1}, v_{i2}, \cdots, v_{ij}$，一共要处理 j 个。注意，概率本身是对所有实例求和得到的，因此还要内含一层求和。

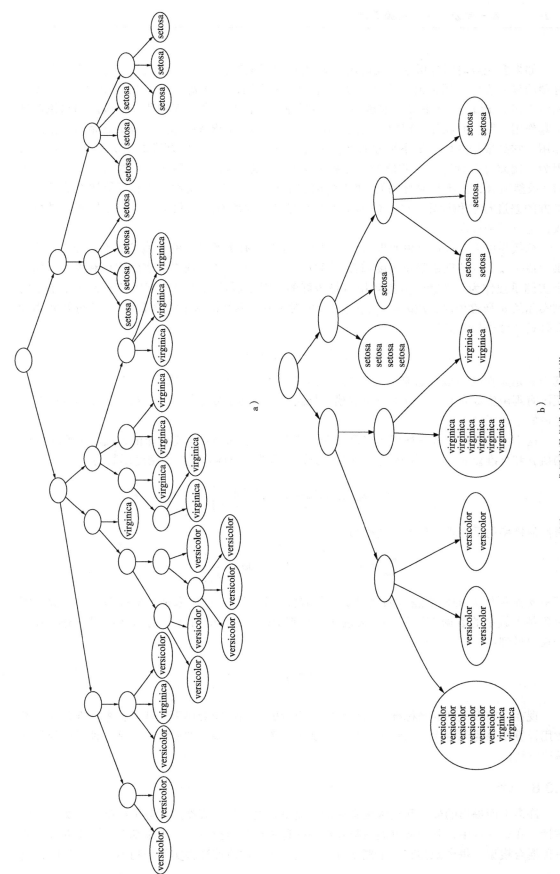

图 4-21 鸢尾花数据集的层次聚类

如果多花点时间分析这个表达式，便能深入理解它的意义。聚类的意义在于它有利于更好预测簇中实例的属性值，即对于簇 C_l 中的某个实例，属性 a_i 值为 v_{ij} 的概率 $P(a_i = v_{ij}|C_l)$，相对于概率 $P(a_i = v_{ij})$ 来说，这是一个更好的估计，因为它考虑实例所在的簇。如果该信息不起作用，则说明簇并不理想。因此上述表达式内部多个求和操作所计算的就是这个信息的作用，它是根据这两个概率平方的差值来度量的。这并不是非常标准的二次差分度量方法，因为二次差分是计算所有差值的平方和（能产生对称结果），而现在计算的是总和平方的差值（虽然适合，但不是对称的）。里面的两层求和符号对所有属性、所有可能属性值的概率平方的差进行求和计算。外面的那个求和符号则针对所有簇，利用它们各自的概率进行加权，进行求和计算。

总数除以 k 有点难以说明理由，是因为已经对所有类的平方的差值求和了。分类效用提供"每个簇"的特征来阻止过度拟合。另外，由于概率是累计所有适当的实例获得的，如每个实例单独作为一个簇，分类效用将是最好的。对于属性 a_i 来说，当属性值为簇中单个实例实际的 a_i 属性值时，$P(a_i = v_{ij}|C_l)$ 为 1，而对于其他属性值这个概率都为 0，且分类效用计算公式的分子最终变为

$$n - \sum_i \sum_j P(a_i = v_{ij})^2$$

其中 n 是属性的总数。这是分子所能达到的最大值，如果在分类效用计算公式中不除以 k，便没有理由生成含有一个以上成员的簇。把这个额外的系数看作基本的避免过度拟合的措施是最好不过了。

这个分类效用公式只适用于名目属性。然而，假设属性是正态分布的，给出（观察所得）均值 μ 和标准差 σ，很容易将其扩展应用于数值属性。属性 a 的概率密度函数为

$$f(a) = \frac{1}{\sqrt{2\pi}\sigma} \exp\left(-\frac{(a-\mu)^2}{2\sigma^2}\right)$$

属性值概率的平方求和计算可类推为

$$\sum_j P(a_i = v_{ij})^2 \Leftrightarrow \int f(a_i)^2 \mathrm{d}a_i = \frac{1}{2\sqrt{\pi}\sigma_i}$$

其中 σ_i 是属性 a_i 的标准差。因此对于数值属性，我们从数据中来估计标准差，所用数据既包含某个簇中的数据（得到 σ_i'），又包含所有簇中的数据（得到 σ_i），将这些运用到分类效用公式中得到：

$$CU(C_1, C_2, \cdots, C_k) = \frac{1}{k}\sum_\ell P(C_\ell) \frac{1}{2\sqrt{\pi}} \sum_i \left(\frac{1}{\sigma_i'} - \frac{1}{\sigma_i}\right)$$

现在，前面提到的当标准差估计为零时出现的问题便能看得更清楚了：零标准差使分类效用计算结果为无穷大。为每个属性强制加上一个最小方差，即敏锐度，是一种粗糙的问题解决方法。

4.8.8 讨论

许多上面提出的概念和技术很容易适应概率设置，其中聚类的任务可以被看作概率密度估计。在第 9 章中，我们将重温聚类并检验一种统计学聚类方法，它是基于不同概率分布的一种混合模型，每个聚类有一个概率分布。它不像 k 均值那样将实例分到不同的聚类中，而

是根据概率将它们分到类中（不是确切地分配）。我们将解释一些基本技术，然后介绍一种易于理解的、称为 AutoClass 的聚类方案是如何工作的。

上述各种聚类方法产生不同种类的输出。它们都能对新数据以测试集的形式，根据对训练集分析所得的聚类来进行分类。然而，只有层次聚类和增量聚类方法可以生成显式的知识结构，能够将聚类描述可视化并做出合理的论述。至于其他算法形成的聚类，如果维数不是太多，可在实例空间实现可视化。

如果使用聚类方法对训练集实例按照所在聚类编号赋予标签，标有标签的数据集便可用于训练一个规则或决策树学习器。规则或决策树的学习结果将形成显示的类描述。概率聚类方案也可用于同样的目的（除了每个实例可能有多个加权的标签），因此规则或决策树学习器必须能处理加权的实例（许多学习器都可以）。

聚类的另一个应用是填补属性的缺失值。例如，可以对某个实例的未知属性值进行统计估计，根据实例本身的类分布以及其他样本中这个未知属性值来估计。在第9章中，我们将再次探讨这些想法。

4.9 多实例学习

在第2章中，我们曾介绍过多实例（multi-instance）学习，其中数据里的每一个样本都是由多个不同实例组成。我们将这些样本称为袋（bag）（我们在4.2节中曾提到过袋和集合的区别）。在有监督的多实例学习中，一个类的类标是和每一个袋相关的，学习的目的就是要决定如何从组成袋的实例中推断出类别。一些高级算法被用来解决这样的问题，但是实践显示简单至上的方法论在处理这样的问题时有着令人吃惊的效果。一种简单但有效的方法是将输入数据转化为单实例学习问题，然后采用本章所介绍的标准学习算法。下面将介绍两种这样的处理方法。

4.9.1 聚集输入

通过计算可以概括袋中实例的均值、众数、最小值和最大值并将这些值添加为新的属性，将一个多实例问题转化为单实例问题。通过这样的转化产生的每一个"概括"实例保留了其原属袋的类标。这样就能采用之前用于单实例情况的方法对一个新袋进行分类：可以将那些概括袋中实例的数值作为属性来创建一个单独的聚集实例。令人惊讶的是，对于原始的、用于刺激多实例学习发展的药物活性数据集来说，其结果可以和使用每个袋的属性最大值和最小值、并与支持向量机分类器相结合的特殊–目的多实例学习器获得的结果相媲美（见第6章）。这种方法有一个潜在的缺陷，那就是对袋中诸多实例最好的统计学概括取决于待处理的数据本身。尽管如此，由于"概括"过程意味着学习算法所处理的实例数量变少，这可以在一定程度上抵偿用于计算不同概括统计数据组合的额外计算开销。

4.9.2 聚集输出

不同于将每一个袋中的实例进行聚集，另一种方法是直接从组成袋的原始实例中学习得到分类器。为此，给定袋中的实例必须全部标注上该袋的类标。在分类的时候，会为待预测袋中的每一个实例做出预测，并且这些预测将以一定形式聚集起来形成一个总的对该袋的预测。一种方法是将这些预测看作对不同类标的投票。如果这样一个分类器能够赋予每一个实例特定的属于某类的概率，那么就可以将这样的一些概率平均起来形成某袋属于某类的总体概率。这种方法将实例视作彼此独立的个体，并且给予它们在预测类标时相同的影响力。

这里存在一个问题：训练数据中这些袋所包含的实体数量并不相同。理想情况下，在最终习得的模型中，所有袋都具有相同的影响力。如果学习算法接受实例等级权值，那么可以赋予某袋中每一个实例反比于该袋大小的权值。如果一个袋包含 n 个实例，那么就给予该袋中每一个实例 $1/n$ 的权值，这样既保证了袋中所有实例在分类时具有同等贡献，又确保了每一个袋总的权值为 1。

前述所有处理多实例问题的方法都没有考虑那个最初关于多实例的假设（即当且仅当某袋中至少有一个正实例时，该袋才能被称为正的），而是将袋中每一个实例都视作对分类具有同等贡献，这也是可以采用标准学习算法进行多实例学习的关键因素。此外，识别出那些对袋分类具有关键作用的"特殊"实例是非常必要的。

4.10 拓展阅读及参考文献

Holte（1993）对 1R 算法进行了彻底的研究。1R 以前并没有真正被视为一种机器学习的方法，其目的是要证明用于评估机器学习方案的许多实际数据集的结构非常简单，而那些被赋予了高能量的归纳推论法作用在简单数据集上时，就像杀鸡用了宰牛刀。当一条简单规则可行时为什么还要使用复杂的决策树？

Bayes 是 18 世纪英国哲学家，他在"运用可能性学说解决问题"上创立了概率理论，发表在《伦敦皇家科学哲学刊物》（Philosophical Transactions of the Royal Society of London）（1763）。从那时起，用他的名字命名的规则成了概率理论的基石。在实际中，贝叶斯规则应用的难点是先验概率的分配问题在一个具体的数据集上，先验概率通常相当容易估计，这使采用贝叶斯方法进行学习受到鼓励。

朴素贝叶斯在分类任务中表现得很好，即使在它所依赖的独立假设被违反时也是如此。Domingos 和 Pazzani（1997）曾探究过这一事实。然而，由朴素贝叶斯法做出的属性独立的假设是一个巨大的障碍，有一些方法可以不必假设属性独立来使用贝叶斯分析。结果模型称为贝叶斯网络（Bayesian networks）（Heckerman 等，1995），有关内容将在第 9.2 节介绍。

贝叶斯技术在被机器学习研究者（如 Langley 等，1992）采纳以前已经在模式识别领域（Duda 和 Hart，1973）应用 20 年了，Langley 和 Sage（1994）将贝叶斯法用于存在冗余属性的数据集上，John 和 Langley（1995）将贝叶斯法用于数值属性上。从字面上看，朴素贝叶斯是一种简单的方法，但是在某些场合，它一点也不简单。McCallum 和 Nigam（1998）研究出了专门针对文本分类的多项式朴素贝叶斯模型。

Quinlan（1986）发表了经典的决策树归纳论文，正是他描述了基本的 ID3 产生过程，本章对这个算法进行了开发。Quinlan（1993）的一本经典书给出了这个算法的综合描述，包括 C4.5 系统的改进，并且列出了用 C 语言开发的完整的 C4.5 系统。Cendrowska（1987）开发了 PRISM，也是他推出了隐形眼镜数据集。

关联规则的提出和讨论出现在数据库文献而不是机器学习文献中。对关联规则的研究着重于如何处理数量庞大的数据，而不是在有限数据集上对算法的测试和评估方法的研究。本章介绍的 Apriori 算法是由 Agrawal 和他的同事共同开发的（Agrawal 等 1993a，1993b；Agrawal 和 Srikant，1994）。Chen 等（1996）发表了一个关联规则数据挖掘的调查报告。

很多标准的统计书中描述了线性回归法，Lawson 和 Hanson 介绍了一种特别成熟的处理方法（1995）。20 世纪 60 年代，使用线性模型进行分类引起了人们的极大关注，Nilsson

（1965）提供了一个极好的参考书目，他将线性阈值单元（linear threshold unit）定义为判定一个线性函数的结果是否大于或者小于0的二元测试，并将线性机（linear machine）定义为一系列的线性函数，每一个类对应一个线性函数，将线性函数在一个未知样本上所得到的值进行比较，其中最大值所对应的类就是这个样本的预测类别。很久以前，一本有影响的书（Minsky和Papert，1969）中声明感知机存在基本原理上的局限，所以没有受到重视。然而一些更复杂的线性函数系统以神经网络的形式在近几年得到重新发展（见7.2节和第10章）。Nick Littlestone在他的博士论文中介绍了Winnow算法（Littlestone，1988，1989）。多响应线性分类器已经在一个称为堆栈（stacking）的操作上找到了应用领域，它结合了其他机器学习算法的输出，有关内容将在第12章介绍（Wolpert，1992）。

Fix和Hodges（1951）首先对最近邻方案进行分析，Johns（1961）开创了最近邻法在分类问题方面的使用。Cover和Hart（1967）给出了经典的理论结论：对于足够大的数据集，它产生的误差概率不会超出理论最小值的2倍；Devroye等（1996）指出k最近邻法是当增大k和n且$k/n \to 0$时，将逐渐趋于最佳。经过Aha（1992）的研究，最近邻法在机器学习领域受到重视，Aha指出基于实例的学习法经过结合干扰样本剪枝和属性加权法以后，与其他机器学习方法相比，其性能更加优越（见第7章）。

kD树数据结构由Friedman等（1977）开发。我们的描述紧紧遵循了Andrew Moore在其博士论文里的描述（Moore，1991），他和Omohundro（1987）一起拓展了kD树在机器学习领域的使用。Moore（2000）讨论了一些成熟的创建球树的方法，这些方法在拥有数千个属性的数据集上表现优异。本书使用的球树例子是从卡内基梅隆大学Alexander Gray的教学笔记上摘取的。

k均值算法是一种经典的技术，与之相关的描述和版本有很多（如Hartigan，1975）。k均值++算法变体通过更仔细的选择原始种子使k均值算法获得了显著的提高，这是由Arthur和Vassilvitskii（2007）在2007年引入。本书所选用的使用球树取代kD树来加速k均值聚类法，是由Moore和Pelleg（2000）在他们的X均值聚类算法中开创的。然而，Kass和Wasserman（1995）使用一个称为贝叶斯信息准则的概率方法来替代MDL准则。Day和Edelsbrunner（1984）发现了层次聚类的高效凝聚方法，他们的想法在最近的书中（Duda等，2001；Hastie等，2009）有描写。基于合并和拆分操作的增量聚类程序，被引入了名目属性的Cobweb（Fisher，1987）和数值属性的Classit（Gennari、Langley和Fisher，1990）系统中。这两个系统都是基于事先定义好的（Gluck和Corter，1985）测量分类效用度量的。

一个称为BIRCH（基于层次的平衡迭代约简和聚类）的层次聚类方法，是专为大型多维数据集开发的，为了使投入产出成本最小化，需要进行有效的操作（Zhang、Ramakrishnan和Livny，1996）。它渐进、动态地聚集多维度量数据点，在给定的内存和时间约束下寻找最佳聚类。它通常通过对数据的单次扫描来找到一个好的聚类，然后通过进一步扫描来改进。

采用标准单实例学习算法从概括得到的袋层级上来处理多实例学习问题，这样的方法由Gärtner等（2002）结合支持向量机得以应用。另一种聚集输出的方法由Frank和Xu（2003）提出。

4.11 Weka实现

- 推理的基本规则：OneR

- 统计模型：
  - 朴素贝叶斯及其变体，包括多项式朴素贝叶斯
- 决策树：Id3（在 simpleEducationalLearningSchemes 包中）
- 决策规则：Prism（在 simpleEducationalLearningSchemes 包中）
- 关联规则：Apriori
- 线性模型：
  - 简单线性回归，线性回归，logistic（回归）
  - Winnow（在 Winnow 包中）
- 基于实例的学习：IB1（在 simpleEducationalLearningSchemes 包中）
- 聚类：
  - 简单 k 均值（SimpleKMeans）
  - Cobweb（包括 ClassitClassit）
  - 层次聚类（使用各种链接方式的层次聚类）
- 多实例学习：SimpleMI，MIWrapper（可在 multi-InstanceLearning 包中得到）

第 5 章

可信度：评估学习结果

评估是数据挖掘能否取得真正进展的关键一环。我们已经见到了许多自原始数据中推出某种结构的方法，并将在本书剩余部分看到进一步的改进和新的方法。要决定采取何种方法来解决某一具体问题，需要对不同的方法进行系统的比较评估。评估并不像看上去那样简单。

问题在哪里？我们有训练集，当然我们可以只观察不同方法在这个训练集上所得到的结果的好坏。然而，我们很快会发现，在训练集上表现好绝不意味着在独立的测试集上也表现好。我们需要能预测在实践中性能表现的评估方法，这个预测基于所能得到的任何数据上的实验。

当数据来源很充足时，这并不是问题。只要在一个大的训练集上建模，然后在另一个大的测试集上验证。虽然数据挖掘时常涉及"大数据"，特别是在市场、销售和客户支持应用当中，但是也经常出现数据（有质量的数据）匮乏的情形。比如在 1.3 节中提到的海面浮油应用，训练数据必须经过人工探测和标记方可使用，这是一个非常专业且劳动密集的过程。甚至在信用卡申请应用（1.3 节）中，只有 1000 个适当的训练实例。在供电数据应用（1.3 节）中，如追溯到 15 年前，共有 5000 天，但其中只有 15 个圣诞节、15 个感恩节、4 个 2 月 29 日和 4 个总统大选日。在电子机械诊断应用（1.3 节）中，虽有 20 年的使用记录，但是其中只包含了 300 个可用的故障例子。虽然市场和销售应用（1.3 节）肯定涉及大量数据，但是许多其他应用经常依赖于一些专家的专业意见，从而导致数据供不应求。

基于有限数据的性能预测是一个有趣的问题。性能预测评估有许多不同的技术，其中重复交叉验证（repeated cross-validation）在实践中或许是适合大部分有限数据情形的评估方法。比较不同的机器学习方法在某个给定问题上的性能也并非易事，需要用统计学测试来确定那些明显的差异并非是偶然产生的。

到目前为止，我们默认所要预测的是对测试实例进行正确分类的能力。然而，在某些情况下，却要涉及预测分类概率而非类别本身，还有一些情况需要预测数值型而不是名目属性值。需要视不同情形来使用不同的方法。接下来我们要看一下代价问题。在大多数的实际数据挖掘情形中，分类错误的代价是由错误的类型所决定的，如错误是将一个正例错误地归类为负例，或是将负例归类为正例。在进行数据挖掘及性能评估时，这些代价的考虑是非常重要的，所幸的是采用一些简单的技术能使大多数的学习方法具有成本敏感性，而不需要在算法内部实现。最后，从整体上看，评估有着迷人的哲学含义，哲学家们已对如何评估科学理论辩论了 2000 年，此议题亦是数据挖掘的一个焦点，因为从本质上来看，我们挖掘的是数据"理论"。

5.1 训练和测试

对于分类问题，自然是采用误差率（error rate）来衡量一个分类器的性能。分类器对每个实例进行类别预测，如果预测正确，则分类正确，反之则分类错误。误差率就是所有错误在整个实例集中所占的比例。误差率是对分类器总体性能的一个衡量。

当然，我们感兴趣的是分类器对未来新数据的分类效果，而非旧数据。训练集中每个实例的类都是已知的，正因如此才能用它进行训练。通常我们不是对学习这些实例的分类感兴趣，除非是要进行数据整理而非预测。问题是，在旧数据集上得出的误差率是否可以代表在新数据集上的误差率？如果分类器是用旧数据集训练出来的，答案当然是否定的。

这是一个令人惊讶、亦是非常重要的事实。分类器对训练集进行分类而得出的误差率并不能很好反映分类器未来的工作性能。为什么？因为分类器正是通过学习这些相同的训练数据而来的，因此该分类器在此训练数据集上进行的任何性能评估结果都是乐观的，而且是绝对乐观。

我们曾在劳工协商数据集中见过这样的例子。图 1-3b 是由训练数据直接产生的，图 1-3a 则是经过剪枝处理的。若用训练数据对二者进行评估，前者似乎更准确。但若用独立的测试数据对二者进行评估，前者的表现很可能会不如后者，因为前者与训练数据过度拟合。根据在训练数据上得出的误差率，前一棵决策树在训练数据上的误差率看起来比后一棵决策树要好，但这并不能反映它们将来在独立的测试数据上的表现。

用训练数据进行测试所产生的误差率称为再代入误差（resubstitution error），因为它是将训练实例重新代入由这些训练实例产生的分类器进行计算的。虽然它不能可靠地反映分类器在新数据上真实的误差率，但依然是有参考价值的。

为了能预测一个分类器在新数据上的性能表现，需要一组没有参与分类器创建的数据集，并在此数据集上评估分类器的误差率。这组独立的数据集叫作测试集（test set）。我们假设训练数据和测试数据都是潜在问题的代表性样本。

在某些情况下，测试数据也许和训练数据有着明显的本质差别。例如，1.3 节中提到的信用风险问题。假设银行现有来自纽约和佛罗里达州两个分行的训练数据，想用其中的一个数据集来训练出一个分类器，然后看看此分类器用在内布拉斯加州新分行结果会如何。可以将佛罗里达州的数据作为测试数据，来评估由纽约数据训练的分类器；同时将纽约的数据作为测试数据，来评估由佛罗里达州数据训练的分类器。如果在训练前就将两个分行的数据合并，在测试数据上的性能评估恐怕不能较好地反映此分类器将来用于另一个完全不同的州银行的分类性能。

测试数据不能以任何方式参与分类器的创建，这一点非常重要。举例来说，有些学习方法包括两个阶段，第一阶段是建立基本结构，第二阶段是对结构所包含的参数进行优化，这两个阶段需要使用不同的数据集。或者你可能会在训练数据上尝试多种方法，然后用新的数据集对这些分类器进行评估，找出最好的。但是所有这些数据都不可用于估计未来的误差率。

这就是人们经常提到的 3 种数据集：训练数据（training data）、验证数据（validation data）和测试数据（test data）。训练数据用于在一种或多种学习算法中创建分类器；验证数据用于优化分类器的参数，或用于选择某一分类器；测试数据则用于计算最终经过优化的某一方法的误差率。这 3 种数据集必须保持独立性，验证数据集必须有别于训练数据集以获得较好的优化或选择阶段的性能，同时测试数据集也必须有别于其他两个数据集以获得对真实误差率的可靠估计。

一旦确定了误差率，便可以将测试数据合并到训练数据中，由此产生新的分类器应用于实践中。这并没有错，使用尽可能多的数据来建立分类器，这是一种实践中常用的方法。对于表现好的学习方法，这样做不会降低预测性能。同样，一旦验证数据已被使用（也许是用于选择决定最好的学习方法），那么可以将验证数据合并到训练数据中，使用尽可能多的数据重新训练学习方法。

如果数据源充足，一切都没有问题。可以取一个大的样本用来训练，取另一个不同且独立的大样本数据用于测试。这两个样本都具有代表性，由测试集得出的误差率将反映其未来的真实性能。一般来说，训练样本越大，所建的分类器性能越好，虽然当训练样本超过一定的限度时性能提高将会有所减缓。测试样本越大，误差估计越准确。误差估计的准确性可从统计学角度进行量化，这一点我们将在下一节中分析。

真正的问题出现在数据源不充足时。在许多情况下，训练数据必须由人工分类，为了进行误差估计，测试数据亦是如此。这使可用于训练、验证和测试的数据量非常有限。问题在于怎样才能最好地利用这样一个有限的数据集。将这个数据集当中的一部分数据置于一旁用于测试称为*旁置*（holdout）过程，剩余的数据用于训练（如有必要，可再保留一部分数据用于验证）。这里出现一个难题：要得到一个好的分类器，需要尽可能多的数据用于训练；而要得到一个准确的误差估计，也需要尽可能多的数据用于测试。我们将在 5.3 节和 5.4 节回顾用于解决这个难题的常用方法。

5.2 预测性能

假设用测试集度量分类器的误差率，得到一个误差率，如 25%。在这一节中，我们实际上要谈论的是正确率而不是误差率，那么对应的正确率是 75%。这仅是一个估计值，那目标总体真正的正确率是多少呢？当然，预计应接近 75%。但到底有多接近？5% 以内？10% 以内？这个答案取决于测试数据集的规模。一般来说，这 75% 的正确率若是基于 10 000 个实例的测试集得到的，它的可信度要高于基于 100 个实例的测试集而得到的。但可信度到底高多少？

为了回答这个问题，需要一些统计学推理。在统计学中，一连串不是正确便是错误的独立事件称为伯努利过程（Bernoulli process）。抛掷硬币是一个经典实例。每次抛掷是一个独立事件。假使总是预测正面出现（这里不用"正面"或"反面"来描述），我们把每次抛掷结果可视为"正确"或"错误"。假设硬币正、反面是有偏差的，但并不知道正面的概率有多大。如果抛掷 100 次，其中 75 次是正面，便拥有了一个与上述在测试集上有 75% 正确率的分类器极为相似的情况。应该怎样描述真正的正确率呢？换句话说，想象存在一个伯努利过程，一个有偏差的硬币，它的真实正确率为 p（但是未知的）。在 N 次测试中，S 次是正确的，这样观察到的正确率便是 $f=S/N$。问题是，这对于了解真实的正确率 p 有何帮助？

这个问题的答案通常被表达为一个置信区间（confidence interval），即真实正确率 p 以某个特定的置信度存在于某个特定的区间中。例如，如果观察到 $N=1000$ 次实验中有 $S=750$ 次是正确的，这表明真实正确率在 75% 左右。但到底有多接近 75%？若置信度为 80%，真实正确率 p 则在 73.2% 和 76.7% 之间。如果观察到 $N=100$ 次测试中有 $S=75$ 次是正确的，这亦表明真实正确率在 75% 左右。但是由于试验次数较少，同样是 80% 的置信度，真实正确率 p 的区间则较宽，介于 69.1% 和 80.1% 之间。

这很容易定性，但如何来给它们定量呢？推理如下：正确率为 p 的单次伯努利实验的均值（mean）和方差（variance）分别为 p 和 $p(1-p)$。如果一个伯努利过程中包含 N 次实验，那么期望正确率 $f=S/N$ 是一个均值同样为 p 的随机变量，而方差则变成 $p(1-p)/N$。N 值较大时，这个随机变量的分布接近于正态分布。这些都是统计学的知识，这里将不作推导。

一个随机变量 X，其均值为 0，落入某个宽度为 $2z$ 的置信区间的概率为

$$P(-z \leq X \leq z)=c$$

对于正态分布，大多数统计学课本的背后都给出了 c 值和对应的 z 值的列表。但是这种传统列表形式（与此）略有不同——它们给出的是随机变量 X 将落在某范围之外的置信度，而且只给出上半个区间的值：

$$P(X \geq z)$$

这称为单尾（one-tailed）概率，因为它只涉及整个分布上半部分的"尾巴"。正态分布是对称的，因此它的下尾概率为：

$$P(X \leq -z)$$

表 5-1 给出了一个示例。同其他正态分布表一样，这里也假设随机变量 X 的均值为 0，方差为 1。或者，也可以说 z 是距离均值（有多少个）标准差的度量。因此，$P[X \geq z]=5\%$ 意味着 X 落在高于均值 1.65 个标准差以上的概率是 5%。由于分布是对称的，X 落在距离均值 1.65 个标准差以外（高于或低于）的概率是 10%，或者说

$$P(-1.65 \leq X \leq 1.65)=90\%$$

现在所要做的就是减小随机变量 f，使它的均值为 0，并将方差单位化。为此，我们减去均值 p 并除以标准差 $\sqrt{p(1-p)/N}$，从而得到

$$P\left(-z < \frac{f-p}{\sqrt{p(1-p)/N}} < z\right)=c$$

得到置信边界的过程为：对于某一给定的置信度值 c，在表 5-1 中查到相应的 z 值。在查表之前先用 1 减去 c，再将结果除以 2。对于 $c=90\%$，则要用 5% 在表中查找。中间置信度可用线性内插法。然后将上面的不等式写成等式，再将其转换为 p 的表达式。

表 5-1 正态分布的置信边界

$P(X \geq z)(\%)$	z	$P(X \geq z)(\%)$	z
0.1	3.09	10	1.28
0.5	2.58	20	0.84
1	2.33	40	0.25
5	1.65		

最后一步涉及求解二次方程。虽然不难解，但得出的是一个看似恐怖的置信边界表达式：

$$p=\left(f+\frac{z^2}{2N} \pm z\sqrt{\frac{f}{N}-\frac{f^2}{N}+\frac{z^2}{4N^2}}\right) \bigg/ \left(1+\frac{z^2}{N}\right)$$

表达式中的 ± 符号给出两个 p 值，分别代表置信上界和置信下界。虽然该表达式看起来有点复杂，但在实际应用中并不太难。

该结果可以用于得到前面给出的数值型例子中的取值。设置 $f=75\%$、$N=1000$ 和 $c=80\%$（因此 $z=1.28$），这会使 p 的区间为 [0.732，0.767]。如果 $N=100$，而置信度不变，则 p 的区

间为 [0.691，0.801]。注意，只有对于较大的 N（例如 N>100），正态分布的假设才是有效的。因此，f=75% 和 N=10 会使得置信区间为 [0.549，0.881]，但是这个结果的可信度就要大打折扣了。

5.3 交叉验证

现在来考虑当训练和测试数据数量有限时该如何处理。旁置法保留一定数量的数据作测试用，剩余的数据用于训练（如有需要，可再留一部分数据用于验证）。在实践中，一般保留 1/3 的数据用于测试，剩余的 2/3 用于训练。

当然，也许不巧用于训练（或测试）的样本不具代表性。通常，你无法说一个样本具有或不具有代表性，但有一种简单的检测方法值得一试。每个类在整个数据集中所占的比例在训练集和测试集中也应体现出相应的比例。如果某一类样本不巧在训练集中一个也没有，很难想象由这样的训练集训练出来的分类器将来对属于这一类的样本数据进行分类时会有好的表现。更糟糕的是，由于训练集中没有属于这一类的实例，从而使得这个类不可避免地在测试集中过多地出现！因此，在随机取样时必须确保在训练集和测试集中每个类各自应有的比例。这个过程称为分层（stratification），我们还会提到分层旁置（stratified holdout）。虽然很有必要进行分层，但分层只能为防范训练集和测试集数据的样本代表性不一致提供一项基本的安全措施。

一种减少由于旁置法取样而引起的任何偏差的更为通用的方法是，重复整个过程。用不同的随机样本重复进行几次训练和测试。每次迭代过程中，随机抽取一个特定的比例（比如 2/3）的数据进行训练，也可能经过分层处理，剩余的数据用于测试。将每次不同迭代过程中所得的误差率进行平均得到一个综合误差率。这就是重复旁置法（repeated holdout method）的误差率估计。

你也许会考虑在单次旁置的过程中交换训练集和测试集的角色，即用测试集数据进行训练并用训练集数据进行测试，然后将两次不同结果平均一下，以此来减少训练集和测试集数据代表性不一致所产生的影响。不幸的是，只有当训练集和测试集数量比例为 50:50 时才似乎真正合理，可这个比例通常不太理想，还是要用半数以上的数据进行训练效果比较好，即便是耗费了测试数据。然而，一种简单的变异方法造就了一项重要的统计学技术，即所谓的交叉验证（cross-validation）。在交叉验证中，先要决定一个固定的折数（number of folds），或者称为数据的划分。假设定为 3 折，那么数据将被大致均分成 3 个部分，每个部分被轮流用于测试，剩余的则被用于训练。也就是说，用 2/3 的数据进行训练，1/3 的数据进行测试，重复此过程 3 次，从而保证每个实例恰好有一次是用于测试的。这就是所谓的 3 折交叉验证（threefold cross-validation），若同时采用了分层技术（经常如此），这就是分层 3 折交叉验证（stratified threefold cross-validation）。

给定一个数据样本，预测某种机器学习技术误差率的标准方法就是使用分层 10 折交叉验证。数据被随机分割成 10 个部分，每个部分中的类比例与整个数据集中的类比例要基本一致。每个部分依次轮流被旁置，其余 9/10 的数据则参与某一个学习算法的训练，旁置的数据集则用于计算误差率。这样，学习过程共进行 10 次，每次使用不同的训练集（含有许多相同数据）。最后，将 10 个误差率估计值取平均而得出一个综合误差估计。

为什么是 10 次？使用大量的数据集，采用不同的学习技术，经过大量的实验表明 10 折正是获得最好的错误估计的恰当选择，而且也有一些理论根据可以支持这一点。虽然这个论点还不是最后的论断，在机器学习和数据挖掘领域有关什么才是最好的评估方案的问题至今还持续着激烈的争辩，但是10折交叉验证法在实践中被视为标准方法。实验还表明采用分层技术能使结果稍有改进，因此当数据集数量有限时，分层10折交叉验证法被当作标准评估技术。值得注意的是，无论是在分层或是进行10折分割时都不必很严格，只要能将数据集分割成大致相等的10个部分，每部分中各个类的比例基本恰当就可以了。另外，10折也并非有特殊效果，5折或20折交叉验证似乎也相差无几。

为了得到可靠的误差估计，单次的10折交叉验证恐怕还不够。采用相同的学习方法，在相同的数据集上进行不同的10折交叉验证，常常会得到不同的结果，这是由于在选择确定折本身时受到随机变化的影响。分层技术可减少变化，但不能完全消除随机变化。当需要一个准确的误差估计时，标准的程序是重复10次交叉验证——10次10折交叉验证，然后取其均值。这将使原始数据中9/10的数据被代入学习算法中100次。可见，获得好的测试结果是一项计算密集型的任务。

5.4 其他评估方法

10折交叉验证是衡量将某学习方法应用在某数据集上的误差率的标准方法，为得到可靠的结果，建议使用10次10折交叉验证。除此之外，还有许多其他可行方法，其中两个特别普及的方法就是留一（leave-one-out）交叉验证法和自助法（bootstrap）。

5.4.1 留一交叉验证法

留一交叉验证法其实就是 n 折交叉验证，其中 n 是数据集所含实例的个数。每个实例依次被保留在外，剩余的所有实例则用于学习算法的训练。它的评估就是看对那个保留在外的实例分类的正确性，1或0分别代表正确或错误。所有 n 个评估结果（数据集中的每个成员各产生一个结果）被平均，得到的均值便是最终的误差估计。

这种方法有两个吸引人的地方：第一，每次都使用尽可能多的数据参与训练，从而可能会得到更准确的分类器；第二，这个方法具有确定性：无须随机取样。没有必要重复10次或任何重复操作，因为每次的结果都将是一样的。与此相对，它的计算成本也是相当高的，整个学习过程必须执行 n 次，这对一些大的数据集来说通常是不可行的。不过，留一交叉验证似乎是提供了一个机会，即最大限度地从一个小的数据集里获得尽可能正确的估计。

除了计算成本高之外，留一交叉验证还有一个缺点。它不但不能进行分层，更糟的是它一定是无层样本。分层使测试集中的各类有恰当的比例，而当测试集中只含一个实例时，分层是不可能实现的。举个例子，虽然极不现实，但却非常戏剧性地描述了由此引起的问题。假设有一个完全随机的数据集，含有数量相等的两个类。面对一个随机数据，所能给出的最好预测便是预测它属于多数类，其真实的误差率为50%。但在留一交叉验证的每一折里，与测试实例相反的类（在训练集上）是多数类，因此每次预测总是错的，从而导致估计误差率达100%！

5.4.2 自助法

第二种要描述的估计方法是自助法，它基于统计学的放回抽样（sampling with replacement）过程。在之前的方法中，一个样本一旦从数据集中被取出放入训练集或测试集，它就不再被放回。也就是说，一个实例一旦被选择一次，就不能再次被选择。这就像踢足球组队，不能选同一个人两次。但是数据集实例不是人，大多数的学习方法还是可以使用相同实例两次的，并且在训练集中出现两次会产生不同的学习结果（数学行家将会注意到，要是同一个对象可以出现一次以上，那么我们谈论的就不是真正意义的"集合"）。

自助法的想法是采取放回抽样数据集的方法来形成训练集。我们将阐述一个特例，它非常神奇（原因很快会给出），称为 0.632 自助法（0.632 bootstrap）。一个有 n 个实例的数据集进行了 n 次放回抽样，从而形成了另一个拥有 n 个实例的数据集。因为在第二个数据集中会（几乎肯定会）有一些重复实例，所以在原始的数据集中必有部分实例未被抽样，我们将用这些实例作为测试实例。

某个具体实例不被抽样到训练集中的概率是多少呢？每次被抽取的概率是 $1/n$，所以不被抽取的概率是 $1-1/n$。根据抽取次数（n 次），将这些概率相乘，得到

$$\left(1-\frac{1}{n}\right)^n \approx e^{-1} = 0.368$$

（其中 e 是自然对数的基数 2.7183，不是误差率！）。这给出了某个具体实例不被抽取到的概率。因此，对一个相当大的数据集来说，测试集将包含约 36.8% 的实例，而训练集将包含约 63.2% 的实例（现在你该了解 0.632 自助法的由来了）。训练集中包含一部分重复实例，总容量是 n，和原始数据集一般大。

用此训练集训练一个学习系统，并在测试集上计算误差率，得到的将是一个对真实误差率较为悲观的估计值。这是因为虽然训练集的容量是 n，但它只包含了 63% 的实例，这要比 10 折交叉验证法所使用的 90% 实例小一些。为了补偿这点，将测试集误差率和用训练集数据计算的再带入误差率组合在一起。如前所述，再代入误差率是一个对真实误差率的过于乐观的估计值，当然不能单独使用。自助法将它和测试误差率组合在一起，给出最终误差率估计值 e 如下：

$$e = 0.632 \cdot e_{\text{test instances}} + 0.368 \cdot e_{\text{training instances}}$$

然后，将整个自助过程重复进行几次，以取得不同的放回取样训练集，测试结果取均值。

自助法对非常小的数据集来说，也许是最佳的误差率估计法。但是，就像留一交叉验证法一样，自助法也有缺点，可以通过考虑一个非常特殊、人为假设的情况来描述此问题。实际上，我们考虑一个包含同样大小的两类而且是完全随机的数据集。对任何预测规则来说，它的真实误差率都是 50%。但一个能记住整个训练集的学习方法，会给出完美的 100% 的再代入评分，以致 $e_{\text{training instances}}=0$，0.632 自助法再将它与权值 0.368 相乘，得出综合误差率为 31.6%（0.632 × 50% + 0.368 × 0%），这个结论未免过于乐观了。

5.5 超参数选择

许多学习算法拥有可以用来调整以优化它们行为的参数。这些参数被称为"超参数"，以区别于基本参数，例如线性回归模型系数。一个例子是参数 k 决定 k 近邻分类器中使用的邻居数量。一般来说，测试集上最好的性能是通过调整超参数的值来适应数据的特点而实现的。然而，令人沮丧的是，不使用在测试数据上的性能来选择 k 的最佳值是非常重要的！这是因为通过偷看测试数据来进行选择会不自觉地引出对从同样数据上获得的性能分数的乐观偏见。未来在新数据上的性能很有可能会比预估的更糟糕。

怎么办？本章前面提到一个技巧，把原始训练集分解成更小的新训练集和验证集（分解

通常是随机的)。然后会在缩减过的训练集上运行几次不同的超参数,并且每一个结果模型都会在验证集上进行评估。一旦在验证集上确定了给出最佳性能的超参数,最终模型会通过使用被确定的超参数值运行在原始的、完整的训练集上的算法建立。注意,没有涉及一点测试数据! 只有在最终模型被固定后,才会允许使用测试数据来获取这个模型在新的、未见过的数据上的性能估计。基本上,测试数据只能被使用一次,即用来建立最终性能分数。

这在使用其他一些方法时也同样适用,例如有多个训练和测试划分的交叉验证。超参数的选择必须仅基于训练集。当在交叉验证中多次使用上述的参数选择过程,对于每次折叠,每一次折叠的超参数有轻微的不同是完全有可能的。这并不要紧:超参数选择是学习一个模型的整个过程的一部分,并且这些模型在折叠与折叠之间通常会不一样。换句话说,交叉验证评估的是学习过程,而不是一个特定的模型。

超参数的选择过程有一个缺点:如果原始训练数据集很小——并且在一个交叉验证中训练折叠经常很小——那么分解出来一个验证集会很大程度上减小可用来训练的数据集的大小,并且验证集也会很小。这意味着超参数的选择可能并不可靠。这类似于我们在本章前面遇到的简单抵抗估计问题,并且相同的补救办法也同样适用——使用交叉验证来代替。这意味着一个所谓的"内部"交叉验证被用来确定每一个"外部"交叉验证的折叠的超参数最佳值,以获取学习算法的最终性能估计。

这种嵌套交叉验证是昂贵的,特别是考虑到内部交叉验证必须为每一个想要评估超参数来运行。事情会因为多超参数变得更糟糕。如果网格搜索被用来找到最佳参数值,那么有两个超参数以及一个 10×10 网格的 100 内部交叉验证是被需要的,并且这必须为每一个外部交叉验证的折叠来完成。假设 10 个折叠同时被用于内部和外部交叉验证,学习算法就必须被运行 $10 \times 10 \times 100 = 10\,000$ 次! 并且之后我们可能会想要重复 10 次外部交叉验证来获得更可靠的最终性能评估。

幸运的是,这个过程可以很容易地被分布在多台计算机上。然而,它可能是不可行的,至少按照上述配置是不可行的。常见的做法是对内部交叉验证使用更小的折叠数量,可能仅有两个折叠。

5.6 数据挖掘方法比较

我们经常需要对解决同一问题的两种不同学习方法进行比较,看哪一种更适合使用。这看起来似乎很简单,用交叉验证法(或其他合适的估计方法),也许重复几次,然后选择估计误差率较小的方法。在许多实际应用中,这已是相当足够了,如果某方法在某一具体数据集上的估计误差率比另一方法低,最好采用前者的模型。但是,有时差别只是源于估计错误,在某些情况下重要的是,我们要确定一种学习方法对某个具体问题的解决是否真的优于另一种方法。这是对机器学习研究者的一个挑战。如果要提出一个新的学习算法,它的提出者必须证明新算法与目前最好的算法相比对问题的解决是有改进的,而且要证明观察到的改进不只是估计过程中所产生的偶然结果。

这是一项基于置信边界的统计测试工作,正如我们先前谈到的,根据已给出的测试集误差率来预测其真实性能。假设有无限的数据来源,则可以用大量的数据进行训练,然后再用另一个大型的独立测试数据集进行性能评估,像先前那样得到置信边界。但是,如果差别很显著,就必须确定其原由不是因碰巧使用某个具体数据集进行测试而引起的。我们要确定一种方法从整体上来看比另一种好还是差,这要涵盖能从这个领域得到的所有训练集和测试集数据。训练集数据的大小当然会影响性能，因此所有数据集的大小要一致——实际上，也可用不同大小的数据集进行重复实验以得到一条学习曲线。

此刻，假定数据来源是无限的。为明确起见，假设用交叉验证法来进行误差估计（其他估计法，如重复交叉验证，也是同样可行的）。可以提取几个一样大小的数据集，对每种学习方法在每个数据集上用交叉验证法得到一个正确率估计，然后计算出正确率估计的均值。每个交叉验证实验产生一个不同的、独立的误差估计，而我们感兴趣的是这个涵盖所有可能的相同规模数据集的平均正确率，以及这个均值是否在使用某一方法时较大一些。

从这个角度看，我们正在试图判断一组样本的均值是否显著高于或低于另一组样本的均值，这里的样本是指对于从某个领域抽取的不同数据集进行交叉验证所得到的估计值。这是一项统计学工作，称为 t 检验（t-test）或学生 t 检验（student's t-test）。由于可以在两种学习方法上使用同样的交叉验证测试，使得在每个数据集上的实验都能获得配对的结果，因此可以使用 t 检验的一种更为敏感的形式，即配对 t 检验（paired t-test）。

我们需要定义一些符号。第一组样本 $x_1, x_2, \cdots, x_k$ 是使用某种学习方法进行连续的 10 折交叉验证得到的。第二组样本 $y_1, y_2, \cdots, y_k$ 是使用另一种学习方法进行连续的 10 折交叉验证得到的。每个交叉验证估计使用不同的数据集（但所有数据集的大小相同，且来源于同一领域）产生的。如果完全相同的交叉验证的数据集划分被用于两个学习方法，将会得到最好的结果。因此，x_1 和 y_1 是在使用相同的交叉验证分割条件下而得到的，x_2 和 y_2 也是如此，以此类推。第一组样本的均值用 $\bar{x}$ 来表示，第二组用 $\bar{y}$ 来表示。我们要试着判定 $\bar{x}$ 和 $\bar{y}$ 是否有显著的差别。

如果样本足够，无论样本本身的分布如何，独立样本 $(x_1, x_2, \cdots, x_k)$ 的均值 $(\bar{x})$ 应呈正态（即高斯）分布。称真实的均值为 μ。如果知道该正态分布的方差，那么可将其零均值化并将方差单位化，对于给定的样本均值 $(\bar{x})$ 就能得到 μ 的置信边界。可是，方差是未知的，唯一的办法就是从样本集中将其估计出来。

这并不难，$\bar{x}$ 的方差可以由样本 $x_1, x_2, \cdots, x_k$ 计算而来的方差 σ_x^2（称为）除以 k 来估算。可用下列公式将 $\bar{x}$ 的分布零均值化并将方差单位化

$$\frac{\bar{x} - \mu}{\sqrt{\sigma_x^2/k}}$$

但是我们不得不估计方差的变化。因为方差只是估计值，所以这不能算是正态分布（虽然当 k 值足够大时呈现出正态分布）。它是一种叫作 k-1 自由度的学生分布（student's distribution with k-1 degrees of freedom）。在实践中，这意味着要用学生分布的置信区间表来代替原先的正态分布置信区间表。表 5-2 列出了自由度为 9 时（这是使用 10 次交叉验证法取均值所应当用的正确自由度）的置信学生分布边界。如果将它与表 5-1 比较，你会发现学生分布稍微保守一点。对于一个给定的置信度，学生分布区间稍宽，这正反映了不得不进行方差估计所带来的不确定性因素。不同的自由度有不同的列表。如果自由度超过 100，学生分布与正态分布的置信边界非常接近。和表 5-1 一样，表 5-2 中的数

表 5-2 自由度为 9 时的学生分布置信边界

$P[X \geq z]$ (%)	z
0.1	4.30
0.5	3.25
1	2.82
5	1.83
10	1.38
20	0.88

值亦是"单边"置信区间。

要判断均值 $\bar{x}$ 和 $\bar{y}$（都是 k 个样本的均值）是否相等，我们来考虑每组对应的观察点之间的差值 d_i，$d_i=x_i-y_i$。这样考虑是合理的，因为这些观察点都是成对的。这些差值的均值正是两个均值之间的差，即 $\bar{d} = \bar{x} - \bar{y}$。和均值本身一样，均值差值也是 $k-1$ 自由度的学生分布。如果均值相等，则差值为 0（称为零假设（null hypothesis））；如果有显著差异，则差值将和 0 有着显著差距。因此，对于一个给定的置信度，我们要检查其真实差值是否超过置信限度。

首先要将差值零均值化，将方差单位化，得到的变量被称为 t 统计量（t-statistic）：

$$t = \frac{\bar{d}}{\sqrt{\sigma_d^2/k}}$$

其中 σ_d^2 是样本差值的方差。然后确定置信度，在实践中通常使用 1% 或 5%。如果 k 是 10，置信边界 z 就可从表 5-2 中得到；如果不是 10，应采用与 k 对应的学生分布置信边界表。用双尾检验（two-tailed test）比较合适，因为我们不知道 x 的均值是否可能大于 y 的均值，或是相反。因此，对于 1% 的检验，我们采用表 5-2 中 0.5% 所对应的值。如果根据上面公式得到的 t 值大于 z 或小于 $-z$，便拒绝均值相等的零假设，而认为这两个学习方法针对这个领域、这样的数据集容量确实存在明显差别。

关于这个过程，有两个观察值得一提。第一个是技术上的：如果观察点不是配对的怎么办？换句话说，如果出于某种原因，无法让每种学习方法在同样的数据集上进行误差评估怎么办？如果每种方法使用的数据集个数不同怎么办？这些情况发生在当某人已经对一种方法进行了评估，并公布了针对某个具体领域、某个具体数据集容量的几种不同估计（或者只是它们的均值和方差），而我们想要将其与其他不同的方法进行比较。这时就有必要使用常规的不配对的 t 检验。如果如我们所假设的，均值是正态分布的，那么均值的差值也是正态分布的。我们计算均值的差值，来代替计算差值的均值。当然这是一码事，差值的均值等于均值的差值，但是差值的方差却不同。如果样本 $x_1, x_2, \cdots, x_k$ 的方差是 σ_x^2，样本 $y_1, y_2, \cdots, y_k$ 的方差是 σ_y^2，则

$$\frac{\sigma_x^2}{k} + \frac{\sigma_y^2}{\ell}$$

是一个很好的对均值差值的方差的估计。这个方差（更准确地说是它的平方根）应当作为上述 t 统计量计算公式中的分母。查询学生分布置信边界表所必需的自由度应保守地选择两个样本中最小的一个。从本质上看，知道观察点是成对的，便能使用更好的方法估计方差，产生一个更为严格的置信边界。

第二个观察涉及我们所做的假设，即数据来源是无限的，可以使用几个恰当容量的独立数据集。而在实践中，经常只有一个容量有限的数据集可用。该怎么办？可将整个数据集分割成多个（也许 10 个）子集，对每个子集分别进行交叉验证。但是，验证的综合结果只能说明一种学习方法是否适合于这个具体容量的数据集，也许是原始数据集的 1/10 大小。或者，重复利用原始数据集，比如在每次交叉验证时对数据集进行不同的随机化。然而，这样得出的交叉验证估计不是独立的，因为它们不是从独立的数据集上得来的。在实践中，这意味着被判定为有明显差异的情形实际却未必。实际上，增加样本的数目 k（即交叉验证的次

数），最终将导致产生明显差异，因为 t 统计量的值在毫无限制地增加。

围绕这个问题，已经提出了多种对于标准 t 测试的改进方法，但这些都只是直观推断，缺乏理论依据。其中有一种方法在实践应用中似乎不错，称为纠正重复取样 t 检验（corrected resampled t-test）。假设使用重复旁置法来代替交叉验证法，将数据集进行不同的随机分割 k 次，获得对两种不同学习方法的正确率估计。每次用 n_1 个实例训练，用 n_2 个实例测试，差值 d_i 则根据在测试数据上的性能计算而来。纠正重复取样 t 检验使用经修改的统计量

$$t = \frac{\bar{d}}{\sqrt{\left(\frac{1}{k} + \frac{n_2}{n_1}\right)\sigma_d^2}}$$

和标准的 t 统计量计算方式几乎一致。再仔细看一下这个公式，现在 t 值不再容易随着 k 值的增加而增长了。在重复交叉验证中也可以使用这样的修改统计量，其实这只是重复旁置法的一个特例，每个交叉验证所使用的测试集是不重叠的。对于重复 10 次的 10 折交叉验证，$k = 100$，$n_2/n_1 = 0.1/0.9$，则基于 100 个差值。

5.7 预测概率

本章我们假设目的是要获得最大的预测正确率。如果对测试实例的预测值与实际值一致，预测结果视为正确；如果不一致，则视为不正确。不是黑色就是白色，不是正确就是不正确，不存在灰色。在许多情况下，这是最妥当的观点。如果一个学习方法被真正采用，导致一个不是正确就是错误的预测，正确与否便是一个合适的量度。有时称为 0-1 损失函数（0-1 loss function），如果预测正确，"损失"为 0，不正确即为 1。损失（loss）是一个习惯用语，虽然用"受益"作为术语是比较乐观的用词。

其他情况属于模糊边界。大多数学习方法能将预测和概率结合在一起（如朴素贝叶斯方法）。在判定正确性时，考虑它的概率是很自然的。例如，一个概率为 99% 的正确预测多半会比一个概率为 51% 的正确预测分量更重一些；如在一个二类情况下，51% 的正确预测并不比概率为 51% 的不正确预测好多少。是否要考虑预测的概率，要看具体应用。如果最终的应用只是要一个预测结果，并且对预测值可能性的现实评估也不会有任何好处，使用概率似乎不妥。如果预测值还要进一步处理，也许还要牵涉人为的评估或是成本分析，甚至或许要作为第二阶段学习过程的输入，那么进行概率考虑也许是很合适的。

5.7.1 二次损失函数

假设一个单独的实例有 k 种可能的结果，或者说 k 种可能的类。对某个给定的实例，学习方案对这些类计算出一组概率向量 $p_1, p_2, \cdots, p_k$（这些概率的和为 1）。这个实例的真实结果是这些可能的类中的某一个。然而，更方便的方法是将其表示为一个向量 $a_1, a_2, \cdots, a_k$，其中第 i 个元素（i 就是真实的类）等于 1，其他都等于 0。这样我们可以将损失表示为一个取决于向量 p 和向量 a 的损失函数。

一个常用于评估概率预测的标准就是二次损失函数（quadratic loss function）：

$$\sum_j (p_j - a_j)^2$$

注意，这只是针对单个实例，这里的总和是所有可能的输出总和，而非不同实例的总和。其中只有一个 a 值等于1，其余的 a 值都为0。因此，总和里面包括由不正确预测得到的和由正确预测得到的，从而公式可以转换为

$$1-2p_i+\sum_j p_j^2$$

这里 i 是正确的类。当测试集有多个实例时，损失函数便是所有单个实例损失函数的总和。

这里存在一个有趣的理论事实，当真实的类是按一定概率产生的时候，如果要使二次损失函数值最小化，最好的策略就是让向量 p 选择各类的真实概率，即 $p_i = P(\text{class}=i)$。如果真实概率已知，它就是 p 的最佳选择。如果不知道，寻求最小二次损失值的系统，则要力争得到对 $P(\text{class}=i)$ 的最好估计并将其作为 p_i 的值。

这相当容易证明。真实概率表示为 $p_1^*, p_2^*, \cdots, p_k^*$，则 $p_i^* = P(\text{class}=i)$。对一个测试实例的二次损失函数的期望值可以重新表示为：

$$E\left[\sum_j (p_j-a_j)^2\right] = \sum_j \left(E\left[p_j^2\right] - 2E\left[p_j a_j\right] + E\left[a_j^2\right]\right)$$
$$= \sum_j (p_j^2 - 2p_j p_j^* + p_j^*) = \sum_j ((p_j - p_j^*)^2 + p_j^*(1-p_j^*))$$

第一步，将期望符放到总和符号里面并将平方展开；第二步 p_j 是一个常数，a_j 的期望值就是 p_j^*，并且因 a_j 不是0就是1，$a_j^2 = a_j$，所以期望值也等于 p_j^*；第三步，直接代数运算。要使总和最小，很明显，就是使 $p_j = p_j^*$，这样平方项消失，剩下的只有控制实际类的真实分布的方差。

误差平方最小化在预测问题上已有很长的一段历史，二次损失函数促使预测器选择最好的概率估计，或者优先选择能对真实概率做出最好猜测的预测器。另外，二次损失函数有一些有用的理论上的性质，这里不予讨论。由于上述种种原因，二次损失函数常被用作评估概率预测正确的标准。

5.7.2 信息损失函数

另一个应用得较为普遍的评估概率预测的标准就是信息损失函数（informational loss function）：

$$-\log_2 p_i$$

其中，第 i 个预测是正确预测。这实际上相当于一个负的对数似然函数（log-likelihood function），是经 logistic 回归优化的函数（见4.6节）。它用位数来代表所需信息量，这个信息量用来表示实际类 i 的概率分布 $p_1, p_2, \cdots, p_k$。换句话说，如果给定一个概率分布，某人必须同你交流实际出现的应属哪一个类，这就是对信息进行尽可能最有效的编码所需的位数（当然可能总是会需要更多的位数）。因概率总是小于1，它们的对数是负数，公式中的减号使结果成为正数。例如，一个二类问题（即正面或是反面），每个类的概率是相等的，出现正面则需要1位来传输，因为 $-\log_2 1/2$ 等于1。

如果真实概率是 $p_1, p_2, \cdots, p_k$，信息损失函数的期望值就是

$$-p_1^* \log_2 p_1 - p_2^* \log_2 p_2 - \cdots - p_k^* \log_2 p_k$$

如同二次损失函数，选择 $p_j = p_j^*$ 将表达式最小化，这样表达式变成真实分布的熵：

$$-p_1^* \log_2 p_1^* - p_2^* \log_2 p_2^* - \cdots - p_k^* \log_2 p_k^*$$

这样信息损失函数能使知道真实概率的预测器做出真实的预测，并促使不知真实概率的预测器做出最好的猜测。

信息损失函数的一个问题是如果给实际发生的事件赋予一个 0 概率，函数值就变成负无穷大。谨慎的基于信息损失函数的预测器从不赋予任何结果以 0 概率。当没有任何信息可以提供给这个结果作为预测基础时，便导致了零概率问题（zero-frequency problem）。人们对此提出了不同的解决方案，如在朴素贝叶斯（4.2 节）中讨论过的拉普拉斯估计。

5.7.3 讨论

如果你在从事概率预测的评估工作，将使用前面两种损失函数中的哪一种呢？这是个好问题，对此没有一致意见的答案，这其实是个人喜好问题。它们都在做损失函数所期待的基本工作，即最大限度地使预测器正确地预测真实概率。但是它们之间存在一些客观的区别，这有助于你做出自己的选择。

二次损失函数不仅考虑了实际发生事件的概率，同时还考虑其他事件的概率。比如，一个四类的问题，假设将 40% 的概率赋予实际遇到的类，而将剩余的分配给其余的 3 个类。先前的二次损失函数表达式中出现的总和，使得如何分配剩余的概率将决定二次函数损失值。如果将剩余的 60% 均匀分配到另外 3 个类，达到的损失是最小的。不均匀的分配将使平方和增加。而另一方面，信息损失函数只依赖于对实际发生的事件所赋予的概率。如果你对某个即将发生的事件下了赌注，而且押对了，谁还在乎你其余的钱在其他事件上是如何分配的？

如果你对某一实际发生的事件赋予了很小的概率，信息损失函数会给你很大的惩罚。最大的惩罚便是对 0 概率，是无穷的。而二次损失函数属于比较温和的，被下面的表达式所限定

$$1+\sum_j p_j^2$$

绝对不会超出 2。

最后，信息损失函数的支持者们提出了一种对学习性能评估的一般理论，称为最小描述长度（Minimum Description Length，MDL）原理。他们主张一种方案所学的结构大小可以用信息的位数来衡量，如果损失值也用相同的单位来衡量，二者可以有效地结合在一起。我们将在 5.10 节中讨论这一问题。

5.8 计算成本

到目前为止，所讨论的评估方法都没有考虑到错误决策、错误分类的成本问题。不考虑错误成本的情况下最大化分类正确率经常会导致奇怪的结果。有个例子，机器学习曾用于判断奶牛场里每一头母牛的确切发情期。用电子耳签来标识母牛，并使用各种不同的特征，如产奶量及化学成分（由高科技的挤奶机器自动记录）、挤奶次序（母牛是有秩序的动物，通常是按相同的次序进挤奶棚的，除非是处于类似发情期这类非正常的情况）。在现代化的牧场管理中，事先知道母牛何时做好准备也很重要：动物的人工授精错过一个周期即导致不必要的延期产仔，并会导致以后出现并发症。在早期试验中，机器学习方案总是顽固地预测母牛始终没有处在发情期。和人类一样，母牛也有约隔 30 天左右的生理周期，因此这个"零"规则在约 97% 的时候都是正确的，这个正确率在任何农业领域都是让人印象深刻的！但是，

我们所需要的当然是"处于发情期"的预测准确率高于"不在发情期"的准确率的分类规则：这两种误差的代价是不同的。使用分类准确率进行评估是在默认错误成本相同的假设前提下的。

其他反映不同错误成本的例子包括贷款决策，贷款给违规者的代价远高于由于拒绝贷款给不违规者而造成生意损失的代价。在海面浮油探测中，未能探测出威胁环境的海面浮油的错误成本远高于错误报警的代价。在负荷预测中，为防范一场实际未发生的暴风雪而调整发电机组所产生的成本远低于由于对暴风雪的袭击毫无防范所造成的损失。在诊断问题中，实际上没有问题的机器被误诊为有问题所产生的成本远小于忽视导致机器故障的问题所造成的损失。在散发促销邮件时，散发垃圾邮件得不到回应所产生的成本远小于由于没有将邮件发送到会有回应的家庭而丧失生意机会所造成的损失。为什么所有第 1 章中列举的实例都在这里！事实上，你很难找到不同类型错误的成本是相同的应用场景。

对一个 yes 和 no 的二类问题，如借或不借、将可疑的斑点标记为浮油或不是浮油等，一个预测可能产生 4 种不同的结果，见表5-3。真正例（True Positive，TP）和真负例（True Negative，TN）都是正确的分类结果。假正例（False Positive，FP）发生在当预测结果为 yes（即正例）而实际上是 no（即负例）时，假负例（False Negative，FN）发生在当预测结果为负例而实际上是正例时。真正率（True positive rate）是 TP 除以正例的总数 TP + FN；负正率（false positive rate）是 FP 数值除以负例的总数 FP + TN。整体的正确率是正确的分类数除以分类样本的总数：

表 5-3 二类预测的不同结果

		预测类别	
		Yes	No
实际类别	Yes	真正例	假负例
	No	假正例	真负例

$$\frac{TP + TN}{TP + TN + FP + FN}$$

最后，误差率就是用 1 减去整体的正确率。

在多类预测中，对测试集的预测结果经常用二维混淆矩阵（confusion matrix）来显示，每个类都有对应的行和列。每个矩阵元显示的是测试样本数目，这些样本的真实类以对应的行显示为准，预测类则是对应的列所显示的类。好的结果是在主对角线上数值要大，而非主对角线元素的数值要小（理想情况为 0）。表 5-4 给出了一个三类问题的例子。在这个例子中，测试集有 200 个实例（矩阵中 9 个数字的总和），其中 88 + 40 + 12 = 140 是正确的预测，因此正确率是 70%。

但这是公正的整体正确率衡量方法吗？其中有多少是偶然得到的正确预测？这个预测器预测 120 个测试样本属于 a 类，60 个属于 b 类，20 个属于 c 类。如果有一个随机预测器也达到与此相同的预测数目，又会是怎样的呢？答案可在表 5-4 中看到。表 5-4 右侧第一行将测试集中 100 个实际属于 a 类的实例按各类总体比例分摊，其余两类在第二行和第三行也照此法按比例分摊，这样得到的矩阵当然每行、每列的总和与先前的矩阵是相同的，实例数量没有改变，而且也保证了随机预测器和真实预测器对 a、b、c 三个类的预测数目是相等的。

这个随机预测器使 60 + 18 + 4 = 82 个实例获得了正确的预测。一种称为 Kappa 统计量（Kappa statistic）的衡量方法将这个随机预测的期望值考虑进去，通过将其从预测器的成功数中扣除，并将结果表示为它和一个完美的预测器所得结果的比例值，即从 200−82 = 118 个可能的成功数中得到 140−82 = 58 个额外的成功数目，或者说是 49.2%。Kappa 的最大值是100%，而具有相同列的随机预测器的Kappa期望值是0。总的来说，Kappa统计量用于衡量对一个数据集预测分类和观察分类之间的一致性，并对偶然得到的正确预测进行修正。但是如同普通的正确率计算一样，它也没有考虑成本问题。

表5-4 一个三类问题的不同预测结果

		预测类别						预测类别			
		a	b	c	总计			a	b	c	总计
实际类别	a	88	10	2	100	实际类别	a	60	30	10	100
	b	14	40	6	60		b	36	18	6	60
	c	18	10	12	40		c	24	12	4	40
	总计	120	60	20			总计	120	60	20	

5.8.1 成本敏感分类

如果成本已知，它们可以被应用到决策过程的收益分析中。在一个两类问题中，混淆矩阵的两种错误类型（假正例和假负例）将会有不同的成本，见表5-3。同样，两种不同的正确分类可能带来不同的收益。二类问题的成本可概括成一个2×2的矩阵，主对角元素代表了两种类型的正确分类，而非主对角元素代表了两种类型的错误分类。在多类情况下，这就被推广为一个方阵，方阵大小即是类的个数，并且主对角元素也是代表了正确分类的成本。表5-5展示了二类和三类默认的成本矩阵，矩阵只是简单地给出了错误数目：每个错误分类成本都是1。

表5-5 默认的成本矩阵

		预测类别				预测类别		
		yes	no			a	b	c
实际类别	yes	0	1	实际类别	a	0	1	1
	no	1	0		b	1	0	1
					c	1	1	0

将成本矩阵考虑进去，用每个决策的平均成本（或者从正面看，考虑收益）来代替正确率。虽然在这里我们不这样做，但决策过程中完整的收益分析也许还要考虑使用机器学习工具的成本，包括搜集训练集的成本和模型使用成本，或者是产生决策结构的成本，即决定测试实例属性的成本。如果所有这些成本都已知的，成本矩阵中反映不同结果的数值可以估计出来，比如说用交叉验证法估计，那么进行这种收益分析便很简单了。

给定成本矩阵，可以计算某个具体学习模型在某个测试集上的成本，只要将模型对每个测试实例进行预测所形成的成本矩阵中的相关元素相加。进行预测时，成本将被忽略，但进行评估时则考虑成本。

如果模型能够输出与各个预测相关联的概率，便能将期望预测成本调整到最小。给出对某个测试实例各个预测结果的概率，一般都会选择最有可能的那个预测结果。作为替换，模型也可以选择期望错误分类成本最低的那个类作为预测结果。例如，假设有一个三类问题，分类模型赋予某一个测试实例属于a、b、c三个类的概率分别为p_a、p_b和p_c，它的成本矩阵见表5-5。如果预测属a类，并且这个预测结果是正确的，那么期望预测成本就是将矩阵的第一列（0，1，1），和概率向量（p_a，p_b，p_c）相乘，得到$p_b + p_c$或者$1 - p_a$，因为三个概率的和等于1。类似地，另外两个类的预测成本分别是$1 - p_b$和$1 - p_c$。对这个成本矩阵来说，选择期望成本最低的预测就相当于选择了概率最大的类。对于不同的成本矩阵，情况可能会有所不同。

我们假设前提是学习方案能输出概率，就如同朴素贝叶斯方法那样。即使通常情况下不输出概率，大多数分类器还是很容易计算出概率的。如决策树，对一个测试实例的概率分布就是对应叶结点上的类分布。

5.8.2 成本敏感学习

我们已经看到如何利用一个在建模时不考虑成本的分类器，做出对成本矩阵敏感的预测。在这种情况下，成本在训练阶段被忽略，但在预测阶段则要使用。另一种方法正好相反，在训练过程中考虑成本，而在预测时忽略成本。从理论上讲，如果学习算法给分类器合适的成本矩阵，可能会获得较好的性能。

对一个二类问题，有一种简单的常用方法能使任何一种学习方法变为成本敏感型。想法是生成拥有不同类别比例的 yes 和 no 的实例训练数据。假设人为地提高数据集中属于 no 类的实例数量到 10 倍，然后用这个数据集进行训练。如果学习方案是力争使错误数目最小化的，将形成一个倾向于避免对 no 类实例错误分类的决策结构，因为这种错误会带来 10 倍的惩罚。如果在测试数据中，属于 no 类实例的比例还是按照它在原始数据中的比例，那么 no 类实例的错误将小于属于 yes 类的实例，也就是说，假正例将少于假负例，因为假正例已被加权而达到 10 倍于假负例。改变训练集中实例的比例是一种建立成本敏感分类器的常用技术。

改变训练集实例比例的一种方法是复制数据集中实例。除此之外，很多学习方案允许对实例加权（正如我们在 3.2 节中提到的，这是处理缺失值的一种常用技术）。实例的权值通常初始为 1。为了建立成本敏感的分类器，权值可被初始为两种错误的相对成本，即假正例和假负例所对应的成本。

5.8.3 提升图

现实中，在一定程度上很难知道成本是多少，人们要考虑各种不同的场景。想象一下你在从事直接邮寄广告的业务，要将一个促销广告大规模邮寄给 1 000 000 户家庭，当然大部分的家庭是不会有回应的。根据以往的经验，得到回应的比例是 0.1%（有 1000 个回应者）。假设现有一套数据挖掘工具，根据我们对这些家庭的掌握信息，能识别出其中的 100 000 户家庭子集，回应率达 0.4%（有 400 个回应者）。根据邮寄成本与回应所带来盈利的比较，将邮寄广告限定在这 100 000 户家庭上也许是很划算的。在市场学术语中，回应率的增加（在这个例子中系数为 4），称为由学习工具带来的提升系数（lift factor）。如果知道成本，就能确定某个具体提升系数所隐含的盈利。

然而，你很可能还需要评估其他的可能性。采用相同的数据挖掘方法而选择不同参数设置，也许会识别出其中的 400 000 户家庭的回应率为 0.2%（有 800 个回应者），对应的提升系数为 2。同样，这样邮寄广告是否更有利可图，可以从所投入的成本计算中看出。考虑模型建立和模型应用成本因素也许是必要的，这包括生成属性值所需的信息搜集。毕竟，如果模型生成代价非常昂贵，大规模的邮寄比锁定目标更具成本效率。

给定一个学习方案，输出对测试数据集每个成员的类预测概率（如朴素贝叶斯方法），找出一些测试实例子集，这些子集所含的正例的比例要高于正例在整个测试集中所占的比例。

为此,将所有测试实例按照预测为 yes 概率的降序排列。这样,要找出一个大小给定、正例所占比例尽可能大的样本,只要在测试实例序列中从头开始读取要求数量的实例。如果每个测试实例的真实类别已知,便可计算提升系数,只要将样本中正例的数量除以样本数量得到一个正确比例,然后再除以整个测试集的正确比例,得到提升系数。

表 5-6 给出了一个例子——一个包含 120 个实例的小数据集,其中 60 个是 yes(即有回应),因此总体正确比例是 50%。所有实例已经按照它们被预测为 yes 概率的降序排列。序列中的第一个实例是学习方法认为最有可能得到回应的,第二个是下一个最有可能的,以此类推。概率的数值并不重要:排名才是重要的。每个实例的真实类排名都已给出。可以看出,这个学习方法对第一项和第二项的预测都是正确的,它们确实是正例。但第三项却是错误的,它的结果是负例。如果你现在要找 10 个最有希望的实例,但只知道预测概率而不知道真实的类,最佳的选择就是排名中的前 10 个实例。其中 8 个是有肯定回应的,因此正确比例就是 80%,对应的提升系数约为 2.4。

表 5-6 提升图数据

排名	预测值	实际类别	排名	预测值	实际类别
1	0.95	yes	11	0.77	no
2	0.93	yes	12	0.76	yes
3	0.93	no	13	0.73	yes
4	0.88	yes	14	0.65	no
5	0.86	yes	15	0.63	yes
6	0.85	yes	16	0.58	no
7	0.82	yes	17	0.56	yes
8	0.80	yes	18	0.49	no
9	0.80	no	19	0.48	yes
10	0.79	yes	…	…	…

如果你知道所投入的不同成本,就可以对不同大小的样本计算成本,然后选择收益最大的样本。然而,通过图形展示各种不同的可能性通常比只提供一个"最佳"决策更有启发作用。用不同大小的样本重复上述操作,便能画出图 5-1 所示的提升图。横轴是样本大小与所有可能邮寄数量的比例,纵轴是所得到的回应数量。左下角点和右上角点分别代表没有邮寄得到 0 个回应和全数邮寄得到 1000 个回应。对角线给出了针对不同大小的随机样本的期望结果。但我们不是随机抽取样本,而是利用数据挖掘工具选择那些最有可能给出回应的实例样本。这在图中对应位于上方的那条曲线,它是

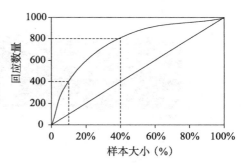

图 5-1 一个假设的提升图

由实际得到的回应样本数之和与对应的按概率排序的实例百分比来确定的。上面讨论过的两个具体例子在图中标记为:10% 邮寄比例产生 400 个回应者和 40% 邮寄比例产生 800 个回应者。

你所希望的位置是在图中靠近左上角,最好的情况是 1000 个邮寄广告获得 1000 个回应,这时你只将邮件寄给会有回应的家庭并获得 100% 的成功率。任何名副其实的选择程序

都会让你保持在对角线上方，否则你的结果比随机取样还差。因此，提升图的工作部位是在上三角位置，离左上角越近越好。

图 5-2a 显示了一个交互式的探索不同成本情况下的可视化结果（叫作成本–收益分析器，它是 Weka 工作台的一部分，将在附录 B 中介绍）。这里，它显示了贝叶斯分类器在一个真实的直接邮寄数据集上的预测结果。在这个例子中，47 706 个实例用于训练，另外有 47 706 个实例用于测试。测试实例根据预测出的邮寄广告回应的概率排列。该图左半部分显示了提升图，右半部分显示了对应样本的总成本（或收益）。左下是混淆矩阵，右下是成本矩阵。

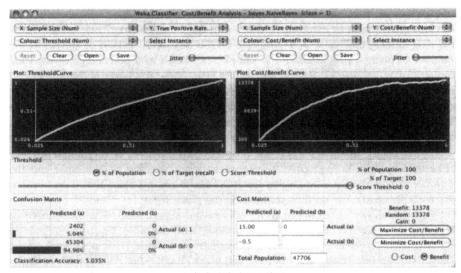

a）邮寄成本为 0.5 美元

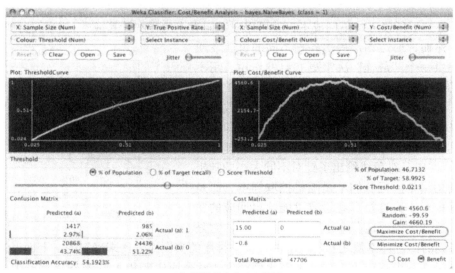

b）邮寄成本为 0.8 美元

图 5-2 分析邮寄广告的期望收益

可以将分类错误或正确的成本或收益的值填入矩阵中，这将会影响上方曲线的形状。中间的水平滑块允许用户改变从排序的列表中选择样本的比例。也可以通过调整召回率（样本中正例的比例）或者通过调整正例概率的阈值来确定样本大小，这里的正例是指对邮寄广告有回应的实例。移动滑块时，两个图上都会有"×"符号表示相应的点。右下角会显示样本大小确定时的总成本或收益，以及同样条件下随机邮寄广告的期望成本或收益。

图5-2a中的成本矩阵中，没有回应的邮寄成本是0.5美元，有回应带来的收益是15.00美元（减去邮寄成本之后）。在这个条件下，使用贝叶斯分类器，在排序的列表中取前面的任何子集所得到的收益都不会比使用整个列表更高。但是，稍微提高一点邮寄成本，情况就会发生很大变化，图5-2b显示了邮寄成本增加到0.8美元时发生的情况。假设每个回应带来的收益仍是15.00美元，给前47.6%的样本邮寄广告将会取得最大的收益4560.60美元，而同样大小的随机抽样则会亏损99.59美元。

5.8.4 ROC 曲线

提升图是非常有用的工具，广泛应用于市场营销领域。它和一种评估数据挖掘方案的图形技术 ROC 曲线（ROC curve）关系密切。ROC 曲线同样适用于上述情形，学习器选择测试实例样本时尽量使正例的比例较高。接收器工作特性（Receiver Operating Characteristic）的缩写即 ROC，它是一个信号检测的术语，用来体现噪声信道中命中率和错误报警之间的权衡。ROC 曲线描绘分类器的性能而不考虑类分布或误差成本。纵轴表示真正率，横轴表示真负率。前者是样本中正例的数目，用它占所有正例的百分比表示（真正率=100*TP/（TP+FN））；后者是样本中负例的数目，用它占所有负例的百分比表示（真负率=100*FP/（FP+TN））。纵轴实际上和提升图是一样的，只是它是用百分比来表示。横轴稍许有点差别，由负例的数量代替样本大小。然而，在市场直销情形中，正例的比例是非常小的（如0.1%），样本大小和负例数量之间的差别可以忽略，因此 ROC 曲线和提升图看起来很相似。与提升图相似，左上角是工作位置。

图5-3展示了表5-6所列测试数据样本的 ROC 曲线（锯齿线）。你可以和表结合起来看。从原点开始，向上2（2个正例）、向右1（1个负例）、向上5（5个正例）、向右2（2个负例）、向上1、向右1、向上2，等等。每个点对应排序后列表中的某个位置，累计 yes 和 no 的数量分别朝纵向和横向画线。顺着列表往下，样本扩大，正例和负例的数量也随之增长。

图5-3中的锯齿形 ROC 曲线取决于具体测试数据样本内容。运用交叉验证可以降低对样本的依赖。对每个不同的 no 的数量，即沿横轴方向的每个位置，取适量排在前面的实例且刚好包含这些个 no 类的实例，计算其中 yes 的个数。最后将交叉验证的不同折所得的 yes 的个数取均值。结果得到图5-3中的光滑曲线，但在现实中这种曲线并不如此光滑。

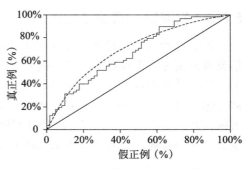

图5-3 一条简单的 ROC 曲线

这只是利用交叉验证产生 ROC 曲线的一种方法，更简便的方法是收集在所有不同测试集（在10折交叉验证中则有10个测试集）上的预测概率，连同各个实例所对应的真实类标签，然后根据这些数据生成一个排序列表。这里假设由不同训练集建立的分类器的概率估计都是基于相同大小的随机数据样本。到底哪种方法更好并不很清楚，但是后者更易实现。

如果学习方案不能对实例进行排序，可以像前面说的那样先将其变为成本敏感型。在10折交叉验证的每个折中，对实例选择不同的成本比例加权，在每个加权后的数据集上进行训练，在测试集上计算真正例和假正例的数量，然后将结果画在 ROC 坐标轴上（测试集是否加权没有关系，因为在 ROC 图中坐标轴数值是用真正例或假正例的百分比来表示的）。但是，对一些原本就成本敏感的概率性分类器（如朴素贝叶斯）来说，学习成本大大增加，因为在曲线的每个点上都要包含一个独立的学习问题。

比较由不同的学习方法得到的 ROC 曲线是很有帮助的。例如，图 5-4 中，如果要寻求一个规模较小且集中的样本，也就是说，如果图形左侧是你的目标，那么 A 方法有优越性。明确地说，如果你的目标是要覆盖 40% 的正例，就选择 A 模型。其假正率在 5% 左右，这比假正率达 20% 以上的 B 模型要好。但如果你计划使用一个大型的样本，那么 B 模型有优越性。如果你要覆盖 80% 的正例，B 模型所产生的假正率在 60%，而 A 模型则达 80%。阴影区域称为两个曲线之间的凸包（convex hull），你总是要达到凸包的上边界。

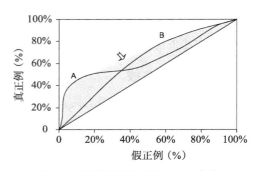

图 5-4 两种学习方法的 ROC 曲线

那么既不属于 A 方法也不属于 B 方法的凸包中间区域呢？这是个值得注意的事实，你可以将 A 方法和 B 方法以适当的概率随机组合，来得到阴影区域的任何位置。为了说明这点，A 方法的真正率和假正率分别为 t_A 和 f_A，同样，B 方法的真正率和假正率分别为 t_B 和 f_B，我们为两种方法分别选择某一具体的概率权值。如果你随意使用这两个学习方法的概率分别为 p 和 q，且 $p+q=1$，那么你将得到的真正率和假正率分别为 pt_A+qt_B 和 pf_A+qf_B。这代表了位于 (t_A, f_A) 和 (t_B, f_B) 两点之间的直线上的某一个点，改变 p 和 q 的值可以描绘出这两点之间的整条连线。这样整个阴影区域的每个点都可以得到。只有当某种方法产生一个点正好落在凸包上边界，才要单独使用这个方案；否则，最好使用多个分类器的组合，这与凸包上点对应。

5.8.5 召回率 – 精确率曲线

人们已经通过描绘各个不同领域的提升图和 ROC 曲线解决了一些基本性的权衡问题。信息检索便是一个很好的例子。提交一个查询，网络搜索引擎即列出一串经推测与查询相关的文件。某个系统有 100 个文件，其中 40 个为相关文件，而另一系统有 400 个文件，其中 80 个相关文件。比较两个系统，哪个更好呢？答案很明显，这是由假正例（被返回但却不相关的文件）以及假负例（相关的却没有被返回的文件）对应的成本决定的。信息检索研究者定义了两个参数，称为召回率（recall）和精确率（precision）：

$$召回率 = \frac{检索到的相关文档的数量}{相关文档的总数}$$

$$精确率 = \frac{检索到的相关文档的数量}{检索到的文档总数}$$

例如，如果表 5-6 中所列的是检索反馈的文件排名，其中 yes 和 no 表示这个文件是否相关，而整个文档集中共包含了 40 个相关的文件，那么"文档数为 10 的召回率"就是指排名中前十项的召回率,即是 8/40=20%;"文档数为 10 的精确率"就是 8/10=80%。信息检索专家使用召回率 – 精确率曲线(recall-precision curve)如同使用 ROC 曲线和提升图一样,对不同的检索文档数目,逐一画出相应的召回率和精确率。只是因坐标轴不同,曲线成双曲形状,期望的工作点在右上角。

5.8.6 讨论

表 5-7 总结了我们已介绍的三种基本权衡的不同评估方法,其中 TP、FP、TN 和 FN 分别代表真正例、假正例、真负例和假负例。你想选择一个包含 yes 类实例的比例较高,并且 yes 类的覆盖范围也较大的实例集,可以(保守地)选用略小一点的覆盖范围提高 yes 类比例,或者损失 yes 类比例来提高覆盖范围。不同的技术提供不同的折中方案,并可用上述任何一种图形绘制出不同的曲线。

表 5-7 权衡假正例和假负例的不同评估度量方法

	领域	绘制	坐标轴含义
提升图	市场营销	真正例和子集大小	真正例的个数
			$\dfrac{TP+FP}{TP+FP+TN+FN} \times 100\%$
ROC 曲线	通信	真正率和假正率	真正率 $tp = \dfrac{TP}{TP+FN} \times 100\%$
			假正率 $fp = \dfrac{FP}{FP+TN} \times 100\%$
召回率 – 精确率曲线	信息检索	召回率和精确率	召回率与上面的真正率相同
			精确率 $\dfrac{TP}{TP+FP} \times 100\%$

人们还试图寻找单一的量度来体现性能。在信息检索中使用的两种方法之一就是 3 点平均召回率(three-point average recall),即在召回率达 20%、50% 和 80% 时,所对应的三个精确率的均值;另一种是 11 点平均召回率(11-point average recall),即在反馈达 0%、10%、20%、30%、40%、50%、60%、70%、80%、90% 和 100% 时所对应的精确率的均值。信息检索领域也经常使用 F 度量(F-measure),即:

$$\frac{2 \times 召回率 \times 精确率}{召回率 + 精确率} = \frac{2 \times TP}{2 \times TP + FP + FN}$$

不同的领域使用不同的术语。例如在医学上谈论的诊断试验的敏感性(sensitivity)和特异性(specificity)。敏感性是指在患病人群中诊断结果是阳性(得病)的比例,即 tp。特异性是指在没有病的人群中诊断结果也是阴性的比例,即 $1-fp$。有时它们的乘积被当作一种总体度量:

$$敏感性 \times 特异性 = tp(1-fp) = \frac{TP \times TN}{(TP+FN) \times (FP+TN)}$$

最后,当然还有正确率:

$$\frac{TP+TN}{TP+FP+TN+FN}$$

为了将 ROC 曲线概括成单一的度量，人们有时选用曲线下面积（Area Under the Curve，AUC），因为一般说来，面积越大，模型越好。这个面积也可以很恰当地解释为分类器将任意抽取的正例实例排列在任意抽取的负例实例之前的概率。如果在成本和类分布都是未知的情形下，要选择一种方案来处理所有情况，这种度量方法也许会有帮助。但仅靠一个数字是无法尽善尽美地处理一个折中问题的，只有类似于提升图、ROC 曲线和召回率－精确率曲线那样的二维描述才行。

目前有几种常用的计算 ROC 曲线下面积的方法。一种是几何学的方法，用曲线下方填充梯形的面积之和来近似。另一种方法是计算分类器将一个随机选择的正例排在一个随机选择的负例前面的概率。这可以通过计算曼－惠特尼 U 统计量（U statistic）得到，或者更确切地说，是基于 U 统计量计算统计量（statistic）。这个值很容易计算。将测试集按预测为正例的概率降序排列，对于每一个正例，计算有多少个负例排在它后面（如果正例和负例在列表中的位置相同，即为预测为正例的概率相同，则每个负例按 1/2 计算）。所有这些计数的总和就是 U 统计量，而将 U 统计量除以正例个数和负例个数之积，得到的便是统计量。也就是说，如果所有正例都排在负例前面，那么 U 统计量等于正例个数和负例个数之积，统计量等于 1。

召回率－精确率曲线下的面积也是实践中可以选择使用的一种汇总统计量，特别是在信息检索领域。

5.8.7 成本曲线

ROC 曲线以及与此类似的其他方法在研究不同分类器及其成本之间的权衡是非常有用的，但是它们不适用于在已知错误成本的情形下评估机器学习模型。比如要读出某个分类器的期望成本，即一个确定的成本矩阵和类分布，并不是件容易的事。要确定不同分类器的适用性也不容易。图 5-4 中，在两条 ROC 曲线交叉点之间，很难说分类器 A 以多大的成本和类分布胜过分类器 B。

成本曲线（cost curves）是另一种不同的展示方法，一个分类器对应一条直线，它所展示的是性能如何随类分布的变化而变化。该方法也是针对二类问题效果最佳，尽管多类问题总是可以通过挑选出其中一个类并对照其余的类而转化为二类问题。

图 5-5a 显示了期望误差与其中一个类概率之间的关系。你可以想象通过对测试集不均匀重新取样来调整这个概率。我们将两个类分别表示为"+"和"-"，两条对角线展示的是两个极端的分类器的性能表现：其中一个分类器始终预测是"+"类，如果数据集中没有属于"+"类的实例，那么期望误差则为 1；如果所有实例都属于"+"类，那么期望误差则为 0。另一种分类器始终预测是"-"类，则给出正好相反的性能。水平虚线表示分类器预测始终是错误的，而 x 轴本身则表示始终预测正确的分类器。当然，这些在实践中都是不现实的。好的分类器误差率低，因此你所想要的是尽可能地接近图形底部。

直线 A 代表了某个分类器的误差率。如果你在某个测试集上计算它的性能表现，假正率 fp 便是它在全部为负例（$P(+)=0$）的测试子集上的期望误差率，而假负率 fn 便是它在全部为正例（$P(+)=1$）的测试子集上的误差率。它们的值分别是直线左右两端的纵坐标值。从图中你即刻可以发现当 $P(+)$ 约小于 0.2 时，始终预测"-"类的极端分类器性能优于预测器 A，而当 $P(+)$ 约大于 0.65 时，另一个极端分类器性能优于预测器 A。

到目前为止，我们还没有考虑成本问题，或者可以说用的是默认成本矩阵，所有错误

产生的成本是一样的。考虑误差成本的成本曲线，除了坐标轴不同外，看起来非常地相似。图 5-5b 展示了分类器 A 的成本曲线（注意，为方便起见，纵坐标比例放大了。我们现在暂时忽略图中的灰线条）。成本曲线图展示的是使用 A 的期望成本对应概率成本函数。概率成本函数其实是 $P(+)$ 的变形，同样保持着两种极端：当 $P(+)=0$ 时期望成本为 0，当 $P(+)=1$ 时则为 1。当实例预测值是"+"类而实际上是"-"类时的成本表示为 $C[+|-]$，反之则表示为 $C[-|+]$。这样，图 5-5b 的坐标轴分别是：

$$归一化的期望成本 = fn \times P_C(+) + fp \times (1 - P_C(+))$$

$$概率成本函数\ P_C(+) = \frac{P(+)C[-|+]}{P(+)C[-|+] + P(-)C[+|-]}$$

这里假设正确的预测是没有成本耗费的，即 $C[+|+]=C[-|-]=0$。如果不是这样，上述公式则还要复杂一些。

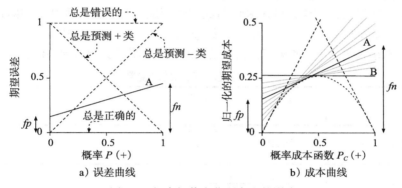

a) 误差曲线　　　　　　　　　　b) 成本曲线

图 5-5　概率阈值变化所产生的影响

经归一化的期望成本的最大值可达到 1，这也是为什么称它是"归一化"的原因。好在成本曲线如同误差曲线一样，图中的左右极端成本值正是 fp 和 fn，因此可以很容易地画出任意一个分类器的成本曲线图。

图 5-5b 中分类器 B 的期望成本始终保持一致，也就是说，它的假正率和假负率是相等的。正如你所看到的，当概率成本函数值约大于 0.45 时，它的性能优于分类器 A，而且知道了成本，我们便能很容易地计算出相应的类分布。遇到有不同类分布的情形，用成本曲线可很容易地表明某个分类器性能优于另一个。

这会在何种情况下有用呢？回到我们讲述的预测母牛发情期的例子，它们有 30 天的周期，或者说 1/30 的先验概率，一般不会有很大的变化（除非基因突变！）。但某个牧场在任何指定的星期里很可能处于发情期的母牛会有不同的比例，也许和月亮的月相同步，谁知道呢？因此，不同时期适合使用不同的分类器。在石油泄漏的例子中，不同批的数据会得到不同的泄露概率。在这些情况下，成本曲线可有助于显示何时使用何种分类器。

在提升图、ROC 曲线或召回率-精确率曲线上，每个点代表一个由某种算法（如朴素贝叶斯算法）取不同阈值所获得的分类器。成本曲线中每个分类器由一条直线来代表，一系列的分类器将扫出一条弯曲的分类器包络线，它的下限显示出这种类型的分类器当参数选择适当时性能表现将如何。图 5-5b 用一系列的灰线条展示了这些。如果继续下去，最终将扫出图中的那条用虚线画的抛物线。

分类器 B 的工作区间在概率成本值 0.25～0.75。在这个工作区间之外，由虚线表示的其他分类器性能比 B 要好。假设我们决定要在这个工作区中使用分类器 B 并在这个工作区间之上或之下的范围使用其他合适分类器。所有在抛物线上的点肯定都比这个方案要好，但究竟有多好？从 ROC 曲线的角度很难回答这个问题，但从成本曲线来看就很容易解答。当概率成本值在 0.5 左右时，性能差异可忽略不计；当小于 0.2 或大于 0.8 时，也几乎看不到差异；最大的差异发生在概率成本值为 0.25 和 0.75 时，差异约有 0.04，即最大可能成本值的 4%。

5.9　评估数值预测

我们目前所讨论的评估方法都是有关分类预测问题的，而不是数值预测问题。要使用独立于训练集之外的测试集，使用如旁置法、交叉验证法来做性能评估，这个基本原理同样适用于数值预测。而由计算误差率所提供的基本定性方面的量度已不再合适：错误不再是简单的有或没有的问题，错误会呈现不同的大小。

表 5-8 中总结了几种方法，可用来评估数值预测成功与否。对测试实例的预测值为 p_1, p_2, …, p_n，真实值为 a_1, a_2, …, a_n。注意，p_i 在这里与上一节中提到的有非常大的区别：上节中是指预测结果为第 i 类的概率，这里是指对第 i 个测试实例的预测值。

表 5-8　数值预测的性能度量

均方误差	$\dfrac{(p_1-a_1)^2+\cdots+(p_n-a_n)^2}{n}$
均方根误差	$\sqrt{\dfrac{(p_1-a_1)^2+\cdots+(p_n-a_n)^2}{n}}$
平均绝对误差	$\dfrac{|p_1-a_1|+\cdots+|p_n-a_n|}{n}$
相对平方误差 [1]	$\dfrac{(p_1-a_1)^2+\cdots+(p_n-a_n)^2}{(a_1-\bar{a})^2+\cdots+(a_n-\bar{a})^2}$
相对平方根误差 [1]	$\sqrt{\dfrac{(p_1-a_1)^2+\cdots+(p_n-a_n)^2}{(a_1-\bar{a})^2+\cdots+(a_n-\bar{a})^2}}$
相对绝对误差 [1]	$\dfrac{|p_1-a_1|+\cdots+|p_n-a_n|}{|a_1-\bar{a}|+\cdots+|a_n-\bar{a}|}$
相关系数 [2]	$\dfrac{S_{PA}}{\sqrt{S_P S_A}}$，其中 $S_{PA}=\dfrac{\sum_i (p_i-\bar{p})(a_i-\bar{a})}{n-1}$, $S_P=\dfrac{\sum_i (p_i-\bar{p})^2}{n-1}$, $S_A=\dfrac{\sum_i (a_i-\bar{a})^2}{n-1}$

注：1. $\bar{a}$ 是训练数据的均值。
　　2. $\bar{a}$ 是测试数据的均值。

均方误差（mean-squared error）是最常用的基本度量，有时再取其平方根获得与预测值一致的尺度。在许多数学方法中（如第 4 章中讨论的线性回归）都应用均方误差，因为在数学处理上它似乎是最容易的方法，正如数学家们说的那样"循规蹈矩"。但是，这里我们把它当作一种性能量度，而所有性能量度都是易于计算的，因此均方误差没有什么优势。问题在于它是否是合适的度量方法呢？

平均绝对误差（mean absolute error）是另一种可供选择的方法：将各个误差的大小取均值，不考虑它们的正负符号。均方误差趋向夸大离群点（即预测误差比其他都大的实例）的影响，而绝对误差没有这种效果，对所有错误，根据它们的大小公平对待。

有时相对误差比绝对误差值更重要。举例来说，如果说 10% 的误差率无论对于预测值为 500 而其中误差值 50，还是对于预测值为 2 而其中误差值 0.2 的情况，是同样重要的，那么绝对误差就毫无意义了，而考虑相对误差比较合适。可以在计算均方误差或平均绝对误差中使用相对误差来将这个问题考虑进去。

表 5-8 中的相对平方误差（relative squared error）的含义有些特别。这个误差是由预测器和另一个简单的预测器相比较而得到的。这里所指的简单预测器只是训练集真实数值的均值，用 $\bar{a}$ 表示。因此相对平方误差是将该预测器总的平方误差标准化，即除以默认预测器总的平方误差。而相对平方根误差只是很简单的取其去平方根。

下一个误差度量称为相对绝对误差（relative absolute error），其实只是将总的绝对误差同样进行标准化。这 3 个相对误差度量都是使用预测均值的简单预测器误差进行标准化。

表 5-8 中的最后一个度量是相关系数（correlation coefficient），它是度量真实值 a 和预测值 p 之间的统计相关性。相关系数值从完全正相关时等于 1，到完全不相关时等于 0，再到完全负相关时等于 −1。当然，对一种合理的预测方法来说是不会出现负数的。相关性和其他度量方法比较起来有些不同，因为它是与尺度无关的，如果你得到一组具体预测值，当真实值不变而所有预测值都乘以某个常数因子时，它的相关系数是不会改变的。这个常数因子在分子 S_{PA} 的每一项中出现，也在分母 S_P 的每一项中出现，因此可以相互抵消（这个特性在相对误差中不成立，如果你将所有预测值都乘以一个较大的常数，那将使预测值和真实值的差值明显变化，从而使误差百分率也明显变化）。另一个不同点在于，性能好的预测器的相关系数较大，而其他方法度量的是误差，性能好的预测器度量值较小。

对于一种给定情形，使用何种度量比较合适，只有通过分析各种应用本身来决定。我们试图使什么达到最小化？不同误差类型的成本是多少？这些通常都是不易决定的。平方误差和平方根误差度量对大差异加权要比小差异重得多，而绝对误差则不是这样。取平方根（均方根误差）的方法只是降低量度的维度使其与要预测的变量一致。相对误差试图均衡输出变量基本的可预知性或不可预知性，如果预测值相当接近均值，那么认为预测较好，相对误差值均衡了这一点。否则，如果误差在一种情形下比在另一种情形下大很多，也许是因为在前一种情形下数值原本变化幅度较大，因此更难预测，而并非是预测器性能变差了。

值得庆幸的是，在大多数实际情形中，最好的数值预测方法无论使用何种误差度量方法结果都是最好的。例如，表 5-9 列出了 4 种不同的数值预测技术在某个数据集上采用交叉验证法的测试结果。根据 5 种误差度量的计算结果，方法 D 是最好的：所有误差度量的值都是最小的，相关系数最大。方法 C 列第二位。方法 A 和 B 的性能是有争议的：它们的相关系数相等，从均方误差和相对平方误差来看，A 比 B 好；但从绝对误差和相对绝对误差来看，结论正相反。这个差异或许是公式中的平方运算对离群点进行了额外的加权而导致的。

表 5-9 4 种数值预测模型的性能度量

	A	B	C	D
均方根误差	67.8	91.7	63.3	57.4
平均绝对误差	41.3	38.5	33.4	29.2
相对平方根误差	42.2%	57.2%	39.4%	35.8%
相对绝对误差	43.1%	40.1%	34.8%	30.4%
相关系数	0.88	0.88	0.89	0.91

当比较两种不同数值预测的学习方法时，5.6 节中所述的方法也是可行的。差别只在进行显著性检验时，成功率被适当的性能度量（如均方根误差）所替代了。

5.10 最小描述长度原理

机器学习方法所学到的是样本所描述的关于某个领域的一种"理论"，这个理论是有预测力的，能揭示有关这个领域的新事实，换句话说，就是能预测未知实例的类别。理论是一个相当宏大的术语：这里只是指一个有预测力的模型，因此理论有可能由决策树或一系列规则所组成，它们不必比这更理论化。

长期以来，科学界一贯认为在其他条件相同的情况下，简单的理论比复杂的理论更可取。这便是中世纪哲学家 Occam 提出的著名的奥卡姆剃刀（Occam's Razor）。奥卡姆剃刀剃去了理论的哲学毛发。它的观点是：最好的科学理论应是最简单的，但能解释所有事实真相。正如爱因斯坦的一句名言，"所有东西都要尽可能地简单化，没有更加简单的。"当然，在"其他条件相同"的背后隐藏着许多东西，并且很难客观地评估某个具体理论是否真的能"解释"它所基于的所有事实真相，这便是科学界的争议所在。

在机器学习中，大多数理论都有误差。如果说所学的是理论，那么所犯的错误就如同是这个理论的例外。一种确保其他条件相同的方法就是要强调当判定理论的"简单性"时，例外所包含的信息是理论的一部分。

想象一条并不完美的理论，它有几个例外。这个理论不能解释所有数据，但可以解释大部分。我们所要做的就是将例外附加在理论中，清楚地说明这些是例外。新的理论变大了——这是代价，非常公平，是为它没有能力解释所有数据而付出的。然而，与全面而准确的复杂理论相比，原始理论的简单性（称之为简练是否有些过奖了？）也许足以弥补它不能解释所有东西的缺陷。

例如，开普勒（Kepler）提出的三条行星运行规律不如哥白尼（Copernicus）最后对托勒密（Ptolemaic）本轮理论进行修正后那样，能贴切地解释所有已知数据，它们的优势却在于复杂度很低，这便弥补了它的些许不准确。开普勒很清楚简洁理论的益处，尽管这个理论违背了他自己的美学观点，它是基于"椭圆"而非完美的圆周运动。他曾用了一个很有个性的比喻："我清除了宇宙循环和旋转中最脏的部分，在我身后留下的只是一车垃圾。"

最小描述长度（Mininum Description Length，MDL）原理是指，对于一堆数据来说，最好的理论是最小化理论本身大小加上用于说明相关例外所需信息量，即最小的"一车垃圾"。在统计估计理论中，该原理已非常成功地应用在各种参数拟合上。其在机器学习中应用如下：给定一组实例，使用一种学习方法从这些实例中推出一条理论——一条很简洁的，也许不配称为理论。这里借用通信的比喻，想象这些实例正在一条毫无干扰的信道中传输信息，探测到的任何相似之处都被挖掘出来概括为更加压缩的编码。根据 MDL 原理，最好的理论便是使传输理论本身所需的位数以及实例标签的位数之和最小的理论。

现在和 5.7 节中介绍的信息损失函数联系起来。给定理论预测的概率值，信息损失函数用传输实例类标签所需的位数来衡量误差。根据 MDL 原理我们还需要加入经过适当编码的理论"大小"（用位数表示），得到一个反映理论复杂度的综合数值。MDL 原理涉及传输样本所需的信息，这里样本是指理论形成所基于的样本，即训练集实例而非测试集实例。这时过度拟合问题将被避免，因为相对于简单理论来说，一个过度拟合的复杂理论因需要较多的位数来进行编码而受到惩罚。一种极端是一个非常复杂、极过度拟合的理论在训练集上没有任何错误。另一种极端是一个非常简单的理论（没有理论），它对训练集的传输一点帮助都没有。介于这两者之间的是中等复杂度的理论，做出的概率预测不是很完美，需要通过传输一些有关训练集的信息来纠正。MDL 原理提供了一种比较所有可能的理论的方法，从统一的观点来看哪一种是最好的。我们找到了"圣杯"：一种只用训练集而不需独立的测试集的评估方案。但是"魔鬼"隐藏在细节之中，我们将在后面看到。

假设一种学习方法基于训练集 E 的样本得出某一理论 T，理论编码所需位数为 $L(T)$（L 代表长度）。我们只对正确预测类标感兴趣，因此假设 E 代表训练集中类标签的集合。给定理论，训练集本身编码位数为 $L(E|T)$。$L(E|T)$ 实际上是由所有训练集成员信息损失函数值总和所给定。那么理论和训练集描述长度总和为

$$L(T)+L(E|T)$$

MDL 原理建议采用使总和达到最小值的理论 T。

MDL 原理和基本概率理论之间存在着明显的关联。给定一个训练集 E，我们寻找"可能性最大"的理论 T，即寻找能使后验概率 $P(T|E)$ 即样本出现后的概率最大化的理论。如同我们在 4.2 节中所见的贝叶斯规则的条件概率，指出

$$P(T|E) = \frac{P(E|T)P(T)}{P(E)}$$

取其负对数，

$$-\log P(T|E) = -\log P(E|T) - \log P(T) + \log P(E)$$

求概率的最大值相当于求其负对数的最小值。现在（如在 5.7 节中所见）编码所需的位数就是取其概率的负对数。而且，最后一项只取决于训练集而与学习方法无关。因此，选择使概率达到最大值的理论等价于选择使

$$L(E|T)+L(T)$$

达到最小值的理论。换句话说，就是等价于 MDL 原理！

考虑训练集的理论后验概率并使其最大化的观点与 MDL 原理有如此令人诧异的关联，更增添了我们对最小描述长度原理的信任。但从中也指出了在实践中运用 MDL 的问题所在。直接应用贝叶斯理论的困难在于如何得到理论的恰当先验概率分布 $P(T)$。在 MDL 公式中，问题转换为如何用最有效的方法将理论 T 按位编码。编码有很多方法，编码和解码都要依赖于某个共同的先决假设，如果事先知道理论将采用何种形式，你便能有效地利用这个信息进行编码。究竟怎样对理论 T 进行编码呢？困难随着对问题细节的深入出现了。

根据 T 对 E 进行编码得到 $L(E|T)$ 看起来比较直接：先前我们已遇到过信息损失函数，但实际上当对训练集中的每个成员依次编码时，你是在对一个序列编码而非对一个数据集编码。没有必要将训练集按一定的顺序传送，考虑这点应当有可能减少所需的位数。常用的近似方法是简单地减去 $\log n!$（这里 n 是训练集 E 所含成员数量），这是对训练集按某特定排列进行说明所需的位数（这个值对所有理论来说都是一样的，实际上并不影响不同理论之间进行比较）。但是，人们可以想象利用个体误差频率来减少对误差的编码的位数。当然，误差编码使用的方法越是精密，对理论编码的精密要求就越低。因此，判断一条理论是否合理，在部分程度上取决于如何对误差进行编码。注重细节，并非想象中那么简单。

如这节的开头那样，我们还用哲学观点来做结尾。非常感谢奥卡姆剃刀，"简洁理论优先于复杂"理论站在哲学角度说是个公理，而不是能由基本理论证明出来的。这是我们所受

的教育以及所处时代的产物，可以看作不证自明的。简洁为先是（或也许是）文化偏好，而非绝对的。

希腊哲学家伊壁鸠鲁（Epicurus，喜好美食、美酒，提倡享受世俗快乐，当然不是过分的）提出了几乎相反的观点。他的多种解释原理（principle of multiple explanations）建议"如果多种理论都与数据相符，则保留这些理论"，他的基本观点是如果几种解释是一致的，考虑所有解释也许能得到更精确的结论。总之，武断地丢弃任何解释都是不科学的。这种观点引出了基于实例的学习方法，保留所有证据提供预测，然后使用组合决策的方法，如装袋（bagging）和提升（boosting）（将在第 12 章中讨论），它们确实是靠组合多种解释来获得预测能力的。

5.11 将 MDL 原理应用于聚类

MDL 原理的好处之一是不像其他的评估标准，它可适用于各种完全不同的情况。虽然如先前所见，MDL 在某种意义上同贝叶斯规则一样，给理论设计一套编码方案等价于要赋予一个先验概率分布。在具体实现中，编码方案较先验概率更切实、容易一些。为了说明这一点，在不涉及编码细节的情况下，我们简单地介绍一下 MDL 是怎样应用在聚类方法中的。

聚类似乎很难评估。分类或关联学习都有一个客观的成功判定标准，即对测试数据的预测是正确还是错误，而聚类却非如此。唯一可行的评估方法似乎是要看学习的结果，即聚类结果是否有助于实际应用环境（值得一提的是，这适用于评估所有学习方法，并非单指聚类方法）。

除此之外，聚类可以从描述长度的观点来评估。假设一种聚类学习技术将训练集 E 分割为 k 个簇，如果这些簇是原本就存在的，用它们对 E 进行编码可能会是很有效的。最好的聚类方法将支持最有效的编码。

按给定的聚类方案，对训练集 E 中的实例进行编码的一种方法是从聚类中心（聚类中所有实例的每个属性的均值）的编码开始，然后将 E 中的每个实例依据其属性值和聚类中心的关系，可能使用每个属性值与中心点属性值的差值，传输它属于的类（用 $\log_2 k$ 位）。使用均值或差值，这种描述方法的前提条件须是数值属性，同时也提出了一个棘手的问题，那便是怎样有效地对数值进行编码。名目属性可以用类似的方法处理，每个聚类都存在一个属性值概率分布，不同的聚类属性值概率分布不同。这样，编码问题就变得很直接了：将属性值根据相应的属性概率分布进行编码，这是一种标准的数据压缩操作。

如果数据呈现出相当明显的聚类，使用这种技术将使描述长度较不用任何聚类而简单地传输训练集 E 中的数据要短。但是，如果聚类效果不很明显，描述长度非但不能减小，而且很可能要增加。这时，传输属性值的特定聚类分布所用的耗费大于对每个训练实例按相应的聚类进行编码所获的益处。这正是需要应用精密编码技术的地方。一旦聚类中心传输完毕，就有可能通过和相关的实例合作来实现自适应地传输特定聚类的概率分布：实例本身能帮助定义概率分布，概率分布又帮助定义实例。这里我们不再深入编码技术，重点是 MDL 公式如被合适地运用，足以灵活地支持聚类的评估，但在实践中要得到满意的效果并不容易。

5.12 使用验证集进行模型选择

MDL 原则是所谓的模型选择标准的一个例子，它可以用来确定给定数据集的模型的恰当的复杂度。给模型添加不必要的结构会导致过度拟合以及随之而来的预测性能的下降。相反，缺乏模型复杂度意味着训练数据中的信息不能被完全利用：模型将会欠拟合。诸如 MDL 原则之类的模型选择标准可以被用作猜测正确复杂度的工具。

在统计中，一个经典的模型选择问题是对于给定数据集，确定在线性回归模型中对数据使用什么属性的子集（甚至一种简单的技术，例如线性回归，都可能过度拟合！）。然而，这个问题在机器学习中是普遍存在的，因为学习算法不可避免地需要选择向模型中添加多少个结构。例子包括决策树剪枝，确定最近邻分类器中保持的实例数量，以及挑选人工神经网络中层的数量和大小。

有许多与 MDL 原理类似的模型选择策略，它们基于多种理论方法和相关的基本假设。它们都遵循相同的策略：训练数据上的预测性能与模型复杂度是相互平衡的。目标是找到一个最有效点。它们是否成功取决于基本假设是否适合于手头的问题。这在实践中很难知道。好消息是有一种简单的替代方法来猜测什么模型复杂度将会最大化在新数据上的预测性能：我们可以简单地使用验证集来进行模型选择，正如我们在 5.5 节中为调整超参数所做的那样。另外，如果数据集很小，我们可以使用交叉验证法或自助法。

5.13 拓展阅读及参考文献

大多数统计学教材都有提到置信度检验的统计学基础知识，并给出了正态分布和学生分布表（我们参考，并极力推荐 Wild 和 Seber（1995）的一本教材）。"Student"是统计学家 William Gosset 的笔名，他于 1899 年在爱尔兰都柏林的 Guinness 酿酒厂任化学家，他发明了 t 检验，用以处理酿酒业中使用少量的样品测试来实行质量控制。纠正重复取样 t 检验是由 Nadeau 和 Bengio（2003）提出的。交叉验证法是一种标准的统计技术，已广泛应用于机器学习中，并被 Kohavi（1995）拿来与自助法进行比较。自助法是由 Efron 和 Tibshirani（1993）完整提出的。

Kappa 统计量是由 Cohen（1960）提出的。Ting（2002）研究了 5.8 节中给出的使二类问题学习方法具有成本敏感性的算法，并采用启发式的方法将其推广到多类问题的情形。Berry 和 Linoff（1997）提出了提升图，Egan（1975）则介绍了在信号检测理论中使用 ROC 分析，这项工作后又被 Swets（1988）扩展到对诊断系统的可视化和行为分析，还被应用于药物学上（Beck 和 Schultz，1986）。Provost 和 Fawcett（1997）带来的 ROC 曲线的分析方法引起了机器学习及数据挖掘界的注意。Witten 等（1999）解释了召回率–精确率曲线在信息检索系统中的应用，van Rijsbergen（1979）描述了 F 度量。Drummond 和 Holte（2000）介绍了成本曲线，并对它们的特性做了研究。

MDL 原理是由 Rissanen（1985）系统阐述的，Koestler（1964）详细描述了开普勒的三个行星运动规律的发现以及开普勒本人对此发现的怀疑。

Li 和 Vityani（1992）引用了 Asmis（1984），提及了伊壁鸠鲁的多种解释原理。

| 第二部分 |
Data Mining: Practical Machine Learning Tools and Techniques, Fourth Edition

高级机器学习方案

我们已经了解了几种机器学习方法的基本思想，并详细研究了如何评估其在实际的数据挖掘问题上的表现。接下来我们准备学习更高级和强大的机器学习算法。我们将会从概念层面和一些技术细节上来解释这些问题，以便让读者充分了解其关键步骤。

这部分所涉及的算法和第4章中所描述的简单方法有一些实质性的差异：无论是基本的方法还是更复杂的算法，在解决实际问题时，都追求更好的性能。在许多情况下，输入和输出都是知识的表现形式。但是，更复杂的算法还需要处理数值属性、缺失值以及最具挑战性的噪声数据。

第4章解释了推导基本规则的方法，并研究了概率建模和决策树。然后回顾了规则归纳、关联规则、线性模型、基于实例的学习以及聚类和多实例学习的最近邻法。在第二部分中，我们将进一步学习这些主题，同时还会遇到一些新问题。

第6章通过决策树的介绍，慢慢充实对C4.5系统的描述。C4.5是一个具有里程碑意义的决策树程序，它是机器学习中使用很广泛。接下来的部分描述决策规则归纳。尽管这个思想很简单，但是在实践过程中想让决策树算法获得更好的性能，制定规则是相当困难的。大多数高性能规则诱导器首先找到初始规则集，然后使用复杂的优化阶段来完善它，该优化阶段会丢弃或调整各个规则，以使得它们能够更好地协同工作。我们将在这一章描述有噪声情况下规则学习的思想，然后进行剪枝操作（这种方法在避免复杂的启发式的同时，已被证明表现良好）。最后简要介绍了如何生成例外的规则（见3.4节），以及如何快速检测数据结构来学习关联规则。

第7章扩展了基于实例的学习方法和线性模型。通过引入支持向量机、线性混合建模和基于实例的学习，线性模型再次被提起。这些从每个类中选择一些关键边界实例作为"支持向量"，并构建线性判别函数，尽可能地将它们分开。这种基于实例的方法越过了线性边界的限制，使得其可以实际应用在二次、三次甚至更高阶决策边界的函数中。相同的技术可以应用于4.6节中描述的感知器来实现复杂的决策边界，也可以应用于最小二乘回归。扩展感知器的较老但也非常强大的技术是将单元连接在一起成为多层"神经网络"。我们将在第7章中介绍所有扩展基于实例的和线性模型的思想。

第7章还介绍了经典的基于实例的学习，扩展了4.7节中介绍的简单最近邻方法，并展示了一些更强大的替代方案，进行了明确的泛化。本章的最后一部分描述了一种基于实例的数值预测策略，利用3.3节中提到的引入树形表示以及局部加权回归，将数值预测的线性回归进行了扩展。

第8章讨论了通过转换数据来改进机器学习的方法。我们主要关注处理机器学习的输入的技术，这可以让机器学习更加高效。本章介绍了信息属性的选择、数字属性的离散化、降维的数据预测和文本数据的学习、大型数据集的高效抽样以及使用异常检测技术的数据清理等内容，还考虑将多类分类问题转化为两类问题，并校准类概率估计，使其更准确。

第9章涉及概率建模方法，远远超出了第4章中介绍的简单朴素贝叶斯分类器。本章先回顾一些基本概念，如最大似然估计，这种构成概率方法的基础。然后研究了贝叶斯网络，一种强大的扩展朴素贝叶斯方法，通过调节内部有依赖关系的数据集，使其不那么"朴素"的方法。接下来考虑如何从概率的角度看待聚类，将概率分布的混合物拟合成数据集，这本质上是密度估计的一种形式。最后还讨论了核密度估计的另一种方法，以用来模拟数据集的分布。

除了开始时对基础的简要回顾，第9章的最初部分在数学上是相当简单的。然而，这一章剩余的部分需要更多的数学方法。在考虑用于估计和预测的真正贝叶斯方法之前，我们研究了用未知变量——隐藏属性拟合模型的一般方法，这些属性没有明确包含在数据集中。下一个大的题目是如何使用图模型（如因子图）来表示概率分布。我们将遇到概率主成分分析和马尔可夫随机场，以及（概率）潜在语义分析和潜在狄利克雷分布这两个著名的用于处理文本数据的模型。我们还将看到如何利用和积算法和最大乘积算法有效计算树型图模型的概率。

到目前为止，本书中描述的大多数技术都有双重目标：最大限度地提高预测精度；产生可理解的模型。第8章旨在突破并专注于最大限度地提高建模精度，它没有试图通过产生可解释的模型来提供洞察力。从这一章开始，我们进入了"深度学习"的领域，即学习非常复杂的人工神经网络的思想，隐式地提取数据集中底层模式的越来越抽象的表现形式。我们首次涉及深度前馈网络的具体细节（包括常用的损失函数和激活功能），深入训练细节并评估深度网络（包括超参数调整、数据的增强和训练）。接下来介绍一种特殊类型的前馈网络——卷积神经网络，它通过减少参数的数量来进行权值共享学习。我们还描述了自编码网络和玻尔兹曼机这两种无监督学习的网络模型，以及专为有序数据设计的循环网络。第10章与一些深度学习方法的软件实现相近。

本书的主要焦点是关于机器学习的有监督技术，尽管我们也考虑了聚类和关联规则挖掘形式的无监督学习。然而，也有其他不那么常用的学习设置。实际上，我们已经在第4章遇到了一个——多实例学习（尽管它也可以被解释为一种基于包的实例的监督学习形式）。第8章包括了比第4章更先进的多实例学习技术。我们也研究半监督学习，通过有监督学习和无监督学习的联合，有更大的机会利用未标记的数据，学习更准确的分类和数值预测模型。

为了在实际应用中最大限度提高精度，可以通过组合多个模型来获得优势。大量的实践经验表明，为尽可能地达到预测精度，模型的集成往往是很必要的。第12章介绍了各种流行的集成学习方法——封装、增强和随机化，包括著名的随机森林变种，在展示如何将增强解释为加性回归的一种形式之前，先建立统计模型方法。大多数集成技术的主要缺点是缺乏解释能力，但交替决策树和相关基于树的方法提供了高精度的前景，同时也提供了深刻的理解。最后，我们研究融合，一种直观地结合不同模型集以最大限度地提高精度的方法。

第 13 章给出了一个前景和应用价值。我们讨论了从海量数据集和数据流中学习，考虑领域知识的使用，并提供一个应用领域的概述，如文本挖掘、Web 挖掘、计算机视觉、语音识别和自然语言处理，然后简要地讨论了对抗学习的情景——就像和一个"恶毒"的老师一起学习。最后，我们畅想了机器学习遍及人类日常活动的愿景。

由于每个章节都是完整且独立的，读者对本书第二部分的学习方法可不同于第一部分，即可以独立阅读各章节。

第 6 章
Data Mining: Practical Machine Learning Tools and Techniques, Fourth Edition

树 和 规 则

决策树学习器是很多机器学习实际应用的骨干，因为它们快速并且经常产出惊人准确的明了的输出。本章解释如何使决策树学习强健且灵活得足以应付现实世界的数据集，展示了如何处理数字属性和缺失值，以及如何修剪树的那些实际上没有享受足够数据支持的部分。我们的讨论是基于对于决策树学习来说，这些问题在基础 C4.5 算法中是如何处理的，但是我们同时也将看到交叉验证是如何用来在著名的 CART 决策树学习器中实现一个更加强健的剪枝策略。

本章的第二个主题是规则学习。当实现得当时，规则学习拥有决策树学习的优点，有稍高的运行时成本，但往往产生更简洁的分类模型。令人惊讶的是，规则在实践中比决策树更加不受欢迎——也许是因为规则学习算法颇具启发式并且在人工智能以外的地方不经常被考虑。我们将会看到如何使来自第 4 章的基础的规则学习策略更少地倾向于过度拟合，如何处理缺失值和数值属性，以及如何选择和修剪好的规则。生成简明和准确的规则集比学习间接和准确的决策树更棘手。我们将讨论两种策略来达到上述目的：一种是基于规则集的全局优化；另一种是基于从部分增长和修剪决策树来提取规则。我们将同时简要地看一下使用带有异常的规则集展示学习到的知识的优势。

6.1 决策树

第一个要详细介绍的机器学习方法——C4.5 算法，它源自 4.3 节所描述的用于建立决策树的简单的分治算法。在将该算法用于解决实际问题之前，我们需要在几个方面对其进行扩展。首先，要考虑如何处理数值属性，还要考虑处理缺失值的问题。其次，还需要处理十分重要的决策树剪枝问题，因为用分治算法建立的决策树虽然在训练集上表现良好，却常常由于和训练数据过度拟合而不能很好地推广到独立的测试集上。再次，要考虑如何将决策树转化为分类规则，然后讨论 C4.5 算法本身提供的选项。最后，我们将讨论另一种剪枝策略，著名的 CART 系统实现了该策略，用于学习分类和回归树。

6.1.1 数值属性

4.3 节描述过的方法只在所有属性都是名目属性时才有效，但正如我们所了解的，大多数真正的数据集都包含一些数值属性。通过扩展算法来处理这些数值属性并不是太难。对于数值属性，我们将其分为两类或者说分裂成两部分。假设使用有一些数值属性的天气数据（表 1-3），那么在考虑温度作为第一个分裂的属性时，涉及的温度值如下：

64	65	68	69	70	71	72	75	80	81	83	85
yes	no	yes	yes	yes	no	no	yes	no	yes	yes	no
						yes	yes				

(重复的数值叠在一起),共有 11 个可能的断点——如果断点不允许将同属一个类的项目分开,断点就是 8 个。每个信息增益可以用通常的方法计算。例如,用 temperature < 71.5 进行测试,产生 4 个 yes 和 2 个 no,用 temperature > 71.5 进行测试,则产生 5 个 yes 和 3 个 no,所以这个测试的信息值是:

$$\text{Info}([4,2],[5,3])=(6/14)\times \text{info}([4,2])+(8/14)\times \text{info}([5,3])=0.939 \text{ bit}$$

虽说采用更为复杂的方法可能会获得更多的信息,但在数值区间一半处设定数字阈值作为概念划分界限是很常见的做法。例如,下面将看到一种最简单的基于实例学习法,它将概念划分界限置于概念空间中的中间,人们还建议采用其他一些不只是包括最近列举出来的这两个方法。

当用分治法建立决策树时,一旦选定第一个要被分裂的属性,就在树的顶层创建一个结点对这个属性进行分裂,算法递归地在每个子结点上继续下去。对于每一个数值属性,从表面上看,似乎必须对每个子结点的实例子集重新按照属性值进行排序,事实上这是决策树归纳程序通常使用的编写方法。但实际上并没有必要重新排序,因为在父结点的排序可以用作为每一个子结点的排序,形成一种快速的实现方法。考虑天气数据中的温度属性,它的属性值排序(这次包含重复的值)是:

64	65	68	69	70	71	72	72	75	75	80	81	83	85
7	*6*	*5*	*9*	*4*	*14*	*8*	*12*	*10*	*11*	*2*	*13*	*3*	*1*

每个温度值下面的斜体数字是拥有这个温度值的实例的序号,因此实例 7 的温度值为 64,实例 6 的温度值为 65,以此类推。假设决定在顶层对属性 outlook 进行分裂。考虑满足 outlook = sunny 的子结点,实际拥有这个 outlook 属性值的实例是第 1、2、8、9 和 11。如果斜体的顺序和样本集一起储存(要为每一个数值属性储存一个不同的顺序),也就是说,实例 7 指向实例 6,实例 6 指向实例 5,实例 5 指向实例 9,以此类推,那么要依次读取 outlook = sunny 的实例就是一件简单的事情了。所需要的只是按照所示的次序对实例进行扫描,检查每个实例的 outlook 属性值并对拥有适当属性值的实例进行记录:

9	8	11	2	1

这样,根据每个数值属性,将每个实例子集和实例的顺序一起储存,可以避免重复排序。必须在一开始就为每一个数值属性决定排列次序,这样以后就不再需要排序了。

当一个决策树像 4.3 节所述的那样对一个名目属性进行测试时,要为这个属性每一个可能的取值创建一个分支。然而,我们已经将数值属性限制为只分裂成两部分,这便造成了数值属性和名目属性的一个重大不同:为某个名目属性建立完分支后,便用尽了属性所提供的所有信息,而在一个数值属性上的后续分裂还会产生新的信息。一个名目属性在从树根到叶结点的路径中只能被测试一次,而一个数值属性能被测试许多次。由于对单个数值属性的测试不是集中在一起而是分散于路径上的,这会造成树的凌乱且难以理解。还有一种方法,这种方法相对较难实施但可以创建更加易读的树,就是允许对数值属性进行多重测试,对树中的单个结点上进行几个不同常量的测试。一种更为简单但效果稍差的解决方法是如 8.2 节将要讨论的那样对属性值进行事先离散化。

6.1.2 缺失值

对决策树建立算法的下一个改进是关于缺失值问题的处理。缺失值是现实生活中的数据集所无法避免的。正如第 2 章（2.4 节）所解释的，一种办法是把它们当作属性的另一个可能值来处理。当属性值缺失在某种程度上有意义时，这种办法是合适的，就不需要再采取进一步的处理。但如果某个实例缺少属性值没有特别的含义，就需要一种更精细的解决方法。简单地忽略所有含有缺失值的实例当然是很诱人的办法，但这种解决办法过于苛刻且不太可行。有缺失值的实例往往提供了相当多的信息。有时，含有缺失值的属性在决策中并不起作用，因此这些实例和其他实例一样好。

有一个问题就是，当有一些要测试的属性有缺失值时，如何将决策树应用到这个实例中。3.3 节中示范了一种解决方法，想象将这个实例分成几个部分，采用数值加权方案，将各个部分按比例分配到各个分支上，这个比例是指分配到各个分支上的训练实例数量比例。最终实例的各个部分都会到达某一个叶结点，最终的决策必须根据事先确定好的权值将各个叶结点的决策重新组合得到。4.3 节中描述的信息增益和增益率的计算同样可以应用于部分实例。使用权值代替整数累计，来计算这两个增益值。

另一个问题就是，一旦分裂属性选定后，应该如何分裂训练集，从而在每个子结点上递归运行决策树形成过程。需要运用同样的加权过程。相关的属性值出现缺失的实例从概念上分裂成几个部分，每个分支含一个部分，分裂比例就是分配到各个分支上的已知实例的比例。这个实例的各个部分在下层结点为决策做贡献，同样可用一般的信息增益计算方法，只是它们是加了权值的。当然，如果其他属性的值也有缺失，在下层结点上可能还需要进一步分裂。

6.1.3 剪枝

完全展开的决策树经常包含不必要的结构，建议在实际应用决策树之前，先对它们进行简化。现在就来学习如何对决策树剪枝。

先建立一个完整的决策树然后对其剪枝，我们采取后剪枝（postpruning）策略（有时称为后向剪枝（backward pruning））而不是先剪枝（prepruning）（或称前向剪枝（forward pruning））策略。先剪枝需要在建立树的过程中决定何时停止建立子树——非常吸引人的一面，因为这能避免建立某些子树所需的全部工作，而这些子树是将来要被舍弃的。当然，后剪枝确实也能提供一些优势。例如，两个属性单独不能有所贡献，但两者结合起来预测力却很强。一种两个属性的正确结合是非常有益的，而这是两个属性单独运用所不能实现的。大多数决策树采用后剪枝，然而当特别关注运行时间时，先剪枝也是可以可虑的。

在后剪枝过程中考虑两种完全不同的操作：子树置换（subtree replacement）和子树提升（subtree raising）。在每一个结点上，一种学习方案也许要决定是采取子树置换还是子树提升，或者让子树和原先一样，不进行剪枝。首先来观察子树置换，它是主要的剪枝操作。它的思想是选择一些子树并用单个叶结点来代替它们。例如，图 1-3a 中包括 2 个内部结点和 4 个叶结点的整个子树，被单个叶结点 bad 所替换。如果原先的决策树是由前面所述的决策树算法建立的，这当然会引起在训练集上的准确率下降，因为算法要继续创建决策树直至所有叶结点都是纯的（或者说直至所有属性都被测试过）。不过，这也许会提高在独立选出的测试集上的准确率。

子树置换是从叶结点向树根方向进行处理的。在图 1-3 的例子中，整个子树不会马上被置换成图 1-3a 所示的样子。首先，要考虑将 health plan contribution 子树上的 3 个子结点替换成单个叶结点。假设做出要进行更换的决定（马上会讨论如何做出这个决定），然后继续从叶结点开始工作，考虑将现在只有两个子结点的 working hours per week 子树换成单个叶结点。在图 1-3 例子中，这个替换实际上也已完成，图 1-3a 中的整个子树被替换成了标为 bad 的单个叶结点。最后，考虑用单个叶结点来置换 wage increase 1st year 子树的两个子结点。在这个例子中，这个决定未能实现，因此决策树保持图 1-3a 所示的样式。后面将简要讨论这些决定实际上是如何做出的。

第二种剪枝操作子树提升更为复杂，是否有必要也不是很清楚。这里之所以描述它，是因为它被应用于有影响力的 C4.5 决策树系统。子树提升在图 1-3 例子中没有发生，所以用图 6-1 所示的虚拟例子来解释。这里考虑对图 6-1a 中的树进行剪枝，剪枝结果如图 6-1b 所示。整个自 C 以下的子树被提升上来置换子树 B。注意，虽说这里的 B 和 C 的子结点是叶结点，但它们也可以是完整的子树。当然，如果要进行提升操作，有必要将标有 4 和 5 的结点处的样本重新划分到标为 C 的新子树中。这就是为何那个结点的子结点被标为：1'、2' 和 3' ——表明它们与原来的子结点 1、2 和 3 并不相同，而是包含了原本被 4 和 5 涵盖的样本。

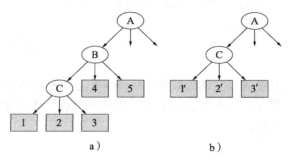

图 6-1 子树提升的例子，结点 C "提升" 并包含结点 B

子树提升可能是一个耗时的操作。在实际的实现中，它被限制在只能提升最为普及的分支。也就是说，由于从 B 至 C 的分支较从 B 至结点 4 或者 B 至结点 5 的分支有更多的训练样本，才考虑做图 6-1 中的提升。否则，如果（举个例子）结点 4 是 B 的主要子结点，将考虑提升结点 4 去代替 B，并重新对所有 C 以下的样本以及结点 5 的样本进行分类以加入到新的结点。

6.1.4 估计误差率

两种剪枝操作就讨论到此。现在必须来解决怎样决定是否要用单个叶结点来替换一个内部结点（子树置换），或者是否要用位于一个内部结点下面的某个结点来替换它（子树提升）的问题。为了能做出理性的决定，必须用一个独立的测试集在某个结点处进行期望误差率估计。既要在内部结点处又要在叶结点处进行误差估计。如果有了这样的估计值，只要简单地比较子树的估计误差和其要替换成的子树的估计误差，便能明确地决定是否要对某个子树进行置换或提升操作。在对预备提升的子树进行误差估计之前，当前结点的兄弟结点所含的样本，即图 6-1 中结点 4 和结点 5 所含的样本，必须暂时重新分类到被提升的树中。

用在训练集上的误差作为误差估计是无效的，将导致不会有任何剪枝，因为树是特为训练集建立的。一种取得误差估计的办法是采用标准验证技术，保留部分原始数据作为一个独立的测试集来估计每个结点上的误差。这称为减少-误差（reduced-error）剪枝。它的缺点是决策树是在较少的数据上建立的。

另一种方法是试图以训练集本身为基础来估计误差。这正是 C4.5 算法中所做的，我们在这里介绍一下这种方法。这是一种基于一些统计推理的方法，但这个统计基础有点薄弱并且比较特殊，然而在实际运用中似乎效果良好。它的思想是考虑到达每个结点的实例集，并想象选择多数类来代表这个结点。这便能提供一个在实例总数 N 中所占的 "错误" 数量 E。

现在想象在结点上的错误的真实可能性是 q，并且 N 个样本是由参数为 q 的伯努利程式所产生的，E 就是错误数量。

这个情形如同在 5.2 节中讨论旁置法时所考虑的情形，已知某个观察到的成功率，计算真实成功率 p 的置信区间。有两点不同。一个是微不足道的：这里讨论的是误差率 q 而非成功率 p，它们之间存在简单的关系 $p+q=1$。第二个比较重要：这里数据 E 和 N 来自训练集，而 5.2 节中考虑的是使用独立的测试集。由于这个不同，需要设定置信度上限来为误差率做一个较为悲观的估计，而不是给出估计值置信区间。

这里用到的数学知识和前面一样。给定某个特定的置信度 c（C4.5 所使用的默认值 $c=25\%$），找出它的置信边界 z，使得

$$\Pr\left[\frac{f-q}{\sqrt{q(1-q)/N}} > z\right] = c$$

其中 N 是实例的数量，$f=E/N$ 是观察到的误差率，q 是真实误差率。和前面一样，这将得到 q 的一个置信度上限。现在就用这个置信度上限为在结点上的误差率 e 做一个（悲观的）估计：

$$e = \frac{f + \frac{z^2}{2N} + z\sqrt{\frac{f}{N} - \frac{f^2}{N} + \frac{z^2}{4N^2}}}{1 + \frac{z^2}{N}}$$

注意，在分子的平方根前面用"+"号来获得置信度上限。其中，z 是对应于置信度 c 的标准差，当 $c=25\%$ 时，$z=0.69$。

要知道在实际中怎样计算，再来看一下图 1-3 所示的劳资协商决策树，图 6-2 对其中特别的部分重新展示，添加了到达叶结点的训练实例的数量。利用前面的公式，置信度设为 25%，那么 $z=0.69$。考虑底层左边的叶结点，$E=2$，$N=6$，因此 $f=0.33$。将这些数据代入公式，计算出误差置信度上限为 $e=0.47$。这意味着将要用 47% 这个悲观的误差估计来替代在这个结点训练集上得到的 33% 的误差率。这确实是悲观的估计，对于一个二分类问题，误差率若高于 50% 便是很大的失误。与这个结点的相邻叶结点 $E=1$，$N=2$，由于计算出误差置信度上限为 $e=0.72$，情况就显得更糟糕了。第三个叶结点 e 值和第一个是相同的。下一步是将这三个叶结点的误差估计根据它们各自所覆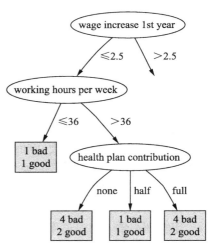

图 6-2 劳资协商决策树的剪枝

盖的实例数量的比率 6:2:6 进行组合，得到组合误差估计值 0.51。现在来考虑它们的父结点 health plan contribution。这个结点覆盖了 9 个类别为 bad 的实例和 5 个类别为 good 的实例，因此在训练集上的误差率为 $f=5/14$。根据这些数据，按照前面的公式计算得到一个悲观的误差估计 $e=0.46$。由于这个值小于三个子结点的组合误差估计，因此子结点便被剪掉了。

下一步处理 working hours per week 结点，它现在含有两个都为叶子的子结点。第一个

子结点 $E = 1$、$N = 2$，它的误差估计为 $e = 0.72$，第二个正是先前讨论的 $e = 0.46$。把它们按照比率 2:14 组合起来，得到一个比每周工作时间结点的误差估计高的值，因此子树也被剪掉，用一个叶结点来代替。

从这些样本中获得的误差估计数字需要有所保留，因为这种估计是一种启发式估计并且是建立在几个弱假设上：置信度上限的使用、正态分布假设以及采用在训练集上取得的统计数据这个事实。但是不管怎样，误差公式在量化上是正确的，而且这种方法似乎在实践运用中效果良好。如有必要，可以修正一下所应用的置信度水平（25%），以取得更满意的结果。

6.1.5 决策树归纳法的复杂度

我们已经学习了如何完成剪枝操作，了解了决策树归纳法的所有核心部分。现在来思考决策树归纳法的计算复杂度。用标准符号 $O(n)$ 表示一个随 n 线性增长的量，$O(n^2)$ 是随 n 的二次方增长的量，以此类推。

假设训练集拥有 n 个实例以及 m 个属性。我们需要对树的尺寸做一个假设，假设树的深度是由 $\log n$ 决定的，即 $O(\log n)$。这是一个含有 n 个叶结点的树的标准增长率，假设树保持"浓密"生长，没有退化成非常深且长丝状的分支。注意这里，假设大多数的实例都是不同的，也就相当于 m 个属性能提供足够多的测试，以区分每个实例。例如，如果只存在少数几个二值属性，那么它们只允许有这么多的不同实例，树的生长不可能超出某个限度，表现这种"在限定范围内"的分析是毫无意义的。

建树的计算成本起初是

$$O(mn \log n)$$

考虑一个属性在树的所有结点上所要做的工作量。当然，不必在每一个结点上考虑所有实例。但在树的每一层，最坏的情况下必须考虑含有 n 个实例的整个实例集。由于树有 $\log n$ 个不同的层，处理一个属性所需要的工作量便是 $O(n \log n)$。由于每个结点上的所有属性都要考虑，因此总的工作量是 $O(mn \log n)$。

这个推理有几个前提假设。如果一些属性是数值型的，它们必须是经排序的，一旦最初的排序完成后，如运用了适当的算法（本节前面讲到的），就没有必要在树的每一层进行再次排序。最初的排序操作对于每个属性工作量为 $O(n \log n)$，共有 m 个属性；因此前面的复杂度数值没有变化。如果属性是名目属性，没有必要在每个结点上考虑所有属性，因为在树的上部已用过的属性就不能再用了。然而，如果是数值属性，属性可以再次应用，因此必须在树的每一层考虑所有属性。

下一步考虑子树置换的剪枝操作。首先对于每个树结点都要做一个误差估计。假设使用了适当的累计操作，它便是与树所含的结点数存在线性关系。对每个结点都要做置换考虑。树最多含有 n 个叶结点，每个结点含一个实例。如果是二叉树，每个属性都是数值型的或是二值属性，那么便有 $2n-1$ 个结点；多路分支只会减少内部结点数。因此子树置换操作复杂度是

$$O(n)$$

最后，子树提升和子树置换的复杂度基本一致。但由于在提升操作中需要对实例进行重新分类而产生了一个额外成本。在整个过程中，对于每个实例来说，也许需要在它的叶结点和根结点之间的每个结点处进行重新分类，即 $O(\log n)$ 次。那么重新分类总次数为 $O(n \log n)$。并且重新分类并非是单个操作：在靠近根结点进行时，要 $O(\log n)$ 次操作，在平均高度

处进行时则需要这个数的一半。这样总的子树提升的复杂度是：
$$O(n(\log n)^2)$$
将所有操作考虑进来，完整的决策树归纳法的复杂度是：
$$O(mn \log n)+O(n(\log n)^2)$$

6.1.6 从决策树到规则

正如 3.4 节中提到的，通过为每个叶结点建立一个规则，把从根结点到叶结点的路径中遇到的所有测试条件联合起来，使得从决策树上直接读出一组规则集成为可能。这样创立的规则是清楚明确的，以什么顺序执行是无关紧要的。但是这样的规则产生某些不必要的复杂性。

上面讲到的误差率估计提供的正是对规则剪枝所需要的机制。对某一个具体的规则来说，考虑将它的每个条件暂时去除，找出规则现在所涵盖的训练实例，用这些实例计算出新规则的误差率的悲观估计，并将此与原来规则的误差率的悲观估计相比较。如果新规则的结果比较好，则删除这个条件，然后继续找其他条件进行删除。当删除任何条件都不再能改善规则时，则保持规则不变。一旦所有规则都用这种方法剪枝过了，有必要看一下是否有重复的规则，如有，应把它们从规则集里去除。

这是一种用于探测规则中冗余条件的贪心方法，不能保证最好的条件组合被删除。一种改进是考虑所有条件子集，但是这样的成本太高了。另一种解决办法是采用优化技术，诸如模拟退火或者遗传算法来选择这个规则的最佳版本。但不管怎么说，这种简单的贪心方法似乎可以产生相当好的规则集。

即使采用贪心方法，计算成本也是一个问题。对于每个条件，它们都是候选的被删除对象，规则的效果必须在所有训练实例上进行重新评估。这意味着从树中形成规则会是很慢的过程。下一节将介绍一种较快的方法，它是直接产生分类规则而不用先形成决策树。

6.1.7 C4.5：选择和选项

C4.5 本质上就如上节中描述的那样执行。默认置信值设为 25% 并在绝大多数场合运行良好。如果测试集上决策树的实际误差率比估计的高出许多，也许这个置信度可以设得更低一些，从而导致更"剧烈"的剪枝。还有一个重要参数，它的作用是消除那些几乎在所有训练实例上结果都相同的测试。这类测试经常是没有什么用的。因此，测试不会加入到决策树中，除非它们至少能产生两个结果，即覆盖实例数量达某个最小值。这个最小值的默认值是 2，但这个数是可以控制的，对于含许多噪声数据的情况，也许应提高这个值。

C4.5 中的另一个启发式规则是对于数值属性的分裂过程，只有当数值属性至少对当前结点的每个类别分割 10% 或者 25 个实例时（取两者的较小值，但是在默认情况下也强制要求最小值不小于 2），该数值属性才会作为候选的分裂属性进行考虑。

C4.5 的版本 8（最后一个非商业版本），对于数值属性分裂的信息增益的计算，包括一个基于 MDL 的调整。确切地说，在当前结点对于某个数值属性如果有 S 个候选的分裂，将会从信息增益中减去 $\log 2(S)/N$，其中 N 是该结点处的实例数。设计该启发式规则是为了防止过度拟合。减去后，信息增益可能会变成负值，如果没有属性的信息增益为正的，那么树会停止增长，这是一种先剪枝的形式。我们在这里提到它，是因为即便不使用后剪枝，该启发式规则也会令人惊讶地得到一个剪枝后的树。

最后，C4.5 实际上并没有将数值属性的分割点放在两个数值的中间。一旦选择了分割，就搜索整个训练集以找到该属性不超过临时分割点的最大值，这将成为最新的分割点。这样的操作在时间复杂度上增加了一个 $O(n^2)$，因为它可以发生在任何结点上，我们在上文中忽略了这个。

6.1.8 成本 – 复杂度剪枝

正如前面提到的，C4.5 中的后剪枝方法是基于一些弱的统计假设的，实践证明它的剪枝还不够。除此之外，它运行很快，因此在实践中很流行。然而，在许多应用中，还是值得花一定的计算成本来获得更加紧凑的决策树。实验表明，C4.5 的剪枝方法会使最终得到的树中包含不必要的额外结构：将更多的实例加入到训练集时，树的规模仍然会增大，即使这不会进一步提高算法在独立测试数据上的性能。在这种情况下，分类和回归树（CART）学习算法中更保守的成本 – 复杂度剪枝（cost-complexity pruning）方法也许会更合适。

成本 – 复杂度剪枝基于的思想为：首先剪枝那些相对于它们自身大小，使得训练数据上误差增长最小的子树。误差的增长用 α 度量，定义为与该子树相关的叶结点平均误差增长。在剪枝过程中检查该量，算法会得到一系列很好的剪枝后较小的树。在每次迭代过程中，它会剪除当前决策树的所有剩余子树中 α 值最小的所有子树。

在剪枝后结果序列中，每个候选树都对应一个阈值 α_i。现在问题变为，应该选择哪棵树作为最终的分类模型？为了确定最有预测能力的树，成本 – 复杂度剪枝使用一个旁置集合来估计每棵树的误差率，或者如果数据有限时，使用交叉验证。

使用旁置集合是很直接的方法。然而，对于交叉验证训练的 k 个折得到的剪枝后的树序列中观测到的 α 的值，交叉验证会把它与对于根据整个数据集得到的剪枝后树序列中 α 的值关联起来，这会引起问题，因为这些值通常是不同的。这个问题可以通过对完整数据集的树 i 首先计算 α_i 和 α_{i+1} 的几何均值来解决。然后对于交叉验证的每个折 k，选择最大的值小于该均值的树。在 k 个折相应的测试数据集上进行估计，得到这些树的平均误差估计，就是对于树 i 在完整数据集上交叉验证的误差。

6.1.9 讨论

自上而下的决策树归纳法或许是数据挖掘中研究得最多的机器学习方法。研究者们对学习过程中几乎所有可能的方面都进行了各种探究，例如，不同的属性选择标准或修改了的剪枝方法。可是很少能在大量不同数据集上使准确率得到真正的改善。正如前面讨论过的，使用 CART 系统中的剪枝方法来学习决策树（Breiman 等，1984）通常会产生比 C4.5 剪枝方法更小的决策树。Oates 和 Jensen（1997）通过实验研究了该问题。

决策树 C4.5 以及后来的决策树 C5.0 都是由 Ross Quinlan 设计的，20 世纪 70 年代末开始，历时 20 年。1990 年版本的 C4.5 的完整描述以及全部的源代码被写成了一本优秀易读的书（Quinlan，1993）。Quinlan 后来描述了 C4.5 的第 8 个发行版的 MDL 启发式（1996）。最近的版本 C5.0 也是开源的。

在关于决策树的讨论中，我们假设在每一个结点上仅用一个属性来将数据分裂成子集。然而，也可以允许测试条件一次涉及几个属性。例如，对于数值属性，每个测试可以是属性值的线性组合，那么最终形成的树是如 4.6 节中讨论的分层的线性模型组成，分裂也不再局限于与坐标轴平行。相对于常用的单变量（univariate）树，测试牵涉到一个以上属性的树称为多变量（multivariate）决策树。CART 系统包含生成多变量测试的选项。它们通常更精确，比单变量树更小，但生成树的时间要长得多并且较难解释。在 8.3 节的主成分分析部分，我们将简要介绍一种生成它们的方法。

6.2 分类规则

我们把 4.4 节中描述的为生成规则所用的基本覆盖算法称为变治（separate-and-conquer）技术，因为它先确定一条规则能覆盖属于某一个类的实例（并排除不属于此类的实例），将这些实例分离出来，然后继续对所剩的实例进行处理。这种算法被视为许多生成规则系统的基础。我们还描述了一种简单的基于纠正的方法用于选择在每个阶段对规则增加何种测试。但是，还有许多其他可能方法，具体方案的选择对规则生成具有重大影响。在这一节中，我们将考察为了选择测试所采用的不同方案，还要讨论怎样通过处理缺失值和数值属性将基本的规则生成算法应用到实践中。

所有这些规则生成方案的真正问题在于它们有对训练数据过度拟合的倾向，不能很好地推广到独立的测试数据集上，特别是在噪声数据上。为了能生成适合噪声数据的好规则，有必要使用某些方法来衡量单条规则的真正价值。评估规则价值的标准方法就是评估规则在某个独立实例集上的误差率，这个独立实例集是从训练集中保留出来的一部分，我们将在后面解释这个问题。然后讨论两种具有产业价值的规则学习器：一种是将简单的变治技术和全局优化步骤结合起来的方法，另一种是重复建立局部决策树并从中提取规则。最后讨论怎样产生含有例外以及例外的例外的规则。

6.2.1 选择测试的标准

我们在 4.4 节中介绍基本规则学习器时曾指出，必须找出一种方法，从许多可能的测试中选定某个测试加到规则中，以避免规则覆盖任何负例。为达到这一目的，使用能使比率

$$p/t$$

达到最大值的测试，这里 t 是指新规则所覆盖的实例总数，p 是其中的正例数量，即指属于问题中的类。试图使规则的"正确性"最大化，所覆盖的正例样本比率越高，规则就越是正确。另一种方法是计算信息增益：

$$p\left[\log\frac{p}{t}-\log\frac{P}{T}\right]$$

和前面一样，p 和 t 分别是新规则所覆盖的正例数量和所有实例数量，P 和 T 分别是添加新测试之前规则所覆盖的对应的实例数量。原理是它代表了关于当前正例样本的总信息增益，是由满足新测试的样本数量乘以信息增益所给出的。

选择加入到规则中的测试的基本标准是找出尽可能多地覆盖正例样本、并尽可能少地覆盖负例样本的测试。原始的基于正确性的启发式规则，只是看正例样本在规则所覆盖的所有样本中所占的百分比，而不管规则究竟覆盖多少数量的正例样本，当它没有覆盖任何负例样本时，便会得到一个最大值。因此使规则精确的测试便优先于使规则不精确的测试，不管前者所覆盖的正例样本数有多小，也不管后者所覆盖的正例样本数有多大。例如，如果有一个候选的测试覆盖 1 个样本，这个样本是正例样本，那么这种标准将使这个测试优先于另一个能覆盖 1000 个样本其中含 1 个负例样本的测试。

此外，基于信息的启发式规则更注重于规则所覆盖的大量正例样本而不管所建的规则是否精确。当然，两种算法都是持续增加测试直到最终的规则是精确的为止，这意味着使用基于正确性的方法将会较早结束，而使用基于信息的方法将会增加更多的测试项。这样基于正确性的方法可能会发现一些特殊情形并完全排除它们，从而避免了后面规则的大量描绘（由于特殊情形已经处理了，后面更具推广性的规则也许更为简单）。基于信息的方法先试着产生高覆盖率的规则而将特殊情形放在后面处理。对于使用这两种策略产生精确的规则集，哪一种更有优势并不明显。而且，事实上正如下面将要讲到的，规则集可能要被剪枝并且要容许不精确的规则存在，因此整个情形变得更为复杂。

6.2.2 缺失值和数值属性

同分治决策树算法一样，实践中令人厌烦的对于缺失值和数值属性的考虑是无法回避的问题。事实上，也没有什么可以多说的。既然我们已知道在决策树归纳法中是如何解决这些问题的，那么适用于规则归纳的解决方案便很容易得到了。

当使用覆盖算法产生规则时，处理缺失值的最好方法就是把它们视为不符合任何测试。这在产生决策列表时特别合适，因为它会促进学习算法利用肯定会成功的测试来将正例分离出来。这样做的效果要么是使用不涉及缺失值属性的规则来对缺失值实例进行处理，要么是在绝大多数实例都已经处理完成后再来处理这些实例，这时测试可能涵盖的是其他属性。覆盖算法应用于决策列表相对于决策树来说，在这方面有一个明显的优势：有麻烦的样本可以稍后处理，这样由于绝大多数样本都已经分类完成并从实例集中去除，那时它们就显得不那么麻烦了。

数值属性可以采用它们在决策树中的相同办法处理。对于每一个数值属性，根据属性值将实例进行排序。对于每一个可能的阈值，考虑一个二分的小于/大于测试，评估则完全采用对二值属性进行评估的方法。

6.2.3 生成好的规则

假设你并非要生成对所有训练集实例都能正确分类的完美规则，而是要生成"明智的"规则，能避免对训练集实例过度拟合，从而对于新的测试实例能有较好的性能表现。怎样确定哪些规则是有价值的呢？为了排除个别讨厌的错误实例，要持续往规则中添加测试项，但同时也会排除越来越多的正确实例。怎样知道何时开始起反作用了呢？

下面来看关于表 1-1 所列隐形眼镜问题的几条可能的规则，其中有些是好的，有些是坏的。首先来看第一条规则

```
If astigmatism = yes and tear production rate = normal
    then recommendation = hard.
```

这条规则覆盖 6 种情形，其中 4 种能得到正确结论，因此它的成功比例就是 4/6。假设又添加了一个测试项使之成为"完美"规则：

```
If astigmatism = yes and tear production rate = normal
    and age = young then recommendation = hard.
```

这使准确率提高为 2/2。哪条规则更好呢？第二条规则对训练集数据具有较高的准确率，但是只能涵盖 2 种情形，第一条规则却能涵盖 6 种情形。第二条规则或许是对训练数据过度拟合了。在规则学习实践中，需要有一种基本方法能用于选择较合适的规则版本，即选出能

在未来的测试数据上获得最高准确率的规则。

假设将训练数据分成两个部分，我们称之为生长集（growing set）和剪枝集（pruning set）。生长集运用基本的覆盖算法生成规则。然后从规则中去除某个测试项，并使用剪枝集来对这个经剪枝的规则进行结果评估，看看是否比原先的规则更好。重复这样的剪枝过程直至去除任何测试项都不再能使规则有任何改进。对每个类都重复整个过程，为每个类获得一条最好的规则，而总体最好的规则是通过使用剪枝集对这些规则进行评估获得的。将这条（最好的）规则添加到规则集中，将它所覆盖的实例从训练数据中去除，生长集和剪枝集中都要去除，并重复整个过程。

为何不在建立规则时进行剪枝，而是在规则集建完之后才丢弃其中的某部分呢？即为何不采用先剪枝而采用后剪枝呢？就像决策树剪枝时那样，最好是先生成一棵最大的树，然后再往回剪枝。对于规则也是同样的，最好是先形成最完美的规则，然后再对它进行剪枝。谁知道呢？最后一个测试项的添加也许会形成一条相当好的规则，这也许是在采用大胆的预剪枝策略时绝不会注意到的。

生长集和剪枝集必须要分开是很关键的，因为使用形成规则的数据来评估一条规则是会产生误导的：会因过度拟合的规则获得优先而导致严重错误。通常 2/3 的训练数据用于生长，而 1/3 的训练数据用于剪枝。缺点是算法只在生长集数据上进行学习，若某些关键实例被分隔在剪枝集中，可能会遗失一些重要规则。另外，错误的规则有可能获得优先，因为剪枝集只含 1/3 的训练数据也许并不完全具有代表性。这些影响可以通过在算法所进行的每次循环中，即在每条规则最终选择之后，将训练数据重新分裂为生长集和剪枝集来改进。

使用隔离的剪枝集进行剪枝，它既适用于决策树也适用于规则集，称为减少误差剪枝（reduced-error pruning）。前面描述的在规则每次一生成就立即剪枝的规则称为增量减少误差剪枝（incremental reduced-error pruning）。另一种可能方法是先建立未剪枝的完整规则集，然后再丢弃单个测试来进行剪枝，不过这种方法慢多了。

当然，有多种不同方法能以剪枝集为基础，评估一条规则的价值所在。一种简单的方法是在闭合形式的假设条件下，如果某条规则是某个理论的唯一规则，考虑应用这个规则从其他类别中识别出预测类究竟完成得有多好。如果规则所覆盖的 t 个实例中能得到 p 个实例是正确的，并且在所有 T 个实例中有 P 个实例是属于这个类的。规则所没有覆盖的负例有 $N-n$ 个，这里 $n = t - p$ 是指规则所覆盖的负例数量，$N = T - P$ 是负例的总数量。因此，规则对 $p + (N - n)$ 个实例做出了正确的决策，因此总的成功率是

$$[p+(N-n)]/T$$

在测试集上评估所得到的这个值用来评估采用减少误差剪枝所得到的规则的成功性。

这种方法是不切实际的，因为它将规则所覆盖的负例样本的重要性，等同于规则所覆盖的正例样本的重要性，而实际情况是被评估的这条规则最终将与其他规则共同工作，因此对这种方法批评意见较多。例如，一条规则所覆盖的 3000 个实例中有 $p=2000$ 个实例得到正确预测（即有 $n=1000$ 个是错误的），相比另一条规则覆盖 1001 个实例，其中有 $p=1\ 000$ 个实例得到正确预测（即有 $n=1$ 个是错误的），评估结果是前者比后者更成功，因为在第一种情形中 $[p + (N-n)]/T$ 等于 $[1000+N]/T$，而在第二种情形中却只有 $[999+N]/T$。这是违背直觉的：第一条规则预测能力明显比第二条差，其误差率是 33% 对 0.1%。

利用成功率 p/t 来衡量规则，就像覆盖算法的原始表达式（图 4-8）那样，也不是完美的解决方法，因为它会优先选择能得到 1 个正确预测（$p=1$）而总覆盖数为 1（因此 $n=0$）的规

则，而不是优先选择更有用的、能从 1001 个实例中得到 1000 个正确预测的规则。另一种曾被应用的方法是计算 $(p-n)/t$，但它也存在同样的问题，因为 $(p-n)/t = 2p/t-1$，所以在比较两条规则时，结论等同于两个成功率的比较。看来似乎很难找到一种简单的方法来衡量规则的价值，这个价值要在所有情形下都能和直觉相符。

无论使用何种衡量规则价值的启发式方法，增量减少误差剪枝算法都是相同的。图 6-3 给出了一种以这种思想方法为基础的可能的规则学习算法。它产生一组决策列表，依次为每个类生成规则，在每个阶段根据它在剪枝数据上得出的价值选出最好的规则。应用生成规则的基

```
将 E 初始化为实例集
将 E 按 2:1 分为生长集和剪枝集
    对于生长集和剪枝集中都含有实例的每个类 C
        使用基本覆盖算法，为类别 C 生成最好的规则
        在剪枝集上计算规则的价值 w(R)，以及将最后一个条件去除后的价值 w(R-)
        当 w(R-)>w(R) 时，从规则中去除最后一个条件并重复上一步骤
    从所生成的规则中选择 w(R) 值最大的那个规则
    输出规则
    从 E 中去除被这个规则所覆盖的实例
继续循环
```

图 6-3 增量减少误差剪枝算法形成规则的算法

本覆盖算法（图 4-8）来为每个类生成好的规则，并利用先前讨论的准确率量度 p/t 来选择加入规则的条件。

这种方法用于产生规则归纳方案，这些方案能处理大量数据并且运行速度很快。通过为排序的类生成规则，来替换原先在每个阶段为每个类生成一条规则并选出最好的，该算法还可以提速。一种较合适的排序是按照各个类在训练集中出现次数的升序排列，因此最少出现的类第一个处理，最常见的类最后处理。可获明显提速的另一方面是当产生了某个足够小的准确率的规则时，即停止整个程序，这样便可以避免在最后为生成许多覆盖量很小的规则而花费时间。但是，非常简单的停止条件（比如，当一条规则的准确率低于它所预测的类的默认准确率时即停止）不能获得最好的性能表现，而目前所发现的似乎能提高性能表现的条件是相当复杂的，它们是以 MDL 原理为基础的。

6.2.4 使用全局优化

通常，如此使用增量减少误差剪枝算法来生成规则，特别是在大的数据集上，效果相当不错。但是，在规则集上使用全局优化能获得有价值的性能优势。这样做的动机是通过修改或替换个体规则来提高规则集的准确率。实验显示使用后归纳优化，规则集的大小和性能都获明显改善，但整个过程相当复杂。

为了就"这个精巧的、富有启发式的以及具有产业价值的规则学习器是怎样形成的"给出一个概念，图 6-4 展示了一种称为 RIPPER 的算法，它是重复增量剪枝以减少误差的缩写。检验是按照各个类[⊖]由小到大的顺序来进行，类的初始规则集是用增量减少误差剪枝算法产生的。引入一个额外的停止条件，该条件取决于样本和规则集的描述长度。描述长度 DL 有一个复杂的公式，它要考虑传送关于某组规则的一组样本所需的位数、传送带有 k 个条件的规则所需的位数，以及传送整数 k 所需位数之和——乘以 50% 用以补偿可能发生的重复属性所需的位数。在为某个类建立了规则集之后，重新考虑每条规则，产生两种变体，再次使用减少误差剪枝算法——但在这个阶段，把为这个类而建的其他规则所覆盖的实例从

⊖ 所含实例数量。——译者注

剪枝集中去除，在剩余的实例上所获的成功率用来作为剪枝标准。如果两种变体中的某一种产生一个较好的描述长度，便用它来替换规则。接下来再次激活最初的创建规则阶段，对任何属于这个类而未被规则覆盖的实例进行扫尾工作。为了确保每条规则对减少描述长度都做了贡献，在进行下一个类的规则生成程序之前要做最后的检查。

```
将 E 初始化为实例集
对每个类 C, 从最小到最大
    建立:
        将 E 按 2:1 分裂为生长集和剪枝集
        重复循环直至 (a) 不存在未被覆盖的、类别为 C 的实例；或 (b) 规则集和实例集的描述长度 (DL) 比目
            前找到的最短描述长度大 64 位以上；或 (c) 误差率超过 50%:
        生长阶段：贪心式地增加条件来建立规则，直至规则达到 100% 准确率，(所增加的条件是) 通过测试每
            个属性的每种可能属性值，并选择其中能获得最大信息增益 G 的条件
        剪枝阶段：按从后到前的顺序对条件剪枝，只要规则的价值 W 上升则继续
    优化:
        产生变体:
        对于类别 C 的每个规则 R,
            重新将 E 分裂为生长集和剪枝集
            从剪枝集中去除类别 C 的其他规则所覆盖的实例
            使用 GROW 和 PRUNE 在新分裂的数据上产生并剪枝两个竞争规则:
                R1 是一个重建的新规则
                R2 是通过贪心式地在 R 中添加测试条件来生成的
            采用 A 度量 (代替 W) 在减少的数据上进行的剪枝
        选择代表:
            将 R, R1 和 R2 中描述长度最小的一个来代替 R
    扫尾:
        如果还有未被 (规则) 覆盖的、属于类别 C 的残余实例，则返回到建立 (BUILD) 阶段，在这些实例上建
            立更多的规则
    整理:
        为整个规则集计算 DL (描述长度) 并依次除去规则集中的每个规则计算 DL; 去除使 DL 增加的规则
        去除由生成的规则所覆盖的实例
继续循环
```

a) 规则学习算法

$$G = p[\log(p/t) - \log(P/T)]$$

$$W = \frac{p+1}{t+2}$$

$$A = \frac{p+n'}{T}; \text{规则的准确率}$$

p = 规则所覆盖的正例样本数量 (真正例)
n = 规则所覆盖的负例样本数量 (假负例)
$t = p+n$; 规则所覆盖的样本总数
$n' = N-n$; 未被规则覆盖的负例样本数量 (真负例)
P = 属于这个类的正例样本数量
N = 属于这个类的负例样本数量
$T = P+N$; 属于这个类的样本总数

b) 符号的含义

图 6-4 RIPPER 算法

6.2.5 从局部决策树中获得规则

规则归纳还有另一种方法，它避免了全局优化但仍能生成一个精确的、紧凑的规则集。这种方法将决策树学习所应用的分治策略和规则学习的变治策略结合起来。它是这样采用变治策略的：先建立一条规则，将规则所覆盖的实例去除，然后递归地为剩余实例建立规则，直至没有剩余实例。它与标准方法的不同之处在于每条规则都是创建出来的。在本质上，创建一条规则就是先为当前的实例集创建一个经剪枝的决策树，将覆盖实例最多的叶结点转换成一条规则，然后丢弃这棵决策树。

重复建决策树只是为了要丢弃绝大部分树，但这并不像表面看起来的那样古怪。利用经剪枝的树来得到一条规则，取代通过每次去除一个联合条件递增地剪枝规则，可以避免过度剪枝倾向。过度剪枝是基本的变治规则学习法的一个典型问题。将变治规则学习法和决策树结合起来能提高灵活性和速度。建立完整决策树只是为了要得到一条规则，的确是很浪费，然而这个程序还可被显著加速而不牺牲上述优点。

关键思路是建局部决策树而不展开整个树。局部决策树是一棵普通的决策树，它包含了一些未定义子树的分支。为了建这样的树，将建构和剪枝操作结合成一体以便能找到一个"稳定"的、不能再简化的子树。一旦找到这样的子树，建树过程即停止并从中读出一条规则来。

图 6-5 总结了建树的算法：它将一组实例递归地分裂成一个局部树。第一步是选择一种测试条件将实例集分裂成几个子集。这个测试条件的决定是采用建决策树时常用的信息增益法（见 4.3 节）。然后将子集按平均熵的升序依次展开。这样做的原因是排在后面的子集很可能不因这次展开而结束，而平均熵较低的子集更可能导致形成小的子树，从而产生一个更

```
Expand-subset (S):
    选择一个测试 T, 将实例集分裂为子集
    将子集按平均熵的升序排列
    while (存在一个未被展开的子集 X, 并且目前已展开的所有子集都是叶结点)
        Expand-subset (S)
    if (所有的已展开的子集都是叶结点，并且子树估计误差≥结点估计误差)
        取消子集的展开并且将该结点变为一个叶结点
```

图 6-5 将样本展开成局部树的算法

通用的规则。递归进行这个过程直到这个子集展开成为叶结点，然后返回继续下一步。一旦出现一个内部结点，它的所有子结点都成了叶结点，算法就立即检查是否用一个叶结点来替换这个内部结点会更好。这正是用于决策树剪枝的标准的"子树置换"操作（见 6.1 节）。如果执行了置换操作，算法接着按标准方式返回，展开这个新近置换结点的兄弟结点。但是，如果在返回时，遇到某个结点，它的所有已展开的子结点并不全是叶结点，当有一个潜在的子树置换没有执行时，这样剩下的子集不再展开，相应的子树也就未被定义。由于算法采用了递归结构，这种情况的出现会自动终止建树过程。

图 6-6 展示了一个逐步建局部树的例子。从图 6-6a 到图 6-6c，是按一般的方式进行递归建树，除了每次展开都是从兄弟结点中选择含熵最低的那个结点进行：图 6-6a～图 6-6b 是结点 3。灰色椭圆结点是目前还未展开的结点，长方形结点是叶结点。从图 6-6b 到图 6-6c，长方形结点比兄弟结点（结点 5）的熵低，但由于它是叶结点，已不能再展开了。这时便进行返回过程，结点 5 被选择进行展开。一旦到达图 6-6c，出现了一个结点 5，它的所有子结点都被展开成为叶结点，这就触发了剪枝操作。考虑并接受对结点 5 进行子树置换，进入图 6-6d。现在又要考虑对结点 3 进行子树置换，这个操作也被接受了。继续进行返回操作，结点 4 的熵比结点 2 小，因此被展开成 2 个叶结点。现在要考虑对结点 4 的子树置换了：假设结点 4

没有被置换，这时程序便在图 6-6e 终止，形成带有 3 个叶结点的局部树。

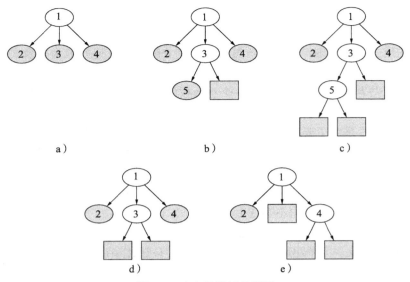

图 6-6　建立局部树的例子

如果数据是无噪声的，并且包含了足够实例以避免算法进行任何剪枝操作，那么算法只会展开完全树中的一条路径。与每次将整棵树都展开的原始方法相比，这种方法便获得了最大的性能提高。这个提高随着剪枝操作的增加而减小。对于数值属性的数据集来说，算法的渐近时间复杂度和建完全决策树是相同的，因为在这种情形下复杂度是由算法开始时属性值排序所需的时间决定的。

一旦建立了局部树，便能从树中提取出一条规则。每个叶结点对应一条可能的规则，我们要在那些被展开成叶结点的子树（少数的几个子树）中寻找一个"最好"的叶结点。试验表明最好是选择覆盖实例数量最多的叶结点，以得到最为通用的规则。

当一个数据集含有缺失值时，可以用建决策树时使用的相同方法处理。如果一个实例由于缺失值问题而不能分到任何分支中，就将它按照权值比例分到每个分支，权值比例是将各个分支所含的训练实例数量，用结点所含的所有已知训练实例数量进行规范化得到的。在测试中，对每条规则也进行同样的过程，这样便可将权值和每条规则在测试实例上的应用联系起来了。在进行规则列中的下一条规则测试之前，将这个权值从实例的总权值中扣除。一旦权值减到 0，便将预测类的概率根据权值组合起来形成最终分类结果。

这便产生了一种用于噪声数据决策列表学习的简单却出乎意料有效的方法。相比其他一些规则形成方法，它的主要优势在于简便，因为其他方法需要采用复杂的全局优化才能达到相当的性能水准。

6.2.6　包含例外的规则

在 3.4 节中，我们曾学习将规则自然扩展以便允许它们包含例外以及例外的例外，等等。实际上，整个规则集可以看作当没有应用其他规则时的一个缺省分类规则的例外。利用前面所述的某种度量来产生一条"好"规则的方法，正是提供了一种产生包含例外的规则所需的机制。

首先，为最顶层的规则选择一个默认类——自然是使用训练集中最常出现的类。然后，找到关于某个类的一条规则,这个类是指任何一个有别于默认值的类。自然是要在所有类似的规则中寻找最有区别能力的,比如,在测试集上评估结果最好的那个。假设这条规则有如下形式

　　if <condition> then class = <new class>

用它可将训练集数据分成两个子集:一个包含所有能满足规则条件的实例,另一个则包含所有不能满足规则条件的实例。如果任何一个子集中含有属于一个以上的类的实例,便在这个子集上递归调用算法。对于能满足条件的子集来说,"默认类"就是规则中所指定的新的类;对于不能满足条件的子集来说,"默认类"就保持原来所定的类。

对于 3.4 节中所给出的含有例外的规则,这些规则是关于表 1-4 的鸢尾花数据的,下面来检验这个算法是如何工作的。我们用图 6-7 所示的形式来代表规则,它等价于前面图 3-8 中用文字来代表的规则。默认值 Iris setosa 是开始结点,位于左上方。水平虚线路径指向的是例外,因此接下来的方框,内含结论为 Iris versicolor 的一条规则,便是默认值的一个例外。在它的下方是另一个选择项,即第二个例外,选择项路径用垂直实线导致结论是 Iris virginica。上方的路径沿水平方向通向 Iris versicolor 规则的一个例外,只要右上方框中的条件成立,便用结论 Iris virginica 代替 Iris versicolor 规则结论。这个例外的下方是另一个选择项,(碰巧)导致相同的结论。回到下方中间的方框,它也有自己的例外,即右下方结论为 Iris versicolor 的方框。每个方框右下角所示的数字是规则的"覆盖量",它是用符合规则的实例数量除以满足测试条件但结论不一定相符的实例数量来表示。例如,位于上方中间的方框中所列的条件应用于 52 个实例,其中有 49 个是属于 Iris versicolor 的。这种表示法的长处在于,你能感觉到位于左侧方框中的规则效果非常好,而位于右侧方框中的只是覆盖少数几个例外的情况。

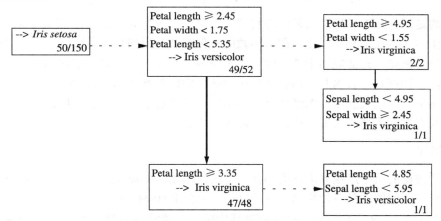

图 6-7　鸢尾花数据的包含例外的规则

为了产生这些规则,将默认值先定为 Iris setosa,通常是选择数据集中最频繁出现的类。在这里是任意选择的,因为对这个数据集来说,所有类都正好出现 50 次;正如图 6-7 所示,这个默认"规则"在 150 种情形中有 50 种是正确的。然后找出能预测其余类的最好规则。在这个例子中,最好规则是

　　if petal-length ≥ 2.45 and petal-length < 5.355 and petal-width < 1.75
　　　then Iris-versicolor

这条规则覆盖了 52 个实例,其中 49 个属于 Iris versicolor。它将数据集分裂成两个子集:52 个满足规则条件的实例,剩余的 98 个不满足条件。

先处理前一部分子集，这部分实例的默认类是 Iris versicolor：只有 3 个实例例外，这 3 个实例正好都属于 Iris setosa。对于这个子集，预测结果不是 Iris versicolor 的最好的规则是：

```
if petal-length ≥ 4.95 and petal-width < 1.55 then Iris-virginica
```

它覆盖了 3 个 Iris setosa 实例中的 2 个，没有其他的。这条规则将子集再次分裂成两个部分：满足规则条件的和不满足条件的。所幸的是，这次满足条件的实例都是属于 Iris virginica，因此不再需要例外了。但是剩下的实例中还包含着第三个 Iris virginica 实例和 49 个属于默认类的 Iris versicolor 实例。再次找到最好的规则：

```
if sepal-length < 4.95 and sepal-width ≥ 2.45 then Iris-virginica
```

这条规则覆盖了剩余的那个 Iris virginica 实例，没有其他的，因此也不再需要例外。而且子集中所有其他不满足这个规则条件的实例都是属于 Iris versicolor 类的，这正是当前的默认类，因此不再需要做什么了。

现在回到由初始规则分裂出的第二部分子集，所有不满足下面条件的实例为：

```
petal-length ≥ 2.45 and petal-length < 5.355 and petal-width < 1.75
```

对于这些实例，预测类不是默认值 Iris setosa 的所有规则中最好的是

```
if petal-length ≥ 3.35 then Iris-virginica
```

它覆盖了这个样本集所含的所有 47 个 Iris virginica 实例（如前面所解释的，另 3 个实例被第一条规则去除了）。它还包含一个 Iris versicolor 实例。这就需要用最后那条规则作为例外处理：

```
if petal-length < 4.85 and sepal-length < 5.95 then Iris-versicolor
```

幸运的是，凡是不满足规则条件的实例都是属于默认类 Iris setosa，因此结束整个程序。

所产生的这些规则有个特点，即大多数的实例都被高层的规则所覆盖，而低层的规则正是代表例外。例如，先前规则中的最后一个例外字句以及嵌套的 else 字句的最深层都只覆盖了单个实例，如将它们去除几乎不会有什么影响。即使是其余的嵌套内的例外规则也只是覆盖了 2 个实例。因此人们可以忽略所有深层结构而只关心前面的一、二层，便能对这些规则到底干什么有非常清楚的认识。这正是包含例外规则的诱人之处。

6.2.7 讨论

以上所讨论的所有产生分类规则的算法都是使用基本的覆盖或变治方案。对于简单而无噪声的情形，所使用的是一种简单易懂的算法，称为 PRISM（Cendrowska，1987）。当应用于有封闭世界假定的二类问题，只需要对其中的一个类建立规则，那样的规则属于析取范式，应用于测试实例时不会产生模棱两可的情形。若应用于多类问题，则为每个类生成一个独立的规则集：这样一个测试实例可能被赋予一个以上的类别，或者一个也没有，如果是要寻找单一的预测类，有必要考虑进一步的解决方法。

为了减少有噪声情形下的过度拟合问题，有必要产生一些甚至在训练集上也不"完美"的规则。为了做到这点，需要对规则的"良好度"或价值进行度量。有了这种度量，才有可能放弃基本的覆盖算法所使用的一个类接一个类的逐个进行的方法，而采用以产生最好的规则为开端，无论它是对哪个类别的预测，然后将这个规则所覆盖的所有实例去除，再继续这个过程。这形成了产生决策列表的方法，而不是产生一系列独立的分类规则。决策列表的重大优点是用它们做判定说明时不会产生一些不明确的结论。

增量减少－误差剪枝法的思想要归功于 Fürnkranz 和 Widmer（1994），为形成快速且有效的规则归纳法奠定了基础。RIPPER 规则学习器是由 Cohen（1995）提出的，尽管公开发表的论述在关于描述长度 DL 怎样影响停止条件问题上，看起来与实现时有所不同。这里呈现的只是算法的一些基本理念，在实现时还有太多的细节。

衡量一条规则的价值问题至今还未得到满意的解决。人们提议了许多不同的方法，一些是明显的启发式规则，另一些基于信息理论或概率。然而，至于哪种才是最好的方案还没有达成统一意见。Fürnkranz 和 Flach 对于各种不同标准做了深入的理论研究（2005）。

基于局部决策树的规则学习方法是由 Frank 和 Witten（1998）提出的。它所产生的规则集的准确率与由 C4.5 所产生的结果相当，并且比 RIPPER 产生的规则集的准确率更高，当然它与 RIPPER 相比也会产生更大的规则集。然而，它的主要优点不在于性能上，而在于它的简单性：它将自上而下的决策树归纳法和变治规则学习法结合起来，不需要进行全局优化就能获得好的规则集。

产生包含例外的规则的程序是由 Gaines 和 Compton（1995）在创建归纳系统时提出的一种主张，称为链波下降（ripple-down）规则。在对一个大型的医学数据集（22 000 个实例，32 个属性，60 个类别）上做试验时，他们发现用含例外的规则来表现大型系统，比用普通规则来表现等价的系统更易于理解。因为这正符合人们对于复杂的医学诊断所使用的思考方式。Richards 和 Compton（1998）把它们描述成典型知识工程的另一种方法。

6.3 关联规则

在 4.5 节中，我们研究了 Apriori 算法用于生成满足最小支持度和置信度阈值的关联规则。Apriori 按照"生成－测试"的方法寻找频繁项集，使用较短的频繁项集生成较长的候选项集。每个不同大小的候选项集都需要扫描一遍数据集以确定它是否超过了最小支持度阈值。尽管已经提出了一些对于该算法的改进，以减少扫描数据集的次数，但是生成过程的组合特性会使算法成本高昂，尤其是有许多项集或者当项集很大时。当使用较低的支持度阈值时，即使对于大小适中的数据集，这两种情况也会经常发生。并且，无论使用多高的支持度阈值，如果数据太大不能装入主存，重复地扫描数据集就会很麻烦，况且大多数关联规则的应用都会涉及真正大量的数据。

使用合适的数据结构可以改善这些问题。我们将要介绍一种称为 FP-growth 的方法，该方法使用一种扩展的前缀树（频繁模式树，或者称为 FP-tree）在主存中存储压缩后的数据集。将数据集映射成一个 FP-tree，只扫描数据集两遍。算法不先生成候选项集，而是首先以递归的方式使树增长成大的项集，然后在整个数据集上进行测试。

6.3.1 建立频繁模式树

与 Apriori 相似，FP-growth 算法首先统计数据集中单个项（也就是属性－值对）出现的次数。第一遍扫描数据集后，树结构在第二遍扫描的过程中建立。开始时，树是空的，然后逐渐向树中添加数据集中的实例。

要得到能够快速查找大项集的压缩的树结构，关键在于把项插入树结构之前，将每个实例中的项按它们在数据集中出现的频率降序排列，而这些频率在第一遍扫描数据集的时候已经记录下来了。每个实例中不满足最小支持度阈值的单个项不会被插入树中，这就有效地将它们从数据集中去除了。这样做的目的是希望多个实例将会共享最频繁出现的项，最终在树的根部取得高度的压缩效果。

我们用表 6-1 所示的天气数据来说明这一过程，使用的最小支持度阈值是 6。算法很复杂，复杂到远远超出了对这个简单例子来说合理的范围，但一个简单的例子是最好的解释算法的方法。表 6-1b 展示了单个项以及它们的频率，这是第一遍扫描数据集得到的。它们以降序存储，超过最小支持度阈值的项用粗体表示。表 6-1c 展示了原始的实例，它们的编号与表 6-1a 中的编号相同，且每个实例的项按频率的降序排列。最后，为了事先看一下最终结果，表 6-1d 展示了满足最小支持度阈值的两个多项集。它们与表 6-1b 中 6 个加粗的单项集一起构成了最终的结果：总共 8 个项集。为了得到表 6-1d 中的两个多项集，我们还要使用 FP-tree 方法做大量的工作。

表 6-1 为插入 FP-tree 而准备的天气数据

a) 原始数据

	outlook	temperature	humidity	windy	play
1	sunny	hot	high	false	no
2	sunny	hot	high	true	no
3	overcast	hot	high	false	yes
4	rainy	mild	high	false	yes
5	rainy	cool	normal	false	yes
6	rainy	cool	normal	true	no
7	overcast	cool	normal	true	yes
8	sunny	mild	high	false	no
9	sunny	cool	normal	false	yes
10	rainy	mild	normal	false	yes
11	sunny	mild	normal	true	yes
12	overcast	mild	high	true	yes
13	overcast	hot	normal	false	yes
14	rainy	mild	high	true	no

b) 项集频率排序，频繁项集加粗

play = yes	**9**
windy = false	**8**
humidity = normal	**7**
humidity = high	**7**
windy = true	**6**
temperature = mild	**6**
play = no	5
outlook = sunny	5
outlook = rainy	5
temperature = hot	4
temperature = cool	4
outlook = overcast	4

c) 每个实例中的数据按频率排序

1	windy = false, humidity = high, play = no, outlook = sunny, temperature = hot
2	humidity = high, windy = true, play = no, outlook = sunny, temperature = hot
3	play = yes, windy = false, humidity = high, temperature = hot, outlook = overcast
4	play = yes, windy = false, humidity = high, temperature = mild, outlook = rainy

(续)

	c) 每个实例中的数据按频率排序
5	play = yes, windy = false, humidity = normal, outlook = rainy, temperature = cool
6	humidity = normal, windy = true, play = no, outlook = rainy, temperature = cool
7	play = yes, humidity = normal, windy = true, temperature = cool, outlook = overcast
8	windy = false, humidity = high, temperature = mild, play = no, outlook = sunny
9	play = yes, windy = false, humidity = normal, outlook = sunny, temperature = cool
10	play = yes, windy = false, humidity = normal, temperature = mild, outlook = rainy
11	play = yes, humidity = normal, windy = true, temperature = mild, outlook = sunny
12	play = yes, humidity = high, windy = true, temperature = mild, outlook = overcast
13	play = yes, windy = false, humidity = normal, temperature = hot, outlook = overcast
14	humidity = high, windy = true, temperature = mild, play = no, outlook = rainy

d) 两个多项频繁项集	
play = yes & windy = false	6
play = yes & humidity = normal	6

图 6-8a 展示了最小支持度为 6，使用这些数据最终得到的 FP-tree 的结构。树本身用实线箭头表示。每个结点处的计数表示向上直到该结点（包括该结点）处排序好的项的前缀在数据集中出现的次数。例如，沿着树的左数第三个分支，我们可以看到，排序后以前缀 humidity = high 开始的实例有两个，也就是表 6-1c 中第二个和最后一个实例。沿着那个分支继续向下，下一个结点记录了同样的有两个实例的最频繁项是 windy = true。分支最底层的结点同样显示了两个实例中的一个（即表 6-1c 中最后一个实例）实例包含 temperature = mild。另一个实例（即表 6-1c 中第二个实例）在这个阶段被丢掉，因为它的下一个最频繁项不满足最小支持度约束，所以被从树中去除。

图的左侧，一个标题表（header table）展示了数据集（表 6-1b）中单个项的频率。这些项按降序排列，并且只包括了满足最小支持度的项。标题表中的每一项指向它在树中第一次出现的位置，并将树中后续相同名称的项连接在一起形成一个列表。这些列表以标题表中的项为表头，在图 6-8a 中用虚线箭头表示。

从树中可以很明显地看出，只有两个结点满足最小支持度阈值，分别是最左侧分支中的项集 play = yes（计数为 9）以及 play =yes 且 windy =false（计数为 6）。标题表中的每一项本身都是满足阈值的单项集。这样就得到了表 6-1b 中加粗的项以及表 6-1d 中第一个项集。我们已经事先知道了结果，可以看到只有一个项集（表 6-1d 中第二个）需要去发现了，但是图 6-8a 中的数据结构中没有任何线索，我们还需要做大量的工作来发现它。

6.3.2 寻找大项集

从标题表中连接到树结构中的链接的作用是帮助遍历树结构，以找到除了已经在树中的两个项集之外的其他大项集。使用分治法递归地处理树以得到逐渐增大的项集。每个标题表的列表从表的底部向上依次遍历。实际上，可以按任何顺序处理标题表，但是很容易想到先处理树中最长的路径，这对应于频率最低的项。

从标题表的底部开始，我们可以立刻将 temperature = mild 加入大项集列表中。图 6-8b 展示了下一步的结果，即数据集中包含 temperature = mild 的实例对应的 FP-tree。这个树不是通过重新扫描数据集创建，而是进一步对图 6-8a 中的树进行如下处理得到的。

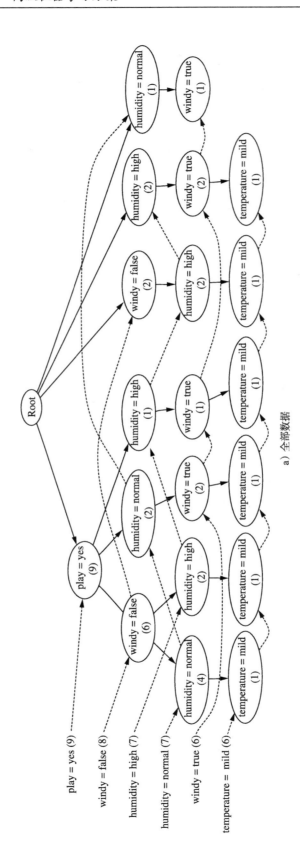

a）全部数据

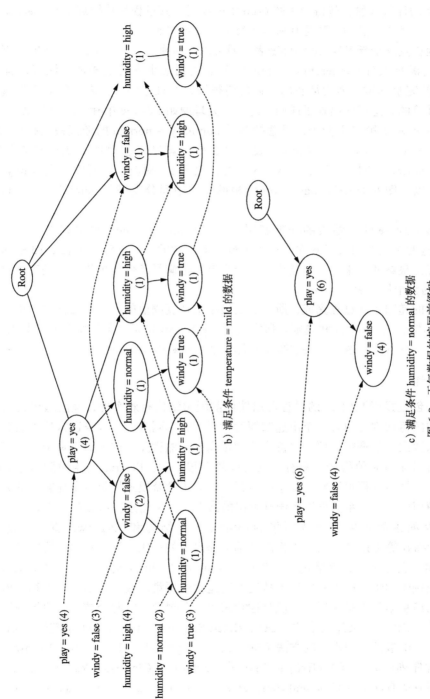

b) 满足条件 temperature = mild 的数据

c) 满足条件 humidity = normal 的数据

图 6-8 天气数据的扩展前缀树

为了检查是否有包含 temperature = mild 的更大项集，我们沿着标题表的链接进行。这使得我们能找出所有包含 temperature = mild 的实例。将原始树中满足条件 temperature = mild 的实例的计数映射，就得到了图 6-8b 中的新树。其过程是从结点 temperature = mild 向上传播计数，每个结点的计数是其所有子结点的计数之和。

快速地检查这个新 FP-tree 的标题表，便可以知道模式 temperature = mild 不能增大，因为没有任何满足条件 temperature = mild 的项能达到最小支持度阈值。注意，有必要创建图 6-8b 中的完整的树，因为从底向上创建树很快，并且左侧标题表中的数值是通过树的所有结点来计算的。这里便出现了递归，递归地处理原始 FP-tree 中标题表中剩余的项。

图 6-8c 展示了第二个例子，沿着标题表 humidity = normal 的链接最终得到的 FP-tree。这里结点 windy = false 的计数为 4，表示原始树中该结点左侧的分支中有 4 个实例满足 humidity = normal。同样，结点 play = yes 的计数为 6，对应原始树中结点 windy = false 的 4 个实例，以及图 6-8a 中以 play = yes 为根的子树中间分支满足 humidity = normal 的两个实例。

对于该 FP-tree 的标题表的处理表明，项集 humidity = normal 可以增长至包含 play = yes，因为这两个同时出现了 6 次，达到了最小支持度阈值。这对应于表 6-1d 中的第二个项集，这已经是最终的结果了。但是为了确定没有其他满足条件的项集，还是有必要继续处理图 6-8a 中的整个标题表。

一旦树的递归挖掘过程完成，所有满足最小支持度阈值的大项集便都被找出了。然后使用 4.5 节所述的方法创建关联规则。研究表明，FP-growth 算法在寻找大项集上比 Apriori 要快一个量级，尽管这个速度还要取决于具体实现以及数据集的特性。

6.3.3 讨论

递归的创建投影 FP-tree 的过程可以使用前缀树结构有效实现，该前缀树的每个结点以及标题表中的每项都要包含一个由递归深度索引的频率列表。树本身通常比原始数据集要小很多，如果数据集很稠密，那么这便会达到很高的压缩程度。这相对于每个结点需要维持的指针以及计数来说是值得的。只有当支持度阈值很小时，FP-tree 的压缩能力才会降低。在这种情况下，树会变得很稠密，共享结点很少。对于频繁模式树超过主存容量的大规模数据集来说，使用已经为关系数据库系统开发出的索引技术来构建驻留硬盘的树。

寻找大项集而不生成候选项集的 FP-tree 数据结构和 FP-growth 算法，是由 Han 等（2000）在 Zaki 等（1997）前期工作的基础上提出来的；Han 等（2004）给出了一个更易于理解的描述。它在许多方面都进行了扩展。Wang 等（2003）提出了一个称为 CLOSET+ 的算法，来挖掘闭项集，即没有同样支持度的真超集的项集。找出大的闭项集和找出所有大项集所得到的信息本质上是一样的，但是这会减少冗余规则，因此会减少用户检查挖掘结果是面对的工作。GSP（广义序贯模式（Generalized Sequential Patterns））是基于 Apriori 算法用来挖掘数据库中事件序列模式的方法（Srikant and Agrawal，1996）。与 FP-growth 相似的用于挖掘事件序列的算法有 PrefixSpan（Pei 等，2004）和 CloSpan（Yan 等，2003），对于图模式的挖掘算法有 gSpan（Yan and Han，2002）和 CloseGraph（Yan and Han，2003）。

Ceglar 和 Roddick（2006）对关联规则挖掘进行了综述。一些作者将关联规则挖掘和分类结合在一起。例如，Liu 等（1998）挖掘一种关联规则，叫作"分类关联规则"，并且在这些规则的基础上使用 CBA（Classification Based on Associations）技术建立了分类器。

Mutter 等（2004）使用分类来评估基于置信度的关联规则挖掘的结果，发现当关注运行时间和规则集大小时，标准的分类规则学习器一般要优于 CBA。

6.4 Weka 实现

- 决策树
    - J48（C4.5 的实现）
    - SimpleCart（如 CART，最小化成本 – 复杂度剪枝，在 simpleCART 程序包中）
    - REPTree（减少 – 误差剪枝）
- 分类规则
    - JRip（RIPPER 规则学习器）
    - Part（从局部决策树形成规则）
    - Ridor（链波下降规则学习器，在 ridor 程序包中）
- 关联规则
    - FPGrowth（频繁模式树）
    - GeneralizedSequentialPatterns（在序列数据中找到最大项集树，在 generalizedSequentialPatterns 程序包中）
    - CBA（挖掘分类关联规则，在 classAssociationRules 程序包中）

第 7 章
Data Mining: Practical Machine Learning Tools and Techniques, Fourth Edition

基于实例的学习和线性模型的扩展

基于实例的学习和拟合线性模型是几十年来用于解决统计中预测任务的经典技术。在本章中，我们将展示如何扩展这些基本方法来应对更具挑战性的任务。

使用最近邻分类器的基于实例的学习在存在噪声和不相关属性的情况下相当灵活，其预测性能取决于和手头任务匹配的距离函数。它需要存储整个训练数据，这在实践中是不可取甚至是不可行的。最后，它没有提供"学习"了什么的深刻理解。为了弥补这些缺陷，我们将展示如何减少训练示例的数量、如何防止噪声过多的例子、如何权衡属性来考虑其重要性、如何将示例泛化到规则以提供洞察力，以及如何将距离函数泛化到不同类型的数据。

对于线性模型，我们讨论了将其适用性泛化到输出不是原始属性的线性函数情况的几种方法。一种是通过基于原始属性形成新的属性，或通过组合许多线性模型的输出来形成一个更复杂的函数来增加模型的数学复杂性。第一种方法应用简单，大大增加了学习问题的计算需求。然而，事实证明，有一个利落的数学设置——被称为"核技巧"，解决了这个问题。我们讨论几种基于核型的学习方法：支持向量机、核回归和核感知机。第二种方法，基于线性模型输出的非线性变换，得到所谓的人造神经网络。我们将讨论多层感知机，它是一种广泛用于分类和回归的神经网络类型。我们还将解释随机梯度下降，这是一种用于学习我们讨论的许多模型的简单而快速的技术——基本线性模型及其扩展版本。

我们还讨论了扩展线性模型的其他两种方法：一种是通过将实例空间划分为使用树学习者的区域，并将模型拟合到树的叶子上来构建局部线性模型，产生所谓的模型树；另一种是将基于实例的学习与线性模型相结合，产生局部加权回归。前一种方法产生了一个清楚的模型，与本章讨论的大多数其他方法相反；后者自适应增量学习。

7.1 基于实例的学习

我们已经在 3.7 节中看到最近邻规则是怎样用于实现基于实例学习的基本形式。这个简单的方案存在一些实际问题。第一，对于较大规模的训练数据集，它的速度往往很慢，因为对每个测试实例来说，整个训练集都要被搜寻一遍——除非使用像 kD 树或球树那样更复杂的数据结构。第二，对于噪声数据，性能较差，因为测试实例的类是由单个最近邻的实例决定的，所以没有使用任何"取均值"来帮助消除噪声。第三，当不同的属性对分类结果存在不同程度的影响时，极端的情形是当某些属性对分类完全无关时，性能较差，这是因为在距离公式中所有属性的贡献是均等的。第四，它不能实现显式的泛化，尽管在 3.5 节中提到（并在图 3-10 中描述）某些基于实例的学习系统确实能实现显式的泛化。

7.1.1 减少样本集的数量

普通的最近邻规则存储了许多冗余样本。几乎完全没有必要保存所有目前所见过的实例。一个简单的变体就是用所见的实例对每个实例进行分类，只保存被错误分类的实例。这里用术语样本集（exemplars）特指先前已见过的、用于分类的实例集。丢弃被正确分类的实例以减少样本的数量，这被证明是剪枝样本数据库的一种有效方法。理想状况是只为实例空间上的每个重要区域存储单个样本。但是在学习过程早期被丢弃的实例，也许在后期看来是重要的实例，这可能导致预测准确率的降低。随着存储实例数目的增加，模型的准确率也随之得以改善，因此系统错误随之减少。

不幸的是，只存储被错误分类的实例在碰到噪声数据时不能正常工作。噪声实例很可能被错误分类，因此导致所存储的样本集趋向于累积那些最无用的实例。这个结论很容易通过实验观察到。因此，这个策略只是探寻更为有效的基于实例学习器道路上的一块踏脚石。

7.1.2 对噪声样本集剪枝

就任何不抑制噪声样本集的最近邻方案来说，噪声样本集会不可避免地降低性能，因为它们会重复地造成对新实例的错误分类。有两种方法可以解决这个问题：一种是局部的，预先确定一个常数 k，然后查找 k 个最近邻的实例来代替查找单个最近邻实例，并将多数类赋予未知实例。问题是怎样给定合适的常数 k。简单最近邻学习对应的 k 值等于 1。噪声越多，k 值就应越大。第一种方法是设定几种不同的 k 值进行交叉验证，然后选择其中最好的。虽然这样计算时间耗费很多，但通常能达到非常好的预测性能。

第二种方法是监测每个存储样本的性能，丢弃性能不好的。这可以通过记录每个样本所做出的正确和错误的分类决策数目来完成。在正确率上要预设两个阈值。当某个样本的性能低于阈值下限时，将其从样本集中删除。如果性能超过阈值上限，将其用于测试新的实例。如果性能介于两者之间，该样本将不参与预测，但只要它是新实例最靠近的样本（假如它的性能记录足够好，它就会参与预测），它的成功统计就要被更新，就好像它参与了预测那个新的实例。

为了完成这个任务，要用到 5.2 节中推导的伯努利过程成功概率的置信边界。回想一下，我们将 N 次实验中含有 S 次成功作为潜在真实正确率 p 的置信边界的依据。给定某一置信度，比如说 5%，可以计算上界、下界，并有 95% 的把握使 p 落入上界、下界之内。

为了把这点运用于决定何时接受某个样本，先假设某个样本已参与 n 次对其他实例的分类，其中 s 次是正确的。这使我们能估计出在某一置信度下，这个样本真实正确率的边界。现在假设这个样本的类在 N 个训练实例中出现 c 次。这使我们能估计出默认正确率的边界，这里默认正确率是指对这个类的实例分类的成功概率，而不考虑其他实例的任何信息。我们主张真实正确率的置信边界下界要高于默认正确率置信边界的上界。用同样的方法来设计丢弃性能差的样本的准则，丢弃的条件是真实正确率的置信边界上界低于默认正确率置信边界的下界。

通过选择适当的阈值，这个方案工作得很好。在 IB3 即"基于实例的学习器版本 3"的实现中，决定接受的置信度设为 5%，决定丢弃的置信度设为 12.5%。较低的百分率将产生较宽的置信区间，这是为更严格的准则设计的，因为这使一个区间的下限要位于另一个区间的上限之上更加困难。决定接受的准则比决定丢弃的准则更严格，使一个实例被接受更为困难。丢弃准则不那么严格的原因在于丢弃分类准确率中等偏差的实例几乎不会有什么损失：很有可能以后会有类似的实例来取代它。运用这些阈值能使基于实例的学习方案的性能得到提高，同时大幅减少了存储的样本数目，特别是噪声样本。

7.1.3 属性加权

经过修改的欧几里得距离函数使所有属性值按比例转换为 0～1 之间的数值，这在各个属性与结果的相关性等同的情况下能较好地工作。然而，这种情况只是一种例外而非常规。在多数情况下，部分属性与结果无关，且相关属性中部分属性不如其他属性重要。基于实例学习的下一步改进就是通过动态更新属性权值来增量学习每个属性的相关性。

在一些方案中，权值是与具体类别相关的，即一个属性可能对某种类比对其他类更为重要。为了配合这一点，对每个类进行描述，使每个类的成员与属于其他类的成员区分开来。这就带来了一个问题，即一个未知的测试实例可能会被赋予多个不同的类，或者一个类也没有，这是一个我们在讨论规则归纳中很熟悉的问题。可用启发式解决方案来解决这些问题。

距离度量在各个维上将各自属性权值 $w_1, w_2, \cdots, w_n$ 合并在一起考虑：

$$\sqrt{w_1^2(x_1-y_1)^2 + w_2^2(x_2-y_2)^2 + \cdots + w_n^2(x_n-y_n)^2}$$

当特征权值与类别相关时，每个类各自拥有一组权值。

对每个训练实例进行分类之后，所有属性权值都要被更新，更新是基于最类似的样本（或每个类最类似的样本）进行的。训练实例 x，最类似样本 y，对于每个属性 i，差值 $|x_i-y_i|$ 是这个属性对分类决策所做贡献的一种度量。如果差值很小，这个属性的贡献是前向的；如果差异很大，贡献则是后向的。基本的思想是依据这个差值的大小以及分类是否正确来更新第 i 个属性的权值。如果分类正确，相关的权值增加；如果分类错误，相关的权值减小。增加或减少的幅度由差值大小来控制，如果差异小，幅度就大，反之亦然。跟随权值改变之后的通常是重规范化步骤。一种可能达到相同效果且更为简单的方法是：如果决策正确，权值不变；如果决策错误，则增加差异最大的那些属性的权值，以强调差异。Aha（1992）对这些权值调整的算法进行了详细介绍。

一种检验属性加权方案是否有效的好方法是在数据集所有实例中添加无关属性。理想状况是，无关属性的介入既不影响预测质量，也不影响存储样本的数目。

7.1.4 泛化样本集

消除训练样本的噪声和冗余在一定程度上有助于理解数据的结构。为了进一步提高可解释性，需要对范例进行泛化。

泛化后的样本集是实例空间上的矩形区域，因为它们是高维的，所以称为超矩形（hyper-rectangle）。在对新的实例进行分类时，很有必要按下面所述的方法来修正距离函数，使之能计算实例与超矩形间的距离。当一个新实例被正确分类时，泛化就是简单地将它与同一个类中最近邻的样本合并起来。最近邻样本不是单个实例就是一个超矩形。在前一种情形下就产生一个新的超矩形，它包含新的和旧的实例。在后一种情形下，超矩形就会扩大，将新的实例包含进去。最后，如果预测不正确，而且导致做出错误预测的是一个超矩形，那么这个超矩形的边界就会改变，从而缩小并远离新的实例。

有必要在一开始就决定是否允许由于超矩形嵌套或重叠而引起的过度泛化。如要避免过度泛化，在泛化一个新实例之前要进行检查，看看新的超矩形是否会与任何属性空间的区域相冲突。如果有冲突，就放弃泛化，将这个实例如实存储起来。注意，超矩形的重叠类似于在一个规则集里，同一个实例被两条或两条以上的规则所包含。

在某些方案中，当一个已泛化的样本集完全包含在另一个样本集中时，可使用嵌套，就像在某些表达中，规则会有例外一样。为了达到这个目的，当一个实例被错误分类时，应用一个后退启发式方法，即如果第二近邻样本能产生正确的预测，则使用第二个近邻样本，再次尝试泛化。这种二次泛化机制的方法促进了超矩形的嵌套。如果一个实例正好落入一个代表错误类的矩形中，而这个矩形已含有一个与此实例同类的样本，那么它们两个就进行泛化，形成嵌套在原来矩形中的一个新的"例外"超矩形。对于嵌套泛化样本，为了防止同属于一个类的所有实例泛化成单个矩形而占据问题空间的大部分，学习过程经常从一小部分的实例开始。

7.1.5 用于泛化样本集的距离函数

对于泛化样本集，很有必要对距离函数进行泛化，用于计算某个实例距一个泛化样本集或另一个实例的距离。当实例点落在超矩形内时，这个实例距超矩形的距离被定义为零。一种最简单的用于计算位于超矩形外的实例距超矩形距离的方法是在超矩形内选择离这个实例最近的实例，并计算它们之间的距离。但是，这种方法削弱了泛化的益处，因为它引发了对某个具体实例的依赖。更精确地说，正好落入超矩形的新实例能继续保留泛化的益处，而位于超矩形之外的则不能。或许使用（新实例）离超矩形最近部分的距离来替代会更好。

图 7-1 展示了使用最近邻点距离度量方法时两个矩形类之间的隐含边界。即使是在二维空间，边界也包含 9 个区域（图中用数字标出两个矩形类间的边界，方便辨认）。那么对于高维超矩形，情况就更复杂了。

从左下角开始，第一个区域分界线是直线，区域位于两个矩形范围之外，即大矩形两边界的左方，小矩形两边界的下方。第二个区域是在一个矩形范围之内，即大矩形左边界的右方，但在另一个矩形范围之外（即小矩形两边界的下方）。在这个区域中分界线呈抛物线形，因为离一条给定线和一个给定点距离相等的所有点的集合是一条抛物线（parabola）。第三个区域是分界线向上能投射到大矩形的下边界而向右能投射到小矩形的左边界的区域。这条区域中的分界线是直线，因为它离两条矩形边界是等距离的。第四个区域分界线位于大矩形的右下方。这时分界线呈抛物线形，因为它是离大矩形右下角和小矩形左边界等距的点的轨迹。第五个区域位于两个矩形之间。这时分界线是竖直的。右上部分图形重复同样的模式：先是抛物线，接着是直线，然后又是抛物线（虽然这条抛物线和直线很难区分），最后是从两个矩形的范围向外延伸的线性分界线。

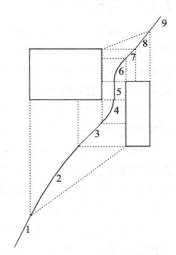

图 7-1　两个矩形类之间的边界

这个简单的情形定义了一个复杂的分界边界！当然没有必要显式地表示分界线，它是通过最近邻法计算得出的。然而，这还不是很好的方法。用超矩形中的最近邻实例来计算距离过度依赖于某个具体实例的位置，即过度依赖于矩形的某个角，而最近邻实例可能离这个角较远。

最后关注重叠或嵌套超矩形的距离度量问题。一个实例可能落入多个超矩形中，这会使问题复杂化。适用于这种情况的一种启发式方法是，选择包含这个实例且超矩形最为具体化的类，即覆盖实例空间最小的类。

无论是否允许重叠或嵌套，都要修正距离函数，以便考虑样本预测的准确率和不同属性的相对重要性，如前一节所述的剪枝噪声样本和属性加权一样。

7.1.6 泛化的距离函数

定义距离函数有很多不同的方法，也很难找出理由来进行任何一种具体的选择。一种较好的方法是考虑将一个实例通过一系列预设的初级运算转换成另一个实例，然后计算当运算方式为随机选择时这个系列运算会出现的概率。如果考虑所有可能的转换路径，用它们的概率进行加权，将使该方案更加健壮。将这种方法自然泛化到计算某个实例和其他一系列实例之间的距离问题时，就要考虑将这个实例转换为系列中的所有实例。通过这种技术，使得考虑每个实例的"影响范围"成为可能，这个范围是软边界而非 k 最近邻规则对某个实例的决策不是"内"就是"外"的硬边界分隔。

用这种方法，对于一个类未知的测试实例，依次计算它和每个类的训练实例集的距离，选择距离最近的类。在这种基于转换的方法中，通过定义不同的转换集，该方法对名目属性和数值属性都同样适合，甚至可用于一些不常用的属性类型，如弧度、星期等，它们都是循环量度的。

7.1.7 讨论

继 Aha（1992）发现基于实例的学习方法结合剪枝噪声样本和属性加权能达到比其他学习方法更好的工作效果之后，最近邻法在机器学习领域流行起来。值得一提的是，虽然我们只是在分类中讨论这个问题而没有对数值预测进行讨论，但它们是同等适用的：可以由 k 个最近邻的预测值根据距离加权组合得出最终的预测。

从实例空间的角度看，标准规则和基于树的表示方法只能表示与属性定义的坐标轴相平行的类边界。这对名目属性来说不是一个障碍，但对数值属性来说则有问题。非平行轴的类边界只能根据边界上下的一些与坐标轴平行矩形所覆盖的区域进行近似，矩形的数目决定了近似的程度。相反，基于实例的方法可以很容易地表示任意的线性边界。即使是一个二类问题且每个类只有一个实例的情况，由最近邻规则得到的边界也是一条任意方向的直线，即两个实例连线的垂直平分线。

简单的基于实例的学习方法除了选择代表样本外，不提供显式的知识表达。但当它和样本泛化结合在一起时，可以得到一组规则集，这组规则集可用来与其他机器学习方案所产生的规则集相比较。这些规则更趋于稳定，因为改进的、结合了泛化样本的距离度量，可用于处理不落入规则内的实例。这减少了产生覆盖整个实例空间，甚至所有训练实例的规则所带来的压力。此外，大多数基于实例的学习方案的增量特性，意味着在只看到一部分训练集时，就很迫切地产生规则，而这不可避免地会降低规则的质量。

因为不清楚用何种方法进行泛化，所以我们没有提供各种运用泛化的基于实例学习的精确算法。Salzberg（1991）提出使用嵌套样本的泛化可以在多种问题的分类中取得较高的分类准确率。Wettschereck 和 Dietterich（1995）对上述说法提出质疑，他们认为这些结论是偶然的，在其他领域并不成立。Martin（1995）揭示了性能表现差的原因是超矩形重叠或嵌套引起的过度泛化，而不是泛化造成性能差。他还证实了在很多领域中，如果避免了重叠或嵌套的发生，就会得到很好的效果。Cleary 和 Trigg（1995）提出了基于转换的泛化距离函数。

样本泛化是一种少见的学习策略的例子，它的搜索过程是从具体到一般，而树或规则归纳过程是从一般到具体。没有特别的理由要求这个从具体到一般的搜索必须对实例采用严格的增量模式，使用基本的基于实例的方法来产生规则的批量处理方案也是存在的。另外，进行保守的泛化，对没有覆盖的实例挑选"最近"泛化是非常好的主意，通常会对树或者规则归纳有帮助。

7.2 扩展线性模型

4.6 节介绍了如何在所有属性都为数值型的情形下，使用简单的线性模型进行分类。它们最大的缺点是只能表示存在于类之间的线性边界，对于很多实际应用来说，这未免太过简单了。支持向量机能利用线性模型来实现非线性类边界（虽说支持向量机（support vector machine）是一个应用广泛的术语，却有点用词不当，实际上它是算法，而不是机器）。这怎么可能呢？诀窍很简单，将输入进行非线性映射的转换，换句话说，将实例空间转换为一个新的空间。由于使用了非线性映射，所以新空间里的一条直线在原来空间里看起来却不是直的。在新空间里建立的线性模型可以代表原来空间里的非线性决策边界。

假设在 4.6 节介绍的普通线性模型中直接应用这个想法。例如，原先的属性集可以替换成它们所能组成的所有 n 次乘积所形成的属性集。举例来说，对于两个属性，所能组成的所有 3 次乘积是

$$x = w_1 a_1^3 + w_2 a_1^2 a_2 + w_3 a_1 a_2^2 + w_4 a_2^3$$

其中 x 是结果，a_1 和 a_2 是两个属性值，有 4 个权值 w_i 需要学习。如 4.6 节所述，结果可用于分类。针对每个类各训练一个线性系统，将一个未知的实例归到输出结果值 x 最大的类，这是多响应线性回归的标准方法。a_1 和 a_2 是测试实例的属性值。

为了要在这些乘积所跨越的空间上形成一个线性模型，每个训练实例通过计算它的两个属性值所有可能的 3 次乘积，映射到新的空间。学习算法也因此被应用到转换后的实例集上。为了要对一个实例进行分类，在分类前也要对实例先进行相同的转换处理。没有什么可以阻止我们增添更多的合成属性。比如，如果再包括一个常数项、原始属性自身以及所有两个属性的乘积，总共将产生 10 个需要学习的权值（或者增加一个额外的属性，属性值永远是一个常数，效果也是一样的）。实际上，达到足够高的次数的多项式能以任何要求的精确度接近决策边界。

似乎好的难以置信，事实也的确如此。你也许已猜到，在任何现实环境中由转换引入的大量系数会使这个过程出现问题。第一个障碍是计算复杂度。假设原始数据集中有 10 个属性，我们要包含所有 5 次乘积，那么这个学习算法必须要确定 2000 多个系数。如果对于线性回归，运行时间以属性数量的立方来计算，那么训练将无法实现。这是一个实用性问题。第二个问题是个基本问题——过度拟合。如果相对于训练实例的数量，系数数目过多，那么所形成的模型会"过度非线性化"，将对训练数据过度拟合——模型中的参数实在是太多了。

7.2.1 最大间隔超平面

支持向量机能解决前面提到的这两个问题。支持向量机是基于寻找最大间隔超平面（maximum margin hyperplane）这种特殊线性模型的算法。我们已经知道了什么是超平面，它只是线性模型的另一个用词。为了直观感受最大间隔超平面，想象一个含有两个类的数据集，这两个类是线性可分的，也就是说，在实例空间上存在一个超平面能对所有训练实例进行正确分类。最大间隔超平面是一个能使两个类之间达到最大限度分离的超平面，它对两个类都是尽可能地不靠近。图 7-2 给出了一个例子，两个类分别用空心圈和实心圈来表示。从

技术上说，一系列点的凸包（convex hull）是最紧凑的凸多边形，它的轮廓是通过将每个点与其他所有点连接而形成的。我们已经假设这两个类是线性可分隔，它们的凸包不能重叠。在所有能分隔这两个类的超平面中，最大间隔超平面是其中离两个凸包距离尽可能远的那个，它垂直平分两个凸包间距离最短的线段（见图 7-2 中的虚线）。

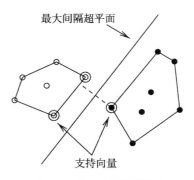

图 7-2　最大间隔超平面

最靠近最大间隔超平面的实例，即距离超平面最近的实例，称为支持向量（support vector）。每个类至少有一个支持向量，经常是多个。重要的是支持向量能为学习问题定义唯一的最大间隔超平面。给出两个类的支持向量，我们可以很容易地构造最大间隔超平面。其他训练实例都是无关紧要的，即使被去除也不会改变超平面的位置。

在含有两个属性的情况下，一个分隔两个类的超平面可表示为

$$x = w_0 + w_1 a_1 + w_2 a_2$$

其中 a_1 和 a_2 是两个属性值，有 3 个权值 w_i 需要学习。然而，定义最大间隔超平面的等式也可以从支持向量的角度，用另一种形式表示。训练实例的类值 y 是 1（表示 yes，属于这个类），或者 -1（表示 no，不属于这个类），那么最大间隔超平面就是

$$x = b + \sum_{i \text{是支持向量}} \alpha_i y_i \boldsymbol{a}(i) \cdot \boldsymbol{a}$$

其中，y_i 是训练实例 $\boldsymbol{a}(i)$ 的类别值；b 和 α_i 是需要由学习算法来决定的数值参数。注意，$\boldsymbol{a}(i)$ 和 $\boldsymbol{a}$ 是向量。向量 $\boldsymbol{a}$ 代表一个测试实例，如在前面公式中向量 (a_1, a_2) 代表一个测试实例一样。向量 $\boldsymbol{a}(i)$ 是支持向量，即图 7-2 中被圈起来的点，它们是从训练集中挑选出来的。$\boldsymbol{a}(i) \cdot \boldsymbol{a}$ 代表了测试实例和一个支持向量的标量积（点积）：$\boldsymbol{a}(i) \cdot \boldsymbol{a} = \sum_j a(i)_j a_j$。即便你对标量积的概念不熟悉，也依然能理解随后的要点，只要把 $\boldsymbol{a}(i)$ 看作第 i 个支持向量的整个属性值的集合即可。最后，b 和 α_i 是决定超平面的参数，就像在前面一个公式中的权值 w_0、w_1 和 w_2 一样，是决定超平面的参数。

寻找实例集的支持向量，并决定参数 b 和 α_i，属于标准的优化问题，称为约束二次优化（constrained quadratic optimization）。有现成的软件包可用来解决这些问题（参见 Fletcher, 1987，介绍了全面、实用的解决方法）。然而，如果采用特别的算法来训练支持向量机，可降低计算复杂度、加速学习过程，但这些算法的详细内容不在本书讨论的范围内。

7.2.2　非线性类边界

我们是因为断言支持向量机可用于建模非线性类边界而引入支持向量机的。但到目前为止，我们只讲述了线性的情况。试考虑在确定最大分隔超平面之前，对训练集数据进行如前文所述的属性转换将会发生什么。直接应用这种转换来建立线性模型，存在两个问题：一个是计算复杂度，另一个是过度拟合。

使用支持向量，不太可能发生过度拟合。原因是过度拟合与不稳定性是密切相关的，改变一个或两个实例向量会引起大范围的决策边界的变化。但最大间隔超平面相对比较稳定：只有当增加或去除的训练实例是支持向量时，边界才会改变，即使在经非线性转换的高维空间也是如此。过度拟合是决策边界过度灵活、过度复杂造成的。支持向量是整个训练点集的

全局代表，通常只是它们中的极小部分，很少会过度复杂。因此过度拟合不太可能发生。

那么，计算复杂度呢？这仍然是个问题。假设转换的空间是高维空间，那么转换后的支持向量和测试实例由许多分量组成。根据上面的等式，每次对一个实例分类时，必须计算它和所有支持向量的标量积。在经非线性映射所得到的高维空间上，这是相当耗时的。要得到标量积，涉及对每个属性进行乘积运算及求和运算，并且新空间的属性数目可能是庞大的。这个问题不仅发生在分类过程中，在训练过程中也存在，因为优化算法必须非常频繁地进行同样的标量积计算。

幸运的是，可以在进行非线性映射之前，使用叫作基于标量积的核函数来对原始属性集的标量积进行计算。上述等式的一个高维表达式可以简化为

$$x = b + \sum \alpha_i y_i (a(i) \cdot a)^n$$

其中 n 是所选的转换系数（先前的例子中用的是 3）。如果将项 $(a(i) \cdot a)^n$ 展开，将发现它包含了测试和训练向量按涵盖所有可能的 n 次乘积转换，然后取标量积作为结果所涉及的所有高维项（如果计算，你会注意到一些常量因子——即二项式系数——被引入。但这不要紧，我们关注的是空间维数，常量只是关系到坐标轴刻度比例）。由于在数学上的等价关系，标量积可以在原先的低维空间上进行计算，因此问题就解决了。在实现时，可选用约束二次优化软件包，将每次求 $a(i) \cdot a$ 的值替换为求 $(a(i) \cdot a)^n$ 的值。就是这么简单，因为在优化和分类算法中，这些向量都只是以标量积的形式参与。训练集向量，包括支持向量，以及测试实例，在计算过程中都保留在原来的低维空间里。

函数 $(x \cdot y)^n$，用于计算向量 x 和向量 y 的标量积并将结果上升为 n 次幂，称为多项式核（polynomial kernel）函数。选择 n 的好方法是从 1（一个线性模型）开始，然后递增，直到估计误差不再有改进为止。通常，相当小的值就足够了。为了包含低次项，我们可以使用核 $(x \cdot y + 1)^n$。

也可以换用其他核函数来实现不同的非线性映射。两个经常建议使用的核函数是径向基函数（Radial Basis Function，RBF）和 sigmoid 核（sigmoid kernel）函数。哪一种能产生最好的效果取决于应用，但在实践中它们的差别并不很大。有趣的是，使用 RBF 核函数的支持向量机对应于神经网络的一种——称为径向基函数网络（RBF network）（我们将在后面讨论），而使用 sigmoid 核函数的支持向量机实现的是另一种神经网络，即带一个隐层的多层感知机（也将在后面讨论）。

在数学上，任何能写成 $K(x, y) = \Phi(x) \cdot \Phi(y)$ 形式的函数 $K(x, y)$ 都是一个核函数，其中 Φ 是将实例映射到（潜在的高维）特征空间的函数。换句话说，核函数表示一个由 Φ 创建的特征空间内的点积。在实际应用中，人们也会使用一些不是真正核函数的函数（例如某些参数条件下的 sigmoid 核函数）。尽管没有理论上的保证，但这也会得到很精确的分类器。

在本节中，我们都假设训练数据是线性可分的——在实例空间或在经过非线性映射的新空间。事实证明，支持向量机可以推广到训练数据不可分的情形。最终的实现要给上述系数 α_i 设定一个上限。不幸的是，这个参数需要用户自己选择，而最好的设置只有从实验中得出。而且在大多数情况下，不可能事先判定一个数据集是否线性可分。

最后，我们必须提醒的是，和其他学习方法（如决策树）相比，即使是最快的支持向量机训练算法，应用在非线性情形下也是很慢的。然而，由于它们能得到微妙复杂的决策边界，所以通常能产生精确度很高的分类器。

7.2.3 支持向量回归

最大间隔超平面的概念只能应用于分类。但是，支持向量机算法已经能适用于数值预测，它共享了许多在分类应用中所遇到的特性：产生一个通常只是由少许支持向量来表示的模型，并可以利用核函数将其应用于非线性问题中。与普通支持向量机的介绍一样，我们只讨论它所引入的概念，而不具体描述算法实际是如何工作的。

和 4.6 节中讨论的线性回归一样，基本理念是通过预测误差最小化来寻找一个能较好地接近训练数据点的函数。主要的差别在于所有在用户指定参数 ε 之内的偏差都被简单地丢弃了。同样，在进行误差最小化时，由于同时试图使函数平面度最大化，所以过度拟合的风险降低了。另一个差别在于被最小化的通常是预测值的绝对误差，以此来替换线性回归中所用的平方误差（但是也有使用平方误差的算法版本）。

用户指定参数 ε 是在回归函数周围定义一个管道，在这个管道内的误差将被忽略：对于线性支持向量回归，这个管道是个圆柱体。如果所有训练点都在宽度为 2ε 的管道内，那么算法输出一个位于最平的管道中央的函数。这个情况下，总的误差为 0。图 7-3a 展示了一个含有 1 个属性、1 个数值型类和 8 个实例的回归问题。在这个例子中，ε 设为 1，因此回归函数周围管道宽度（图 7-3 中由虚线画出）为 2。图 7-3b 展示的是当 ε 设为 2 时的学习结果。正如所见，较宽的管道可能产生一个较平的函数。

ε 值控制了函数与训练集数据的拟合程度。如果这个值太大，将产生一个毫无意义的预测器。极端的情形是，当 2ε 超出训练数据类值的范围时，回归线是水平的，并且算法的预测结果总是类的均值。如果 ε 值太小，也许不存在能包含所有训练数据的管道。在这种情况下，部分训练数据点将出现非零误差，这里预测误差和管道的平面度之间就存在一个折中问题。在图 7-3c 中，ε 设为 0.5，没有一个宽度为 1 的管道可以包含所有数据。

在线性情况下，支持向量回归函数可以写成

$$x = b + \sum_{i \text{是支持向量}} \alpha_i a(i) \cdot a$$

同分类问题一样，在处理非线性问题时，标量积可以用核函数来代替。支持向量是所有那些不是确实落入管道内的点，即那些在管道外及管道边缘上的点。与分类问题一样，所有其他点的系数为 0，都可以从训练集中去除而不改变学习的结果。与分类问题不同的是，这里 α_i 可能是负的。

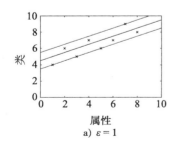
a) $\varepsilon = 1$

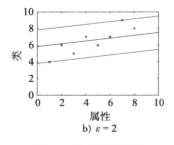
b) $\varepsilon = 2$

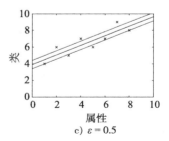
c) $\varepsilon = 0.5$

图 7-3　支持向量回归

正如我们先前提到的，在使误差最小化的同时，算法还要试图使回归函数平面度最大化。在图 7-3a 和图 7-3b 中，存在包含所有训练数据点的管道，而算法只输出其中最平的管道。但在图 7-3c 中，不存在误差为 0 的管道，在预测误差和管道平面度之间要进行权衡。

这个权衡是通过对系数 α_i 的绝对值设定上限值 C 来控制的。这个上限值约束了支持向量对回归函数形状的影响，它是除了 ε 之外必须由用户设定的另一个参数。C 值越大，函数与数据越拟合。在 $\varepsilon = 0$ 的情况下，算法只是简单地执行在系数受限条件下的最小绝对误差回归，所有的训练数据都成为支持向量。相反，如果 ε 足够大，能使管道包含所有训练数据，那么误差为 0，不需要进行权衡，算法输出的是包含数据且与 C 值无关的最平的管道。

7.2.4 核岭回归

第 4 章已经介绍了用于数值预测的经典最小平方线性回归技术。在上一节中，我们见到了支持向量机用于回归的能力，以及如何用核函数代替支持向量公式中的点积运算来解决非线性问题的，这通常叫作"核技巧"。对于使用平方损失函数的经典线性回归，只需要进行简单的矩阵操作就能得到模型，但是由用户指定损失参数 ε 的支持向量回归则不行。最好能将核技巧的力量和标准最小平方回归的简单结合在一起。核岭回归（kernel ridge regression）就是这样。与支持向量不同，它并不忽略小于 ε 的误差，并且用平方误差代替绝对误差。

在第 4 章中，对于一个给定的测试实例 $\boldsymbol{a}$，线性回归模型的预测类别的值表示为所有属性值的加权和，而这里它表示为每个训练实例 $\boldsymbol{a}_j$ 与测试实例的点积的加权和：

$$\sum_{j=1}^{n} \alpha_j \boldsymbol{a}_j \cdot \boldsymbol{a}$$

这里我们假设函数通过原点，没有截距。对于每个训练实例都包含一个系数 α_j，除了 j 是涵盖所有实例而不是只包含支持向量这点外，它与支持向量机还是十分相似的。同样，可以用核函数代替点积来产生一个非线性模型。

模型在训练数据上的预测平方误差之和由以下公式算得

$$\sum_{i=1}^{n}\left(y_i - \sum_{j=1}^{n}\alpha_j \boldsymbol{a}_j \cdot \boldsymbol{a}_i\right)^2$$

与第 4 章相同，这是二次损失函数，同样我们通过选择合适的 α_j 使它达到最小值。但是，每个训练实例都会有一个系数，而不是每个属性对应一个系数，并且大多数数据集中实例的数量要远远大于属性的数量。这意味着当使用核函数代替点积来获得非线性模型时，将会有很大的对训练数据过度拟合的风险。

这就是核岭回归中"岭"的由来。此处我们没有最小化二次损失函数，而是通过引入惩罚项

$$\sum_{i=1}^{n}\left(y_i - \sum_{j=1}^{n}\alpha_j \boldsymbol{a}_j \cdot \boldsymbol{a}_i\right)^2 + \lambda \sum_{i,j=1}^{n}\alpha_i \alpha_j \boldsymbol{a}_j \cdot \boldsymbol{a}_i$$

在拟合程度和模型复杂度之间进行权衡。

公式中第二个求和部分会惩罚大的系数。这会防止模型为单个训练实例赋予很大的权值而过于强调单个训练实例的作用，除非这会导致训练误差明显增大。参数 λ 控制拟合程度和模型复杂度之间的权衡。当使用矩阵操作来求解模型系数时，岭惩罚对于稳定的退化情况还有额外的好处。由于这个原因，它也会应用于标准最小平方线性回归中。

尽管核岭回归与支持向量机相比有计算简便的优点，但缺点是它的系数向量不具有稀疏性，也就是说，没有"支持向量"的概念。这使得两种方法的预测时间相反，因为支持向量机只需要将支持向量的集合相加，核岭回归则需要面对整个训练集。

在典型的实例数多于属性数的情况下，即便使用点积而不使用核函数，核岭回归的计算成本也比标准线性回归高。这是因为要得到模型的系数向量需要使用矩阵求逆操作。标准的线性回归需要求一个 $m \times m$ 矩阵的逆，复杂度为 $O(m^3)$，其中 m 是数据中属性的数量。核岭回归则要求 $n \times n$ 矩阵的逆，复杂度为 $O(n^3)$，其中 n 是训练数据中实例的个数。然而，在需要进行非线性拟合或者属性比训练实例多的情况下，使用核岭回归还是有优势的。

7.2.5 核感知机

在 4.6 节中，我们介绍了用于学习线性分类器的感知机算法。核技巧也可以应用于这个算法，使之升级用以学习得到非线性决策边界。为了了解这点，我们先来复习线性的情况。感知机算法让训练集实例一个接一个进行重复迭代，当其中的一个实例按目前所学习的权向量进行分类出现错误时，就要更新权向量。更新只是简单地在权向量上加上或减去这个实例的属性值。这意味着最终的权向量是被错误分类的实例的总和。感知机做预测是基于

$$\sum_i w_i a_i$$

大于 0 还是小于 0，其中 w_i 是第 i 个属性的权值，a_i 是要进行分类的实例所对应的属性值。相反，也可以用

$$\sum_i \sum_j y(j) a'(j)_i a_i$$

其中，$a'(j)$ 是第 j 个被错误分类的训练实例，$a'(j)_i$ 是它的第 i 个属性值，$y(j)$ 是它的类值（不是 +1 就是 -1）。在实现时，我们不再需要清楚地记录权向量，只需要保存当前被错误分类的实例，然后利用上面的表达式来预测。

看来似乎没有什么可取之处——事实上，这个算法相当慢，因为每做一次预测需要重复处理所有错误分类实例。然而，再仔细地看看这个公式，发现它可以用实例间的标量积来表示。首先交换求和符号，得到

$$\sum_j y(j) \sum_i a'(j)_i a_i$$

第二个求和正是两个实例之间的标量积，可以写成

$$\sum_j y(j) a'(j) \cdot a$$

关键就在这里！类似于支持向量机的表达式使我们能利用核函数。确实，这里我们可以采取完全相同的技巧，利用核函数来替换标量积。将这个函数表示为 $K(\cdots)$，得到

$$\sum_j y(j) K(a'(j), a)$$

这样，感知机算法只要简单地记录在训练过程中被错误分类的训练实例，用上面的表达式来做预测，就能学习得到非线性分类器。

如果在由核函数创建的高维空间中存在一个分隔超平面，那么利用这个算法会得到一个超平面。但是，得到的不是支持向量机分类器所能得到的最大间隔超平面。这意味着它的分类性能通常比较差。从好的方面看，这个算法容易实现并且支持增量学习。

这个分类器称为核感知机（kernel perceptron）。结论是所有学习线性模型的算法都可以类似地通过应用核技巧进行升级。例如，logistic 回归可以转变为核 logistic 回归（kernel logistic regression）。正如前面看到的，核技巧同样适用于回归问题：线性回归也可以利用核函数来升级。这些高级的线性回归和 logistic 回归方法的缺点（如果它们采取直接应用核技

巧）是结果不是"稀疏的"：每个训练实例对最终的结果向量都有贡献。在支持向量机和核感知机中，只是部分训练实例影响最终的结果，这点在计算效率上会造成很大的差别。

感知机算法所得到的结果向量很大程度上依赖于实例的顺序。一种可以使算法比较稳定的方法是使用训练过程中所经历到的所有权向量，不只是最终的那个，让它们对预测进行投票。每个权向量贡献一定数目的票数。直观地来看，一个权向量的"正确性"可以粗略地用它自形成后对随后的训练实例进行正确分类而无须更新的数目来度量。可以将这个度量赋予这个权向量作为它要贡献的票数，这个算法就是投票感知机（voted perceptron），它的性能与支持向量机相差无几（注意，如前所述，投票感知机中的不同权向量也不需要显示记录，核技巧在这里也同样适用）。

7.2.6 多层感知机

要建立一个基于感知机的非线性分类器，使用核函数并不是唯一的方法。实际上，核函数是近期才发展起来的机器学习方法。以前，神经网络对于非线性分类问题采用另一种不同的方法：它们将许多简单的类似感知机的模型按层次结构连接起来。这样就能表现非线性决策边界。这种方法在深度学习的形式中有了戏剧性的复苏，我们将在第10章中进行介绍。

我们在4.6节中曾解释过，感知机代表一个存在于实例空间的超平面。我们曾提到它有时被描述为人工"神经元"。当然，人和动物的大脑能成功地完成非常复杂的分类问题，例如图像识别。单靠大脑中单个神经元的功能是不足以完成这些壮举的。类似大脑的结构是如何解决这类问题的呢？答案在于大脑神经元是大规模地相互连接的，它能将一个问题分解为可以在神经元这一层来解决的子问题。这个观察结果启发了人工神经网络的发展。

考虑图7-4中简单的数据集。图7-4a展示了一个二维实例空间，含有4个实例，实例的类别为0和1，分别用白的和黑的圆点来表示。无论你怎样在这个空间上画直线，都无法找到一条直线能将黑白圆点分隔开来。换句话说，这个问题不是线性可分的，简单的感知机算法无法生成分隔超平面（在二维实例空间中，超平面只是一条直线）。图7-4b和图7-4c的情形就不同了：这两种情况都是线性可分的。图7-4d的情况也是如此，图中展示了在一维实例空间中的两个实例点（在一维实例空间，超平面退缩成一个分隔点）。

如果你熟悉命题逻辑，你也许会注意到图7-4中的4种情况正好对应4种逻辑关系。图7-4a代表逻辑异或（XOR），当且仅当有一个属性值为1时，类值为1。图7-4b代表逻辑与（AND），当且仅当两个属性值都为1时，类值为1。图7-4c代表逻辑或（OR），当且仅当两个属性值都为0时，类值为0。图7-4d代表逻辑非（NOT），当且仅当属性值为1时，类值为0。由于后面三种情况都是线性可分的，所以感知机可以代表逻辑与、逻辑或及逻辑非。图7-4f～图7-4h分别展示了与数据集相对应的感知机。可是简单的感知机不能代表逻辑异或，因为它不是线性可分的。解决这个问题的分类器仅用一个感知机是不够的，需要多个感知机。

图7-4e展示了一个由3个感知机（或称为单元（unit），标记为A、B和C）组成的网络。前面两个与网络输入层（input layer）相连接，输入层代表数据的属性。就像在简单的感知机中一样，输入层还附加一个称为偏差（bias）的常量输入。然而，第三个单元却和输入层没有任何连接。它的输入是由单元A、B的输出（非0即1）和另一个常量偏差单元所组成。这3个单元构成了多层感知机的隐层（hidden layer）。之所以称为"隐层"，是因为单元与外部环境没有直接的连接。正是这一层让系统有表示异或（XOR）的功能。可以用所有4种可

能的输入信号组合来进行核实。例如,如果属性 a_1 为 1,a_2 也为 1,那么单元 A 将输出 1(因为 $1×1+1×1-0.5×1>0$),单元 B 将输出 0(因为 $-1×1+(-1)×1+1.5×1<0$),单元 C 将输出 0(因为 $1×1+1×0+(-1.5)×1<0$)。这是正确的答案。仔细检查这 3 个单元的功能就会发现,第一个代表或(OR),第二个代表与非(NAND)(逻辑非和逻辑与组合在一起),第三个是与(AND)。它们组合在一起表示(a_1 OR a_2)AND(a_1 NAND a_2),这正是异或(XOR)的精确定义。

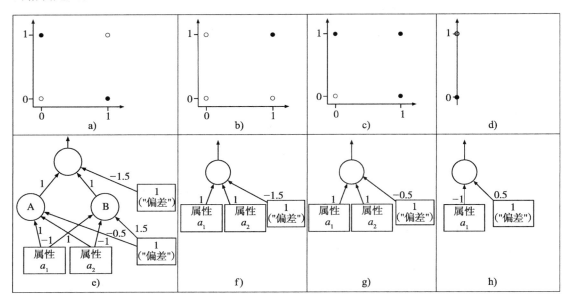

图 7-4 数据集样例及其相应的感知机

正如这个例子所展示的,命题计算的任何表达式都可以转化为一个多层感知机,因为逻辑与、逻辑或和逻辑非这 3 种连接关系就已足够用了,并且我们也已经看到了感知机是如何代表每种关系的。个体单元可以连接在一起来表示任意复杂的表达式。因此多层感知机也具备相同的表达能力,譬如说,与决策树相比。实际上,一个两层感知机(不算输入层)就足够了。这时,隐层的每个单元对应不同的逻辑与,因为我们假设它可能在做逻辑与之前,部分输入要进行逻辑非操作。然后在输出层进行逻辑或操作,它是由单个单元来表示的。换句话说,隐层的每个单元所担当的角色就如同叶子结点在决策树中,或者单个规则在决策规则集中所担当的角色。

重要的问题是怎样学习多层感知机。这个问题有两个方面:一方面是学习网络结构,另一方面是学习连接权值。对于一个给定的网络结构,有一种相当简单的算法可用来决定权值。这个算法称为反向传播(backpropagation)法,将在下一节讨论。虽然现在已有许多试图识别网络结构的算法,但这方面的问题通常是通过实验来解决的,也许需要结合一些专业知识。有时可以将网络分隔成不同的模块,代表不同的子任务(例如,在图像识别问题中,辨别一个物体不同的组成部分),这开创了一种将领域知识与学习过程结合起来的方法。通常一层隐层就是所需的全部,而合适的隐层单元数目则是通过最大化估计准确率来决定的。

反向传播

假设有一些数据,我们要寻找一个多层感知机,它是潜在分类问题的准确预测器。给定固定的网络结构,我们必须确定合适的网络连接权值。在没有隐层的情况下,可以用 4.6 节中的感知机学习规则来找到合适的值。但是现在假设有隐层。要是知道输出单元该预测什么，就能根据感知机规则来调整连接这个单元的权值。可是连接到隐层单元的正确输出结果是未知的，因此感知机规则在这里不适用。

一般来说，解决办法是根据每个单元对最终预测的贡献调整与隐层单元连接的权值。有一种称为梯度下降法（gradient descent）的标准数学优化算法能达到此目的。不幸的是，需要求导数，而简单的感知机使用阶跃函数来将加权的输入总和转换为 0/1 预测，而阶跃函数是不可微的。因此必须考虑是否能将阶跃函数替换为其他形式的函数。

图 7-5a 展示了阶跃函数：如果输入小于 0，输出为 0；否则，输出为 1。我们需要找一个形状类似但可微的函数。通常使用的替代函数是图 7-5b 所展示的函数。在神经网络术语中，这一函数称为 sigmoid 函数，其定义为

$$f(x) = \frac{1}{1+e^{-x}}$$

在 4.6 节讨论 logistic 回归中使用对数变换时，我们曾遇到过 sigmoid 函数。实际上，学习一个多层感知机与 logistic 回归是密切相关的。

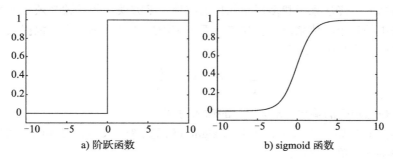

a) 阶跃函数　　　　b) sigmoid 函数

图 7-5　阶跃函数与 sigmoid 函数

为了应用梯度下降过程，通过调整权值使误差函数达到最小化，因此误差函数也必须是可微的。用 5.7 节中介绍的离散的 0-1 损失函数来衡量错误分类数目，也不符合这个标准。另外，在多层感知机训练时，一般是将网络输出的平方误差最小化，本质上是把它看作对类概率的估计（其他损失函数也可以用。例如，如果用负对数似然函数代替平方误差，学习 sigmoid 的感知机和 logistic 回归是一样的）。

我们采用平方误差损失函数，因为它应用得最为广泛。对单个训练实例来说，它是

$$E = \frac{1}{2}(y - f(x))^2$$

其中，$f(x)$ 是从输出单元得到的网络的预测值，y 是实例的类标（这里假设不是 1 就是 0）。系数 1/2 只是为了方便，当开始计算导数时就去掉。

梯度下降揭示了将被最小化的函数，这里是误差函数的导数所提供的信息。举个例子，假设误差函数正好是 w^2+1，如图 7-6 所示。x 轴代表一个要进行优化的假设参数 w。w^2+1 的导数是 $2w$。重要的是，根据导数可以计算函数在任意点的斜率。如果导数是负的，则函数向右下方倾斜；如果是正的，则向左下方倾斜。导数的大小决定了

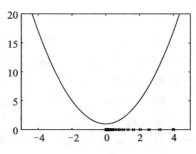

图 7-6　误差函数 w^2+1 的梯度下降

倾斜的陡峭度。梯度下降法利用这些信息来调整函数的参数，它是一个迭代优化的过程。它将导数值乘以一个称为学习率（learning rate）的小常量，然后将计算结果从目前的参数值中减去。代入新的参数重复这个过程，以此类推，直至达到最小值。

回到上述例子中，假设学习率设定为 0.1，目前的参数值 w 为 4。导数是它的 2 倍，就是 8。乘以学习率得到 0.8，再将其从 4 中减去，得到 3.2，这就是新的参数值。用 3.2 作为参数值再重复这个过程，得到 2.56，然后又得到 2.048，等等。图 7-6 中的小叉显示的就是在这个过程中所产生的数值。一旦参数值变化变得非常小，就停止这个过程。在此例子中，这个情况发生在当参数值逼近于 0 时，这个值对应于 x 轴上的位置正是假设误差函数达到最小值的位置。

学习率决定了改变的大小，因此决定了多快能使搜索达到收敛。如果这个值太大，误差函数又有几个极小值，搜索也许会越过目标，错过极小值，或者出现大幅振荡。如果太小，靠近极小值的进程可能会很慢。注意，梯度下降法只能找到局部极小值。如果函数有多个极小值，那么多层感知机的误差函数通常有多个极小值，找到的也许不是最好的。这是标准多层感知机与其他方法（如支持向量机）相比一个最明显的缺陷。

为了利用梯度下降法来寻找多层感知机的权值，平方误差的导数必须根据每个参数来决定，即在网络中的每个权值来决定。先来看看不带隐层的简单感知机。根据某个具体的权值 w_i，对上述误差函数求导，得到

$$\frac{dE}{dw_i} = (f(x)-y)\frac{f(x)}{dw_i}$$

其中 $f(x)$ 是感知机的输出，x 是加权的输入总和。

要计算等式右边第二个因子，需要对 sigmoid 函数 $f(x)$ 求导。得到的是可以用函数 $f(x)$ 自身来表示的特别简单的形式：

$$\frac{df(x)}{dx} = f(x)(1-f(x))$$

用 $f'(x)$ 表示这个导数。可我们是要对 w_i 求导而不是对 x 求导。因为

$$x = \sum_i w_i a_i$$

所以 $f(x)$ 对 w_i 求导得到

$$\frac{df(x)}{dw_i} = f'(x)a_i$$

将这个结果代入对误差函数的导数，得到

$$\frac{dE}{dw_i} = (f(x)-y)f'(x)a_i$$

这个表达式给出了改变权值 w_i 计算所需的全部，这个改变是由于某个具体的实例向量 **a**（如前所述，再附加一个偏差 1）所引起的。对每个训练实例重复进行这样的计算，然后把改变值按具体的 w_i 分别相加，乘以学习率，再从当前的 w_i 值中减去计算结果。

到现在为止都还不错。但是所有这些都是在假设没有隐层的前提下进行的。带有隐层就稍许难处理一些。假设 $f(x_i)$ 是第 i 个隐层单元的输出，w_{ij} 是从输入 j 到第 i 个隐层单元连接的权值，w_i 是第 i 个隐层单元和输出单元之间的权值。图 7-7 描绘了这个情形。和前面一样，$f(x)$ 是输出层的单个输出单元。权值 w_i 的更新规则和上述方法基本相同，除了用第 i 个隐单

元的输出替换了 a_i 外：

$$\frac{\mathrm{d}E}{\mathrm{d}w_i} = (f(x)-y)f'(x)f(x_i)$$

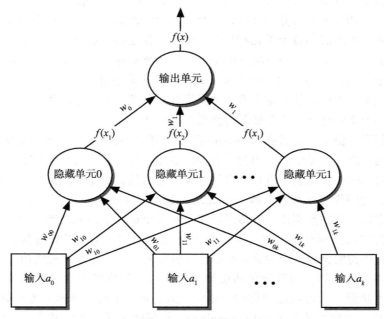

图 7-7　带一层隐层的多层感知机（省略偏差输入）

然而，为了更新权值 w_{ij}，需要进行相应的求导计算。应用链式规则得出

$$\frac{\mathrm{d}E}{\mathrm{d}w_{ij}} = \frac{\mathrm{d}E}{\mathrm{d}x}\frac{\mathrm{d}x}{\mathrm{d}w_{ij}} = (f(x)-y)f'(x)\frac{\mathrm{d}x}{\mathrm{d}w_{ij}}$$

前两个因子与先前的公式是一样的。要计算第三个因子，需要进一步求导。因为

$$x = \sum_i w_i f(x_i)$$

$$\frac{\mathrm{d}x}{\mathrm{d}w_{ij}} = w_i \frac{\mathrm{d}f(x_i)}{\mathrm{d}w_{ij}}$$

而且，

$$x_i = \sum_j w_{ij} a_j$$

因此

$$\frac{\mathrm{d}f(x_i)}{\mathrm{d}w_{ij}} = f'(x_i)\frac{\mathrm{d}x_i}{\mathrm{d}w_{ij}} = f'(x_i)a_j$$

这意味着问题解决了。将所有这些归纳在一起，得到误差函数对权值求导的公式：

$$\frac{\mathrm{d}E}{\mathrm{d}w_{ij}} = (f(x)-y)f'(x)w_i f'(x_i)a_j$$

同前面一样，对每个训练实例进行这样的计算，然后把改变值按具体的 w_{ij} 分别相加，乘以学习率，再从目前 w_{ij} 值中减去计算结果。

这种求导方法应用于含一层隐层的感知机。如果存在两层隐层，可以再次应用相同的策略来更新第一层隐层的输入连接权值，错误从输出单元通过第二层隐层传播到第一层。由于这样一种错误传播机制，所以这种普通的梯度下降策略称为反向传播法。

我们默认假设网络输出层只有一个单元，这适合于二类问题。对含有两个以上类的情况，可以将每个类和其他类区分开来进行一个个单独的网络学习。也可以通过为每个类各建立一个输出单元，将隐层的每个单元和每个输出单元相连接，从而能在单个网络上获得一个更为紧凑的分类器。某个具体训练实例的平方误差是所有输出单元的平方误差的总和。相同的技术亦可用于同时预测多个目标或者多个属性值，它是通过为每个（目标或属性值）各建立一个输出单元来实现的。从直觉上看，如果潜在的各项学习任务之间存在联系，那么这种方法可能比给每个类各建立一个分类器的预测准确率高。

我们已经假设权值只是在所有训练实例都传送到网络后才进行更新，所有相应的权值改变是累积起来的。这是批量学习，因为所有训练数据是在一起处理的。但是也可以用完全相同的公式，在对每一个训练实例进行处理后立即更新权值。由于每次更新后，总体误差率不一定下降，所以这叫作随机反向传播（stochastic backpropagation）。它可用于在线学习，这种情形下新数据以连续的数据流形式传送进来，对每个训练实例只处理一次。在这两种反向传播方法中，先将属性标准化，使之均值为 0、标准差为 1，通常是很有帮助的。在开始学习前，将每个权值初始化为基于均值为 0 的正态分布的、一个很小的随机值。

与其他学习方案一样，用反向传播法训练的多层感知机可能会过度拟合，特别是当网络规模远大于表达潜在学习问题结构的需要时。人们提出了许多修改方案来避免这个问题。一种非常简单的方法称为早停（early stopping），与规则学习器中的减少-误差剪枝算法一样：用一个旁置数据集来决定何时停止反向传播算法的迭代过程。测量旁置数据集上的错误，一旦错误开始增加就停止，因为这表明与训练实例过度拟合了。另一种方法称为权值衰减（weight decay），即在误差函数上加一个惩罚项，它由网络中所有权值总和的平方组成。它试图通过惩罚那些权值较大却不能相应地为降低误差做贡献的权值来限制网络预测中无关连接的影响。

虽然标准梯度下降法是用于学习多层感知机权值的最简单技术，但这并不意味着它是最快速的方法。实际上，这种方法相当慢。一个经常能带来性能改善的诀窍是在更新权值时包含一个动量（momentum）项：在新更改的权值上再加上前次迭代更新量的一小部分数值。这使方向改变上不那么突然，平滑了搜寻过程。更复杂的方法是利用误差函数的二次求导信息，这样能更快地达到收敛。然而，与其他分类器学习方案相比，即使采用这样的算法还是很慢。

带有隐层的多层感知机的一个严重缺陷是十分难于理解。有几种技术试图从训练好的神经网络中提取规则。但是，并不很清楚这与从数据中直接导出规则集的标准规则学习器相比是否有优势——特别是首先考虑到标准规则学习法一般比学习一个多层感知机要快很多。

虽然多层感知机是神经网络中最著名的类型，但还有很多类型的神经网络。多层感知机是属于一种称为前馈网络（feed-forward networks）的网络类型，因为它们不包含任何环，网络的输出仅仅取决于当前的输入实例。回复式（recurrent）神经网络包含环。将先前输入得到的计算结果反馈到网络中，使网络具有类似记忆的能力。

7.2.7 径向基函数网络

另一种常用的前馈网络是径向基函数（RBF）网络。不算输入层，它共有两层，与多层感知机的不同之处在于它的隐层单元会进行计算。本质上，每个隐层单元代表输入空间中的某个特定的点，而对于一个给定实例，隐层单元的输出或称为激活（activation）是由它的点和这个实例（即另外一个点）之间的距离决定的。从直觉上看，这两点越接近，激活就越强。这是通过非线性转换函数将距离转换为相似度来实现的。钟形的高斯激活函数（activation function）就是为实现这个目的的一种常用函数，其每个隐层单元的高斯激活函数的宽度可能是不同的。隐层单元称为径向基函数，因为实例空间中的各点通过一个给定的隐层单元对其产生相同的激活，形成一个超球面或超椭圆体（在多层感知机中，就是超平面）。

RBF 网络的输出层和多层感知机的输出层是相同的：在分类问题中，它是隐层输出的线性组合，并且使用 sigmoid 函数（或者其他类似形状的函数）进行传递。

这种网络要学习的参数是：径向基函数的中心和宽度；用于形成隐层输出的线性组合的权。RBF 网络明显优于多层感知机的一点是，第一组参数的确定可以独立于第二组参数，且仍能产生精确的分类器。

决定第一组参数的一种方法是使用聚类。可以应用 4.8 节中介绍的简单 k 均值聚类算法，独立地对每个类进行聚类得到 k 个基函数。从直觉上说，所得到的径向基函数代表了实例原型。然后可以学习第二组参数，第一组参数保持固定不变。这涉及使用我们讨论过的技术（例如，线性或 logistic 回归）学习一个线性模型。倘若隐层单元数目比训练实例数目小很多，学习很快就完成了。要注意的是，虽然这个两阶段过程非常快，但是通常使用诸如梯度下降的策略来训练所有网络参数的准确性。

RBF 网络的缺点是，由于在距离计算中所有属性采用相同的处理，所以赋予每个属性相同的权值，除非属性权值参数包含在全局优化过程中。因此和多层感知机相比，RBF 网络不能有效地处理无关的属性。支持向量机也存在同样的问题。实际上，用高斯核函数的支持向量机（即 RBF 核函数）是 RBF 网络的一种特例，即基函数是以每个训练实例为中心，输出是通过计算最大间隔超平面来得到线性组合。它的效果是只有部分径向基函数有非零的权值，即那些代表支持向量的径向基函数。

7.2.8 随机梯度下降

我们已经介绍了梯度下降和随机反向传播作为神经网络权值学习的优化方法。梯度下降实际上是一种通用的优化技术，可以应用到任何目标函数可微的情况中。实际上，通过使用一种称为次梯度（subgradient）的策略，它还可以应用到目标函数不是完全可微的情况中。

一种应用是使用梯度下降学习线性模型，如线性支持向量机或 logistic 回归等。使用梯度下降学习这些模型比优化非线性神经网络容易，因为这些模型的目标函数有一个全局的最小值，而不像非线性神经网络那样有多个局部极小值。对于线性问题，随机梯度下降过程可以设计得计算简单、收敛很快，允许像支持向量机和 logistic 回归这样的模型从大数据集中学习。此外，随机梯度下降允许模型以在线的方式增量学习。

对于支持向量机来说，最小化的损失函数叫作合页损失（hinge loss）函数。如图 7-8 所示，它是由一段向下倾斜的线段和 $z=1$ 的水平部分组成的，并因此而得名。形式化表示为 $E(z)=\max\{0, 1-z\}$。为了比较，该图还同时显示了不连续的 0-1 损失函数以及连续可微的二次损失函数。这些函数被绘制成边缘函数 $z=yf(x)$，其中类别 y 为 -1 或 $+1$，$f(x)$ 是线性模型的输出。当 $z<0$ 时，分类错误，因此所有损失函数在负数区域内所受惩罚最大。在线性可分的情况下，对于成功分开数据的函数，合页损失为 0。最大间隔超平面是由合页损失为 0 的

最小权向量确定的。

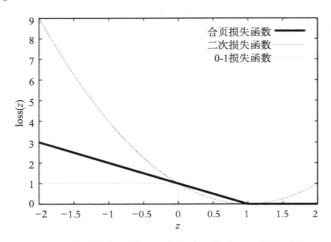

图 7-8　合页损失函数、二次损失函数和 0-1 损失函数

与 0-1 损失函数不同，合页损失函数是连续的，但是在 $z=1$ 处不可微，而二次损失函数处处都可微。如果在处理一个训练实例后使用梯度下降法更新模型的权值，由于需要求损失函数的导数，所以不可微会带来问题。这时就要引入次梯度的概念。基本的思想是，尽管无法计算梯度，但是如果可以用一个与梯度类似的东西代替，同样可以找到最小值。在合页损失函数的情况下，将不可微点处的梯度设置为 0。实际上，因为 $z \geqslant 0$ 合页损失为 0，那么我们就可以只关注可微的部分（$z<0$），并正常处理。

要找到最小的权向量必须忽略权值衰减，对于使用合页损失函数的支持向量机，更新的权值是 $\Delta w_i = \eta x_i y$，其中 η 是学习率。对于随机梯度下降，对每个实例计算 z 只需计算权向量和实例之间的点积，结果乘以实例的类值，检查结果是否小于 1。如果结果小于 1，则更新相应的权值。与感知机一样，也可以将权向量扩展增加一个元素并为每个训练实例包含一个额外的值总是为 1 的属性，以此来引入一个偏差项。

7.2.9　讨论

支持向量机源自统计学习理论的研究（Vapnik，1999），对它的探索始于 Burges（1998）提供的指南。Cortes 和 Vapnik（1995）发表了一篇概括性的描述，包括将其推广到数据处于不可线性分隔的情形。本书介绍了标准的支持向量回归。Schölkopf、Bartlett、Smola 和 Williamson（1999）提出了一个不同的版本，用一个参数来代替两个参数。Smola 和 Schölkopf（2004）提供了一个支持向量回归的深入指南。

岭回归是 Hoerl 和 Kennard（1970）提出的，现在可以在标准的统计学教材中找到它们。Hastie 等（2009）给出了关于核岭回归的详细描述。核岭回归与高斯过程回归在点估计方面是等价的，还有一种贝叶斯方法用于估计预测的不确定性。最有效的通用矩阵求逆算法的时间复杂度实际上是 $O(n^{2.807})$ 而不是 $O(n^3)$。

Freund 和 Schapire（1999）提出了（投票）核感知机。Cristianini 和 Shawe-Taylor（2000）对支持向量机和其他一些基于核函数的方法，包括支持向量学习算法中的优化理论都做了很好的介绍。我们只是略读了这些机器学习方法的表层，主要是因为它们隐含了高深的数学。利用核函数来解决非线性问题的思路被应用在许多算法中，例如主成分分析（将在 8.3 节中讨论)。核函数从本质上来看是一个带有某种数学特性的相似函数,任何一种结构都可以用核函数来定义,如集合、字符串、树以及概率分布。Shawe-Taylor 和 Cristianini(2004)以及 Schölkopf 和 Smola(2002)对基于核函数的学习做了详尽的介绍。

有关神经网络的文献很多,Bishop(1995)就多层感知机和 RBF 网络给出了非常好的介绍。自支持向量机出现以来,人们对神经网络的兴趣似乎减少了,或许是因为支持向量机需要调整的参数较少,而且能达到相同(甚至更高)的准确率。但是,最近的研究表明,在许多实际的数据集上,多层感知机能达到与更现代的机器学习方法相媲美的性能,且在进行深度学习时尤为如是(见第 10 章)。

学习分类器的梯度方法非常流行。尤其是,由于随机梯度方法可以用于大规模数据集和在线学习的场景,所以被经常研究。Kivinen(2002)、Zhang(2004)以及 Shalev-Shwartz 等人(2007)研究将这些方法应用于支持向量机。Kivinen 和 Shalev-Shwartz 等人提出了基于当前迭代的梯度下降的设置学习率的方法,该方法只需要用户提供一个参数(正规化参数)用于确定对训练数据的拟合程度。一般的正规化方式是通过限制能够执行的更新数目来完成的。

7.3 局部线性模型用于数值预测

用于数值预测的树就像普通的决策树,但叶子结点所存储的是代表叶子结点处实例均值的一个类值,这种树称为回归树(regression tree),或者叶子结点存储了能预测达到叶子结点的实例类值的一个线性回归模型,这种树称为模型树(model tree)。下面我们要讨论模型树,因为回归树实际上是模型树的一种特殊情况。

回归树和模型树首先使用决策树归纳法建立一棵初始树。但是,在大多数决策树算法中,属性分裂是根据信息增益最大化来选择的,在数值预测中,使每个分支子集内部类值变化最小化来进行属性分裂是可行的。一旦形成了基本树,就要考虑从每个叶子结点往回对树剪枝,就像普通决策树一样处理。回归树和模型树归纳法的区别只是在于,后者的每个结点用一个回归平面来替代一个常量值。参与定义回归平面的属性,正是那些参与决定子树剪枝的属性,即在当前结点的下层结点中或者在到根结点的路径中出现的属性。

在广泛讨论模型树后,我们将简单地讨论怎样从模型树中产生规则,然后介绍另一种基于生成局部线性模型的数值预测方法——局部加权线性回归。模型树是从基本的分治决策树算法演变而来,局部加权回归则是受启发于 4.3 节讨论的基于实例的分类方法。与基于实例的学习一样,它在预测阶段进行所有"学习"。尽管局部加权回归利用线性回归使模型与实例空间的特定区域局部拟合来构建模型树,但它采用了相当不同的方法。

7.3.1 模型树

当使用模型树来对一个测试实例进行数值预测时,像普通的决策树一样,树在每个结点根据实例的属性值来决定走向,直至树的叶子结点。叶子结点含有一个基于部分属性值的线性模型,该模型用于评估测试实例,以得到一个原始的预测值。

在已剪枝树的两个相邻叶子结点的线性模型之间不可避免地会产生突变点,使用平滑处理以减少突变点,而不是直接使用原始的预测值,事实证明这是有益的。这是在小规模的训练集上构建模型的特殊问题。与叶子结点一样,平滑可以通过在建树时,为每个内部结点构建线性模型来实现。一旦一个测试实例根据叶子结点模型得到一个原始预测值时,通过在每个结点将这个值与该结点的线性模型所提供的预测值结合进行平滑处理,这个值沿着树的一条路径被过滤回根结点。

一个合适的平滑计算公式是

$$p' = \frac{np + kq}{n + k}$$

其中 p' 是要向上一层结点传输的预测值,p 是由下层结点传输来的预测值,q 是这个结点提供的预测值,n 是下层结点的训练实例数量,k 是平滑常量。实验表明,平滑处理大大提高了预测的准确性。

然而,不连续点仍然存在,最终的结果函数也不是平滑的。实际上,在构建完树后再把内部结点模型组合到叶子结点模型中,可以达到同样的平滑处理效果。在分类过程中,只需要使用叶子结点模型。缺点是叶子结点模型变得大而难以理解,因为当内部结点模型加入后,很多原来为 0 的系数现在变为非 0 系数了。

7.3.2 构建树

分裂标准用于决定对某个具体结点的训练数据 T 按哪个属性分裂最好。该标准基于把数据 T 中类值的标准差看作对这个结点的误差的度量,并且计算期望误差减少值作为对这个结点每个属性进行测试的结果。选择使期望误差减少值达到最大的属性作为这个结点的分裂属性。

期望误差减少值称为标准差减少值(Standard Deviation Reduction,SDR),计算公式如下:

$$\text{SDR} = sd(T) - \sum_i \frac{|T_i|}{|T|} \times sd(T_i)$$

其中 T_1,T_2,…是根据所选属性在结点进行分裂的结果数据集。$sd(T)$ 是类值的标准差。

当一个结点的实例类值变化非常细微时,即当标准差的减少值只是占原始标准差的一小部分时(比如小于 5%),分裂过程终止。当只剩下很少的实例时(比如,4 个或更少)也终止分裂。实验表明,所得的预测结果对这些参数的精确选择并不是很敏感。

7.3.3 对树剪枝

如前文所述,不仅在树的每个叶子结点有线性模型,在每个内部结点也有线性模型,这是为了进行平滑处理。在剪枝前,未剪枝树的每个结点上都计算得到一个模型。模型的形式为

$$w_0 + w_1 a_1 + w_2 a_2 + \cdots + w_k a_k$$

其中 a_1,a_2,…,a_k 是属性值,权值 w_1,w_2,…,w_k 用标准回归法计算。然而,这里只使用了所有属性的一个子集——例如,只有这个结点下层的子树中或者在到根结点的路径中的测试属性才用于回归。注意,我们默认假设它们都是数值属性。在下一节中,我们将讨论名目属性的处理方法。

剪枝过程使用了一个估计器,是每个结点对测试数据期望误差的估计器。首先,用这个结点上所有训练集实例的预测值与真实类值之间的绝对误差计算均值。由于树是用这个数据集建立的,所以这个均值对于未知情形来说,是一个低估的期望误差。为了补偿这一点,将它与系数 $(n+v)/(n-v)$ 相乘,其中 n 是这个结点的训练实例数量,v 是给出这个结点预测

类值的线性模型所用的参数数量。

在某个结点对测试数据的期望误差计算如上所述，使用线性模型进行预测。因为有补偿系数（n+v)/(n-v)，所以可以通过减少项数使估计误差达到最小化，从而使线性模型进一步简化。减少一项就减小了相乘的系数，这也许足以抵消在训练实例上平均误差的不可避免的增加。只要估计误差还在降低，就可以继续采用贪心策略逐个减少项数。

最后，一旦每个内部结点的线性模型都已计算完成，只要期望估计误差还在降低，就可以从叶子结点返回对树剪枝。将结点的线性模型期望误差与其子树的模型期望误差进行比较。为了计算后者，将来自每个分支的误差组合起来产生一个综合值。这个综合值根据分支训练实例的数量比例对分支加权，利用这些权值将误差估计进行线性组合。或者，也可以计算子树的训练误差，并且把它乘以前面的补偿系数，这是基于对树中参数数目的一个特定的估计（也许是给每个分裂点加 1）得到的。

7.3.4 名目属性

在构建模型树前，所有名目属性都被转换成二进制变量，随后就被当作数字一样对待。对每个名目属性，根据训练实例计算每个可能的属性值所对应的平均类值，然后按照这些均值将属性值排序。如果名目属性有 k 个可能的取值，就要用 $k-1$ 个合成二元属性来替代。如果属性取值是属性序列前 i 个中的一个，那么第 i 个属性值为 0，否则为 1。这样所有分裂都是二分的：所涉及的不是一个数值属性，就是一个可与数值属性同样对待的合成二元属性。

可以证明在某个结点对于含有 k 个取值的类别变量，最好的分裂点是按每个属性值的平均类值大小排序所得到的 $k-1$ 个位置中的一个。这个排序过程确实要在每个结点重复进行。但是，由于在树的下层结点中训练实例数目很小（在某些情况下，结点没有表现出某些属性的所有取值），噪声的增加是难以避免的，而只在构建模型树之前进行一次排序并不会使性能损失很多。

7.3.5 缺失值

为了考虑缺失值，对标准差减少值（SDR）公式进行修改。包括缺失值补偿的最后公式为

$$\text{SDR} = \frac{m}{|T|} \times \left[sd(T) - \sum_{j \in \{L,R\}} \frac{|T_j|}{|T|} \times sd(T_j) \right]$$

其中 m 是没有缺失值属性的实例数量，T 是这个结点上的实例集，T_L、T_R 是用这个属性进行分裂所得到的两个实例集，对属性的所有测试都是二分的。

在处理训练和测试实例时，一旦选定某个属性用于分裂，就必须将实例根据它们各自在这个属性上的取值分成两个子集。很明显，当属性值缺失时就会发生问题。一种有趣的称为代理分裂（surrogate splitting）的技术用于处理这类问题。它寻找另一个分裂属性来代替原来的分裂属性。被选择的属性要与原来的属性相关性最高。但是，这种技术不但复杂，而且执行起来很耗时。

一个比较简单的启发式规则是用类值作为代理属性，相信根据推理，它是最有可能与分裂属性相关的一个属性。当然，这只能是用于处理训练实例，因为测试实例的类是未知的。对于测试实例，解决该问题的一种简单方法是用这个结点上训练实例的对应属性的均值来代替这个未知的属性值，对二元属性来说，结果是选择拥有多数实例的子结点。这种方法在实际应用中效果不错。

现在来详细讨论怎样在训练过程中利用类值作为代理属性。首先处理分裂属性值已知的所有实例。我们决定用常规方法来分裂阈值，将实例按属性值排列，对每个可能的分裂点根据上述公式计算 SDR，选择误差减少值最大的分裂点。只有分裂属性值已知的实例才参与决定分裂点。

然后根据测试将这些实例分成 L 和 R 两个子集。再决定 L 或 R 中实例的哪个平均类值较大，并计算这两个平均类值的均值。这样，属性值未知的实例就根据它的类值是否超过总均值来决定将它放入 L 还是 R 中。如果超过总均值，它将加入 L 或 R 中具有较大平均类值的那个，否则就加入具有较小平均类值的那个。当分裂停止时，所有缺失属性值都用叶子结点上训练实例的相应属性均值来替代。

7.3.6 模型树归纳的伪代码

图 7-9 给出了我们前面讨论的模型树算法的伪代码。其中有两个主要部分：一个是通过连续不断地分裂结点来构建树，由函数 split 来实现；另一个是从叶子结点向上对树剪枝，由函数 prune 来实现。数据结构 node 包括：标明这个结点是内部结点还是叶子结点的类型标记；指向左分支和指向右分支的指针；到达结点的实例集；结点的分裂属性；一个代表这个结点线性模型的结构。

```
MakeModelTree (instances)
{
  SD = sd(instances)
  for each k-valued nominal attribute
    convert into k-1 synthetic binary attributes
  root = newNode
  root.instances = instances
  split(root)
  prune(root)
  printTree(root)
}
split(node)
{
  if sizeof(node.instances) < 4 or sd(node.instances) < 0.05*SD
    node.type = LEAF
  else
    node.type = INTERIOR
    for each attribute
      for all possible split positions of the attribute
        calculate the attribute's SDR
    node.attribute = attribute with maximum SDR
    split(node.left)
    split(node.right)
}
prune(node)
{
  if node = INTERIOR then
    prune(node.leftChild)
    prune(node.rightChild)
    node.model = linearRegression(node)
    if subtreeError(node) > error(node) then
      node.type = LEAF
}
subtreeError(node)
{
  l = node.left; r = node.right
  if node = INTERIOR then
    return (sizeof(l.instances)*subtreeError(l)
          + sizeof(r.instances)*subtreeError(r))/sizeof(node.instances)
  else return error(node)
}
```

图 7-9　模型树归纳的伪代码

主程序一开始就调用 sd 函数，在 split 开始时又再次调用 sd 计算实例集类值的标准差。接着是如前所述的得到合成二元属性过程。创建一个新结点并输出最终树的标准程序没有在这里展示。在 split 中，sizeof 返回一个集合中所含元素的数量。缺失属性值的处理采用前面所述的方法。SDR 根据上一节开头部分的公式计算。虽然没有在代码中显示，但如果一个属性分裂所产生的叶子结点包含的实例数少于 2 个，它的结果就被设定为无穷大。在 prune 中，linearRegression 程序沿着子树一直向下搜集属性进行递归，对结点所含实例的这些属性执行线性回归形成函数，然后就像前面说到的那样，只要能改进误差估计，就可以贪心地减少项。最后，error 函数返回

$$\frac{n+v}{n-v} \times \frac{\sum_{实例}|预测类值的减少值|}{n}$$

其中 n 是结点上的实例数量，v 是结点线性模型的参数数量。

图 7-10 是利用这个算法对一个含有两个数值属性和两个名目属性的问题建立模型树的例子。要预测的是模拟伺服系统的上升时间，系统包括伺服放大器、电机、导螺杆和滑架。名目属性在其中担当着重要的角色。各含有 5 个属性值的名目属性 motor 和 screw 由 4 个合成二元属性所替代，表 7-1 列出了对应的两组值。这些属性值的顺序：motor 为 D、E、C、B、A，screw 正巧也是 D、E、C、B、A，都是由训练数据决定的。使用 motor=D 的所有实例的上升时间均值小于使用 motor=E 的所有实例的上升时间均值，使用 motor=E 的又小于使用 motor=C 的，以此类推。从表 7-1 所列的系数大小可以明显看出，motor=D 相对于 E、C、B、A，screw=D、E、C、B 相对于 A，在 LM2、LM3 和 LM4 模型中（相对于其他模型）起着主导作用。motor 和 screw 在某些模型中都处于次要角色。

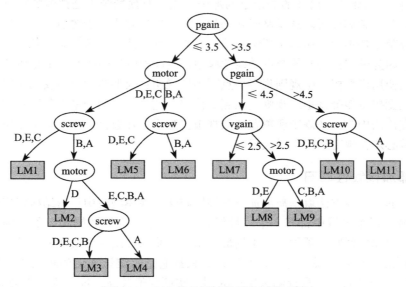

图 7-10 包含名目属性数据集的模型树

表 7-1 模型树中的线性模型

模型		LM1	LM2	LM3	LM4	LM5	LM6	LM7	LM8	LM9	LM10	LM11
常数项		0.96	1.14	1.43	1.52	2.69	2.91	0.88	0.98	1.11	1.06	0.97
pgain		−0.38	−0.38	−0.38	−0.38	−0.38	−0.38	−0.24	−0.24	−0.24	−0.25	−0.25

(续)

模型		LM1	LM2	LM3	LM4	LM5	LM6	LM7	LM8	LM9	LM10	LM11
vgain		0.71	0.49	0.49	0.49	0.56	0.45	0.13	0.15	0.15	0.10	0.14
motor=D	vs E, C, B, A	0.66	1.14	1.06	1.06	0.50	0.50	0.30	0.40	0.30	0.14	0.14
motor=D, E	vs C, B, A	0.97	0.61	0.65	0.59	0.42	0.42	−0.02	0.06	0.06	0.17	0.22
motor=D, E, C	vs B, A	0.32	0.32	0.32	0.32	0.41	0.41	0.05				
motor=D, E, C, B	vs A					0.08	0.05					
screw=D	vs E, C, B, A											
screw=D, E	vs C, B, A	0.13										
screw=D, E, C	vs B, A	0.49	0.54	0.54	0.54	0.39	0.40	0.30	0.20	0.16	0.08	0.08
screw=D, E, C, B	vs A		1.73	1.79	1.79	0.96	1.13	0.22	0.15	0.15	0.16	0.19

7.3.7 从模型树到规则

从本质上讲，模型树就是在叶子结点带有线性模型的决策树。与决策树一样，它们都会存在 3.4 节中提到的子树重复的问题，有时用规则集代替树来表示这个结构会更加精确一些。可以从数值预测中产生规则吗？回顾 6.2 节中所述的规则学习器，它用变治法与局部决策树来从树中提取决策规则。可以应用同样的策略从模型树中产生用于数值预测的决策列表。

首先用所有数据构建一个局部模型树。选择其中的一个叶子结点把它转变为一条规则。将这个叶子结点所涵盖的数据去除，重复上述步骤对剩余的数据进行处理。问题是怎样构建局部模型树（即一棵未扩展结点的树）？这个问题归结为怎样选择下一个扩展结点。图 6-5（见 6.2 节）中的算法选择了类属性的熵最小的那个结点。对预测结果是数值的模型树来说，只要简单地用方差代替熵即可。这是基于相同的推理：方差越小，子树越浅，规则就越短。算法的其余部分都维持不变，用模型树学习器的分裂选择方法和剪枝策略代替决策树学习器的分裂和剪枝。因为模型树的叶子结点是线性模型，所以相应规则的右边也是线性模型。

用此方法使用模型树产生规则集有一点要加以说明：模型树学习器使用平滑处理。使用平滑处理的模型树不能降低最终规则集预测的误差。这也许是因为平滑处理最好是用于连续数据，但在变治法中前一条规则所覆盖的数据被去除了，在数据分布上留下了空洞。如果要进行平滑，就必须在规则集产生后执行。

7.3.8 局部加权线性回归

数值预测的另一种方法就是局部加权线性回归法。在模型树中，树结构将实例空间分隔成不同的区域，每个区域中都有一个线性模型。实际上，训练数据决定了实例空间如何分区。另外，局部加权回归在预测时产生局部模型，它是通过给测试实例的近邻实例赋予较高的权值来实现的。具体地说，对于训练实例，根据它们离测试实例的距离来加权，然后对加权的数据进行线性回归。靠近测试实例的训练实例权值较高，远离测试实例的权值较低。换句话说，这就是为某个具体的测试实例特制一个线性模型，并用它预测这个测试实例的类值。

为了使用局部加权回归，必须为训练实例确定一个基于距离的加权方案。一种常用的选择是根据训练实例离测试实例的欧几里得距离的倒数来进行加权。另一种可能的选择是利用欧几里得距离和高斯核函数来进行加权。然而，没有证据证明加权方案的选择是关键。更重要的是用于衡量距离函数的"平滑参数"的选择，距离要与这个参数的倒数相乘。如果这个值设得太小，只有非常靠近测试实例的实例才会得到显著的权值；如果这个值设得太大，则更远距离的实例对模型的建立也会有显著的影响。选择平滑参数的一种方法是将其设定为与它第 k 近的训练实例之间的距离，从而随着训练实例数量的增加，这个值会越来越小。k 值的最佳选择依赖于数据中噪声的多少。如果权值函数是线性的，例如 1 距离（1-distance），那么所有比第 k 近实例远的实例的权值均为 0。其次，权值函数是有边界的，并且只需考虑 $(k-1)$ 个最近的邻居来构建线性模型。噪声实例越多，线性模型中就需要包含越多的近邻实例。通常，合适的平滑参数是通过交叉验证得到的。

与模型树一样，局部加权线性回归可以逼近非线性函数。它的一个主要优点就是非常适合于增量学习：所有训练都在预测时完成，因此新的实例可以随时加入训练集中。但与其他基于实例的学习一样，获得对一个测试实例的预测会很慢。首先，要扫描训练实例计算它们的权值，然后再对这些实例实行加权线性回归。另外，与其他基于实例的方法一样，局部加权回归几乎不能提供有关训练数据集全局结构的信息。注意，如果平滑参数是基于第 k 个最近邻实例，并且加权函数赋予远距离实例的权值为 0，那么使用 4.7 节中讨论的 kD 树和球树可以提高寻找相关近邻实例的速度。

局部加权学习并不只局限于线性回归，它可以应用于任何能够处理加权实例的学习技术。特别是可以应用于分类。大多数算法都很容易调整以适应处理权值。诀窍是意识到（整数）权值可以模拟成创建同一个实例的多个副本。当学习算法使用一个实例计算模型时，就假设这个实例同时有恰当数量的相同实例伴随着。如果权值不是整数，这一点也同样适用。比如在 4.2 节中讨论的朴素贝叶斯算法乘以源自实例权值的计数。你拥有了一个可以用于局部加权学习的朴素贝叶斯法版本。

实践证明，局部加权的朴素贝叶斯法工作非常出色，比朴素贝叶斯法和 k 最近邻技术都好。它放宽了朴素贝叶斯固有的独立假设，与更复杂的增强朴素贝叶斯算法进行比较，也能获得较好的结果。局部加权学习的独立假设仅仅是在近邻实例之间，而不像标准的朴素贝叶斯方法那样在整个实例空间的全局独立假设。

原则上，局部加权学习也可以应用到决策树以及其他一些比线性回归和朴素贝叶斯更为复杂的模型。但是，此时应用局部加权学习获益较少，因为它从根本上来说是一种能让简单模型更具灵活性的方法，是通过允许简单模型接近任意目标来实现的。如果基本学习算法已经能做到这点，就没有理由应用局部加权学习。尽管如此，它仍可以改进其他一些简单模型，如线性支持向量机和 logistic 回归模型。

7.3.9 讨论

回归树是 Breiman 等（1984）在分类和回归树（Classification And Regression Tree，CART）系统中提出的。CART 可以用于离散类的决策树归纳，如 C4.5，还可以作为归纳回归树的一种方案。上述许多技术，如处理名目属性的方法和处理缺失值的代理策略，都包含在 CART 中。模型树只是在近期才出现的，最初是由 Quinlan（1992）提出的。利用模型树生成规则集（虽然不是局部树），是 Hall 等（1999）提出的。

模型树归纳的一项易于理解的描述（以及实现）技术是由 Wang 和 Witten（1997）给出的。对于数值预测，也经常使用神经网络，虽然神经网络存在缺点，它生成的模型结构不明确并且不能帮助理解方案的本质所在。即便现在已有能提供可理解的、洞察神经网络结构的技术，但内部表达的任意性意味着由相同数据训练出来的相同网络体系也许存在着巨大的差异。将所归纳的函数分隔成线性模块，模型树提供了可复制的、至少较易理解的一种表示法。

有很多不同的局部加权学习的变体。例如，统计学家考虑用局部二次模型代替线性模型，应用局部加权 logistic 回归来处理分类问题。而且可以在文献中找到许多不同的潜在加权和距离函数。Atkeson 等（1997）写出了一篇非常出色的关于局部加权学习的调研报告，主要讲的是回归问题。Frank 等（2003）对局部加权学习和朴素贝叶斯法的结合应用进行了评估。

7.4 Weka 实现

- 基于实例学习
  - IBK（k 近邻分类器）
  - KStar（泛化距离函数）
  - NNge（矩形泛化）
- 线性模型与扩展
  - SMO 及变体
  - LibSVM（使用第三方线型库，在 LibLINEAR 包中）
  - 高斯处理（核岭回归，增加了预测的不确定性估计）
  - 投票式感知机（投票式核感知机）
  - 多层感知机、MLP 分类器和 MLP 回归都在多层感知机包中
  - RBF 网络，RBF 分类器，RBF 回归（都在 RBF 网络包中）
  - SGD（几种损失函数的随机梯度下降算法）
- 数值预测
  - M5P（模型树）
  - M5Rules（从模型树生成的规则）
  - LWL（局部加权学习）

| 第 8 章 |
Data Mining: Practical Machine Learning Tools and Techniques, Fourth Edition

数 据 转 换

在第 7 章中，我们考察了大量的机器学习方法：决策树、分类和关联规则、线性模型、基于实例的方案、数值预测技术、贝叶斯网络、聚类算法以及半监督和多实例学习。所有这些方法都是合理、成熟的技术，可用于解决实际的数据挖掘问题。

但是成功的数据挖掘远不只是选择某种学习算法并将其应用于数据。许多学习算法要用到各种不同的参数，需要选择合适的参数值。在多数情况下，选择适当的参数可以使所获结果得到显著改善，而合适的选择是要视手头的具体数据来定的。例如，决策树可以选择剪枝或不剪枝，选择前者又需要选择剪枝参数。在基于实例的 k 最近邻学习方法中，则需要选择 k 值。更常见的则是需要从现有的方案中选择学习方法本身。在所有情况下，合适的选择是由数据决定的。

在数据上试用几种不同的方法，并使用几种不同的参数值，然后观测哪种情况结果最好，是种诱人的方法。不过要当心！最佳选择并不一定是在训练数据上获得最好结果的那个。我们曾反复提醒要注意过度拟合问题。过度拟合是指一个学习模型与用于建模的某个具体训练数据集太过匹配。假设在训练数据上所表现的正确性能代表模型将来应用于实践中的新数据上的性能水准，这种想法是不正确的。

所幸的是，我们在第 5 章中已经讨论了对于这个问题的解决方法。有两种较好的方法可用来估计一种学习方法的预期真实性能表现：在数据源充足的情况下，使用一个与训练数据集分离的大数据集；在数据较少的情况下，则使用交叉验证法（见 5.3 节）。在后一种情况下，实践中的典型应用方法是单次的 10 折交叉验证，当然，要得到更为可靠的估计，需要将整个过程重复 10 次。一旦为学习方法选定了合适的参数，就可以使用整个训练集（即所有训练实例）来生成将要应用于新数据的最终学习模型。

注意，调整过程中使用所选的参数值得到的性能表现并不是对最终模型性能的一个可靠估计，因为最终模型对于调整中使用的数据有过度拟合的倾向。要确定它的性能究竟如何，需要另一个大的数据集，这个数据集须与学习过程和调整过程中所使用的数据隔离开来。在进行交叉验证时也是如此，参数调整过程需要一个"内部"交叉验证，误差估计还需要一个"外部"交叉验证。采用 10 折交叉验证法将使学习方法运行 100 次。总而言之，当评估一个学习方案的性能时，所进行的任何参数调整过程都应看作训练过程不可分割的一部分。

当把机器学习技术应用于实际的数据挖掘问题时，还有其他一些重要过程可以大大提高成功率，这正是本章的主题。它们形成了一种（操纵）数据的技术，将输入数据设计成一种能适合所选学习方案的形式，将输出模型设计得更为有效。你可以把它们看作能应用于实际的数据挖掘问题以提高成功率的一些诀窍。有时奏效，有时无效。根据目前的技术发展水平来看，很难预言它们是否有用。在这种以反复试验作为最为可靠的指导的领域中，特别重要的恐怕就是灵活运用并且理解这些诀窍了。本章提出了 6 种不同的方法来对输入数据进行预处理，使其更适合于学习方法：属性选择、属性离散化、数据投影、抽样、数据清洗以及将多分类问题转化为二分类问题。首先来考虑属性选择。在许多实际情况中，有太多的属性需要学习方案进行处理，其中部分或绝大多数属性是明显无关或冗余的，因此需要对数据进行预处理，从中挑选出一个属性子集运用于学习中。当然，学习方案本身也会进行适当的属性选择，忽略无关的和冗余的属性，然而在实际操作通过预选常常能显著提高其性能表现。例如，试验显示，增加无用的属性会导致诸如决策树和规则、线性回归、基于实例学习器以及聚类等学习方法的性能表现变糟。

如果任务涉及数值属性而所选的学习方案只能处理分类问题，数值属性的离散化就是绝对必要的。如果将属性进行预先离散化处理，即使是能够处理数值属性的方案，也经常能获得更好的结果或工作更加迅速。反过来，也有需要将类别属性表示为数字形式的（虽然不常见），我们也将讨论适用于这种情况的技术。

数据投影包含很多技术。我们曾在第 2 章的关系数据以及第 7 章的支持向量机中遇到过一种投影技术，它增加新的合成属性，目的是要将现有的信息表现成一种适合机器学习方案的形式。那些不那么依赖于特定数据挖掘问题语义的，更为一般通用的技术包括：主成分分析和随机投影。同时本章还涵盖了分类的辨别分析以及用于回归问题的数据投影技术偏最小二乘回归。

抽样输入在实际的数据挖掘应用中是十分重要的步骤，同时这是唯一可以处理真正大规模问题的方法。尽管抽样是相当简单的，本章还要对抽样技术进行简要介绍，其中包括一种在事前不知道数据集的总大小的情况下，逐步产生给定大小的随机样本的方法。

不清洁的数据困扰着数据挖掘工作。我们曾在第 2 章中强调过以下内容：认识数据的必要性，了解所有不同属性的含义、对属性进行编码所使用的惯例、缺失值及重复数据的意义、测量噪声、排版印刷错误以及系统误差，甚至是蓄意为之的。各种简单的可视化通常有助于解决这类问题。然而，也有一些自动清洗数据、自动识别离群点以及自动发现异常的方法，我们所讨论的这些方法中包括一种被称为一分类学习（one-class learning）的技术，它仅在训练时只有一类实例可用。

最后，考察那些精炼学习方案输出的技术，这些学习方案是通过反复校准估计所得结果来估计学习方案所得分类的概率。尽管这可以提高分类性能，但面对成本敏感的分类问题，在需要精确概率的时候，这些精炼技术就显得特别重要。

8.1 属性选择

多数机器学习算法都被设计为要学习那些最适合用于做决策的属性。例如，决策树是在每个结点挑选最有希望成功的属性进行分裂的，理论上决不选择无关的或无用的属性。属性越多，从理论上看，应形成更强的识别能力，而不是更差。"理论和实践有何差别？"这是个老问题。答案是"从理论上看，理论和实践没有差别，但在实践中有差别。"这里也一样，在实践中，往数据集里添加无关或干扰属性，经常使机器学习系统"糊涂"。

决策树学习器（C4.5）的实验显示，往标准数据集中添加一个随机的二值属性，属性值由抛掷无偏硬币产生，这会影响分类性能，导致性能变差（在这种测试情形中下降了 5% 至 10%）。变差的原因是在树的某些结点处，这个无关的属性被不可避免地选择为决定分支的属性，导致使用测试数据测试时产生随机误差。决策树学习的设计是非常巧妙的，能在每个结点挑选最适合的属性进行分裂，怎么会发生这种情形呢？原因也很微妙。随着程序渐渐向树的下层运行，能对属性选择决定有帮助的数据变得越来越少。在某个结点，数据极少，随机属性碰巧看起来较好。由于每层的结点数量是随层数按指数级增加的,这个"无赖"(随机)属性在某处看起来较好的概率也随着树的深度成倍增加。真正的问题是树总是会到达某个深度,那里只存在少量的数据可用于属性选择。即使数据集较大,也不能避免这个问题,只是树可能更深而已。

分治决策树学习器和变治规则学习器都存在这个问题,因为作为判断基础的数据数量一直在减少。基于实例的学习器非常容易受无关属性的影响,因为它们始终是在局部近邻范围内工作,只考虑少数几个训练实例便做出每个决策。实际上,基于实例的学习器要达到某个预设的性能水平,所需的训练实例数量是随无关属性的数量按指数级增加的。相反,朴素贝叶斯不会将实例空间分割成碎片并忽略无关属性。它假设所有属性都是相互独立的,这个假设正适合(处理)随机"干扰"属性。但也正是由于这个假设,朴素贝叶斯在另一方面却付出了重大代价,其运行效率会因为加入冗余属性而受影响。

无关的干扰使决策树和规则学习器的最优性能的降低是令人吃惊的。更令人惊讶的是,相关属性也可能是有害的。例如,假设在一个二类数据集中加入一个新的属性,大多数情形(65%)这个属性值与预测的类值是相同的,而其余情形则是相反的,这两种情形在数据集中是随机分布的。使用标准数据集进行试验的结果显示,这会造成分类正确率下降(在这个试验情形下为1%至5%)。问题在于新属性在决策树的上层便被(自然)选中用以分裂。受此影响,存在于下层结点处可用的数据是分割了的实例集,以致其他属性选择只能基于此稀疏的数据。

由于无关属性在多数机器学习方案中存在负面影响,通常在学习之前先进行属性选择,只保留一些最为相关的属性,而将其他属性都去除。选择相关属性最好的方法是人工选择,它是基于对学习问题以及属性真正含义的深入理解做出的选择。然而,自动方法也是很有用的。通过去除不适当的属性以降低数据的维数,能改善学习算法的性能。尽管属性选择可能会带来很多计算,但还是能提高速度。更重要的是,维数降低能形成一个更为紧凑、更易理解的目标概念表达方式,使用户的注意力集中在最为相关的变量上。

8.1.1 独立于方案的选择

选择一个好的属性子集,有两种完全不同的方法。一种是根据数据的普遍特性做出一个独立评估;另一种是采用将要用于最终机器学习的算法来评估子集。第一种称为过滤(filter)方法,因为它是要在学习开始之前,先过滤属性集产生一个最有前途的属性子集。第二种称为包装(wrapper)方法,因为学习方法被包裹在选择过程中。如果存在一种好方法能判定何时一个属性与类选择是相关的,那么要对某个属性子集做独立评估便很容易了。虽然人们提出了多种不同的建议,但是目前还没有能被一致接纳的"相关性"量度。

在属性选择中,一种独立于方案的简单方法便是使用足够的属性来分割实例空间,使所有训练实例在某种程度上分隔开来。例如,如果只考虑一个或两个属性,通常会有多个实例都含有相同属性值组合。而另一种极端情形是考虑整个属性集便可能区分出每个实例,因此不存在所有属性值都是相同的两个实例(虽说不是必然的,但是数据集有时会存在具有相同属性值的实例却分属于不同类的情形)。直观上,我们总是选择能区分所有实例的最小属性集。这可以通过穷举搜索很容易地找到,尽管这需要相当大的计算成本。不幸的是,这个训练数据集上的有强烈倾斜的属性集,其一致性在统计意义上并不能得到保障,而且可能会导致过度拟合,算法可能会卷入不必要的工作,用以修正由于某些噪声数据引起的不一致性。

机器学习算法可用于属性选择。例如，可先在整个数据集上应用决策树算法，然后选择那些在决策树中真正用到的属性。如果下一步只是要建另一棵树，那么这个属性选择不会产生任何效果，然而这个属性选择可能会对其他学习算法产生影响。比方说，众所周知，最近邻算法很容易受无关属性的影响，它便可以通过先建一个决策树过滤属性而使性能得到提高。最终所得的最近邻结果性能比用于过滤的决策树的性能更好。再举一个例子，在第4章中提到的简单的单规则（1R）方案，通过对不同属性分支的效果进行评估，可用于决策树学习前的属性选择（然而像1R这样的基于误差的方法也许不是属性排序的理想选择，我们将在下面讨论有监督的离散化的相关问题时看到这点）。通常只用排在前两、三位的属性构建的决策树也能达到同样好的性能，且这个树更容易理解。在这个方法中，需要用户决定使用多少属性来构建这个决策树。

另一个可行的算法是建一个线性模型，比如一个线性支持向量机，根据系数的大小来进行属性排序。一种更为精密复杂的方法是将这个算法重复运行。先建一个模型，根据系数进行属性排序，将排在最低位的属性移除，然后重复这个过程直到所有属性都被移除。这种递归特征消除（recursive feature elimination）的方法应用于某些数据集上（譬如识别重要基因用于癌症分类）与只用单个模型进行属性排序的方法相比较，能获得更好的结果。对于这两种方法来说，保证属性具有相同的度量标准是很重要的，否则这些系数是不可比的。注意，这些技术只是用于产生一个属性排序，还必须应用其他技术来决定将要使用的适当的属性数量。

还可以使用基于实例的学习方法来进行属性选择。从训练集中随机抽样，检查近邻的同类和不同类实例记录，即"近邻击中"（near hits）和"近邻错失"（near miss）。如果近邻击中的某个属性有不同值，这个属性看来似乎是不相关的，那么它的权值就要降低。如果近邻错失的某个属性有不同值，这个属性看来是相关的，它的权值就要增加。这是基于实例学习的属性加权的标准处理方法，在前面曾描述过。在这个操作过程重复多次后，便进行选择操作：只选择权值为正数的属性。在基于实例学习中标准的增量公式里，由于样本排列的次序不同，每次重复过程都会得到不同的结果。这一点可以通过使用所有训练实例并考虑每个实例的所有近邻击中和近邻错失来避免。

这种方法的一个更为严重的缺点是无法探察出冗余属性，因为它与另一个属性是相关的。极端的情形是，两个相同的属性被同样的方式处理，不是都被选择便是都不被选择。有人提出了一种修正方法似乎有助于解决这个问题，即在计算最近邻击中和错失时考虑当前的属性权值。

既消除无关属性也消除重复属性的另一种方法便是选择一个属性子集，其中各属性与类有较大关联但属性内部几乎无关联。两个名目属性A和B之间的关系可用对称不确定性（symmetric uncertainty）来衡量：

$$U(A,B) = 2\frac{H(A)+H(B)-H(A,B)}{H(A)+H(B)}$$

其中H是4.3节中讲述的熵函数。熵是以每个属性值的概率为基础的；$H(A,B)$是A和B的联合熵，是由A和B的所有组合值的联合概率计算出来的。对称不确定性总是在0和1之间。衡量基于相关性（correlation-based）的特征选择所决定的一个属性集的优良性的方法是：

$$\sum_j U(A_j,C) \bigg/ \sqrt{\sum_i \sum_j U(A_i,A_j)}$$

其中C是类属性，下标i和j包括属性集里的所有属性。假设子集中所有m个属性与类属性及另一属性密切相关,分子就为 m,分母为 $\sqrt{m^2}$,亦即 m,因此得到最大值为 1(最小值为 0)。显然这不理想,因为我们要避免冗余属性。然而,这个属性集中的任何子集都会有测量值为 1 的情况。当使用这个标准来寻找一个好的属性子集时,就需要最小属性子集来打破这个约束。

8.1.2 搜索属性空间

属性选择的大多数方法都要涉及在属性空间搜索最有可能做出最好类预测的属性子集。图 8-1 展示了大家最熟悉不过的天气数据的属性空间。可能的属性子集数目随属性数量的增加呈指数增长,使得穷举搜索不切实际,它只适合最简单的问题。

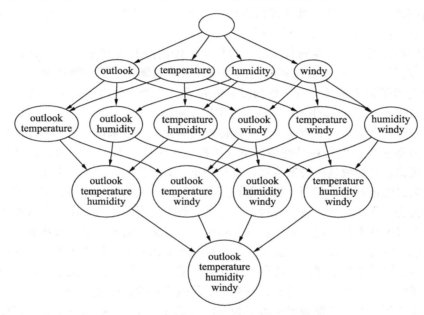

图 8-1 天气数据集的属性空间

基本上,搜索方向是两个方向中的一个,即图中从上往下或是从下往上。在每个阶段,通过增加或删除一个属性来局部改变目前的属性子集。朝下的方向,开始时是不含任何属性,然后每次增加一个,称为前向选择(forward selection)。朝上的方向,开始时包含了所有属性,然后每次减少一个,称为后向删除(backward elimination)。

在进行正向选择时,每个当前子集没有包含的属性被暂时加入,然后对结果子集的属性进行评估,譬如使用下节中要阐述的交叉验证。评估产生一个数字结果用以衡量子集的期望性能。通过这种方法对依次添加的每个属性所产生的效果进行量化,选择其中最好的,然后继续。如果目前的子集中添加任何一个属性都不能有改善时,即终止搜索。这是一个标准的贪心搜索程序,它能保证找到一个局部(而不一定是全局)最优的属性集。

反向删除操作采用完全类似的模式。在这两种情形中,对于较小的属性集,经常引入一个微小偏差(即倾向于选择较小的属性集)。在前向选择中,如果要继续搜索,评估值的增加必须要超出某个预先设定的最小增量。对于后向删除也采用类似的方法。

还存在一些更为精细复杂的搜索方法。前向选择和后向删除法可以结合成双向搜索,此时,算法开始时可以包含所有属性也可以不含任何属性。最佳优先搜索(best-first search)

方法不是在性能开始下降时停止搜索，而是保存到目前为止已经评估过的所有属性子集列表，并按照性能好坏排序，因此它可以重访先前的配置。只要时间允许，它将搜索整个空间，除非采用某种停止标准。束搜索（beam search）也很类似，只是在每个阶段截取属性子集列表，因此它只含有固定数目的（束宽）最有希望的候选对象。遗传算法搜索程序松散地基于自然选择原理：使用对当前候选子集的随机扰动，"进化出"好的属性子集。

8.1.3 具体方案相关的选择

采用具体方案相关的（scheme-specific）选择的属性子集性能表现是根据学习方案仅仅使用这些属性进行分类的性能来衡量的。给定一个属性子集，正确率是采用5.3节中所述的交叉验证法来评估的。当然，其他评估方法，如在一个旁置集上的性能表现（5.3节）或者使用自助法估计器（5.4节）也同样适用。

整个属性选择过程是计算密集型的。如果每个评估都采用10折交叉验证，学习过程要执行10次。对于 k 个属性，启发式的前向选择或者后向删除法评估时间要乘以一个比例因子，这个比例因子最大可达。对于更为复杂的搜索，这个比例因子远大于此，对于穷举算法，因要检验 2^k 种可能的属性子集，这个比例因子可达 2^k。

这个方法已被证实在许多数据集上都获得好的结果。一般来说，后向删除法较前向选择法生成的属性集更大，但是在某些情况下分类准确率更高。原因是性能测量仅仅是一个估计，单一的优化估计导致这两种搜索过程过早停止，此时反向删除的结果属性还过多，而前向选择的结果属性还不够。然而，如果重点是要理解所涉及的决策结构，那么前向选择是很有用的，因为它经常是减少了属性数目而对分类正确率的影响却又很小。实践经验显示，复杂的搜索技术似乎并不总是适当的，虽然它们在某些情况下能产生很好的结果。

加速搜索过程的一种方法是一旦发现不太可能产生比另一个候选子集更高的准确率，便立即停止对这个属性子集的评估。这是统计学上的配对显著性检验（significance test）工作，它基于这个属性子集所生成的分类器和所有基于其他子集的候选分类器之间进行。两个分类器对某个测试实例分类的性能差异可表示为 -1、0 或 1，这是根据第一个分类器较第二个更差、相同或是更好而决定。可以将配对 t 检验（5.6节）应用于整个测试集上所得的这些数据，从而有效地将每个实例的（分类）结果当作一个有性能差异的独立估计来处理。一旦能看出一个分类器明显比另一个差（当然也许不会发生），则立即停止交叉验证。我们可能希望更积极地丢弃某些分类器，这可以通过修改 t 检验实现，计算一个分类器比另一个更好的概率至少要达到某个用户指定的最小阈值。如果这个概率非常小，我们可以丢弃前面一个分类器，因为它比后者明显好的可能性很小。

这种方法称为竞赛搜索（race search），可以采用不同的基础搜索策略来实现。当采用正向选择策略时，所有可能添加的单一属性同时进行竞赛，去除那些表现不够好的。在采用后向删除策略时，所有可能去除的单一属性同时进行竞赛。模式搜索（schemata search）是一种专为竞赛设计的更复杂的方法，它要进行一系列的迭代竞赛，每次迭代都要决定是否要包含某个特定属性。竞赛中，其他属性在每一点评估中包含或不包含是随机的。一旦竞赛出现一个明显优胜者，便开始下一轮的迭代竞赛，将优胜者作为起始点。另一种搜索策略是先将属性排序，例如利用它们的信息增益（假设是离散的），然后根据排序结果进行竞赛。这时竞赛从不含任何属性、包含排列第一的属性、包含排列前两位的属性、包含前三位属性，以此类推进行。

一种简单的加速某个具体方案相关的搜索的方法是，在应用这一具体方案相关的选择前，先通过某一标准（如信息增益）对属性排序，预选出给定数目的属性，然后丢弃其余属性。这种方法被证明在高维数据集上工作效果出奇得好，比如基因表达和文本分类数据，运用此方法仅仅用到了两三百个属性，而不是原始的数千个属性。在前向选择情况下，一个稍微更复杂的变化是限制可用属性的数目，这些从排好序的属性列表选择的可用属性是用于扩展当前属性子集到某一确定大小子集的，即建立一个可以伸缩的属性选择范围，而不是在每一步搜索过程中考虑所有（包括无用的）可用属性。

无论采取何种方法，具体方案相关的属性选择决不是始终都能获得性能提高的。属性选择循环中包含了目标机器学习算法的反馈效果，会使处理过程的复杂性显著增强，所以很难预测它在何种条件下是有价值的。正如在许多机器学习情况下，使用自己的特定数据反复试验是最终的仲裁者。

有一种分类器，具体方案相关的属性选择是它学习过程的一个重要部分：决策表。正如在 3.1 节中所提到的，学习决策表的全部问题在于选择合适的属性。通常是通过对不同属性子集进行交叉验证，选择表现最好的属性子集。所幸的是，留一交叉验证对于这种分类器来说是代价非常小的。由于添加或删除实例并不改变表的结构，从训练数据获得决策表的交叉验证误差，仅仅是要处理类统计相关的表中每个项目。属性空间的搜索通常是采用最佳优先的方法，因为这个策略与其他策略，如前向选择，相比较在搜索过程中陷入局部最大值的可能性更小。

让我们用一个成功的事件来结束讨论。有一种学习方法，采用了简单的具体方案相关的属性选择方法并具有较好表现，那便是朴素贝叶斯法。尽管这种方法对于随机属性处理得相当好，但当属性之间存在依赖关系时，特别是在加入了冗余属性时，它存在误导的倾向。然而，使用前向选择算法，当有冗余属性加入时，与后向删除法相比此法具有更强的辨别冗余属性的能力，结合使用一个非常简单、几乎是"幼稚"的量度来决定属性子集的质量，即采用学习算法在训练数据集上的性能表现作为度量。在第 5 章中曾强调，在训练集上的性能表现绝对不是测试集性能的可靠指示器。然而，实验表明对朴素贝叶斯法所做的如此简单的改进，在那些原本性能表现不如其他基于树或基于规则分类器的标准数据集上，现在却能获得显著的性能提高，而对于那些原本就表现较好的数据集也没有任何负面影响。选择性朴素贝叶斯（Selective Naïve Bayes），这种学习方法正如其名，是一种在实践中可靠的、性能良好的机器学习技术。

8.2 离散化数值属性

一些分类和聚类算法只能处理名目属性而不能处理数值属性。为了将这些算法应用于一般数据集，数值属性必须先被"离散化"成一些不同的值域。即使是能够处理数值属性的学习算法，有时处理方法也并不完全令人满意。统计聚类方法常假设数值属性呈正态分布，这在实践中时常是不太合理的假设。朴素贝叶斯分类器用于处理数值属性的标准扩展法，也采用同样的假设。虽然大多数的决策树和决策规则学习器可以处理数值属性，但是当出现数值属性时，由于需要重复对属性值进行排序，有些分类器工作变得相当慢。由于上述种种原因，产生了一个问题，在进行学习之前将数值属性离散成不同的值域，该采取什么样的方法才好？

我们先前已经看到一些离散数值属性的方法。在第 4 章中讨论的单规则（1R）学习方案采用了一种简单而有效的技术：根据属性值将实例进行排序，在类出现变化时设定属性值值域——除此之外，每个值域内多数类的实例的数目要不少于某一个最小值（6个），这意味任何一个值域所含类值可能是混合的。这是一种在开始学习之前能应用于所有连续属性的"全局化"的离散方法。

另一方面，决策树学习器是在局部进行数值属性处理，在树的每个结点处，当决定是否值得分支时对属性进行检查，并且只在这个结点处决定连续属性的最佳分裂点。虽然在第6章中讨论的建树方法只考虑将连续属性进行二分裂，可以设想在这个结点做完全的离散从而对数值属性进行多路分裂。采用局部方法和全局方法的优缺点很清楚。局部离散是为适应树的每个结点的实际情况，同一个属性在树的不同位置，只要看起来适当，会产生不同的离散结果。然而，随着树的深度增长，这个决定是基于较少的数据而做出的，会影响到它的可靠性。如果树在剪枝之前是一直往下扩展直到单个实例的叶结点，如同采用普通的反向剪枝技术，很明显许多离散化决定是基于非常不充足的数据而做出的。

在应用学习方法之前采用全局离散化，有两种可能方法能将离散了的数据呈现给学习器。最明显的方法便是把离散了的属性当作名目属性来处理：每个离散区间用名目属性的一个值来代表。然而，由于离散了的属性是从数值属性推导而来，它的值是有序的，把它当作名目属性处理便丢弃了它潜在的颇有价值的排序信息。当然，如果学习方案能够直接处理有序属性，解决方法显而易见，将每个离散了的属性声明为"有序"型的属性。

如果学习方法不能处理有序属性，仍然有一种简单的方法可用来利用排序信息，即在使用学习方法之前，将每个离散了的属性转换成二值属性集。假设离散了的属性有 k 个值，则将它转换为 $k-1$ 个二值属性。对于某一特定的实例，如果其原始的属性值为 i，便将前 $i-1$ 个二值属性设定为 false，将其余的都设为 true。换句话说，第（$i-1$）个二值属性代表了离散属性是否小于 i。如果决策树学习器要分裂这个属性，它可利用这个编码中所隐含排序的信息。注意，这个转换是独立于所应用的具体离散化方法的，它只是用一组二值属性来对一个有序属性进行编码。

8.2.1 无监督离散化

离散化问题有两种基本方法：一种是在训练集实例类未知的情况下，对每个属性量化，即所谓的无监督离散化（unsupervised discretization）；另一种是在离散化时要考虑类属性，即有监督离散化（supervised discretization）。前者只有在处理类未知或类不存在的聚类问题时，才有可能碰到。

离散化数值属性的直观方法便是将值域分隔成几个预先设定的等长区间：一个固定的独立于数据的尺度。通常是在收集了数据后进行。但是，同其他无监督离散化方法一样，它存在某些风险，由于使用的等级过于粗糙而破坏了在学习阶段中可能有用的区分，或者不幸选择了将许多不同类的实例不必要地混在一起的分隔边界。

等间距装箱（equal-width binning）经常造成实例分布非常不均匀：有些箱中包含许多实例，有的却一个也没有。这样会严重削弱属性帮助构建较好决策结构的能力。通常，更好的办法是允许有不同大小的区间存在，从而使每个区间内的训练实例数量相等。这种方法称为等频装箱（equal-frequency binning），根据这个轴上的实例分布将属性值域分隔成几个预先设定的区间。这种方法有时称为直方图均衡化（histogram equalization），因为如果观察结果区间内容的直方图，会看到它是完全平直的。如果把区间数目视为一种资源，这种方法最好地利用了该资源。

然而，等频装箱仍然忽略了实例的类属性，这将导致不良的分界。例如，如果一个区间中所有实例都属一个类，而下一个更高的区间中除了第一个实例仍属于先前的类，其余实例都属于另一个类，理所当然应尊重类特性分布，将第一个实例划分到前一个区间中，可见牺牲等频特性以保全类的同质性是很有意义的。有监督离散化，即在离散化过程中考虑类特性当然有优势。尽管如此，人们发现等频装箱能带来非常好的结果，至少是在与朴素贝叶斯学习法相结合应用时，此时区间个数依数据被设定为实例总数目的平方根。这个方法称为均衡 k 区间离散化（proportional k-interval discretization）。

8.2.2 基于熵的离散化

由于决策树形成过程中所采用的分裂数值属性的标准在实践中效果较好，因此采用递归分裂区间直至满足终止条件，从而将其扩展成更为一般的离散法不失为一个良策。在第 6 章中，我们学习了如何将实例按照属性值排序，以及如何在每个可能的分裂结点处考虑分裂结果的信息增益。对属性离散化来说，一旦决定第一次分裂，分裂过程可以在上部值域或下部值域重复进行，采取递归以此类推。

为了看清上述过程在实践中是如何进行的，我们再来回顾一下之前离散天气数据中温度属性的例子，属性值为

64	65	68	69	70	71	72	75	80	81	83	85
yes	no	yes	yes	yes	no	no	yes	no	yes	yes	no
						yes	yes				

（重复值已经被叠在一起了）。11 处可能的分裂点的信息增益按照常规方法计算。例如，temperature < 71.5 的测试，将值域分裂为包含 4 个 yes、2 个 no 对应 5 个 yes、3 个 no，其信息值为：

$$\text{info}([4,2],[5,3]) = (6/14) \times \text{info}([4,2]) + (8/14) \times \text{info}([5,3]) = 0.939 \text{ bit}$$

这个值代表了给出此分裂后要详述各个 yes 和 no 值所需的信息总量。我们要寻找一种离散化使子区间尽可能地纯正，因此要选择信息值最小的分裂点（这等同于要在信息增益最大处分裂，信息增益定义为未分裂与分裂后的信息值差值）。如前所述，将数值阈值置于概念分界区域中间位置。

图 8-2 中标记为 A 的曲线显示了第一个阶段每个可能的分裂点的信息值。最好的分裂（即信息值最小处）在温度为 84 处（0.827bit），它只是将排列在最后的、类值为 no 的实例从原先的序列中分离出来。在水平轴底下标出了实例的类属性以便说明。在温度的低值域 64 至 83，再次应用这个算法产生

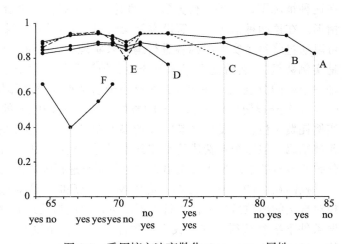

图 8-2 采用熵方法离散化 temperature 属性

图中标记为 B 的曲线。这次最小值在 80.5 处（0.800bit），将接下来的两个同属 yes 类的实例分离开。再次在低值域上应用算法，现在是从 64 到 80，产生标记为 C 的曲线（图中用点线表示与其他曲线区别开来）。最小值在 77.5 处（0.801bit），又分离出一个类值为 no 的实例。曲线 D 最小值在 73.5 处（0.764bit），分离出两个类值为 yes 的实例。曲线 E（再次使用虚线，只是为了易于分辨），温度值域从 64 到 72，最小值在 70.5 处（0.796bit），它分离出两个类值为 no 和一个类值为 yes 的实例。最后曲线 F，值域从 64 到 70，最小值在 66.5 处（0.4bit）。

temperature 属性离散化的最终结果如图 8-3 所示。递归只发生在每次分裂后的第一个区间上，在本例中是人为因素造成的。一般来说，上部和下部区间都将被进一步分裂。每次分裂下方所示的（字母）是图 8-2 中对应与该次分裂的曲线标记，底部是分裂点真正的分裂值。

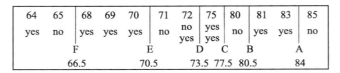

图 8-3　temperature 属性离散化的最终结果

从理论上来看，使信息值最小的切割点绝对不会出现在同属一个类的两个实例之间。这个特征引出了一个有用的优化方案：只需考虑发生在不同类实例间的潜在分裂。注意，如果区间的类标签是基于区间的多数类而定的，便不能保证相邻的区间具有不同的类标签。你也许会考虑将多数类相同的区间进行合并（例如，图 8-3 中的前两个区间），但是在以下内容将会看到通常这样做的效果并不好。

剩下要考虑的问题就是终止条件了。在温度例子中，大多数经确认的区间都是"纯粹的"，即区间内所有实例的类值都相同，很显然没有必要再去分裂这样的区间（最后一个区间，我们默认不再分裂，还有 70.5 到 73.5 这个区间，它们是两个例外）。然而，一般情况下问题并非是如此直截了当的。

要终止基于熵分裂的离散程序，一种好的方法是利用第 5 章的 MDL 原理（见 5.10 节）。根据该原理，要使"理论"规模加上从理论上描述所有给定数据所需的信息量达到最小值。在这种情况下，如果进行分裂，"理论"是分裂点，要比较在理论分裂点分裂和不分裂两种情形。在这两种情况下，假设实例均已知，但它们的类标签未知。如果不做分裂，类别传输可以通过将每个实例的标签进行编码来实现。如果进行分裂，先将分裂点编码（位，这里 N 是实例数量），然后是小于这个分裂点的类，再是大于这个分裂点的类。可以想象，如果这是一个好的分裂点，譬如说，所有小于这个点的类值都是 yes，所有大于这个点的类值都是 no，那么分裂便会带来相当大的益处。如果 yes 和 no 的实例数量相等，不采用分裂，每个实例耗费 1 位，而使用分裂时耗费很难超过 0 位，也不完全为 0，因为类值以及分裂本身都要被编码，但这个耗费代价是被分摊到所有实例上的。在这种情形下，如果有许多实例，由分裂所节省的信息量将远超出必须对分裂点进行编码的惩罚。

我们在 5.10 节中曾强调，应用 MDL 原理时，困难会随着对问题细节的深入而出现。在相对直接的离散情形中，尽管也不简单，但还是较易处理的。信息总量可以在某些合理的假设条件下准确获得。这里我们不再深入讨论，结论是：在某一特定的分割点，分裂是值得的，只要由这个分裂所带来的信息增益超出某个定值，而这个定值是由实例数量 N、类别数

量 k、实例集 E 的熵、每个子区间内实例集 E_1 和 E_2 的熵以及每个子区间内的类别数量 k_1 和 k_2 所决定的：

$$\text{gain} > \frac{\log_2(N-1)}{N} + \frac{\log_2(3^k-2) - kE + k_1E_1 + k_2E_2}{N}$$

其中第一部分是描述分裂点所需的信息，第二部分是传输那些类别（分别对应于前面和后面子区间）所需的信息量的修正量。

当应用在温度例子上时，这个标准将会阻止任何分裂。第一次分裂只分离出了最后一个实例，正如你所能想象的，通过这次分裂，传输这些类别时几乎没有获得什么真正的信息。实际上，MDL 原理不会产生任何只含一个实例的区间。离散化 temperature 属性的失败，取消了它在最终的决策树结构中担当任何角色的资格，因为赋予所有实例的离散值都会是一样的。在这种情形下，这是完全合理的：对天气数据来说，temperature 属性在好的决策树或决策规则中都不会出现。实际上，离散化失败等价于属性选择的效果。

8.2.3 其他离散化方法

采用基于熵的方法并应用 MDL 终止条件是有监督离散化最好的通用技术之一。人们还研究了许多其他方法。例如，替代原先自上而下并通过递归分裂区间直至满足某个停止标准的程序。你也可以由下往上，先将每个实例置于各自的区间，然后考虑是否合并相邻区间。可以应用统计标准来考察哪两个是最佳合并区间，如果统计结果超出某个事先设定的置信水准便将它们合并，重复此过程，直到不再有能通过检验的潜在合并。χ^2 检验是一种很合适且已运用于实际的方法。更为复杂的技术用于自动决定合适的（置信）水准来替代预先设置重要性阈值。

一种相当不同的方法是在对训练实例的类进行预测时统计离散化所带来的误差数量，此处假设每个区间接受多数类。例如，前面所述的单规则（1R）方法是基于误差的，它更注重于误差而非熵。然而，根据误差累计所获得的最佳离散化，往往是通过使用尽可能多的区间个数而得到，必须预先限定区间个数来避免这种退化情形。

让我们考虑一种最好的方法将一个属性离散化成 k 个区间，并在一定程度上最小化累计误差。若使用穷举这样的蛮力方法来实现，误差与 k 成指数关系，因而此法是不可行的。但是，基于动态规划理念却有一些非常有效的方案。动态规划不仅适用于误差累计度量，还适用于任何给定的不纯函数，且能将 N 个实例分裂成 k 个区间，并使不纯度最小化消耗的时间与 kN^2 成比例。这给出了一种方法用以寻找最佳基于熵的离散，使之前讲述的基于熵的递归离散化方法的效果得到潜在改善（但在实践中这种改善是可忽略的）。基于误差离散的效果更加好一点，因为有一种方法可使误差累计最小化的时间与 N 成线性关系。

8.2.4 基于熵和基于误差的离散化

既然优化的离散化运行非常快，为什么不采用基于误差的离散化？答案是因为基于误差的离散化有一个严重的缺点，它不让相邻区间有相同的类标签（如图 8-3 中的前两个）。原因是合并这样两个区间不影响误差累计，却能释放一个可用于（离散）别处来降低误差累计的区间。

为什么有人要生成两个相同类标的相邻区间呢？下面的例子是最好的解释。图 8-4 展示了一个简单二类问题的实例空间，它含有两个数值属性，属性值范围从 0 到 1。如果实例的第一个属性（$a1$）值小于 0.3，或者第一个属性小于 0.7 且第二个属性（$a2$）值小于 0.5，那么实例属于一类（图中圆点）；否则，实例便属于另一类（图中三角）。图 8-4 中的数据便是根据这些规则人工生成的。

现在假设要将两个属性进行属性离散化，以便从离散了的属性中进行分类学习。最好的离散分裂就是将 $a1$ 分裂成 3 个区间（0 到 0.3、0.3 到 0.7 以及 0.7 到 1.0），将 $a2$ 分裂成 2 个区间（0 到 0.5 和 0.5 到 1.0）。给定这些名目属性，要学习怎样用简单的决策树或规则算法分类就很容易了。分裂 $a2$ 没有问题。对于 $a1$ 来说，第一个和最后一个区间具有相反的类标签（分别是圆点和三角）。第二个类标签是 0.3 到 0.7 这个区间上出现较多的那个类别（对于图 8-4 中的数据来说实际上是圆点）。无论怎样，这个标签肯定会与一个相邻的标签相同，无论中间区域的类概率是多少，这一点都是成立的。因此，这种离散

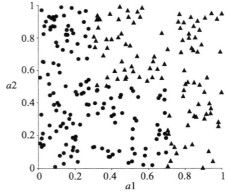

图 8-4　含两个类别、两个属性问题的类分布

化是任何一种最小化累计误差的方法都不会得到的，因为这类方法不允许相邻区间产生同样的标签。

重点是当 $a1$ 的属性值越过 0.3 这个界线时，改变的不是多数类而是类分布。多数类仍然是圆点，但类分布发生了显著变化，从以前的 100% 到刚过 50%。当越过 0.7 界线后，类分布再次变化，从 50% 降低到 0%。即使多数类不变化，基于熵的离散化方法对于类分布变化也敏感。而基于误差的方法不敏感。

8.2.5　将离散属性转换成数值属性

有一个和离散化相反的问题。有些学习算法，特别是基于实例的最近邻法和涉及回归的数值预测技术，处理的只是数值属性。怎样将它们扩展应用于名目属性呢？

如 4.7 节中所描述的，基于实例的学习可以通过定义两个名目属性值之间的"距离"把离散属性当作数值属性来处理，相同值距离为 0，不同值距离为 1，而不管实际值是多少。不用修改距离函数，而是使用一种属性转换来实现，将一个含有 k 个属性值的名目属性用 k 个合成二值属性来替代，每个（二值属性）对应一个（名目属性）值，表明该属性是否有这个属性值。如果属性权值相同，则它们在距离函数上的影响是相同的。距离对于属性值是不敏感的，因为只有"相同"或"不同"两种信息被编码了，而不关心与各种可能的属性值相关联的差别度。如果属性带有反映它们相对重要性的权值，便能获得更多的细微差别（信息）。

如果属性值可以排序，会带来更多的可能性。对于一个数值预测问题，对应于每个名目属性值的平均类值可以从训练实例中计算得到，并可用它们来确定一个有序序列。这种技术是为 7.3 节中的模型树而引入的（对于分类问题，很难找到类似的方法对属性值进行排序）。很明显，一个排序的名目属性可以用一个整数来代替，这不仅意味着一个排序，还意味着一个属性值的度量。可以通过为一个含 k 个值的名目属性建立 $k-1$ 个合成二值属性来避免引入度量，如本节前面所描述的那样。这种编码方法仍然表示不同属性值之间的排序，相邻的值只会有一个二值属性不同，而间隔的值会有几个二值属性不相同，但这时属性值之间不是等距离的。

8.3 投影

资源丰富的数据挖掘者拥有满载挖掘技术的工具箱，譬如用于数据转换的离散技术。如同在第 2 章中所强调的，数据挖掘从来就不是提取一个数据集，将学习算法应用于数据上那么简单的事情。每个问题都不相同。必须对数据进行思考，琢磨它的意义，然后从不同的角度来检验，具有独创性地找到一个合适的观点。用不同的方法对数据进行转换可以助你拥有一个好的开始。在数学上，投影（projection）是一种函数或是映射，通过某种方式将数据转换。

你不必亲自去实现这些技术来武装自己的工具箱。综合数据挖掘环境为你提供了广泛的有用工具，如本书附录 B 中所介绍的就是其中的一种。你不必详细了解它们是怎么实现的。你所要了解的是这些工具能干什么，怎样来使用它们。

数据经常要求对一系列属性进行数学转换。将指定的数学函数应用于现有的属性上定义出新的属性或许会有用。两个日期属性相减可能产生第三个代表年龄的属性，这是一个受原始属性含义所驱动的语义转换的例子。在已知学习算法的情况下，也建议运用其他一些转换。如果觉察到一个线性关系涉及两个属性 A 和 B，而算法只能进行轴平行的分裂（如大多数的决策树和规则学习器），那么可以将比率定义成一个新的属性。转换不必一定是数学函数，也可能包含一些常识，如每周所含天数、公休假期或化学原子量等。转换可以被表示为电子数据表中的操作或用任意计算机程序来实现的功能。或者也可以将几个名目属性的属性值联合在一起成为一个属性，由分别含 k_1 个值和 k_2 个值的两个属性产生含 $k_1 \times k_2$ 个值的单一属性。离散化将一个数值属性转换为名目属性，同时我们也看到了怎样进行逆向转换。

另一种转换是在数据集上应用聚类过程，然后定义一个新的属性。对于任何实例来说，新属性的值便是实例所属聚类的类标。或者，对于概率聚类来说，可以通过每个实例属于各个聚类的概率来扩大聚类，有多少聚类就添加多少新属性。

有时在数据上添加一些噪声数据也许有助于检测一个学习算法的鲁棒性。取一个名目属性，改变其属性值的比例。通过将关系、属性名称、名目属性和字符串属性的属性值重新命名使数据混乱（因为通常使一些敏感数据集匿名化是有必要的）。将实例的次序随机化或通过重抽样产生数据集的一个随机样本。按照某个给定比例删除实例，或删除名目属性为某些值的实例，抑或是删除数值属性值高于或低于某个阈值的实例，从而减小实例集。在数据集上应用某种分类方法，然后删除被错误分类的实例，以去除某些离群点。

不同类型的输入要求有它们各自的转换。如果能输入稀疏数据文件（见 2.4 节），也许需要能将数据集转换为非稀疏形式，反之亦然。文本输入和时间序列输入要求有它们各自的特殊转换，这将在下面的小节中详述。先来看看将数值属性转换为低维形式的两种常用技术，它们在数据挖掘中比较有用。

8.3.1 主成分分析

对于一个含有 k 个数值属性的数据集，可将这些数据想象成在 k 维空间上密布的点，就像天上的星星、一大群被定格的飞虫、一张纸上的二维散点图。属性代表着在空间上的坐标轴，但所用的轴（即坐标系统本身）是任意方向的。你可以在纸上放置一个水平方向和一个垂直方向的轴，然后利用这些坐标轴来表示散点图中的每个点，也可以任意画一条直线代表 x 轴，再用一条与它正交的直线代表 y 轴。要记录飞虫的位置，可以用传统的定位系统，一条南北向的轴、一条东西向的轴以及一条上下方向的轴。采用其他坐标系也同样可行。飞虫这样的生物不懂得东西南北，虽然由于地心引力，在某些特殊情况下，它们或许能感知上下方向。至于天上的星星，谁能说出什么是"正确"的坐标系呢？

再回到数据集。就像上述例子所示的那样，没有任何因素可以阻止你将所有数据点转换到一个不同的坐标系中去。但与上述例子不同的是，在数据挖掘中经常存在一个首选的坐标系，它不是由外在的惯例所决定，而是由数据本身决定的。无论采用何种坐标，数据点在每个方向上都存在一个方差，这预示了数据在这个方向上的均值周围的分散程度。一个奇怪的现象是如果将各个方向上的方差相加，然后将数据点转换到一个不同的坐标系中并做同样的操作，两种情况下所得的方差总和是相同的。只要坐标系统是正交的（orthogonal），即每个坐标轴与其他坐标轴都成直角，这种关系始终成立。

主成分分析（principal components analysis）的思想是使用一个特殊的、由数据点决定的坐标系，将第一个坐标轴设在数据点方差最大的方向上，从而使这个轴向上的方差最大化。第二个坐标轴与第一个轴正交。在二维空间没有其他选择，第二个坐标轴的方向由第一个坐标轴所决定。但在三维空间，它可以是在与第一个轴正交的平面上的任意位置，尽管始终受到必须与第一个坐标轴正交的限制，但在更高维的空间甚至有更多的选择。遵循这个限制，选择沿轴向的方差达到最大值的方向作为第二个坐标轴的方向。以此类推，选择每个轴，使该轴向的方差在所剩方差中占的份额是最大的。

怎样来实现呢？给出一个合适的计算机程序并不难实现，给出合适的数学工具，也不难理解。从技术上来看，对于了解下面术语的读者，首先计算已被均值中心化之后坐标系上数据点的协方差矩阵（covariance matrix），并进行对角化（diagonalize），然后找到特征向量（eigenvector）。这些就是转换后的空间上的轴，并按照特征值（eigenvalue）进行排序，因为每个特征值提供了这个轴向上的方差。

图8-5展示了一个含10个数值属性，即相应的数据点是在一个10维空间上的特定数据集的转换结果。想象一下，原始数据点分布于一个10维空间上，这是我们画不出来的！选择方差最大的方向为第一个轴的轴向，第二个轴向选择与之正交且方差次大的方向，以此类推。图中列表按照被选择的次序，依次列出了沿每个新轴向上的方差。由于方差的总和是一个常量而与坐标系无关，因此用方差占方差总和百分比的形式列出。我们称为轴分量（axes component），每个分量要"担负"它在方差中的份额。图8-5b画出了每个分量序号对应的分量所代表的方差。可以使用所有分量作为新属性来进行数据挖掘，也可以只选择前面几个，即主成分（principal component），而丢弃其余分量。在这个例子中，3个主分量担负了数据集84%的方差，7个便担负了95%以上。

对于数值型的数据集，在进行数据挖掘之前使用主成分分析，以此作为一种数据清理及属性选择的形式是很常见的。例如，你也许想要替代数值属性，用主分量轴或它们的一个子集来代表某个给定比例的方差，譬如说95%。注意，属性的规模会影响主成分分析的结果，通常的做法是先将所有属性进行标准化，使之均值为0且方差单位化。

另一种可能性是将主成分分析法递归地运用于决策树学习器中。普通的决策树学习器在每个阶段所选择的分裂都是平行于某个轴方向的。然而，如果先进行了一次主成分转换，学习器则选择经过转换了的空间中的一个轴。这等同于沿原始空间中的某条斜线进行分裂。如果每次分裂之前都重新进行转换，结果将是一棵多元决策树，它的分裂方向与轴或其他分裂方向都不平行。

轴	方差	累积方差
1	61.2%	61.2%
2	18.0%	79.2%
3	4.7%	83.9%
4	4.0%	87.9%
5	3.2%	91.1%
6	2.9%	94.0%
7	2.0%	96.0%
8	1.7%	97.7%
9	1.4%	99.1%
10	0.9%	100.0%

a) 每个成分的方差

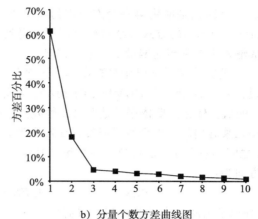

b) 分量个数方差曲线图

图 8-5 数据集的主成分转换

8.3.2 随机投影

主成分分析将数据线性转换到低维空间，但代价昂贵。要找出这个转换（一个由协方差矩阵的特征向量所组成的矩阵）花费的时间将是数据维数的立方。这对于属性数目庞大的数据集不可行。一种更为简便的替代方法是将数据随机投影到一个维数预先设定好的子空间。要找到随机投影矩阵是很容易的。但效果是否好呢？

事实上，理论表明随机投影通常能相当好地保存距离关系。这意味着它们可以和 kD- 树或球树联合使用，在高维空间进行近似最近邻搜索。首先转换数据以减少属性数目，然后为转换了的空间建树。最近邻分类情形下，使用多个随机矩阵来组建一个联合分类器，能使结果更加稳定，而且更少依赖于随机投影的选择。

为一系列标准分类器进行数据预处理时，采用随机投影的效果不如经主成分分析仔细选择的效果，这并不出乎意外。但是，实验显示这些差别并不太大，而且随着维数的升高，差别呈减小趋势。当然，随机投影计算成本要低得多。

8.3.3 偏最小二乘回归

正如之前提到的那样，主成分分析经常被用于应用学习算法之前的预处理步骤。当学习算法是线性回归时，由此产生的模型称为主成分回归（principal components regression）。当主成分本身是原始属性的线性组合时，主成分回归的输出结果可以依据原始属性重新表示。实际上，如果所有分量都被使用，而不是"主要的"部分，其结果和在原始输入数据上应用最小二乘回归的结果是一样的。使用少部分而不是全部分量集合的结果是一个削减了的回归。

偏最小二乘（partial least-squares）不同于主成分分析的地方是，在构建一个坐标系时，和预测属性一样，它考虑了类属性。其思想是计算派生的方向，这些方向和有高方差一样，是和类有强关联的。这在为有监督学习寻找一个尽可能小的转换属性集时将有益处。

有一种简单的迭代方法可用于计算偏最小二乘方向，且仅仅涉及点积运算。从输入属性开始，这些属性已被标准化为拥有零均值和单位方差，用于第一个偏最小二乘方向的属性系数是通过每一个属性向量和类向量之间依次进行点积运算得到的。用同样的方法找到第二个方向，但是，此时的原始属性值被属性值和用简单的单变量回归所得的预测值之间的差值所替代，这个回归是使用第一个方向作为属性预测的单一预测因子。这些差异被称为残差（residuals）。用同样的方式继续运行此流程以得到其余的方向，用前一次迭代所得残差作为属性形成输入来找到当前偏最小二乘的方向。

有一个成功的例子可以用来帮助理清这个处理流程。对于表 1-5 中 CPU 数据的前 5 个实例来说，表 8-1a 展示了 CHMIN、CHMAX（标准化为零均值和单位方差之后）和 PRP（未标准化）的值。任务是要依据其他两种属性找到一种表达方式用于表示目标属性 PRP。第一个偏最小二乘方向的属性系数是通过在属性和类属性之间依次进行点积运算得到的。PRP 和 CHMIN 之间的点积是 -0.4472，PRP 和 CHMAX 之间的点积是 22.981。因此，第一个偏最小二乘方向为：

$$PLS1 = -0.4472 \text{ CHMIN} + 22.981 \text{ CHMAX}$$

表 8-1b 列出了由此公式得出的 PLS1 的值。

接下来的步骤是准备用于找到第二个偏最小二乘方向的输入数据。最后，PSL1 依次回归到 CHMIN 和 CHMAX，由 PSL1 得到线性方程用以单独预测这些属性中的每一属性。这些系数通过计算 PSL1 和求解的属性之间的点积得到，且用 PSL1 和它自身的点积来划分所得结果。由此产生的单变量（一元）回归方程为：

$$\text{CHMIN} = 0.0438 \text{ PLS1}$$
$$\text{CHMAX} = 0.0444 \text{ PLS1}$$

表 8-1c 列出的是准备用于寻找第二个偏最小二乘方向的 CPU 数据。CHMIN 和 CHMAX 的原始值被残差所替代。残差是指原始值和之前给出的相应单变量（一元）回归方程的输入之间的差值（目标值 PRP 仍然一样）。整个过程是重复地使用这些数据作为输入产生第二个偏最小二乘方向，即为：

$$PLS2 = -23.6002 \text{ CHMIN} + -0.4593 \text{ CHMAX}$$

在最后的偏最小二乘方向确定了之后，属性的残差都为零。这反映了一个事实，正如主成分分析一样，所有方向的全集负担了原始数据的所有方差。

当把偏最小二乘方向作为输入用于线性回归时，结果模型被称为偏最小二乘回归模型（partial least-squares regression model）。和主成分回归一样，若将所有方向都使用，其结果和在原始数据上应用线性回归所得结果是一样的。

表 8-1 CUP 性能数据中前五个实例

	a) 原始值			b) 第一个偏最小二乘方向	c) 第一个方向的残差		
	CHMIN	CHMAX	PRP	PLS1	CHMIN	CHMAX	PRP
1	1.7889	1.7678	198	39.825	0.0436	0.0008	198
2	-0.4472	-0.3536	269	-7.925	-0.0999	-0.0019	269
3	-0.4472	-0.3536	220	-7.925	-0.0999	-0.0019	220
4	-0.4472	-0.3536	172	-7.925	-0.0999	-0.0019	172
5	-0.4472	-0.7071	132	-16.05	0.2562	0.005	132

8.3.4 独立成分分析

主成分分析为一个特征空间找到一个用于捕捉数据协方差的坐标系统。与此相反，独立成分分析寻找一个投影，用于将数据分解到统计独立的来源上。

考虑"鸡尾酒会问题"，其中人们听到音乐和其他人的声音：目标是将这些信号分离开。当然，还有许多其他信息的线性混合必须被解读的情景。独立成分分析找到混合新号的线性投影，给出最统计独立的变换变量集。

主成分分析有时被认为是寻求将相关变量转化为线性不相关变量。然而，相关性和统计独立性是两个不同的标准。不相关变量的相关系数为零，对应于协方差矩阵中的零条目。两个变量被认为是独立的，当它们的联合概率是边际概率的产品时（我们将在9.1节讨论边际概率）。

一个称为互信息的量用于测量一个可以从另一个给定的随机变量中获得的信息量。它可以用作寻找数据投影的替代标准，基于最小化线性变换空间中数据维度的互信息。给定一个模型 $s=Ax$，其中 A 是一个正交矩阵，x 是输入数据，s 是信号源分解，它可以表明最小化 s 的维度之间的互信息与变换数据有关，故预估的源 $p(s)$ 的概率分布与高斯分布差距非常大，并且预估的 s 被限制为不相关。

进行独立成分分析的一项流行技术称为快速ICA，它使用一个名为负熵的量 $J(s)=H(z)-H(s)$，其中 z 是高斯随机变量，与 s 有同样的协方差方差矩阵，$H(.)$ 是"微分熵"，定义为：

$$\ddot{u}(x) = -\int (x)\log(x)dx$$

负熵从高斯分布测量 s 分布的分离。快速ICA使用负熵的简单近似，使得学习被更快速地执行。

8.3.5 线性判别分析

线性判别分析是另一种寻找数据线性变换的方法，可用于减少展示所需维度的数量。这种方法常用于进行分类前的降维，同时它本身也可以用作一个分类技术。与主成分分析和独立成分分析不同，线性判别分析使用带类标的数据。数据是通过一个多元高斯分布进行的建模，针对每一个类 c 及其均值 μ_c 以及一个共同协方差矩阵。因为假设每一个类的协方差矩阵是相同的，所以类的后验分布是线性的，并且对每一个类而言，线性判别函数

$$y_c = x^T \Sigma^{-1} \mu_c - \frac{1}{2}\mu_c^T \Sigma^{-1} \mu_c + \log\frac{n_c}{n}$$

会被计算，其中是类 c 的实例的数量，n 是总共的实例数量。数据通过选择最大的 y_c 来进行分类。更多关于多元高斯分布的信息参见附录A.2。

8.3.6 二次判别分析

二次判别分析是简单地通过给出每一个类自己的协方差矩阵 Σ_c 和均值 μ_c 获得的。类上由后验概率定义的决策边界将用二次方程式来描述。每一个类 c 的二次判别函数为

$$f_c(x) = -\frac{1}{2}\log|\Sigma_c| - \frac{1}{2}(x-\mu_c)\Sigma_c^{-1}(x-\mu_c)^T + \log\pi_c$$

其中这些函数是通过对每一个类相应的高斯模型取对数产生的，同时忽略了常数项，因为这些函数彼此之间会相互比较。

8.3.7 Fisher 线性判别分析

上面讨论的线性判别分析源于著名统计学家 R. A. Fisher 提出的一种方法，他从不同的角度得出了线性判别。他致力于找到数据的一个线性投影，使得不同类别的方差相对于相同类别的方差最大化。这一方法称为Fisher线性判别分析，可以用于两个类或多个类。

在两个类的情况下，我们寻找一个对于输入向量 x，用来计算标量投影 $y = ax$ 的投影

向量。它是以通常的方式计算每一个类的均值 μ_1 和 μ_2 来获得的。然后计算类间散布矩阵 $S_B = (\mu_2 - \mu_1)(\mu_2 - \mu_1)^T$（注意，这里用两个向量的外积得出一个矩阵，而不是用本书早期使用的点积得出标量）；连同类间散布矩阵

$$S_W = \sum_{i:c_i=1}(x_i - \mu_1)(x_i - \mu_1)^T + \sum_{i:c_i=2}(x_i - \mu_2)(x_i - \mu_2)^T$$

a 通过最大化"瑞利商"（Rayleigh quotient）得到

$$J(a) = \frac{a^T S_B a}{a^T S_W a}$$

这通向一个结论 $a = S_W^{-1}(\mu_2 - \mu_1)$。主成分分析和 Fisher 线性判别分析之间的不同在图 8-6 中很好地可视化了出来，其中展示了针对一个两类问题，在两维中使用两种方法获得的一维线性投影。

对于超过两个类的情况，问题变为寻找一个投影矩阵 A，其中低维投影由 $y = A^T x$ 给出，方程式产出大量点，当这些点在同一个类里时离得较近，相对于整个传播来说。为此，计算每一个类的均值 μ_c 和全局均值 μ，然后找出类里和类间散布矩阵

$$S_W = \sum_{j=1}^{C} \sum_{i:c_i=j}(x_i - \mu_j)(x_i - \mu_j)^T$$

$$S_B = \sum_{c=1}^{C} n_c (\mu_c - \mu)(\mu_c - \mu)^T$$

A 是使如下函数最大化的矩阵

$$J(A) = \frac{|A^T S_B A|}{|A^T S_W A|}$$

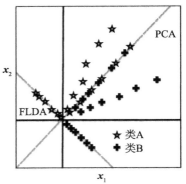

图 8-6 比较主成分分析和 Fisher 线性判别分析（改编自 Belhumeur, Hespanha & Kriegman, 1997）

这个比例的决定因素是上面使用的 $J(a)$ 概率的泛化。决定因素作为方差的类似物在多维中被计算并且相乘，该计算是沿着散布矩阵的主方向进行的。

解决这个问题需要复杂的线性代数。想法是为矩阵 A 的每一列建立一个"广义特征值问题"。最优 A 的列是广义特征向量，对应于等式 $S_B a_i = \lambda_i S_W a_i$ 的最大特征值（附录 A.1 给出了图政治和特征向量的更多信息）。已经表明解的形式是 $a = S_W^{-1/2} U$，其中 U 通过 $S_W^{-1/2} S_B S_W^{-1/2}$ 的特征向量获得。

Fisher 线性判别分析是非常流行的实现降维的方法，但是对于 C 维类，它被限制为最多找到 $C-1$ 维投影。本章最后的拓展阅读部分讨论了可以超越 $C-1$ 维的变体并且提供了非线性投影。

上述分析是基于使用均值和散布矩阵，但是与一般线性判别分析不同，没有假设一个潜在的高斯分布。当然，在 4.6 节描述的 logistic 回归是一种更直接的创建线性分类器的方法。logistic 回归是最流行的应用统计方法之一，我们将在 9.7 节讨论更多的版本。

8.3.8 从文本到属性向量

在 2.4 节中，我们曾介绍了包含文本块的字符串属性，并指出字符串属性值通常是一个完整的文件。字符串属性从本质上来看是未指明属性值数目的名目属性。如果只是简单地把

它们当作名目属性来处理，模型可依据两个字符串属性值是否相同来建立。但这种方式没有捕捉到任何字符串内在的结构，或者显示它所代表文本的任何有意义的方面。

可以想象将字符串属性中的文本分解为一个个段落、句子或词组。通常，单词是最有用的单元。字符串属性中的文本通常是一个单词的序列，文本所包含的单词通常可作为它最好的代表。例如，可将字符串属性转换为一系列的数值属性，每个单词用一个数值属性，代表这个单词出现的频率。这一系列单词（即一系列新属性）是由数据集决定的，它的数量是相当大的。如果存在几个需要分别处理的字符串属性，新属性的名称必须区别开来，或许可采用自定义的前缀。

转变为单词，即标记化（tokenization），并不是听起来那么简单的操作。记号可以由连续的字母序列组成——丢弃非字母字符。如果有数字存在，数字序列也要保留。数字可能涉及 + 号或 − 号、小数点以及幂次方，换句话说，就是要根据某种定义好的数字语法解析它们。也许要将一个字母数字序列当作一个单独的记号。也许空格字符可作为记号的分隔符；也许空白（即包括 tab 键和换行符）是分隔符，也许标点符号也是分隔符。句点符很难处理：有时它们应作为单词的一部分来考虑（与姓名首字母在一起、与称呼在一起、缩写以及数字），但有时又不能那样（如果它们是句子的分隔符）。连字号及省略号也有类似问题。

所有单词在被加入词汇表之前，也许都要先转换为小写形式。在预先设定的功能词或停用词（如 the、and、but）的固定清单上的词可以忽略。注意，停用词清单是取决于语言的。事实上，大写习惯（德语大写的都是名词）、数字语法（欧洲使用逗号代表小数点）、标点符号习惯（西班牙语疑问句在句首加问号）当然还有字符集本身都是取决于语言的。总之，文本是很复杂的。

诸如只出现一次的词（hapax legomena）的低频词经常被丢弃。有时在除去停用词之后，保留频率最高的 k 个单词，或者是为每个类别保留频率最高的 k 个单词，是有益的。

有个问题伴随着所有这些标记化选项，即每个单词属性的属性值应是什么？属性值可以是单词累计数，即这个单词在字符串中出现的次数，或者只是简单表明出现或未出现。可以对词频进行正规化，使每个文件的属性向量具有相等的欧几里得长度。另一种方法是，将文件 j 中的单词 i 所出现的频率按照各种不同的标准方式进行转换。一种标准的对数词频率度量方法便是 $\log(1+f_{ij})$。在信息检索中广泛应用的度量方法是 TF × IDF，即"词频乘以文件频率倒数"。这里，词频被一个因数调整，这个因数取决于这个词被其他文件用到的普及度。TF × IDF 度量方法的标准定义如下

$$f_{ij}\log\frac{\text{文件数}}{\text{包含词 } i \text{ 的文件数}}$$

主要思想是文件的特征基本上是由其中经常出现的单词（在公式中占据第一个因子）而定的；除去那些在每个文件或几乎每个文件中都用到的，但对于区分文档毫无用处的单词（占据公式的第二个因子）。TF × IDF 不但特指这个公式，而且泛指这一种类的度量方法。例如，频率因子 f_{ij} 也可以用对数词频率 $\log(1+f_{ij})$ 来代替。

8.3.9 时间序列

在时间序列数据中，每个实例代表不同的时间间隔，属性给出了与该时刻所对应的值，如气象预报或股市行情预测。有时需要能将当前实例的一个属性值用过去的或将来的实例所对应的属性值来替换。更常用的是用当前实例与过去实例属性值的差值来替换当前的属性

值。例如，当前实例与前一个实例属性值的差值（常被称为 Delta），通常比属性值本身含有更多信息量。第一个实例由于时间位移值未知，可以删除或用缺失值来代替。差值从本质上来说是以由时间间隔大小所决定的某个常量为量度的第一次求导，连续的 Delta 转换即为更高次的求导。

在一些时间序列中，实例不代表定期的样本，而每个实例的时间是由时间戳（timestamp）属性给出的。不同时间戳之间的差别在于实例的时间间隔大小不同，如果要取其他属性的连续差值，必须除以间隙大小以使求导标准化。另一种情形是每个属性可以代表不同的时间，而非每个实例代表不同时间，因此时间序列是从一个属性到下一个属性，而非从一个实例到下一个实例。那么，如果需要差值，必须取每个实例的一个属性和下一个属性之间的差值。

8.4 抽样

在很多涉及大量数据的应用中，提出一种更小规模的随机抽样用于处理是很有必要的。随机抽样是指原始数据集中的每一个实例被抽到的机会都是等概率的。给定 N 个实例，任意给定大小的一个样本是很容易得到的。仅仅需要均匀地生成 $1 \sim N$ 的随机整数，然后依据这个整数检索相应的实例，直至收集到合适数目的实例为止。这种是有放回抽样（sampling with replacement），因为同一实例可能被多次选中（实际上，5.4 节的自助法用的就是有放回的抽样）。对于无放回抽样（sampling without replacement）来说，仅需注意，在选择每一个实例时，判断其是否已被选择，如果已被选，就放弃第二次选择。如果抽样的规模比数据全集小得多，则有放回抽样和无放回抽样之间差别不大。

蓄水池抽样

抽样是如此简单的算法，因此它只需少量的讨论和解释。但是，在生成给定大小的随机样本的情况下会存在一些挑战。如果训练实例是一个接一个地给出，而实例的总数（即 N 的值）是预先不知道的情况会怎样呢？或者，假设需要能够随时从连续的实例流中取得一个给定大小的样本，并在这个样本上执行一个学习算法，而没有重复执行整个抽样操作的情况呢？又或者，训练实例的数量十分巨大以至于不能在执行抽样之前全部保存所有实例的情况呢？

所有以上出现的情况都要求有一种方法，可以在没有存储所有实例的输入流中生成一个随机样本，且不必等到最后一个实例到达之后才执行抽样程序。在这种情况下，生成一个给定大小的随机样本且同时保证每一个实例有相同的机会被选中可以实现吗？答案是，可以。更值得高兴的是，有一种简单的算法就可以做到。

这种算法的思想是使用一个大小为 r 的"蓄水池"，即需要生成的样本的大小。开始时，连续地从输入流中收集实例，直到"蓄水池"满为止。如果输入流在此时停止，则得到和输入流大小一样为 r 的随机样本。但是在大多数的情况下，会有更多的实例到达。下一个实例被包含在样本里的概率为 $r/(r+1)$，实际上，若此时输入流停止（$N = r + 1$），任何一个实例被包含在样本里概率都为此概率。因此，根据 $r/(r+1)$ 的概率用新到达的实例替换样本池中的一个随机样本。以同样的方式继续，用再下一个新到达的实例替换样本池中元素的概率为 $r/(r+2)$，以此类推。一般来说，第 i 个实例被替换到样本池中随机位置的概率为 r/i。这很容易通过数学归纳法证明，一旦这个实例被处理，任何一个特定实例被包含在样本池中的概率是一样的，即为 r/i。因此，在处理过程的任意时刻，样本池都包含大小为 r 的随机样本。

也可以在任意时刻停止，同时保证样本池都有期望的随机样本数。

该方法为无放回抽样。有放回抽样更难一些，尽管对于大数据集和小样本池来说，这两者之间几乎没有差异。但是，如果确实需要又放回抽样大小为 r 的样本，可以设定 r 个独立的样本池，每一样本池的大小为1。对所有样本池同步运行此算法，则在任何时候，它们的并集即是一个有放回抽样的随机样本。

8.5 数据清洗

一个令实际数据挖掘工作头疼的问题便是数据的质量低劣。在大型数据库中，错误更是常见。属性值、类值经常是不可靠和错误的。尽管解决此问题的一种方法是艰辛地检查数据，但数据挖掘技术本身有时也能对此问题的解决有所帮助。

8.5.1 改进决策树

一个令人惊讶的事实是利用训练数据进行决策树的归纳，可以简单化且不损失准确率，通过丢弃被错误分类的训练实例，重新学习，然后重复，直到没有错误分类的实例为止。在一些标准数据集上的实验显示，这几乎不影响标准的决策树归纳法 C4.5 的分类正确率。有时性能略有提高，有时略微变差。差别不显著，即使有显著差别，两者都有各自的优势。这种技术影响的是决策树的大小。虽然性能表现大致相当，最终的决策树比原来的总是小得多。

这是什么原因呢？当决策树归纳法剪枝掉某一子树时，它应用统计测试数据来判定这棵子树是否"合理"。剪枝决定接受在训练实例分类的正确性上做出少量牺牲，是相信这样做将提高在测试集上的性能表现。一些未剪枝树能正确分类的训练实例，现在用经过剪枝的树将会被错误分类。实际上，决策树将忽略这些训练实例。

然而，这个决策只是应用于局部，只应用于被剪枝的子树中。它的影响不允许往树的上层渗透，那样也许会造成选出不同的分支属性。从训练集中去除被错误分类的实例并重新学习决策树，使剪枝决策做出合理的结论。如果剪枝策略较好，不会破坏性能，甚至由于允许选择更好的属性还能提高性能。

毫无疑问，进行专家咨询效果更好。对错误分类的训练实例进行验证，发现实例是错误的可将其删除，或者最好是可以进行修正。

注意，我们假设实例没有出现任何系统上的错误分类。如果实例在训练集和测试集上都被系统性地破坏，例如，一个类值可能被另一个类值替换了，只能期望在错误的训练集上训练会在（同样也是错误的）测试集上产生较好的性能。

有趣的是，人们发现在往数据中人为地添加属性噪声时（不是类噪声），如果在训练集中也添加了同样的属性噪声，在测试集上的性能会提高。换句话说，当存在属性噪声问题时，如果性能测试将要在"不清洁"的数据上进行，那么用一个"清洁"的训练集来训练并不好。如果有机会，有一种学习方法在某种程度上能够学习对属性噪声进行稍许补偿。从本质上来说，它能学习哪些不可靠的属性，如果都不可靠，则学习怎样最好地利用它们产生一个更可靠的结果。将训练集上的属性噪声去除，便失去了怎样最好地抗噪声的学习机会。但是对于类噪声（而非属性噪声），如果可能，最好还是使用无噪声的实例进行训练。

8.5.2 稳健回归

多年来，人们已经知道了噪声数据在线性回归中所造成的问题。统计学家们通常会检查数据中的离群点（outliers）并人工将它们去除。在线性回归情形中，离群点可以从视觉上辨别出来，虽然对于这个离群点是一个错误，还是只是一个不寻常、却正确的值不是很清楚。离群点大大影响了最小二乘回归，因为距离的平方加强了远离回归线的数据点的影响。

处理离群点的统计方法称为稳健回归（robust regression）。使回归更为稳健的第一种方法是采用绝对值距离度量来代替通常使用的二乘方距离度量。这削弱了离群点的影响。第二种可能的方法是试图自动识别离群点，把它驱逐出考虑范围。例如，可以形成一条回归线，然后驱逐离回归线较远的10%的数据点。第三种方法是使到回归线的差异的平方中值（median）（而非均值）最小化。结论是这种估计器非常稳健，真正是既在x轴方向对离群点进行处理，又在离群点常规考虑方向y轴方向进行处理。

用于描述稳健回归的常用数据集是1950～1973年比利时的国际长途电话图，如图8-7所示。这个数据集来源于比利时经济部发布的比利时统计调查。这个图似乎显示历年来（国际长途电话数量）呈上升趋势，但1964～1969年这段时间的数据点反常。实际上是这段时间的数据被错误地记录为电话总分钟数。1963年和1970年也受到部分影响。这个错误造成y轴方向上出现相当大一部分的离群点。

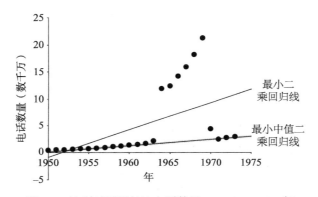

图8-7　比利时国际长途电话数量，1950～1973年

由于这些反常数据，普通最小二乘回归线受到严重影响，这并不奇怪。然而，最小中值二乘回归线却明显不受干扰。对于这条线有一个简单而自然的说明。从几何学角度看，它相当于寻找一条覆盖半数观察点的最窄带，带的厚度是从垂直方向衡量的。这条窄带在图8-6中显示为灰色。最小中值二乘回归线则位于这条窄带的中央。这个术语比常规的最小二乘回归定义更容易解释、显示。不幸的是，基于中值的回归技术有一个严重缺陷：它们造成很高的计算成本，对于实际问题通常是不可行的。

8.5.3　检测异常

任何自动检测明显错误数据的一个严重问题是把有价值的东西和不需要的东西一起扔掉。由于缺乏咨询专家，无法知道某个实例真的是一个错误，还是只是所应用的模型不适合它。在统计回归中，将实例可视化能有所帮助。如果要拟合的是一条错误的曲线，即使不是专家通常也能明显看出，比如要使一条直线拟合位于抛物线上的数据。图8-7的离群点当然是非常明显，但大多数分类问题并不那么明显，"模型种类"比回归线要更微妙。虽然对于大多数的标准数据集来说，丢弃不符合决策树的实例能获得较好的结果，但在处理某个新数据集时，这不一定是很合适的。也许新数据集只是不适合用决策树模型。

一种人们已经尝试的解决方法便是使用几种不同的学习方案，如用一个决策树、一个最近邻学习器和一个线性判别函数来过滤数据。保守的策略是：用这3种方法分类都失败时，方可判定一个实例是错误的，并将其从数据中去除。在某些情况下，用这种方法过滤数据，然后用经过滤的数据作为最终学习方案的输入。这与简单地使用这3种学习方法，然后进行投票产生最终结果相比，能获得更好的性能。这3种学习方法在经过滤的数据上进行训练，然后投票，这样能产生更好的效果。然而，投票技术存在一个危险，某些学习算法比较适合某种类型的数据，因此最适合的方法也许能决定投票结果！我们将在第12章考查一种更为精细的方法来组合不同分类器的输出结果，称为堆栈法（stacking）。如平时一样，了解数据，并用不同的方法来考查数据。

过滤方法的一个可能危险是它们可能会牺牲某个类别（或一组类别）的实例来提高剩余类别的正确性。尽管没有什么通用的方法来防止这一点，但实践发现这并不是个常见问题。

最后，值得再次提醒注意的是，首先要尽力得到合适数据，自动过滤只是一种作用极其有限的替代。如果在实践中太耗时间和成本，可以人工检查那些由过滤器鉴别出来的可疑实例。

8.5.4 一分类学习

在大多数分类问题中，训练数据提供所有在预测时能够出现的类，学习算法利用这些分别属于不同类的数据来确定用以区分它们的决策边界。但是，有些问题在训练时，实例只具有单一的类，则在预测时，新的不知道类标的实例可能属于目标类，也可能属于一个在训练时不知道的新类。因此就可能存在两种不同的预测：目标类（target），指实例属于训练时用到的类；未知类（unknown），指实例不属于目标类。这种类型的学习问题被称为一分类问题（one-class classification）。

在很多情况下，一分类问题可以被重新表示为二分类问题，因为属于其他类的数据可以用于训练模型。但是，有些真实的一分类应用在训练时不能或者不适合用于负例数据。例如，考虑密码硬化———一个生物识别系统加强计算机的登录过程，不仅要求输入正确的密码，还要求输入匹配正确的打字节奏。这是一种一分类问题，单一用户必须通过验证，且在训练时只有来自此用户的数据是可用的，不能要求其他任何一个没有通过验证的用户提供数据。

即使在一些应用中，训练时属于不同类的实例都是可用的，考查时最好只关注目标类。比如，预测时新的类可能会出现，且这个类不同于所有训练时出现过的类。继续考虑打字节奏的例子，假设需要在一个文本不固定的情况下识别打字员，通过在一块自由文本上的节奏模式，当前打字员将被验证为他/她所宣称的（打字员）。这个任务从根本上不同于从一组用户里识别一个用户，因为必须准备拒绝之前从未在系统中出现过的攻击者。

8.5.5 离群点检测

一分类问题通常也被称为离群点（outlier detection）（或奇异点）检测，因为此学习算法可用于区分训练数据分布中正常和不正常出现的数据。本节前面的部分讨论通过用绝对值距离代替普通的平方距离来使回归更为稳健，并使用多种不同的学习方案去实现异常检测。

一种用于一分类问题的通用统计方法是，如果实例值处在距给定比百分比 p 训练数据的距离 d 之外则被视为孤立点。或者，通过统计分布拟合为目标类估计一个概率密度，比如高斯分布，以此训练数据，任何低概率的实例都可以被标记为离群点。困难在于为手上的数据找到一个合适的统计分布。如果做不到这一点，可以采用非参数方法，譬如核密度估计（见

4.2节)。密度估计方法的一个优点是在预测时可以调控阈值,以此得到合适比例的离群点。

可以对多类分类器进行调整以适应一分类情况:根据目标数据寻找一个边界,且出现在边界之外的即被视为离群点。这个边界可以通过调整已有的多类分类器的内部工作来生成,比如支持向量机。这些方法很大程度上依赖于参数,这个参数用于决定有多少比例的目标数据可能被分类成离群点。如果参数选择得太过保守谨慎,目标类中的数据会被错误地排除。如果参数选择得太过随意,模型将会过度拟合并丢弃太多的合法数据。

8.5.6 生成人工数据

有别于通过调整某一个多类分类器的内部工作来直接生成一分类的决策边界,另一种可能的方法是为离群点生成人工数据,然后再应用任何一种已有的分类器。这种方法允许使用任意一种分类器,而且如果分类器产生的是类概率估计,丢弃率也可以通过修改阈值来调整。

最直接的方法是生成均匀分布的数据,然后学习一种分类器可以从目标中辨别出这些数据。然而,不同的决策边界会得到不同数量的人工数据。如果得到过多的人工数据,将会淹没目标类,从而使得学习算法总是预测到人工数据类。如果学习的目的被视为精确的类概率估计而不是最小化分类错误,则这个问题可以避免。比如,已证明装袋决策树(将在12.2节讨论)可以用来产生很好的类概率估计。

一旦用这种方法获得一个类概率估计模型,目标类的不同阈值的概率估计对应目标类周围的不同决策边界。这意味着,用于一分类问题的密度估计法中,在预测阶段,离群点的比例可以调整,由此可以为手头已有的应用程序产生一个适当的结果。

还有一个重要的问题。随着属性数目的增加,产生足够的人工数据来获得实例空间适当的覆盖率变得不可行,同时一个特定的实例出现在目标类内部或是靠近目标类的概率减少为一个点,使得任何形式的(用于区分此实例的)辨别法都不可用。

解决办法是使生成的人工数据尽可能地靠近目标类。在这种情况下,由于不再是均匀分布,因此这种人工数据分布被称为"参考"分布,在为由此产生的一分类模型计算从属分数时必须要考虑此分布。换句话说,二分器的类概率估计必须结合此参考分布来获得目标类的从属分数。

为进一步详细阐述,用 T 表示训练数据的目标类并寻找一个一分类模型;用 A 表示人工数据类,用于利用一个已知的参考分布生成数据。需要得到的是 $P(X \mid T)$,即目标类的密度函数,当然,对于每一实例 X,已知 $P(X \mid A)$,即参考分布的密度函数。假设此时已知真正的类概率密度函数 $P(T \mid X)$。实际上,需要使用从训练数据学习所得的类概率估计器来估计这个函数。贝叶斯规则的一种简单应用可用于表示关于 $P(T)$、$P(T \mid X)$ 和 $P(X \mid A)$ 的 $P(X \mid T)$:

$$P(X \mid T) = \frac{(1-P(T))P(T \mid X)}{P(T)(1-P(T \mid X))} P(X \mid A)$$

要在实际中使用此等式,选择 $P(X \mid A)$,通过它生成用户指定数量的人工数据(记为 A),同时将其与目标类训练集的实例结合起来,记为 T。目标实例的比例是为 $P(T)$ 的估计,一个标准的学习算法应用于此二类数据集来获得类概率密度估计器 $P(T \mid X)$。考虑到任意特定实例 X 的 $P(X \mid A)$ 的值是可以计算出的,则计算出用于每个实例 X 的目标密度函数 $P(X \mid T)$ 的估计就轻而易举了。执行分类时需要选择一个合适的阈值,以调整优化丢弃率来得到任何想要的值。

仍然存在一个问题,那就是怎样选择参考密度 $P(X \mid A)$。需要通过它生成人工数据和计算每个实例 X 的值。另一个需求是生成的数据必须靠近目标类。实际上，理想的参考密度是和目标密度完全一样的，在这种情况下，$P(T \mid X)$ 是任一学习算法应该推导出的一个常数函数，所谓的二分类学习问题就变得微不足道了。这是不现实的，因为这要求已知目标类的密度。但是，这一观察经验给出了进行下一步工作的线索，即对目标数据运用任意的密度估计技术，用此结果密度函数来模拟人工数据类。$P(X \mid A)$ 和 $P(X \mid T)$ 越匹配，产生二分类概率估计的任务就变得越容易。

在实际应用中，考虑到有很多可用的有效类概率估计方法而密度估计技术相对缺乏，使得以下方法变得很有意义：首先在目标数据上应用一个简单的密度估计技术以获得 $P(X \mid A)$，然后将最先进技术的类概率估计方法用于二分类问题，其中数据是结合了人工数据和目标类数据的数据集。

8.6 将多分类问题转换成二分类问题

回顾第 4 章和第 7 章，有些学习算法，譬如标准的支持向量机，只能处理二分类问题。在多数情况下，复杂多类问题的变体已被开发出，但是这些变体方法可能会速度很慢或者是很难实现。作为选择的另一种方案是，将多分类问题转换成多个二分类问题：数据集被分解为多个二分类问题的数据子集，在每一个子集上运行学习算法，输出为各个分类器结果的组合。多种流行的技术都可以实现这种想法。本节首先讨论一种非常简单且在讨论如何使用线性回归做分类时接触过的方法；然后继续讨论成对分类法以及更多其他前沿技术，比如误差校正输出编码和集成嵌套二分法，即使在学习方法可以直接处理多类问题时，这些方法常常也可以有效地使用。

8.6.1 简单方法

在 4.6 节提到线性分类的开始部分，我们讨论了如何转换一个多类标数据集，以便多响应线性回归为每个类执行二分类回归。这种方法本质上是通过将每个类和其他所有的类区分开来生成多个二分类数据集。该技术通常被称为一对多（one-vs.-rest 或者 one-vs.-all）。对于每个类，一个数据集的生成是通过复制原始数据的每个实例来完成的，但是类值修改了的。如果实例属于与对应数据集相关联的类，则被标记为 yes，否则标记为 no。然后为这些二元数据集构建分类器，这些分类器用它们的预测结果输出一个置信度图表，譬如标记为 yes 类的估计概率。在分类时，测试实例被送往每个二分类器，最后的结果类是预测 yes 置信度最高的分类器所对应的那个类。

当然，这些方法对分类器所产生的置信度图表很敏感。如果一些分类器的预测结果有不实的夸张之处，则整体的结果也会受到影响。这就是在使用学习算法时仔细调整参数设置显得十分重要的原因。例如，在用于分类的标准支持向量机中，通常需要调整参数 C，它提供每一个支持向量影响范围的上界同时控制训练数据的拟合程度以及内核参数的值，譬如多项式核中的指数。这些可以通过内部的交叉验证做到。经验发现，关于以上问题，一对多方法非常有优势，至少对于基于核的分类器，只要参数被合理地设置，此方法就很有优势。注意，对于单个二分类模型来说，此方法也有助于应用此技术校准其置信度分数，这将在下一节讨论。

另一种用于多类问题的简单而通用的方法是成对分类（pairwise classification）。这是为成对的类建立的分类器，且只使用来自这两个类的实例。对于一个未知的测试用例来说，其输出是支持率最高的那个类。此方案通常得到的结果就分类误差而言是精确结果。通过运用称为成对耦合（pairwise coupling）的方法，这个方案也可用于生成概率估计。成对耦合用于从不同分类器之间修正个体（单个分类器）的概率估计。

如果有 k 个类，成对分类法总共会建立 $k(k-1)/2$ 个分类器。虽然这听起来有不必要的密集计算，但其实不然。实际上，如果所有类是均匀填充的，成对分类器至少和其他任意一种多分类方法有相同的训练时间。原因是每一个成对学习问题考虑的只是涉及有关这两个类的实例。如果 n 个实例被均匀分为 k 个类，这相当于每个问题 $2n/k$ 个实例。假设学习算法处理一个有 n 个实例的二分类问题所花费的时间与 n 秒成比例。然而成对分类法的运行时间和 $k(k-1)/2 \times 2n/k$ 秒成比例，即为 $(k-1)n$。换句话说，这个方法所花费的时间与类的数目呈线性相关。如果学习算法需要更多的时间，譬如与 n^2 成比例，成对分类法的优势就会更为明显。

8.6.2 误差校正输出编码

以上讨论的简单方法通常十分有效。成对分类法是一种尤其有用的技术。即使在一些学习算法，如决策树学习器这类可以直接处理多分类问题的方法中，成对分类法也可以提高其分类精度。这也许是因为成对分类法实际上是生成一个分类器的集群。集成学习是获得精确分类器的著名策略，本书将在第 12 章讨论多种集成学习方案。其实，通过把一个多分类问题分解为多个二分类子问题，可用于生成集成分类器的方法除了成对分类法之外还有其他多种方法。接下来讨论一种基于误差校正输出编码的方法。

由多分类问题分解成的二分类问题可以视为其对应的"输出编码"。我们通过回顾简单的一对多方法来理解上述说法。考察一个有 4 个类 a、b、c、d 的多类问题。此转换可以被可视化为表 8-2a 所示的那样，此处 yes 和 no 分别被映射为 1 和 0。每一个原始的类值被转换为一个 4bit 的编码，1bit 表示一个类，4 个分类器独立地预测每一位（bit）。用这些编码字来解释分类过程，当错误的二进制编码获得了最高的置信度时，分类错误就会出现。

表 8-2 将一个多分类问题转化为二分类问题

标准编码		误差纠正编码	
类别	类向量	类别	类向量
a	1000	a	1111111
b	0100	b	0000111
c	0010	c	0011001
d	0001	d	0101010

然而，也不是必须需要用特定的编码显示。诚然，也没有理由让每个类都必须用 4 位来表示。参看表 8-2 中的误差纠正编码，每个类就是用 7 位来表示的。在用到具体数据集时，就需要建立 7 个分类器而不是 4 个。考查对一个特定实例的分类，看看将会得到什么结果。假设它属于类 a，且每一个分类器的预测依次是 1011111。很显然，对比表 8-2 中的误差纠正编码，第二个分类器出现了错误：它预测为 0 而不是 1，即用 no 替代了 yes。

对比预测位与每个类对应的编码，比起其他类，这个实例最接近类 a。这差异可以通过将预测编码转变为表 8-2b 中编码所需改变的字符总数，即汉明距离（hamming distance），或者称为字符串之间的差异，在本例中，预测值与类 a、b、c、d 的汉明距离依次是 1、3、3、5。由此可以放心地总结：第二个分类器出现了错误，但是也正确地将此实例划归为类 a。

同样的误差校正对于表 8-2 所示的标准编码是不适用的，因为不仅此例的 4 位字符编码，任何其他的预测 4 位字符编码至少两个有相同的（汉明）距离。因此，这种输出编码不是"误差校正"。

什么决定一个编码是否是误差校正编码呢？考查代表不同类的编码字符之间的汉明距离。依赖于一对编码字符之间的最小距离 d，误差的数量可能被校正。此编码可以确保更正 $\lfloor (d-1)/2 \rfloor$ 个 1 比特（bit）错误，因为如果正确编码字的位数翻倍，最小距离 d 所对应的编码仍然最接近正确编码，也会因此被正确识别。在表 8-2 的标准编码中，每对编码之间的汉明距离是 2。因此，最小距离也是 2，可以更正的错误不超过 0。然而，在表 8-2 的误差纠正编码中，最小距离是 4（实际上，每对编码之间的距离都为 4）。这就意味着可以确保更正 1bit 错误。

已经确定了一个好的误差校正编码的特征是：就汉明距离而言，编码必须很好地被分隔。因包括编码列表的每一行，这个特征也被称为行分隔（row separation）。好的误差校正编码还应当满足列分隔（column separation）。每两列之间的汉明距离必须大，每列和其他列的补码之间的距离也必须大。表 8-2 所示的误差纠正编码中，7 列（以及其补码）被分开至少 1bit。

列分隔是必要的，因为如果两列是相同的（或者某列是其他列的补码），则相应的分类器将会犯同样的错误。如果错误是相关联的，换句话说，编码的很多位同时不正确，误差校正会被削弱。两列之间的距离越大，错误就更有可能被更正。

若少于 4 个类，就不能构建有效的误差校正，因为有效的行分隔和列分隔条件不能同时满足。例如，假设有 3 个类，则只会有最多 8 列（2^3），有 4 列是其他 4 列的补码。此外，都为 0 或都为 1 的列提供的信息并无差别。这样就只剩下 3 列可用列，所生成的编码也根本不是误差校正编码（实际上，这是标准的"一对多"编码）。

如果只有少数几类，一个详尽的误差校正编码（见表 8-2）也是可以构建的。对于 k 类的详尽编码，除去补码以及都为 0 或者都为 1 的列，需要包括所有可能的 k 位字符串。每一个编码包含 $2^{k-1}-1$ 位。编码的构成如下：第一类的编码字全为 1，第二类为 2^{k-2} 个 0 紧随其后的是 $2^{k-2}-1$ 个 1，第三类为 2^{k-3} 个 0 接着 2^{k-3} 个 1 接着 2^{k-3} 个 0 再接着 $2^{k-3}-1$ 个 1，以此类推。第 i 个类编码字是由 2^{k-i} 个 0 和 1 交替组成的，最后一轮少一位。

对于更多的类来说，这种详尽的编码是不现实的，因为列的数量是呈指数增长的，需要建立过多的分类器。在那样的情况下，就需要使用更为复杂的方法，这种方法应用较少的列或任意的代码建立性能好的误差校正编码。

误差校正输出编码不适用于局部学习算法，譬如基于实例的学习，它们通过考查临近训练实例所属类来预测该实例属于哪个类。在最近邻分类器情况下，所有输出是使用相同的训练实例预测得出的。这个问题可以通过使用不同的属性子集来预测每一个输出位来规避。

8.6.3 集成嵌套二分法

误差校正输出编码通常可以为多分类产生精确的分类器。然而，基本算法产生的分类，通常也需要产生类概率估计，例如，在 5.8 节中讨论的使用最低预期代价的方法去执行对成本敏感的分类。幸运的是，存在一种用于将多分类问题分解为多个二分类问题的方法，它提供了一种用于计算类概率估计的自然方法，只要待使用的二分类模型能够为相应的二分类子任务计算概率。

其思想是将原始的多分类问题类全集递归地分割为更小的子集，同时将实例数据全集分割为与类子集相对应的数据子集。这会产生一棵关于类的二叉树。考查前面讨论过的假设的四分类问题。根结点是类 $\{a,b,c,d\}$ 全集，它将被分割为互不相交的两个子集 $\{a,c\}$ 和 $\{b,d\}$，与此同时，这两个子集对应的实例也被分割成两个子集。这两个子集形成了此二叉树的两个后继结点。这些子集进一步被分裂为一元素集，$\{a,c\}$ 结点产生后继结点 $\{a\}$ 和 $\{c\}$，$\{b,d\}$ 结点产生后续结点 $\{b\}$ 和 $\{d\}$。一旦得到一元素子集，分裂过程就截止。

由此产生的二叉树分类被称为嵌套二分法（nested dichotomy），因为每一个内部结点和其两个后继结点就定义了一个二分法，比如，在根结点区分 $\{a,c\}$ 和 $\{b,d\}$ 类，此二分法在一个层次结构里是嵌套的。可以将嵌套二分法视为一种特殊类型的稀疏输出编码。表 8-3 展示了刚才所讨论示例的输出编码矩阵。此树结构的每一内部结点有一个二分法。因此，考虑到示例中包含 3 个内部结点，在编码矩阵中就有 3 列。和之前考虑的类向量相比较，此矩阵包含的元素标记 X 表示来自相关二分类学习问题对应类的实例仅仅是被忽略了。

这类输出编码的优势是什么？原来，因为使用的是层次分解且得到的结果是互不相交的子集，所以可以用一种简单的方法为原始多类集中的每个元素计算类概率估计，假设此层次结构中的每个二分法假设为二分类估计。这样做是基于概率论中的链式法则，这将在 9.2 节讨论贝叶斯网络时接触到。

假设需要计算给定实例 x 属于类 a 的概率，即为条件概率。在前面的例子中，这个类对应于类层次结构中 4 个叶结点之一。首先，学习一个二分类模型来为处在内部结点的 3 个二分类数据集产生类概率估计。然后，从根结点处的二分类模型开始，条件概率的估计值 $P(\{a,c\}|x)$ 就可以得到了，此条件概率表示 x 属于 a 或者 b。此外，还可以得到的估计值 $P(\{a\}|x,\{a,c\})$，这个概率表示在已知 x 要么属于 a 要么属于 b 的情况下，x 属于 a 的概率，用此模型鉴别一元集 $\{a\}$ 和 $\{c\}$。现在，根据链式法则，$P(\{a\}|x)=P(\{a\}|\{a,c\},x) \times P(\{a,c\}|x)$。因此，计算原始多类问题中任意单个类的概率，也即分类树的任意叶结点的概率，仅需要将从根结点到这个叶结点之间所有内部结点的概率估计乘起来即可，即包含目标类的所有类子集的概率估计之积。

表 8-3 嵌套二分法的编码矩阵形式

类	类向量	类	类向量
a	00X	c	01X
b	1X0	d	1X1

假设内部结点处的单个二分类估计产生的是准确的概率估计，就有理由相信使用链式法则得到的类估计通常都是准确的。然而，估计误差显然将会累计，这会为底层结构造成麻烦。一个更基本的问题是，以前的例子中，对某个特定的类层次分解时，我们是任意做决定的。或许存在一些和领域有关的背景知识，在这种情况下，因为某些类是已知相关的，某一特殊的层次结构可能更合适这些类，但是通常这些情况都未被考虑。

可以做什么呢？如果没有理由优先选择任何特殊的分解，或许所有可能都要考虑，由此产生一个集成嵌套二分法（an ensemble of nested dichotomies）。不幸的是，对于任何非平凡数目的类来说都有多种潜在的二分法，做一个全面而无遗漏的方案是不可行的。但是，可以考虑子集，采取对所有可能的树结构随机抽样，为每个树结构的每个内部结点建立二分类模型（考虑到同一二分类问题可能在多棵树中出现，采用缓存模型），然后取每个类所有概率估计值的均值作为最终的类概率估计值。

实证实验表明，通过这种方案可以得到准确的多类分类器并能提高预测性能，即使在用像决策树这种可以直接处理多分类问题的分类器情况下,仍可以提高其预测性能。相较于标准的误差校正输出编码,即使在这种基础学习器不能模拟复杂的决策边界时仍然能有效地工作。原因是,一般来讲,类越少,学习就越容易,到达树的叶结点时预测结果就会越准确。这也可以解释为什么之前描述的成对分类法技术对于简单的模型(如相当于超平面的模型)来说性能效果特别好。它创建了最简单的可用二分法!在出现于成对分类法中学习问题的简单朴素(毕竟,最低级别的二分法涉及一对个体类的对)和体现于标准误差输出编码中的冗余复杂之间,嵌套二分法似乎取得了一种有用的平衡。

8.7 校准类概率

类概率估计明显比分类更为困难。给定一种生成类概率的方法,其分类误差要尽可能小,同时预测正确类的概率要尽可能大。然而,一种用于准确分类的方法并不意味着是生成准确概率估计的方法。5.7 节所讨论的根据二次损失或者信息损失估计得出正确分类效果可能会相当差。但是,正如本书多次强调的那样,对于一个给定实例,更为重要的是获得准确的条件类概率,而不是简单地将这个实例划分给某个类。基于最小期望代价方法的成本敏感预测就是一个说明准确类概率估计十分有用的例子。

考查只有两个类的数据集的概率估计情况。如果预测在正确一侧的概率是对于分类常用阈值 0.5,则就不会出现分类错误。但是,这并不代表概率估计本身是准确的。它们可能系统性地太乐观(所有实例都接近 0 或 1)或者太悲观(都不接近这两个极端)。这种类型的偏见将增加测量值的二次损失或者是信息损失,对于给定代价矩阵,当试图去最小化这个分类的预期代价时,就会出现问题。

图 8-8 展示的是过于乐观的概率估计对二分类问题的影响。x 轴表示的是 4.2 节中多项朴素贝叶斯模型的预测概率,它是代表的是有 1000 个代表词频的属性的文本分类问题中两个类中某一类的预测概率。y 轴表示目标类的观测相对频率。预测概率和相对频率是通过 10 折交叉验证得到的。为估计相对频率,首先使用等频离散化将预测概率离散为 20 个区间。观察此曲线图发现,相应的每个区间已被合并,一边是预测概率,另一边是相应的值,合并值表示为 20 个点。

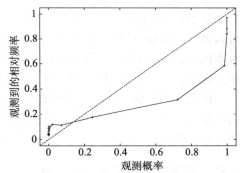

图 8-8 对于二分类问题过于乐观的概率估计

这种曲线图称为可靠性图(reliability diagram),表示了估计概率的可靠性。对于一个精确校准的类概率估计器来说,测量曲线将会和对角线相吻合。此例显然不属于这种情况。朴素贝叶斯模型的估计值太过乐观,以至于生成的概率值太靠近 0 和 1。这还不是唯一的问题。此曲线距用于分类的阈值 0.5 所对应的线太远。这就意味着,分类性能会被模型生成的较差的概率估计影响。

实际上,寻找一条靠近对角线的曲线会使得误差校正更为明确:系统性的错误估计应该被纠正,这可以通过使用事后校准的概率估计将经验观测所得曲线映射为一个对角线做到。一种做到这些的粗糙方法是直接使用可靠性图中的数据来做校正,在对应的离散区间将预测概率映射到观测相对频率。这些数据可以通过使用内部交叉验证或者一个旁置数据集获得,以便使真正的测试数据集不受影响。

基于离散化的校准速度非常快，但是，确定合适的离散化区间并不容易。间隔太少，映射太粗糙；间隔太多，每一区间所包含的数据就不足以用于可靠的相对频率估计。然而，可以设计其他校准方法。关键是意识到为二分类问题校准概率估计是一个函数估计问题，它有一个输入（即已估计的概率）和一个输出（即校准过后的概率）。原则上，可以使用复杂的函数来估计映射——也许是任意多项式。不管怎样，假设观察关系至少是单调递增的是很有意义的，在这种情况下，就需要使用递增的函数。

假设校准函数是分段常数且是单调递增的，则存在一种有效的算法用于最小化观测类"概率"（在没有应用分箱时其值为 0 或 1）和校准之后的类概率之间的平方误差。估计一个单调递增分段常数函数是保序回归（isotonic regression）的一个实例，对此有一种基于 Pair-Adjacent Violators（PAV）方法的快速算法。数据由估计概率和值组成，假设数据已根据估计概率排序。基本的 PAV 算法反复地合并成对的相邻数据点，计算它们的加权均值（其初始值是值的均值），只要相邻数据违反了单调性约束，就用加权均值替代原始的数据点。这个过程将会不断重复，直到所有违反约束条件的情况都被解决。其结果是一个按阶段单调递增的函数。这种朴素算法消耗的时间是数据点数量的平方，但是存在一种运行在线性时间内的巧妙变体。

另一种流行的校准方法同样预先假定一个单调关系，在估计的类概率的对数优势和目标类概率之间假设存在一个线性关系。此时 logistic 函数是合理的，logistic 回归可以用于估计这个校准函数，需要说明的是，使用估计的类概率的对数优势而不是未处理的原始值作为 logistic 回归的输入是十分重要的。

考虑到此处 logistic 回归只有两个参数，使用一个比 PAV 方法更简单的模型更适合于只有少量数据可用于校准的情况。但是，对于大量的数据来说，基于 PAV 的校准方法通常更可取的。logistic 回归有容易用于多分类问题的概率校准的优势，因为存在处理多分类问题版本的 logistic 回归。在保序回归的情况下，对超过两个类的问题通常使用一对多方法，但作为选择，也可以使用 8.6 节讨论的成对耦合或者集成嵌套二分法。

注意，存在估计值和真实的概率值之间的关系不是单调的情形。无论怎样，不要转而使用更复杂的校准方法或使用不假设单调性的基于离散化的校准，这或许应该视为基础类概率估计方法不足以应付待处理问题的一种指示。

8.8 拓展阅读及参考文献

属性选择也即术语特征选择（feature selection）已经在模式识别领域中被探索了几十年了。例如反向删除法是在 20 世纪 60 年代初引入的（Marill 和 Green，1963）。Kittler（1978）对用于模式识别的属性选择算法进行了考查。最佳优先搜索和遗传算法是标准的人工智能技术（Winston，1992；Goldberg，1989）。

添加新属性会使决策树学习器性能变差的试验结果是由 John 于 1997 年报告的，他对属性选择进行了适当的解释。找到能独特地划分实例的最小属性集的思想方法是由 Almuallin 和 Dietterich（1991，1992）提出的，并于 1996 年由 Liu 和 Setiono 进一步发展。Kibler、Aha（1987）以及 Cardie（1993）都研究了用决策树算法来为最近邻学习确定属性；Holmes 和 Nevill-Manning（1995）使用 1R 将属性排序用于选择。Kira 和 Rendell（1992）使用基于实例的方法来选择属性，产生一种称为递归消除属性法（Recursive Elimination of Features）（RELIEF）。Gilad-Bachrach 等人于 2004 年展示了如何修改此方法来更好地处理冗余属性。

基于关联的属性选择方法是由 Hall 于 2000 年提出的。

使用包装的方法进行属性选择要归功于 John 等（1994）以及 Kohavi 和 John（1997）。Vafaie 和 DeJong（1992）以及 Cherkauer 和 Shavlik（1996）将遗传算法应用于包装结构中。选择性朴素贝叶斯学习方法应归功于 Langley 和 Sage（1994）。Guyon 等（2002）展现并评估了递归属性消除方法结合支持向量机的方案。竞赛搜索法是由 Moore 和 Lee（1994 年）开发的。Gütlein 等（2009）研究了如何使用简单的基于排序的方法加速多属性数据集的具体方案相关的选择（scheme-specific selection）。

Dougherty 等（1995）简单地叙述了有监督离散化和无监督离散化，并将试验结果与基于熵的等宽装箱和单规则（1R）方法进行了比较。Frank 和 Witten（1999）描述了使用经离散的排序信息的效果。用于朴素贝叶斯的 k 区间离散是由 Yang 和 Webb（2001）提出的。基于熵的离散化方法包括 MDL 的停止条件是由 Fayyad 和 Irani（1993）开发的。使用 χ^2 检验的由下向上的统计方法应归功于 Kerber（1992），Liu 和 Setiono（1997）介绍了由此法扩展得到的一种自动判定重要性水准的方法。Fulton 等（1995）探索了将动态规划应用于离散化，并得到一个不纯函数的二次时间边界（例如熵）和一个基于误差离散化的线性边界。用来说明基于误差离散化的弱点的例子是根据 Kohavi 和 Sahami（1996）改写的，是他们首先清楚地发现这个现象的。

主成分分析法是一种标准技术，大多数统计教科书中都有介绍。Fradkin 和 Madigan（2003）分析了随机投影的性能。偏最小二乘回归算法是由 Hastie 等提出的（2009）。Witten 等（1999）中介绍了 TF × IDF 度量。

Hyvärinen 和 Oja（2000）创造了快速 ICA 法。Duda 等人（2001）和 Murphy（2012）解释了 Fisher 线性判别分析的代数基本解决方案。Sugiyama（2007）在一个称为"局部 Fisher 判别分析"的变体中用两种方式扩展了该方法：首先，他使用数据点自身之间的计算替代了散射矩阵的均值，这使得减少的展示维度得以增加。其次，他使用 Schölkopf 和 Smola（2002）的核技巧来获得了非线性投影。

上面讨论了许多可替代的线性数据投影类型。例如，多层感知机提供了一种用于学习数据投影的方法，因为它们的隐层可以看作数据的投影。第 10 章研究深度神经网络，其中包括一种用于无监督降维的方法，这种方法基于名为"自编码"的神经网络。

使用 C4.5 过滤训练数据的试验是由 John（1995）展示的。Brodley 和 Friedl（1996）研究了一种更为保守的方法——使用几个学习算法生成一个一致的过滤器。Rousseeuw 和 Leroy（1987）介绍了统计回归中的离群点检测，其中包括最小平方中位数法，他们还展示了图 8-7 的电话数据。Quinlan（1986）发现，消除训练实例属性上的噪声会由于相似的噪声测试实例而降低分类器的性能，特别是噪声较大时。

Barnett 和 Lewis（1994）解决了在统计数据中常见的离群点问题，Pearson（2005）阐述了为目标数据拟合分布的统计方法。Schölkopf 等（2000）描述了用于离群点检测的支持向量机，Abe 等（2006）使用人工数据作为第二个类。将结合密度估计和使用人工数据的类概率估计作为无监督学习的通用方法这一建议是由 Hastie 等（2009）提出的，Hempstalk 等（2008）在一分类问题的背景中也阐述了这一方法。Hempstalk 和 Frank（2008）讨论了一分类和多分类问题的公平比较，当训练时有多个类存在以及在预测时需要排除一个全新的类。

Vitter（1985）研究了蓄水池抽样法。他所说的这种方法我们称之为 R 算法。它的计算复杂度是 $O(N)$，N 是数据流中的实例数，因为必须为每个实例生成一个随机数，用于决定是否以及在何处替换样本池中的实例。Vitter 提出了一些用于改进 R 算法的其他算法，通过减少生成样本所必需的随机数的数量来实现。

Rifkin 和 Klautau（2004）演示了只要合适参数被设置好，一对多方法用于多分类问题可以工作得很好。Friedman（1996）阐述了成对分类法，Fürnkranz（2002）更深入地分析了这种方法，Hastie 和 Tibshirani（2003）通过使用成对耦合将其扩展应用于估计概率。Fürnkranz（2003）将成对分类法定义为集成学习的一种技术。在 Dietterich 和 Bakiri 的论文之后，将误差校正输出编码用于分类得到普及；Ricci 和 Aha（1998）演示了如何将它们应用于最近邻分类。Frank 和 Kramer（2004）为多分类问题引入了集成嵌套二分法。Dong 等（2005）考虑用平衡的嵌套二分类（而不是无限制的随机层次结构）去减少训练时间。

校准类概率估计方法的重要性现已得到广泛认可。Zadrozny 和 Elkan（2002）将 PAV 方法和 logistic 回归用于校准，还研究了如何处理多分类问题。Niculescu-Mizil 和 Caruana（2005）结合一大批基础类估计器，对比了 logistic 回归的变体和基于 PAV 的方法，发现后者适合于足够大量的校准集。他们还发现，多层感知机和装袋决策树产生了精确校准的概率且不需要额外的校准步骤。Stout（2008）基于最小化平方误差提出了一种用于保序回归的线性时间算法。

8.9 Weka 实现

属性选择：

- CfsSubsetEval（基于相关性的属性子集估计器）
- ConsistencySubsetEval（对给定属性集度量类一致性，在 consistencySubsetEval 程序包中）
- ClassifierSubsetEval（使用分类器估计属性子集，在 classifierBasedAttributeSelection 程序包中）
- SVMAttributeEval（根据支持向量机所学习的系数大小对属性排序，在 SVMAttributeEval 程序包中）
- ReliefF（基于实例的属性排序法）
- WrapperSubsetEval（使用分类器加上交叉验证）
- GreedyStepwise（前向选择和后向删除搜索）
- LinearForwardSelection（在搜索每一步带属性选择滑动窗口的前向选择，在 linearForwardSelection 程序包中）
- BestFirst（使用回溯贪心爬山法的搜索方法）
- RaceSearch（使用竞赛搜索方法，在 raceSearch 程序包中）
- Ranker（根据其评估值排序单一属性）

学习决策表：

- DecisionTable

离散化：

- Discretize（为无监督离散化提供多种选择）
- PKIDiscretize（成比例的 k 区间离散化）

分类判别分析：

- LDA、FLDA 和 QDA（在 discriminantAnalysis 程序包中）

降维判别分析：
- MultiClassFLDA（在 discriminantAnalysis 程序包中）

其他数据转换操作：
- PrincipalComponents 和 RandomProjection（主成分分析和随机投影）
- 操作包括算术运算，时间序列运算，模糊处理，生成集群成员值，添加噪声，在数值型、二元、名目属性之间的多种转换，以及多种数据清理操作
- PLSFilter（偏最小二乘变换）
- 重抽样和蓄水池抽样
- MultiClassClassifier（包含多种使用二分类分类器处理多分类问题的方法，包含误差校正输出编码）
- FastICA（独立成分分析，在 StudentFilters 程序包中）
- StringToWordVector（文本转属性向量）
- END（集成嵌套二分法，在 ensemblesOfNestedDichotomies 程序包中）

第 9 章

概率方法

概率方法是大多数数据挖掘和机器学习技术的基础。在 4.2 节中，我们接触了获取事件的似然最大化模型的概念，此后也多次提及最大化似然的一般思想。在本章中，我们将正式确定似然的概念，并理解如何将似然最大化，以解决许多估计问题。我们将会讨论贝叶斯网络以及机器学习中使用的其他类型的概率模型。让我们从基础开始学习，先来认识一些基本的概率规则。

9.1 基础

在概率建模中，示例数据或实例通常被认为是基础随机变量的事件、观察或实现。给定一个离散随机变量 A，$P(A)$ 则是 A 可能处于每个类别、分类或状态中的概率函数。类似地，对于连续随机变量 x，$p(x)$ 是 x 在取值范围内的概率密度函数。相反，$P(A = a)$ 是对于特定事件 $A = a$ 的单一概率。这个符号通常被简化为 $P(a)$，但需要注意的是，a 是被定义为一个随机变量还是一个观测值。类似地，对于连续随机变量 x 的值 x_1，通常将其概率密度记为 $p(x_1)$，它是对较长而清晰的表示 $p(x = x_1)$ 的简写，这种表示强调它是通过求 $x = x_1$ 处的函数获得的概率值。

概率论的一些规则与本书非常相关。它们有各种名字，但是我们将其称为乘法规则、求和（或边缘化）规则以及贝叶斯规则。正如我们将看到的，这些看似简单的规则可以让我们走得更远。

下面使用离散或二元事件来保持表示的简单性。然而，这些规则可以应用于二元、离散或连续的事件和变量。对于连续变量，可能状态的求和用积分替代。

乘法规则有时被称为"概率的基本规则"，是指随机变量 A 和 B 的联合概率可以写作

$$P(A, B) = P(A|B)P(B)$$

当 A 和 B 是组或事件的子集或者随机变量时，乘法规则也适用。

求和规则是指给定变量 $X_1, X_2, \cdots, X_N$ 的联合概率，可以通过对所有其他变量求和（或积分）来获得给定变量的边缘概率。例如，为了获得 X_1 的边缘概率，对所有其他变量的所有状态求和：

$$P(X_1) = \sum_{x_2} \cdots \sum_{x_N} P(X_1, X_2 = x_2, \cdots, X_N = x_N)$$

这个求和取决于相应变量的所有可能取值。这个表达式可以简化为：

$$p(x_1) = \sum_{x_2} \cdots \sum_{x_N} P(x_1, x_2, \cdots, x_N)$$

对于连续事件和变量 $x_1, x_2, \cdots, x_N$，通过积分而不是求和获得等价形式：

$$p(x_1) = \int_{x_2} \cdots \int_{x_N} p(x_1, x_2, \cdots, x_N) \, dx_2 \cdots dx_N$$

这样可以给出任何随机变量或者随机变量的任何子集的边缘分布。

第 4 章中介绍的著名的贝叶斯规则，可以通过交换 A 和 B 的乘法规则获得，已知 $P(B|A)P(A) = P(A|B)P(B)$，并重新排列：

$$P(B|A) = \frac{P(A|B)P(B)}{P(A)}$$

假设我们有 $P(A|B)$ 和 $P(B)$ 的模型，已知事件 $A = a$，并想要计算 $P(B|A = a)$。$P(A = a|B)$ 被称为似然概率，$P(B)$ 是 B 的先验分布，$P(B|A = a)$ 是后验分布。$P(A = a)$ 可以从如下求和规则中获得：

$$P(A = a) = \sum_b P(A = a, B = b) = \sum_b P(A = a|B = b)P(B = b)$$

这些概念可以应用于随机变量，也可以应用于被视为随机数的参数。

9.1.1 最大似然估计

给定一组观测值 x_1, x_2, $\cdots$, x_n，考虑估计概率模型的一组参数 θ 的问题。假设它们是连续观测值，但同样适用于离散数据。最大似然方法假设样本各自独立，一个样本的产生不会影响其他样本，而且它们能够以完全相同的方式进行建模。这些假设通常被总结为事件是独立同分布的（i.i.d.）。虽然这很少是完全正确的，但是在许多情况下，足以支持有用的推论。此外，正如我们在本章后面将看到的，依赖结构可以被更复杂的模型所捕获，例如通过将相互依赖的观测值组作为更大实例的一部分来处理。

独立同分布假设意味着所有观测值的联合概率密度函数的模型由独立应用于每个观测值的相同概率模型 $p(x_i; \theta)$ 的乘积组成。对于 n 个观测值，可以写成

$$p(x_1, x_2, \cdots, x_n; \theta) = p(x_1; \theta)p(x_2; \theta) \cdots p(x_n; \theta)$$

每个函数 $p(x_i; \theta)$ 具有相同的参数值 θ，参数估计的目的是最大化该形式的联合概率模型。由于观测值不变，所以只能通过改变参数 θ 的选择来改变该值。我们可以把这个值看作数据的似然概率，并写成

$$L(\theta; x_1, x_2, \cdots, x_n) = \prod_{i=1}^{n} p(x_i; \theta)$$

由于数据是固定的，所以将它视为参数的似然概率函数无疑是更有用的，我们可以自由选择参数。

许多概率相乘会得到非常小的数字，所以人们经常使用似然概率或者对数似然概率

$$\log L(\theta; x_1, x_2, \cdots, x_n) = \sum_{i=1}^{n} \log p(x_i; \theta)$$

来将乘积转换为求和。由于对数是严格单调递增的函数，所以对数似然概率最大化等同于似然概率最大化。"最大似然概率"学习是指找出执行以下计算的参数的方法：

$$\theta_{\text{ML}} = \arg\max_{\theta} \sum_{i=1}^{n} \log p(x_i; \theta)$$

相同的表述也适用于条件概率和条件似然概率。给定每个 x_i 附带的一些标签 y_i，例如分类任务中实例的类别标签，最大条件似然概率学习用于确定

$$\theta_{\text{MCL}} = \arg\max_{\theta} \sum_{i=1}^{n} \log p(y_i|x_i; \theta)$$

9.1.2 最大后验参数估计

最大似然概率假设所有参数值是先验的可能性是相同的：在考察观测值之前，我们不会将某些参数值判断为比其他参数值更可能。但是假设模型的参数遵循一定的先验分布。将它们作为指定模型的每个实例的随机变量，可以应用贝叶斯规则通过使用数据和参数的联合概率来计算参数的后验分布：

$$p(\theta|x_1,x_2,\cdots,x_n) = \frac{p(x_1,x_2,\cdots,x_n|\theta)p(\theta)}{p(x_1,x_2,\cdots,x_n)}$$

由于我们计算的是参数的后验分布，所以使用"|"符号代替分号。分母是一个常数，假设观测值独立同分布，参数的后验概率与似然概率和先验的乘积成比例：

$$p(\theta|x_1,x_2,\cdots,x_n) \propto \prod_{i=1}^{n} p(x_i;\theta)p(\theta)$$

再次切换到对数，最大后验参数估计过程寻求以下值：

$$\theta_{MAP} = \arg\max_{\theta} \left[\sum_{i=1}^{n} \log p(x_i;\theta) + \log p(\theta)\right]$$

同样的想法依然可以应用于学习条件概率模型。

我们已经恢复到使用分号来强调涉及参数点估计的最大后验参数估计，并在似然概率和先验分布下评估参数。与完全采用贝叶斯方法（下面讨论）进行对比，该方法通常通过对参数的不确定性进行积分而不是优化点估计来明确控制参数的分布。使用"|"记号替代分号在完全贝叶斯方法中更常使用，我们会遵循这个约定。

9.2 贝叶斯网络

4.2 节中的朴素贝叶斯分类器和 4.6 节中的 logistic 回归模型都是用生成的概率估计来代替硬性的分类。对于每个类值，它们都是估计某个实例属于这个类的概率。如有必要，大多数其他类型的分类器都可以强制产生这类信息。例如，通过计算叶子结点上每个类的相对频率，就能从决策树中得到概率。同样，通过检验某条规则所覆盖的实例，就能从决策列表中得到概率。

概率估计通常比简单的预测更为有用。它们可以对所做的预测进行排名，使期望成本达到最小化（见 5.8 节）。事实上，把分类学习作为从数据中学习类概率估计的任务来完成，还存在很大的争议。在给定其他属性值时，分类学习被评估为类属性值的条件概率分布。理想情况下，分类模型是用一种简洁易懂的形式来表达这个条件分布。

由此看来，朴素贝叶斯分类器、logistic 回归模型、决策树等只是用不同的方法表达条件概率的分布。当然，它们的表达能力有所差别。朴素贝叶斯分类器和 logistic 回归模型只能表达较简单的分布，而决策树至少可以近似表达任意分布。但决策树也有缺陷：它们将训练集分割成越来越小的数据集，必然造成概率估计可靠性的下降，并且还存在 3.4 节中提到的重复子树问题。规则集似乎可以克服这些缺点，但是一个好的规则学习器设计所采用的启发式方法尚缺乏理论依据。

这是否意味着只能认命，让这些缺陷继续存在？不！有一种基于统计理论的方法：以图的方式简洁易懂地表达概率分布的方法具有较强的理论根基。这个结构称为贝叶斯网络（Bayesian network）。画出的图形就像是结点的网络图，每个结点代表一个属性，结点间用有向线段连接，但不能形成环，即有向无环图（directed acyclic graph）。

在解释贝叶斯网络如何工作以及怎样从数据中学习贝叶斯网络时，要做一些简化假设。假设所有属性都是名目属性，对应于离散随机变量，并且没有缺失值，所以数据是完整的。有些高级的学习算法可以产生包含在数据之外的新属性，称为隐藏属性，它们的属性值是看不到的。如果这些属性表示潜在问题的显著特征，那么这些属性支持产生更好的模型，而且贝叶斯网络提供了一种能在预测时使用这些属性的好方法。然而，这使得学习和预测更为复杂并且耗时，所以我们将推迟到 9.4 节再详细讲述。

9.2.1　预测

图 9-1 展示了一个关于天气数据的贝叶斯网络的简单实例。图中数据的 4 个属性 outlook、temperature、humidity 和 windy 以及类属性 play 分别用结点表示。从 play 结点到 340
其他结点各有一条边。但图结构只是贝叶斯网络的一部分。在图 9-1 中，每个结点内还含有一个列表。表中的信息定义了将用于预测任意一个实例类概率的概率分布。

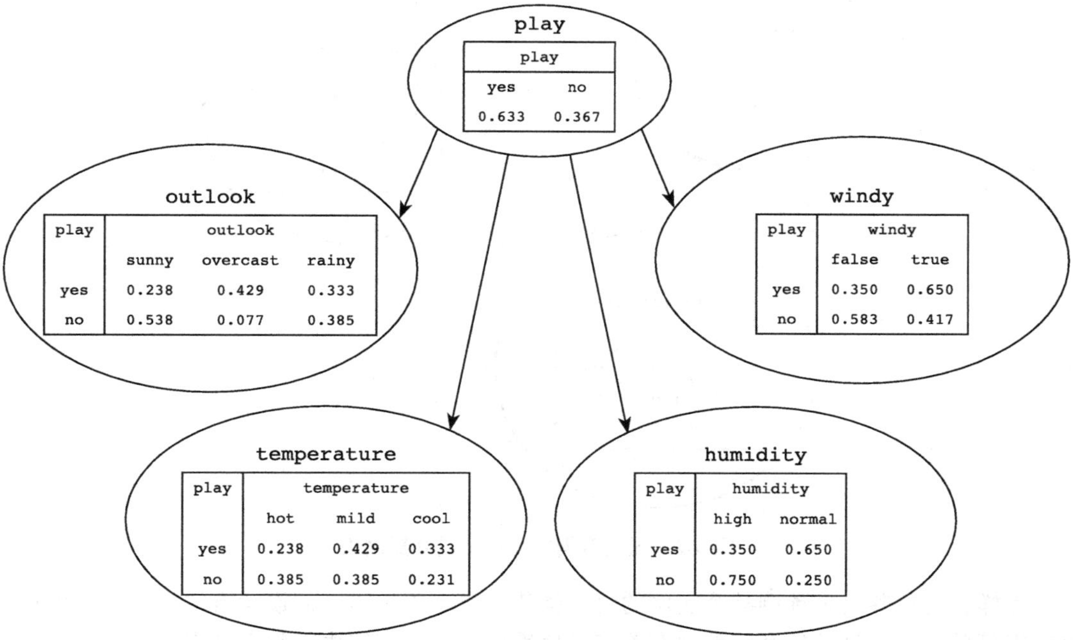
play
play
yes no
0.633 0.367
outlook
play | outlook
sunny overcast rainy
yes 0.238 0.429 0.333
no 0.538 0.077 0.385
windy
play | windy
false true
yes 0.350 0.650
no 0.583 0.417
temperature
play | temperature
hot mild cool
yes 0.238 0.429 0.333
no 0.385 0.385 0.231
humidity
play | humidity
high normal
yes 0.350 0.650
no 0.750 0.250

图 9-1　天气数据的一个简单的贝叶斯网络

在讨论怎样计算这个概率分布之前，先考虑表中的信息。图 9-1 中的 4 个表（outlook、temperature、humidity 和 windy）被一根竖线划分成两个部分。左边是 play 的属性值，右边对应的是这个结点所代表属性的各个属性值的概率。一般来说，左边包含的列代表指向该结点的属性，这里只有 play 属性。这也是 play 结点的列表中左边没有信息的原因：它没有父结点。每行的概率对应于一组父结点属性值组合，行中的每个概率代表了这个结点属性的每个属性值对应于该属性值组合的概率。实际上，每行都定义了该结点属性的属性值的概率分 341
布。每行中各个概率的总和始终是 1。

图 9-2 展示了相同问题的一个更为复杂的网络，这时其中 3 个结点（windy、temperature 和 humidity）有两个父结点。而且，每个父结点都会在左边产生一列，右边的列数等于结点

属性的属性值数量。考虑 temperature 结点所含列表的第一行，左边列出了其每个父结点属性的属性值（play 和 outlook），右边列出了每个 temperature 属性值的概率。例如，第一个数字（0.143）是当 play 和 outlook 的属性值分别为 yes 和 sunny 时，temperature 的属性值为 hot 的概率。

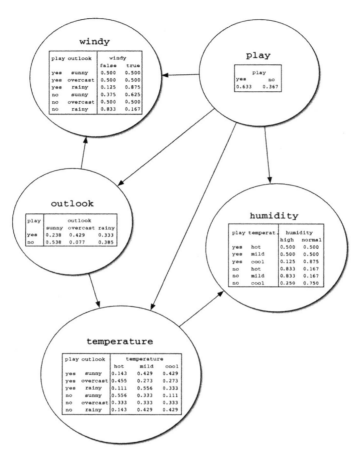

图 9-2　天气数据的另一个贝叶斯网络

怎样利用这些表来预测某个实例的每个类值的概率呢？由于假设没有缺失值，所以这就变得很简单了。实例的每个属性都有确定的属性值。对于网络中的每个结点，根据父结点属性值找到相应的行，查看该行结点属性值的概率，然后将这些概率相乘。

例如，考虑这样一个实例：outlook=rainy, temperature=cool, humidity=high, windy=true。为了计算 play=no 的概率，查看图 9-2 中的网络，play 结点给出概率 0.367，outlook 结点给出概率 0.385，temperature 结点给出概率 0.429，humidity 结点给出概率 0.250，windy 结点给出概率 0.167，它们的乘积是 0.002 5。对 play=yes 也做相同的计算，得到 0.007 7。显然，这并不是最终的答案：最终概率之和应为 1，而现在 0.002 5 和 0.007 7 之和不等于 1。实际上，它们是 $P(play=no, E)$ 和 $P(play=yes, E)$ 的联合概率，其中 E 是指由这个实例的属性值所给出的所有证据。联合概率既度量实例的属性值出现在 E 中的可能性，也度量相应的类值。只有耗尽了包括类属性在内的所有可能的属性值组合空间，它们的和才为 1。这个例子当然不属于这种情况。

解决方法很简单（在 4.2 节中曾遇到过）。要得到条件概率 $P(\text{play} = \text{no}|E)$ 和 $P(\text{play} = \text{yes}|E)$，只需将这两个联合概率规范化处理，即分别除以两者之和。得到 play=no 的概率为 0.245，play=yes 的概率为 0.755。

只剩下一个未解决的问题了：为什么将这些概率相乘呢？乘积步骤的有效性有一个前提假设，那就是给定每个父结点的属性值，知道任何其他非子孙结点的属性值并不能使该结点的各个可能的属性值所对应的概率发生变化。换句话说，非子孙结点并不能提供任何多于父结点所能提供的有关该结点属性值的信息。这一点可以表示为：

$$P(\text{结点} | \text{父结点加上其他非子孙结点}) = P(\text{结点} | \text{父结点})$$

所有涉及结点和属性的值都必须遵守这条假设。在统计学中，这称为条件独立性（conditional independence）。给定父结点，每个结点对于它的祖父结点、曾祖父结点以及其他非子孙结点都是条件独立的，在这种情形下乘积是有效的。上面我们已经讨论过如何将概率的乘法规则应用于变量集合。在单个变量和其余变量之间递归地应用乘法规则产生了称为链式法则的另一个规则，链式法则是说 n 个属性 A_i 的联合概率可以分解为如下的乘积：

$$P(A_1, A_2, \cdots, A_n) = P(A_1) \prod_{i=1}^{n-1} P(A_{i+1} | A_i, A_{i-1}, \cdots, A_1)$$

贝叶斯网络中的概率乘积是链式法则的直接结果。

这个分解表达式对于任何一种属性排列都是成立的。因为贝叶斯网络是一个无环图，可以将网络结点进行排列，使结点 a_i 的所有祖先的序号都小于 i。然后，由于有条件独立的假设，当变量没有父结点时，我们使用该变量的非条件概率，所有贝叶斯网络都可以写成如下形式：

$$P(A_1, A_2, \cdots, A_n) = \prod_{i=1}^{n} P(A_i | \text{Parents}(A_i))$$

这正是前面所应用的乘积规则。

图 9-1 和图 9-2 展示的两种贝叶斯网络是完全不同的。第一个（图 9-1）具有更为严格的独立假设，因为其每个结点的父结点都是第二个（图 9-2）中所对应的每个结点的父结点的一个子集。实际上，图 9-1 几乎就是 4.2 节中的朴素贝叶斯分类器（概率计算略有不同，只是因为每个计数都被初始化为 0.5，以避免零频率问题）。图 9-2 网络中的条件概率列表含有更多的行，因此需要更多的参数。它可能是对潜在领域更精确的一种表示法。

假设贝叶斯网络中的有向边代表的是因果关系，这是一个非常诱人的假设。要谨慎！在上述例子中，play 的属性值会使 outlook 的某个具体值所对应的期望值提高，但事实上两者并没有因果关系，也许有可能是相反。可以建立不同的贝叶斯网络来表示具有相同概率分布的相同问题。这可以利用条件独立性对联合概率分布进行分解来实现。使用有向边反映因果关系模式的网络是最简单的，它包含的参数最少。因此，为某个特定领域构建贝叶斯网络的专家经常受益于用有向边来表示因果关系。然而，当使用机器学习技术从因果结构未知的数据中推导模型时，所能做的只是根据从数据中观察到的相关性构建一个网络。从相关性推断因果关系始终是一件危险的事。

9.2.2 学习贝叶斯网络

构建贝叶斯网络学习算法的方式由两部分组成：一个是对基于某个数据集的网络进行评估的评估函数，另一个是在所有可能的网络空间中搜索的搜索方法。某个给定网络的质量是根据其数据概率来度量的。我们计算网络与每个实例相符的概率，然后将所有实例的概率相乘。在实践中，很快会使这个数字变得非常小，以至于不能较好地反映质量（称为算术下溢（arithmetic underflow）），因此我们使用概率对数的总和来代替原先的乘积。最终的计算结果就是给定数据的网络的对数似然。

假设网络结构（即所有的边）是已知的。很容易估计条件概率表中所列的数字：只需计算训练数据中对应属性值组合的相对频率。为了避免零频率的出现，像4.2节所述的那样使用一个常量来初始化计数。例如，找出已知play=yes和temperature=cool时humidity=normal的概率（图9-2中的humidity结点表中第三行的最后一个数字）。从表1-2中可观察到，天气数据中有3个实例含有这样的属性值组合，但是当humidity=high，同时play=yes、temperature=cool时没有这样的实例。将humidity两个属性值的计数初始化为0.5，得到humidity=normal的概率为(3+0.5)/(3+0+1) = 0.875。

让我们更正式地考虑如何估计贝叶斯网络中的条件概率和非条件概率。具有V个变量和N个实例完整覆盖的贝叶斯网络的对数似然概率是：

$$\sum_{i=1}^{N} \log P\left(\{\tilde{A}_1, \tilde{A}_2, \cdots, \tilde{A}_v\}_i\right) = \sum_{i=1}^{N} \sum_{v=1}^{V} \log P\left(\tilde{A}_{v,i} \mid \mathrm{Parents}(\tilde{A}_{v,i}); \Theta_v\right)$$

其中每个条件分布或非条件分布的参数由Θ_v给出，我们使用符号"~"来表示变量的实际观测值。我们通过导数找到最大似然估计的参数值。由于对数似然是对实例i和变量v的双重求和，当我们对任何给定的参数集Θ_v进行求导时，与Θ_v无关的所有项的和为零。这意味着估计问题分解为分别估计每个条件概率或非条件概率分布的参数问题。对于没有父结点的变量，我们需要估计一个非条件概率。在附录A.2中，我们给出了一个推导，说明为什么使用由k类概率π_k给出的参数估计离散分布，对应的形式化公式为$\pi_k = n_k/N$，其中n_k是k类的实例数，N是实例的总数。这也可以写成：

$$P(A = a) = \frac{1}{N} \sum_{i=1}^{N} \mathbf{1}(\tilde{A}_i = a)$$

其中$\mathbf{1}(\tilde{A}_i = a)$只是一个指标函数，当第$i$个观测值为$\tilde{A}_i = a$时，返回1，否则返回0。对于$P(B|A)$的条件概率表的条目的估计可以使用与上述直观计数方法类似的符号来表示：

$$P(B = b \mid A = a) = \frac{P(B = b, A = a)}{P(A = a)} = \frac{\sum_{i=1}^{N} \mathbf{1}(\tilde{A}_i = a, \tilde{B}_i = b)}{\sum_{i=1}^{N} \mathbf{1}(\tilde{A}_i = a)}$$

这个推导可以推广到A是随机变量子集的情况。注意，上述表达式给出的是最大似然估计，并没有处理零频率问题。

网络中的结点是预设好的：每个属性各有一个（包括类别）。学习网络结构等于是在可能的有向边空间进行搜索，对每组的条件概率表进行估计，并计算结果网络基于某个数据集的对数似然，以此作为对网络质量的度量。各种贝叶斯网络学习算法的不同之处在于它们对网络结构空间的搜索方式。以下是一些算法的介绍。

有一点需要说明。如果对数似然基于训练数据集进行了最大化，增加更多的有向边总是会获得较好的结果，同时也可能造成结果的过度拟合。很多方法可用于解决这个问题。第一种可能的方法是采用交叉验证法来估计拟合的良好度。第二种是根据参数数目，相应增加网络复杂度惩罚，即在所有概率列表中独立估计的总数目。在每个表中，独立概率的数目是表中所有概率的总个数减去最后一列中的个数。由于每行概率的和应为1，所以最后一列的概率可以根据其他列的值导出。假设 K 为参数数量，LL 表示对数似然，N 为数据集中的实例数量。有两种常用的度量方法可用于评估网络质量，即 Akaike 信息准则（Akaike Information Criterion，AIC）

$$AIC 评分 = -LL + K$$

以及下面基于 MDL 原则的 MDL 度量：

$$MDL 评分 = -LL + \frac{K}{2} \log N$$

在这两种情况下，对数似然都是负数，所以目标是使得它们的得分最小化。

第三种可能的方法是赋予网络结构一个先验分布，通过组合先验概率以及数据与网络相符的概率，找出可能性最大的网络。这是网络评分的贝叶斯方法。根据所使用的先验分布，可以有多种形式。但是，真正的贝叶斯要平衡所有可能的网络结构，而不是只取其中某个具体网络进行预测。不幸的是，这需要进行大量的计算。一个简化的方案是平衡某个给定网络的所有子结构网络。改变计算条件概率表所采用的方法，从而使结果概率估计包含来自所有子网络的信息，这个方案实现起来非常有效。这个方案的细节相当复杂，这里不再赘述。

如果用于评分的度量正确，则可以大大简化搜索良好网络结构的任务。回顾一下，基于网络的单个实例的概率是来自各个条件概率表的所有单个概率的乘积。数据集的总体概率是把所有实例的这些乘积再进行乘积运算得到的。由于乘积运算中的项是可互换的，所以这个乘积可以重写为把同属一个表的各个系数组合在一起的形式。这同样适合使用对数似然，用求和运算代替乘积运算。这意味着似然的优化可以在网络的每个结点中分别进行。它可以通过增加或去除其他结点指向正在进行优化的结点的边来完成，唯一的限制就是不可引入环。如果使用局部评分度量（如 AIC 或 MDL）方案来代替朴素的对数似然，这个诀窍也同样生效，因为惩罚项会被分裂成多个组成部分，每个结点各一个，而且每个结点可以进行独立的优化。

9.2.3　具体算法

现在来看用于贝叶斯网络学习的实际算法。一个简单而快速的叫作 K2 的学习算法起始于某个给定的属性（即结点）的排序。然后，对每个结点依次进行处理，贪心地增加从先前处理过的结点指向当前结点的边。每一步过程都增加那些能使网络得分达到最高值的边。当不再有改进时，便将注意力转向下一个结点。每个结点的父结点数量可以限制在一个预设的最大值范围内，这是为防止过度拟合附加的机制。由于只考虑起始于前面已经处理过的结点的边，并且顺序是固定的，所以这个过程不会产生环。但是，结果依赖于初始排序，因此采用不同的随机排序多次运行算法是有意义的。

朴素贝叶斯分类器是这样一种网络：它的边是由类属性指向其他每个属性。当为分类建立网络时，使用这种网络作为搜索起点有时还是有帮助的。这可以用 K2 方案来实现，强制把类变量作为序列中的第一个属性并合理地设定初始边。

另一个潜在的有用技巧就是要确保数据的每个属性都在类属性结点的马尔可夫毯（Markov blanket）范围内。一个结点的马尔可夫毯包含该结点的父结点、子结点以及子结点的父结点。可以证明结点与其马尔可夫毯内的所有其他结点都是条件独立的。因此，如果一个结点不包括在类属性的马尔可夫毯内，那么该结点所代表的属性与分类就是毫无关系的。图9-3展示了一个贝叶斯网络和马尔可夫毯的例子。反过来，如果K2发现一个网络没有将某个相关属性包含在类属性的马尔可夫毯内，或许可以增加一条边来纠正这个缺点。一种简单的方法就是增加一条从这个属性结点指向类结点（或相反）的边，这取决于哪种方向可以避免环。

K2的一个更为周全但更慢的版本是不对结点排序，而是贪心考虑在任意结点对之间添加或删除边（当然同时确保无环）。进一步考虑反转现有边的方向。与任何贪心算法一样，所得到的网络仅表示评分函数的局部最大值：通常建议采用不同的随机初始值多次运行算法。还可使用如模拟退火、禁忌搜索或者遗传算法等更为复杂的优化策略。

另一种较好的贝叶斯网络分类器学习算法称为树扩展朴素贝叶斯（Tree Augmented Naive Bayes，TAN）。顾名思义，它是在朴素贝叶斯分类器上添加边得到的。类属性是朴素贝叶斯网络每个结点的单个父结点：TAN考虑向每个结点添加第二个父结点。如果排除类结点及其相应的所有边，假设只有一个结点没有增加第二个父结点，那么结果分类器包含一个以无父结点的结点为根结点的树结构——这也是TAN名称的由来。对于这类限制型的网络，有一种有效的算法能找出使网络似然达到最大值的边集，它是以计算网络的最大加权生成树为基础的。这个算法与实例数量呈线性关系，与属性数量呈二次关系。

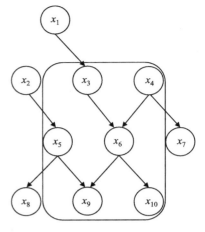

图9-3　10个变量的贝叶斯网络中变量 x_6 的马尔可夫毯

由TAN算法学习得到的网络类型称为单依赖估计器（one-dependence estimator）。一种更为简单的网络类型是超父单依赖估计器（superparent one-dependence estimator）。在这里，除了类结点以外，只有一个其他结点与父结点的状态相关，并且该结点是每个其他非类结点的父结点。事实证明，将这些单依赖估计器简单组合在一起就可以得到一个非常准确的分类器：在每个单依赖估计器中，都有一个不同的属性成为额外的父结点。那么，在预测时，从不同的单依赖估计器得到的类概率估计只是简单地取均值。这个方法叫作平均单依赖估计器（Averaged One-Dependence Estimator，AODE）。通常，只有数据中满足一定支持度的估计器才会用于组合中，但是也可以使用更加复杂的筛选方法。由于每个超父单依赖估计器都不涉及结构学习，所以AODE是一个非常有效的分类器。

AODE做出了强有力的假设，但放松了朴素贝叶斯中更强的假设。通过引入一组 n 个超父类而不是单个超父类属性，并在所有可能的集合之间求平均来进一步放宽该模型，从而产生 AnDE 算法。增加 n 的大小显然增加了计算复杂度。有良好的经验证据表明，$n=2$（A2DE）在实践中的计算复杂度和预测准确度之间产生了有效的折中。

我们迄今为止所讨论的所有评分度量都是基于似然的，意义在于使每个实例的联合概率 $P(a_1, a_2, \ldots, a_n)$ 最大化。然而，在分类问题中，我们真正想要最大化的是给定其他属性值情况下的类的条件概率，即条件似然概率。不幸的是，对贝叶斯网络的列表中所需要的最大条件似然概率估计没有解析解。另一方面，为某个给定的网络和数据集计算条件似然是很直截了当的，这正是logistic回归所要做的。因此有人提议在网络中使用标准最大似然概率估计，对某个具体的网络结构则采用条件似然来评估。

另一种使用贝叶斯网络进行分类的方法是根据属于该类的数据为每个类的值分别建立网络，并利用贝叶斯规则来组合这些网络预测结果。这一组网络称为贝叶斯复网（Bayesian multinet）。要得到某个类值的预测，将相应网络的概率乘以类值的先验概率。与前面一样，对每个类都进行如此操作，并将结果进行规范化处理。在这种情形下，我们不采用条件似然为每个类值进行网络学习。

上述所有网络学习算法都是基于得分的。另一种不同的策略是，通过对各个基于属性子集的条件独立性进行测试，拼凑一个网络，这里不进行讨论。这就是所谓的条件独立测试的结构学习（structure learning by conditional independence tests）。

9.2.4 用于快速学习的数据结构

学习贝叶斯网络涉及大量的计数。对于搜索过程中考虑的每个网络结构，必须重新扫描数据，以获得填写表中的条件概率所需的计数。是否可以将它们保存在某种数据结构中以消除一次又一次重新扫描数据的需要呢？一种显而易见的方法就是预先计算计数并将非零数值保存在一个表中，比如4.5节中提到的散列表。即使如此，任何非平凡的数据集也将会产生大量的非零计数。

再次考虑表1-2的天气数据。表中有5个属性，其中2个属性各含3个属性值，另外3个属性各含2个属性值。这就给出了$4 \times 4 \times 3 \times 3 \times 3 = 432$个可能的计数。乘积的每个部分各对应一个属性，各自对于乘积的贡献比它所含属性值数量多一个，这是因为在计数中这个属性可以没有。所有这些计数计算可以当作如4.5节中所描述的项集来处理，最小覆盖数量设为1。即使不保存零计数，运行这个简单的方案也会很快带来内存问题。6.3节中的FP-growth数据结构是用于挖掘项集时的有效数据表示。下面我们将介绍一个用于贝叶斯网络的类似的数据结构。

可以用一种称为全维树（All-Dimensionstree tree，AD树）的结构来有效地存储计数，它类似于4.7节所描述的用于最近邻搜索的 kD 树。为了简单起见，这里使用简化版的天气数据来进行描述，简化数据只含 humidity、windy 和 play 这3个属性。图9-4a汇总了数据。虽然图中只列出了8组数据，但可能的计数数量有 $3 \times 3 \times 3 = 27$ 个。例如，play=no 的计数是5。（将对应的 count 值累加起来！）

图9-4b展示了该数据的AD树。每个结点显示了从树根到该结点路径满足每个属性值测试的实例数。例如，最左端的叶子结点显示有1个实例，它的 humidity=normal、windy=true 以及 play=no，而最右端的叶子结点显示有5个 play=no 的实例。

将所有27种计数情形都显示出来的树没有什么意义。然而，由于只包含8个计数，所以这个树所能获得的计数没有比简单的表多，显然不是图9-4b中的树。例如，没有测试 humidity=high 的分支。这棵树是怎样构造的，所有计数又是怎么获得的呢？

假设数据的每个属性都被分配了一个索引。在简化版天气数据中，赋予 humidity 索引为1，windy 索引为2，play 索引为3。AD树是这样形成的：每个结点都有一个对应的属性 i，该结点是根据索引 $j > i$ 的所有属性的属性值进行扩展的，它有两个重要约束——对每个属性涉及最广的扩展省略不做，计数为零的扩展也省略不做。根结点的索引为0，因此对于根结点，所有属性都得到扩展，但同样受限于上述两个约束。

例如，图9-4b中的根结点没有对 windy=false 进行扩展，因为有8个这样的实例，是涉及最广的扩展：数据中出现 false 值的次数大于出现 true 值的次数。类似地，结点 humidity=normal 也没有对 windy=false 进行扩展，因为 humidity=normal 的所有实例中 windy=false 值是最为普遍的。实际上，这个例子中的第二条限制（即"计数为 0 的扩展省略不做"）不会用到，因为第一条限制已经排除了任何以 humidity=normal 以及 windy=false 为开始的测试，而这正是图 9-4a 中唯一计数为 0 的情形。

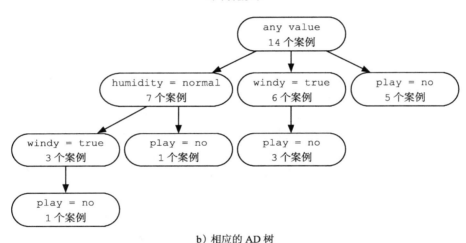

b）相应的 AD 树

图 9-4 天气数据

树的每个结点代表某种具体属性值组合的发生。可以直接从树中获取某种组合出现的计数。但是由于每个属性最普遍的扩展都被省略，所以造成许多非 0 计数不能在树中显式地表现出来。例如，humidity=high 和 play=yes 的组合在数据中出现了 3 次，但在树中却没有这个结点。然而，结论是任何计数都可以由显式地存储在树中的计数计算获得。

这里有个简单的例子。图 9-4b 没有包含 humidity=normal、windy=true、play=yes 的结点。但是，它显示了 3 个 humidity=normal 和 windy=true 的实例，其中有 1 个实例 play 的属性值不是 yes。这说明一定有 2 个实例 play=yes。现在来看一个更为巧妙的情况：humidity=high、windy=true、play=no 出现多少次？一眼看上去似乎不可能知道答案，因为根本就没有 humidity=high 的分支。然而，我们可以用 windy=true 和 play=no 的计数（3）减去 humidity=normal、windy=true、play=no 的计数（1）得出，从而得出正确的计数 2。

这种方法适用于任何属性分支以及任何属性值组合，但它必须递归地应用。例如，要得到 humidity=high、windy=false、play=no 的计数，需要知道 windy=false 和 play=no 的计数以及 humidity=normal、windy=false、play=no 的计数。前者可以通过从 play=no 的计数（5）中减去 windy=true 和 play=no 的计数（3）而获得，结果是 2。后者可以通过从 humidity=normal 和 play=no 的计数（1）中减去 humidity=normal、windy=true、play=no 的计数（1）而获得，结果为 0。因此正确答案一定是有 2-0=2 个实例 humidity=high、windy=false、play=no。

AD 树只有在数据包含数千个实例时才能起作用。很明显，AD 树在天气数据中并没有多大作用。它们对小数据集无益的事实意味着，在实践中，将树结构一直向下扩展到叶子结点是没有多大意义的。通常可以应用一个截止参数 k，在覆盖实例数量小于 k 的结点上，保留指向这些实例的指针列表，而不是指向其他结点的指针列表，从而使树结构更小、效率也更高。

本节仅触及了贝叶斯网络学习的表面。我们留下了缺失值、数字属性和隐藏属性等一些开放问题。我们没有描述如何使用贝叶斯网络进行回归任务。其中一些话题将在本章后面进行讨论。贝叶斯网络是一种更广泛类别的统计模型的特殊情况，称为图模型，包括具有无向边的网络（称为马尔可夫网络）。图模型在机器学习社区中引起了很多关注，我们将在 9.6 节对其进行讨论。

9.3 聚类和概率密度估计

4.8 节介绍了增量启发式聚类方法。虽然它在一些实际情况下工作良好，但也有缺点：分类效用公式中为避免过度拟合必须选择除数 k，而且为了避免每个实例成为一个聚类的特定的截止值，需要提供一个人为的聚类标准差最小值。另外，还有增量算法本身所带来的不确定性。结果在多大程度上依赖于实例的顺序？合并、分裂等局部重建操作是否足以扭转由不好的实例次序所带来的糟糕的初始决定？最终结果是否代表分类效用的局部最大值？无法知道最终的结果离全局最大值到底有多远，并且重复几次聚类过程然后选择最好的这种标准技巧会损害这个算法的增量特性。最后，结果的层次性也不能回避"哪个是最好的聚类"这个问题。图 4-21 中有如此多的簇，很难分清良莠。

一种更具理论性的统计学方法可以克服聚类问题的部分上述缺点。从概率的角度看，聚类的目标是寻找给定数据的最有可能的集合（不可避免地要用到先验期望值）。由于任何有限数量的证据都不足以对某件事做完全肯定的结论，所以实例甚至是训练实例也不能绝对地被分在这个聚类或那个聚类，而应当说实例都以一定的可能性分属于每个聚类。这有助于消除那些硬性而快速的判断方案引发的脆弱性。

统计聚类的基础是建立在一个称为有限混合（finite mixture）的统计模型上。混合是指用 k 个概率分布代表 k 个聚类，控制聚类成员的属性值。换句话说，每个分布给出某个具体实例在已知其属于这个聚类时有某组属性值集合的概率。每个聚类都有不同的分布。任何具体实例"实际上"属于且只属于一个聚类，但不知是哪个。最后，各个聚类并不是同等可能的：存在某种反映它们相对总体数量的概率分布。

9.3.1 用于高斯混合模型的期望最大化算法

最简单的有限混合情况是只有一个数值属性，每个聚类是呈高斯或正态分布，但有不同的均值和方差。聚类问题是获得一组实例（这时每个实例只是一个数字）和一个事先设定的聚类数目，然后计算每个聚类的均值和方差，以及聚类之间的总体分布。混合模型将几个正态分布组合起来，其概率密度函数看起来像一座山脉，每个山峰代表一个正态分布。

图 9-5 展示了一个简单的例子。有两个聚类 A 和 B，每个都呈正态分布，聚类 A 的均值和标准差是 μ_A 和 σ_A，聚类 B 的均值和标准差是 μ_B 和 σ_B。从这些分布中抽样，聚类 A 的抽样概率为 p_A，聚类 B 的抽样概率为 p_B（其中 $p_A + p_B = 1$），得到图 9-5 所示的数据集。现在假设所给的数据集没有类值，只有数据，要求确定模型的 5 个参数：μ_A、σ_A、μ_B、σ_B 和 p_A（参数 p_B 可以直接通过 p_A 计算得到）。这就是有限混合问题。

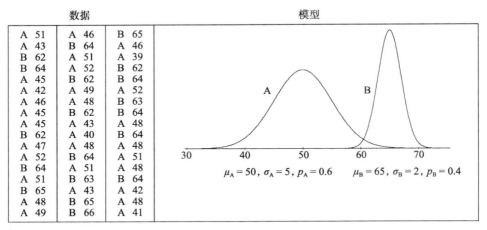

图 9-5　两个聚类的混合模型

如果知道每个实例是由哪个分布而来的，就很容易找到 5 个参数值，只要使用下面的公式分别对聚类 A 和 B 的两个样本求均值及标准差：

$$\mu = \frac{x_1 + x_2 + \cdots + x_n}{n}$$

$$\sigma^2 = \frac{(x_1 - \mu)^2 + (x_2 - \mu)^2 + \cdots + (x_n - \mu)^2}{n-1}$$

（第二个公式的分母用 $n-1$ 而不用 n 是确保方差的无偏估计，而不是最大似然估计：如果在实践中使用 n，几乎没有什么差别。）这里 $x_1, x_2, \cdots, x_n$ 是取自分布 A 或 B 的样本。要估计第 5 个参数 p_A，只需计算聚类 A 所含实例数占实例总数的比例。

如果 5 个参数已知，要找出某个给定实例来自每种分布的概率就很简单了。给定实例 x_i，它属于聚类 A 的概率是：

$$P(A|x_i) = \frac{P(x_i|A) \cdot P(A)}{P(x_i)} = \frac{N(x_i; \mu_A, \sigma_A) p_A}{P(x_i)}$$

其中，$N(x; \mu_A; \sigma_A)$ 是聚类 A 的正态分布函数，即

$$N(x; \mu, \sigma) = \frac{1}{\sqrt{2\pi}\sigma} e^{-\frac{(x-\mu)^2}{2\sigma^2}}$$

实际上，我们计算分子 $P(A|x_i)$ 和 $P(B|x_i)$，然后通过除以它们的和（$P(x_i)$）来进行规范化。整个过程与 4.2 节的朴素贝叶斯学习方案中对数值属性所用的处理方式相同。那里所做的说明在这里也同样适用：严格来说，$N(x_i; \mu_A, \sigma_A)$ 并不是概率 $P(x|A)$，因为 x 等于任何具体实数值 x_i 的概率为零；相反，$N(x_i; \mu_A, \sigma_A)$ 是概率密度，通过计算后验概率的规范化过程将其变成概率。注意，最终结果不是某个具体的聚类，而是 x_i 属于聚类 A 或聚类 B 的

（后验）概率。

问题是既不知道每个训练实例来自哪个分布，也不知道混合模型的5个参数值。因此，我们借鉴 k 均值聚类算法的过程，并进行迭代。从对5个参数值进行初始估计开始，用初始估计值对每个实例进行聚类概率计算，用这些概率对参数进行重新估计，然后重复此过程（如果愿意，也可以从对每个实例的类进行初始估计开始）。这种方法称为期望最大化（Expectation Maximization，EM）算法。第一步，计算聚类概率（即"期望的"类值），这便是"期望"；第二步，计算分布参数，即对给定数据的分布进行似然"最大化"处理。

考虑到已知的只是每个实例所属聚类的概率而非聚类本身，因此必须对参数估计公式稍做一点调整。这些概率的作用类似于权值。如果 w_i 是实例 i 属于聚类 A 的概率，那么聚类 A 的均值和标准差是

$$\mu_A = \frac{w_1 x_1 + w_2 x_2 + \cdots + w_n x_n}{w_1 + w_2 + \cdots + w_n}$$

$$\sigma_A^2 = \frac{w_1 (x_1 - \mu)^2 + w_2 (x_2 - \mu)^2 + \cdots + w_n (x_n - \mu)^2}{w_1 + w_2 + \cdots + w_n}$$

其中 x_i 是所有实例，不单单是属于聚类 A 的实例（这和前面的标准差估计公式有些不同：如果所有权值都是相等的，那么分母是 n 而不是 $n-1$，使用的是最大似然估计而不是无偏估计）。

现在考虑怎样终止迭代。k 均值算法是当实例的类值在下一轮循环中没有变化时终止，即达到一个"固定点"。在 EM 算法中，情况并非如此简单：算法会向某个固定点收敛但是不能真正达到这个点。然而可以通过给5个参数值来计算数据集数据的总体（边缘）似然，得到它与固定点的接近程度。边缘似然是通过对高斯混合的两个分量求和（或边缘化）得到的，即

$$\prod_{i=1}^n P(x_i) = \prod_{i=1}^n \sum_{c_i} P(x_i | c_i) \cdot P(c_i)$$

$$= \prod_{i=1}^n \left(N(x_i; \mu_A, \sigma_A) p_A + N(x_i; \mu_B, \sigma_B) p_B \right)$$

这是各个实例的边缘概率密度的乘积，它们是从每个正态分布 $N(x; \mu, \sigma)$ 的概率密度之和得到的，由适当（先验）类概率加权。聚类的成员变量 c 是所谓的隐藏（或潜在）变量，我们将其考虑在内，以获得一个实例的边缘概率密度。

这种总体似然是衡量聚类"良好性"的一种度量，并且在 EM 算法的每次迭代中不断增加。上述等式与表达式中的 $N(x_i; \mu_A, \sigma_A)$ 和 $N(x_i; \mu_B, \sigma_B)$ 是概率密度而不是概率，因此它们不一定在0和1之间，然而它的大小仍然反映了聚类质量的好坏。在算法具体实现中，一般取它的对数：只需计算每个组成部分的对数总和，避免了相乘的计算。总体结论还是保持不变，逐次迭代直到对数似然的增加可忽略不计。例如，在一个具体的实现中，可以逐次迭代，直至出现连续10次迭代前后两个对数似然的差值小于 10^{-10}。一般来说，前面几轮迭代的对数似然会急剧上升，然后快速收敛于某个几乎是固定的点。

虽然 EM 算法能保证收敛于某个极大值，但可能是局部极大值而不是全局最大值。为了能有机会得到全局最大值，整个过程必须使用不同的初始估计参数值重复进行多次。可以通过比较总体对数似然值来获得最终的参数配置：选择其中最大的局部极大值。

9.3.2 扩展混合模型

我们已经看到了包含两个高斯分布的混合模型，现在来考虑怎样将其扩展到更现实的情况中。基本方法是相同的，但由于数学表达式变得复杂，这里就不全面展开了。

只要正态分布数量 k 事先已知，将适用于二类问题的算法转换为适合解决多类问题是非常简单的。

只要假设属性之间是独立的，适合于单个数值属性实例的模型可以扩展为适合于多个数值属性实例的模型。就像朴素贝叶斯方法那样，将每个属性的概率相乘得到这个实例的联合概率（密度）。

当已知数据集含有相关属性时，独立假设就不再成立。相反，两个属性可用二维正态分布建立联合模型，每个分布有各自的均值，但采用含 4 个数值参数的"协方差矩阵"来代替两个标准差。在附录 A.2 中，有多元高斯分布的数学式子，它们对应于朴素贝叶斯中的对角协方差模型的特殊情况。对于多个相关属性，可以使用多维分布来处理。参数的数量随着联合属性数量的平方的增加而增加。对于 n 个独立属性，有 $2n$ 个参数，各含一个均值和一个标准差。对于 n 个协变属性，有 $n + n(n+1)/2$ 个参数，各含一个均值和一个 $n \times n$ 协方差矩阵，这个矩阵是对称的，因此只有 $n(n+1)/2$ 个不同的数值。像这样数量级的参数数量增长将造成严重的过度拟合，我们将稍后讨论。

为了适应名目属性，必须放弃正态分布。对一个含有 v 个可能值的名目属性，用 v 个数字来代表每种值的概率。每个类需要不同的数字组合，总共有 kv 个参数。这个情形与朴素贝叶斯方法很相似。对应的期望和最大化这两个步骤与先前所述的操作是一样的。期望——给定分布参数，对每个实例所在的聚类进行估计——如同对未知实例进行类预测。最大化——用已分类的实例对参数进行估计——如同从训练实例中确定属性值的概率，一个小的区别在于 EM 算法中给实例赋予的是类概率而不是类别。在 4.2 节中我们已遇到估计概率可能为 0 的问题，这里也同样会碰到。幸运的是，解决方法很简单——使用拉普拉斯估计器。

朴素贝叶斯假设属性是独立的，这是它称为"朴素"的原因所在。一对分别有 v_1 个和 v_2 个可能属性值的相关名目属性，可以用有 v_1v_2 个可能属性值的单个协变属性来代替。同样，参数的数量随着相关属性数量的增加而增多，这将涉及概率估计及过度拟合问题。

对既有数值属性又有名目属性的数据进行聚类没有什么特别的问题。协变量的数值和名目属性处理起来更加困难，这里不做讨论。

可以使用多种不同的方法来解决缺失值问题。原则上，缺失值可以当作未知量，在 EM 过程中与聚类的均值和方差一样进行估计。一种简单的方式是在预处理过程中用均值或最常出现的值代替缺失值。

有了这些改进，概率聚类变得相当完备。EM 算法贯穿于整个工作过程中。用户必须指定要搜索的聚类数目、每个属性的类型（数值属性或名目属性）、哪些属性要应用协变模式以及如何处理缺失值。另外，除了上述分布类型外，还可应用其他不同的分布。虽然对于数值属性来说正态分布通常是一个好的选择，但它不适合于某些有预设的最小值（如权值为 0）却没有上限的属性（如权值），这时比较适合使用"对数正态"（log-normal）分布。同时具有上限和下限的数值属性可以用"对数优势"（log-odds）分布。属性值为整数而非实数时最好使用泊松分布。一个完善的系统应该允许对每个属性单独设定概率分布。在每种情形下，分布都要涉及数字参数：对于离散属性来说，是所有可能属性值的概率；对于连续属性来说，是均值和标准差。

在本节中，我们一直在讨论聚类。也许你会想到，这些改进措施也应该能很好地运用于朴素贝叶斯算法——你是对的。一个完善的概率模型既适用于聚类也适用于分类学习，适用于各种不同分布的名目属性和数值属性，适合于各种不同的协变可能，也适合于不同的缺失值处理方法。作为领域知识的一部分，用户要指定各个属性所使用的分布。

9.3.3 使用先验分布聚类

然而，还有一个障碍：过度拟合。你也许会说如果不确定哪些属性是相互依赖的，为什么不安全一点将所有属性都设定为协变的？答案是：参数越多，最终模型结构就越可能对训练数据产生过度拟合，协变设定会使参数数量急剧上升。机器学习中总是会产生过度拟合问题，概率聚类也不例外。有两种情况会产生过度拟合：所设聚类的数目太多；所设分布参数太多。

一种聚类数目过多的极端现象是每个数据点即为一个聚类，显然这将产生对训练数据的过度拟合。实际上，在混合模型中，当正态分布变得很狭窄以至于集中在一个数据点时，就会产生过度拟合问题。因此在实现中，通常要规定聚类至少包含两个不同的数据值。

当参数数量太多时，也会发生过度拟合问题。如果不确定哪些属性是协变的，你可能会对各种不同协变的可能进行实验，然后挑选其中能使数据处于所找到聚类的总体概率达到最大值的那个。不幸的是，参数数量越多，这个数据总体概率也越高。这个高概率并非是好的聚类造成的，而是过度拟合造成的。参与的参数越多，越容易找到看起来似乎很好的聚类。

在引入新参数的同时引入惩罚项是个不错的主意。一种基本的方法就是采用贝叶斯方法，让每个参数都有一个先验概率分布。然后当引入一个新参数时，它的先验概率要参与总体似然的计算。从某种意义上看，4.2 节中提到的以及上述对于名目属性值遇到零概率问题时建议使用的拉普拉斯估计器就是这样一种策略。当观察到的概率很小时，拉普拉斯估计器强制增加惩罚项，使这个为 0 或接近 0 的概率提高，从而降低数据的总体似然。实际上，拉普拉斯估计器与引入新参数时使用某个特定的先验概率是等效的。将两个名目属性协变会加剧稀疏数据问题。原先有 $v_1 + v_2$ 个参数（这里 v_1 和 v_2 是可能的属性值个数），现在增加为 $v_1 v_2$ 个参数，同时也大大增加了产生大量小估计概率的机会。

对于聚类数目过多的问题也可采用相同的技术来抑制，只要预设一个先验分布，当聚类数目增加时，它将急剧下降。

AutoClass 是一种完善的贝叶斯聚类方法，它使用有限混合模型，每个参数都带有先验分布。它适用于数值属性和名目属性，并且使用 EM 算法对概率分布参数做出最符合数据的估计。由于不能保证 EM 算法一定收敛于全局最优点，所以使用不同的初始值重复进行多次。不仅如此，AutoClass 还考虑不同的聚类数目、不同的协方差，以及对于数值属性的不同概率分布类型。这又涉及一个额外的外层搜寻。例如，它初始时分别对 2、3、5、7、10、15 和 25 个聚类进行对数似然评估，然后为结果数据找到合适的对数正态分布，并从中随机选择，用更多的值进行测试。正如你所想象的，整个算法非常耗时。在实际实现过程中，有一个预设的时间限度，只要在时间允许范围内，就继续迭代过程。这个时间限度设得越长，效果越好。

选择适当模型的一种更简单的方法（例如选择聚类数量）是去计算未被用于拟合模型的单独验证集的似然。这可以通过多次训练验证分割来重复，就像分类模型的情况一样，例如使用 k 折交叉验证。在实践中，与启发式聚类方法相比，以这种方式选择模型是概率聚类方法的一大优点。

与其展示给用户最有可能的聚类,不如将所有聚类根据概率加权并把它们全部展示给用户。最近,有人提出了对于**层次聚类**的完全贝叶斯技术,该技术将表示数据集的所有可能的层次结构的概率分布作为输出。图 9-6 是一种叫作 DensiTree 的可视化的例子,它用三角形展示了某一数据集的所有树的集合。该树最好用其"进化枝"表示,这是一个来自希腊语 klados 的生物学术语,意思是包含所有祖先在内的同一种群的一组分支。此处有 5 个可以清晰区分的进化枝。第 1 个和第 4 个进化枝都对应于单个的叶子结点,第 5 个进化枝有两个非常明显的叶子,这两个叶子也可以分别看作进化枝。第 2 个和第 3 个进化枝各有 5 个叶子,它们的结构具有很大的不确定性。这种可视化方式使人们很容易把握数据中可能存在的层次聚类,至少从整体上来说是可以的。

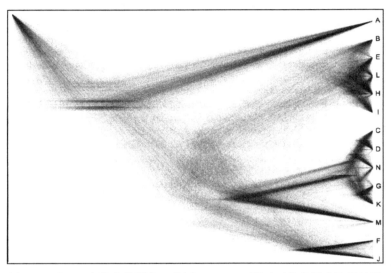

图 9-6 对于一个给定数据集,使用 DensiTree 展示可能的层次聚类结果

9.3.4 相关属性聚类

许多聚类方法都是建立在独立属性这个假设前提下的。AutoClass 是一个例外,它允许用户事先指定两个或两个以上的属性间存在相互依赖关系,并用联合概率分布建模(然而,这里有个限定:名目属性之间也许会发生关联变化,数值属性之间同样也会,但这两种属性之间没有关联变化。另外,对于缺失值,关联变化属性也不适合)。使用某种统计学技术,譬如 8.3 节中讨论的独立分量转换法,对数据集进行预处理从而使属性更加独立,或许能有些益处。注意,这些技术并不能消除存在于某些特定类内的联合变化,它只能消除存在于所有类之间的总体联合变化。

如果所有属性都是连续的,更先进的聚类方法可以帮助捕获基于每个聚类的联合变化,而不需要多个维度的庞大的参数数量。如上所述,如果高斯混合模型中的每个协方差矩阵为"满的",则我们需要估计每个混合分量的 $n(n+1)/2$ 个参数。然而,正如我们将在 9.6 节中看到的那样,主成分分析可以被表示为概率模型,产生概率主成分分析(Probabilistic Principal Component Analysis,PPCA),并且称为混合主成分分析器或混合因子分析器的方法提供了使用更小数量的参数来表示大的协方差矩阵的方法。事实上,在全协方差矩阵中估计 $n(n+1)/2$ 个参数的问题可以转化为在分解协方差矩阵中估计 $n \times d$ 个参数的问题,其中

d 可以选择为很小。这个想法是将协方差矩阵 M 分解成 $M=(WW^T+D)$ 的形式，其中 W 通常是大小为 $n\times d$ 的细长型矩阵，具有与输入的维数 n 一样多的行，以及与减少的空间的维度一样多的列数 d。标准 PCA 将 D 设置为 $D=0$；PPCA 中 D 的形式为 $D=\sigma^2 I$，其中 σ^2 是标量参数，I 是单位矩阵；因子分析中的 D 是一个对角矩阵。混合模型版本对每个混合成分都给出这种类型的分解。

9.3.5 核密度估计

混合模型可以提供概率分布的简洁表示，但不一定非常适合数据。在第 4 章中，我们提到当概率分布的形式未知时，可以使用称为核密度估计的方法更准确地近似潜在分布。这种估计数据 $x_1, x_2, \cdots, x_n$ 的潜在真实概率分布 $p(x)$ 所使用的核密度估计器可以写成下面的一般形式：

$$\hat{p}(x)=\frac{1}{n}\sum_{i=1}^{n}K_\sigma(x,x_i)=\frac{1}{n\sigma}\sum_{i=1}^{n}K\left[\frac{x-x_i}{\sigma}\right]$$

其中 $K()$ 是一个非负的核函数，它收敛于 1。在这里，我们使用符号 $\hat{p}(x)$ 来强调这是对真的（未知）分布 $p(x)$ 的估计。参数 $\sigma(\sigma>0)$ 是核的频带，并且作为近似平滑参数的一种形式。当使用 σ 作为下标定义核函数时，它被称为"缩放"核函数，由 $K_\sigma(x)=1/\sigma K(x/\sigma)$ 得到。使用核估算密度也称为 Parzen 窗口密度估计。

常用的核函数包括高斯核函数、盒核函数、三角核函数和 Epanechnikov 核函数。高斯核函数因其简单且有吸引力的数学形式而深受欢迎。盒核函数实现了一个窗口函数，而三角核函数实现了更平滑但概念仍然简单的窗口。Epanechnikov 核函数在均方误差度量下表现最佳。频带参数影响估计器的平滑度和估计的质量。有多种方法可以提供适当的频带，这些方法是从已知分布的理论结果推动的启发式到基于验证集和交叉验证技术的经验选择。许多软件包提供了几种选择，分别是简单的启发式默认值、通过交叉验证方法的频带选择以及从插件的使用中进一步分析导出的估计量。

核密度估计与 k-最近邻密度估计密切相关，并且可以表明，随着数据量向无穷大增长，两种技术都会收敛于真实分布 $p(x)$。这个结果结合它们易于实现的事实，使得核密度估计在许多情况下具有吸引力。

考虑只给出正面或负面例子（或者只给出其他类的一小部分例子），例如，在数据中发现异常值的实际问题。一种有效的方法是使用核密度估计器来尽可能最好地对丰富的类数据的概率分布进行建模，并考虑用模型为新数据计算概率，将低概率的新数据作为异常值。

9.3.6 比较用于分类的参数、半参数和无参数的密度模型

人们可能认为混合模型是通过估计概率密度来建模分布的两种极端方式的折中。一种极端是单一的简单参数形式，如高斯分布。它很容易估计相关参数。然而，数据通常来自于更加复杂的分布。混合模型使用两个或多个高斯函数来近似分布。在极限情况下，另一种极端是每个数据点使用一个高斯函数。这是具有高斯核函数的核密度估计。

图 9-7 显示了这个模型频谱的可视化例子。已经使用 3 种不同的技术创建三分类问题中每类的密度估计。图 9-7a 对每个类使用单个高斯分布，这种方法通常称为"参数"技术。图 9-7b 使用每个类有两个组件的高斯混合模型，这是一种"半参数"技术，可以使用各种方法确定高斯函数的数量。图 9-7c 在每个示例中使用具有高斯核函数的核密度估计，即"非参数"方法。这里的模型复杂度与数据量成比例。

这 3 种方法都定义了每个类的密度模型，因此贝叶斯规则可用于计算任何给定输入的所有类的后验概率。以这种方式，密度估计器可以很容易地转换成分类器。对于简单的参数模型来说，这是快速且简单的。随着数据量的增加，核密度估计器可以保证收敛到真实的潜在分布，这意味着由它们构建的分类器具有吸引性。它们同样有最近邻分类的计算缺陷，但与最近邻分类一样，存在可以使其适用于大数据集的快速数据结构。

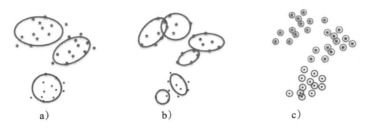

图 9-7　基于高斯函数的 3 种模型的概率轮廓

混合模型和中间选择都可以控制模型复杂性，而不会随着数据量的增加而增长。由于这个原因，这种方法已经成为在大数据集中处理的诸如语音识别等领域的初始建模的标准实践。它允许先将数据聚类成组来创建语音识别器，但是在这种情况下，可以使用稍后介绍的更复杂的时间关系模型——隐马尔可夫模型（我们将在 9.8 节中考虑时序概率模型，如隐马尔可夫模型）。

9.4　隐藏变量模型

我们现在继续介绍高级学习算法，这些算法除了数据中显示的无法观察到的所谓隐藏（或潜在）变量之外，还可以推断新属性。如 9.3 节所述，通过将模型中的这些变量相加（或积分）可以获得边缘似然的数量。重要的是，不要将随机变量与观测值或者随机变量的硬分配相混淆。我们用 $p(x_i = \tilde{x}_i) = p(\tilde{x}_i)$ 来表示与实例 i 相关联的随机变量 x_i 的概率，其中 x_i 的取值由观测值 $\tilde{x}_i$ 表示。我们用 h_i 来表示隐藏的离散随机变量，用 z_i 表示隐藏的连续随机变量。然后，给定一个由 $\tilde{x}_i$ 给出的观测值的模型，边缘似然为：

$$L(\theta;\tilde{x}_1,\tilde{x}_2,\cdots,\tilde{x}_n) = \prod_{i=1}^{n} p(\tilde{x}_i;\theta) = \prod_{i=1}^{n} \int_{z_i} \sum_{h_i} p(\tilde{x}_i,z_i,h_i;\theta) \, dz_i$$

其中求和是对 h_i 所有可能的离散值进行的，积分是在 z_i 的整个域上获取的。所有这些积分以及求和的最终结果是单个数字（标量），得到了参数的任意值的边缘似然。

基于隐藏变量模型学习的最大似然概率有时可以使用边缘似然来完成，就像没有隐藏变量一样，但是额外的变量通常会影响用于定义模型的参数化。事实上，这些附加变量通常非常重要：它们用于精确地表示我们希望从数据中挖掘到的东西，无论是聚类、文本挖掘问题中的主题，还是数据变化的因素。通过将参数视为随机变量并使用易于操作的函数，边缘似然也可用于定义涉及参数积分的复杂贝叶斯模型。这样可以创建不容易过度拟合的模型。

9.4.1　对数似然和梯度的期望

并不能总是获得易于优化的边缘似然的形式。还有一种选择是使用另一个量，即对数似然的期望。将所有观察数据的集合写作 $\tilde{X}$，将所有离散隐藏变量的集合写作 H，将所有连续隐藏变量的集合写为 Z，则对数似然的期望可表示为：

$$E\left[\log L(\theta;\tilde{X},Z,H)\right]_{P(H,Z|\tilde{X};\theta)} = \sum_{i=1}^{n}\left[\int_{z_i}\sum_{h_i} p(z_i,h_i|\tilde{x}_i;\theta)\log p(\tilde{x}_i,z_i,h_i;\theta)\mathrm{d}z_i\right]$$

$$= E\left[\sum_{i=1}^{n}\log p(\tilde{x}_i,z_i,h_i;\theta)\right]_{p(z_i,h_i|\tilde{x}_i;\theta)}$$

其中，$E[.]_{p(z_i,h_i|\tilde{x}_i;\theta)}$ 意味着在隐藏变量的后验分布下执行期望：$p(z_i,h_i|\tilde{x}_i;\theta)$。

事实证明，对数边缘似然与对数似然的期望之间存在着密切的关系：对于模型参数，对数似然期望的导数等于对数边缘似然的导数。以下基于微积分应用链式法则并考虑简单的单训练实例的推导，证明了为什么这是真的：

$$\frac{\partial}{\partial\theta}\log p(\tilde{x}_i;\theta) = \frac{1}{p(\tilde{x}_i;\theta)}\frac{\partial}{\partial\theta}\int_{z_i}\sum_{h_i} p(\tilde{x}_i,z_i,h_i;\theta)\,\mathrm{d}z_i$$

$$= \int_{z_i}\sum_{h_i}\frac{p(\tilde{x}_i,z_i,h_i;\theta)}{p(\tilde{x}_i;\theta)}\frac{\partial}{\partial\theta}\log p(\tilde{x}_i,z_i,h_i;\theta)\mathrm{d}z_i$$

$$= \int_{z_i}\sum_{h_i} p(z_i,h_i|\tilde{x}_i;\theta)\frac{\partial}{\partial\theta}\log p(\tilde{x}_i,z_i,h_i;\theta)\mathrm{d}z_i$$

$$= E\left[\frac{\partial}{\partial\theta}\log p(\tilde{x}_i,z_i,h_i;\theta)\right]_{p(z_i,h_i|\tilde{x}_i;\theta)}$$

最终的表达式是对数联合似然的导数的期望。这关系到对数边缘似然的导数和对数联合似然期望的导数。然而，也可以在对数边缘和对数联合概率期望之间建立直接关系。附录A.2 中的可变分析表明：

$$\log P(\tilde{x}_i;\theta) = E\left[\log p(\tilde{x}_i,z_i,h_i;\theta)\right]_{p(z_i,h_i|\tilde{x}_i;\theta)} + H\left[p(z_i,h_i|\tilde{x}_i;\theta)\right]$$

其中 $H[.]$ 是熵。

作为这种分析的结果，假设可以计算隐藏变量的后验分布，为了在具有隐藏变量的概率模型中进行学习，可以使用梯度上升来优化边缘似然，而不是计算并遵循对数似然期望的梯度。这提供了一种基于以下期望梯度的一般方法来学习隐藏变量模型，可以分为三个步骤：计算隐藏变量后验概率的 P 步骤；计算给定后验概率梯度的期望的 E 步骤；使用基于梯度的优化来最大化参数的目标函数的 G 步骤。

9.4.2 期望最大化算法

使用对数联合概率的期望作为在具有隐藏变量的概率模型中学习的关键量，这在著名的"期望最大化"或者我们在 9.3.1 节遇到的 EM 算法的上下文中广为人知。接下来我们讨论一般的 EM 公式。9.6 节给出了使用主成分分析的概率公式来对比梯度期望方法和 EM 算法的具体实例。

EM 算法遵循梯度期望方法。然而，EM 通常用于能够以闭合形式计算 M 步骤的模型，换句话说，把参数的对数似然期望的导数设置为 0，就可找到准确的参数更新。这些更新通常采用与用于计算分布参数的简单最大似然估计相同的形式，并且基本上仅仅是用于观察数据的等式的修改形式，这些数据涉及取代了观察计数的后验分布的加权平均。

EM 算法由两个步骤组成：E 步骤，旨在计算对数似然的期望；M 步骤，旨在实现最大化——通常使用近似参数更新。

在下文中，假设我们只有离散的隐藏变量 H。可以通过潜在变量模型 $P(X,H;\theta)$ 中产生的参数 θ 的最大化对数似然概率 $\log P(\tilde{X},\theta)$ 来最大化观测数据 $\tilde{X}$ 的概率。将参数初始化为 θ^{old}，并重复以下步骤，以对数似然的变化或参数的变化程度来衡量是否收敛：

1) E 步骤：计算涉及 $P(H|X;\theta^{\text{old}})$ 所需的期望。

2) M 步骤：找到 $\theta^{\text{new}} = \arg\max_\theta \left[\sum_H P(H|X;\theta^{\text{old}}) \log P(X,H;\theta)\right]$。

3) 如果算法没有收敛，则设置 $\theta^{\text{old}} = \theta^{\text{new}}$，并返回到步骤 1。

注意，M 步对应于最大化期望对数似然。尽管上面使用了离散隐藏变量，但该方法可以推广到连续隐藏变量。

对于许多潜在变量模型——高斯混合模型、PPCA 和隐马尔可夫模型——可以精确计算所需的后验分布，这说明了它们的流行度。然而，对于许多其他概率模型，根本无法计算精确的后验分布。这很容易发生在多个隐藏的随机变量中，因为 E 阶段所需的后验概率是隐藏变量的联合后验概率。关于如何在更复杂的模型中计算隐藏变量真实后验分布的近似值有大量的文献。

9.4.3 将期望最大化算法应用于贝叶斯网络

贝叶斯网络使用直观的图形结构来捕获属性之间的统计依赖关系，因此 EM 算法可以轻松应用于这样的网络。考虑具有多个离散随机变量的贝叶斯网络，其中一些变量可以被观测到，另一些则不能。通过在给定观测数据（期望对数似然）的隐藏变量的后验分布上最大化期望对数联合概率，可以最大化隐藏变量已被整合出来的边缘概率。

对于仅由离散变量组成的网络，这意味着 E 步骤包括计算一个分布，这个分布包含给定观测变量 $\{\tilde{X}\}$ 或 $P(\{H\}|\{\tilde{X}\})$；θ^{current} 的隐藏变量 $\{H\}$。如果网络是一棵树，则可以使用 sum-product 算法有效地计算，这在 9.6 节中有说明。如果不是，可以使用连接树算法有效地计算。然而，如果模型很大，那么精确的推理算法是不太可能的，在这种情况下，可以使用变化近似或抽样过程来近似分布。

M 步骤要找的是：

$$\theta^{\text{new}} = \arg\max_\theta \left[\sum_{\{H\}} P\left(\{H\}\big|\{\tilde{X}\};\theta^{\text{old}}\right) \log P\left(\{\tilde{X}\},\{H\};\theta\right)\right]$$

回顾一下，由贝叶斯网络给出的对数联合概率可以分解为变量子集的函数的和。还要注意的是，上述表达式涉及一个使用联合条件分布或隐藏变量后验概率的期望值。使用 EM 算法，对任意给定参数取导数，只留下涉及参与相关参数的梯度函数的变量分布上边缘期望的项。这意味着在以下式子中需要确定 $P(A;\theta_A)$ 的参数 θ_A，例如，为了找到网络中不可观测的变量 A 的非条件概率

$$\frac{\partial}{\partial \theta_A}\left[\sum_A P\left(A\big|\{\tilde{X}\};\theta^{\text{old}}\right) \log P(A;\theta_A)\right] = 0$$

随着进一步的约束，离散分布中的概率总和为 1。这可以使用拉格朗日乘数来实现（附录 A.2 给出了使用该技术来估计离散分布的一个示例）。将约束目标的导数设置为 0，得到这种近似形式的结果：

$$\theta^{\text{new}}_{A=a} = P(A=a) = \frac{1}{N}\sum_{i=1}^{N} P\left(A_i = a\big|\{\tilde{X}\}_i;\theta^{\text{old}}\right)$$

换句话说，如果已经观测到变量 A_i，但是用其概率代替了每个观测值，非条件概率分布的估计方式与计算方法相同。将此过程应用于整个数据集，等于在当前模型设置下用期望计数替换观测到的计数。如果许多示例具有相同的配置，则只需要计算一次分布，并乘以该配置的次数。

网络条件概率表中的估计条目也具有直观的形式。为了估计在贝叶斯网络中给定非观测随机变量 A 的情况下非观测随机变量 B 的条件概率，只需计算它们的每个实例的联合（后验）概率和边缘（后验）概率。就像观测数据一样，修改后的方程是：

$$P(B=b|A=a) = \frac{\sum_{i=1}^{N} P\left(A_i=a, B_i=b \big| \{\tilde{X}\}_i ; \theta^{\mathrm{old}}\right)}{\sum_{i=1}^{N} P\left(A_i=a \big| \{\tilde{X}\}_i ; \theta^{\mathrm{old}}\right)}$$

这只是期望的计数的比例。如果充分观察一些变量，则可以用观测值替换推断概率来调整表达式，从而有效地将观测值概率分配为 1。此外，如果变量 B 具有多个父结点，则 A 可以由父结点的集合代替。

9.5 贝叶斯估计与预测

如果有理由相信某个参数是从特定分布中抽出的，那么我们可以采用更多的贝叶斯观点。一种常见的策略是使用超参数 α 来表示该分布。定义数据和参数的联合分布为：

$$p(x_1, x_2, \cdots, x_n, \theta; \alpha) = \prod_{i=1}^{n} p(x_i | \theta) p(\theta; \alpha)$$

贝叶斯式预测使用一个叫作后验预测分布的量，这个量由给定观测值来推断参数的后验概率边缘化的新观测值的概率模型组成。再次使用一个符号来明确区分变量 x_i 和它们的观测值，后验预测分布是

$$p(x_{\mathrm{new}} | \tilde{x}_1, \tilde{x}_2, \cdots, \tilde{x}_n; \alpha) = \int_{\theta} p(x_{\mathrm{new}} | \theta) p(\theta | \tilde{x}_1, \tilde{x}_2, \cdots, \tilde{x}_n; \alpha) \mathrm{d}\theta$$

给定使用参数分布的贝叶斯模型，可以使用所谓的"经验贝叶斯"方法来找到一个超参数 α 的合适值。对于模型的超参数，通过最大化对数边缘似然来获得：

$$\alpha_{\mathrm{MML}} = \arg\max_{\alpha} \left[\log \int \prod_{i=1}^{n} p(x_i|\theta) p(\theta; \alpha) \mathrm{d}\theta \right]$$

本节的其余部分演示了创建复杂结构化概率模型的几种技术。

概率推理方法

使用复杂的概率模型甚至一些看起来很简单的模型，来计算如后验分布、边缘分布和最大概率设置等量，通常需要用专门的方法来有效地得出结果或者近似的结果。这是概率推理的领域。下面我们来看一些广泛使用的概率推理方法，包括概率传播、抽样和模拟退火以及变分推理。

1. 概率传播

如在 9.6 节将要讨论的贝叶斯网络和马尔可夫随机场这样的结构化概率模型，将联合概率分布分解为由变量子集函数的乘积构成的因子结构。然后，边缘概率的任务是通过使用蛮力计算的计算需求找到最大概率配置。在某些情况下，即使是朴素方法，在实践中也是完全不可行的。然而，有时可以利用模型结构来更有效地执行推理。当贝叶斯网络和相关图模型

具有潜在的树连接结构时，基于9.6节中介绍的sum-product算法和最大乘积算法的置信度传播（也称为概率传播）可用于计算精确边缘概率以及最可能的模型设置。

2. 抽样、模拟退火和迭代条件模式

使用参数分布的完全贝叶斯方法，或是具有循环结构的图模型，以及抽样方法在统计学和机器学习中都很受欢迎。马尔可夫链蒙特卡罗方法被广泛用于从难以计算的概率分布中生成随机样本。如上所述，在学习中由于预期的要求经常需要后验分布，但在许多情况下，这些都很难以计算。吉布斯抽样（Gibbs sampling）是一种更普遍的Metropolis-Hastings算法的常见特殊情况，即使真实分布是复杂的连续函数，也可以从联合分布中生成样本。这些样本可以用于近似兴趣期望，也可以通过简单地忽略与其他变量相关的部分来近似变量子集的边缘分布。

吉布斯抽样在概念上非常简单。将一组初始状态分配给兴趣随机变量，有 n 个随机变量，的初始赋值或一组样本可以写成 $x_1 = x_1^{(0)}, \cdots, x_n = x_n^{(0)}$。然后，给定其他变量时通过从其条件分布中抽样来迭代地更新每个变量：

$$x_1^{(i+1)} \sim p\left(x_1 \mid x_2 = x_2^{(i)}, \cdots, x_n = x_n^{(i)}\right)$$
$$\vdots$$
$$x_n^{(i+1)} \sim p\left(x_n \mid x_1 = x_1^{(i)}, \cdots, x_{n-1} = x_{n-1}^{(i)}\right)$$

在实践中，这些条件分布通常很容易计算。此外，9.2节中引入的"马尔可夫毯"的概念通常可以用于减少必要变量的数量，因为结构化模型中的条件取决于更小的变量子集。

为了确保样本无偏，有必要在称为"老化"的过程中循环使用数据丢弃样本。这个想法允许由抽样过程定义的马尔可夫链近似其静态分布，并且可以表明，在极限情况下，确实会从该分布中获得样本，并且该分布对应于我们希望抽样的潜在联合概率。关于需要多少老化，有相当多的理论，实际上通常丢弃前100~1 000个周期产生的样本。有时，不只需要一个抽样配置，而是在约100个循环周期之后获得的抽样器的 k 个附加配置上取均值。在9.6节中，我们可以看到在潜在狄利克雷（Dirichlet）分布下，这个程序在实践中是如何使用的。

模拟退火是一个寻求近似最可能的配置或解释的过程。它调整了上述吉布斯抽样过程，以便包含迭代依赖的temperature项 t_i。从初始赋值 $x_1 = x_1^{(0)}, \cdots, x_n = x_n^{(0)}$ 开始，后续样本采用以下形式：

$$x_1^{(i+1)} \sim p\left(x_1 \mid x_2 = x_2^{(i)}, \cdots, x_n = x_n^{(i)}\right)^{\frac{1}{t_i}}$$
$$\vdots$$
$$x_n^{(i+1)} \sim p\left(x_n \mid x_1 = x_1^{(i)}, \cdots, x_{n-1} = x_{n-1}^{(i)}\right)^{\frac{1}{t_i}}$$

其中，在每次迭代中，当 $t_i + 1 < t_i$ 时，temperature值降低。如果进程表足够慢，这个过程将会收敛到真正的全局最小值。有一点要注意：temperature的下降可能非常慢。而这通常是很有可能的，特别是对于抽样器的有效实现。

另一个众所周知的算法是迭代条件模式过程，它由以下形式的迭代组成：

$$x_1^{(i+1)} \sim \arg\max_{x_1} p\left(x_1 \mid x_2 = x_2^{(i)}, \cdots, x_n = x_n^{(i)}\right)$$
$$\vdots$$
$$x_n^{(i+1)} \sim \arg\max_{x_n} p\left(x_n \mid x_1 = x_1^{(i)}, \cdots, x_{n-1} = x_{n-1}^{(i)}\right)$$

这种迭代可能收敛得非常快，但容易出现局部最小值。在构建更有趣的图模型并以类似贪心的方式快速优化时，它可能是有用的。

3. 变分推理

不是从难以操纵的分布中进行抽样，而是可以通过更简单、更易于处理的函数近似分布。假设我们有一个隐藏变量集合 H 和观测变量集合 X 的概率模型，$p = p(H|\tilde{X}; \theta)$ 是模型的精确后验分布，$q = q(H|\tilde{X}; \Phi)$ 是其近似值，其中 Φ 是所谓"可变参数"的集合。概率模型的变分方法通常涉及 q 的一个简单形式的定义，使得它容易以 q 更接近于 p 的方式来优化 Φ。可变 EM 理论通过最大化对数边缘似然的下限来优化潜在变量模型。这个所谓的"变分约束"在附录 A.2 中有所描述，从中可以看到如何通过变分分析来看待 EM 算法。这允许使用精确或近似后验分布来创建 EM 算法。统计学家通常倾向于采用变分方法，同时变分方法在机器学习中也很受欢迎，因为它们可以更快地达到效果，也可以与抽样方法相结合。

9.6 图模型和因子图

贝叶斯网络给出了概率模型的直观图，直接对应于将表示属性的随机变量的联合概率分解为条件和非条件概率分布的乘积。混合模型（如 9.3 节的高斯混合模型）是近似联合分布的替代方法。本节讲述了如何用贝叶斯网络图解这些模型，并引入了贝叶斯网络的泛化方法，即所谓的"盘子表示法"，可以将参数作为随机数的结果进行可视化。进一步的泛化方法"因子图"可用于表示和可视化概率图模型更广泛的类。像前面一样，将属性视为随机变量，把实例作为观察值。我们还用图中的随机变量来代表聚类的标签。

9.6.1 图模型和盘子表示法

考虑一个简单的二聚类高斯混合模型。它可以使用贝叶斯网络的形式来进行说明，这个贝叶斯网络具有针对簇成员的二进制随机变量 C 和针对实值属性的连续随机变量 x。在混合模型中，联合分布 $P(C, x)$ 是先验概率 $P(C)$ 和条件概率分布 $P(x|C)$ 的乘积。图 9-8a 中的贝叶斯网络展示了此结构。其中对 C 的每个状态，连续变量 x 的条件分布使用不同的高斯函数。

可以使用多个贝叶斯网络来可视化在执行参数估计时产生的潜在联合似然。N 个观测值 $x_1 = x_1$、$x_2 = x_2$ 到 $x_N = x_N$ 的概率模型可以被概念化为 N 个贝叶斯网络，每个网络中的每个变量 x_i 被观测或实例化为值 x_i。图 9-8b 用阴影结点表示观测到的随机变量来说明这一点。

"盘子"只是贝叶斯网络周围的一个框，表示一定数量的副本。图 9-8c 中的框表示 $i = 1, \cdots, N$ 的网络，每个网络都有 x_i 的观测值。盘子表示法用简单的图片表示整个数据的联合概率模型。

贝叶斯网络以及包含贝叶斯网络框的更复杂的模型称为生成模型，因为模型的概率定义可用于随机生成由模型所表示的概率分布所控制的数据。贝叶斯分层建模涉及定义一个模型参数的层次结构，并使用从应用贝叶斯方法得出的概率规则来推断给定观测

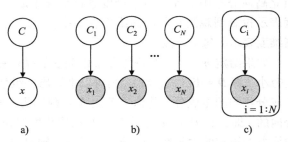

图 9-8 a）混合模型的贝叶斯网络；b）贝叶斯网络的多个副本（每个观测值一个）；c）b 的盘子表示法版本

数据的参数值——可以使用图模型来绘制，其中随机变量和参数都被视为随机数。下面的隐含狄利克雷分布（latent Dirichlet allocation）给出了这种技术的一个例子。

9.6.2 概率主成分分析

主成分分析可以看作在特殊类型的线性高斯隐藏变量模型中执行参数估计的结果。这将第 8 章中提出的标准技术的传统观点与本节中讨论的概率公式相联系，并产生了基于第 10 章中引入的基于玻尔兹曼机和自动编码器的更先进的方法。概率表达式也有助于处理缺失值。其基本思想是将数据表示为由高斯模型线性变换产生的高斯分布的连续隐藏潜在变量。因此，给定数据集的主成分对应于数据的相应多元高斯分布模型的潜在分解协方差模型。当潜在隐藏变量模型的隐藏变量被整合出来时，这个因式分解模型变得明显。

更具体地，使用一组隐藏变量来表示在维度降低的空间中的输入数据。每个维度对应于一个从 0 均值和单位方差的高斯分布中得到的独立随机变量。令 x 为观测数据的 d 维向量的一个随机变量，h 为隐藏随机变量的一个 k 维向量。k 通常小于 d（但不是必须）。那么潜在联合概率模型具有这种线性高斯形式：

$$p(x, h) = p(x|h)p(h)$$
$$= N(x; Wh + \mu, D)N(h; 0, I)$$

其中零向量 0 和单位矩阵 I 表示用于 $p(h)$ 的高斯分布的平均协方差矩阵，并且 $p(x|h)$ 是具有均值为 $Wh+\mu$ 和对角协方差矩阵为 D 的高斯函数（均值的表达式是"线性高斯"中的术语"线性"的来源）。均值 μ 作为参数被包括在内，但是如果我们首先把数据均值中心化，均值将为零。图 9-9a 显示了 PPCA 的贝叶斯网络，它说明了关于基于隐藏变量的主成分分析的概率解释，这将有助于理解稍后讨论的其他模型。

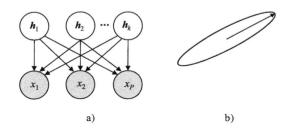

图 9-9　a) PCA 概率的贝叶斯网络；b) 高斯分布的等概率线及其协方差矩阵的主要特征向量

PCA 概率是一种生成模型的形式，图 9-9a 可视化了相关的潜在生成过程。数据通过在独立高斯分布中对 h 的每个维度进行抽样生成的，并且使用矩阵 $Wh+\mu$ 来将数据的较低维度表示投影到观测到的较高维度表示中。由对角协方差矩阵 D 指定的噪声分别被添加到较高维度表示的每个维度。

如果给定 h，与 x 的条件分布相关联的噪声在每个维度（即等向的）中是相同的，并且无穷小（即 $D = \lim_{\sigma^2 \to 0} \sigma^2 I$），则可以推导出一组估计方程，给出与通过常规主成分分析获得的成分相同的主成分。将协方差矩阵 D 限制为对角线产生模型（称为因子分析）。如果 D 是等向的（即具有 $D = \sigma^2 I$ 的形式），则在优化模型和学习 σ^2 之后，W 的列将被缩放并旋转数据的协方差矩阵的主要特征向量。可以用主轴对应于协方差矩阵的主要特征向量的椭圆绘制多元高斯分布的等概率线，如图 9-9b 所示。

由于高斯分布的良好性质，这些模型中 x 的边缘分布也是高斯分布，其参数可以使用简单的代数表达式进行分析计算。例如，$D = \sigma^2 I$ 的模型有 $p(x) = N(x; \mu, WW^T + \sigma^2 I)$，它是通过将前面定义的联合分布 $p(x, h)$ 中与 h 相关的不确定性整合得到的联合概率模型下的 x 的边缘分布。从 PPCA 模型中归一化隐藏变量 h 定义了具有特殊形式 $WW^T + D$ 的协方差矩阵 M 的高斯分布。附录 A.2 将该因式分解与协方差矩阵的特征向量分析相结合，得到主成分分析的标准矩阵分解视图。

1. PPCA 推理

作为潜在线性高斯公式的结果，推理和执行参数估计所需的各种其他数量也可以分析获得。例如，给定 $M = (WW^T + \sigma^2 I)$，可以从贝叶斯规则获得 h 的后验分布，以及附录 A.2 中给出的一些高斯恒等式。后验概率可以写为式（9-1）：

$$p(h|x) = N(h; M^{-1}W^T(x-\mu), \sigma^2 M^{-1}) \tag{9-1}$$

一旦估计出模型参数，就可以计算出一个新实例的后验概率的均值，该值可以作为降维表示。通过高斯分布的边缘化、乘法和分割产生其他作为观测值、平均向量和协方差矩阵的高斯分布函数，数学运算（尽管仍然可能令人生畏）得以大大简化。事实上，用于数据分析的许多更复杂的方法和模型依赖于当潜在模型基于线性高斯形式时可以计算出关键量的容易程度。

2. PPCA 的边缘对数似然

给定一个具有隐藏变量的概率模型，贝叶斯原理将整合出它们的不确定关系。如我们之前看到的，采用高斯分布的形式，线性高斯模型可以获得数据的边缘概率 $p(x)$。那么，学习问题就等价于最大化模型下给定数据的概率。变量 x 被观测为 $\tilde{x}$ 的概率是 $p(\tilde{x}) = p(x = \tilde{x})$。可以使用如下目标函数，使得给定所有观测数据 $\tilde{X}$ 的参数的对数（边缘）似然最大化：

$$L(\tilde{X}; \theta) = \log\left[\prod_{i=1}^{N} P(\tilde{x}_i; \theta)\right] = \sum_{i=1}^{N} \log\left[N(\tilde{x}_i; \mu, WW^T + \sigma^2 I)\right]$$

其中参数 $\theta = \{W, \mu, \sigma^2\}$ 由矩阵、向量和标量组成。我们将假设数据是均值中心化的：$\mu = 0$（但是，当创建这种方法的一般化方法时，将均值保留为模型的显式参数具有优势）。

3. PPCA 的期望对数似然

9.4 节显示，隐藏变量模型关于其参数的对数边缘似然的导数等于期望对数联合似然的导数，在此求出了模型的隐藏变量的精确后验分布的期望。PPCA 的潜在高斯公式可以计算精确的后验概率，这提供了一种基于期望对数似然来优化模型的替代方法。模型下所有数据和所有隐藏变量 H 的对数联合概率为：

$$L(\tilde{X}, H; \theta) = \log\left[\prod_{i=1}^{N} p(\tilde{x}_i, h_i; \theta)\right] = \sum_{i=1}^{N} \log\left[p(\tilde{x}_i|h_i; W) p(h_i; \sigma^2)\right]$$

注意，虽然观察到了数据 $\tilde{X}$，但隐藏变量 h_i 是未知的，因此对于给定的参数值 $\theta = \tilde{\theta}$，该表达式不会计算标量的值。它可以使用期望对数似然转换为标量值函数，然后可以进行优化。正如我们在 9.4 节中所看到的，使用每个实例的后验分布计算期望，数据的期望对数似然由下式给出：

$$E\left[L(\tilde{X}, H; \theta)\right]_{p(H|\tilde{X})} = \sum_{i=1}^{N} E\left[\log\left[p(\tilde{x}_i, h_i; \theta)\right]\right]_{p(h_i|\tilde{x}_i)}$$

4. PPCA 的期望梯度

通过以期望对数似然作为目标，梯度下降可用于学习参数矩阵 W，这是 9.4 节中讨论的期望梯度方法的一个例子。梯度是实例的总和，相当长的导数表明每个实例对这个求和贡献了式（9-2）所示的项：

$$\frac{\partial}{\partial W} E[L(\tilde{x}, h)] = E[Whh^T] - E[\tilde{x}h^T]$$
$$= WE[hh^T] - \tilde{x}E[h]^T \quad (9\text{-}2)$$

在所有情况下，期望都使用模型参数的当前设置对后验概率 $p(h|\tilde{X})$ 进行计算。这种偏导数本质上解释了两个期望之间的差异。第二项创建一个与 W 大小相同的矩阵，由观察值和隐藏变量组成。第一项用类似 Wh 的因子简单地代替观测值，这可以视为模型对输入的预测（当考察 9.7 节中的条件概率模型和 10.5 节中的限制玻尔兹曼机时，我们将重新来看这个解释）。

这表明模型在梯度上升时重建数据。如果优化收敛到一个可以完美重建数据的模型，则上面公式中的导数将为零。所检查的其他概率模型显示了关键参数梯度的类似形式，包括期望的差异，但涉及不同类型的期望。

要计算这些数量，注意到期望值 $E[h] = M^{-1}W^T(x-\mu)$ 可以从式（9-1）给出的每个实例的后验分布的均值获得。$E[hh^T]$ 项可以由 $E[hh^T] = \text{cov}[h] + E[h]E[h]^T$ 得到，其中 $\text{cov}[h]$ 是后验概率协方差矩阵，也可从式（9-1）中知道其为 $\sigma^2 M^{-1}$。

5. PPCA 的期望最大化

使用期望对数似然的梯度上升的替代方法是：使用经典 EM 算法将模型作为基于梯度期望的一个学习过程。可以将式（9-2）中的导数设置为 0，并求解 W 来更新 M 步骤。可以用近似形式表示：第一项中的 W 与期望无关，因此可以将其从期望中移出，并将参与的项重新排列成闭合的 M 步骤。在 $D = \sigma^2 I$ 以及 σ^2 值较小的 0 均值模型中，可以重写 PPCA 的期望最大化算法的 E 和 M 步骤。

E 步骤：$E(h_i) = M^{-1}W^T\tilde{x}_i, E[h_i h_i^T] = \sigma^2 M^{-1} + E[h_i]E[h_i^T]$

M 步骤：$W^{\text{New}} = \left[\sum_{i=1}^{N} \tilde{x}_i E[h_i]^T\right]\left[\sum_{i=1}^{N} E[h_i h_i^T]\right]^{-1}$

其中对每个实例的后验分布都求出期望 $p(h_i|\tilde{X}_i)$，以及上述的 $M = (WW^T + \sigma^2 I)$。

EM 算法可以通过将 σ^2 的极限趋近于 0 来进一步简化。这是 0 输入噪声情况，并意味着 $M = WW^T$。定义矩阵 $Z = E[H]$，矩阵中每列包含一个隐藏变量 h_i 的 $p(h_i|\tilde{X}_i)$ 中的期望向量，以便得到 $E[HH^T] = E[H]E[H^T]] = ZZ^T$。这使得 E 和 M 步骤的方程式变得简洁美观：

E 步骤：$Z = E[H] = (W^T W)^{-1} W^T \tilde{X}$

M 步骤：$W^{\text{New}} = \tilde{X}Z^T [ZZ^T]^{-1}$

这两个方程都是在整个数据矩阵 $\tilde{X}$ 上进行操作。

主成分分析的概率公式允许定义支持最大似然学习和概率推理的传统似然概率。这反过来得到了处理缺失数据的自然方法，也引申出了下面讨论的其他模型。

9.6.3 隐含语义分析

第 8 章引入了主成分分析，如上所述，可以将其视为线性高斯潜在变量模型的一种形式。我们现在讨论一种早期很有影响力的被称为"隐含语义分析"（LSA）的数据驱动文档分析，它使用奇异值分解将集合中的每个文档分解为主题。如果将文档和词语映射到主题空间中，则可以进行比较，进而从整个集合中的词汇中获取文档中的语义结构。以这种方式识别文档被称为"隐含语义索引"。概率 LSA（pLSA）实现了类似的目标，但是应用了基于多项式分布的统计模型。隐含的狄利克雷分布是一个相关模型，它使用分层贝叶斯方法，其中狄利克雷先验放置在底层多项式分布上。

为了促进这些技术的引入，我们来研究原始 LSA 方法与奇异值分解之间的关系。通过文档矩阵 X 来确定一个在 t 行 d 列的词语，每个元素包含与其行对应的单词在与其列对应的文档中的次数。LSA 将 X 分解成乘积 $X = USV^T$，其中 U 和 V 具有正交列，S 是包含奇异值的对角矩阵，通常按降序排列。该分解被称为奇异值分解，并且具有这样的性质：对于每个值 k，如果除了 k 个最大奇异值之外的所有数据被丢弃，则可以用最小二乘法中最优的方式重构数据矩阵。对于任何给定的近似级别 k，我们可以写出 $X \approx \tilde{X} = U_k S_k V_k^T$。

图 9-10 说明了是如何计算的。可以将 U_k 矩阵视为根据每个文档的适当比例组合的 k 个正交"主题"，以 $k \times d$ 矩阵 V_k^T 来编码。矩阵 $A = S_k V_k^T$ 表示与每个文档相关联的主题的活动级。因此，LSA 的学习阶段简单地对数据矩阵执行奇异值分解。

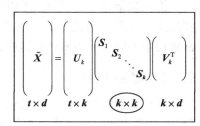

图 9-10　$t \times d$ 矩阵的奇异值分解

近似数据矩阵 $\tilde{X}$ 的任意两列的点积（或标量积）提供了两个文档中词语使用相似度的度量。用于计算奇异值分解的所有文档对之间的点积是：

$$\tilde{X}^T \tilde{X} = V_k S_k^2 V_k^T$$

利用分解来分析不属于原始集合中的新文档（或查询）x_q 时，可以使用式（9-3）将其投影到由模型定义的主题活动的语义空间中

$$a_q = S_k^{-1} U_k^T x_q \tag{9-3}$$

9.6.4　使用主成分分析来降维

奇异值分解广泛用于在应用其他分析技术之前将数据投影到降维空间中。例如，可以将数据投影到较低维空间中，以便有效地应用最近邻技术（这项技术在高维空间中不适用）。

实际上，LSA 是主成分分析的一种形式。当被视为概率模型时，将文档投影到较低维度的语义空间实际上是文档的潜在变量表示。PPCA 由隐藏变量的后验分布的期望值得到。这给出了将文档或查询向量投影到较低维空间中意味着什么的直观视图。

对于在观测变量 x 中没有噪声的 PPCA 模型，我们已经看到，通过使用 $z = E[h] = (W^T W)^{-1} W^T x$ 计算潜在变量的后验概率均值，可以将输入向量 x 投影到降维随机向量 z 中。附录 A.2 详细说明了 PCA、PPCA、奇异值分解和特征分解之间的关系，并且表明对于均值中心化数据，式（9-3）中的 U 矩阵等于数据的相应协方差矩阵特征分解后的特征向量 Φ 的矩阵，即 $U = \Phi$。式（9-3）中的对角矩阵 S 与 $S = \Lambda^{\frac{1}{2}}$ 的特征值 Λ 的对角矩阵相关。此外，协方差矩阵的特征分解意味着相应 PPCA 中的 $W = \Phi \Lambda^{\frac{1}{2}}$。因此，在观测变量无噪声的主成分分析的概率解释下，$W = US$。U 是正交矩阵，S 是对角线矩阵，这意味着使用奇异值分解来计算均值中心化数据的主成分分析，并将结果解释为线性高斯隐藏变量模型，会产生以下表达式，用于将结果投影到基于后验概率均值的降维空间中：

$$z = (W^\mathrm{T} W)^{-1} W^\mathrm{T} x$$
$$= (SU^\mathrm{T} US)^{-1} SU^\mathrm{T} x$$
$$= (S^2)^{-1} SU^\mathrm{T} x$$
$$= S^{-1} U^\mathrm{T} x$$

使用与式（9-3）中的 LSA 投影相同的表达式来计算 a_q（文档的语义表示），它代表使用主成分分析进行降维的一般表达式。这意味着可以使用数据矩阵的奇异值分解，或者协方差矩阵，EM 算法甚至期望梯度下降的特征分解来进行主成分分析。当使用大型数据集或有缺失值的数据时，每种方法各有优缺点。

输入数据 X 不需要从文档中产生：LSA 只是将奇异值分解应用于真实问题的具体实例。实际上，计算这些投影的一般思想广泛应用于机器学习和数据挖掘。由于上述讨论的关系，常常使用不同的术语来讨论这些方法，即使它们涉及相同的底层分析。

9.6.5 概率 LSA

PPCA 是基于数据的连续值表示和基础高斯模型。相反，pLSA 方法（也称为"切面模型"）是基于使用多项式分布的表达，它最初适用于单词和文档的共存。多项式分布是用于建模单词发生次数的自然分布。在 pLSA 框架中，将每个文档的索引用 $i = 1, \cdots, n$ 个文档的离散随机变量 d_i 的观测值进行编码。每个变量 d_i 具有 n 个状态，并且在该文档语料库上，每个状态有一个变量观测值。主题用离散变量 z_{ij} 表示，而单词用随机变量 w_{ij} 表示，其中 m_i 个单词与每个文档相关联，每个单词与主题相关联。这里有两种变体：非对称表达式和对称表达式。

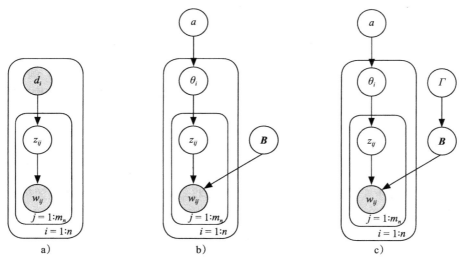

图 9-11　a）pLSA；b）LDA^b；c）平滑 LDA^b 的图模型

图 9-11a 为不对称表达式；对称表达式将箭头从 z 指向 d。D 是文档索引观测值的一组随机变量，W 是文档中观测到的所有单词的一组随机变量。不对称表达式对应于

$$P(W, D) = \prod_{i=1}^n P(d_i) \prod_{j=1}^{m_n} \sum_{z_{ij}} P(z_{ij}|d_i) P(w_{ij}|z_{ij})$$

因为训练文档中的一个索引 d 是图中的随机变量，所以 pLSA 不是新文档的生成模型。然而，它确实对应于具有隐藏变量的有效概率模型，因此 EM 算法可以用于估计参数并根据其在主题变量上的分布来获得语料库中每个文档的表示。

9.6.6 隐含狄利克雷分布

pLSA 可以扩展到具有 3 个层级的分层贝叶斯模型，这称为隐含狄利克雷分布。我们称之为 LDA^b（"b"为贝叶斯），以将其与通常称为 LDA 的线性判别分析区分开来。LDA^b 的提出在一定程度上减少了 pLSA 的过度拟合，并且在许多方面得到了扩展。LDA^b 的扩展可用于确定随时间变化的趋势，并确定"热门"和"冷门"的主题。随着近期社交媒体的爆炸式增长和对分析的兴趣，如今的这些分析特别有趣。

隐含狄利克雷分布是一种分层贝叶斯模型，通过用随机参数 θ_i（文档的多项式参数向量）替换文档索引变量 d_i 来重新配置 pLSA。θ_i 的分布受到超参数 α 的狄利克雷先验（也是一个向量）影响（附录 A.2 解释了狄利克雷分布及其作为离散分布参数的先验概率）。最后，离散主题变量 z_{ij} 和单词 w_{ij} 之间的关系也给出了对超参数的明确依赖，即矩阵 B。图 9-11b 展示了相应的图模型。所有观察到的单词 W 的集合的概率模型是

$$p(W|\alpha,B) = \prod_{i=1}^{n} \int P(\theta_i|\alpha) \left[\prod_{j=1}^{m_n} \sum_{z_{ij}} P(z_{ij}|\theta_i) P(w_{ij}|z_{ij},B) \right] d\theta_i$$

$$= \prod_{i=1}^{n} \int P(\theta_i|\alpha) \left[\prod_{j=1}^{m_n} P(w_{ij}|\theta_i,B) \right] d\theta_i$$

这使得与每个 θ_i 和 z_{ij} 相关联的不确定性被边缘化。由 k 维狄利克雷分布得到了 $P(\theta_i|\alpha)$，也就得到了 k 维主题变量 z_{ij}。对于大小为 V 的词汇表，$P(w_{ij}|z_{ij},B)$ 对每个主题给出每个单词的概率进行编码，因此先验信息被 $k \times V$ 维矩阵 B 获取到。

可以使用经验贝叶斯方法通过变分 EM 过程调整超参数 α 和 B 来优化模型的边缘对数似然。为了执行 EM 算法的 E 步骤，需要不可观测的随机数量上的后验分布。对于由上述方程定义的模型，对于每个文档的随机 θ、单词观测值 w 和隐藏的主题变量 z，后验分布为：

$$P(\theta,z|w,\alpha,B) = \frac{P(\theta,z,w|\alpha,B)}{P(w|\alpha,B)}$$

不幸的是，这个式子很难处理。对于 M 步骤，有必要更新超参数 α 和 B，这可以使用 E 步骤中充分统计量的期望通过计算最大似然估计来完成。变分 EM 过程相当于对每个 θ_i 和每个 z_{ij} 计算和使用单独的近似后验概率。

一种称为"折叠吉布斯抽样"（collapsed Gibbs sampling）的方法被证明是用于执行 LDA^b 变分方法的有效替代方法。图 9-11b 中的模型可以扩展到如图 9-11c 所示，该模型最初是 LDA^b 的平滑版本。然后再添加另一个通过 B 的主题参数 Γ 给出的参数的狄利克雷先验概率——一种进一步降低过度拟合效应的表达式。标准吉布斯抽样涉及对隐藏随机变量 z_{ij}、θ_i 和矩阵 B 的元素进行迭代抽样。通过将 θ_i 和 B 分析整合得到折叠吉布斯抽样，它们精确地处理了这些分布。因此，在目前 Γ、α 的估计和文献语料库观察到的单词条件下，吉布斯抽样器通过简单迭代地更新每个 z_{ij} 来计算所需的近似后验概率。使用抽样或变分近似，可以相对简单地获得 θ_i 和 B 的估计。

通过使用一个平滑折叠的 LDA^b 模型从文档集合中提取主题的方法大致如下：首先定义

一个分层贝叶斯模型,用于图 9-11c 所示结构的文档和单词的联合分布。贝叶斯的 E 步骤使用吉布斯抽样从模型中所有文档的所有主题的联合后验概率中进行近似推理,或者 $P(z_{ij}|w_{ij}, \Gamma, \alpha)$,其中 θ_i 和 B 已被整合。接下来是 M 步骤,使用这些样本来更新 θ_i 和 B 的估计,使用 Γ、α 和样本的函数来更新方程。该过程在分层贝叶斯模型中执行,因此在给定观察到的单词为新词和新主题时可以使用更新的参数来创建贝叶斯预测分布。

表 9-1 显示了由 Griffiths 和 Steyvers(2004)通过应用 LDA[b] 到 28 154 篇论文摘要中并从主题抽样中挖掘出最高概率词,这些论文摘要来自 1991~2001 年在美国国家科学院院刊发表的论文且具有子类别信息的作者标记。分析这些标签的分布确定了每个主题的最高概率用户标签,如表 9-1 底部所示。需要注意的是,用户标签并未用于创建主题,但我们可以看到提取的主题与用户标签的匹配程度如何。

表 9-1 从科学文章集合中提取的主题样本中的最高概率词和用户标签

Topic 2	Topic 39	Topic 102	Topic 201	Topic 210
Species	Theory	Tumor	Resistance	Synaptic
Global	Time	Cancer	Resistant	Neurons
Climate	Space	Tumors	Drug	Postsynaptic
Co2	Given	Human	Drugs	Hippocampal
Water	Problem	Cells	Sensitive	Synapses
Geophysics, geology, ecology	Physics, math, applied math	Medical sciences	Pharmacology	Neurobiology

9.6.7 因子图

贝叶斯网络是一种特殊的概率模型,它将联合概率分布因子分解为条件分布和非条件分布的乘积。因子图提供了一个通过将其分解为局部函数的乘积来表示一般函数的通用框架,每个函数都作用于完整参数集的一个子集上:

$$F(x_1, \cdots, x_n) = \prod_{j=1}^{S} f_j(X_j)$$

其中 X_j 是原始参数集 $\{x_1, \cdots, x_n\}$ 的子集,$f_j(X_j)$ 是 X_j 的函数,$j=1, \cdots, S$ 枚举出参数子集。因子图由每个变量 x_k 的可变结点(圆形)和每个函数的因子结点(矩形)组成,边将每个因子结点与其变量相连接。

图 9-12a 和 9-12b 表示了一个贝叶斯网络及其对应于因子分解的因子图:

$$F(x_1, \cdots, x_5) = f_A(x_1) f_B(x_2) f_C(x_3, x_1) f_D(x_4, x_1, x_2) f_E(x_5, x_2)$$
$$= P(x_1) P(x_2) P(x_3|x_1) P(x_4|x_1, x_2) P(x_5|x_2)$$

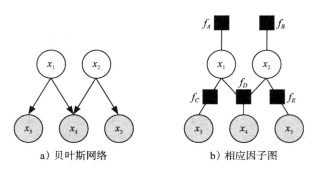

a)贝叶斯网络　　　　b)相应因子图

图 9-12　贝叶斯网络和相应因子图

因子图使得概念易于识别，如贝叶斯网络中给定变量的马尔可夫毯。例如，图 9-13 表示了与图 9-3 中的贝叶斯网络相对应的因子图中变量 x_6 的马尔可夫毯：它由通过一个因子结点连接到它的所有结点组成。因子图比贝叶斯网络更强大，因为它们可以代表更广泛的因式分解和模型，包括我们马上就会遇到的马尔可夫随机场。

因子图、贝叶斯网络和 logistic 回归模型

将一个朴素构造贝叶斯原理模型的因子图与同一组变量的朴素贝叶斯模型的因子图进行比较会有所启发性（以及随后相同问题的 logistic 回归表达式的因子图）。图 9-14a 和 9-14b 表示了一个网络的贝叶斯网络及其因子图，该网络有子结点 y 且 y 有多个父结点 $x_i (i = 1, \cdots, n)$。图 9-14b 涉及一个大的 $P(y|x_1, \cdots, x_n)$ 的条件概率表，许多参数必须被估计或指定，因为参数的数量随父变量的数目呈指数增长。

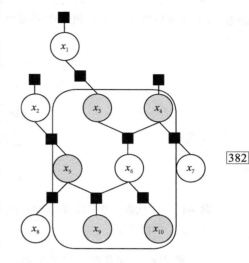

图 9-13 在 10 个变量的因子图中变量 x_6 的马尔可夫毯

$$P(y, x_i, \cdots, x_n) = P(y|x_1, \cdots, x_n) \prod_{i=1}^{n} P(x_i)$$

相反，图 9-14c 和 9-14d 表示了朴素贝叶斯模型的贝叶斯网络及其因子图。在这里，参数的数量与子变量数量呈线性，因为模型分解为有关 y 的函数与一个 x_i 的乘积，因为潜在的因式分解是

$$P(y, x_i, \cdots, x_n) = P(y) \prod_{i=1}^{n} P(x_i|y)$$

因子图清楚地反映出不同的复杂度。图 9-14b 中的图有一个关于 $n + 1$ 个变量的因子，而图 9-14d 中的因子不超过两个变量。

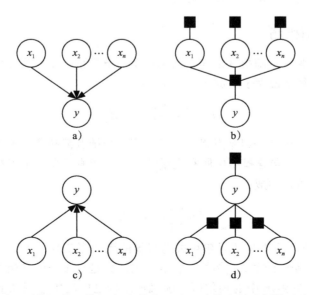

图 9-14 a 和 b 为贝叶斯网络及其相应因子图；c 和 d 为朴素贝叶斯模型及其相应的因子图

因子图可以被扩展到用于阐明条件模型的重要区别。图9-15a的贝叶斯网络涉及一张大表，内容是给定许多 x_i 的情况下 y 的条件分布，但是可以用 logistic 回归模型使 $P(y|x_1,\cdots,x_n)$ 的参数数量从指数级减少到线性级，如图 9-15b 所示。

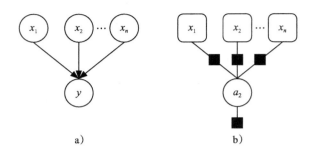

图 9-15　a）代表 y 及其父结点的联合分布的贝叶斯网络；b）给定父结点的 y 的条件分布的 logistic 回归的因子图

假设所有变量都是二进制的。已知每个二进制变量 x_i 的单独函数 $f_i(y, x_i)$，由 logistic 回归模型定义的条件分布具有以下形式：

$$P(y|x_1,\cdots,x_n) = \frac{1}{Z(x_1,\cdots,x_n)} \exp\left(\sum_{i=1}^{n} w_i f_i(y, x_i)\right)$$

$$= \frac{1}{Z(x_1,\cdots,x_n)} \prod_{i=1}^{n} \phi_i(x_i, y)$$

其中分母 Z 是数据相关的归一化项，使得条件分布之和为 1，并且 $\phi_i(x_i, y) = \exp(w_i f_i(y, x_i))$。这对应类似朴素贝叶斯模型的因子图，但是具有图 9-15b 所示的因式分解条件分布。这里，圆角矩形表示未明确定义的随机变量。这个图表示条件概率函数 $P(y|x_1,\cdots,x_n)$，并且参数数量呈线性增长，因为每个函数仅与一对变量相关联。

9.6.8　马尔可夫随机场

马尔可夫随机场为一组随机变量 X 定义另一个分解模型，将这些变量分解为所谓的"最大子图" X_c，并且为每个最大子图定义因子 $\Psi_c(X_c)$：

$$P(X) = \frac{1}{Z} \prod_{c=1}^{C} \Psi_c(X_c)$$

最大子图由无向图中的一组结点组成，其中第一个结点都和最大子图中的其他结点相连接。Z 称为分区函数，是包含模型中所有变量的所有可能值的和，用于对模型进行归一化以确保其是概率分布，可以写成：

$$Z = \sum_{x \in X} \prod_{c=1}^{C} \Psi_c(X_c)$$

图 9-16a 和 9-16b 表示对应于马尔可夫随机场的无向图及其因子图。因子图再次说明了用于创建模型的基本函数的性质。例如，它表示出函数是与每个结点相关联的，这在无向图表示中是不清楚的。图 9-16 中的马尔可夫随机场结构已广泛用于图像上：这种通用结构通常在整个图像上重复，每个结点表示像素的一个属性，例如标签或者深度。

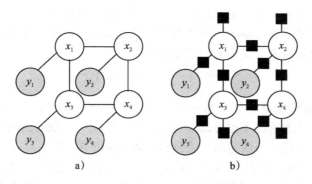

图9-16 a) 表示马尔可夫随机场结构的无向图; b) 相应因子图

图9-16将4个变量的联合概率分解如下:

$$P(x_1, x_2, x_3, x_4) = \frac{1}{Z} f_A(x_1) f_B(x_2) f_C(x_1) f_D(x_2) f_E(x_1, x_2) f_F(x_2, x_3) f_G(x_3, x_4) f_H(x_4, x_1)$$

$$= \frac{1}{Z} \prod_{u=1}^{U} \phi_u(X_u) \prod_{v=1}^{V} \Psi_v(X_v)$$

其中 $\varphi_u(X_u) = \varphi_u(x_i)$ 表示只有一个变量的一组一元函数,而 $\Psi_v(X_v) = \Psi_v(x_i, x_j)$ 表示两个变量的一组成对函数。下标 u 和 v 都是函数以及单变量 $X_u = \{x_i\}_u$ 集合和变量对 $X_v = \{x_i, x_j\}_v$ 集合的参数。

这种表示可以等效地用以下形式的能量函数 $F(X)$ 来表示:

$$F(X) = \sum_{u=1}^{U} U(X_u) + \sum_{v=1}^{V} V(X_v)$$

然后马尔可夫随机场可以写成:

$$P(X) = \frac{1}{Z} \exp(-F(X)) = \frac{1}{Z} \exp\left(-\sum_{u=1}^{U} U(X_u) - \sum_{v=1}^{V} V(X_v)\right)$$

由于 Z 对于变量 X 的任何赋值是不变的,所以模型的负对数概率可以写成

$$-\log P(x_1, x_2, x_3, x_4) = -\log \left[\prod_{u=1}^{U} \phi_u(X_u) \prod_{V=1}^{V} \psi_V(X_V) \right] - \log Z$$

$$\alpha \sum_{u=1}^{U} U(X_u) + \sum_{V=1}^{V} V(X_V)$$

这导致常以最小化能量函数形式的策略来执行任务,如文本文档中的图像分割和实体解析等。当这样的最小化任务是"子模"(表示特定类别的优化问题的术语)时,可以使用基于图形切割的算法找到精确的最小值;否则,使用诸如树重加权信息传递(tree-reweighted message passing)的方法。

9.6.9 使用 sum-product 算法和 max-product 算法进行计算

对于任何概率模型,我们感兴趣的关键量是边缘概率和最可能的模型解释。对于树结构图模型,可以通过 sum-product 和 max-product 算法有效地找到这些解决方案。在将它们应用于9.8节讨论的隐马尔可夫模型时,这些模型分别被称为前向和Viterbi算法。我们先从一些简单的例子开始,然后呈现这些算法。

1. 边缘概率

给定一个贝叶斯网络,初始步骤是在没有给出任何观测值的情况下确定每个结点的边缘

概率。这些单结点边缘概率与用于指定网络的条件和非条件概率不同。事实上，用于操纵贝叶斯网络的软件包通常根据基本的条件和非条件概率来定义网络，并向用户显示可视界面中每个结点的单结点边缘概率。变量 x_i 的边缘概率是

$$P(x_i) = \sum_{x_{j \neq i}} P(x_1, \cdots, x_n)$$

其中的求和是针对所有变量 $x_j \neq x_i$ 的状态，并且可以通过 sum-product 算法来计算。事实上，一些算法在许多其他情况下也可以起作用，例如根据一些观测到的变量计算其他变量的可信度，也可以用于寻找学习所需的后验分布（例如使用 EM 算法）。

给定图 9-12a 中贝叶斯网络中的观测值 $x_4 = \tilde{x}_4$，考虑计算变量 x_3 的边缘概率的任务。由于我们是在训练一个变量，所以需要计算一个边缘条件概率。这与构造查询的实际概念相对应，其中模型用于在给定变量 x_4 的状态的情况下推断 x_3 的更新可信度。

由于图中的其他变量尚未被观测到，所以它们应该被集成到图模型中以获得所需的结果：

$$P(x_3 | \tilde{x}_4) = \frac{P(x_3, \tilde{x}_4)}{P(\tilde{x}_4)} = \frac{P(x_3, \tilde{x}_4)}{\sum_{x_3}(x_3, \tilde{x}_4)}$$

这里我们感兴趣的关键量是：

$$\begin{aligned} P(x_3, \tilde{x}_4) &= \sum_{x_1}\sum_{x_2}\sum_{x_5} P(x_1, x_2, x_3, \tilde{x}_4, x_5) \\ &= \sum_{x_1}\sum_{x_2}\sum_{x_5} P(x_1) P(x_2) P(x_3 | x_1) P(\tilde{x}_4 | x_1, x_2) P(x_5 | x_2) \end{aligned}$$

然而，这个求和涉及包含联合概率的大型数据结构，这里的联合概率是由单个概率相乘得到的。sum-product 算法是一个更好的解决方案：在计算概率乘积之前，只需将求和尽可能地向右推。所需的边缘概率可以通过以下式子计算

$$\begin{aligned} P(x_3, \tilde{x}_4) &= \sum_{x_1} P(x_3 | x_1) P(x_1) \sum_{x_2} P(\tilde{x}_4 | x_1, x_2) P(x_2) \sum_{x_5} P(x_5 | x_2) \\ &= \sum_{x_1} P(x_3 | x_1) P(x_1) P(\tilde{x}_4 | x_1) \\ &= \sum_{x_1} P(x_1, x_3, \tilde{x}_4) \end{aligned}$$

2. sum-product 算法

这个简单例子所示的方法可以泛化为用于计算边缘概率的算法，如果需要，还可以将其转换成条件边缘概率。在概念上，其基于在因子图定义的变量和函数间发送消息。

从只有一个连接的变量或函数结点开始。函数结点将消息 $\mu_{f \to x}(x) = f(x)$ 发送给与它们相连的变量，而变量结点发送 $\mu_{x \to f}(x) = f(x)$。每个结点处于等待状态，直至收到来自所有邻居（除了该结点所发送消息的目标邻居）的消息。然后函数结点将以下形式的消息发送到变量 x：

$$\mu_{f \to x}(x) = \sum_{x_1, \cdots, x_K} f(x, x_1, \cdots, x_K) \prod_{k \in N(f) x} \mu_{x_k \to f}(x_k)$$

其中 $N(f)x$ 表示函数结点 f 的邻居结点集，其中不包括接收方的变量 x；我们将 K 个其他相邻结点的变量写为 $x_1, \cdots, x_K$。如果一个变量被观测到，则有关的消息函数不再需要对变量状态求和，该函数将以观测到的状态进行估计。将关联变量结点看作被转换为新的改进函数。对于观测到的变量，没有变量到函数的消息。

变量结点发送以下形式的信息到函数：

$$\mu_{x \to f}(x) = \mu_{f_1 \to x}(x) \ldots \mu_{f_K \to x}(x) = \prod_{k \in N(x) f} \mu_{f_k \to x}(x)$$

其中乘积来自于除接收函数 f 之外的所有相邻函数 $N(x)$ 的消息，即 $f_k \in N(x) f$。当算法终止时，每个结点的边缘概率是从所有函数连接到变量的所有传入消息的乘积：

$$P(x_i) = \mu_{f_1 \to x}(x) \ldots \mu_{f_K \to x}(x) \mu_{f_{K+1} \to x}(x) = \prod_{k=1}^{K+1} \mu_{f_k \to x}(x)$$

这被写成 $K+1$ 个函数消息的乘积，以强调其与变量到函数结点消息的相似性。在向任何给定的由 K 个消息的乘积组成的函数 f 发送消息之后，变量只需要从 f 再次接收一个传入消息就可计算其边缘概率。

如果图中的一些变量被观测到，那么算法就产生每个变量和观测值的边缘概率。每个变量的边缘条件分布可以通过归一化观察概率的结果来获得，通过对所得分布中的 x_i 进行求和获得任何结点的结果，形式为 $P(x_i, \{\tilde{x}_{j \in O}\})$，其中 O 是观测变量的索引集合。

通常在概率模型中，许多概率相乘很快就得到非常小的数字。通常用重新缩放来实现 sum-product 算法。或者，可以在对数空间中执行计算（如下文的 max-product 算法），使得计算形式为 $c = \log(\exp(a) + \exp(b))$。为了防止在计算指数时精度损失，要注意

$$c = \log(e^a + e^b) = a + \log(1 + e^{b-a}) = b + \log(1 + e^{a-b})$$

并使用较小的指数表达式。

3. sum-product 算法示例

sum-product 算法背后的思想是将求和尽可能地向右推导，而且是所有变量同时有效地完成。当算法用于计算图 9-12a 中的贝叶斯网络和图 9-17 中相应因子图的 $P(x_3, \tilde{x}_4)$ 时，关键信息包括：

$$P(x_3, \tilde{x}_4) = \sum_{x_1} P(x_3|x_1) \underbrace{P(x_1)}_{1d} \sum_{x_2} P(\tilde{x}_4|x_1, x_2) \underbrace{P(x_2)}_{1c} \underbrace{\sum_{x_5} P(x_5|x_2)}_{2a} \cdot \underbrace{1}_{1a}$$

$$\underbrace{}_{3a}$$
$$\underbrace{}_{4a}$$
$$\underbrace{}_{5a}$$
$$\underbrace{}_{6a}$$

这些已编号的信息可以写作：

1a : $\mu_{x_5 \to f_E}(x_5) = 1$, 1c : $\mu_{f_B \to x_2}(x_2) = f_B(x_2)$, 1d : $\mu_{f_A \to x_1}(x_1) = f_A(x_1)$

2a : $\mu_{f_E \to x_2}(x_2) = \sum_{x_5} f_E(x_5, x_2)$

3a : $\mu_{x_2 \to f_D}(x_5) = \mu_{f_B \to x_2}(x_2) \mu_{f_E \to x_2}(x_2)$

4a : $\mu_{f_D \to x_1}(x_1) = \sum_{x_2} f_D(\tilde{x}_4|x_1, x_2) \mu_{x_2 \to f_D}(x_5)$

5a : $\mu_{x_1 \to f_C}(x_1) = \mu_{f_A \to x_1}(x_1) \mu_{f_D \to x_1}(x_1)$

6a : $\mu_{f_C \to x_3}(x_3) = \sum_{x_1} f_C(x_3, x_1) \mu_{x_1 \to f_C}(x_1)$

请记住，完整的算法将使用图 9-17 中所示的其他消息产生图中的所有单变量边缘概率，但没有列举在上面。这个简单的例子是基于贝叶斯网络的，当 $\tilde{x}_4$ 被观测到时，它将转换成链式结构的因子图，并且消息传递结构类似于下面讨论的隐马尔可夫模型和条件随机场的计

算。对于长链式或大型树结构网络，为了有效地计算必需量，这种计算是不可或缺的，且无须采用近似方法。

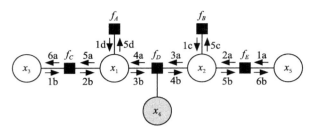

图 9-17 一个因子图示例中的信息序列

4. 最可能的解释示例

在已知 $x_4 = \tilde{x}_4$ 的示例中，找到所有其他变量的最可能配置涉及搜索

$$\{x_1^*, x_2^*, x_3^*, x_5^*\} = \arg\max_{x_1,x_2,x_3,x_5} P(x_1, x_2, x_3, x_5 | \tilde{x}_4)$$

其中

$$P(x_1^*, x_2^*, x_3^*, x_5^* | \tilde{x}_4) = \max_{x_1,x_2,x_3,x_5} P(x_1, x_2, x_3, x_5 | \tilde{x}_4)$$

联合概率与常数项条件相关，所以可以同样找到 $P(x_1, x_2, x_3, \tilde{x}_4, x_5)$ 的最大值。因为最大化与求和的方式类似，我们可以从 sum-product 中得到一个启发，将最大运算尽可能地向右移动，并注意 $\max(ab, ac) = a\max(b, c)$。其中，

$$\max_{x_1}\max_{x_2}\max_{x_3}\max_{x_5} P(x_1, x_2, x_3, \tilde{x}_4, x_5)$$
$$= \max_{x_3}\max_{x_1} P(x_1)P(x_3|x_1)\max_{x_2} P(x_2)P(\tilde{x}_4|x_1, x_2)\max_{x_5} P(x_5|x_2)$$

以求最右边点 x_5 的最大值为例，对每个 x_2 的可能状态，找出 x_5 的可能状态的最大概率。这包括 x_2 为的每个配置创建一个 x_5 最大值的表。左边的最后一个操作是 x_2 的最大值，包括将 x_2 表中的当前最大值乘以 $P(x_2)P(\tilde{x}_4|x_1, x_2)$ 的相应概率。因此，我们需要找到在 x_1 的每个状态下 x_2 的每个状态的最大值，可以通过在 x_1 的状态上产生基于从右边传播的所有信息的每个可能状态获得的最大值的消息来建模。

这个过程一直持续到 x_3 的最终最大值。给出了一个与数据结构中每个 x_3 状态分数条目相对应的单一值（最可能解释的概率）。通过改变计算最终最大值的变量，我们可以从任何变量中提取出最大值，因为这样得到的最大值是相同的。然而，设置每个变量的参数最大值会得到最有可能的解释 $x_1^*, x_2^*, x_3^*, x_5^*$——可能性最大的变量配置。max-product 算法泛化了这些想法并且有效执行，成为一个在任意树结构图中完全执行这些计算的通用模板。

5. 最大积或最大和算法

最大积算法可用于在树结构概率模型中找到最可能的解释。它通常在对数空间（更好地识别最大和算法）实现，以减轻数值稳定性的问题。由于对数函数是单调递增的，所以 $\log(\max_x P(x)) = \max_x \log P(x)$，并且由上可得 $\max(c + a, c + b) = c + \max(a, b)$。这些性质允许在树结构概率模型中的最大概率配置进行如下计算。

与 sum-product 算法一样，图中只有一个连接的变量或因子首先发送由 $\mu_{x \to f}(x) = 0$ 组成的函数到变量的消息，或者由 $\mu_{f \to x}(x) = \log f(x)$ 组成的变量到函数的消息。图中的每个函数

和变量结点处于等待状态,直到它已经接收到所有邻居(除了接收其消息的结点)的消息。然后函数结点将以下形式的消息发送到变量 x:

$$\mu_{f \to x}(x) = \max_{x_1, \cdots, x_K} \left[\log f(x, x_1, \cdots, x_K) + \sum_{k \in N(f)x} \mu_{x_k \to f}(x_k) \right]$$

其中表达式 $N(f)x$ 与 sum-product 算法的相同。同样,变量将以下形式的消息发送到函数:

$$\mu_{x \to f}(x) = \sum_{k \in N(x)f} \mu_{f_k \to x}(x)$$

其中对除接收函数外的所有函数的消息求和。当算法终止时,可以从任何结点使用如下计算得到最可能配置的概率:

$$p^* = \max_x \left[\sum_{k \in N(x)} \mu_{f_k \to x}(x) \right]$$

最可能配置本身可以通过计算每个变量来获得:

$$x^* = \arg \max_x \left[\sum_{k \in N(x)} \mu_{f_k \to x}(x) \right]$$

要了解一个具体示例的工作原理,可以遵循图 9-17 所示的消息顺序,但要使用上面定义的最大积消息以及最大值和参数 arg 最大的最终计算替代我们之前提到的 sum-product 消息。

最大积算法广泛用于对树结构贝叶斯网络进行最终预测,以及条件随机场和隐马尔可夫模型中的标签序列(分别在 9.7 节和 9.8 节中进行讨论)。

9.7 条件概率模型

你可能会惊奇地发现,4.6 节的回归模型属于最简单且最常用的条件概率模型类型。从概率角度来看,作为概率模型部分的线性回归与多项式回归都是线性回归。我们将继续研究多类扩展的 logistic 回归(以标量和矩阵向量的形式表示)。矩阵向量形式的激增表明建模和学习的关键点可以用简洁美观的方式来表达。这允许通过使用矩阵向量操作的库或硬件来加速计算机实现,它们被高度优化并且利用了现代计算硬件。图形处理单元(GPU)可以产生比标准实现快几个数量级的执行速度。

9.7.1 概率模型的线性和多项式回归

假设在变量 x_i 的观测值已知的情况下,连续变量 y_i 的观测值服从的条件概率分布是线性高斯函数:

$$p(y_i | x_i) = \frac{1}{\sqrt{2\pi}\sigma} \exp \left[-\frac{\{y_i - (\theta_0 + \theta_1 x_i)\}^2}{2\sigma^2} \right]$$

其中参数 θ_0 和 θ_1 分别表示斜率和截距。已知相应观测值 x_i,观测值 y_i 的条件分布可以定义为

$$p(y_1, \cdots, y_N | x_1, \cdots, x_N) = \prod_{i=1}^{N} p(y_i | x_i)$$

像往常一样,我们使用对数似然法:

$$L_{y|x} = \log \prod_{i=1}^{N} p(y_i | x_i) = \sum_{i=1}^{N} \log p(y_i | x_i)$$

简化为：

$$L_{y|x} = \prod_{i=1}^{N} \log \left\{ \frac{1}{\sigma\sqrt{2\pi}} \exp\left[-\frac{\{y_i - (\theta_0 + \theta_1 x_i)\}^2}{2\sigma^2} \right] \right\}$$

$$= -N \log[\sigma\sqrt{2\pi}] - \sum_{i=1}^{N} \frac{\{y_i - (\theta_0 + \theta_1 x_i)\}^2}{2\sigma^2}$$

第一项是数据独立的。因此，为了找到最大化对数似然的参数，需要找到最小化平方误差的参数：

$$\arg\max_{\theta_0, \theta_1} (L_{y|x}) = \arg\min_{\theta_0, \theta_1} \left(\sum_{i=1}^{N} \{y_i - (\theta_0 + \theta_1 x_i)\}^2 \right)$$

这就是普通的线性回归！

虽然 x_i 在这里是标量，但该方法可以推广到向量 $\boldsymbol{x}_i$。使用所谓的 one-hot 方法可以将分类变量编码为 $\boldsymbol{x}$ 维度的子集，即在对应类别标签的维度中置 1，在分配给变量的所有其他维度中置 0。如果所有输入变量都是分类属性，这就对应于经典方差分析（ANOVA）方法。

9.7.2 使用先验参数

在参数 $\boldsymbol{w}$ 之前放置一个高斯先验概率可以得到岭回归的方法（见 7.2 节）——也称为"权值衰减"。对于一个使用 D 维向量 $\boldsymbol{x}$ 进行预测的回归。回归的偏差项可以通过将每个示例的 $\boldsymbol{x}$ 的第一个维度定义为常数 1 来表示。定义 $[\theta_1 \cdots \theta_D] = \boldsymbol{w}^T$ 且标量高斯记为 $N(x; \mu, \sigma)$，潜在概率模型是

$$\prod_{i=1}^{N} p(y_i | x_i; \theta) p(\theta; \tau) = \left[\prod_{i=1}^{N} N(y_i; \boldsymbol{w}^T x_i, \sigma^2) \right] \left[\prod_{d=1}^{D} N(w_d, 0, \tau^2) \right]$$

其中 τ 是指定先验概率的超参数。设置 $\lambda \equiv \sigma^2/\tau^2$，这表明基于对数条件似然的最大后验参数估计等于最小化平方误差损失函数

$$f(\boldsymbol{w}) = \sum_{i=1}^{N} \{y_i - \boldsymbol{w}^T x_i\}^2 + \lambda \boldsymbol{w}^T \boldsymbol{w} \tag{9-4}$$

其中包括由 $R_{L_2}(\boldsymbol{w}) = \boldsymbol{w}^T \boldsymbol{w} = \|\boldsymbol{w}\|_2^2$ 给出的基于 L_2 的正则化项（"正则化"是避免过度拟合的另一个术语）。

使用拉普拉斯先验概率的权值分配并采用似然函数的对数产生一个基于 L_1 的正则化项 $R_{L_1}(\boldsymbol{w}) = \|\boldsymbol{w}\|_1$。要知道为什么，请注意以下形式的拉普拉斯分布：

$$p(w; \mu, b) = L(w; \mu, b) = \frac{1}{2b} \exp\left(-\frac{|w - \mu|}{b}\right)$$

其中 μ 和 b 是参数。通过 $\mu_j = 0$ 的拉普拉斯分布来对每个权值的先验概率建模：

$$-\log\left[\prod_{d=1}^{D} L(w_d; 0, b) \right] = \log(2b) + \frac{1}{b} \sum_{d=1}^{D} |w_d| \propto \|\boldsymbol{w}\|_1$$

与高斯分布相比，拉普拉斯分布将更多的概率置为 0，所以它可以在回归问题中提供正

则化和变量选择。这种技术已被推广为名为 LASSO 的"最小绝对收敛和选择算子"的回归方法。

被称为"弹性网络"的替代方法使用以下式子结合了 L_1 和 L_2 的正则化技术：

$$\lambda_1 R_{L_1}(\boldsymbol{\theta}) + \lambda_2 R_{L_2}(\boldsymbol{\theta}) = \lambda_1 \|\boldsymbol{w}\|_1 + \lambda_2 \|\boldsymbol{w}\|_2^2$$

这对应于由高斯和拉普拉斯分布的乘积组成的先验分布。结果导致了凸优化问题，即任何局部最小值必须是全局最小值的问题——如果损失是凸的，这适用于逻辑或线性回归等模型。

线性和多项式回归的矩阵向量公式

本节使用矩阵运算来表示线性回归。观察式（9-4）中的损失（没有惩罚项），它可以写成：

$$\sum_{i=1}^{N} \{y_i - (\theta_0 + \theta_1 x_{1i} + \theta_2 x_{2i} + \cdots + \theta_D x_{Di})\}^2$$

$$= \left(\begin{bmatrix} y_1 \\ \vdots \\ y_N \end{bmatrix} - \begin{bmatrix} 1 & x_{11} & x_{21} & \cdots & x_{D1} \\ \vdots & \vdots & \vdots & & \vdots \\ 1 & x_{1N} & x_{2N} & \cdots & x_{DN} \end{bmatrix} \begin{bmatrix} \theta_0 \\ \vdots \\ \theta_D \end{bmatrix} \right)^{\mathrm{T}} \left(\begin{bmatrix} y_1 \\ \vdots \\ y_N \end{bmatrix} - \begin{bmatrix} 1 & x_{11} & x_{21} & \cdots & x_{D1} \\ \vdots & \vdots & \vdots & & \vdots \\ 1 & x_{1N} & x_{2N} & \cdots & x_{DN} \end{bmatrix} \begin{bmatrix} \theta_0 \\ \vdots \\ \theta_D \end{bmatrix} \right)$$

$$= (\boldsymbol{y} - \boldsymbol{A}\boldsymbol{w})^{\mathrm{T}} (\boldsymbol{y} - \boldsymbol{A}\boldsymbol{w})$$

其中向量 $\boldsymbol{y}$ 只是单个 y_i 的叠加，$\boldsymbol{w}$ 是模型的参数（或权值）向量。取 $\boldsymbol{w}$ 的偏导数并将结果设置为 0，可得到参数的闭合表达式：

$$\frac{\partial}{\partial \boldsymbol{w}} (\boldsymbol{y} - \boldsymbol{A}\boldsymbol{w})^{\mathrm{T}} (\boldsymbol{y} - \boldsymbol{A}\boldsymbol{w}) = 0$$

$$\Rightarrow \boldsymbol{A}^{\mathrm{T}} \boldsymbol{A} \boldsymbol{w} = \boldsymbol{A}^{\mathrm{T}} \boldsymbol{y} \quad (9\text{-}5)$$

$$\boldsymbol{w} = (\boldsymbol{A}^{\mathrm{T}} \boldsymbol{A})^{-1} \boldsymbol{A}^{\mathrm{T}} \boldsymbol{y}$$

这些都是著名的方程式。$\boldsymbol{A}^{\mathrm{T}} \boldsymbol{A} \boldsymbol{w} = \boldsymbol{A}^{\mathrm{T}} \boldsymbol{y}$ 被称为正态方程，$\boldsymbol{A}^{+} = (\boldsymbol{A}^{\mathrm{T}} \boldsymbol{A})^{-1} \boldsymbol{A}^{\mathrm{T}}$ 被称为伪逆方程。注意，$\boldsymbol{A}^{\mathrm{T}} \boldsymbol{A}$ 并不总是可逆的，但是可以使用正则化来解决这个问题。

对于岭回归，添加先验概率到目标函数中

$$F(\boldsymbol{w}) = (\boldsymbol{y} - \boldsymbol{A}\boldsymbol{w})^{\mathrm{T}} (\boldsymbol{y} - \boldsymbol{A}\boldsymbol{w}) + \lambda \boldsymbol{w}^{\mathrm{T}} \boldsymbol{w} \quad (9\text{-}6)$$

对于恰当定义的矩阵 $\boldsymbol{A}$，有向量 $\boldsymbol{x}_i$，并且 λ 与上面定义的相同。再次将 $F(\boldsymbol{w})$ 的偏导数设置为 0，可以得到一个近似解：

$$\frac{\partial}{\partial \boldsymbol{w}} F(\boldsymbol{w}) = 0$$

$$\Rightarrow \boldsymbol{A}^{\mathrm{T}} \boldsymbol{A} \boldsymbol{w} + \lambda \boldsymbol{w} = \boldsymbol{A}^{\mathrm{T}} \boldsymbol{y}$$

$$\boldsymbol{w} = (\boldsymbol{A}^{\mathrm{T}} \boldsymbol{A} + \lambda \boldsymbol{I})^{-1} \boldsymbol{A}^{\mathrm{T}} \boldsymbol{y}$$

对伪逆方程的这种调整可以找到解决方案——通常使用非常小的 λ。它通常被表示为避免数值不稳定性的正则化方法，但是对于先验参数的分析给出了更多的见解。例如，对不同项使用不同强度的高斯先验可能是合适的。事实上，通常的做法是对偏差权值不添加任何惩罚项。这可以通过将式（9-6）中的 $\lambda \boldsymbol{w}^{\mathrm{T}} \boldsymbol{w}$ 项替换为 $\boldsymbol{w}^{\mathrm{T}} \boldsymbol{D} \boldsymbol{w}$ 来实现，其中 $\boldsymbol{D}$ 是由用作权值的 λ_i 组成的对角矩阵，将解转换成 $\boldsymbol{w} = (\boldsymbol{A}^{\mathrm{T}} \boldsymbol{A} + \boldsymbol{D})^{-1} \boldsymbol{A}^{\mathrm{T}} \boldsymbol{y}$。虽然偏导数的上述表达式相当简单，但在实现过程中必须注意避免数值不稳定性结果。

线性回归模型可以转化为非线性多项式模型。虽然多项式回归模型产生非线性预测，但参数中的估计问题是线性的。为了证明这一点，以矩阵形式表示这个问题，使用适当定义的矩阵 A 来编码多项式的高阶项和向量 c 来对系数进行编码，包括用于较高阶项的系数：

$$\sum_{i=1}^{N}\left\{y_i-\left(\theta_0+\theta_1 x_i+\theta_2 x_i^2+\cdots+\theta_K x_i^K\right)\right\}^2$$

$$=\left(\begin{bmatrix} y_1 \\ \vdots \\ y_N \end{bmatrix}-\begin{bmatrix} 1 & x_1 & x_1^2 & \cdots & x_1^K \\ \vdots & \vdots & \vdots & & \vdots \\ 1 & x_N & x_N^2 & \cdots & x_N^K \end{bmatrix}\begin{bmatrix} \theta_0 \\ \vdots \\ \theta_K \end{bmatrix}\right)^{\mathrm{T}}\left(\begin{bmatrix} y_1 \\ \vdots \\ y_N \end{bmatrix}-\begin{bmatrix} 1 & x_1 & x_1^2 & \cdots & x_1^K \\ \vdots & \vdots & \vdots & & \vdots \\ 1 & x_N & x_N^2 & \cdots & x_N^K \end{bmatrix}\begin{bmatrix} \theta_0 \\ \vdots \\ \theta_K \end{bmatrix}\right)$$

$$=(\boldsymbol{y}-\boldsymbol{A}\boldsymbol{c})^{\mathrm{T}}(\boldsymbol{y}-\boldsymbol{A}\boldsymbol{c})$$

式（9-5）可以用来求解近似形式的参数。

将线性预测方法转换成非线性方法同时保持基本估计问题是线性的这一技巧可以被一般化。一般方法的名称是基础函数扩展的。对于多项式回归，使用由矩阵 A 的行给出的多项式基底（x 的幂）。然而，可以使用输入 $\varphi(x)$ 的任何非线性函数来定义以下形式的模型

$$p(y|\boldsymbol{x})=N\left(y;\boldsymbol{w}^{\mathrm{T}}\phi(\boldsymbol{x}),\sigma^2\right)$$

这也为线性参数估计问题提供了近似形式的解决方案。在讨论下面的核心化概率模型时，我们将回到这一点。

9.7.3 多分类 logistic 回归

4.6 节介绍了二分类 logistic 回归。现在考虑一个多分类问题，其中类值被编译为随机变量 $y\in\{1,\cdots,N\}$ 的实例，如前所述，特征向量是向量 $\boldsymbol{x}$ 的实例。假设类的顺序没有意义。

可以使用此参数形式创建一个简单的线性概率分类器：

$$p(y|\boldsymbol{x})=\frac{\exp\left(\sum_{k=1}^{K}w_k f_k(y,\boldsymbol{x})\right)}{\sum_y \exp\left(\sum_{k=1}^{K}w_k f_k(y,\boldsymbol{x})\right)}=\frac{1}{Z(\boldsymbol{x})}\exp\left(\sum_{k=1}^{K}w_k f_k(y,\boldsymbol{x})\right) \tag{9-7}$$

这个式子使用 K 个特征函数 $f_k(y,\boldsymbol{x})$ 和 K 个权值 w_k 作为模型的参数。这是实现多项式 logistic 回归的一种方法。特征函数可以对从输入向量 $\boldsymbol{x}$ 提取的复杂特征进行编译。使用最大条件似然进行学习，且观测值是 y 和 $\boldsymbol{x}$，$\{\tilde{y}_1,\cdots,\tilde{y}_N,\tilde{\boldsymbol{x}}_1,\cdots,\tilde{\boldsymbol{x}}_N\}$ 的实例，目标函数可以写为

$$L_{y|\boldsymbol{x}}=\log\prod_{i=1}^{N}p(\tilde{y}_i|\tilde{\boldsymbol{x}}_i)=\sum_{i=1}^{N}\log p(\tilde{y}_i|\tilde{\boldsymbol{x}}_i)$$

不幸的是，对于最大化这种条件似然的参数值，没有近似形式的解决方案，并且通常使用基于梯度的过程来执行优化。对只有一个观察值的对数条件概率的权值求偏导：

$$\frac{\partial}{\partial w_j}p(\tilde{y}|\tilde{\boldsymbol{x}})=\frac{\partial}{\partial w_j}\left\{\log\left(\frac{1}{Z(\tilde{\boldsymbol{x}})}\exp\left(\sum_{k=1}^{K}w_k f_k(\tilde{y},\tilde{\boldsymbol{x}})\right)\right)\right\}$$

$$=\frac{\partial}{\partial w_j}\left\{\underbrace{\left[\sum_{k=1}^{K}w_k f_k(\tilde{y},\tilde{\boldsymbol{x}})\right]}_{\text{easy part}}-\underbrace{\log Z(\tilde{\boldsymbol{x}})}_{\text{cool part}}\right\}$$

$$=f_{k=j}(\tilde{y},\tilde{\boldsymbol{x}})-\frac{\partial}{\partial w_j}\left\{\log\left[\sum_y \exp\left(\sum_{k=1}^{K}w_k f_k(\tilde{y},\tilde{\boldsymbol{x}})\right)\right]\right\}$$

导数可以分解成两项。第一项比较简单，因为所有涉及 $w_k\neq w_j$ 的权值项都是 0，只剩

下一项求和。第二项虽然看起来难以计算，但有一个直观可读的导数：

$$-\frac{\partial}{\partial w_j}\{\log Z(\tilde{x})\} = -\frac{\partial}{\partial w_j}\left\{\log\left[\sum_y \exp\left(\sum_{k=1}^K w_k f_k(y,\tilde{x})\right)\right]\right\}$$

$$= -\frac{\sum_y \exp\left(\sum_{k=1}^K w_k f_k(y,\tilde{x})\right) f_j(y,\tilde{x})}{\sum_y \exp\left(\sum_{k=1}^K w_k f_k(y,\tilde{x})\right)}$$

$$= -\sum_y p(y|\tilde{x}) f_j(y,\tilde{x}) = -\mathrm{E}\left[f_j(y,\tilde{x})\right]_{p(y|\tilde{x})}$$

其对应于给定当前参数设置的模型在概率分布 $p(y|\tilde{x})$ 下的特征函数 $f_j(y|\tilde{x})$ 的期望 $E[\cdot]_{p(y|\tilde{x})}$。将特征函数写成函数 $f(\tilde{y}|\tilde{x})$ 的向量形式，则对于权值 w 的向量，整个数据集关于 w 的条件对数似然的偏导数为

$$\frac{\partial}{\partial w} L_{y|x} = \sum_{i=1}^N \left[f(\tilde{y}_i|\tilde{x}_i) - E\left[f(y_i|\tilde{x}_i)\right]_{P(y_i|\tilde{x}_i)} \right]$$

此公式包括了给定示例的观测值的特征向量与当前模型设置下特征向量的期望值之间的差异之和。如果模型是完美的，用概率 1 正确地对每个例子进行分类，则偏导数将为 0。直观地来讲，学习过程调整模型参数，为的是产生更接近观察数据的预测。

1. 多分类 logistic 回归的矩阵向量公式

使用与每个类相关联的权值向量 w_c 的多分类线性概率分类器，式（9-7）中的模型可以被写成

$$p(y=c|x) = \frac{\exp(w_c^T x)}{\sum_y \exp(w_y^T x)}$$

其中 y 是索引，权值被编译成长度为 K 的向量，并且特征 x 已经被重新定义为估计特征函数 $f_k(y,x)$ 的结果，这样由 $f_k(y=i,x)$ 和 $f_k(y=i,x)$ 给出的特征之间没有差异。这种形式广泛用于神经网络模型中的最后一层，其中它被称为 softmax 函数。

关于类标签的信息可以被编译成多项式向量 y，除了在代表正确类标签的维度中置 1，其余均为 0，例如第二类中的 $y = [0\ 1\ 0\ \cdots\ 0]^T$。权值形成的矩阵 $W = [w_1\ w_2\ \cdots\ w_K]^T$，并且偏差形成向量 $b = [b_1\ b_2\ \cdots\ b_K]^T$。然后模型产生概率向量：

$$p(y|x) = \frac{\exp(y^T W x + y^T b)}{\sum_{y \in Y} \exp(y^T W x + y^T b)}$$

其中分母对每个可能的标签 $y \in Y$ 求和，即 $Y = \{[1\ 0\ 0\ \cdots\ 0]^T,\ [0\ 1\ 0\ \cdots\ 0]^T,\ \cdots,\ [0\ 0\ 0\ \cdots\ 1]^T\}$。将 x 重定义为 $x=(x^T\ 1)^T$，并将参数重新定义为以下形式的矩阵

$$\theta = [W\ b] = \begin{bmatrix} w_1^T & b_1 \\ w_2^T & b_2 \\ \vdots & \vdots \\ w_k^T & b_k \end{bmatrix}$$

条件模型可以写成这种简洁的矩阵矢量形式：

$$p(y|x) = \frac{\exp(y^T \theta x)}{\sum_{y \in Y} \exp(y^T \theta x)} = \frac{1}{Z(x)} \exp(y^T \theta x)$$

那么关于参数矩阵 $\boldsymbol{\theta}$ 的对数条件似然的梯度可以表示为:

$$\frac{\partial}{\partial \boldsymbol{\theta}} \log \prod_i p(\tilde{y}_i | \tilde{\boldsymbol{x}}_i; \boldsymbol{\theta}) = \sum_{i=1}^N \left[\frac{\partial}{\partial \boldsymbol{\theta}} (\tilde{\boldsymbol{y}}_i^T \boldsymbol{\theta} \tilde{\boldsymbol{x}}_i) - \frac{\partial}{\partial \boldsymbol{\theta}} \log Z(\tilde{\boldsymbol{x}}_i) \right]$$

$$= \sum_{i=1}^N \tilde{\boldsymbol{y}}_i \tilde{\boldsymbol{x}}_i^T - \sum_{i=1}^N \sum_{y \in Y} P(\boldsymbol{y}|\tilde{\boldsymbol{x}}_i) \boldsymbol{y} \tilde{\boldsymbol{x}}_i^T$$

$$= \sum_{i=1}^N \tilde{\boldsymbol{y}}_i \tilde{\boldsymbol{x}}_i^T - \sum_{i=1}^N E\left[\boldsymbol{y}\tilde{\boldsymbol{x}}_i^T\right]_{P(\boldsymbol{y}|\tilde{\boldsymbol{x}}_i)}$$

其中符号 $E\left[\boldsymbol{y}\tilde{\boldsymbol{x}}_i^T\right]_{P(\boldsymbol{y}|\tilde{\boldsymbol{x}}_i)}$ 表示在 $P(\boldsymbol{y}|\tilde{\boldsymbol{x}}_i)$ 下的随机向量 $\boldsymbol{y}$ 的期望,在当前参数设置下,对于观测到的输入 $\tilde{\boldsymbol{x}}_i$,模型产生条件概率向量。第一项对应于程序开始时只计算一次的矩阵。第二项对应于模型学习给出与观测数据匹配的预测时更接近第一项的矩阵。

将这些方程式作为允许应用高度优化的数值库进行向量和矩阵的运算。向量和矩阵运算的快速库是大数据技术的关键推动者。特别是,使用大型数据集进行深度学习的最先进的方法,在很大程度上取决于 GPU 所实现的显著性能改进。

注意,我们没有考虑到最终预测只需要产生 N 类的 $N-1$ 个概率,剩下的一个是从它们的总和必须为 1 的事实推断出的。多项式 logistic 回归模型可以利用这一事实来制定并涉及较少参数。

2. 参数的先验概率和正则化损失函数

logistic 回归中经常使用一些正则化或参数的先验概率来避免过度拟合。从概率的角度来看,这意味着在给定所有输入向量 $\boldsymbol{X}$ 的集合下所有标签 Y 的集合的条件概率可以被重写为

$$p(Y, \boldsymbol{\theta}|\boldsymbol{X}) = p(\boldsymbol{\theta}; \sigma) \prod_{i=1}^N p(y_i | \boldsymbol{x}_i, \boldsymbol{\theta})$$

其中 $p(\boldsymbol{\theta}; \sigma)$ 是参数的先验分布。给定观测数据 $\tilde{Y}$ 和 $\tilde{\boldsymbol{X}}$,找到使该表达式最大化的 $\boldsymbol{\theta}$ 值是条件概率模型最大后验参数估计的一个实例。因此,最小化目标

$$-\log p(\tilde{Y}, \boldsymbol{\theta}|\tilde{\boldsymbol{X}}) = -\sum_{i=1}^N \log p(\tilde{y}_i | \tilde{\boldsymbol{x}}_i) - \log p(\boldsymbol{\theta}; \lambda)$$

第一项是关于损失函数的负对数似然,第二项是参数先验概率的负对数,也称为"正则化"项。在 logistic 回归模型中,经常用 L_2 正则化作为权值。先验概率也可以应用于偏差,但实际上最好不要这样做(或者等同地使用均匀分布作为先验分布)。

所谓的 "L_2 正则化"是基于 L_2 规范,它只是欧氏距离 $\|\boldsymbol{w}\|_2 = \sqrt{\boldsymbol{w}^T \boldsymbol{w}}$。如果使用 0 均值的高斯分布和每个权值的共同方差作为权值的先验概率,则相应的正则化项是 λ 的加权的 L_2 距离的平方加上一个常数:

$$-\log p(\boldsymbol{\theta}; \sigma) = \lambda \|\boldsymbol{w}\|_2^2 + 常数$$

常数可以在优化期间被忽略,并且在正则化损失函数中通常省略。不管怎样,使用 $\lambda 2$ 或 $1/2\sigma^2$ 作为正则化项,给出了与高斯分布的参数 σ^2 更直接的对应关系。

求解具有 M 个权值参数的正则化多分类 logistic 回归问题,与找到最小化的权值和偏差

$$-\sum_{i=1}^N \log p(\tilde{y}_i | \tilde{\boldsymbol{x}}_i; \boldsymbol{W}, \boldsymbol{b}) + \lambda \sum_{j=1}^M w_j^2$$

正则化的权值越小越好。在多层感知机的背景下，这种正则化被称为权值衰减；在统计学中，它被称为岭回归。

在回归中，前面引入的弹性网络正则化使用 $\lambda_2 R_{L_2}(\theta) + \lambda_1 R_{L_1}(\theta)$ 组合 L_1 和 L_2 的正则化，其对应于由拉普拉斯和高斯分布的乘积组成的先验权值。在矩阵表示方面，给定一个权值矩阵 W，其行和列条目由 $w_{r,c}$ 给出，这可以写成

$$R_{L_2}(\theta) = \sum_r \sum_c (w_{r,c})^2, \quad \frac{\partial}{\partial W} R_{L_2}(\theta) = 2W$$

$$R_{L_1}(\theta) = \sum_r \sum_c |w_{r,c}|, \quad \frac{\partial}{\partial w_{r,c}} R_{L_1}(\theta) = \begin{cases} 1, & w_{r,c} > 0 \\ 0, & w_{r,c} = 0 \\ -1, & w_{r,c} < 0 \end{cases}$$

其中我们将 L_1 在先验概率为 0 处的导数设置为 0，尽管对这一点技术上没有定义。但这是常见的做法，因为这类正则化目标引入了稀疏性：一旦权值为零，梯度将为零。要注意，正则化尚未应用于偏差项。如果损失函数是凸的，这种正则化会导致凸优化问题，这是 logistic 回归和线性回归的情况。

9.7.4 梯度下降和二阶方法

通过将有参数的先验概率的最大似然学习作为最小化负对数概率的问题，可以使用梯度下降来优化模型的参数。给定参数矢量 θ 的条件概率模型 $p(y|x;\theta)$ 和数据 $\tilde{y}_i$, $\tilde{x}_i$ ($i = 1, \cdots, N$)，以及由 $p(\theta; \lambda)$ 给出的超参数 λ 的参数先验概率，学习速率为 η 的梯度下降过程为：

$\theta = \theta_o$ // 初始化参数
while converged == FALSE

$$g = \frac{\partial}{\partial \theta} \left[-\sum_{i=1}^N \log p(\tilde{y}_i | \tilde{x}_i; \theta) - \log p(\theta; \lambda) \right]$$

$\theta \leftarrow \theta - \eta g$

收敛与否通常通过监测损失函数或参数的变化来确定，当其中一个稳定时就收敛了。附录 A.1 显示了如何使用泰勒级数扩展来解释和证明学习速率参数 η。

或者，梯度下降可以基于二阶导数，通过在每次迭代中计算 Hessian 矩阵 H 并将上述更新替换为

$$H = \frac{\partial^2}{\partial \theta^2} \left[-\sum_{i=1}^N \log p(\tilde{y}_i | \tilde{x}_i; \theta) - \log p(\theta; \lambda) \right]$$

$\theta \leftarrow \theta - H^{-1} g$

9.7.5 广义线性模型

线性回归和 logistic 回归是统计学中名为"广义线性模型"的条件概率模型族的特殊情况，这两个概念用于统一和推广线性回归和 logistic 回归。在这个表达中，线性模型可能与响应变量相关，该变量用于线性回归的分布（而不是高斯分布）。可以为指数族中的任何分布创建广义线性模型（附录 A.2 介绍了指数族分布）。

在这种情况下，可以根据响应变量 y_i 和组成 p 维向量 x_i ($i = 1, \cdots, n$) 的解释变量来考虑数据。响应变量可以以不同的方式（二进制、分类或者有序数据）表示。然后定义一个模

型，其中用于响应变量的分布的期望值 $E[y]$ 由使用参数向量 $\boldsymbol{\beta}$ 的初始线性预测 $\eta_i = \boldsymbol{\beta}^T\boldsymbol{x}_i$ 组成，然后使用均值函数 g^{-1} 进行平滑、可逆和潜在的非线性变换：

$$\mu_i = E[y_i] = g^{-1}\left(\boldsymbol{\beta}^T\boldsymbol{x}_i\right)$$

均值函数是连结函数 g 的倒数。在广义线性建模中，将所有观测值的整组解释变量排列为 $n \times p$ 的矩阵 $\boldsymbol{X}$，使整个数据集的线性预测向量为 $\boldsymbol{\eta} = \boldsymbol{X\beta}$。也可以对底层分布的差异建模，通常是一个均值的函数。不同的分布、连结函数和相应的均值函数在定义概率模型方面具有很大的灵活性。示例见表 9-2。

上面讨论的 logistic 回归的多分类扩展是对响应变量 y 使用多项式分布的广义线性模型的另一个例子。因为这个模型是以概率分布来定义的，所以可以使用最大似然技术来估计参数。

由于这些模型都相当简单，所以系数 β_j 是可解释的。应用统计学家通常不仅对估计值感兴趣，对其他信息也感兴趣，如估计的标准误差和统计显著性检验。

表 9-2 广义线性模型中使用的连结函数、均值函数和典型分布

连接名	连结函数 $\eta = \boldsymbol{\beta}^T\boldsymbol{x} = g(\mu)$	均值函数 $\mu = g^{-1}(\boldsymbol{\beta}^T\boldsymbol{x}) = g^{-1}(\eta)$	典型分布
Identity	$\eta = \mu$	$\mu = \eta$	高斯分布
Inverse	$\eta = \mu^{-1}$	$\mu = \eta^{-1}$	指数分布
Log	$\eta = \log_e \mu$	$\mu = \exp(\eta)$	泊松分布
Log-log	$\eta = -\log(-\log_e \mu)$	$\mu = \exp(-\exp(-\eta))$	伯努利分布
Logit	$\eta = \log_e \dfrac{\mu}{1-\mu}$	$\mu = \dfrac{1}{1+\exp(-\eta)}$	伯努利分布
Probit	$\eta = \Phi^{-1}(\mu)$	$\mu = \Phi(\eta)$	伯努力分布

注意：$\Phi(\cdot)$ 是累积正态分布。

9.7.6 有序类的预测

在许多情况下，类值是明确的，但是具有自然的排序。为了处理有序类的属性，可以用累积分布来表示类概率，然后对其进行建模，以构建每个类的潜在概率分布函数。为了定义具有 M 个顺序类的模型，使用 $P(Y_i \leq j)$ 形式的 $M-1$ 累积概率模型表示给定实例 i 的类的随机变量 Y_i，然后使用累积分布模型之间的差异获得 $P(Y_i = j)$ 的模型。这里我们将使用 $P(Y_i > j) = 1 - P(Y_i \leq j)$ 形式的互补累积概率（称为生存函数），因为这有时可以简化参数的解释。那么类概率将由以下计算获得：

$$P(Y_i = 1) = 1 - P(Y_i > 1)$$
$$P(Y_i = j) = P(Y_i > j-1) - P(Y_i > j)$$
$$P(Y_i = M) = P(Y_i > M-1)$$

上面讨论的广义线性模型可以进一步推广到有序分类数据。事实上，广义的方法可以通过使用平滑和可逆的连结函数建模互补累积概率，将其非线性变换且结果等同于线性预测，然后应用于各种模型类。对于二分类预测，模型通常采用以下形式：

$$\text{logit}(\gamma_{ij}) = \log \frac{\gamma_{ij}}{1-\gamma_{ij}} = b_j + \boldsymbol{W}^T\boldsymbol{x}_i$$

其中 $\boldsymbol{w}$ 是权值向量，$\boldsymbol{x}_i$ 是特征向量，而 γ_{ij} 表示示例 i 大于离散化有序类 j 的概率。这样的模型称为"比例优势"模型或"有序胜算对数"模型。上述模型对每个不等式使用不同的偏差，

但使用相同的权值集合。这保证了一组一致的概率。

9.7.7 使用核函数的条件概率模型

线性模型通过在核回归中应用 7.2 节中提到的"核技巧",或者通过前面关于线性和多项式回归的矩阵公式中提到的基础扩展,将线性模型转化为非线性模型。这可以应用于核回归和核 logistic 回归。

假设特征 x 由向量 $k(x)$ 代替,向量中的元素是通过对每个训练样本(或训练向量的一些子集)使用核函数 $k(x, x_j)$ 来确定的:

$$k(x) = \begin{bmatrix} k(x, x_1) \\ \vdots \\ k(x, x_V) \\ 1 \end{bmatrix}$$

该向量已经添加了"1",这是为了在参数矩阵中实现偏差项,那么核回归就是

$$p(y|x) = N(y; W^T k(x), \sigma^2)$$

对于分类问题,类似的核 logistic 回归是

$$p(y|x) = \frac{\exp(y^T \theta k(x))}{\sum_y \exp(y^T \theta k(x))} = \frac{1}{Z(k(x))} \exp(y^T \theta k(x))$$

由于训练集中的每个例子都可以具有不同的核向量,所以有必要用 $k_{ij} = k(x_i, x_j)$ 的条目计算出一个核矩阵 K。对于大型数据集,这个操作可能是时间密集和内存密集型的。

支持向量机具有相似的形式,尽管它们不是用概率表达的,并且多分类支持向量机不像多分类核 logistic 回归那样易于表示。因为它们使用了一个潜在的铰链损失函数和权值正则化项,所以支持向量机通常将许多项分配为 0 权值。支持向量机也有引人注意的特点,即将非 0 权值置于驻留在决策面边界的向量上。在许多应用中,这导致测试时所需的核评估数量显著减少。即使采用高斯或(平方)L_2 正则化方法,核 logistic 回归或者核梯度回归也不会产生这样的稀疏解:通常每个样本都有一个非零权值。然而,核 logistic 回归可以优于支持向量机,并且已经提出了几种使这些方法稀疏的技术。本章末尾的拓展阅读部分提到了这些方法。

9.8 时序模型

考虑给一个观测序列创建一个概率模型的任务。如果观测序列与单词相对应,随机变量就可以定义为与词汇表一样多的状态。如果它们是连续的,就需要一些参数形式来创建合适的连续分布。

9.8.1 马尔可夫模型和 N 元法

对于离散序列数据,一个简单而有效的概率模型被称为"马尔可夫模型"。一阶马尔可夫模型假定序列中的每个符号可以通过使用前面符号给出的条件概率来预测(对于最开始的符号,使用的是无条件概率)。给定观测变量 $O = \{O_1, \cdots, O_T\}$,该过程可以被写为

$$P(O) = P(O_1) \prod_{t=1}^{T} P(O_{t+1}|O_t)$$

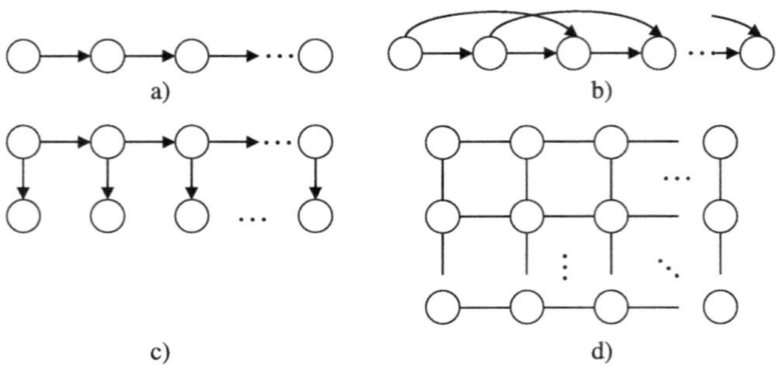

图9-18 a) 和 b) 分别为变量序列的一阶和二阶马尔可夫模型；c) 隐马尔可夫模型；d) 马尔可夫随机场

通常，在这种模型中使用的每一个条件概率都是相同的。相应的贝叶斯网络简单地由一条在每个连续时间有有向边的变量线性链组成。图 9-18a 展示了一个例子。该方法自然地推广到二阶模型（图 9-18b）以及更高阶。相应地，N 元模型使用一个 $(N-1)$ 阶马尔可夫模型。例如，一阶模型涉及 2 元的使用（或"二元"）；三阶模型使用三元，以及 0 阶模型相对应的是单观测或一元。这样的模型被广泛用于生物序列建模，例如 DNA 以及文本挖掘和计算语言学。

所有概率模型都提出了当没有数据对特定变量进行配置时该做什么这一问题。正如我们在 4.2 节看到的，0 值参数会导致问题。这对于高阶马尔可夫模型尤为严重，并且平滑技术变得关键，例如拉普拉斯或狄利克雷平滑——可以来自于一个贝叶斯分析。在本章的拓展阅读部分可以看到一些介绍专门平滑 N 元的方法的文献。

大型 N 元模型对一些应用非常有用，其应用范围从机器翻译和语音识别到拼写校正和信息提取。事实上，谷歌已经对在一兆词的语料中至少出现 40 次的 10 亿个五词序列进行可用英语单词计数，并且丢弃了出现次数少于 200 次的单词，还保留了 1300 万独特的单词（一元），3 亿二元单词，以及各约 10 亿三元、10 亿四元和 10 亿五元单词。

9.8.2 隐马尔可夫模型

自 20 世纪 80 年代以来，隐马尔可夫模型就已经被广泛用于模式识别。大多数的主要语音识别系统由高斯混合模型结合隐马尔可夫模型组成。生物序列识别中的许多问题也可以由隐马尔可夫模型来解决，包括各种扩展和泛化。

对于 T 个观测因素，隐马尔可夫模型是一个离散观测变量集 $O=\{O_1, \cdots, O_T\}$ 以及离散隐变量集 $H = \{H_1, \cdots, H_T\}$ 的联合概率模型，联合分布如下：

$$P(O,H) = P(H_1)\prod_{t=1}^{T} P(H_{t+1}|H_t)\prod_{t=1}^{T} P(O_t|H_t)$$

每个 O_t 是一个有 N 个可能值的离散随机变量，并且每个 H_t 是一个有 M 个可能值的离散随机变量。图 9-18c 说明了隐马尔可夫模型作为贝叶斯网络的一种类型，之所以被称为"动态"贝叶斯网络，是因为变量在合适的时间步数之上被动态复制。它们显然是一个一阶马尔可夫模型的扩展，普遍使用"时间齐次"模型，这里每个时间步的转移矩阵 $P(H_{t+1}|H_t)$ 是相同的。定义 A 为一个转移矩阵，其元素为 $P(H_{t+1}=j|H_t=i)$，并定义 B 为发射矩阵，其元素 b_{ij} 对应于 $P(O_t=j|H_t=i)$。对于特殊的 $t=1$ 初始状态概率分布是在向量 $\boldsymbol{\pi}$ 中编码，其中 $\pi_i = P(H_t = i)$。完整的参数集是 $\theta = \{A, B, \pi\}$，是一个包含两个矩阵和一个向量的集合。我们

写一个特别的观测序列作为观测集 $\tilde{O} = \{O_1 = O_1, \cdots, O_T = O_T\}$。

隐马尔可夫模型摆出了 3 个关键问题：

1）计算 $P(\tilde{O}; \theta)$ 以 θ 为参数的模型中序列的概率。

2）找到最有可能的解释——最好的状态序列 $H^* = \{H_1 = h_1, \cdots, H_T = h_T\}$，它解释了一个观测。

3）已知观测序列的数据集，为模型找到最好的参数 θ。

第一个问题可以使用和积算法来解决，第二个问题使用最大乘积算法来解决，第三个问题使用 EM 算法并用和积算法计算所需的期望。如果对应于观测序列的隐变量序列有带标签数据，那么需要的条件概率分布就可以由对应的计数来计算，就像我们在贝叶斯网络里做的那样。

当隐马尔可夫模型被视为动态贝叶斯网络，且通过更新学习贝叶斯网络中的条件概率表时，参数估计任务之间唯一的不同是可以平均在每一时间步获得的统计数据，因为每一步都使用了相同的发射和转移矩阵。基本的隐马尔可夫模型的形式就成了一个参照点随时间推移耦合更复杂的概率模型时，使用更普遍的动态贝叶斯网络模型。

9.8.3 条件随机场

处理序列数据时，隐马尔可夫模型不是唯一有用的模型。条件随机场是一种考虑上下文环境的统计建模技术，并且经常结构化为线性链。在数据挖掘领域，它们被广泛用于序列处理任务，且在图像处理和计算机视觉领域也同样流行。图 9-19 是从电子邮件中提取会见的位置与日期的问题，可以使用链约束条件随机场来解决该问题。其主要优势是这些模型可以给定输入序列的任意复杂特征，用来做出预测，例如，匹配组织列表的单词和处理已知缩写词的变体。

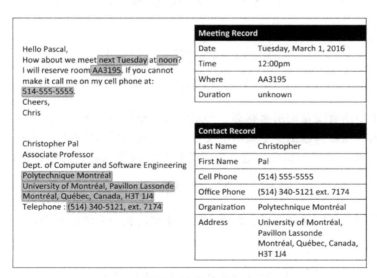

图 9-19　挖掘电子邮件来获得会见细节

链约束条件随机场的推理可以使用上面讨论的和积与最大积算法来高效地执行。和积算法可用于计算需要被学习的期望梯度，最大积算法可用于给新序列打标签——使用诸如"地点"之类的标签指明位置或者房间以及"时间"标签与会见相关联。

我们从一个一般化的定义开始，然后集中在一个更简单的线性条件随机场的例子上。图 9-20d 显示了一个线性约束条件随机场，作为一个因子图，可以与图 9-20b 的马尔可夫随机场以及图 9-20c 的隐马尔可夫模型形成对比。图 9-20d 的圆圈不是被用来展示观测变量的，因为潜在的条件随机场模型不能像图中的随机变量一样被明确地编码。

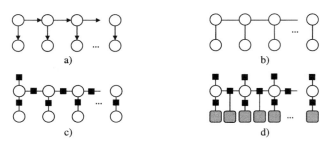

图 9-20　a）动态贝叶斯网络的隐马尔可夫模型表示；b）简单结构化的马尔可夫随机场；c）a 的因子图；
　　　　d）线性链条件随机场的因子图

1. 从马尔可夫随机场到条件随机场

鉴于贝叶斯网络和马尔可夫随机场都定义了一个数据的联合概率模型，条件随机场（也称为"结构化预测"技术）定义了一个多个预测的联合条件分布。对于一个随机变量的集合 X，我们已经看到一个马尔可夫随机场如何使用幂能量函数 $F(X)$ 分解 X 的联合分布：

$$P(X) = \frac{1}{Z}\exp(-F(X))$$
$$Z = \sum_X \exp(-F(X))$$

其中的总和是 X 中所有变量的所有状态。条件随机场基于一些观测条件产生了一个条件分布：

$$P(Y|X) = \frac{1}{Z(X)}\exp(-F(Y,X))$$
$$Z(X) = \sum_Y \exp(-F(Y,X))$$

其中的总和是 Y 中所有变量的所有状态。马尔可夫和条件随机场都可以定义为一般化模型结构，但是能量函数通常只包括一个或两个变量——一元或成对的潜能。在概念上，基于 Y 中变量的 U 个一元和 V 个成对函数创造一个 $P(Y|X)$ 的条件随机场，能量函数的形式如下：

$$F(Y,\tilde{X}) = \sum_{u=1}^{U} U(Y_u, \tilde{X}) + \sum_{v=1}^{V} V(Y_v, \tilde{X})$$

这样的能量函数可以通过取反、取幂和归一化来转化为所谓的势函数。条件概率模型取如下形式：

$$\begin{aligned}P(Y|\tilde{X}) &= \frac{1}{Z(\tilde{X})}\exp\left[\sum_{u=1}^{U} U(Y_u, \tilde{X}) + \sum_{v=1}^{V} V(Y_v, \tilde{X})\right] \\ &= \frac{1}{Z(\tilde{X})}\prod_{u=1}^{U}\phi_u(Y_u, \tilde{X}) + \prod_{v=1}^{V}\Psi_v(Y_v, \tilde{X})\end{aligned} \quad (9\text{-}8)$$

如早前所提到的，像这样的点阵结构模型被用在图像处理应用上。用链约束条件随机场处理序列甚至更简单。注意，logistic 回归可以看作一个简单的条件随机场，源自马尔可夫随机场的条件版本的带有因式分解的例子如图 9-15b 所示。

2. 线性链条件随机场

考虑离散随机变量序列 $Y = \{y_1, \cdots, y_N\}$ 的观测 $\tilde{Y} \approx \{y_1 \quad \tilde{y}_1, \cdots, y_N \quad \tilde{y}_N\}$，使用整数来编码相关的状态，以及一个观测到的输入序列（它可以是任何数据类型）$\tilde{X} = \{\tilde{x}_1, \cdots, \tilde{x}_N\}$。给定一个输入序列，一个条件随机场定义一个带标序列的条件概率 $P(Y|X)$。这与隐马尔可夫模型相反，隐马尔可夫模型把 Y 和 X 都当作随机变量对待，并且为 $P(Y, X)$ 定义一个联合概率模型。注意，上面的 X 有意地没有定义为随机变量序列，因为我们将会在给定 X 下定义 Y 的条件分布，并且需要 $P(X)$ 没有明确的模型。当然，$P(X)$ 的一个隐式模型可以被定义为数据的经验分布，或者通过在每一个观测上放置一个 Dirac 或 Kronecker 增量函数（Kronecker delta function）来产生分布，并通过实例的数量进行归一化。不把 X 定义为一个序列的目的是开发变量的类型，以及它是否只是一个变量的集合或正式定义的随机变量的集合。图 9-20d 使用阴影矩形来强调这些点。在这个链式模型中，对于一个长度为 N 的给定序列，式 (9-8) 可以被写为

$$P(Y|\tilde{X}) = \frac{1}{Z(\tilde{X})} \prod_{u=1}^{N} \phi_u(y_u, \tilde{X}) \prod_{v=1}^{N} \Psi_v(y_v, y_{v+1}, \tilde{X})$$

线性链结构揭露了一些对隐马尔可夫模型的发射和转移矩阵的类比。有两类特征：J 个单变量（状态）特征 $u_j(y_i, X, i)$ 的集合是一个单 y_i 函数，并且在序列 $i = 1, \cdots, N$ 中对每一个 y_i 和 K 个成对（转移）特征 $v_k(y_{i-1}, y_i, X, i)$，$i > 1$ 的集合进行计算。每一个类型都与一元权值 θ_j^u 和成对权值 θ_k^v 相关联。注意，这些特征可以是整个观测序列（或观测序列的子集）$\tilde{X}$ 的函数。对输入的全局依赖是条件随机场相对于隐马尔可夫模型的一个主要优势。通过位置成对势函数（per-position pairwise potential function）来模拟马尔可夫模型的转移矩阵：这些可以被写作一个依赖于观测序列和成对权值 θ_k^v 与成对特征的乘积求和的矩阵集，即

$$\Psi_i[y_i, y_{i+1}] = \exp\left[\sum_{k=1}^{K} \theta_k^v v_k(y_i, y_{i+1}, \tilde{X}, i)\right]$$

一元势函数扮演着与隐马尔可夫模型发射矩阵提出的术语相似的角色，并且可以写为如下向量集，涉及一元特征的取幂加权组合

$$\phi_i[y_i] = \exp\left[\sum_{j=1}^{J} \theta_j^u u_j(y_i, \tilde{X}, i)\right]$$

有些时候，与保存一元和成对特征以及它们的参数相比，对于给定位置 i，利用所有特征会更加有用。为了做到这一点，定义 $f(y_i, y_{i+1}, X, i)$ 是长度为 L 的向量，该向量包含所有单变量和成对特征，并且将全局特征向量定义为每一个位置依赖的特征向量的总和：

$$g(Y, X) = \sum_{i=1}^{N} f(y_i, y_{i+1}, X, i)$$

将条件随机场写成如下简便的形式

$$P(Y|X) = \frac{\exp(\boldsymbol{\theta}^\mathrm{T} g(Y, X))}{\sum_Y \exp(\boldsymbol{\theta}^\mathrm{T} g(Y, X))}$$

如果我们把问题转向基于模型的最大化条件似然的学习上,可以得到一种比 logistic 回归更简单的方法。对于 M 个输入序列 $A = \{\tilde{X}_1,\cdots,\tilde{X}_M\}$ 和相应输出序列 $B = \{\tilde{Y}_1,\cdots,\tilde{Y}_M\}$ 的集合,条件随机场的对数似然的梯度为

$$\frac{\partial}{\partial \boldsymbol{\theta}} \log P(B|A) = \sum_{m=1}^{M} \left[\boldsymbol{g}(\tilde{Y}_m, \tilde{X}_m) - E_m \left[\boldsymbol{g}(\tilde{Y}_m, \tilde{X}_m) \right] \right]$$

其中,$E_m[.]$ 是一个关于 $P(Y_m|\tilde{X}_m)$ 的期望。标准做法是包括一个高斯先验或参数的 L_2 正则化(通过在表达式上添加一个正则项)。与 logistic 回归不同,这个期望涉及带标序列的联合分布,不仅仅是单类标变量的分布。然而,在链约束图中,可以通过和积算法有效准确地计算。

3. 链约束条件随机场的学习

为了计算线性链条件随机场的梯度,以标量形式显示 L_2 正则化对数似然中的每一个参数:

$$\log P(B|A) = \sum_{m=1}^{M} \sum_{i=1}^{N_m} \sum_{l=1}^{L} \theta_l g_l(\tilde{y}_{m,i}, \tilde{y}_{m,i+1}, \tilde{X}_m) - \sum_{m=1}^{M} \log Z(\tilde{X}_m) - \sum_{l=1}^{L} \frac{\theta_l^2}{2\sigma^2}$$

其中 σ 是正则化参数。对单参数和训练实例进行微分,每一个实例的梯度的贡献为

$$\frac{\partial}{\partial \theta_l} \log P(\tilde{Y}_m|\tilde{X}_m) = \sum_{i=1}^{N_m} g_l(\tilde{y}_i, \tilde{y}_{i+1}, \tilde{X}) - \sum_{i=1}^{N_m} \sum_{y_i} \sum_{y_{i+1}} g_l(y_i, y_{i+1}|\tilde{X}) P(y_i, y_{i+1}|\tilde{X}) - \frac{\theta_l}{\sigma^2}$$

观测到的特征的值与其在当前预测模型下的期望是不同的,关于 $P(y_i, y_{i+1}|\tilde{X})$ 的期望,减去正则项的偏微分。对一元函数使用类似方法,关于 $P(y_i|\tilde{X})$ 这些期望,由于分布都是一元和成对变量边缘条件分布,所以可用和积算法来有效地计算。

4. 把条件随机场用于文本挖掘

图 9-19 所示的文本信息提取的情景只是应用数据挖掘从自然语言中提取信息的一个例子。这类信息可以是其他的命名实体,例如位置、人名、组织、钱、百分比、日期和时间;或者是研讨会通知里的字段,例如演讲者姓名、研讨会房间、开始时间和结束时间。在这类任务中,输入特征经常包括当前、前一个和下一个单词,n 元字符,部分演讲标签序列,窗口里的某些关键单词出现在当前位置的左边或右边。其他特征可以由已知单词的列表定义,例如姓和名以及敬语,位置和组织。例如大写字母和字母数字字符的特征可以由正则表达式定义,并整合到基于条件随机场的潜在概率模型中。

9.9 拓展阅读及参考文献

概率机器学习和数据挖掘领域是庞大的:它基本包含了所有古典和现代统计技术。本章重点介绍了数据挖掘和机器学习中的基本概念和一些广泛使用的概率方法。关于统计和概率方法的优秀书籍由 Hastie、Tibshirani 和 Friedman(2009)以及 Murphy(2012)所编写。Koller 和 Friedman(2009)所著的优秀书籍专门介绍概率图模型的先进技术和原理。

Cooper 和 Herskovits(1992)介绍了用于学习贝叶斯网络的 K2 算法。贝克斯评分指标由 Heckerman 等人(1995)提出。Friedman、Geiger 和 Goldszmidt(1997)介绍了树增强的朴素贝叶斯算法,并且还描述了贝叶斯多维网络(multinets)。Grossman 和 Domingos(2004)展示了如何使用条件似然来对网络评分。Guo 和 Greiner(2004)对贝叶斯网络分类器的评分指标进行了大量的比较。Bouckaert(1995)描述了如何对子网进行平均化。AODE

由 Webb、Boughton 和 Wang（2005）描述，AnDEs 由 Webb（2012）等人描述。Moore 和 Lee（1998）引入和分析了 AD 树——和在 4.10 节提到的 kD-tree 和 ball-tree 上做了工作的 Andrew Moore 是同一个人。Komarek 和 Moore（2000）引入增量学习的对具有许多属性的数据集更有效的 AD 树。

Cheeseman 和 Stutz（1995）描述了 AutoClass 程序。现已出现了两种实现方法：原始的研究实现用 LISP 编写；后续公共实现用 C 语言编写，其速度是原来的 10 或 20 倍，但是受到更多的限制，例如，仅对数字属性实现正态分布模型。DensiTrees 由 Bouckaert（2010）开发。

核密度估计是一个有效的且概念上很简单的概率模型。Epanechnikov（1969）在均方误差度量下显示了 Epanechnikov 核的最优性。Jones、Marron 和 Sheather（1996）推荐使用所谓的"插件"估计来选择 Kernel bandwidth。Duda 和 Hart（1973）和 Bishop（2006）在理论上表明，随着数据量的增长，核密度估计收敛于真实分布。

源自 Dempster、Laird 和 Rubin（1977）的著作的 EM 算法是隐藏或潜变量模型中学习的关键。现代变分观点为使用近似后验分布提供了坚实的理论依据，如附录 A.2 和 Bishop（2006）所述。这个观点源自 20 世纪 90 年代 Neal 和 Hinton（1998），以及 Jordan、Ghahramani、Jaakkola 和 Saul（1998）等人的著作。Salakhutdinov、Roweis 和 Ghahramani（2003）探索 EM 方法，并将其与预期梯度进行比较，包括更复杂的预期共轭梯度最优化。

马尔可夫链蒙特卡罗方法在贝叶斯统计模型中很受欢迎，参见 Gilks（2005）的著作。Geman（1984）首先描述了 Gibbs 抽样程序，以物理学家 Josiah Gibbs 命名，这缘于抽样之间的这种随机场潜在的函数形式和统计物理学类比。Hastings'（1970）对 Metropolis、Rosenbluth 和 Teller（1953）的算法的泛化为今天的方法奠定了基础。Besag（1986）提出了迭代条件模式方法，用于找出最可能的解释。

盘子表示法广泛应用于人工智能（Buntine，1994）、机器学习（Blei、Ng 和 Jordan，2003）和计算统计学（Lunn、Thomas、Best 和 Spiegelhalter，2000），用来定义复杂的概率图形模型，并且形成 BUGS（使用吉布斯抽样的贝叶斯推理）软件项目的基础（Lunn 等，2000）。本书中的因子图和 sum-product 算法的描述遵循在 Kschischang、Frey 和 Loeliger（2001）以及 Frey（1998）里的原始形式。sum-product 和 max-product 算法只适用于树。然而，贝叶斯网络和包含圈的其他模型可以通过聚类变量处理成称为联合树的结构，Lauritzen 和 Spiegelhalter（1988）的联合树算法允许精确推断。Ripley（1996）使用示例论及了联合树算法；Huang 和 Darwiche（1996）的程序指南对于那些需要实现算法的人来说是一个很好的资源。联合树中的概率传播产生了精确的结果，但是由于集群变得太大，有时候是不可行的，在这种情况下，必须采用抽样或变分方法。

Roweis（1998）给出了 PPCA 的早期 EM 公式：他研究了零输入噪声情况，为上述简化了的 EM 算法提供了巧妙的数学方法。Tipping 和 Bishop（1999a，1999b）进行了进一步分析，并且表明，在优化模型并学习观测噪声的方差之后，矩阵 W 的列被缩放并旋转到数据的协方差矩阵的主特征向量。主成分分析的概率公式打开了进一步泛化的概率公式的大门，如主成分分析器的混合物（Dony & Haykin，1995；Tipping & Bishop，1999a，1999b）和因子分析器的混合物（Ghahramani & Hinton，1996）。特别有用的是，PPCA 和因子分析能够轻松处理丢失的数据：如果数据随机丢失，我们可以将其与未观察到的值相关联的分布进行边缘化，如 Ilin 和 Raiko（2010）所详述。

PPCA 对应于协方差矩阵的分解。减少连续高斯模型中参数数量的另一种方法是使用稀疏逆协方差模型，当与混合模型以及 EM 组合时，其产生具有相关属性的另一种形式的聚类。Edwards（2012）为图建模提供了一个很好的介绍，包括具有离散和连续组件的混合模型。与任何其他处理方法不同，他还检查了图形化的高斯模型，并进一步深入了图模型与逆协方差矩阵的稀疏结构之间的对应关系。使用 $\beta = \Sigma^{(-1)}\mu$ 和 $\Omega = \Sigma^{-1}$ 的高斯分布的"规范（canonical）"参数化，而不是使用平均 μ 和协方差矩阵 Σ 的通常的"moment"参数化，将会更好地掌握这些概念。

LSA 由 Deerwester、Dumais、Landauer、Furnas 和 Harshman（1990）引入。pLSA 源于霍夫曼（Hofmann，1999）。Blei 等（2003）提出了隐含狄利克雷分布（LDA[b]）。Teh 等人提出了 LDA[b] 的高效"折叠吉布斯抽样"方法，并将这个概念扩展到变分方法。Blei 和 Lafferty（2006）的动态主题模型明确地处理了主题的时间演变，而不是在寻找随着时间的变化趋势的情况下简单地应用 LDA[b]，他们调查了《科学》杂志的主题趋势。Griffiths 和 Steyvers（2004）使用贝叶斯模型选择来确定他们对《Proceedings of the National Academy of Science》的摘要的 LDA[b] 分析的主题数量。Griffiths 和 Steyvers（2004）和 Teh 等（2006）给出了关于 LDA[b] 的折叠吉布斯抽样和变分方法的更多细节。分层狄利克雷过程（Teh 等，2006）和相关技术提供了确定分层贝叶斯模型中的主题或簇数量的问题的替代方案。这些技术上复杂的方法是非常受欢迎的，并且可以在线获得高质量的实现。

logistic 回归有时被称为应用统计学的主力。Hosmer 和 Lemeshow（2004）是一个有用的资源。Nelder 和 Wedderburn（1972）著作涉及了广义线性模型框架。McCullagh（1980）开发了顺序回归的比例优势模型，有时称之为有序 Logit 模型，因为它们使用广义 Logit 函数。Frank 和 Hall（2001）展示了如何使任意的机器学习技术适应有序的预测。McCullagh 和 Nelder（1989）被广泛引用的专著是广义线性模型框架更多细节的另一个好的来源。

Tibshirani（1996）开发了著名的"最小绝对收缩与选择算子"（也被称为 LASSO）；而 Zou 和 Hastie（2005）开发了"弹性网络"正则化方法。

核 logistic 回归将线性分类器转换为非线性分类器，概率稀疏核技术则是支持向量机的有吸引力的替代方案。Tipping（2001）提出了"关联向量机"，它以激励核权值在学习中变为零的方式来操纵参数先验分布。Lawrence、Seeger 和 Herbrich（2003）提出了"信息向量机"，它在 Williams 和 Rasmussen（2006）的意义上用快速、稀疏的高斯过程方法解决了这个问题。Zhu 和 Hastie（2005）将稀疏核对数 logistic 回归定义为使用贪婪搜索方法的"导入向量机"。然而，与 SVM（和 L2 正则化核 logistic 回归）相反，这些方法一个也没有达到 Cortes 和 Vapnik（1995）的支持向量机的流行度，这或许是因为它们的目标函数不是凸的。凸函数优化问题在损失函数中具有单一最小值（最大似然）。当需要从 SVM 中得到概率时，Platt（1999）显示了如何将 logistic 回归用于分类评分。

用于平滑 n-gram 的一些技术来自将先验分布应用于模型的条件概率的参数。其他技术来自不同观点的方法，例如插值技术（其中使用低阶 n-gram 的加权组合）。Good-Turing 估计（Good，1953 年）（由计算之父之一的阿兰·图灵共同发明）和 Witten-Bell 平滑（Witten 和 Bell，1991）就是基于这些想法。Brants 和 Franz（2006）讨论了 9.8 节提到的大量的 Google n-gram 集；它们可以以 24 GB 压缩文本文件从 Linguistic Data Consortium 获得。

Rabiner 和 Juang（1986）和 Rabiner（1989）分别给出了隐马尔可夫模型的经典介绍和教程。它们在语音识别系统中广泛使用了数十年，并广泛应用于许多其他问题。人类基因组测序项目从 1990 年左右持续到 2000 年年初（国际人类基因组测序联盟，2001；Venter 等，2001），衍生出大量使用隐马尔可夫模型对基因组中的基因进行建模和识别的活动（Burge 和 Karlin，1997；Kulp，Haussler，Rees 和 Eeckman，1996）——尤其令人印象深刻和重要的数据挖掘应用。Murphy（2002）为关于动态贝叶斯网络如何扩展为隐马尔可夫模型提供了详细的资料来源。

Lafferty、McCallum 和 Pereira（2001）撰写了关于条件随机场的开创性论文，Sutton 和 McCallum（2006）就此给出了其进一步细节的优秀资源。Sha 和 Pereira（2003）提出了条件随机场的全局特征向量视图。本书的展示综合了这些观点。其原始应用是序列标记问题，但是它们已经被广泛应用于数据挖掘中的许多序列处理任务。Kristjansson、Culotta、Viola 和 McCallum（2004）研究了从电子邮件文本中提取信息的具体问题。斯坦福大学命名实体识别器便是基于条件随机场——Finkel、Grenager 和 Manning（2005）给出了实施细节。

马尔可夫逻辑网络（Richardson 和 Domingos，2006）提供了一种使用一阶逻辑的加权子句编码的程序来创建动态实例化马尔可夫随机场的方法。这种方法已被用于集体或结构分类、链接或关系预测、实体和身份消歧等众多领域，如 Domingos 和 Lowd（2009）的教科书中所述。

软件包与实现

主成分分析、高斯混合模型和隐马尔可夫模型的实现可在许多软件包中获得。MatLab 的统计工具箱含有基于本书所讨论的方法的主成分分析及其概率变体的实现，还包含高斯混合模型和所有标准隐马尔可夫模型的实现。

Kevin Murphy 的基于 MatLab 的概率建模工具包是一个大型的开源 MatLab 函数和工具集合。该软件包含本书所讨论的许多方法的实现，包括贝叶斯网络操作和推理方法的代码。

来自 Hugin Expert A／S 的 Hugin 软件包和来自 Norsys 的 Netica 软件是著名的商业软件实现，用于操控贝叶斯网络。它们包含与这些网络交互的优秀图形用户界面。

BUGS（使用吉布斯抽样的贝叶斯推理）项目已经为使用马尔可夫链蒙特卡罗方法的复杂统计模型的贝叶斯分析创建了各种软件包。WinBUGS（Lunn 等人，2000）是软件的稳定版本，但最近的 OpenBUGS 项目是核心 BUGS 实现的开源版本（Lunn、Spiegelhalter、Thomas 和 Best，2009）。

VIBES 软件包（Bishop、Spiegelhalter 和 Winn，2002）允许使用变分方法推断图形模型。Microsoft Research 创建了一种称为 infer.net 的编程语言，它允许用户定义图形模型并使用变分方法、吉布斯抽样或称为期望传播的其他消息传递方法来执行推理（Minka，2001）。期望传播将信念传播推广到超出用于创建贝叶斯网络的典型离散和二进制模型之外的分布和模型。Microsoft Research 的 John Winn 和 Tom Minka 一直在领导 infer.net 项目。

R 编程语言和软件环境被创建用于统计计算和可视化（Ihaka 和 Gentleman，1996）。它起源于奥克兰大学，并给出了来自贝尔实验室的 S 编程语言的开源实现。它与诸如 SAS、SPSS 和 Stata 之类的众所周知的商业软件包相当，并且包含许多经典统计方法的实现，例如广义线性模型和其他回归技术。由于它是一种通用编程语言，本章讨论的模型有许多扩展和实现可以在线获得。历史上，Brian D. Ripley 预见了 R 的发展。Ripley 现在已经从牛津大学退休，他曾是该校的一名统计教授。他是许多关于 S 编程书籍（Venables 和 Ripley，2000，2002）的共同作者，也是关于模式识别和神经网络的一本较老但质量非常高的教科书

（Ripley，1996）的共同作者。

MALLET（Machine Learning for Language Toolkit）(McCallum，2002）提供了隐含狄利克雷分布和条件随机场的优秀 Java 实现。它还提供了许多其他统计自然语言处理方法，从文档分类和聚类到主题建模、信息提取，以及经常用于文本处理的其他机器学习技术。

开源 Alchemy 软件包广泛应用于马尔可夫逻辑网络（Richardson 和 Domingos，2006）。

Scikit-learn（Pedregosa 等，2011）是一组快速增长的基于 Python 的一系列机器学习方法的实现。它包含用于分类、回归、聚类、降维（包括因子分析和 PPCA）、模型选择和预处理的许多概率统计方法的实现。

9.10 Weka 实现

- 贝叶斯网络
  - BayesNet（没有隐变量用于分类的贝叶斯网络）
  - A1DE 和 A2DE（在 AnDE 包中）
- 条件概率模型
  - LatentSemanticAnalysis（在 latentSemanticAnalysis 包中）
  - ElasticNet（在 ElasticNet 包中）
  - KernelLogisticRegression（在 kernelLogisticRegression 包中）
- 聚类
  - EM（使用 EM 算法的聚类和密度估计）

第 10 章

Data Mining: Practical Machine Learning Tools and Techniques, Fourth Edition

深 度 学 习

近年来，所谓的"深度学习"机器学习方法对语音识别和计算机视觉产生了重大影响。诸如自然语言处理的其他学科也开始受益。深度学习的一个关键部分是使用比以前更大的数据量。最近已经在涉及大量参数的大容量模型的设定中得到成功应用。这些灵活的模型利用人工选定的特征可以比传统的机器学习技术更有效地利用潜藏在巨量数据集中的信息。

本章首先讨论深度学习的概念和为什么它是有效的。然后介绍关键创新以及一些具体的结果和实验，同时也介绍与深度学习相关的主要方法，并讨论当前一些常见的实践问题和深层网络架构训练方面的内容。

现有三种基于机器学习的方法用于从数据中进行预测：
- 经典的机器学习技术，即直接从一组由用户预先选定的特征中做预测。
- 表征学习技术，即在将特征映射到最终的预测结果之前把它们转换为一些中间层表征。
- 深度学习技术，一种创建了非常复杂的特征且使用了多次转换步骤的表征学习。

我们已经见过在应用机器学习之前将特征转换为中间层表征的多种方法。一个经典的例子是主成分分析之后进行近邻学习。另一个表征学习的例子是 Fisher 线性判别分析：判别目标用于调整使用标签数据学习得到的表征。结果可直接用于分类，或者作为一个更加具有弹性的非线性的分类器。

相比之下，一个简单的三层感知机针对任务的特点调整隐层，联合训练隐层和输出层，使隐层参数共同适应输出层参数。通过添加更多的隐层"加深"网络，使特征依赖于一系列转换。每一层的变换都是一种推断形式，可以想象如何将复杂的推断过程更容易地建模为一系列计算步骤。我们还将讨论的深度递归神经网络包括反馈环路，其深度与正在学习的底层算法的复杂性相关，而不是特征聚合和抽象的迭代过程。

深度多层感知器、深度卷积神经网络（CNN）和递归神经网络是当前深度学习浪潮的核心。然而我们将在下面看到，也可以将其他方法作为深度学习的实例。大部分深度学习方法使用多层感知器作为构建块。

本章重点介绍了一些显著的经验成果，其中深度学习方法已经超越了其他最先进的替代方案。使用深度学习的主要原因是其与其他方法相比的效果更好。但还有其他更具理论性的动机。这里给出了神经网络和电路分析在概念层面上的类比，其引出了复杂性理论中的理论成果。如 7.2 节所示，一些神经网络实现了逻辑函数的软变体，在某些参数设置下，它们可以像逻辑门一样运行。当以较浅的架构表示时，可以由多层网络紧凑表示的函数可能需要更多的元素。

深度学习将网络架构作为基础问题，其输出层定义了学习需要的损失函数。输出单元可以表示为概率预测，如果这些预测是参数化的，则可以简单地将损失定义为模型下的负对数似然。参数通常使用 9.7 节中引入的技术进行正则化，方法是将参数视为有某种先验概率分布或（等效地）在损失函数中加入正则化项。我们还讨论了一些较新的正则化方法。

深度学习方法经常基于反向传播算法来计算学习所需梯度的网络。使用随机梯度下降方法的一个变种计算梯度，即从一个"小批量"——训练集的子集中更新模型参数。

深度学习引发了神经网络研究与应用的复兴。许多知名的媒体（例如《纽约时报》）记录了深度学习技术在一些关键基准问题上引人注目的成功。大约从 2012 年开始，深度学习在语音识别和计算机视觉方面长期存在的问题以及诸如 ILSVRC（ImageNet Large Scale Visual Recognition Challenge）和 LFW（Labeled Faces in the Wild）评价数据集中取得了令人印象深刻的成果。在语音处理、计算机视觉甚至在神经网络社区本身，其影响是巨大的。更多信息请参阅本章末尾的拓展阅读部分。

在图形处理单元的形式下，高速计算的简单可用性对于深度学习技术的成功至关重要。当以矩阵 – 向量形式表达时，可以使用优化的图形库和硬件来加速计算。随着网络模型变得越来越复杂，一些量只能使用多维数字数组（有时称为张量，一个允许任意数量的索引的广义矩阵）来表示。用于支持张量的深度学习软件对于加快创建复杂网络结构并使其更容易学习是非常有价值的。我们将在本章末尾介绍一些软件包。

本章给出了以矩阵 – 向量形式实现反向传播的方程。由于有些读者不熟悉具有矩阵参数的函数及其相关知识，附录 A.1 总结了一些有用的背景。

10.1 深度前馈网络

神经网络模型已被视为标准机器学习技术几十余年，四个关键的进展在其复兴过程中扮演着重要的角色：

- 机器学习方法的评估。
- 大量增长的数据。
- 更深且更大的网络架构。
- 基于 GPU 技术的加速训练。

关于第一点，不同群体使用相同数据集比较其结果是曾经的标准做法。然而，即使数据集公开，结果往往也难以比较，因为研究者在他们的实验中使用了不同的方案——例如不同的训练数据集和测试数据集的分割。而且，大量时间花在重复实现其他方法上，这往往导致不可靠的基准。使用大型通用测试集的机器学习挑战赛的兴起保证了结果可以得到更加直接的比较，并且激励参赛团队花费更多时间和精力在他们自己的方法上。随着评价数据量的增加，更深层次、更复杂以及具有弹性的模型变得可行。特别需要防止过度拟合的高容量模型的使用，使保证测试数据集仅留作最终的测试所用变得更加重要。由于上述以及其他一些原因，一些竞争挑战赛已经开始被组织起来，其中测试数据的标签被隐藏，并且结果必须提交到远程服务器上来进行评估。在一些情况下，测试数据集本身也会被隐藏，在这种情况下，参与者必须提交可执行的代码。

10.1.1 MNIST 评估

为了强调大型基准评估的重要性，考虑 MNIST（Mixed National Institute of Standards and Technology）手写数字数据库。它包含 6 万个训练和 10 000 个手写数字测试实例——编码为 28×28 像素灰度图像。数据是早期 NIST 数据集的混合，其中成年人生成训练数据，高中生生成测试集。表 10-1 给出了这些数据的一些结果。请注意，即使在 1998 年，LeNet 卷积网络

（表中第 5 行，一种深层次结构，见 10.3 节）的性能也要优于许多标准机器学习技术。

表 10-1 MIIST 数据集性能评估概览

分类器	测试误差率（%）	参考文献
线性分类器（1 层神经网络）	12.0	LeCun et al. (1998)
K 近邻，欧几里得距离（L2）	5.0	LeCun et al. (1998)
2 层神经网络，300 隐层神经元，均方误差	4.7	LeCun et al. (1998)
支持向量机，高斯核函数	1.4	MNIST Website
卷积神经网络，LeNet-5	0.95	LeCun et al. (1998)
使用了扭曲的方法		
虚拟支持向量机，9 级多项式（2 像素抖动和歪斜校正）	0.56	DeCoste and Scholkopf (2002)
卷积神经网络（弹性扭曲）	0.4	Simard, Steinkraus, and Platt (2003)
6 层前馈神经网络（GPU 上）(弹性扭曲)	0.35	Ciresan, Meier, Gambardella, and Schmidhuber (2010)
大型/深度卷积神经网络（弹性扭曲）	0.35	Ciresan, Meier, Masci, Maria Gambardella, and Schmidhuber (2011)
35 个卷积神经网络集合（弹性扭曲）	0.23	Ciresan, Meier, and Schmidhuber (2012)

表的下半部分显示了通过合成扭曲输入图像增大训练集的方法的结果。使用变换来进一步扩展已经很大的数据集的大小是深度学习中的重要技术。具有更多参数的大型网络具有较高的表达能力。数据的合理合成扭曲可以增加可用数据量，防止过度拟合并帮助网络进行泛化。当然，支持向量机等其他方法也可以通过额外的数据来增加模型的复杂性。只需添加更多的支持向量就可以使基于 SVM 的方法胜过经典的网络结构。然而，如表 10-1 所示，用合成的弹性变换图像训练深度前馈网络或 CNN 可以产生更好的结果。由于测试集较大，误差率大于 0.01 的差异具有统计学意义。

最后 4 个条目说明了深层网络的有效性。有趣的是，使用合成变换并在图形处理单元上训练的 6 层标准多层感知机与大而深的 CNN 的性能相匹配。这表明，使用简单的神经网络在层数比较深并且数据量增加时也比较有效，因为使用综合变换的数据来训练这样的网络可以提高鲁棒性，得到相对合理的失真。相比之下，CNN 在网络设计本身中嵌入了平移不变性（参见 10.3 节）。表 10-1 中的最佳结果是基于卷积网络的集合。集合用于在许多设置中获得最佳性能。

10.1.2 损失和正则化

7.2 节提到不同的激活函数可用于多层感知机。我们从中间层激活函数刻画最后一层的参数化，从中计算损失函数。过去，一般把 sigmoid 函数作为激活函数，在均方误差上建立损失函数，即使有时候分类标签被限制为 0 或者 1。然而，后来的设计包含将输出层激活函数定义为用于概率预测的分布函数的负对数，以此实现对任意给定数据类型的自然概率编码，不管这些分布是否是二元的、分类分布或者连续的。然后预测可以精准对应其潜在的概率模型（如伯努利分布、离散分布或高斯分布）——在线性回归或者 logistic 回归里，但是具有更大的灵活性。从这种方式来看，logistic 回归是一种没有隐层神经元的最简单的神经网络。对 $i=1,\cdots,N$，给定由权值矩阵 W 和偏置向量 b 组成的参数 θ，从特征 x_i 预测标签 y_i 的基础的优化标准是：

$$\sum_{i=1}^{N}-\log p(y_i|x_i;W,b)+\lambda\sum_{j=1}^{M}w_j^2=\sum_{i=1}^{N}L(f_i(x_i;\theta),y_i)+\lambda R(\theta)$$

其中，等式右边第一项 $L(f_i(x_i;\theta),y_i)$ 是负的条件对数似然或损失，第二项 $\lambda R(\theta)$ 是防止过度拟合的加权正规化矩阵。

这个基于正则化和损失的目标函数可以让我们自由选择概率损失或其他根据应用需要确定的损失函数。在训练数据上使用称为经验风险的平均损失，则会导出通过训练深层次模型提出的基础优化问题的下列公式，即最小化经验风险与正则项的和：

$$\arg\min_{\theta}\left[\frac{1}{N}\sum_{i=1}^{N}L(f_i(x_i;\theta),y_i)+\lambda R(\theta)\right]$$

注意，如果这里将正则化权值 λ 与由分布的形式概率模型导出的相应参数相关联，则必须考虑因子 N。在深度学习中，我们通常对检查图形上显示损失或者其他性能指标的学习曲线感兴趣，这些性能指标是算法读取数据的次数的函数。将训练集中的平均损失与验证集合的平均损失放在同一图形上进行比较更容易，因为除以 N 后它们尺度相同。

要了解网络学习的深度，请考虑构成网络的最终输出函数 $f_k(x)=f_k(a_k(x))$。此函数应用于由 $a_k(x)$ 组成的输入激活函数。输入经常包括 $a(x)=Wh(x)+b$ 形式的计算，其中函数 $a(x)$ 以一个向量作为参数并返回一个向量作为其结果，因此 $a_k(x)$ 只是 $a(x)$ 的元素之一。表 10-2 给出了常用的输出损失函数、输出激活函数以及它们派生的底层分布。

表 10-2 损失函数、对应的分布以及激活函数

损失名称，$L(f_k(x_i;\theta),y_i)=$	分布名称，$P(f_i(x_i;\theta),y_i)=$	输出激活函数，$f_k(a_k(x))=$
平方误差，$\sum_{k=1}^{K}(f_k(x)-y_k)^2$	高斯分布 $N(y;f(x;\theta),I)$	$\dfrac{1}{(1+\exp(-a_k(x)))}$
交叉熵，$-\sum_{k=1}^{K}[y_k\log f_k(x)+(1-y_k)\log(1-f_k(x))]$	伯努利分布 $Bern(y;f(x;\theta))$	$\dfrac{1}{(1+\exp(-a_k(x)))}$
分类交叉熵，$-\sum_{k=1}^{K}y_k\log f_k(x)$	离散或类别分布 $Cat(y;f(x;\theta))$	$\dfrac{\exp(a k(x))}{\sum_{j=1}^{K}\exp(a_j(x))}$

10.1.3 深层网络体系结构

深度神经网络包含了很多层次的计算。用 $h^{(l)}(x)$ 表示隐层神经元，则输出一个有 L 层隐层神经元的计算可以表示为：

$$f(x)=f[a^{(L+1)}(h^{(L)}(a^{(L)}(\cdots(h^{(2)}(a^{(2)}(h^{(1)}(a^{(1)}(x))))))))]$$

每个预激活函数 $a^{(l)}(x)$ 通常是带有矩阵 $W^{(l)}$ 和偏置向量 $b^{(l)}$ 的线性运算，这可以合并为一个参数 θ：

$$a^{(l)}(x)=W^{(l)}x+b^{(l)}$$
$$a^{(l)}(\hat{x})=\theta^{(l)}\hat{x},\quad l=1$$
$$a^{(l)}(\hat{h}^{(l-1)})=\theta^{(l)}\hat{h}^{(l-1)},\quad l>1$$

$\hat{x}$ 的"帽子"标记表示向量 x 已经加入 1。隐层激活函数 $h^{(l)}(x)$ 通常在每一层有同样的激活函数，但这不是必需的。

图 10-1 显示了一个实例网络。相对于一些隐变量是随机变量（如贝叶斯网络）的图模

型，这里的隐层单元为中间的确定性计算，这就是为什么它们没有表示成圆圈。然而，输出层变量 y_K 被画成一个圆圈，这是因为它们可以概率地表达。

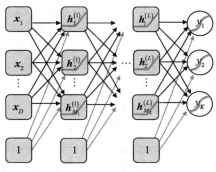

图 10-1 一个前馈神经网络

10.1.4 激活函数

激活函数通常对预激活向量元素对应地进行操作。表 10-3 给出了一些常用的激活函数以及它们的函数表达式和导数。

表 10-3 激活函数及其导数

激活函数名称及其图像	函数	导数
sigmoid(x)	$h(x)=\dfrac{1}{1+\exp(-x)}$	$h'(x)=h(x)[1-h(x)]$
tanh(x)	$h(x)=\dfrac{\exp(x)-\exp(-x)}{\exp(x)+\exp(-x)}$	$h'(x)=1-h(x)^2$
softplus(x)	$h(x)=\log(1+\exp(x))$	$h'(x)=\dfrac{1}{1+\exp(-x)}$
rectify(x)	$h(x)=\max(0,x)$	$h'(x)=\begin{cases}1, & x\geqslant 0\\ 0, & x<0\end{cases}$
pw_linear(x)	$h(x)=\begin{cases}x, & x\geqslant 0\\ ax, & x<0\end{cases}$	$h'(x)=\begin{cases}1, & x\geqslant 0\\ a, & x<0\end{cases}$

即使 sigmoid 函数已经非常流行，但是有时人们更倾向于使用双曲正切函数，这是因为它在 0 的位置有一个稳定的状态。然而，最近人们发现 rectify() 函数和修正线性单元（ReLU）可以在很多不同的设置里产生更优的结果。由于对于负参数值该函数为 0，模型中的某些单元将产生 0 的激活函数值，从而产生在许多上下文中有用的"稀疏"属性。此外，梯度特别简单——要么是 0，要么是 1。事实上，当单元被激活时，激活函数具有正好为 1 的梯度有助于解决消失或爆炸梯度问题，我们会在下面的递归神经网络中更详细地讨论这些问题。对激活函数 $h^{(l)}(x)$ 来说，ReLU 是一个受欢迎的选择，而分段线性函数（表 10-3 的最后一个条目）也越来越受到深度学习系统的欢迎。像 ReLU 一样，这些函数在 0 处是不可区分的，但可以通过使用次梯度来应用梯度下降，这意味着 $h'(0)$ 可以被设置为 a（举例来说）。

许多深度学习软件包使得各种激活函数（包括分段线性函数）的使用变得容易。有些软件包使用内置于软件中的符号计算自动确定反向传播算法所需的梯度。图 10-2 是一个计算图，显示了具有多个隐层的正则深度神经网络的一般形式。它说明了如何计算预测、如何获得损失 L 以及如何计算反向传播算法的正向传播。隐层激活函数由 $\text{act}(a^{(l)})$ 给出，最后层激活函数由 $\text{out}(a^{(L+1)})$ 给出。

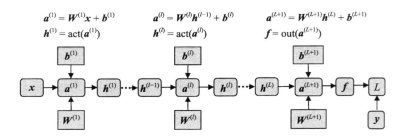

图 10-2 深度网络中正向传播的计算图

10.1.5 重新审视反向传播

反向传播算法基于微积分的链式规则。假设一个单层网络的损失 $L(f(x;\theta), y)$，单层网络的输出是精确对应多项式 logistic 回归模型的 softmax 输出。我们使用一个多项式向量 y，向量的单一维 $y_k=1$ 对应于与类标，其他维为 0。定义 $f=[f_1(a),\cdots,f_K(a)]$ 和 $a(x;\theta)=[a_1(x;\theta_1),\cdots a_K(x;\theta_K)]$，其中 $a_k(x;\theta_K)=\theta_k^T x$，这里的 θ_k 是包含参数矩阵 θ 第 k 行的列向量。softmax 损失 $f(a(x))$ 由下面的式子得到：

$$L = -\sum_{k=1}^{K} y_k \log f_k(x), \quad f_k(x) = \frac{\exp(a_k(x))}{\sum_{c=1}^{K} \exp(a_c(x))}$$

为了能重复 $a_k(x;w_k;b)= w_k^T x+b$ 形式的模型，定义 x 为末尾包含一个 1 的向量，以使偏置参数 b 是每个参数向量 θ_k 的最后一个元素。以向量形式的链式规则给出的关于任意给定参数矩阵 θ_k 的偏导数为：

$$\frac{\partial L}{\partial \theta_k} = \frac{\partial a}{\partial \theta_k}\frac{\partial f}{\partial a}\frac{\partial L}{\partial f} = \frac{\partial a}{\partial \theta_k}\frac{\partial L}{\partial a}$$

（注意，与本书之前对链式规则的应用相比，此处各项的顺序是相反的。）

损失函数关于 a 的偏导数的各组成部分可以表示为：

$$\frac{\partial L}{\partial a_j} = \frac{\partial}{\partial a_j}\left[-\sum_{k=1}^{K} y_k \left[a_k - \log\left[\sum_{c=1}^{K}\exp(a_c)\right]\right]\right]$$

$$= -\left[y_{k=j} - \frac{\exp(a_{k=j})}{\sum_{c=1}^{K}\exp(a_c)}\right]$$

$$= -\left[y_j - p(y_j|\boldsymbol{x})\right]$$

$$= -\left[y_j - f_j(\boldsymbol{x})\right]$$

这意味着其向量形式可以写成:

$$\frac{\partial L}{\partial \boldsymbol{a}} = -\left[\boldsymbol{y} - \boldsymbol{f}(\boldsymbol{x})\right]$$

其中 $\Delta = [\boldsymbol{y} - \boldsymbol{f}(\boldsymbol{x})]$ 通常被视为误差。

接下来,由于:

$$\frac{\partial a_j}{\partial \boldsymbol{\theta}_k} = \begin{cases} \dfrac{\partial}{\partial \boldsymbol{\theta}_k}\boldsymbol{\theta}_k^\mathrm{T}\boldsymbol{x} = \boldsymbol{x}, & j = k \\ 0, & j \neq k \end{cases}$$

这意味着:

$$\frac{\partial \boldsymbol{a}}{\partial \boldsymbol{\theta}_k} = \boldsymbol{H}_k = \begin{pmatrix} 0 & x_1 & 0 \\ \vdots & \vdots & \vdots \\ 0 & x_n & 0 \end{pmatrix}$$

其中向量 $\boldsymbol{x}$ 被存入矩阵的第 k 列。注意,应避免使用向量 $\boldsymbol{a}$ 关于矩阵 $\boldsymbol{\theta}$ 的偏导数进行操作,因为它不能表示为矩阵——它是一个多维数字向量 (张量)。

使用上面得到的量,我们可以计算:

$$\frac{\partial L}{\partial \boldsymbol{\theta}_k} = \frac{\partial \boldsymbol{a}}{\partial \boldsymbol{\theta}_k}\frac{\partial L}{\partial \boldsymbol{a}} = -\begin{pmatrix} 0 & x_1 & 0 \\ \vdots & \vdots & \vdots \\ 0 & x_n & 0 \end{pmatrix}(\boldsymbol{y} - \boldsymbol{f}(\boldsymbol{x}))$$

$$= -\boldsymbol{x}(y_k - f_k(\boldsymbol{x}))$$

这里给出了参数矩阵第 k 行的向量的梯度 (以列向量形式)。不过,整个参数矩阵 $\boldsymbol{\theta}$ 的梯度经过细微的重新整理可以更紧凑地表示为:

$$\frac{\partial L}{\partial \boldsymbol{\theta}} = -\left[\boldsymbol{y} - \boldsymbol{f}(\boldsymbol{x})\right]\boldsymbol{x}^\mathrm{T}$$

$$= -\Delta \boldsymbol{x}^\mathrm{T}$$

这就定义了以误差 $\Delta = [\boldsymbol{y} - \boldsymbol{f}(\boldsymbol{x})]$ 乘以 $\boldsymbol{x}^\mathrm{T}$ 梯度矩阵的计算。

假设现在一个网络的所有隐层 L 和 softmax 输出层使用相同的激活函数。第 $L+1$ 层参数矩阵的第 k 个参数向量的梯度是:

$$\frac{\partial L}{\partial \boldsymbol{\theta}_k^{(L+1)}} = \frac{\partial \boldsymbol{a}^{(L+1)}}{\partial \boldsymbol{\theta}_k^{(L+1)}}\frac{\partial L}{\partial \boldsymbol{a}^{(L+1)}}, \quad \frac{\partial L}{\partial \boldsymbol{a}^{(L+1)}} = -\Delta^{(L+1)}$$

$$= -\frac{\partial \boldsymbol{a}^{(L+1)}}{\partial \boldsymbol{\theta}_k^{(L+1)}}\Delta^{(L+1)}$$

$$= -\boldsymbol{H}_k^L \Delta^{(L+1)}$$

其中 H_k^L 是在其第 k 列包含对应隐层激活函数的矩阵，$\Delta^{(L+1)}=[y-f(x)]$ 是输出层的误差项。整个矩阵的参数更新可以重构为：

$$\frac{\partial L}{\partial \theta^{(L+1)}} = -\Delta^{(L+1)}\tilde{h}_{(L)}^{\mathrm{T}}$$

这个误差项是反向传播的。考虑第 L 个参数矩阵第 k 行的梯度。因为偏置项是恒定的，所以不需要通过它们反向传播，因此：

$$\frac{\partial L}{\partial \theta_k^{(L)}} = \frac{\partial a^{(L)}}{\partial \theta_k^{(L)}} \frac{\partial h^{(L)}}{\partial a^{(L)}} \frac{\partial a^{(L+1)}}{\partial h^{(L)}} \frac{\partial L}{\partial a^{(L+1)}}$$

$$= -\frac{\partial a^{(L)}}{\partial \theta_k^{(L)}} \frac{\partial h^{(L)}}{\partial a^{(L)}} \frac{\partial a^{(L+1)}}{\partial h^{(L)}} \Delta^{(L+1)}, \qquad \Delta^{(L)} = \frac{\partial h^{(L)}}{\partial a^{(L)}} \frac{\partial a^{(L+1)}}{\partial h^{(L)}} \Delta^{(L+1)}$$

$$= -\frac{\partial a^{(L)}}{\partial \theta_k^{(L)}} \Delta^{(L)}$$

其中 $\Delta^{(L)}$ 根据 $\Delta^{(L+1)}$ 定义。类似地，对 $1 \leqslant L$ 的其他 $\Delta^{(l)}$ 可以递归地根据 $\Delta^{(l+1)}$ 给出：

$$\Delta^{(l)} = \frac{\partial h^{(l)}}{\partial a^{(l)}} \frac{\partial a^{(l+1)}}{\partial h^{(l)}} \Delta^{(l+1)}$$

$$\Delta^{(l)} = D^{(l)} W^{\mathrm{T}(l+1)} \Delta^{(l+1)}$$

最后一个公式的简化利用这样一个因素：包含对应矩阵的偏导数可以写成：

$$\frac{\partial h^{(l)}}{\partial a^{(l)}} = D^{(l)}, \qquad \frac{\partial a^{(l+1)}}{\partial h^{(l)}} = W^{\mathrm{T}(l+1)}$$

其中 $D^{(l)}$ 包含隐层激活函数对其预激活输入的偏导数。这个矩阵通常是对角的，因为激活函数通常根据元素对应的原则进行操作。$W^{\mathrm{T}(l+1)}$ 项由 $a^{(l+1)}(h^{(l)})=W^{(l+1)}h^{(l)}+b^{(l+1)}$ 得来。网络第 l 层的第 k 个参数向量由此可以有下列形式的矩阵乘积计算得到：

$$\frac{\partial L}{\partial \theta_k^{(l)}} = -H_k^{(l-1)} D^{(l)} W^{\mathrm{T}(l+1)} \cdots D^{(L)} W^{\mathrm{T}(L+1)} \Delta^{(L+1)} \tag{10-1}$$

给出上述方程、损失函数 $f(x)$ 的定义以及任意正则项，以这种一般形式表示的深层网络可以使用梯度下降算法优化。$\Delta^{(l)}$ 的递归定义反映了算法如何从损失反向传播信息。

上述方程适用于数值优化。例如，在这里矩阵-矩阵乘法可以避免，从而通过计算 $\Delta^{(l)}=D^{(l)}(W^{\mathrm{T}(l+1)}\Delta^{(l+1)})$ 来支持矩阵-向量乘法。注意到大部分隐层激活函数以对角形式给出矩阵 $D^{(l)}$，矩阵-向量相乘可以转换为一个元素对应的乘积：$\Delta^{(l)}=d^{(l)}\odot(W^{\mathrm{T}(l+1)}\Delta^{(l+1)})$，其中 $\odot$ 表示元素对应相乘，向量 $d^{(l)}$ 通过提取矩阵 $D^{(l)}$ 的对角得到。利用上述观察可以看到整个参数矩阵以如下的简单形式在每层更新：

$$\frac{\partial L}{\partial \theta^{(l)}} = -\Delta^{(l)} \hat{h}_{(l-1)}^{\mathrm{T}}$$

当 $l=1$，$\hat{h}_{(0)} = \hat{x}$ 时，输出的数据后面增加 1。

图 10-3 显示了反向计算或者误差的传播步骤，图 10-4 则显示了需要基于梯度的学习的最终计算。

10.1.6 计算图以及复杂的网络结构

对于一个简单的前馈神经网络的学习来说，其过程分为两步：正向传播和反向传播。此外，通过使用向量记号，我们看到梯度计算过程可以分解为一个简单的矩阵乘积链。

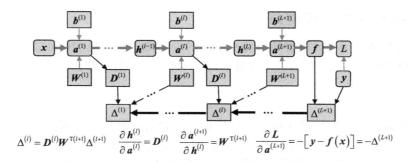

图 10-3　深度网络中的反向传播（正向计算以灰色箭头展示）

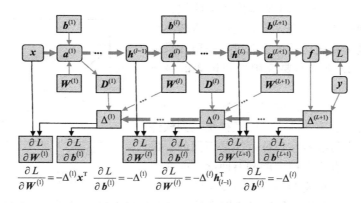

图 10-4　遵循正向及反向传播步骤的参数更新（以灰色箭头展示）

但是如果图没有简单的分层结构呢？事实证明，将函数应用于中间结果的更复杂的计算也可以用计算图表示。附录 A.1 的"计算图"和"反向传播"小节给出了一个更高级的计算的例子，可以使用计算图来了解和可视化查找反向传播所需的梯度。

有效地实现反向传播的一般机制可能变得相当复杂。使用计算图的概念，梯度信息需要"简单地"沿着图中用于定义信息正向传播步骤的箭头所发现的路径的反方向进行传播。许多软件包在计算图中使用交错的正向传播和反向传播阶段。还有一些允许用户定义复杂的网络结构，使得系统可以自动获得所需的导数，并使用调用图形处理单元的库来有效地执行计算。

原则上，深层网络中的学习可能是通过梯度下降或利用高阶导数的更复杂的方法。然而，在实践中，基于"小批量"的随机梯度下降的变种是目前最流行的方法，这使得软件包和实现经常基于假定使用这种梯度下降的变种来进行优化。我们将在 10.2 节中讨论这种方法和训练深层网络的其他关键实践方面的内容。

10.1.7　验证反向传播算法的实现

通过将梯度的分析值与数值计算结果进行比较，可以验证反向传播算法的正确性。例如，可以对每个参数 θ 添加或减去小的扰动 ε，然后计算近似于损失的导数的对称有限差分：

$$\frac{\partial L}{\partial \theta} \approx \frac{L(\theta+\varepsilon)-L(\theta-\varepsilon)}{2\varepsilon}$$

其中近似导致的误差是 $O(\varepsilon^2)$。

10.2 训练和评估深度网络

在深度学习的过程中，重要的是要有单独的训练集、测试集和验证集。对模型选择来说，验证集用于调试模型的超参数，并且也可以用于通过执行早停来防止过度拟合。

10.2.1 早停

第 7 章提到"早停"是减轻训练过程中过度拟合的一种简单方式。深度学习利用大容量架构，即使数据量很大，也容易过度拟合。即使采用其他减少过度拟合的方法（如下文所述），早停也是标准做法。这是通过监测将训练集和验证集的平均损失作为训练轮数的函数来绘制的学习曲线来完成的。关键在于找出验证集平均损失开始变坏的点。

图 10-5 绘制了训练集曲线和验证集曲线，尽管使用小批量随机梯度下降，但是它们通常较不稳定。为了解决这个问题，模型参数可以保留在最近更新的窗口中，以便选择要应用于测试集的最终版本。

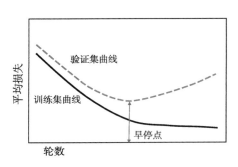

图 10-5 典型的训练集和验证集的学习曲线

人们经常简单地选择标准损失函数公式中的一个用于神经网络的输出，因为它已经被集成到软件工具中。然而，学习的潜在目标可能是不同的：最小化分类错误，或者优化精确度和召回度的一些组合。在这些情况下，重要的是要监控真实的评估指标以及平均损失，以便更清楚地了解模型是否在训练集中过度拟合了。此外，确定模型是否可以通过添加更多数据量并在适当的点停止来完美地对数据进行分类可能是有益的。

10.2.2 验证、交叉验证以及超参数调整

超参数通过识别什么设置可以实现最好的性能和早停来调整。常见的超参数包括参数正则化的强度、就隐层层数和隐层神经元数量以及其连接性来说的模型复杂度、激活函数的形式以及学习算法本身的参数。由于涉及许多选择，验证集的性能监控比传统机器学习方法具有更重要的角色。

像往常一样，测试集应该被放在一边进行真实的最终评估，因为模型使用测试集数据进行多次实验将会对新数据产生误导的性能估计。因此，研究界已经通过隐藏测试标签来进行公共挑战赛，这一发展无疑有助于衡量这个领域的进展。然而，参与者在提交多个参赛作品时出现了争议，有些参与者倾向于向竞赛服务器提交代码的模式，以便隐藏测试数据本身。

使用验证集不同于使用 k 折交叉验证来评估学习技术或选择超参数。如 5.3 节所述，交叉验证涉及创建多个训练和测试分区。但是，深度学习的数据集往往如此之大，以至于单个大型测试集合充分代表了模型的性能，减少了对交叉验证的需求，而且由于训练通常需要数天或数周时间，甚至需要使用图形处理单元，交叉验证已经变得不切实际。

为了获得最佳结果，我们需要调整超参数——通常从训练集提取的单个验证集。然而，存在一个困境：从最终的训练中除去验证集可能会降低测试中的性能。训练和验证数据相结合是有益的，但这会有过度拟合的风险。一种解决方案是在导致最佳的验证集性能的相同训

练轮数之后停止训练；另一种解决方案是监测合并后的训练集中的平均损失，并在达到使用验证集执行早停时的水平停止。

深度学习中的超参数常常通过手工的方式进行试探性调整，或使用网格搜索进行调整。一种替代方案是随机搜索，而不是在超参数空间上放置一个常规网格，概率分布根据所选择的样本指定。另一种方法是使用机器学习和贝叶斯技术来推断下一个超参数配置，以在一系列实验中进行尝试。

我们一直在谈论调整模型超参数，例如用于正则化项的权值。然而，后面出现的许多参数和选择也可以被看作可进行调整的学习算法超参数。实际上，它们经常在非正式的手工试验中进行选择，但也可以通过使用验证集的自动搜索作为指导来确定。

10.2.3 小批量随机梯度下降

7.2 节介绍了随机梯度下降方法。对于诸如在 L_2 正则化的 logistic 回归中使用的凸函数以及随着时间 t 衰减的学习速率，可以表现出近似梯度以 $1/t$ 阶的速率收敛。在本章的前面，我们提到了一个事实，即深度学习架构通常使用小批量随机梯度下降进行优化。下面解释这一技术。

随机梯度下降根据从一个示例计算得到的梯度更新模型参数。小批量梯度下降使用数据的一个小子集，并以批量中示例的平均梯度对参数进行更新。其操作与常规步骤一样：初始化参数，进入参数更新循环，并通过监测验证集终止。然而，与标准随机梯度下降相反，主循环遍历从训练集获得的小批量子集，并在处理每个批量后更新参数。通常，这些批量是随机从训练集选择的不相交的子集，并可能在每轮之后打乱（这取决于这样做所需的时间）。

每经历一组代表完整训练集的小批量子集表示进行了一轮更新。使用经验风险与正则化项之和作为目标函数，处理小批量后，参数通过以下方式更新：

$$\theta^{\text{new}} \leftarrow \theta - \eta_t \left[\frac{1}{B_k} \sum_{i \in I} \left[\frac{\partial}{\partial \theta} L(f(x_i; \theta), y_i) \right] + \frac{B_k}{N} \lambda \frac{\partial}{\partial \theta} R(\theta) \right]$$

其中 η_t 是学习率（这可能取决于轮数 t）；第 k 批次有 B_k 个实例，并且由索引的集合 $I=I(t,k)$ 表示为原始数据；N 是训练集的大小；$L(f(x_i;\theta), y_i)$ 是对一个实例 x_i，示例对应的标签 y_i 以及参数 θ 的损失；而 $R(\theta)$ 是正则化项，其权值为 λ。在一种极端情况下，单个小批量子集包含整个训练集，以一个标准的批量梯度下降更新；另一种计算情况是批量大小为 1，则以标准的单一示例随机梯度下降更新。

尽管对于大型模型，选择可能受到计算资源的约束，但小批量子集通常包含两个到几百个示例。批量大小通常影响学习的稳定性和速度。一些批量的大小对于特定的模型和数据集特别好。有时会在一组潜在的批量大小之间执行搜索，以便在开始漫长的优化之前找到一个可以正常工作的批量尺寸。

批量中类标签的混用可能会影响结果。对于不平衡数据来说，使用其中标签平衡的批量来预先训练模型可能会有好处，然后使用不平衡标签统计量来微调上层或多层。这可能涉及实施一个抽样方案，以确保它们在遍历示例的一个周期内以无偏的方式呈现给学习过程。

与常规梯度下降一样，调用动量可以帮助损失函数的最优化过程加速逃离停滞时期。如果当前的损失梯度为 $\nabla_\theta L(\theta)$，则通过计算移动均值来实现动量，并通过 $\Delta \theta = -\eta \nabla_\theta L(\theta) + \alpha \Delta \theta^{\text{old}}$ 更新参数，其中 $\alpha \in [0,1]$。由于批量方法对数据的一小部分进行操作，因此允许该均值是来自其他最近看到的小批量的信息作用于当前的参数更新。动量值 0.9 通常用作起点，但是通常要手动调整动量、学习率，以及在训练过程中修改学习率的计划。

10.2.4 小批量随机梯度下降的伪代码

给定数据 x_i 和 $y_i (i=1, \cdots, N)$，包含参数 θ 的损失函数 $L(f(x_i;\theta), y_i)$，以及参数正则化项 $R(\theta)$ 及其权值 λ，我们希望优化经验风险和正则项的和：

$$1/N \sum_{i=1}^{N} L(f(x_i;\theta), y_i) + \lambda R(\theta)$$

图 10-6 中的伪代码完成了优化操作。它使用由集合 I_k 索引的 K 个小批量，每个包含 B_k 个示例。学习率 η_t 可能取决于时间 t。梯度向量为 g，更新 $\Delta\theta$ 包含动量项。通常在进入 while 循环之前创建小批量，然而在某些情况下，在循环内"洗牌"会有所改善。

```
θ = θ₀  // 初始化参数
Δθ = 0
t = 0
while converged = =FALSE
    {I₁, ···, I_K} = shuffle(X)  // 创建 K 个小批量
    for k = 1, ···, K
        g = (1/B_k) Σ_{i∈I_k} [∂/∂θ L(f(x_i;θ), y_i)] + (B_k/N) λ ∂/∂θ R(θ)
        Δθ ← -η_t g + αΔθ
        θ ← θ + Δθ
    end
    t = t + 1
end
```

图 10-6 小批量随机梯度下降的伪代码

10.2.5 学习率和计划

学习率 η 是使用小批量随机梯度下降时的关键选项。像 0.001 这样的小值一般会很好地工作，但是通常在间隔 $[10^{-8}, 1]$ 中进行对数间隔搜索，之后是更精细的网格搜索或二进制搜索。

学习率可以适应轮数 t 以给出学习率计划 η_t。固定的学习率通常在前几轮使用，然后是不断降低的学习率计划，如：

$$\eta_t = \frac{\eta_0}{1+\varepsilon t} \quad \text{或} \quad \eta_t = \frac{\eta_0}{t^\varepsilon}, (0.5 < \varepsilon \leq 1)$$

然而，这里有很多在训练过程中手动调整学习率的试探法。例如，赢得 ImageNet 2012 挑战的 AlexNet 模型在验证误差率不再提高时，将速率除以 10。直觉上，一个模型可能会以给定的学习率取得良好的进展，但最终无法进行下去，因为参数变化非常大，所以可以在损失函数中跳过局部最小值。对验证集的性能监控对于何时改变学习率有非常好的指导作用。

基于损失函数对高阶项的泰勒展开式的二阶分析也有助于解释为什么在学习的最后阶段可能需要较小的学习率。如果使用随机梯度下降，为了达到与批量梯度下降一致的效果，必须降低学习率。

10.2.6 先验参数的正则化

对参数进行正则化的很多标准技术可以应用于深度神经网络。我们之前提到，对应于对参数引入高斯先验分布的 L_2 正则化已经以"权值衰减"的名称用于神经网络。与 logistic 回归一样，这种正则化通常仅应用于网络中的权值而不是偏置项。或者也可以将 L_2 和 L_1 正则化的加权组合 $\lambda_2 R_{L_2}(\theta)+\lambda_1 R_{L_1}(\theta)$ 应用于网络中的权值，例如第 9 章中讨论的弹性网络模型。虽然在深度学习中使用的损失函数通常不是凸的，但是这样的正则化程序仍然可以实现。

10.2.7 丢弃法

丢弃法是一种在训练过程中随机删除神经元及其连接的正则化形式，旨在减少隐层单元互适应的程度，从而减少过度拟合。有人认为这对应于从一些连接丢失的共享参数的指数数量的网络中的抽样。然后在测试阶段通过使用没有任何神经元被丢弃但连接权值按比例缩小的原始网络情况下对其进行平均。如果在训练期间以概率 p 保留神经元，则其出边权值在测试阶段被重新缩放或乘以因子 p。实际上，通过执行丢弃法，可以使有 n 个单元的神经网络的行为类似于 2^n 个较小网络的集合。

实现丢弃法的一种方法是对于网络中的每个隐层 l，使用二进制掩码向量 $m^{(l)}$：$h^{(l)}$ 的丢弃版本通过使用元素对应相乘的方法从原始版本屏蔽神经元而得到，即 $h_d^{(l)}=h^{(l)} \odot m^{(l)}$。如果激活函数导出对角梯度矩阵，反向传播的更新为 $\Delta^{(l)}=d^{(l)} \odot m^{(l)}(W^{(l+1)}\Delta^{(l+1)})$。

10.2.8 批规范化

批规范化是加速训练的一种方式，许多研究发现，它对用于在基准问题上获得最先进的结果非常重要。使用批规范化，基于其在小批量数据内的统计量，神经网络中层的每个元素被归一化为零均值和单位方差。这可以改变网络的表征能力，因此每个激活函数都会被赋予一个学习的缩放和移位参数。小批量梯度下降法通过针对每个层中的每个隐层神经元 h_j 计算批次中的均值 μ_j 和方差 σ_j^2，对神经元进行归一化，然后使用学习得到的缩放参数 γ_j 对它们进行缩放，并通过学习得到移位参数 β_j 进行移位来修改小批量随机梯度下降：

$$\hat{h}_j \leftarrow \gamma_j \frac{h_j - \mu_j}{\sqrt{\sigma_j^2+\varepsilon}} + \beta_j$$

当然，为了更新缩放参数和移位参数，我们需要通过这些额外的参数来反向传播损失的梯度。

10.2.9 参数初始化

用于在训练开始前初始化参数的策略看似很重要。偏置项通常被初始化为 0，但初始化权值矩阵可能很棘手。例如，如果它们全被初始化为 0，则可以看到 tanh 激活函数将产生零梯度。如果权值是相同的，隐层神经元将产生相同的梯度，并且彼此表现相同，这浪费了模型的能力。一种解决方案是采用间隔 $[-b, b]$ 上的均匀分布初始化权值矩阵的所有元素。已经有人提出了不同的方法来选择 b 的值，这通常出于"具有更多输入的神经元应该具有较小权值"的观点。例如，对于给定的层 l，可以通过 $h^{(l-1)}(x)$ 的维度的平方根的倒数（称为"扇入大小"）来缩放 b，或者也可以将扇出大小合并。

ReLU 的权值矩阵已经使用标准偏差为 0.01 的 0 平均的各向同性高斯分布成功初始化。

这一策略也被用于训练高斯限制玻尔兹曼机（RBM），这将在本章后面讨论。

10.2.10 无监督的预训练

无监督的预训练可能是初始化和正则化前馈网络的有效方法，特别是当标签数据的容量相对于模型的容量较小时。一般的想法是：以允许学习模型的参数按照某种方式转移到网络的方法，来模拟未标记数据的分布，或者用于初始化或正则化。我们将在 10.4 节和 10.5 节回到无监督学习的主题。无论怎样，使用激活函数（如 ReLU）可以改善深度神经网络中的梯度流以及良好的参数初始化技术，减少了对复杂预训练方法的需要。

10.2.11 数据扩充和合成转换

数据扩充对于获得最佳效果而言至关重要。如表 10-1 所示，即使使用经过转换的训练数据来扩充大型数据集也可以显著提高性能——并且不止是对深层结构网络。一种对视觉问题的简单转换只是微调图像。如果要分类的对象可以从更大的图像中裁剪出来，则可以在其周围放置随机边界框，在垂直和水平方向上添加小平移。通过减少裁剪的图像，可以引用更大的位移。这种方法也适用于其他转换（如旋转、刻度变化和剪切）。实际上，存在一个刚性变换的层次结构，随着参数的添加，复杂性会增加。一种数据扩充的策略是将它们应用于原始图像，然后从失真的结果中裁出一个给定尺寸的补丁。

10.3 卷积神经网络

卷积神经网络（Convolutional Neural Networks，CNN）是一种特殊的已被证明在图像分析方面非常成功的前馈神经网络。对图像进行分类时，例如通过应用用于边缘检测的滤波器进行滤波，CNN 可以提供一组有用的空间组织特征。假设现在可以共同学习许多这样的滤波器以及神经网络的其他参数。可以将图像的相对较小的空间区域乘以一组权值并将结果反馈到之前针对 Vanilla 前馈神经网络所讨论的激活函数，以此来实现每个滤波器。因为需要使用相同的权值在该图像周围简单地重复该滤波操作，所以可以使用所谓的"卷积运算"来实现。结果就产生了可以使用梯度下降和反向传播算法来学习滤波器和分类器的 CNN。

在 CNN 中，一旦图像被几个可学习的滤波器滤波，每个滤波器组的输出通常使用均值或最大值在小的空间区域中进行聚合，这种聚合操作也叫作池化（pooling）。可以在非重叠区域内执行聚合，或者使用二次抽样，产生空间组织特征的较低分辨率层，这一过程有时也称为"抽样"。这样可以使模型相对于已检测到特征的一些微小变化具有一定程度的不变性。例如，如果聚合使用最大操作，则一旦在池化区域中的任何位置检测到特征，就会激活该功能。

我们已经看到，合成转换使得深度前馈神经网络在 MNIST 评估中产生了最优性能，并且裁剪图像的小区域可能是一个有用的、易于实现的转换。虽然这可以应用于任何分类技术，但对于训练 CNN 是特别有效的。可以使用随机裁剪位置或确定性策略，例如从图像的角落和中心进行裁剪。同样的策略可以应用于测试阶段，其中模型的预测值是来自于测试图像中的裁剪图像上的均值。这些网络被设计为具有一定程度的平移不变性，但是通过这种全局变换来增加数据可以显著提高性能。

图 10-7 显示了一个典型的网络结构。原始图像的较小部分在被传递到完全连接的非卷积多层感知器之前经过卷积滤波、池化和抽样的重复阶段，其在进行最终预测之前可能具有

多个隐层。

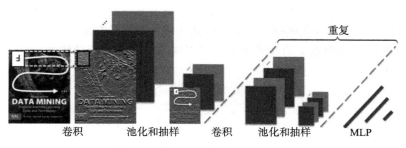

图 10-7 典型的卷积神经网络结构

通常使用小批量随机梯度下降来优化 CNN，上面关于学习深度神经网络的实用讨论也适用于此。有关可获得的 CPU 与 GPU 内存数量的资源问题通常很重要，特别是在处理视频时。

10.3.1 ImageNet 评估和深度卷积神经网络

ImageNet 挑战对于展示深度 CNN 的有效性至关重要。挑战问题是识别在互联网上可能会发现的典型图像中的类别。2012 ImageNet 大型视觉识别挑战赛（ILSVRC）的分类任务是对从 Flickr 和其他搜索引擎获取的图像进行分类，将它们归入 1000 个可能的对象类别中正确的一个。这项任务是深度学习的基准。图像基于是否属于这些类别的对象被手工标记。训练集中有 120 万张图像，每类有 732～1300 个训练图像。使用 50 000 个图像的随机子集作为验证集，并使用每个类别分别有 50～100 个图像的 100 000 个图像作为测试集。

不基于深度 CNN 的视觉识别方法在此基准面上遇到瓶颈。"Top-5 误差率"是 5 个最高概率预测中目标标签未出现次数的百分比，许多方法无法达到低于 25%。表 10-4 总结了 ImageNet 挑战赛中不同 CNN 架构随网络深度变化的性能变化。可以看到 CNN 明显优于 25% 的瓶颈，网络深度的增加可以进一步提高性能。人们已经发现，较小的滤波器可以在深层网络中获得出色的效果：19 层和 152 层的 CNN 使用 3×3 的滤波器。经过测试发现，人类对于 ImageNet 识别的 Top-5 误差率为 5.1%，因此深度 CNN 可以在这个任务上胜过人类。

表 10-4 卷积神经网络在 ImageNet 挑战赛中的性能表现

名称	层数	误差率	参考文献
AlexNet	8	15.3	Krizhevsky 等 (2012)
VGG Net	19	7.3	Simonyan 和 Zisserman (2014)
ResNet	152	3.6	He 等 (2016)

10.3.2 从图像滤波到可学习的卷积层

当图像经过滤波后，其输出是在每个空间位置包含滤波器响应的另一个图像，例如边缘被强调的图像。我们还可以考虑诸如特征图这样的图像，它表明在图像中检测到某些特征，例如边缘。然而，在深层网络中，初始滤波图像或特征图受到许多进一步的滤波。在许多连续的滤波器使用中，这产生了对更复杂的输入做出响应的空间组织神经元，且术语"特征图"变得更具描述性。

当这些过滤操作被视为将图像作为输入的神经网络中的层时，它们即为约束空间中有组织的神经元，其仅响应被称为神经元感受野的输入的限定区域内的特征。当这样的神经元组以相同的方式响应相同类型的输入时，我们说它们具有共享参数，但是形成特征图的每个神经元仅在图像中相应空间受限的感受野检测到某些输入时才有响应。

考虑一个使用一维向量 x 的简单示例。可以通过将具有特殊结构的矩阵 W 相乘来实现滤波操作，如下所示：

$$y = Wx = \begin{pmatrix} w_1 & w_2 & w_3 & & & \\ & w_1 & w_2 & w_3 & & \\ & & & \ddots & & \\ & & & w_1 & w_2 & w_3 \end{pmatrix}$$

其中空白元素为 0。该矩阵对应于仅具有 3 个非零系数和一个"步幅"的简单滤波器。为了对在输入的开始和结束处的样例或在二维情况下图像边缘处的像素做出说明，可以在开始和结束之前或者在图像边界周围置 0，例如，0 可以被添加到上述 x 向量的开始和结束处，在这种情况下，输出将具有与输入相同的大小。如果没有进行 0 填充，卷积的有效部分将被限制为从输入数据计算的滤波器响应。

如果二维图像的行被装入一个长列向量，则可以通过更大的矩阵 W 来实现相同版本的 3×3 滤波器，这个矩阵的每一行还有另外两组以固定步幅向前移动的 3 个系数。结果将实现由二维滤波器的矩阵编码执行的乘法和加法。这可以用另一种方式来思考，即作为信号处理中被称为互相关或滑动点积的操作，它与卷积计算密切相关。

假设上述滤波器通过赋予第一个向量元素索引 -1 或者更一般化的 $-K$ 被置为中心，其中 K 是滤波器的"半径"。然后进行一维滤波：

$$y[n] = \sum_{k=-K}^{K} w[k] x[n+k]$$

直接将这个滤波推广到二维图像 X，且滤波器 W 给出了互相关操作，$Y = W * X$，则第 r 行第 c 列的结果是：

$$Y[r,c] = \sum_{j=-J}^{J} \sum_{k=-K}^{K} W[j,k] X[r+j, c+k]$$

使用滤波器对图像进行的卷积操作 $Y = W * X$ 通过翻转滤波器的方向获得：

$$Y[r,c] = \sum_{j=-J}^{J} \sum_{k=-K}^{K} W[-j,-k] X[r+j, c+k]$$

例如，要检测一个图像的边缘，一种著名的方法是用一个被称为"Sobel"的滤波器对其滤波，这包括使用以下矩阵对其进行互相关或者卷积：

$$G_x = \begin{pmatrix} -1 & 0 & 1 \\ -2 & 0 & 2 \\ -1 & 0 & 1 \end{pmatrix}, \quad G_y = \begin{pmatrix} -1 & -2 & -1 \\ 0 & 0 & 0 \\ 1 & 2 & 1 \end{pmatrix}$$

这些特定的滤波器表现得非常像图像的衍生物。图 10-8 显示了结果：一张照片；经过 Sobel 算子 G_x 滤波（强调垂直边缘）后的版本；经过 Sobel 算子 G_y 滤波（强调水平边缘）后的版本；以及计算 $G = \sqrt{G_x^2 + G_y^2}$ 得到的结果。中心的两个图像已经缩放，使得 midgray 对应于 0。而最后一个图像中的强度被翻转，使得较大的值变得较暗，同时零值变为白色。

图 10-8　原始图像；经过两个 Sobel 算子滤波后的图像；最终结果

卷积网络不是使用预定的滤波器，而是共同学习一组卷积滤波器、将它们作为输入的分类器以及通过反向传播共同学习的所有东西。通过在神经网络的层内连续地使用滤波器对图像进行卷积，可以创建空间组织的隐层，如前所述，其可以表明在图像内已经检测到给定特征类型的位置的特征活动图。虽然滤波器和激活函数没有特别地如图 10-8 那样构造，但是在使用自然图像训练的 CNN 的早期层次中经常观察到类似的边缘滤波器和纹理滤波器。由于 CNN 中的每层都涉及对由下面的层产生的特征图进行滤波，所以当向上移动时，任何给定的神经元或特征检测器的感受野变大。因此，在学习之后，较高级别的层会检测较大的特征，这些特征通常对应于中间层中的一些小块特征以及朝向网络顶层的非常大块的特征。图 10-9 显示了每一层中一些随机神经元的最强激活，并使用去卷积将激活投射回图像空间。

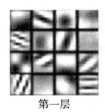

第一层

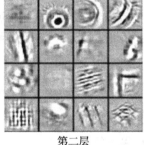

第二层

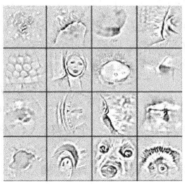

第三层

图 10-9　使用 Zeiler 和 Fergus（2013）的可视化方法在一个卷积神经网络的不同层的随机神经元所检测到的结果。基础图像由 Matthew Zeiler 提供

被应用于卷积网络结果的空间池化操作被频繁用于向已检测到特征的精确位置赋予一定程度的局部空间不变性。如果通过平均进行池化，则可以使用卷积来实现。CNN 经常在应用多层卷积后接着池化和抽样层。通常有三个阶段的池化和抽样。在最后一个池化和抽样层之后，所得到的特征图通常被反馈到多层感知器中。由于抽样减少了特征图的大小，所以每个这样的操作都将减小后续活动图的尺寸。非常深的卷积网络架构（超过 8 层）通常在应用池化和抽样操作之前多次重复卷积层。

图 10-10 显示了卷积、池化和抽样的关键操作的数值示例。首先，图像使用左侧所示的（被翻转）滤波器进行卷积。图像矩阵中的圆角矩形区域描绘了一组随机的图像位置。下一个矩阵表示卷积运算的结果，这里小的 2×2 区域内的最大值用粗体表示。接下来是经过

池化后的结果,在这种情况下使用最大池化。然后对经过池化的矩阵进行系数为2的抽样,得到最终结果。

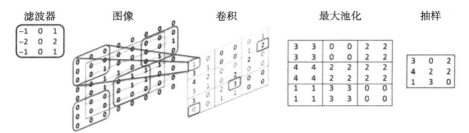

图 10-10 卷积神经网络中使用的卷积、池化以及抽样操作

10.3.3 卷积层和梯度

让我们考虑如何计算最优化卷积网络所需的梯度。在一个给定层中,我们有 $i(i=1,\cdots,N^{(l)})$ 个特征滤波器和对应的特征图。卷积核矩阵 $\boldsymbol{K}_i$ 包含关于核权值矩阵 $\boldsymbol{W}_i$ 翻转的权值。给定激活函数 act()、对每个特征 i 的缩放因子 g_i 以及偏置矩阵 $\boldsymbol{B}_i$,特征图是矩阵 $\boldsymbol{H}_i(\boldsymbol{A}_i(\boldsymbol{X}))$ 并且可以通过以下公式可视化为一组特征图图像:

$$\boldsymbol{H}_i = g_i \text{act}\left[\boldsymbol{K}_i^* \boldsymbol{X} + \boldsymbol{B}_i\right] = g_i \text{act}\left[\boldsymbol{A}_i(\boldsymbol{X})\right]$$

对于给定层,其损失函数 $L = L\left(\boldsymbol{H}_1^{(l)}, \cdots, \boldsymbol{H}_{N^{(l)}}^{(l)}\right)$ 是 $N(l)$ 个特征图的函数。定义 $h=\text{vec}(\boldsymbol{H})$,$x=\text{vec}(\boldsymbol{X})$,$a=\text{vec}(\boldsymbol{A})$,其中 vec() 函数返回给定矩阵参数的堆叠的列向量。选择一个对预激活矩阵进行元素对应操作并且缩放参数为1、偏置为0的 act() 函数。隐层输出对卷积神经元 $\boldsymbol{X}$ 的偏导数为:

$$\frac{\partial L}{\partial \boldsymbol{X}} = \sum_i \sum_j \sum_k \frac{\partial a_{ijk}}{\partial \boldsymbol{X}} \frac{\partial \boldsymbol{H}_i}{\partial a_{ijk}} \frac{\partial L}{\partial \boldsymbol{H}_i} = \sum_i \frac{\partial \boldsymbol{a}_i}{\partial \boldsymbol{x}} \frac{\partial \boldsymbol{h}_i}{\partial \boldsymbol{a}_i} \frac{\partial L}{\partial \boldsymbol{h}_i} = \sum_i \left[\boldsymbol{W}_i^* \boldsymbol{D}_i\right]$$

其中 $\boldsymbol{D}_i = dL/\partial \boldsymbol{A}_i$ 是一个矩阵,该矩阵包含在第 i 个特征类型中的每个元素对应的 act() 函数的输入对预激活值的偏导数。直观地,结果是每个(0填充的)滤波器 $\boldsymbol{W}_i$ 和类似图的矩阵的导数 $\boldsymbol{D}_i$ 的卷积的加和。隐层输出的偏导是:

$$\frac{\partial L}{\partial \boldsymbol{W}_i} = \sum_j \sum_k \frac{\partial a_{ijk}}{\partial \boldsymbol{W}_i} \frac{\partial \boldsymbol{H}_i}{\partial a_{ijk}} \frac{\partial L}{\partial \boldsymbol{H}_i} = \left[\boldsymbol{X}^\dagger * \boldsymbol{D}_i\right]$$

其中 $\boldsymbol{X}^\dagger$ 是输入 $\boldsymbol{X}$ 的行与列经过翻转的版本(如果卷积被写成一个线性矩阵操作,这将仅涉及矩阵的转置)。

10.3.4 池化层二次抽样层以及梯度

考虑对一个空间组织特征图应用池化(汇集)操作。输入图包含每个特征图的矩阵 $\boldsymbol{H}_i$,其元素为 h_{ijk}。最大池化特征图和平均池化特征图是元素为 p_{ijk} 的矩阵 $\boldsymbol{P}_i$,由以下方式给出:

$$p_{i,j,k} = \max_{\substack{r \in R_{j,k} \\ c \in C_{j,k}}} h_{i,r,c}, \quad p_{i,j,k} = \frac{1}{m} \sum_{\substack{r \in R_{j,k} \\ c \in C_{j,k}}} h_{i,r,c}$$

其中 $R_{j,k}$ 和 $C_{j,k}$ 分别为对每个位置 (j,k) 的池化区域进行编码的一组索引,m 是池化区域中元素的数量。虽然这些池化操作并不包含一个二次抽样步骤,但它们一般要么通过创建一个略

小于输入矩阵 H_i 的矩阵 P_i，要么通过填充 0 来产生边界效应。二次抽样步骤每隔 n 个输出进行抽样，或者通过仅评估每 n 个池化计算来避免不必要的计算。

通过最大池化或平均池化的层反向传播梯度的后果是什么？在前一种情况下，每个区域 (j,k) 内最大值的单元——"获胜单元"——由以下方式给出：

$$\{r^*, c^*\}_{j,k} = \arg\max_{r \in R_{j,k}, c \in C_{j,k}} h_{i,r,c}$$

对于非重叠区域，梯度从池化层 P_i 反向传播原始空间特征层 H_i，从每个 p_{ijk} 传向每个区域的"获胜单元"。这可以写成：

$$\frac{\partial L}{\partial h_{i,r_j,c_k}} = \begin{cases} 0 & r_j \neq r_j^*, c_k \neq c_k^* \\ \dfrac{\partial L}{\partial p_{i,j,k}} & r_j = r_j^*, c_k = c_k^* \end{cases}$$

在后一种情况下（即平均池化），平均操作仅仅是一个特殊类型的卷积，该卷积使用一个固定的核来计算（可能是加权）区域内各个像素的均值，因此所需梯度用上述结果计算。这些不同的片段（piece）构成块（block），从而使 CNN 能根据给定结构实现。

10.3.5 实现

卷积特别适合在图形硬件上实现。由于图形硬件可以将相比于 CPU 的执行速度加快到一个数量级以上，因此它可以在训练 CNN 中发挥重要作用。实验运转时间是几天而不是几周，这会给模型开发时间造成巨大的影响。

以能够探索的可选架构的方式构建用于学习 CNN 的软件也可能具有挑战性。虽然早期的 GPU 实现难以扩展，但较新的工具允许快速计算和灵活的高级编程基元（programming primitives）。本章末尾讨论了一些这样的工具，其中许多工具允许梯度计算，而且大型网络的反向传播算法几乎完全自动化。

10.4 自编码器

神经网络同样也可以用于无监督学习。"自编码器"是一种学习对其输入进行高效编码的网络，旨在简单地重建输入，但是要通过一个压缩或者降维表达的中间状态。如果输出用概率表示，目标函数就是最优化 $p(x = \hat{x} | \tilde{x})$，也就是给定观察值 $\tilde{x}$，模型赋予随机变量 x 一个值 $\hat{x}$ 的概率，其中 $\hat{x} = \tilde{x}$。换句话说，模型被训练来预测它自己的输入——但是必须通过由隐层神经元创建的表达。

图 10-11 是一个简单的自编码器，其中 $p(\hat{x}|\tilde{x}) = p(x = \hat{x}|\tilde{x}; f(\tilde{x}))$。最终的概率预测参数由最后一层的激活函数 $f(\tilde{x}) = f(d(e(\tilde{x})))$ 给出，这个激活函数使用包含一个编码步骤 $e(\tilde{x}) = act(W\tilde{x} + b^{(1)})$ 和一个解码步骤 $d = \text{out}(W^T e + b^{(2)})$ 的神经网络，两个步骤使用相同的 W。每个函数拥有自己的偏置向量 $b^{(i)}$。因为自编码器的想法是将数据压缩成低维表达，所以用于编码的隐层神经元数量 L 要少于输入层和输出层的神经元数量 M。在数据集上通过用负对数概率作为目标函数来最优化自编码器，可以导出一个常见的形式。和其他神经网络一样，通常使用反向传播和小批量梯度下降来最优化自编码器。

$$p\left(\hat{\boldsymbol{x}}\middle|\tilde{\boldsymbol{x}}\right)=p\left(\boldsymbol{x}=\hat{\boldsymbol{x}}\middle|\tilde{x};\boldsymbol{f}\left(\tilde{\boldsymbol{x}}\right)\right)$$

其中

$$\boldsymbol{f}\left(\tilde{\boldsymbol{x}}\right)=\boldsymbol{f}\left(\boldsymbol{d}\left(\boldsymbol{e}\left(\tilde{\boldsymbol{x}}\right)\right)\right)$$

$$\boldsymbol{d}=\boldsymbol{h}^{(2)}=\mathrm{out}(\boldsymbol{a}^{(2)})$$

$$\boldsymbol{a}^{(2)}=\boldsymbol{W}^{\mathrm{T}}\boldsymbol{h}+\boldsymbol{b}^{(2)}$$

$$\boldsymbol{e}=\boldsymbol{h}^{(1)}=\mathrm{act}(\boldsymbol{a}^{(1)})$$

$$\boldsymbol{a}^{(1)}=\boldsymbol{W}\tilde{\boldsymbol{x}}+\boldsymbol{b}^{(1)}$$

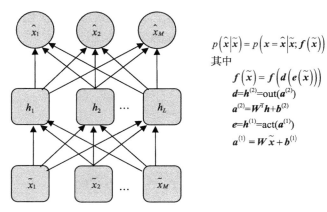

图 10-11　一个简单的自编码器

在图 10-12 中，无论是编码器激活函数 act() 还是输出激活函数 out()，都可以被定义为 sigmoid 函数。可以看到，由于没有激活函数 $\boldsymbol{h}^{(i)}=\boldsymbol{a}^{(i)}$，在使用平方误差损失函数以及均值中性化归一化数据的假设下，产生的“线性自编码器”将会发现和主成分分析一样的子空间。这个自编码器被证明在某种意义上是最佳的——任何具有非线性激活函数的模型将会需要更多参数才能实现相同的重构误差。众所周知，即便使用诸如 sigmoid 函数这样的非线性激活函数，最优化过程也往往倾向于在 sigmoid 函数的线性区域内运行——复制主成分分析的行为。

这可能看起来令人沮丧的，线性自编码器并不比主成分分析要好。然而，使用一个甚至只有一个隐层的神经网络来创建编码可以构建更具有弹性的模型，通常是在网络中使用一个瓶颈（bottleneck）来产生的欠完备的表达，这提供了一种用于获得比输入更低维的编码的机制。

深度自编码器可以学习具有比使用相同数量维数的主成分分析更低重构误差的低维表达。它们通过使用 L 层创建一个数据的隐层表达 $\boldsymbol{h}_c^{(L)}$ 并且紧接着使用更多的 L 层 $\boldsymbol{h}_d^{(L+1)}\ldots\boldsymbol{h}_d^{(2L)}$ 将这个表达解码成原始的形式来构建，如图 10-12 所示。对每个 $i=1,\cdots,L$ 的编码层和 $j=1,\cdots,2L$ 的解码层，其权值矩阵受限于 $\boldsymbol{W}_{L+i}=\boldsymbol{W}_{L+1-i}^{\mathrm{T}}$。

一个对于 $\boldsymbol{p}\left(\boldsymbol{x}=\hat{\boldsymbol{x}}\middle|\tilde{\boldsymbol{x}}\right)=p\left(\hat{\boldsymbol{x}};\boldsymbol{f}_d\left(\tilde{\boldsymbol{x}}\right)\right)$ 的深度编码器有以下形式：

$$\boldsymbol{f}(\boldsymbol{x})=\boldsymbol{f}_d\left(\boldsymbol{a}_d^{(2L)}\left(\cdots\boldsymbol{h}_d^{(L+1)}\left(\boldsymbol{a}_d^{(L+1)}\left(\boldsymbol{h}_c^{(L)}\left(\boldsymbol{a}_e^{(L)}\left(\cdots\boldsymbol{h}_e^{(i)}\left(\boldsymbol{a}_e^{(i)}(\boldsymbol{x})\right)\right)\right)\right)\right)\right)\right)$$

图 10-13 比较了投影到一个以这种方式学习的二维空间的数据和对特定数据集进行的二维主成分分析。因为基本的自编码器是非线性的，网络能够以更好地分离数据的自然分组这
446 样一种方式来组织学习到的空间。

10.4.1　使用 RBM 预训练深度自编码器

深度自编码器是非线性降维的有效结构。一旦构建了这样的网络，编码器最顶层的 $\boldsymbol{h}_c$ 可被输入到一个有监督分类过程。如果使用神经网络分类器，则可以使用梯度下降来有区别地微调整个深度自编码器网络。实际上，自编码器可用于预训练神经网络分类器。

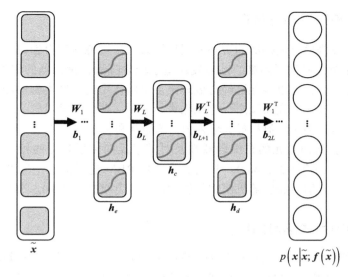

图 10-12　一个有多层转换的深度自编码器

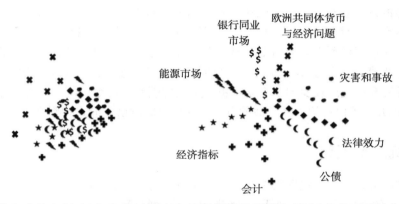

图 10-13　低维主成分空间（左）与通过深度自编码器学习到的空间（右）的对比（改编自 Hinton 和 Salakhutdinov, 2006）

　　然而，难以在编码器和解码器中最优化具有多个隐层的自编码器。众所周知，使用过大的权值初始化任何深度神经网络会导致一个不好的局部最小值；而使用过小的权值初始化可能会导致小的梯度，使学习变慢。一种方法是非常小心地进行激活函数和初始化的选择，但是这在实践中很难做到。

　　另一种方法是通过堆叠两层 RBM 进行预训练。RBM 是具有二元隐藏变量和可执行无监督学习的二元或连续观察变量的概率 PCA 的一般形式（将在 10.5 节进一步讨论）。要将它们用于预训练，首先从数据中学习两层 RBM，将数据投影到其隐层表示中，使用它来训练另一个 RBM，并重复该过程，直至到达编码层。相关详细信息参见 10.5 节。然后使用每两层网络的参数来初始化具有类似结构的自编码器的参数，该结构具有非随机的 sigmoid 隐藏神经元。

10.4.2 降噪自编码器和分层训练

还可以使用涉及普通自编码器的贪心分层训练策略来训练深度自编码器,但哪怕是对中等深度的网络这样做也遇到了困难。已经发现基于堆叠降噪自编码器的程序能更好地工作。降噪自编码器经过培训,可以消除已经合成地添加进输入中的不同类型的噪声。自编码器输入可能会被以下噪声破坏:高斯噪声;遮掩噪声,其中一些元素被设置为0;椒盐噪声,其中一些元素被设置为最小输入值和最大输入值(例如0和1)。

使用具有随机隐藏神经元的自编码器涉及对基于反向传播学习的相当小的修改。实质上,这些过程类似于丢弃(dropout)。相比之下,像RBM这样的更一般的随机模型依赖于近似概率推理技术,而学习深度随机模型的过程往往非常复杂(见10.5节)。

10.4.3 重构和判别式学习的结合

当使用自编码器学习用于分类或回归的特征表示时,可以定义能重构输入并对其进行分类的模型。该混合模型具有由重建(无监督)和判别(监督)标准组成的复合损耗:$L(\theta)=(1-\lambda)L_{\sup}(\theta)+\lambda L_{\text{unsup}}(\theta)$,其中超参数 $\lambda \in [0,1]$ 用于控制两个目标之间的平衡。在极端情况下,$\lambda=0$ 产生纯粹的监督训练程序,而 $\lambda=1$ 则产生纯粹的无监督训练程序。如果某些数据仅能以无标签的形式获得,则可以仅优化重构损失。对于混合模型,可以想象扩展图10-12中的深度自编码器,使用 h_c 作为输入进行预测,使用一组直接传递到激活函数和最终预测的权值,或者在进行预测之前使用多层。具有组合目标函数的训练似乎提供了一种可以在判别式任务上提高性能的正则化形式。当与更多的数字表现良好的激活函数(如ReLU)相结合时,该过程允许使用较少问题来学习更深层次的模型。当然,在验证集上必须小心调整 λ。下面的随机方法可以采用一些类似的方法,这可以同时以生成式和判别式来定义。

10.5 随机深度网络

目前考虑的网络是由确定性组件构成的。现在我们来看随机网络,从一个称为玻尔兹曼(Boltzmann)机的无监督学习模型开始。该随机神经网络模型是一种马尔可夫随机场(见9.6节)。与前馈神经网络的神经元不同,玻尔兹曼机中的神经元对应于随机变量,就像在贝叶斯网络中用到的。更老的一种玻尔兹曼机仅使用二进制变量定义,但是具有连续和离散变量的模型也是可行的。它们在CNN对ImageNet挑战赛取得令人印象深刻的成果之前已流行起来,但是由于难以用它们进行工作,所以又渐渐失去了流行度。不过,随机方法具有某些优点,例如捕获多峰分布的能力。玻尔兹曼机是一个如下形式的联合概率模型。

10.5.1 玻尔兹曼机

为了创建一个玻尔兹曼机,我们把变量划分为可见的部分,由一个 D 维二进制向量 $v \in \{0,1\}^D$ 定义,以及由一个 K 维二进制向量 $h \in \{0,1\}^K$ 定义的隐藏部分。

$$p(v,h;\theta) = \frac{1}{Z(\theta)}\exp(-E(v,h;\theta))$$

$$Z(\theta) = \sum_v \sum_h \exp(-E(v,h;\theta))$$

$$E(\boldsymbol{v},\boldsymbol{h};\theta) = -\frac{1}{2}\boldsymbol{v}^{\mathrm{T}}\boldsymbol{A}\boldsymbol{v} - \frac{1}{2}\boldsymbol{h}^{\mathrm{T}}\boldsymbol{B}\boldsymbol{h} - \boldsymbol{v}^{\mathrm{T}}\boldsymbol{W}\boldsymbol{h} - \boldsymbol{a}^{\mathrm{T}}\boldsymbol{v} - \boldsymbol{b}^{\mathrm{T}}\boldsymbol{h}$$

其中 $E(\boldsymbol{v}, \boldsymbol{h}; \theta)$ 是能量函数，$Z(\theta)$ 用于正规化 E 以使其定义一个有效的联合概率，矩阵 $\boldsymbol{A}$、$\boldsymbol{B}$ 以及 $\boldsymbol{W}$ 分别记录了可见变量–可见变量、隐藏变量–隐藏变量以及可见变量–隐藏变量的相互关系，向量 $\boldsymbol{a}$ 和 $\boldsymbol{b}$ 分别记录两种类型变量中与各个变量关联的偏倚。矩阵 $\boldsymbol{A}$ 和 $\boldsymbol{B}$ 是对称的，它们的对角元素为 0。这种结构是一个所有变量之间都有两两连接的高效二元马尔可夫随机场，如图 10-14a 所示。

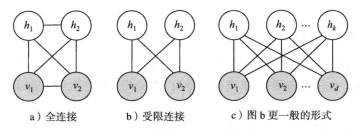

a）全连接　　b）受限连接　　c）图 b 更一般的形式

图 10-14　玻尔兹曼机

玻尔兹曼机（以及更一般的二元马尔可夫随机场）的一个关键特征是给定其他变量后的一个变量的条件分布是一个 sigmoid 函数，这个函数的参数为其他变量的状态的加权线性组合：

$$p(h_j = 1 | \boldsymbol{v}, \boldsymbol{h}_{\neg j}; \theta) = \mathrm{sigmoid}\left(\sum_{i=1}^{D} W_{ij}v_i + \sum_{k=1}^{K} B_{jk}h_k + b_j\right)$$

$$p(v_i = 1 | \boldsymbol{h}, \boldsymbol{v}_{\neg i}; \theta) = \mathrm{sigmoid}\left(\sum_{j=1}^{K} W_{ij}h_j + \sum_{d=1}^{D} A_{id}v_d + c_i\right)$$

其中符号"$\neg i$"表示所有下标不是 i 的元素。$\boldsymbol{A}$ 和 $\boldsymbol{B}$ 的对角元素为 0，因此求和不需要跳过包含 $h_{k=j}$ 和 $v_{d=i}$ 的项，因为它们都是 0。这些方程对每个变量有独立的 sigmoid 函数，这易于构建一个吉布斯抽样器（见 9.5 节）。吉布斯抽样器可以用于计算条件概率 $p(\boldsymbol{h}|\tilde{\boldsymbol{v}})$ 和联合概率 $p(\boldsymbol{h}, \boldsymbol{v})$ 的近似值。

在玻尔兹曼机模型下，将损失定义为对一个单独样本 $\tilde{\boldsymbol{v}}$ 的边缘概率的负对数似然：$L = -\log p(\tilde{\boldsymbol{v}};\theta) - \log \sum_{\boldsymbol{h}} p(\tilde{\boldsymbol{v}}, \boldsymbol{h};\theta)$。基于一些微积分知识，其偏导数如下：

$$\frac{\partial L}{\partial \boldsymbol{W}} = -\left[E\left[\tilde{\boldsymbol{v}}\boldsymbol{h}^{\mathrm{T}}\right]_{P(\boldsymbol{h}|\tilde{\boldsymbol{v}})} - E\left[\boldsymbol{v}\boldsymbol{h}^{\mathrm{T}}\right]_{P(\boldsymbol{h},\boldsymbol{v})}\right]$$

$$\frac{\partial L}{\partial \boldsymbol{A}} = -\left[\tilde{\boldsymbol{v}}\tilde{\boldsymbol{v}}^{\mathrm{T}} - E\left[\boldsymbol{v}\boldsymbol{v}^{\mathrm{T}}\right]_{P(\boldsymbol{h},\boldsymbol{v})}\right]$$

$$\frac{\partial L}{\partial \boldsymbol{B}} = -\left[E\left[\boldsymbol{h}\boldsymbol{h}^{\mathrm{T}}\right]_{P(\boldsymbol{h}|\tilde{\boldsymbol{v}})} - E\left[\boldsymbol{h}\boldsymbol{h}^{\mathrm{T}}\right]_{P(\boldsymbol{h},\boldsymbol{v})}\right]$$

$$\frac{\partial L}{\partial \boldsymbol{a}} = -\left[\tilde{\boldsymbol{v}} - E[\boldsymbol{v}]_{P(\boldsymbol{h},\boldsymbol{v})}\right]$$

$$\frac{\partial L}{\partial \boldsymbol{b}} = -\left[E[\boldsymbol{h}]_{P(\boldsymbol{h}|\tilde{\boldsymbol{v}})} - E[\boldsymbol{h}]_{P(\boldsymbol{h},\boldsymbol{v})}\right]$$

在这些导数中，计算期望所需的分布 $p(\boldsymbol{h}|\tilde{\boldsymbol{v}})$ 和 $p(\boldsymbol{h},\boldsymbol{v})$ 不能以解析式的形式提供，而可以

使用样本近似它们。为了计算有 N 个样本的整个训练集的负对数似然概率梯度，项的总和是使用数据的经验分布 $P_{\text{data}}(\tilde{v})$ 的期望的 N 倍，这期望也可通过在每个样例上放置一个 delta 函数并除以 N 获得的分布得到。对涉及 $p(h|\tilde{v})$ 形式的期望的训练集的总和有时写作单个期望值，并被称为数据依赖期望，而涉及 $p(h,v)$ 的期望值不依赖于数据，被称为模型的期望值。

通过使用这些方程和近似分布，可以通过梯度下降来实现最优化。概率模型中的梯度通常归结于计算期望的差异，就像在 logistic 回归、条件随机场以及概率主成分分析等模型中那样，正如我们在第 9 章中所看到的。

10.5.2 受限玻尔兹曼机

消除隐层神经元之间以及显层神经元之间的连接，就可以产生一个有同样分布 $p(v,h;\theta) = Z^{-1}(\theta)\exp(-E(v,h;\theta))$ 的受限玻尔兹曼机（RBM），但是这里的能量函数为：

$$E(v,h;\theta) = -v^T W h - a^T v - b^T h$$

图 10-14b 所示为图 10-14a 进行这一转换后的结果。图 10-14c 为一种更一般的形式。

消除连接矩阵 A 和 B 意味着对整个隐藏变量的向量 h 的精确推断可以一次性进行。$p(h,v)$ 将变成对每个维度的不同 sigmoid 函数的乘积。每个 sigmoid 函数仅依赖于观测到的输入向量 v。$p(v|h)$ 的形式与此类似。

$$p(h|v) = \prod_{k=1}^{K} p(h_k|v) = \prod_{k=1}^{K} \text{Bern}\left(h_k; \text{sigmoid}\left(b_k + W_{\cdot k}^T v\right)\right)$$

$$p(v|h) = \prod_{i=1}^{D} p(v_i|h) = \prod_{i=1}^{D} \text{Bern}\left(v_i; \text{sigmoid}\left(a_i + W_{i\cdot} h\right)\right)$$

其中 $W_{\cdot k}^T$ 是由权值矩阵 W 第 k 列的转置组成的向量，而 $W_{i\cdot}$ 是矩阵 W 的第 i 行。这些是从潜在联合模型导出的条件分布，并且该方程可用于计算损失关于 W、a 和 b 的梯度。学习所需的期望比不受限制的模型更容易计算：对于 $p(h|\tilde{v})$ 可以获得精确的表达式，但是 $p(h,v)$ 仍然是棘手的，必须使用近似法。

10.5.3 对比分歧

运行玻尔兹曼机器的吉布斯抽样器通常需要多次迭代。被称为"对比分歧"的技术是将抽样器初始化为观察数据而不是随机数据，并且执行有限次的吉布斯更新。在 RBM 中，可以从分布 $p(h|\hat{v}^{(0)} = \tilde{v})$ 生成样本 $\hat{h}^{(0)}$，之后从 $p(h|\hat{v}^{(1)} = \tilde{v})$ 生成样本 $\hat{h}^{(1)}$。这个单一步骤在实践中通常运行良好，尽管可以对多个步骤持续交替隐藏和可见神经元的抽样过程。

10.5.4 分类变量和连续变量

到目前为止，所讨论的 RBM 都是由二元变量组成。然而，它们可以通过使用独热向量编码 $r = 1, \cdots, R$ 的隐分类变量以及用下列能量函数定义的隐二元变量 h 扩展为分类和连续属性：

$$E(v,h;\theta) = -\sum_{r=1}^{R}\left[v_{(r)}^T W_{(r)} h + a_{(r)}^T v_{(r)}\right] - b^T h$$

由这个模型定义的联合分布是较复杂的，但是对于二元 RBM 来说，在模型下给定其他层的各层条件分布却有一种简单的形式：

$$p\left(\bm{h}\big|\bm{v}_{(r=1,\cdots,R)}\right)=\prod_{k=1}^{K}\mathrm{Bern}\left(h_k;\mathrm{sigmoid}\left(b_k+\sum_{r=1}^{R}\bm{W}_{(r)\cdot k}^{\mathrm{T}}\bm{v}_{(r)}\right)\right)$$

$$p\left(\bm{v}_{(r=1,\cdots,R)}\big|\bm{h}\right)=\prod_{r=1}^{R}\mathrm{Cat}\left(\bm{v}_{(r)};\mathrm{softmax}\left(\bm{a}_{(r)}+\bm{W}_{(r)\cdot}\bm{h}\right)\right)$$

具有一层连续观察变量 $\bm{v}$ 以及一层隐藏二元变量 $\bm{h}$ 的模型可以使用如下能量函数构建：

$$E(\bm{v},\bm{h};\theta)=-\bm{v}^{\mathrm{T}}\bm{W}\bm{h}-\frac{1}{2}(\bm{v}-\bm{a})^2-\bm{b}^{\mathrm{T}}\bm{h}$$

条件分布为：

$$p(\bm{h}|\bm{v})=\prod_{k=1}^{K}\mathrm{Bern}\left(h_k;\mathrm{sigmoid}\left(b_k+\bm{W}_{\cdot k}^{\mathrm{T}}\bm{v}\right)\right)$$

$$p(\bm{v}|\bm{h})=\prod_{i=1}^{D}N(v_i;a_i+\bm{W}_i\bm{h},1)=N(\bm{v};\bm{a}+\bm{W}\bm{h},\bm{I})$$

其中给定隐藏变量的观察变量条件分布是高斯分布，其均值取决于偏差项加上二进制隐藏变量的线性变换。这个高斯分布具有一个特性协方差矩阵，因此可以写成每个维度的独立高斯的乘积。

10.5.5 深度玻尔兹曼机

深度玻尔兹曼机包含使用 RBM 连接的随机变量连接层，如图 10-15a 所示。假设变量是伯努利随机变量，则能量函数为：

$$E\left(\bm{v},\bm{h}^{(1)},\cdots,\bm{h}^{(L)};\theta\right)=-\bm{v}^{\mathrm{T}}\bm{W}^{(1)}\bm{h}^{(1)}-\bm{a}^{\mathrm{T}}\bm{v}-\bm{b}^{(1)\mathrm{T}}\bm{h}^{(1)}$$
$$-\left[\sum_{l=2}^{L}\left[\bm{h}^{(l-1)\mathrm{T}}\bm{W}^{(l)}\bm{h}^{(l)}+\bm{b}^{(l)\mathrm{T}}\bm{h}^{(l)}\right]\right]$$

其中层与层间的两两连接用矩阵 $\bm{W}^{(l)}$ 表示，$\bm{a}$ 和 $\bm{b}^{(l)}$ 是显层和每个隐层的偏置。中间层矩阵的梯度为：

$$\frac{\partial L}{\partial \bm{W}^{(l)}}=-\left[E\left[\bm{h}^{(l-1)}\bm{h}^{(l)\mathrm{T}}\right]_{P(\bm{h}^{(l-1)},\bm{h}^{(l)\mathrm{T}}|\tilde{\bm{v}})}-E\left[\bm{h}^{(l-1)}\bm{h}^{(l)\mathrm{T}}\right]_{P(\bm{h}^{(l-1)},\bm{h}^{(l)\mathrm{T}},\bm{v})}\right]$$

$$\frac{\partial L}{\partial \bm{b}^{(l)}}=-\left[E\left[\bm{h}^{(l)}\right]_{P(\bm{h}^{(l)}|\tilde{\bm{v}})}-E\left[\bm{h}^{(l)}\right]_{P(\bm{h}^{(l)},\bm{v})}\right]$$

其中期望所需的概率分布可以使用近似推断技术（例如吉布斯抽样或变分法）。

考虑该网络中层的马尔可夫毯，结果表明，给定一层的上层和下层，则给定层中的变量独立于其他层。条件分布为：

$$p\left(\bm{h}^{(l)}\big|\bm{h}^{(l-1)},\bm{h}^{(l+1)}\right)=\prod_{k_l=1}^{K_l}p\left(h_k^l\big|\bm{h}^{(l-1)},\bm{h}^{(l+1)}\right)$$
$$=\prod_{k=1}^{K_l}\mathrm{Bern}\left(h_k^l;\mathrm{sigmoid}\left(b_k^l+\bm{W}_{\cdot k}^{(l)\mathrm{T}}\bm{h}^{(l-1)}+\bm{W}_{k\cdot}^{(l+1)}\bm{h}^{(l+1)}\right)\right)$$

这使得层中的所有变量可以使用称为"块吉布斯抽样"的方法并行更新。这比标准吉布斯抽样更快，却能为快速学习提供足够质量的样本。

使用抽样或变分法的深度玻尔兹曼机的整体学习过程可能很慢，因此通常使用贪心的增量方法在学习之前初始化权值。深度玻尔兹曼机可以通过堆叠双层玻尔兹曼机进行渐进训练，并使用梯度下降和基于对比分歧的抽样过程来学习两层模型。

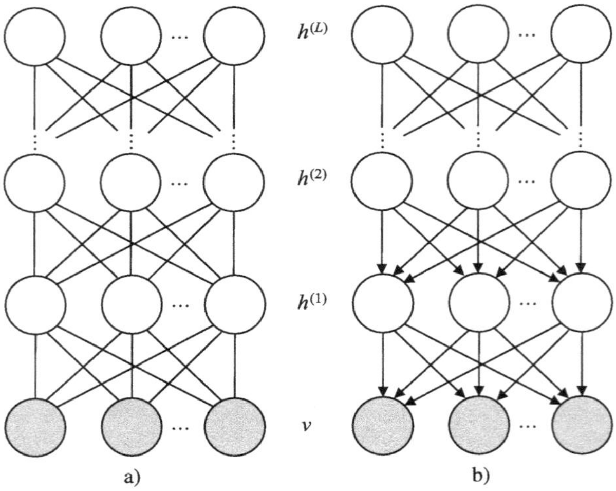

图 10-15　a）深度玻尔兹曼机；b）深度信念网络

当通过堆叠递增地训练深度 RBM 时，为了处理模型中缺乏自上而下的连接，可以将下层模型的输入变量加倍，并将相关矩阵约束为与原始矩阵相同；将上层模型的输出变量加倍，并以相同的方式约束其矩阵。一旦第一个玻尔兹曼机已被学习，下一个可以使用来自独立伯努利分布的样本（基于重写玻尔兹曼机的 sigmoid 模型的 $p(h^{(l)}|v)$ 维度），或使用 sigmoid 激活的值进行学习。在这两种情况下，可以使用加倍的权值矩阵来执行快速近似推断向上传递，以补偿模型自顶向下的影响未被捕获的事实。当为最终层生成抽样器或 sigmoid 激活值时，不必将权值加倍。后续层也可以使用类似的方法学习。

10.5.6　深度信念网络

虽然任何深度贝叶斯网络从技术上讲都是一个深度信念网络，但是"深度信念网络"一词与可以通过增量训练 RBM 构建的特定类型的深层结构密切相关。该过程基于将不断增长的模型的下半部分转换为贝叶斯信念网络，为模型的上半部分添加 RBM，然后继续进行训练、转换和堆叠过程。如前所述，RBM 是一个双层联合模型，我们可以使用一些代数方法来写入与底层关联分布一致的给定隐层后的观测层或给定观测层后的隐层的条件模型。因此，通过学习两层联合 RBM 模型的过程可以获得深层信念网络，将模型转换为其给定层以下层的条件形式，然后在模型顶部添加一个新层，将前两层参数化为新的联合 RBM 模型，再学习新参数。图 10-15b 举例说明了一般形式，可以写成：

$$P\left(v, h^{(1)}, \cdots, h^{(L)}; \theta\right) = P\left(v | h^{(1)}\right) \left[\prod_{l=1}^{L-2} P\left(h^{(l)} | h^{(l+1)}\right)\right] P\left(h^{(L-1)}, h^{(L)}\right)$$

之前，模型是根据可见层 v 和 $l=1, \cdots, L$ 的隐层 $h^{(l)}$ 定义的。条件分布均为具有 sigmoid 式参数化的伯努利分布的乘积。

前两个层被参数化为 RBM。如果它们是有向而不是无向连接，则可以分解成 $P(h^{(L-1)}, h^{(L)}) = P(h^{(L-1)}|h^{(L)})P(h^{(L)})$ 的形式，其中条件分布是另一个 sigmoid 式参数化的伯努利分布的乘积，$P(h^{(L)})$ 是每个 $P(h^{(L)})$ 的单独分布的乘积。其结果称为深度 sigmoid 式信念网络。

图 10-15b 所示的网络可以以层叠的方式构建和训练。假设 RBM 具有可见变量 v 和两层隐藏变量（$h^{(1)}$ 以及其后位于顶部的 $h^{(2)}$）的 RBM。$P(v, h^{(1)}, h^{(2)})$ 的联合模型可以定义为 3 层玻尔兹曼机，或者通过使用下列公式重构下两层的参数化定义为顶层有一个 RBM 的信念网络：

$$P(v, h^{(1)}, h^{(2)}) = P(v|h^{(1)})P(h^{(1)}, h^{(2)})$$
$$= \prod_{i=1}^{D} \text{Bern}\left(v_i; \text{sigmoid}\left(a_i + W_i^{(1)}h\right)\right) \cdot \frac{1}{Z(\theta)} \exp\left(-E\left(h^{(1)}, h^{(2)}; \theta\right)\right) \quad (10\text{-}2)$$

其中 $P(h^{(1)}, h^{(2)})$ 有如下一般形式：

$$Z(\theta) = \sum_{h^{(1)}} \sum_{h^{(2)}} \exp\left(-E\left(h^{(1)}, h^{(2)}; \theta\right)\right)$$

$$-E\left(h^{(1)}, h^{(2)}; \theta\right) = h^{(1)\text{T}}W^{(2)}h^{(2)} + b^{(1)\text{T}}h^{(1)} + b^{(2)\text{T}}h^{(2)}$$

以及参数 $W^{(1)}$ 和 $P(v|h^{(1)})$ 独立于参数 $W^{(1)}$，$b^{(1)}$ 以及 $P(h^{(1)}, h^{(2)})$ 中的 $b^{(2)}$。

可以这样训练此类网络：首先使用观测数据训练一个 2 层玻尔兹曼机。然后在顶部添加一个层，并将其权值初始化为下面层中学到的权值的转置。为了训练下一层，计算给定层下面的层的条件分布，并且生成样本或使用 sigmoid 函数的激活将训练数据的每个示例转换成第一隐层表示。可以进一步利用 RBM 的属性来获得给定上层的下层的条件分布，并且可以固定该方向上的条件模型的参数。一旦第二个玻尔兹曼机被训练，该模型具有式 10-2 的形式，而且数据转换过程、将顶层玻尔兹曼机转换为条件模型以及增加一层并训练顶层玻尔兹曼机这些操作可以根据需要重复。

如果上面的层有不同数量的单元，则下面矩阵的转置不能用于初始化，某些理论保证将不再适用。然而，该过程实际上可以很好地进行随机初始化工作。

10.6 递归神经网络

递归神经网络是具有形成有向循环的连接的网络。因此，它们具有内部状态，这使其成为处理涉及数据序列（例如手写识别、语音识别和机器翻译）的学习问题的主要候选方法。图 10-16a 显示了如何通过从所有隐藏神经元 h_i 到 h_j 添加连接来将前馈网络转换为递归网络。每个隐藏的神经元都有和它本身以及其他隐藏单元的连接。

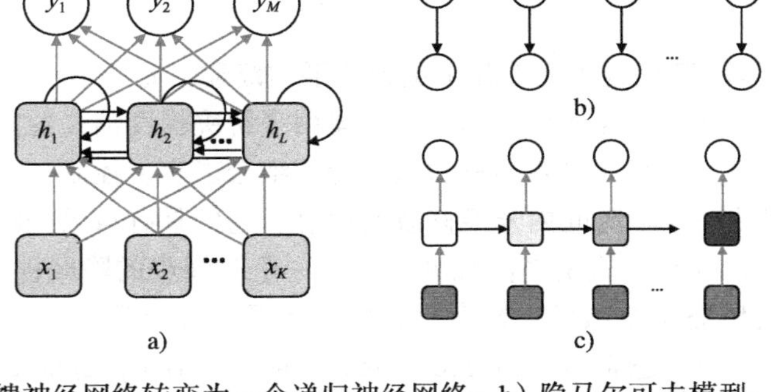

图 10-16 a）前馈神经网络转变为一个递归神经网络；b）隐马尔可夫模型；c）由 a 展开得到的递归神经网络

想象一下，按照执行底层计算的步骤顺序，随着时间的推移展开一个递归网络。像隐马尔可夫模型一样，可以使用相同的权值和偏置在每个步骤展开和实现一个递归网络，以便随着时间的推移连接神经元。图 10-16b 显示了一个隐马尔可夫模型，在时间上展开并写成动态贝叶斯网络，图 10-16c 显示了通过展开图 10-16a 来获得的递归网络。递归神经网络在确定的连续空间中运行，与隐马尔可夫模型相反（马尔可夫模型通常使用离散随机变量）。然而，随着网络的发展，通常认为深度前馈网络可以计算更为抽象的特征，递归网络中的信息处理更像是一个更通用的算法的执行步骤。

对于从无约束手写识别到语音识别和机器翻译的许多任务而言，递归神经网络以及将在下面特别讨论的"长短期记忆"（LSTM）递归神经网络尤其成功。

这些网络将线性矩阵运算应用于当前观测值和前一时间步长中的隐藏神经元，其产生的线性项作为激活函数 act() 的参数：

$$\begin{aligned} h_t &= \text{act}(W_h x_t + U_h h_{t-1} + b_h) \\ o_t &= \text{act}(W_o h_t + b_o) \end{aligned} \quad (10\text{-}3)$$

在每个时间步使用相同的矩阵 U_h。前一步 h_{t-1} 中的隐藏神经元通过它影响 h_t 的计算，而当前观测值贡献一个与 $U_h h_{t-1}$ 和偏置项 b_h 相加的 $W_h x$ 项。W_h 和 b_h 通常随时间的推移而重复。输出层由应用于隐藏神经元的线性变换的经典神经网络激活函数建模，并且在每个时间步中重复这一操作。

训练数据中特定序列的损失可以在每个时间步计算，或者在序列结束时仅计算一次。不论在哪种情况下，预测都将在许多处理步骤之后进行。这带来了一个重要的问题。式（10-1）用于前馈网络将层 l 的参数梯度分解为 $D^{(l)} W^{T(l+1)}$ 形式的矩阵乘法乘积。递归网络在每个时间步中使用相同的矩阵，并且在许多步骤中梯度可以非常容易地减小到 0 或爆炸到无穷大——正如采用一个很大的幂的任意数（除了 1）的量级接近零或无限增加。

10.6.1 梯度爆炸与梯度消失

使用 L_1 或 L_2 正则化可以通过促使权值变小来缓解梯度爆炸问题。另一种策略是简单地检测梯度的范数是否超过某个阈值，如果超过，则将其缩小。这有时称为梯度（范数）裁剪。也就是说，对于梯度向量 $g = \partial L/\partial \theta$ 和阈值 T，

$$\begin{aligned} &\text{如果} \quad \|g\| \geq T \\ &\text{那么} \quad g \leftarrow \frac{T}{\|g\|} g \end{aligned}$$

T 是一个超参数，可以将其设置为之前几个更新的平均范数，此处不使用剪切。

所谓的"LSTM"递归神经网络架构专门创建用来解决梯度消失的问题。它使用隐藏神经元、元素对应乘积以及神经元之间的总和这种特殊组合来实现控制"存储单元"的门。这些单元被设计用来保留一长段时间内未经修改的信息。它们具有自己的输入门和输出门——由可学习的权值控制，这些权值是当前观测值和上一个时间步的隐藏神经元的函数。因此，来自梯度计算的反向传播误差项可以被存储并向后传播而没有退化。原始的 LSTM 构想由输入门和输出门组成，但"遗忘门"（forget gate）和窥孔权值（peephole weight）后来添加。其架构是复杂的，但已经在各种各样的问题中产生了最先进的结果。下面我们介绍最流行的 LSTM RNN，它不包括窥孔权值，但是使用遗忘门。

LSTM RNN 以如下方式运作：在每个时间步，有输入 i_t、遗忘 f_t 和输出 o_t 三种类型的

门,每个都是 t 时刻的底层输入 x_t 和 $t-1$ 时刻的隐藏神经元 h_{t-1} 的函数。门将它们自己的门特定矩阵 W 乘以 x_t 以及将它们自己的矩阵 U 乘以 h_{t-1},并且加上它们自己的偏置向量 b,然后把它们的和应用于 sigmoid 函数的元素对应非线性变换。

在每个时间步 t,输入门 i_t=sigmoid($W_i x_t + U_i h_{t-1} + b_i$) 用于确定由 s_t=tanh($W_c x_t + U_c h_{t-1} + b_c$) 给出的潜在输入是否足以放置到存储单元 c_t 中。s_t 本身的计算是使用加权矩阵 W_c 和 U_c 以及偏置向量 b_c 的当前输入值 x_t 和先前的隐藏神经元向量 h_{t-1} 的线性组合。遗忘门 f_t 允许使用 f_t=sigmoid($W_f x_t + U_f h_{t-1} + b_f$) 擦除存储神经元的内容,包括基于 W_f 和 U_f 矩阵的类似线性输入以及偏置 b_f。输出门 o_t 确定是否应将 y_t(由激活函数转换的存储单元的内容)置于隐藏单元 h_t 中。它们通常通过使用权值矩阵 W_o 和 U_o 以及偏置向量 b_o 对当前输入值 x_t 和先前的隐藏单位向量 h_{t-1} 的线性组合应用 sigmoid 激活函数 o_t=sigmoid($W_o x_t + U_o h_{t-1} + b_o$) 来控制。

最后一步的门控制被实现为一个在输出门和经过转换的记忆内容的元素对应乘积,即 $h_t = o_t \circ y_t$,其中记忆神经元在门输出前一般通过 tanh 函数进行转换:y_t=tanh(c_t)。记忆神经元通过 $c_t = f_t \circ c_{t-1} + i_t \circ s_t$ 更新,即遗忘门 f_t 和前一个记忆神经元的内容 c_{t-1} 对应元素相乘的乘积,再加上输入门 i_t 以及新的潜在输入 s_t 的对应元素相乘的乘积。表 10-5 定义这些组件,图 10-17 显示了一个中间量的计算图。

表 10-5 "长短期记忆"递归神经网络的组成部分

LSTM 神经元输出	$h_t = o_t \circ y_t$
输出门单元	o_t=sigmoid($W_o x_t + U_o h_{t-1} + b_o$)
经过转换的记忆单元内容	y_t=tanh(c_t)
记忆单元神经元的门控更新	$c_t = f_t \circ c_{t-1} + i_t \circ s_t$
遗忘门神经元	f_t=sigmoid($W_f x_t + U_f h_{t-1} + b_f$)
输出门神经元	i_t=sigmoid($W_i x_t + U_i h_{t-1} + b_i$)
记忆单元的潜在输出	s_t=tanh($W_c x_t + U_c h_{t-1} + b_c$)

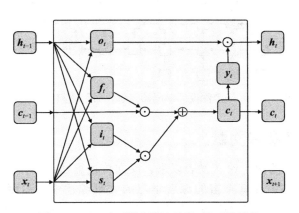

图 10-17 一个"长短期记忆"单元的结构

10.6.2 其他递归网络结构

前面已经给出了各种各样的其他复杂网络架构。例如,由式(10-3)给出的网络可以与线性整流激活函数一起使用,使用单位矩阵的缩放版本来初始化递归权值矩阵,并将偏差初始化为零。单位初始化意味着误差导数未经修改地流经网络。使用更小的、缩放版本的单位矩阵进行初始化具有使模型遗忘更长范围依赖性的效果。这种方法被称为 IRNN。另一种可能性是通过分配单独的记忆单元并使用门控递归单元（Gated Recurrent Unit，GRU）来简化 LSTM 网络。对于某些问题，GRU 可以提供与 LSTM 相当的性能，且内存要求较低。

递归网络可以是双向的，即在两个方向传播信息：图 10-18a 所示即为一般结构。双向网络已经用于各种应用，包括蛋白质二级结构预测和手写识别。现代软件工具通过操作计算图自动确定通过反向传播的学习方法所需的梯度。

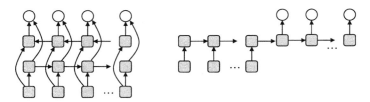

a）双向递归神经网络　　　b）编码器–解码器递归神经网络

图 10-18　递归神经网络

图 10-18b 所示即为"编码器–解码器"递归神经网络。这样的网络允许创建用于可变长度输入的固定长度向量表示，并且可以使用固定长度编码来生成另一个可变长度序列作为输出。这对于机器翻译特别有用，其中输入是一种语言的字符串，输出是另一种语言的相应字符串。给出足够的数据，一个深度的编码器–解码器架构如图 10-19 所示，可以产生与经过几十年研究手工设计的系统相媲美的结果。其连接结构意味着模型中的部分计算可以像波浪一样流过图中的图形，如图中较暗的结点所示。

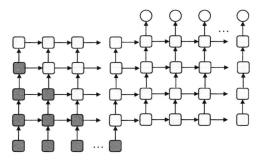

图 10-19　一个深度"编码器–解码器"递归神经网络

10.7　拓展阅读及参考文献

自 Werbos（1974）的博士论文发表以来，反向传播算法就以接近现在的形式被大家熟知；Schmidhuber（2015）在其丰富的深度学习的文献综述中，追溯了算法的关键元素甚至更进一步。他还将"深层网络"的思想追溯到 Ivakhnenko 和 Lapa（1965）的工作。现代 CNN 被广泛视为根据 Fukushima（1980）提出的"新认知机"（neocognitron）。然而，LeCun、Bottou、Bengio 和 Haffner（1998）对 LeNet 卷积网络架构的工作非常有极大的影响力。

神经网络技术的普及已历经几个周期。虽然一些因素是社会性的，但在趋势背后有一些重要的技术原因。单层神经网络不能解决 XOR 问题，这就是 Minsky 和 Papert（1969）所嘲笑的失败（如 4.10 节所述），直到 20 世纪 80 年代中期还阻碍着神经网络的发展。然而，众所周知，具有一个附加层的网络可以近似任何函数（Cybenko，1989；Hornik，1991），以及Rumelhart、Hinton和Williams（1986）有影响力的工作暂时重新使神经网络方法开始流行。不过，到了21世纪初，它们再度失去研究者的欢心。事实上，NIPS（Neural Information Processing Systems conference，被广泛视为神经网络研究的最重要的讨论会）的组织者发现，题目中"神经网络"一词与该论文的拒绝高度相关！——事实上，在这一时期，关键神经网络论文的引文分析强调了这一点。最近对深度学习兴趣的兴起确实感觉像一场"革命"。

众所周知，大多数复杂的布尔函数的表达需要指数数量的两步式逻辑门（Wegener，1987）。解决方案似乎更大的深度：根据Bengio（2009），证据强烈地表明，"可以用深度为k的网络架构紧凑表示的函数可能需要非常大量的元素，以便由较浅的结构表示"。

许多神经网络书籍（Haykin，1994；Bishop，1995；Ripley，1996）都没有以向量–矩阵的形式表示反向传播。然而，最近的在线课程（例如，Hugo Larochelle）和Rojas（1996）编写的课本都像本章所做的那样，采纳了这一表述方式。

随机梯度下降方法至少可以追溯到Robbins和Monro（1951）。Bottou（2012）是用随机梯度下降进行学习的诀窍和技巧的绝佳来源，而Bengio（2012）为训练深层网络提供了进一步的实践建议。Bergstra和Bengio（2012）给出了使用随机搜索超参数设置的经验和理论理由。Snoek、Larochelle和Adams（2012）提出使用贝叶斯学习方法来推断下一个需要探索的超参数设置，且他们的Spearmint软件包对深层网络的超参数和普通机器学习算法的超参数都可以执行贝叶斯优化。

良好的参数初始化对于神经网络的成功至关重要，如LeCun等人（1998）的经典作品和Glorot和Bengio（2010）最近的研究工作所讨论的。Krizhevsky等人（2012）的ReLU的卷积网络初始化权值使用期望为0标准偏差为0.01各向同性高斯分布，并将大多数隐藏卷积层以及模型隐藏的全连接层的偏置初始化为1。他们观察到，这种初始化通过为ReLU提供正的输入来加速早期阶段的学习。

丢弃法的起源和更多细节可以在Srivastava、Hinton、Krizhevsky、Sutskever和Salakhutdinov（2014）的文章中找到。Ioffe和Szegedy（2015）提出批量归一化，并给出了更多的实施细节。Glorot和Bengio（2010）涵盖了各种权值矩阵初始化启发式，以及如何利用扇入和扇出的概念来证明它们是具有不同激活函数的网络。

包含28×28像素的手写数字图像的MNIST数据集已经被广泛用于探索深度学习研究界的想法。然而，有各种各样的高分辨率图像的ImageNet挑战赛在2012年使深度学习成为焦点（Russakovsky等，2015）。多伦多大学的获奖作品以256×256像素的分辨率处理图像。直到那时，CNN无法简单地在合理的时间内以如此高的分辨率处理大量的图像。Krizhevsky等人（2012）使用了GPU加速的CNN戏剧性地获得胜利。这促进了反映在ImageNet基准测试中视觉识别性能的快速后续进展。

在2014年的挑战赛中，Oxford Visual Geometry Group和一个来自谷歌的团队进一步推出了更深层次的架构：Oxford团队使用$16 \sim 19$层的权值层以及微小的3×3卷积滤波器（Simonyan和Zisserman，2014）；谷歌团队则使用22层，滤波器达到5×5（Szegedy等，2015）。2015年ImageNet挑战赛的获胜者来自Microsoft亚洲研究院，使用152层架构（He et al.，2015）以及微小的结合了跳过层次的快捷链接的3×3滤波器，他们还在多层卷积被应用之后执行池化和抽取。

Hinton和Salakhutdinov（2006）指出，自20世纪80年代以来，已经知道通过反向传播最优化的深度自动编码器可以有效地减少非线性的维数。关键的限制因素是用于训练它们的数据集很小，加上计算速度较低：加上局部最小值的旧问题。到 2006 年，数据集如 MNIST 手写数字和 20 Newsgroups 数据集已经足够大，计算机已经足够快，Hinton 和 Salakhutdinov 展示了引人注目的结果，说明了深度自动编码器对主成分分析的优势。他们的实验工作使用生成式的预训练来初始化权值，以避免局部最小值的问题。

Bourlard 和 Kamp（1988）对自动编码器和主成分分析之间的关系进行了深入的分析。Vincent、Larochelle、Lajoie、Bengio 和 Manzagol（2010）提出了堆叠式降噪自动编码器，发现它们优于堆叠的标准自动编码器和基于堆叠 RBM 的模型。Cho 和 Chen（2014）通过使用混合无监督和监督学习训练具有整流线性单单元的深层自动编码器，为在动作捕捉序列上产生了最先进的结果。

马尔可夫随机场的历史源于 20 世纪 20 年代的统计物理学中所谓铁磁性物体的"伊辛模型"。我们对玻尔兹曼机器的介绍遵循 Hinton 和 Sejnowski（1983）的描述，但是我们使用矩阵向量记号，我们的论述更类似于 Salakhutdinov 和 Hinton（2009）的表述形式。Smolensky（1986）提出的 Harmonium 网络基本上等同于现在通常所说的 RBM。

Hinton（2002）提出了对比分歧。Hinton 和 Salakhutdinov（2006）普及了使用无监督预训练来初始化深层次网络的思想。Salakhutdinov 和 Hinton（2009）进一步详细介绍了深度玻尔兹曼机的使用和深度信念网络的训练过程，包括上述针对深度限制玻尔兹曼机的贪心法训练所讨论的变量加倍过程和其他细微差别。Neal（1992）介绍了 sigmoid 的信念网络。Welling、Rosen-Zvi 和 Hinton（2004）展示了如何使用指数族模型将 Boltzmann 机扩展到分类和连续变量。10.4 节中深度玻尔兹曼机的贪心法分层训练过程是基于 Hinton 和 Salakhutdinov（2006）提出并由 Murphy（2012）进行了改进的过程。

McCallum、Pal、Druck 和 Wang（2006）提出了限制玻尔兹曼机的混合监督和无监督学习过程，并由 Larochelle 和 Bengio（2008）进行了进一步探讨。Vincent 等人（2010）提出了无监督训练的自动编码方法，他们还探讨了各种分层堆叠和训练策略，并将堆叠式 RBM 与堆叠式自动编码器进行了比较。

Graves 等人（2009）证明了递归神经网络在手写识别方面特别有效，Graves、Mohamed 和 Hinton（2013）则将递归神经网络应用于语音识别。Pascanu、Mikolov 和 Bengio（2013）提出了 10.6 节中提到的梯度（范数）裁剪形式。

梯度消失问题被 Sepp Hochreiter 在其毕业论文中正式确定为深层次网络学习的关键问题（Hochreiter，1991）。Bengio、Simard 和 Frasconi（1994）讨论了学习长期依赖的困难的影响。Hochreiter、Bengio，Frasconi 和 Schmidhuber（2001）对此问题进行了进一步分析。

Hochreiter 和 Schmidhuber（1997）给出了关于递归神经网络的"长短记忆"架构的非常有创新性的论文。我们的解释遵循 Graves 和 Schmidhuber（2005）的描述。Greff、Srivastava、Koutnık、Steunebrink 和 Schmidhuber（2015）在其文章"LSTM：A search space odyssey"中探讨了各种各样的变体，并发现其中没有一个显著优于标准的 LSTM 的架构，且遗忘门和输出激活函数是最关键的组件。Gers、Schmidhuber 和 Cummins（2000）都补充了门。

IRNN 的概念由 Le、Jaitly 和 Hinton（2015）提出，而 Chung、Gulcehre、Cho 和 Bengio（2014）提出了门控递归单元（GRU）的概念，Schuster 和 Paliwal（1997）提出了双向递归神经网络的概念。Chen 和 Chaudhari（2004）使用双向网络进行蛋白质结构预测，而 Graves

等人（2009）将其用于手写识别。Cho 等人（2014）使用编码器 – 解码器递归神经网络进行机器翻译，而 Sutskever、Vinyals 和 Le（2014）提出了深度编码器 – 解码器递归神经网络，并将其用于大量数据。

有关深度学习进展和更广泛领域的历史的进一步说明，请参阅 LeCun、Bengio 和 Hinton（2015）以及 Bengio（2009）和 Schmidhuber（2015）的评论。

10.8 深度学习软件以及网络实现

10.8.1 Theano

Theano 是一个 Python 库，人们开发它以用于促进深度学习的研究（Bergstra 等，2010；Theano 开发团体，2016）。它也是数学程序设计的强大通用工具。Theano 通过在各种其他功能中添加符号微分和 GPU 支持来扩展 NumPy（科学计算的基础 Python 包）。它提供了一种高级语言，用于创建是深度学习模型基础的数学表达式，以及利用深度学习技术并调用 GPU 库的编译器来生成快速执行的代码。Theano 支持在多个 GPU 上执行。它允许用户为输入和目标声明符号变量，仅在使用数值时提供数值。与数值相关的共享变量（如权值和偏差）存储在 NumPy 数组中。由于定义数学表达式涉及对变量应用操作，Theano 创建了符号图。这些图由变量、常量、应用和操作这几个结点组成。常量和常量结点分别是变量和变量结点的子类，其将使数据保持不变，并且由此可以由编译器进行各种优化。Theano 是一个使用 BSD 许可证的开源项目。

10.8.2 Tensor Flow

Tensor Flow 是一种基于 C++ 和 Python 的软件库，通常用于与深度学习相关的数值计算（Abadi 等，2016）。它受到 Theano 的启发非常大，像 Theano 一样，使用数据流图来表示多维数据数组彼此之间的通信方式。这些多维数组被称为"张量"。TensorFlow 还支持多个 GPU 上的符号微分和执行。它于 2015 年发布，可在 Apache 2.0 许可证下使用。

10.8.3 Torch

Torch 是一个使用 C 语言和一种被称为 Lua（Collobert、Kavukcuoglu 和 Farabet，2011）的高级脚本语言构建的开源机器学习库。它使用多维数组的数据结构，并支持各种基本的数值线性代数操作。它具有包含训练神经网络所需的典型的正向和反向方法模块的神经网络包，也支持自动微分。

10.8.4 CNTK

CNTK（Computational Network Toolkit）是一个同于操纵计算图的 C++ 库（Yu 等，2014）。它由微软研究院出品，但是在一个许可证下发布。其在语音和语言处理方面已经非常流行，但是也支持用于图像的卷积网络。它支持在多台机器以上及使用多个 GPU 执行。

10.8.5 Caffe

Caffe 是一个基于 C++ 和 Python 且使用 BSD 许可证的 CNN 库（Jia 等，2014）。它有一个清晰并且可扩展的设计，这使其成为相对于 Krizhevsky 等人赢得 2012 ImageNet 挑战赛的著名的 AlexNet（2012）的原始开源实现的一个流行的替代品。

10.8.6 DeepLearning4j

Deeplearning4j 是一个基于 Java 的、可在 Apache 2.0 许可证下使用的开源深度学习库。它使用多维数组类,并且提供线性代数和矩阵运算(与 Numpy 提供的相类似)。

10.8.7 其他包:Lasagne、Keras 以及 cuDNN

Lasagne 是一个构建于 Theano 上的轻量级 Python 库,其简化了神经网络的层的创建。类似地,Keras 是一个运行在 Theano 或 TensorFlow 上(Chollet,2015)的 Python 库。它允许我们根据层快速定义一个网络结构并且也包含图像和文本处理的功能。cuDNN 是一个对 NVIDIA 处理器高度优化的 GPU 库,可以使深度网络更快速地进行训练。它可以极大地加速深度网络的性能并且通常被其他在其上的包调用。

10.9 Weka 实现

深度学习可以使用下列方法在 Weka 中实现:
- 使用一个用于第三方 DeepLearningForJ 包的封装器分类器,其可以在 DeepLearningForJ 中获得。
- 使用 RPlugin 包中的 MLRClasifier 来利用 R 中的深度学习实现。
- 通过使用 PyScript 包来访问基于 Python 的深度学习库。

第 11 章

有监督和无监督学习

现代机器学习包含超越监督与无监督学习的经典二分法的场景。例如，在许多标注数据的实际应用中，标记数据非常稀少，但未标记的数据很多。"半监督"学习尝试通过利用未标记数据中的信息来提高监督学习的准确性。这听起来像魔法，但它可以实现！本章回顾了几种成熟的半监督学习方法：将 EM 型聚类应用于分类，结合生成和判别方法，并进行梳理。我们还将看到如何将协同训练和基于 EM 的半监督学习合并成单一的算法。

许多实际应用的另一个非标准场景是多实例学习。其中的每个实例是一个实例包，每个实例描述要分类的对象的一个方面，但是整个实例仍然只有一个标签。从这样的数据中学习提出了严重的算法挑战，为了使其变得实用，一些启发式的独创性可能是必需的。我们将研究 3 种不同的方法：通过将每个实例中的信息聚合成一个实例，将多实例数据转换为单一数据；升级单实例算法以便处理数据包；不具有单一实例等价的多实例学习的专用方法。

11.1 半监督学习

我们在第 2 章里介绍了机器学习的处理过程，明确区分了有监督学习和无监督学习。近期，研究者们开始探索这两者之间的领域，有时称之为半监督学习，其目的是分类，但是输入既包括有标签数据也包括无标签数据。没有有标签数据不可能实现分类，因为只有标签能够表明类别。但有时候用大量无标签数据和少量有标签数据也很有吸引力的。这证明了无标签数据也能够有助于学习类别。该怎么做呢？

首先，为什么你想要这么做？很多场景下会出现大量数据，但获得类别是很昂贵的，因为需要人力来深入了解。文本挖掘提供了很多的经典实例，假设想把学校相关的网页分为预设的几个组，你可能感兴趣的有学院页、毕业生页、课程信息页、研究组页及系别页，你可以轻松地从万维网中下载成千上万的相关页面，但给训练数据加标签是很艰苦的手动过程，或者假设要使用机器学习来识别文本中的名称，以区分个人姓名、公司名称和地名。你可以轻松下载百兆字节或千兆字节的文本，但通过挑选名称并对其进行分类将其制作成训练数据只能手动完成。编辑新闻、排序电子邮件、学习用户阅读兴趣等众多应用程序。除去文字，假设你想学习认识某些在电视广播中出现的有名人士，你可以轻松地记录数百或数千小时的新闻，但再次标签是手动的。在这些情况下，仅通过小部分标签实例就让大量无标签数据体现出色的性能是极具吸引力的，尤其是当你是研究生时，你必须为此加标签！

11.1.1 用以分类的聚类

如何使用无标签数据提升分类性能？有一种简单的方法：使用朴素贝叶斯从小部分带标签数据学习类别，然后通过 EM（期望最大化）迭代聚类算法应用到大量无标签数据中。过程如下：首先，使用有标签数据训练一个分类器；其次，在一定类概率下将其应用到无标签数据中（E 步骤）；再次，使用所有数据的类标签训练一个分类器（M 步骤）；最后，迭代直至收敛。你可以把此过程看作迭代聚类，因为开始点和簇标签都是由有标签数据聚类得到的。EM过程保证了发现的模型参数在每一次迭代中具有相等或更大的可能性。关键问题是，这些高可能性的参数估计能否提高分类准确度，这只能通过经验来回答了。

最初这样可能会产生好的效果，尤其是当有很多属性且属性间具有很强的相关性时。考虑文本分类，确定的短语代表了类别，有些出现在有标签的文档中，其他的则出现在无标签文档中，但也有可能有些文档包含了以上两种情况，EM过程使用这些文档泛化学习模型去使用那些没有出现在有标签数据集的短语。例如，"管理员"和"博士主题"可以表明毕业生的主页，假设只有先前的短语出现在有标签的文档中，EM迭代泛化模型以能够正确分类那些只包含后续短语的文档。

EM可以和任何分类器以及任何迭代聚类算法一起工作，但它主要还是辅助程序，而且必须保证循环过程是有效的。使用概率看起来比使用硬决策更优异，这是因为概率方法可以缓慢地收敛而不是直接跳到可能的错的结果。9.3节中介绍的朴素贝叶斯和基于EM概率聚类程序都是很合适的选择，这是因为它们有相同的基础性假设：属性间相互独立，更确切地说，是对于给定类别的属性条件独立。

当然，独立性假设经常不成立。即使在我们的实例中使用了双词短语"博士主题"，然而在实际实现时经常使用单一的词作为属性，实例也很少被强制使用单一实例，如果我们已经替换为"博士"或"主题"。短语"博士生"更有可能作为系别的代表而不是毕业生主页。短语"研究主题"则很少被区别，很明显在实例工作下给定类别"博士"和"主题"不是条件独立的，它们的组合描绘了毕业生主页的特点。

然而，朴素贝叶斯和EM相结合的方式在文本分类中有很好的效果，对于一个特定的任务，传统分类器使用小于1/3的有标签训练数据和5倍多的无标签数据就可以实现性能，这是一种很好的权衡，尤其当有标签实例很昂贵而无标签数据是免费的时候。使用很少的有标签数据，通过合并无标签数据就可以显著地提升分类准确度。

对于上述过程，可以使用两种改进方法来提升性能。第一种改进方法的动机源于这样的实验证明：当有许多有标签的文档时，合并大量无标签数据会降低分类精确度而不是提升，手工加标签数据比自动加标签数据具有更少的噪声。解决方式是引入一个权值参数减小无标签数据的作用，这可以通过最大化有标签数据和无标签数据的似然权值加入到EM步骤中。当参数接近0时，无标签文档对EM平面的形状的影响力较小。当接近于1时，算法又回到了初始时两种文档对平面的影响力相同的状态。

第二种改进方法允许每个类别有多个簇。如9.3节中所描述的，EM聚类算法假设对于每一个簇的数据是通过不同概率分布的混合随机生成的。直到现在，混合组件和类标间一对一的联系都是假定的。在很多情况下，这是不现实的，包括文本分类，因为大部分文本都有多个主题。当每个类对应多个簇时，每个有标签的文档最开始以概率式被随机指派到它的每个组件中。EM算法的M步骤和以前一样，但是E步骤不仅类别内实例类标的概率要修改，各类别被指派到对应组件的概率也要修改，每个类对应的簇的数目作为参数可由交叉验证设置。

11.1.2 协同训练

另一种无标签数据能够提升分类性能的情况是分类任务中有两种不同且独立的视角。经典实例又可以使用文本分类，这次是网页文档，两种视角是网页的目录和与其他页面的链接，这两种视角以"都很有用但不同"而出名：成功的网页搜索引擎都会用秘诀来最大化地利用它们，标记链接到另一个网页的文本揭示了网页是关于什么的，或者比页面的目录揭示的更多，特别是当链接是独立的时候。确切地说，一个标记为"我的导师"的链接便是目标页面为系成员主页的有力证据。

这种思路称为协同训练。给出一些有标签的实例，对每个视角学习不同的模型——本文的场景下即为基于目录和基于超链接的模型。然后使用每个模型分别给无标签数据加标签。对于每个模型，选择置信水平最高的标签作为有效实例，选择置信最低的作为无效实例。更好的做法是在有标签的池中选择多种保持有效数据和无效数据的比例的实例。在另一种情况下，重复整个过程，在有标签实例池中训练这两种模型，直到无标签池中数据用尽。

有实验证明，使用朴素贝叶斯贯穿整个学习过程，这种引导程序比从标签数据所有视角学习单一模型表现得更好。它依赖于一个实例有两种冗余但不完全相关的视角。很多领域开始使用相关理论，电视新闻节目分别使用带有视觉、声响、距离传感器的视频或音频机器人。视角的独立性减少了两种假设在一个错误标签达成一致的可能性。

11.1.3 EM 和协同训练

实验证明，在两种特征集相互独立的数据集上，协同训练比先前描述的 EM 方法产生了更好的结果甚至更好的性能，将两种方法结合形成的协同训练称为 co-EM。协同训练根据 A 和 B 两个视角训练出两个分类器，使用这两种分类器将新实例分为有效性或无效性两种类型并将其添加到训练池，新实例的数量较少且标签明确。此外，co-EM 在有标签数据上训练分类器 A，然后用其以一定概率标记所有无标签数据，接着使用所有有标签数据和 A 标记的无标签数据训练分类器 B，最后重新标记被 A 标记过的数据。迭代此过程，直到分类器收敛。这个过程看起来比协同训练的持续性较好，因为它并不确定是由 A 还是 B 加标签，而是在每一次迭代中重新估计其概率。

co-EM 的应用范围（比如协同训练）仍然受到多独立视角的需求的限制。但是一些实验证据表明，即使没有将特征自然分割为独立视角的方法，但是可以在划分数据上制造这样的划分并使用协同训练或更好的 co-EM 中来获益。看起来就算划分是随机的，也能保证通过工程性划分特征集独立最大化从而提高性能。这是怎么实现的？研究者假定这些算法成功在某种程度上是由于划分使得潜在分类器的鲁棒性提高。

没有严格的对于分类器的限制，朴素贝叶斯和支持向量机对于文本分类都很有用。然而使用 EM 迭代方法使分类器以一定概率标记数据是必需的。也必须以概率加权实例用以训练。支持向量机可以轻松地支持这些。我们在 7.3.8 节解释了怎样使学习算法适应带权值实例。一种从支持向量机获得估计概率的方法是将一维 logistic 模型应用于输出，logistic 回归在输出上的高效执行参见 4.6 节。较好的结果已经证明了使用 co-EM 和支持向量机对文本分类的有效性。使用支持向量机的变体对于有标签和无标签数据也体现出很好的鲁棒性。

11.1.4 神经网络方法

第 10 章介绍了使用无监督预训练去初始化深度网络的概念。对于大规模有标签数据集，在有监督学习中使用线性激活函数减少了对无监督预训练的需求。然而，当面对少量有标签数据而无标签数据很多的情况时，无监督预训练数据就很高效了。

第 10 章还介绍了一个网络是怎样被训练去预测它的输入——一种自编码。当有标签数据可用时，自编码器会与另外的分支合作使用有标签数据做出预测。有证据表明这样可以更轻松地学习重建网络的部分自编码器，同时提高判别性能。证据也表明无标签数据可看作正则化形式，允许使用更大的网络容量。对复合损失函数加权可能就很重要，必须注意使用确认集去发现最好的模型复杂度（层数、单位数等）以保证模型对于新数据的泛化性能更好。

使用相同的表示方式设计网络做出多类预测是通过一个任务帮助另一个任务平衡数据的另一种方式，如果一个任务预测一些可以正常作为输入使用的特征或特征集，我们可以用有监督和无监督学习去完成网络配置。

11.2 多实例学习

在4.9节中，我们一起学习了一种非标准机器学习场景：多实例学习。这可以看作监督学习的一种形式，其中的例子是特征向量袋而不是单个向量。这也可以看作一种弱监督学习，"老师"提供了实例袋标签而不是单一实例的标签。

本节描述的多实例学习的方法比前面讨论的简单技术更为先进。首先，考虑如何通过转换数据将多实例学习转换为单实例学习。其次，讨论如何将单实例学习算法升级到多实例的情况。最后，观察单实例学习中一些不直接等价的方法。

11.2.1 转换为单实例学习

4.9节展示了一些通过聚集输入或聚集输出将标准的单实例学习算法应用于多实例数据的方法。尽管它们很简单，但这些技术通常在实际中工作出奇得好。不过，显然在许多情况中，这些方法将会失效。考虑聚集输入的方法，该方法计算每个样本中所有实例数值属性的最小值和最大值，并将结果作为一个单独的实例。这将会导致大量信息的丢失，因为属性单独且独立地被压缩成汇总统计。一袋实例能否转换为单个实例，而不必丢失如此多的信息呢？

答案是可以，尽管在所谓的"压缩"表示中属性的个数可能会明显增加。基本的思想是，将实例空间划分成几个区域，在单实例的表示中为每个区域创建一个属性。在最简单的情形下，属性是布尔类型的：如果对于某一属性，一袋实例中至少有一个实例在该区域中，该属性的值就设为真，否则设为假。然而，为了保留更多的信息，压缩的表示中可以包含数值属性，属性的值表示实例袋中位于相应区域的实例的数目。

若不考虑生成属性的具体类型，主要问题就是找出一个对输入空间的划分。一种较为简单的方法是将空间划分成大小相等的超立方体。不幸的是，只有当空间有少数几个维度（即属性）时，该方法才有效：要获得一个给定的粒度，所需立方体的数目会随着空间的维度成指数型增长。使该方法更实用的一种方法是使用无监督学习。简单地从所有训练数据的实例袋中将实例取出，不管它的类标，形成一个大的单实例数据集；然后用 k 均值等聚类技术处理它。这将为不同的聚类创建不同的区域（如果使用的是 k 均值算法，就得到 k 个区域）。然后，如前文所述，为每个实例袋，在压缩表示中对每个区域创建一个属性。

聚类是一种从训练数据中得到区域的相当笨拙的方法，因为它忽略了类成员的信息。另一种可选的方法是使用决策树学习来划分实例空间，这通常会得到更好的结果。树的每片叶子都代表实例空间的一个区域。但是，当每个实例袋（而不是单个实例）都有一个类标时，如何学习一棵决策树呢？可以使用4.9.2节所描述的方法：将实例袋的类标赋予它的每个实例。这就产生一个单实例数据集，可用于决策树学习。许多类标将会被忽略，整个多实例学习的关键在于不清楚袋层面的类标如何与实例层面的类标相关联。然而，这些类标只用于得到实例空间的分割。下一步是将多实例数据集转换成单实例数据集，该单实例数据集代表了每个袋中的实例在整个实例空间中的分布。然后，应用另一种单实例学习方法（也许还是决策树学习），确定在压缩的表示（对应于原始空间的区域）中单一属性的重要性。

使用决策树和聚类会得到"硬"划分边界，即实例要么属于该区域，要么不属于该区域。使用距离函数，结合一些参照点，将实例分配到离它最近的参照点，这样也可以得到一个划分。它隐含地将空间划分成区域，每个参照点对应于一个区域（实际上，这正是 k 均值聚类所做的：聚类中心就是参照点）。但是没有什么重要的理由将它限制到硬边界上：我们可以使用距离（转换成相似性得分）使得区域隶属函数变"软"，以此来计算实例袋的压缩表示中的属性值。所需要的只是一种将每个袋之间的相似性得分聚集的方法，例如可以取袋中每个实例和参照点之间相似性的最大值。

在最简单的情况下，训练集中的每个实例都可以作为参照点。这会在压缩的表示中创建大量的属性，但是它在相应的单实例集中保留了大部分实例袋的信息。该方法已广泛用于多实例学习问题中。

不管该方法是如何实现的，其基本思想是通过描述该实例袋在实例空间中的距离分布将实例袋转换为单个实例。或者，也可以通过聚集输出（而不是聚集输入）将一般的学习方法应用于多实例问题中。4.9节描述了一种简单的方式：将袋层次的类标赋予袋中的实例，这样就把袋中的实例联合在一起形成了一个单独的数据集，或许还可以为每个实例袋赋予相同的总权值，袋内的每个实例平分该总权值。然后就可以建立一个单实例分类模型。在分类时，将每个单独实例的预测值组合（例如可以取每类预测概率的均值），得到最终的预测结果。

尽管该方法在实践中效果不错，但是将类层次的类标赋予实例的做法是过分简化的。通常，在多实例学习中，假设只有部分实例（或者只有一个）决定了该实例袋的类标。如何修改类标以得到对于真正情况更精确的表示呢？这显然是一个困难的问题。如果解决了该问题，就不必研究其他多实例学习方法了。实际应用的一种方法是迭代：首先将每个实例的袋类标赋给它，然后用单实例分类模型的预测类标来替换该实例的类标。重复整个过程，直至类标在两次迭代过程中不变。

为了得到合理的结果，还需注意一些问题。例如，假设袋中每个实例的类标都与袋的类标不同。这个问题可以通过强制袋中至少有一个实例（例如，可以是对于该类的预测概率最大的实例）的类标与袋的类标相同来解决。

已经有人研究用这种迭代方法来解决原始的多实例场景的二类问题，只有当袋中有且只有一个实例是正例时袋才是正例。在这种情况下，假设所有来自负例袋中的实例都是真负例，并且只修改来自正例袋的实例的类标，这是讲得通的。预测时，只要袋中的一个实例是正例，那么该袋就标为正例。

11.2.2 升级学习算法

通过修改输入或输出实现用单实例学习算法处理多实例学习问题，这是很有吸引力的，因为大量的技术可以直接使用而不必做任何修改。但是，这也许不是最有效的方法。另一种选择是修改单实例学习算法内部，使它们应用于多实例的情况。如果一个算法只通过距离（或相似性）函数来考虑数据（如最近邻分类器或支持向量机），那么就可以用相当优雅的方式实现对算法的修改。这可以通过为多实例数据提供一个距离（或相似性）函数计算两个实例袋之间的得分来实现。

对于基于核的方法（如支持向量机），相似性必须是一个满足特定数学特性的核函数。用于多实例数据的一个核函数是集合核（set kernel）。给定一个用于单实例数据的支持向量机实例对之间的核函数（如 7.2 节中提到的核函数中的一种），集合核对两个实例袋间所有实例对的核函数的计算结果进行累加。这种思想是通用的，可以应用于任何单实例核函数。

可以使用 Hausdorff 距离的变体（该距离是为点集定义的），以便使最近邻学习适用于多实例数据。给定两个实例袋和实例对之间的距离函数（如欧几里得距离），两个袋之间的 Hausdorff 距离是从一个袋中的任何实例到另一个袋中离它最近的实例的最大距离。可以使用第 n 大距离代替最大距离，使其对于离群点更具有健壮性。

对于不基于相似性评分的学习算法，要将它们升级以适合多实例数据，则需要更多的工作。现在已经有关于规则学习和决策树学习的多实例算法，但是我们不会在这里讨论。如果算法关心的只是一个数值型的优化策略，则该优化策略通过在训练数据上最小化一个损失函数来应用到一些函数的参数，那么调整算法以适应多实例的情况就变得直接多了。logistic 回归（见 4.6 节）和多层感知机（见 6.4 节）就属于这种情况。两者都可以通过增加一个对实例层次的预测进行聚集的函数来实现多实例学习。所谓的"软最大值"是一个适合该情况的可微函数：它对实例的预测结果进行聚集，将实例预测结果的（软）最大值作为袋层次的预测值。

11.2.3 专用多实例方法

有些多实例学习方案不是直接基于单实例算法的。这里有一个专门用于 2.2 节中提到的药物活性预测问题的早期技术，实例是一个又一个分子构成的（即一个袋），当且仅当它至少有一个活跃成分时，才认为它是正例。基本的想法是，学习一个超矩形，该超矩形至少包含训练数据中每个正例袋的一个实例，并且不包含任何来自负例袋的实例。这样的一个矩形围出了所有正例袋都重叠的实例空间的区域，但是它不包含负例（活跃分子经常出现但非活跃分子不出现的区域）。最初考虑的特定药物活性数据是高维的，每个实例有 166 个属性。这种情况下，很难通过计算找到合适的超矩形。于是针对这个特定的问题，提出了一个启发式方法。

也可以使用其他的形状代替超矩形。事实上，同样的基本思想也应用到了超球面（球体）上。将训练实例看作潜在的球心。在训练数据的所有袋中，为每个球心找到产生最小错误数的半径。使用原始的多实例假设来做预测：当且仅当一个袋在球内至少包含一个实例时，该袋才被分类为正例。单个球通常不能得到一个好的分类性能。然而，该方法不是独立工作的。建议将它作为一个"弱学习器"，与提升算法（见 12.4 节）一起使用，得到一个强大的联合分类器（球的集合体）。

到目前为止，我们讨论的专用多实例方法都是硬决策边界的：一个实例要么落在球体或超矩形的内部，要么落在球体或超矩形的外部。其他多实例算法使用以概率表示的软概念来描述。多样性密度（diverse-density）方法就是一个典型的例子，该方法在设计时就考虑到了多实例假设。它最基本和最常用的形式是在实例空间中学习一个参照点。通过实例和参照点之间的距离计算该实例是正例的概率：如果实例与参照点相同，概率为 1，并且随着实例与参照点之间距离的增加，概率值会逐渐减小，这通常是基于一个钟形函数。

一个袋是正例的概率是通过将其包含所有实例的单个概率组合得到的，通常使用"noisy-OR"函数来进行组合。这是一个逻辑与（OR）的概率版本。如果所有实例层次的概率都为0，noisy-OR函数的值为（即袋层次的概率）0；如果至少有一个实例层的概率为1，则noisy-OR函数的值为1；对于其他情况，函数值为0～1。

多样性密度定义为训练数据中袋的类标的概率，它是基于这个概率模型计算的。与前面讨论的两种集合方法一样，当参照点位于正例袋重叠且没有负例袋的区域时，多样性密度达到最大值。数值优化过程（如梯度上升）可以用来找到使多样性密度最大的参照点。除了参照点的位置外，多样性密度的实现也优化了每个维度距离函数的规模，因为通常不是所有属性都是同等重要的。这可以显著提高预测性能。

11.3 拓展阅读及参考文献

Nigam、McCallum、Thrun 和 Mitchell（2000）扩展了用于分类的聚类的思想，展示了如何利用 EM 聚类算法操作无标签数据提升初始的朴素贝叶斯分类器性能。协同训练的思想更早一些，Blum 和 Mitchell（1998）首先提出并且扩展了从不同的独立视角使用有标签和无标签数据的理论模型。Nigam 和 Ghani（2000）分析了协同训练的效力和实用性，把它和传统的标准 EM 联系起来去填充缺失值，同时也提出了 co-EM，对于这一点，协同训练和 co-EM 都主要应用于两类问题。Brefeldand Scheffer（2004）扩展了 co-EM，他使用了支持向量机而不是朴素贝叶斯。

在多相关性学习中，把输入数据聚集成统计特征是一种很常用的方法，这也应用于 Krogel 和 Wrobel（2002）提出的 RELAGGS 系统中，因此多实例学习可以看作这种通用设置的特殊情况（Raedt, 2008），Weidmann、Frank、Pfahringer（2003）、Zhou、Zhang（2007）、Frank 和 Pfahringer（2013）提出了用基于局部属性取代简单统计特征的思想，同时派生了划分实例空间的思想。Chen、Bi 和 Wang（2006）提出用参考点压缩包，Foulds 和 Frank（2008）在更为宽泛的场景对其评估。Andrews 等（2002）提出了基于初始的多实例假设操作单一实例的类标签，并通过迭代学习过程学习支持向量机分类器。

Wang 和 Zucker（2000）提出基于 Hausdorff 距离的变体的近邻学习。Gartner 等（2002）在多实例数据上使用集核学习支持向量机分类器。多实例学习规则和决策树学习在这里并没有提及，Chevaleyre 和 Zucker（2001），Blockeel、Page 和 Srinivasan（2005）以及 Bjerring 和 Frank（2011）对此均有所描述。Xu 和 Frank（2004）以及 Ray 和 Craven（2005）也将 logistic 回归应用于多实例学习。Ramon 和 de Raedt（2000）则使用了多层感知机。

Dietterich 等人（1997）以及 Auer 和 Ortner（2004）对于多实例学习将超矩形和球在某种视角上看作概念描述。多密度方法是 Maron 的博士论文的研究方向，在 Maron 和 Lozano-Perez,（1997）的文章中也有所描述。更近地，Foulds 和 Frank（2010b）评估了启发式变体。

多实例文献给出了许多关于概念类型的学习、定义的假设，例如，包层次和实例层次的类标签如何联系起来的，这源于最初的假设——只要包中任何一个实例有效，则包即为有效标签。关于多实例学习中假设的综述在 Foulds 和 Frank（2010a）的文章中可以看到。

11.4 Weka 实现

多实例学习方法（在多实例学习包中）：

- TLC（使用分割方法创建单一实例表征）
- MILES（使用软成员的单一实例表征，在 multiIntanseFilters 包中）
- MISVM（通过重标记实例迭代学习支持向量机）
- MISMO（使用多实例核的支持向量机）
- CitationKNN（使用 Hausdorff 距离的近邻学习）
- MITI（使用多实例数据学习一个决策树）
- MIRI（对多实例数据学习规则集）
- MILR（多实例数据 logistic 回归）
- MIOptimalBall（将多实例分类学习成团）
- MIDD（使用噪声或函数的多密度方法）
- QuickDDIterative（一个启发式、快速的 MIDD）

第 12 章

集成学习

为了最大化准确率，通常需要将几个从相同数据中学习的模型的预测结合起来，本章就来介绍上述操作的技术。将会有一些惊喜等着你。例如，将训练数据分成多个不同的训练集，在每一个训练数据集上学习一种模型，然后将各个模型组合产生一个学习模型集群，这样的方法通常更有优势。事实上，做到这些需要非常强大的技术。譬如，它可以将一种相对弱的学习方案转变成一个极强的学习方案（本书稍后将会解释其准确的意义）。应用集成学习的一个缺点是缺乏可解释性，但是在这些方法所学习内容的基础上，仍然有办法获得其可理解的结构化描述。最后，如果存在多种学习方案可用，不是选择针对数据集性能最好的那个方案（使用交叉验证检验），而是每种方案都用，然后将其所得结果组合起来。

许多这样的结果都相当有悖常理，至少乍一看是这样的。如何让多种不同模型一起使用变成一种好方法？如何让其比选择性能最好的某一方案表现更好？当然，所有这些都与提倡简单的奥卡姆剃刀（Occam's razor）原理背道而驰。如何能够通过组合性能一般的模型来获得一流的性能呢，就像是这些技术之一所做到的那样？但是考虑到群体的力量通常能比单个专家提出更明智的决定。回顾伊壁鸠鲁（Epicurus）的观点，在面对多种可选择的解释时，应当保留所有解释。设想有一组专家，每位专家尽管不能精通所有领域，但在各自有限的领域里都很有建树。为帮助理解这些方法如何工作，研究人员揭示了它们的各种联系和连接，并已取得了更大的改进。

12.1 组合多种模型

明智的人们在做出某个关键决策时，通常要考虑一些专家的意见而不是只依赖于自己的判断或依赖于某个唯一被信任的顾问。例如，在选择一个重要的新政策方向之前，一个好的决策者会广泛地征询意见：盲目地听从一位专家的意见是不明智的。在民主的条件下，对不同的观点进行讨论也许可以达成一致意见，如果不能，还可以进行投票。无论是哪种情况，不同的专家意见都将被组合在一起。

在数据挖掘中，由机器学习产生出来的一个模型可以看作一位专家。用"专家"这个词也许过于强烈了！这取决于训练数据的数量和质量以及学习算法是否适合于手头的问题，这位"专家"也许很令人遗憾、很无知，但不管怎样，我们还是先用这个术语。很明显，能使做出的决策更为可靠的方法便是将不同的输出模型组合起来。有些机器学习技术是通过学习集成模型将它们组合应用来实现，其中最主要的方法有装袋（bagging）、提升（boosting）和堆栈（stacking）。在大多数情形下，与单个模型相比较，它们都能使预测性能有所提高，并且是可用于数值预测和分类预测的通用技术。

装袋、提升和堆栈是最近一二十年发展起来的，它们的性能表现常常出人意料得好。机器学习研究者曾努力分析其中的原因。在这个努力过程中，又有新方法出现，有时能带来更好的结果。例如，人类的委员会（制度）很少能从噪声干扰中获益，与此相反，通过添加分类器的随机变体来重新组合的装袋法却能获得性能的提高。进一步的研究分析发现提升法也许是这三者中最好的方法，它与统计技术的叠加模型非常相关，这一认识也催生了改进的程序。

这些组合模型都有难以分析这一弊端：它们可以由许多甚至是几百个单个模型组成，虽然性能表现不错，但这些决策的改善归功于哪些因素并不易了解。近几年发展出一些方法，可用于将委员会的性能优势和易理解的模型结合在一起。有些产生标准的决策树模型，另一些产生能提供可选路径的决策树新变体。

12.2 装袋

组合不同模型的决策意味着将不同的输出结果合并成一个预测结果。对于分类问题，最简单的方法就是进行投票（也许是带有权值的投票）；对于数值预测问题，就是计算均值（也许是带有权值的均值）。装袋法和提升法均采用这种方式，但它们用不同方法得到各自的模型。在装袋法中，模型都有相同的权值；而在提升法中，给较成功的模型加权是用来提高其影响力的，就像执行主管对于不同专家的建议依据他们过去预测的准确性给予不同的权值一样。

为了介绍装袋法，假设从问题领域中随机选择几个相同大小的训练数据集。假设使用某种特定的机器学习技术来为每个数据集建立决策树。你也许期望这些树在实践中是一样的，对于每个新的实例会做出同样的预测。令人惊讶的是，这个设想是相当错误的，特别是当训练数据集相当小时。这是个令人困扰的事实，给整个计划蒙上了阴影！原因是决策树归纳法（至少，第4章中所描述的标准的从上而下的方法）是一个不稳定的过程：训练数据的稍许变化易导致在某个结点处不同的属性被选择，使这个结点下部的分支结构出现明显的差异。这意味着对于一些测试实例，部分决策树能产生正确的预测，部分却不能。

回到前面的专家比喻，将每位专家想象为单个的决策树。我们可以通过让它们对每个测试实例投票来组合这些树。如果一个类收到了比其他类更多的投票，就将其当作正确的类别。通常，投票数越多越好：考虑越多的投票，由投票所决定的预测便越是可靠。如果有新的训练数据被发现，用它们建树并让预测结果参与投票，决策结果很少会变差。特别是组合分类器的准确率很少比由单个数据集建立的决策树所表现的准确率差（然而，并不能确保改善，从理论上可以看到组合决策变得更差的情形也有可能存在）。

12.2.1 偏差–方差分解

组合多种假设的效果可以用一种称为偏差–方差分解（bias-variance decomposition）的理论来考察。假设有无数个相同大小的独立训练集，用它们来生成无数个分类器。用所有分类器对一个测试实例进行处理，由多数投票来决定答案。在这个理想状况下，还是会出现错误，因为没有一种学习方案是完美的，误差率是由机器学习方法与手头问题的适配程度所决定的，而且总是存在噪声数据的影响，这也是不可能学习到的。假设预期的误差率是用组合分类器在无数个独立测试实例上的平均误差评估出来的。某个具体学习算法的误差率称为学习算法对于这个学习问题的偏差（bias），是学习方法与问题适配程度的一种衡量（在偏差术语中包含了"噪声"成分，是因为在实际问题中它通常是未知的）。这个技术定义是对1.5节中所介绍的"偏差"这个模糊的术语进行量化的一种方法，它衡量了一种学习算法的"永久性"误差，这个误差即使考虑无数个训练集也是无法消除的。当然，在实践运用中不可能精确计算，只能大致估算。

在实践中，学习模型的第二个误差来源是所使用的具体训练集，它是有限的，因此不能完全代表真实的实例集。这个误差部分的期望值来源于所有给定大小的可能训练集以及所有可能测试集，称为学习方法对于这个问题的方差（variance）。一个分类器的总期望误差是由偏差和方差这两部分之和构成的：这便是偏差 – 方差分解（bias-variance decomposition）。

注意，此处忽略了具体细节。偏差 – 方差分解在基于平方误差的数值预测内容部分已经介绍过，并有一种被广泛接受的方法。然而，对于分类来说，情况并不清楚，研究人员已经提出了多种相互矛盾的分解方法。且不论用于分析误差的具体分解方法，以这种方式组合多个分类器通常能够通过减少方差分量来降低期望误差值。包含的分类器越多，方差减少量就越大。当然，在将这种投票方案用于实际时，困难出现了：通常只有一个训练集，要获得更多的数据要么不可能，要么代价太大了。

装袋法试图用一个给定的训练集模拟上述过程，来缓解学习方法的不稳定性。删除部分实例并复制其他实例来改变原始训练数据，而不是每次抽样一个新的、独立的训练数据集。从原始数据集中随机有放回地抽样，产生一个新的同样大小的数据集，这个抽样过程会不可避免地出现一些重复实例，删除另一些实例。如果觉得这个想法似曾相识，那是因为在 5.4 节描述自助法用于估计一个学习方法的推广误差时曾经介绍过。事实上，术语装袋代表的是自助聚集（bootstrap aggregating）。装袋法将学习方案（例如决策树）应用于每一个人工生成的数据集上，从中形成分类器并对预测类进行投票。图 12-1 对这个算法进行了概述。

装袋和先前所述理想化的过程的差别在于训练数据集形成的方法不同。装袋只是通过对原始数据集进行重新抽样来代替从领域中获得独立的数据集。重新抽样的数据集当然各不相同，但肯定不是独立的，因为它们都是基于同一个数据集产生的。然而，结果是装袋所产生的组合模型的性能经常比在原始训练数据集上产生的单个模型有明显的改善，而且没有明显变差的情形出现。

装袋法也可用于进行数值预测的学习方法，例如模型树。差别只是将各个预测结果（都是实数）进行计算均值，来代替对结果进行投票。偏差 – 方差分解也适用于数值预测，分解对于新数据所做预测的均方误差的期望值。偏差定义为对所有模型进行平均时的期望均方误差，这些模型是在所有可能的、相同大小的训练数据集上建立的；方差是单个模型的期望误差，这个模型是在某个具体的训练数据集上建立的。从理论上可以看出，对建立在多个独立训练集上的模型的均值总是可以减小均方误差期望值（正如先前提到的，这种模拟结果对于分类来说不是完全真实的）。

```
模型生成
令 n 为训练数据的实例数量
对于 t 次循环中的每一次
    从训练数据中有放回采样 n 个实例
    学习算法应用于所采样本
    保存结果模型

分类
对于 t 个模型中的每一个：
    使用模型对实例进行分类预测
返回被预测次数最多的类
```

图 12-1　装袋算法

12.2.2　考虑成本的装袋

当学习方法不稳定时，即输入数据的小变化能导致生成差别相当大的分类器，装袋可以提供最大的帮助。实际上，尽可能地使学习方法不稳定，增加集成分类器中的多样性，有助于提高分类器的性能。例如，当对决策树使用装袋技术时，决策树已经是不稳定的，如果不对树进行剪枝，经常可以获得更好的性能，而这会使决策树变得不稳定。另一种改进可通过改变分类预测组合的方法来获得。装袋原本是使用投票法，但如果模型可以输出概率估计而不只是简单地分类，那么凭直觉将这些概率取均值来替代投票是有意义的。这样做不仅经常能稍许改善分类性能，还能使装袋的分类器产生一个概率估计，这通常会比单个模型所产生的结果更加精确。因此装袋的实现通常采用这种方法来组合预测。

在 5.8 节我们展示了怎样通过最小化预测的期望成本使一个分类器对成本敏感。准确的概率估计是必要的，因为要用它们来获取每个预测的期望成本。装袋是成本敏感分类的最佳选择，因为它能从决策树和其他一些功能强大但不稳定的分类器中产生非常精确的概率估计。但缺点是应用了装袋技术的分类器很难分析。

一种称为 MetaCost 的方法将装袋的预测优势和一个易理解的模型组合起来，适用于成本敏感的预测。它采用装袋技术建立一个集成分类器，用这个分类器为训练数据重新赋予标签，并根据装袋所获得的概率估计，赋予每个训练实例一个分类预测使期望成本最小化。MetaCost 随后丢弃原先的类标签，从重新标签的数据中学习出一个新的模型，比如一个剪枝的决策树。新模型会自动考虑成本，因为已经含在类标签中！结果是一个成本敏感的分类器可用于分析预测是如何获得的。

除了刚刚提到的成本敏感分类技术，在 5.8 节中还描述了一种成本敏感学习方法，它是通过改变每个类在训练数据中的比例反映到成本矩阵上，来学习一个成本敏感分类器。MetaCost 似乎比这种方法能获得更精确的结果，但它需要更多的计算。如果不需要得到一个易于理解的模型，MetaCost 的后，处理步骤便是多余的：最好直接使用经装袋后的分类器与最小预期成本法共同协作。

12.3 随机化

装袋法将随机性引入学习算法的输入中，产生一个不同的集成分类器，通常会带来极好的效果。然而，还可以通过其他应用随机化的方式来产生多样性。有些学习算法本身已带有一个内置的随机机构。例如，使用反向传播（BP）算法学习一个多层感知机时（如 6.4 节所述），初始的网络权值被设定为一个随机选择的小数值。所学的分类器依赖于这个随机数值，因为（根据这个值）算法会找到一个不同的误差函数的局部最小值。要使分类结果更加稳定的一种方法是使用不同的随机数多次重复学习过程，然后将多个分类器的预测结果通过投票或平均的方法组合起来。

几乎所有学习方法都含有某种意义上的随机化。考虑一个算法要在每步贪心式地挑选最好的选择，如决策树学习器在每个结点处要挑选最好的属性来进行分裂。可以通过在 N 个最好的选择中随机挑选一个，来替代原先只能有单个胜者的策略，或者随机选择一个属性子集然后从中挑选出最好的属性，从而将算法实现随机化。当然，这里存在一个权衡问题：一方面，随机性越大，产生的学习器越具有差异性；另一方面，更少利用数据（信息），可能会造成单个模型的正确率下降。最好的随机范围只有通过试验才能限定。

虽然装袋和随机化技术产生的结果相似，但将它们组合起来有时是有好处的，因为它们引入随机的方法不同，或许是互补型的。一个用于学习随机森林的流行算法在装袋的每一轮迭代中建立随机化的决策树，通常能带来出色的预测结果。

12.3.1 随机化与装袋

由于必须对学习算法进行修改，随机化比装袋法需要更多的工作量，但是这种技术能适用于更多种不同类型的学习器。前面我们已经注意到，装袋法对于那些输出对输入发生微小变化不敏感的稳定学习算法是没有用处的。例如，在最近邻分类器上应用装袋技术便是毫无意义的，即使采用重新抽样将训练数据打乱，它们的输出几乎也没有什么改变。然而，随机化仍然适用于稳定的学习器，秘诀在于所选用的随机化方式能在不牺牲太多性能指标的前提下使分类器具有多样性。最近邻分类器的预测取决于实例之间的距离，严重依赖于选择哪些属性来计算距离，因此最近邻分类器可通过使用不同的、随机挑选的属性子集来实现随机化。实际上，这种方法也称为随机子空间（random subspaces）方法，它用来构建一个分类器集群，被视为学习随机森林的一种方法。对于装袋来说，学习算法是不需要任何修改的。当然，为在实例和属性两方面引入随机性，随机子空间可以结合装袋一起使用。

回到普通的装袋，其思想是利用学习算法的不稳定性，在分类器集群成员之间创建多样性，但获得多样性的程度低于其他集成学习方法，如随机森林因其在学习算法中引入了随机性或者提升（在 12.4 节讨论）。这是因为自助法抽样是用类似于原始数据的分布获得训练数据集。因此，用装袋法学习的分类器是非常准确的，但是它们的低多样性可能削减集群的整体准确性。在学习算法中引入随机性增加了多样性，但牺牲了单个分类器的准确性。如果集群的成员可以同时保持多样性和单个分类准确性，就可使用较小的集群。当然，这样会有计算上的优势。

12.3.2 旋转森林

一种称为旋转森林（rotation forests）的集成学习方法可以同时实现多样性和准确的分类。它结合了随机子空间和装袋方法，利用主成分特征构建决策树集群。在每一次迭代中，输入属性被随机分为 k 个不相连的子集。在每个子集依次使用主成分分析，以便产生子集中属性的线性组合，即对原始轴的旋转。k 个主成分用于计算派生属性的值，它们组成了每次迭代时树学习器的输入。因为每个子集的所有分量都保留着，所以有和原始属性数目相同的派生属性。如果在不同的迭代过程中使用了相同的特征子集，为避免产生相同的系数，主成分分析使用的实例是来自随机选择的类值所对应的数据子集（然而，树学习器输入的派生属性的值是由训练数据中所有实例计算得出的）。为进一步提升多样性，在每一次迭代应用主成分转换之前，对数据使用自助法抽样。

实验表明，旋转森林可以用更少的树得到与随机森林一样的性能。与装袋相比，多样性分析（用 Kappa 统计量度量，在 5.8 节中介绍过，可以用来检验分类器之间的一致性）与集群分类器成员之间误差表示了旋转森林的多样性的最小增量和误差减少量。不管怎样，这似乎可以理解为将集群作为整体对待获得了明显更好的性能。

12.4 提升

装袋法充分利用了学习算法内在的不稳定性。直观来讲，只有当各个模型之间存在明显差异，并且每种模型都能正确处理一定合理比例的数据时，组合多种模型才能发挥用处。理想状况是这些模型对其他模型来说是一个补充，每个模型是这个领域中某一部分的专家，其他模型在这部分的表现却不是很好，就像是决策者要寻找那些技能和经验互补的顾问，而不是技能和经验互相重复的顾问。

提升方法利用"明确查找与另一个模型互补的模型"这一思想来组合多种模型。首先，相似点是与装袋一样，提升利用投票（用于分类）或者取均值（用于数值预测）来组合各个模型的输出。其次，也和装袋一样，它组合同一类型的模型，例如决策树。然而，提升是迭代的。在装袋中各个模型是单独建立的，而提升的每个新模型是受先前已建模型的性能表现影响的。提升法鼓励新模型成为处理先前模型所不能正确分类的实例的专家。最后，不同点是提升根据模型的性能来对每个模型的贡献加权，而不是赋予每个模型同等的权值。

12.4.1 AdaBoost算法

提升存在许多不同的实现方法。这里介绍一种广泛应用的、专门用于分类的AdaBoost.M1方法。像装袋技术一样，它适用于任何的分类学习算法。为使问题简单化，假设学习算法可以处理带有权值的实例，实例权值为正数（在后面我们还会来看这个假设）。实例权值的出现改变了分类误差的计算方法，此处误差等于错误分类实例的权值总和除以所有实例权值总和，替代了原来错误分类实例的比例。通过实例加权，学习算法可以将精力集中于特定的实例集上，即那些权值较高的实例。这些实例特别重要，因为存在较大的动力要对它们正确分类。6.1节中讲述的C4.5算法是无须修改便能适合加权实例的学习方法的一个样例，因为它已使用了分数实例的观念来处理缺失值。

图12-2总结了提升算法，首先赋予所有训练实例相同的权值，然后应用学习算法在这个数据集上生成一个分类器，再根据这个分类器的分类结果对每个实例重新加权。减小正确分类的实例权值，增加错误分类的实例权值。这产生了一组权值较低的"容易对付"实例和另一组权值较高的"难以对付"实例。在下一轮迭代以及所有以后的迭代中，分类器都是建立在经重新加权的数据上，并且专注于对那些"难以对付"的实例进行正确分类。然后依据这个新分类器的分类结果增加或减小实例的权值。这样做的结果是：一方面，部分较难对付的实例可能变得更难，部分较易对付的实例可能变得更易；另一方面，其他较难对付的实例可能变得较易，较易对付的实例可能变得较难对付了。在实践中，各种可能都会发生。在每一轮迭代后，权值反映出目前所生成的分类器对实例的错误分类有多频繁。通过对每个实例"难度"的衡量，这个程序提供了一种巧妙的方法来生成一系列互补型的专家。

```
模型生成
    赋予每个训练实例相同的权值
    t次循环中的每一次：
        学习算法应用于加了权的数据集上并保存结果模型
        计算模型在加了权的数据集上的误差e并保存这个误差
        如果e等于0或者e大于等于0.5：
            终止建模型
        对于数据集中的每个实例：
            如果模型将实例正确分类：
                将实例的权值乘以e/(1−e)
        将所有的实例权值进行规范化

分类
    赋予所有类权值为0
    对于t（或小于t）模型中的每一个：
        给模型所预测的类加权 $-\log\dfrac{e}{1-e}$
    返回权值最高的类
```

图12-2 提升算法

每轮迭代后，权值应做多大的调整呢？这个答案取决于当前分类器的总体误差。明确地说，如果e代表分类器在加权数据上的分类误差（0～1），那么对于正确分类的实例，权值更新为

$$\text{weight} \leftarrow \text{weight} \times e/(1-e)$$

对于错误分类的实例，权值保持不变。当然，这并没有像前面说的那样增加被错误分类的实例的权值。然而，在更新了所有实例的权值后，要重新进行规范化处理，使它们的权值总和与原来的相同。每个实例的权值都要除以新权值总和再乘以原来的权值总和。这样便自动增加了每个错误分类实例的权值，同时减小了每个正确分类实例的权值。

每当在加权的训练数据集上的误差大于等于 0.5 时，提升程序将删除当前的分类器并不再继续进行循环。当误差率等于 0 时，也进行同样的处理，因为这时所有实例的权值都为 0。

我们已经介绍了提升方法是如何生成一系列分类器的。为了做出一个预测，使用加权投票来组合它们的输出。要确定这些权值，应注意那些在加了权的训练数据（即用于建立该分类器的数据）上性能好的分类器（e 接近于 0）应当获得一个高的权值，而性能差的分类器（e 接近于 0.5）则应获得一个低的权值。AdaBoost.M1 算法使用的是：

$$\text{weight} = -\log\frac{e}{1-e}$$

这是一个在 0 和无穷大之间的正数。顺便提一下，这个公式也解释了为什么要删除在训练数据上性能表现完美的分类器。因为当 e 为 0 时，权值无定义。为了做出预测，将投给某个具体类的所有分类器的权值相加，选择相加总和最大的那个类别。

我们从一开始便假设学习算法能够处理加权实例。在 7.3.8 中已解释了如何调整学习算法以便处理加权实例。也可以通过重新抽样（就像装袋法中使用的技术）从加权的数据集中产生一个不考虑权值的数据集，这样就不用调整学习算法。在装袋法中，每个实例被选择的概率是相同的；而在提升法中，实例被选择的概率与它们各自的权值成正比。结果是：权值高的实例重复的频率高，而权值低的实例可能永远不会被选择。一旦新数据集与原始数据集大小相同，就将新数据集传送给学习方法，而不使用加权的数据集，这是如此简单。

这个程序的一个缺陷是有些权值低的实例不会被选入重新抽样的数据集中，因此部分信息造成在应用学习算法前已丢失。然而，这也可以成为一种优点。当学习方法生成了一个误差大于 0.5 的分类器时，如果直接使用加权的实例，提升必须终止；如果是采用重新抽样的方法，则可以丢弃目前重新抽样的数据集，使用不同的随机种子再次重新抽样，生成一个新的数据集，那么就有可能会生成一个误差低于 0.5 的分类器。有时，使用重新抽样的方法比原先采用加权方法的算法要进行更多次的提升迭代。

12.4.2 提升算法的威力

提升技术的想法起源于机器学习研究的计算学习理论（computational learning theory）这一分支。理论研究者对提升感兴趣，因为它可能得到性能保证。例如，可以看到随着迭代次数的增加，训练数据上的组合分类器误差很快地向 0 靠拢（迭代次数呈指数级增长）。不幸的是，正如 5.1 节中所述，训练集上的误差保证并不十分令人感兴趣，因为这并不表示在新数据上会有好的性能。但是从理论上看，只有当各个分类器对于所呈现的总体训练数据来说太过"复杂"或者训练误差变得太大、太快时，提升技术才会在新数据上失败。通常，问题在于要找到各个模型的复杂度以及它们与数据的拟合度之间的恰当平衡点。

如果提升法在新的测试数据上能成功地减小误差，它通常会以一种惊人的方式进行。一个非常令人惊讶的发现是，当训练数据上的组合分类器误差降到 0 后，持续进行更多次的提升迭代仍能够在新数据上减小误差。研究者对这个结论感到吃惊,因为它似乎与奥卡姆剃刀原理相矛盾。奥卡姆剃刀原理宣称在两个能同样好地解释试验证据的假设中,简单的那个优先。进行更多次的提升迭代而不减小训练误差,这并没有对训练数据做出任何更好的解释,但肯定增加了分类器的复杂度。考虑分类器在所做预测上的置信度可以解决这个矛盾。更具体地说,这个置信度是根据真实类的估计概率和除了真实类以外最有可能的预测类的估计概率之间的差别(称为边际(margin)的量)来度量的。这个边际越大,分类器能预测出真实类的置信度就越大。结论是提升法在训练误差降到 0 之后能增大这个边际。画出达到不同提升迭代次数时所有训练实例的累积边际分布,就可以看到这个效果,这个图称为边际曲线(margin curve)。因此,如果考虑用边际来解释试验证据,奥卡姆剃刀原理还是同样有力。

提升算法的优势是:只要简单分类器在重新加权数据上的误差低于 50%,提升算法就可以基于这些非常简单的分类器创建一个功能强大的集成分类器。通常,这种方法非常简单,特别是对于二类学习问题!这些简单的学习方法称为弱学习器(weak learner),提升法将弱学习器转变为强学习器。例如,对于二类问题,将提升应用于只有一层的、非常简单的决策树(称为决策桩(decision stump)),可以获得好结果。另一种可能的方法是将提升法应用于学习单个合规则的算法,如决策树上的一条路径,实例的分类依赖于这条规则是否覆盖了这些实例。当然,多类数据集误差率要达到低于 0.5 更困难些。提升技术也可以应用在决策树上,但通常比决策桩更加复杂。一些更为复杂的算法也已发展起来,它们能对非常简单的模型应用提升技术,在多类情形中获得成功。

与装袋技术相比较,应用提升技术经常能产生在新数据上精确度明显提高的分类器。但与装袋不同的是,提升有时在实际情形中会失败,它会产生一个分类器,性能明显差于在同样数据上建立的单个分类器。这表明集成分类器和数据过度拟合了。

12.5 累加回归

关于提升的研究一开始便激起了研究者们强烈的兴趣,因为它能从表现一般的分类器中获得一流的性能。统计学家很快发现它可以重建成一个累加模型的贪心算法。累加模型在统计学领域有相当长的历史。一般来说,该术语泛指任何将源于其他模型的贡献相加起来产生预测的方法。大多数用于累加模型的算法不是独立建立基本模型的,而是要保证与另一个模型互补,并且要根据某些特定的标准来形成优化预测性能的集成模型。

提升实现了正向逐步累加模型(forward stagewise additive modeling)。这类算法从一个空的集成模型开始,相继合并新成员。在每个阶段,加入能使总集成模型预测性能达到最好的模型,而不改变已经包括在合成模型中的成员。对集成模型的性能优化意味着下一个模型要专注于那些在集成模型上性能较差的训练实例。这正是提升所做的,即赋予这些实例更大的权值。

12.5.1 数值预测

这里介绍一个众所周知的、用于数值预测的正向逐步累加模型方法。首先建立一个标准的回归模型,如一棵回归树。在训练数据上的误差(即预测值和观测值之间的差别)称为残差(residual)。然后学习第二个模型来纠正这些误差,也许用另一个回归树预测观测残差。为了达到这个目的,在学习第二个模型之前用它们的残差来替代原始的类值。将第二个模型所做出的预测叠加到第一个预测上,便自动降低了在训练数据上的误差。通常某些残差仍然存在，因为第二个模型也不是完美的，所以继续建立第三个模型来学习预测残差的残差，以此类推。这个程序令人想起在 3.4 节中所讨论的用于分类的、包含例外的规则。

如果单个模型能使预测的平方误差达到最小值，就像线性回归模型那样，那么这个算法总体上能使整个集成分类器的平方误差达到最小值。在实践中，当基本学习器使用一种启发式的近似方法时，其效果也不错，如用 7.3 节中介绍的回归和模型树学习器。实际上，在累加回归中使用标准的线性回归作为基本学习器是毫无意义的，因为线性回归模型的总和还是一个线性回归模型，并且回归算法本身就能使平方误差最小化。然而，如果基本学习器是一个基于单一属性的、使平方误差最小化的回归模型，情况就不同了。统计学家称之为简单线性回归（simple linear regression），而标准的多属性方法叫作多元线性回归（multiple linear regression）。事实上，联合使用累加回归和简单线性回归，并且重复迭代直到集成分类器的平方误差不再降低，就会产生一个累加模型，与使用最小二乘多元线性回归函数的效果是相同的。

前向逐步累加回归有过度拟合的倾向，因为累加的每个模型越来越与训练数据拟合，可以使用交叉验证法来决定何时停止。例如，对不同迭代次数进行交叉验证，次数的上限为用户指定的某个最大值，选择能使平方误差的交叉验证估计达到最小值的那个。这是一个好的停止标准，因为交叉验证产生了一个对未来数据相当可靠的误差估计。另外，使用上述方法并联合使用简单线性回归作为基本学习器，能有效地将多元线性回归和内置的属性选择组合起来。因为如果要降低交叉验证误差，它只能包含下一个最为重要的属性。

为了实现方便，前向逐步累加回归通常从简单预测训练数据平均类的 0 层模型开始，从而使每个后继模型与残差拟合。这也暗示了防止过度拟合的另一种可能：不要减去模型的整个预测值以产生下一个模型的目标值，而是在减法之前先将预测值乘以某个用户指定的 0～1 的常量来减小预测值。这降低了模型对残差的拟合，从而减少过度拟合的机会。当然，这也可能增加要获得一个好的累加模型所需的迭代次数。减小乘数能有效地衰减学习过程，增加在恰当时刻停止的机会，但也增加了运行时间。

12.5.2 累加 logistic 回归

与线性回归一样，累加回归也可以应用于分类问题。然而从 4.6 节中了解到，对于分类问题，logistic 回归优于线性回归。通过修改正向逐步累加模型方法来对累加模型进行类似的调整，就可进行累加 logistic 回归。与 4.6 节中一样，利用对数变换将概率估计问题转换为一个回归问题，并像对待累加回归那样使用一个集成模型（如回归树）来完成回归任务。在每个阶段，给定集成分类器添加能使数据的概率达到最大值的模型。

假设 f_j 是集成分类器中的第 j 个回归模型，$f_j(\boldsymbol{a})$ 是这个模型对实例 $\boldsymbol{a}$ 的预测。假设有一个二类问题，要使用累加模型 $\sum f_j(\boldsymbol{a})$ 来获得第一个类别的概率估计：

$$p(1|\boldsymbol{a}) = \frac{1}{1+e^{-\sum f_j(\boldsymbol{a})}}$$

这和 4.6 节所用的表达式非常类似，这里使用了缩写，用向量来表示实例 $\boldsymbol{a}$，并且将原来的加权属性值总和替换成任意复杂的回归模型 f 的总和。

图 12-3 展示了二分类问题的 LogitBoost 算法，它进行累加 logistic 回归并产生单个模型 f_j。这里对于属于第一个类别的实例，y_i 为 1；对于属于第二类别的实例，y_i 为 0。在每次迭代中，这个算法要使回归模型 f_j 拟合原始数据集的加权版本，这个加权版本基于假设的类值

z_i 和权值 w_i。假设 $p(1|a)$ 是根据前一次迭代所建的 f_j 计算出来的。

```
模型生成
对于 j=1 至 t 次循环：
  对于每个实例 a[i]：
    将回归的目标值设定为
      z[i]=(y[i]-p(1|a[i]))/[p(1|a[i]) × (1-p(1|a[i]))]
    将实例 a[i] 的权值 w[i] 设定为
      p(1|a[i]) × (1-p(1|a[i]))
  使回归模型 f[j] 与类值为 z[i]、仅值为 w[i] 的数据相拟合
分类
  如果 p(1|a)>0.5，预测结果为第一类别，否则为第二类别
```

图 12-3 累加 logistic 回归算法

这个算法的推导过程超出了本书的讨论范围，但是可以看出，如果每个模型 f_j 是由相应的回归问题的最小平方误差所决定的，那么这个算法是依据合成模型使数据概率最大化的。实际上，如果用多元线性回归来形成 f_j，算法会在最大似然线性 logistic 回归模型处收敛：它是 4.6 节中所述的迭代重新加权的最小二乘回归的另一种形式。

从表面上看，LogitBoost 和 AdaBoost 差别相当大，但是它们所形成的预测器的主要差别是前者直接优化似然，而后者优化一个指数的损失函数——这个函数可以看作似然的近似值。从实践角度来看，它们的差别是 LogitBoost 使用了回归方法作为基本学习器，而 AdaBoost 与分类算法一起使用。

我们只讲述了用于二类问题的 LogitBoost 方法，其实这个算法还可以推广到解决多类问题。与累加回归一样，可以用一个预先设定的乘数来减小单个模型 f_j 的预测值，并且利用交叉验证来确定一个适当的迭代次数，从而降低过度拟合的危险。

12.6 可解释的集成器

装袋、提升以及随机化都生成集成分类器。这导致很难分析何种信息从数据中被提取出来。如能生成具有相同预测性能的单个模型将是很合人意的。一种可能是生成一个人工数据集，它通过从实例空间随机抽样数据点并根据集成分类器的预测来赋予它们的类标签，然后从这个新数据集上学习一个决策树或规则集。为了能从决策树中获得与集成分类器相似的预测性能，可能需要一个大型的数据集，但是起码这个策略要能够复制集成分类器的性能——假如集成分类器本身包含决策树，那么它肯定能做到。

12.6.1 选择树

另一种方法是取得能简洁地代表一个集成分类器的单个结构。如果集成分类器由决策树组成，这便能实现，其结果称为选择树（option tree）。选择树与决策树的不同之处在于它包含两种类型的结点：决策结点和选择结点。图 12-4 展示了天气数据的一个简单例子，它只带有一个选择结点。为了对一个实例进行分类，将其沿树向下过滤。在决策结点处和平常一样只选择一个分支，但是在选择结点处则选择所有分支。这意味着实例最终以一个以上的叶结点而告终，且必须从这些叶结点所获的分类结果中组合出一个总体分类结果。这可以简单地通过投票法来完成，然后将在选择结点处获得多数投票的类作为该结点的预测值。在这种情况下，只含两种选择项的选择结点（见图 12-4）没有多大意义，因为只有在两个分支都一

致时才会产生一个多数投票类。另一种可能的方法是对从不同路径上所获得的概率估计取均值,可以使用不加权的平均或是更为复杂的贝叶斯方法。

如果根据信息增益,现存的决策树中存在几处效果相似的分裂,就可以通过修改现存的决策树学习器来创建一个选择结点,生成一棵选择树。所有在某个用户指定的最好选项容许范围内的选项均可放入选择项中。在剪枝时,选择结点的误差是其选项的平均误差。

另一种可能的方法是通过递增地增加结点来扩展一棵选择树。通常是采用提升算法,由此产生的树通常称为交替式决策树(alternating decision tree)而不是选择树。

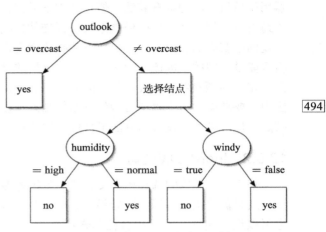

图 12-4 天气数据的简单选择树

这时决策结点称为分裂结点(splitter nodes),选择结点称为预测结点(prediction nodes)。如果没有分裂结点增加进来,预测结点就是叶结点。标准的交替式决策树能应用于二类问题,每个预测结点与一个正的或负的数值相关联。要获得对一个实例的预测,则将其沿树向下过滤所有可适用的分支,并对沿途遇到的所有预测结点处的值求和,然后依据总和是正数还是负数来预测是哪个类别。

图 12-5 展示了一个简单的关于天气数据的样本树,图中正数对应于类 play = no,负数对应于类 play = yes。要对 outlook = sunny, temperature = hot, humidity = normal, windy= false 这个实例进行分类,则将其沿树向下朝着相应的叶结点过滤,获得值 −0.255、0.213、−0.430 以及 −0.331。这些值的总和是负的,因此预测 play = yes。正如此例所示,交替式决策树总是在树根处有一个预测结点。

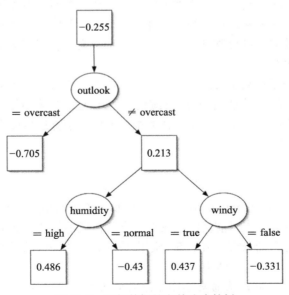

图 12-5 天气数据的交替式决策树

交替式树应用提升算法来进行扩展，例如采用先前所述的 LogitBoost 方法作为基本学习器用于数值预测的提升算法。假设基本学习器在每次提升迭代中产生一个联合规则，那么简单地将每条规则加入树中便能形成一棵交替式决策树。与每个预测结点相关联的数值评分是从规则中获得的。但是，结果树可能很快就变得很大，因为从不同的提升迭代中所得的规则很可能是不同的。因此，用于交替式决策树的学习算法只考虑那些通过增加一个分裂结点和两个相应的预测结点（假设是二值分裂）来扩展树中某条现存路径的规则。在标准版本的算法中，要考虑在树中每个可能位置增加结点，按照具体的提升算法所决定的性能度量来进行结点添加。可用启发式的方法来替代穷举搜索，以提高学习过程的速度。

12.6.2 logistic 模型树

基于单个结构的选择树和交替式决策树都能获得非常好的分类性能，但是当含有许多选择结点时仍然很难解释，因为很难看出一个具体的预测是如何获得的。然而，人们发现提升也可以用于建立一个不包含任何选择结点的十分有效的决策树。例如，应用 LogitBoost 算法归纳出一种树，树的叶结点为线性 logistic 回归模型，称为 logistic 模型树（logistic model trees），并可用像 7.3 节所介绍的用于回归的模型树一样的方法来进行解释。

LogitBoost 执行累加 logistic 回归。假设在提升算法的每次迭代中要找到一个合适的简单回归函数，它考虑所有属性，找出误差率最小的简单回归函数，并将其加入累加模型中。如果让 LogitBoost 算法持续运行直至收敛，结果得到的是一个最大似然多元 logistic 回归模型。然而，为了优化它在未来数据上的性能，通常没有必要等到收敛，这样做通常是有害无益的。可以对给定的迭代次数使用交叉验证估计期望性能，当性能指标停止上升时停止程序，这样可以确定提升的大概迭代次数。

这个算法的简单扩展便可得到 logistic 模型树。当数据中不再存在任何结构可以用一个线性 logistic 回归函数来建模时，终止提升程序。但是，如果将注意力限定在数据的子集上，也许仍然存在可用线性模型来匹配的某种结构，这些数据子集可以通过标准决策树等使用的信息增益将原始数据分裂得到。一旦添加更多的简单线性模型也不再能获得性能提高，就分裂数据，在每个数据子集上各自重新开始提升。这个过程采用了目前所生成的 logistic 模型，并分别在每个子集的数据上进行改进。此外，在每个子集上使用交叉验证来确定在该子集上所执行的合适的迭代次数。

递归地应用这个程序直到子集太小为止。结果树肯定会对训练数据过度拟合，可以用决策树学习的一种标准方法来剪枝结果树。实验表明剪枝过程非常重要。使用 6.1 节中讨论的交叉验证法来选择合适的树大小，采用这样的策略能使这个算法生成小而精确的树，树的叶结点带有线性 logistic 模型。

12.7 堆栈

堆栈式泛化（stacked generalization），或简称堆栈（stacking）是组合多种模型的另一种不同的方法。虽然是在好些年以前就已经发展起来了，但不如装袋和提升应用得广泛，一部分原因是难以对其进行理论分析，另一部分原因是没有一致公认的最好的实现方法——其基本思想可以应用于许多不同的变体中。

与装袋和提升不同，堆栈法通常不用于组合同种类型的模型，如一系列的决策树。相反，它用于由不同学习算法所创建的模型。假设有一个决策树归纳器、一个朴素贝叶斯学习器和一个基于实例的学习方法，要用某个给定的数据集形成一个分类器。通常的过程是使用交叉验证法估计每个算法的期望误差，然后从中选择一个最好的模型用于在未来的数据上做预测。难道没有更好的方法了吗？现有三个学习算法，难道不能利用三个（模型）来预测，然后将输出结果组合起来吗？

一种组合输出的方法是使用投票，就像装袋中所使用的机制一样。但是，只有学习方案性能差不多好，（不加权的）投票才有意义。如果三个分类器中有两个所做的预测是不正确的，就会有麻烦！然而，堆栈引入了替代投票程序的元学习器（meta learner）概念。投票的问题在于不清楚应该相信哪个分类器。堆栈试图去学习哪些分类器是可靠的，它使用另一种学习算法（即元学习器）来揭示怎样才能最好地组合基本学习器的输出。

元模型的输入也称为 1 层模型（level-1 model），是基本模型（或称 0 层模型（level-0 model））所做出的预测。1 层实例所含的属性数量等于 0 层学习器的个数，属性值是这些学习器对相应的 0 层实例所做出的预测。当使用堆栈学习器进行分类时，首先将实例输入 0 层模型中，每个模型猜测一个类值。将这些猜测值输入 1 层模型，1 层模型将它们进行组合并输出最终的预测。

还存在训练 1 层学习器的问题。需要找到能将 0 层训练数据（用于训练 0 层学习器）转换为 1 层训练数据（用于训练 1 层学习器）的方法。这似乎很简单，让每个 0 层模型对训练实例进行分类，将实例的真实类别附加到它们的预测结果上得到 1 层的训练实例。不幸的是，效果不怎么好。它允许学习这样的规则，如总是相信 A 分类器的输出却忽略 B 以及 C 分类器的输出。这个规则也许对于某些特定的基本分类器 A、B 和 C 是适合的，如果真是这样，或许就会被学习到。但是，只是似乎适合训练数据并不意味着在测试数据上会好，因为这不可避免地会更倾向于对训练数据过度拟合的分类器，而不是那些能够做出与实际更相符决策的分类器。

因此，堆栈不是简单地用这种方法将 0 层训练数据转换为 1 层训练数据。回顾第 5 章中所述的，有比使用训练集上的误差率更好的方法来估计一个分类器的性能。一种方法是旁置部分实例，并用它们进行一个独立的评估。将这个方法应用于堆栈，保存部分实例作为形成 1 层学习器的训练实例，用其余的实例来建立 0 层分类器。一旦建立了 0 层分类器，就用它们对旁置的实例进行分类，如先前所述那样形成 1 层训练数据。由于 0 层分类器没有用这些数据训练，所以对它们所做的预测是无偏的。因此，1 层训练数据能精确反映 0 层学习算法的真实性能。一旦采用这种旁置过程生成了 1 层数据，就可再次应用 0 层学习器在整个训练数据上训练生成分类器，以更好地利用数据并获得更好的预测。

旁置法不可避免地剥夺了 1 层模型的部分训练数据。第 5 章中介绍了交叉验证法作为在误差估计时避免这个问题出现的一种方法。这种方法也可以和堆栈一起联合使用，对每个 0 层学习器执行交叉验证。训练数据中的每个实例正好在某个交叉验证测试折中出现一次，并将由相应的训练折所建立的 0 层模型对其做出的预测用于生成 1 层训练实例。这为每个 0 层训练实例生成了一个 1 层训练实例。当然，由于 0 层分类器要在交叉验证的每个折上训练，因此速度较慢，但是它能让 1 层分类器使用整个训练数据。

对于某个给定的测试实例，大多数学习方法能输出每个分类的概率而不是单一的分类预测。使用概率来生成 1 层数据能提升堆栈的性能。这和标准程序的区别只是在于每个 1 层的名目属性（表示 0 层学习器做出的预测类别）被多个数值属性所代替，每个属性代表由 0 层学习器所得到的一种类概率输出。换句话说，1 层数据中的属性数量是分类数目的倍数。这个过程有一个益处，1层学习器能了解每个0层学习器对它所做预测的置信度，从而加强两层面学习之间的交流。

还有一个重要的问题，1层学习器适合使用什么样的算法？原则上，任何学习方案都可以用。但是，因为大多数工作已由0层学习器完成了，1层分类器只是一个仲裁者，所以选择一种相对简单的算法来达到此目的是有意义的。堆栈的发明者David Wolpert说过"相对全局化、平滑"的1层泛化器的效果会较好。简单的线性模型或在叶子结点带有线性模型的树通常表现较好。

堆栈也适用于数值预测。在这种情形下，0层模型和1层模型都要预测数值。基本的机制还是一样的，差别只是在于1层数据的特性。在数值情况下，每个1层属性代表某个0层模型所做出的数值预测，数值型的目标值被附加在1层训练实例上来代替原来的类值。

12.8 拓展阅读及参考文献

集成学习在机器学习研究领域是一个热门研究课题，已有很多相关的出版文献。术语装袋（即自助聚集）是由Breiman（1996）提出的，他从理论角度和实验角度对用于分类和数值预测的装袋特性都做了研究。

12.2节中提到的用于分类问题的偏差-方差分解归功于Dietterich和Kong（1995）。选择这个版本是因为它容易理解且优雅。然而，方差可以被证明为负，因为正如前面所提到的，与从单一训练集中得到的模型相比，在病态情况下，通过投票从多个独立训练集中得到聚集模型可能会增加整体误差。这是一个严重的缺陷，因为方差通常是平方量级，即标准偏差的平方，因此不能为负。Breiman（1996）在他的技术报告中提出了一种不同于以往的、用于分类的偏差-方差分解。这在学术界引起了一些混乱，因为可以在网上下载这个报告的三种不同的版本。题为"Arcing classifiers"的官方版本介绍了一种更为复杂的分解，不能构造得到负的方差。但是，原始的版本标题为"Bias, variance, and arcing classifiers"沿用了Dietterich和Kong的公式（除此以外，Breiman将术语偏差分解为偏差加上噪声）。还存在一种沿用原始标题的中间版本的新分解，在这个版本的附录部分，Breiman解释了他摒弃原始定义的原因——它可以产生负的方差（官方解释称，作者有时错误地参考了早期的、已经被取代的草稿，或是给最新的版本使用了早期的标题）。但是，在新版本里（和其他作者提出的分解里），聚合分类器的偏差可能超过由单个训练集建立的分类器的偏差，这似乎违反了直觉。

前面讨论了这样一个事实：在用于代价敏感的分类时，装袋可以产生很好的效果。MetaCost算法是由Domingos（1999）提出的。

随机子空间方法被视为用于学习集成分类器的一种方法，由Ho（1998）提出，将其作为一种学习最近邻集成分类器的方法应用是由Bay（1999）实现的。Dietterich（2000）对随机化进行了评估，并将它与装袋和提升进行了比较。随机森林由Breiman（2001）提出。旋转森林作为一种相对较新的集成学习方法由Rodriguez等（2006）提出。Kuncheva和Rodriguez（2007）进行的后续研究表明，其性能的主要影响因素是主成分转换的使用（与诸如随机投影的其他特征提取方法完全不同）和在原始的输入属性随机子空间上使用主成分分析。

Freund和Schapire（1996）开发了AdaBoost.M1提升算法，并获得了这个算法性能的理论边界。随后，他们又应用边际的概念改进了这些边界（Schapire等，1997）。Drucker（1997）

修改了 AdaBoost.M1，使其能用于数值预测。LogitBoost 算法是由 Friedman 等人（2000）开发的。Friedman（2001）介绍了如何使提升在有噪声数据时更有弹性。

Domingos（1997）介绍了怎样利用人工训练实例从一个合成分类器中获得易于说明的单个模型。贝叶斯选择树是由 Buntine（1992）提出的，Kohavi 和 Kunz（1997）将多数投票法和选择树结合应用。Freund 和 Mason（1999）引入了交替式决策树；Holmes 等人（2002）对多类交替式决策树进行了实验。Landwehr 等人（2005）用 LogitBoost 算法开发了 logistic 模型树。

堆栈式泛化是由 Wolpert（1992）发明的，他在神经网络文献中提出了这个想法，Breiman（1996a）将其应用于数值预测。Ting 和 Witten（1997a）通过实验比较了不同的 1 层模型，结果发现使用简单的线性模型效果最好；他们还证明了利用概率作为 1 层数据的益处；他们还对堆栈和装袋的组合进行了探索（Ting 和 Witten，1997b）。

12.9　Weka 实现

- 装袋
  - Bagging（对一个分类器装袋，也可用于回归）
  - MetaCost（使一个分类器成为成本敏感的，使用 metaCost 包）
- 随机化
  - RandomCommittee（使用不同随机数种子的集成器）
  - RandomSubSpace（使用随机属性子集的集成器）
  - RandomForest（随机树集成器）
  - RotationFroest（使用旋转随机子空间的集成器，使用 rotationFroest 包）
- 提升：AdaBoostMI
- 累加回归
  - AdditiveRegression
  - LogitBoost（累加 logistic 回归）
- 可解释的集成器
  - ADTree（交替式决策树，使用 alternatingDecisionTrees 包）
  - LADTree（使用 logitBoost 学习交替式决策树，使用 alternatingDecisionTrees 包）
  - LMT（logistic 模型树）
- 堆栈（学习如何组合预测值）

第 13 章

Data Mining: Practical Machine Learning Tools and Techniques, Fourth Edition

扩展和应用

机器学习是从数据中挖掘知识的一项新兴技术，许多人正在开始认真地审视这项技术。用发展的眼光来看，未来主要的挑战在于应用。机会俯拾皆是。哪里有数据，哪里就有可以学习的东西。当数据过多以至于人们自身的脑力无法承受时，学习机制就必须是自动的。但是灵感是绝不可能"自动"产生的！应用不可能来自计算机程序，也不可能来自机器学习专家，或是数据本身，只能来自和数据以及问题起源打交道的人。这正是我们编写本书的原因，也是附录 B 中叙述的 Weka 系统的目的所在，即让那些非机器学习专家的人们有能力在日常工作中运用这些技术去解决问题。想法是简单的，算法就在这里，其余的就要看读者自己了！

当然，这项技术的发展远没有结束。机器学习是一项热门研究课题，新的思想和技术还在不断涌现。为了给读者提供一些有关研究前沿的范围和研究种类，我们来关注一下当今数据挖掘领域的一些热门课题，以此来结束本书的第二部分。

13.1 应用机器学习

2006 年，国际数据挖掘会议（International Data Mining Conference）主办方做了一项推选前十种数据挖掘算法的民意调查。表 13-1 按顺序展示了调查结果。很高兴的是，本书包含了所有这 10 种算法！会议主办方对这些算法做了粗糙的分类——同样在表中列出。大多数的分配都是相当随意的，如朴素贝叶斯，显然是一个统计学习算法。然而，同时也发现对分类的重视超过其他形式的学习，这也反映了本书的重点——表 13-1 中 C4.5 的主导地位即是最好的证据。在表 13-1 所列出的算法中，我们惊讶地发现有一种到目前为止没有提到的算法，即用于链接挖掘的 PageRank 算法。我们将在 13.6 节进行简单的介绍。

表 13-1 数据挖掘的前十大算法

	算法	类别	书中章节
1	C4.5	分类	4.3，6.1
2	K-means	聚类	4.8
3	SVM	统计学习	7.2
4	Apriori	关联分析	4.5，6.3
5	EM	统计学习	9.3，9.4
6	PageRank	链接挖掘	13.6
7	Adaboost	集成学习	12.4
8	kNN	分类	4.7，7.1
9	Naïve Bayes	分类	4.2
10	CART	分类	6.1

注：表中的信息来自 2006 年国际数据挖掘会议的一项民意调查。

本书一再强调机器学习的有效利用不仅是意味着找到一些数据然后盲目地在其上应用学习算法。当然，Weka 工作平台的存在使得这些很容易做到，然而其中也存在隐患。很多出版物似乎都遵循这样一种方法：作者在一个特定的数据集上运行大量的学习算法，然后写一篇文章宣称某学习算法最适于解决某问题，而很少理解这些算法做的什么或者很少考虑统计学意义。这种研究的有效性是有问题的。

多年来都有报道的一类相关但不同的问题关注的是机器学习算法的改进。2006 年，一篇颇具争议的标题为 "Classifier technology and the illusion of progress" 的论文由著名的统计学家和机器学习研究者 David Hand 发表，其中指出有太多的算法专为有监督分类设计，且已进行大量的对比研究确立了新算法相比先驱算法的优势地位。但是，他认为关于这些研究所出版的文献看似持续稳步地发展，而实际上存在很大程度上的虚构。这一信息让人想起大约 15 年前的 1R 机器学习方案（参见本书第 4 章）。正如当时所指出的那样，1R 并未被真正打算作为机器学习的"方法"，而是被设计用于演示将高性能的归纳推理方法用于简单的数据集，就像是使用一个大锤来敲打一个小螺母一样。这种观点蕴含的就是遍布于本书的简单优先的法则，Hand 最近的文章就是有益的提示。

在度量分类成功与否时，结果表明有改善的情况下，怎么说进展在很大程度上是虚构的呢？基本的说法是，在实际的应用中性能的差异是很小的，并且可能被其他不确定原因所掩盖。有很多原因导致这种情况。简单方法表现得可能不像复杂方法一样好，但通常也能表现得几乎一样好。一个极其简单的模型，如总是选择多数类，设置了一条基准线，任何学习算法都应该能够在基准线上有所改善。考虑简单方法所获得的超过基线的改善与复杂方法所获得的改善之间的比例。对各种随机选择的数据集，结果表明，一种非常简单的方法所获得的改善是最复杂方案所获得改善的 90% 以上。这也并不奇怪。在标准的分类方法中，如决策树和规则，在程序流程开始时第一条分支或规则确定了之后，就预测准确度而言便获得了巨大比例的提高，而后续的提高很小，通常确实是非常小。

小的改善很容易被其他因素所掩盖。机器学习的一个基本假设是训练数据代表了会被选择的未来数据的分布情况，该假设通常是指数据是独立且同分布的（IID）。但是在现实生活中情况会有变化。然而，训练数据通常是有可追溯性的，可能会相当旧。考虑 1.3 节中介绍的贷款场景。为了收集大批量的训练数据（全面的训练需要大批量的数据），必须等到大量的贷款被发布，还必须等到已知结果租赁期（2 年？ 5 年？）结束。到那时，我们再用它来进行训练，这些数据就相当旧了。在此期间什么是已经发生变化的？已经有新的做事方式。银行已经改变了基于何种特征（来贷款）的度量方法。新的特征已经在使用，（贷款）政策也已经改变。以前的数据真的能代表现在的问题吗？

另一个基本问题是训练数据中类标的可靠性。可能会有小的误差——随机或者系统误差——在这种情况下，需要坚持更简单模型，因为高层次的、更复杂的模型可能会不准确。在确定类标时，某些人在某些地方可能会将灰色的世界映射为一个黑白世界，这就需要判断和容许不一致性。事情可能会变：在一项贷款中，"违约者"的概念，即三个月未偿还账单者，比起之前的概念可能略有不同，在今天的经济环境下，对于处于困境中的客户，在启动法律程序之前，可能会多给几个月的余地。关键不是学习必然会失败。变化可能是相当微秒的，学习模型可能仍然工作得很好。关键是复杂模型所获得的超过简单模型的百分之几的额外增益可能会被其他因素所掩盖。

还有一个问题，在观察对比实验和机器学习方法时，谁是主导者。这不仅仅是运用各种不同的方法然后记录其结果的问题。许多机器学习方法都从调整中获益,即优化以适用于解决手边的问题。希望用于调整的数据是完全独立于用于训练和测试的数据(否则,其结果是不可靠的)。但是,以下这种情况也是很自然的:某位特定方法的专家——可能是发明这种方法的人——比其他人可以挖掘出更多的性能。如果他们试图出版著作,当然也是想站在最好的出发点介绍新的方法。他们在挖掘超出现有的好性能方面可能不会那么有经验或那么努力。新的方法看起来总是好于旧的方法,并且与简单方法相比,越复杂的方法越不容易被批判。

结果表明,实验室中性能小的提高尽管是真实的提高,在将机器学习用于实际的数据挖掘问题时也会被其他因素掩盖。如果想在一个实际数据集上做一些有价值的事,就需要把整个问题环境考虑进去。

在结束本节的学习之前,我们应该注意到 Hand 的论文写于使用深度学习获得突破性的成果之前。这表明如果可以获得充足的训练数据并在训练过程中给予充分模型的关照,非常复杂的模型可以在一些应用当中产生大量的益处。

13.2 从大型的数据集学习

当今,企业和科研机构中盛行使用大型数据库,这使得机器学习算法必须能在大型数据集上工作。在将任何算法应用到非常大的数据集时,存在两个关键问题:空间和时间。

假设数据过大,无法存储在主存中。如果学习方案采用增量模式,那么在产生一个模型时,每次只处理一个实例,就不会造成困难。可以从输入文件中读取一个实例,更新模型,然后接着读取下一个实例,以此类推,在主存中永远无须储存一个以上的实例。这就是将在下一节讨论的"数据流学习"。其他方法,如基本的基于实例的方案和局部加权回归,在训练时需要使用所有实例。如果那样,就要利用复杂的储存和索引机制,只将数据集中使用最频繁的部分保存在主存中,并且能对文件中的相关实例进行快速访问。

在大型数据集中,应用学习算法的另一个关键是时间。如果学习时间与训练实例的数量不是成线性(或者几乎成线性)关系,那么处理非常大的数据集最终将是不可能的。在某些应用中,属性数量是一个关键因素,只有那些与属性数量成线性关系的方法才能被接受。或者,预测时间也可能成为关键问题。幸运的是,许多学习算法在训练和测试中表现都极其出色。例如,朴素贝叶斯法的训练时间与实例数量和属性数量都成线性关系。从上而下的决策树归纳法(见 6.1 节),训练时间和属性数量成线性关系,如果树是均匀稠密的,则训练时间与实例数量成对数线性关系(假如没有使用子树提升)。

如果数据集过大,以致某一种具体算法无法应用,有三种办法可以使学习变得可能。第一种不太重要,即不把学习方案运用到整个数据集中,而是仅在一个较小的子集中训练。当然,这样采用二次抽样会造成信息损失。不过,此种损失或许可以忽略不计,因为在覆盖到所有训练数据之前,所学模型的预测能力往往早已达到最高点。如果是这种情形,通过在一个旁置测试集上观察测试由不同大小的训练集上所获模型的性能,可以很容易得到证实。

这种行为模式,称为收益递减法则(law of diminishing returns),之所以发生,可能是由于学习问题简单,因此少量的训练数据足以学到一个精确的模型。另一种可能是学习算法也许无法抓住底层领域的详细结构。在一个复杂领域中运用朴素贝叶斯法时,往往可以观察到这样的情形:额外的训练数据或许不能改善模型的性能表现,却能使决策树模型的正确率继续上升。在这种情况下,如果主要目标是预测的性能表现,当然应该换用更加复杂的学习算法。但要注意过度拟合！不要在训练数据上进行性能的评估。

并行化是另一种减少学习时间复杂度的方法。想法是将问题分裂成几个小部分，每个部分用一个单独的处理器来解决，然后将结果合并。为了实现这一目的，需要创建一种并行化的学习算法。有些算法天然地适用于并行化方法。例如最近邻方法，可以通过将数据分裂成几个部分，让每个处理器在它那部分的训练集中找到最近的邻居，从而轻易地在几个处理器间进行分配。决策树学习器可以通过让每个处理器建立完整树的一个子树来进行并行化。装袋和堆栈（虽然提升法不是）是天然的并行算法。然而，并行化只能做部分补救，因为处理器的数量是固定的，无法改善算法的渐近时间复杂度。

在大型数据集上应用任何算法的一种简单方法是将数据分裂成有限大小的数据块，并在每个数据块上学习模型，再利用投票或取均值的方法将结果组合起来。无论是并行的、类似装袋的方法，还是有序的、类似提升的方法，都可以用于此目的。提升法具有的优势是，可以根据先前数据块上学习所获的分类器来对新的数据块进行加权，从而在各个数据块之间传递知识。在这两种情况下，内存消耗按照数据集的大小成线性增长，因此对于非常大的数据集来说，进行某种形式的剪枝是必要的。这可以通过将一些验证数据放置到一边，只往委员会分类器中添加能使分量在验证集上的性能获得提高的新模型。验证集也可用于确定合适的数据块尺寸，这可采用几种不同大小的数据块并行地运行算法，并且关注它们在验证集上的性能来进行。

要使学习方案能够对付非常大的数据集，最好的但同时也最具挑战性的方法是建立计算复杂度较低的新算法。在有些情况下，要获得低复杂度的算法是不可能的。处理数值属性的决策树学习器就属于这类情况。它们的渐近时间复杂度由数值属性值的排序过程主导，对于任何给定的数据集，至少要进行一次这样的数据处理过程。然而，有时可以利用随机算法以获得接近正确的解决方法，所需的时间耗费却少得多。

背景知识可以大大减少学习算法必须处理的数据量。将背景知识纳入考虑范畴之后，大型数据集的绝大多数属性可能就显得不相关了，这取决于哪个属性是类属性。通常，将要交给学习方案的数据预先进行一番仔细处理是值得的，并且将手头已有的任何关于学习问题的信息加以最大的利用。如果背景知识不充足，利用在 7.1 节中讨论的属性过滤算法常常可以大大减少数据量——也许是以预测性能表现的稍许损失为代价。其中有些方法——例如，用决策树或 1R 学习方案进行属性选择——与属性的数量成线性关系。

为了让读者感觉一下在普通的计算机上直接应用机器学习算法所能处理的数据总量，我们将 Waka 中由 C4.5 实现的决策树学习器 J48 运行在一个拥有 5M 个实例的数据集上，它有 40 个属性（几乎都是数值型的）以及一个含 25 个值的类⊖。我们使用一台合适的现代 Linux 机器⊜运行有 6GB 堆空间（一半的空间用于加载数据）的 Java 虚拟机⊜。最后这棵决策树含有 1388 个结点，耗时 18 分钟。一般来说，Java 会稍慢于等效的 C/C++ 代码，但是没有慢到原来的 1/2。

现今，有的数据集绝对称得上"大型"（massive）一词。比如，天体物理、核物理、土壤学以及微生物学方面的科学数据集往往达到太字节（TB）级别。包含金融交易记录的数据集同样如此。将机器学习的标准程序完整地应用到这类数据集中是一个非常具有挑战性的课题。

⊖ 本书使用的是 1999KDD Cup 数据，http://kdd.ics.uci.edu/databases/kddcup99/kddcup99.html。

⊜ Apple OSX with a 4 GHz Intel Core i7 processor。

⊜ Oracle's 64-bit Java Virtual Machine (Java 1.8) in server mode。

13.3 数据流学习

一种处理大型数据集的方式是开发一种将输入视为连续数据流的学习算法。这种新的数据流挖掘范式是最近十几年发展起来的，其中的算法是专为很自然地处理比主存大许多的数据集甚至是无穷大的数据集开发的。其核心假设是每一个实例可以检查一次（或最多一次），然后必须被丢弃，为后续实例腾出空间。学习算法无法控制处理实例的顺序，同时每来一个实例必须增量地更新其模型。大多数模型也满足"任何时候"属性，即它们已经准备好在学习过程的任何一点处被应用。这些算法非常适合从数据流中进行实时学习，随着输入流的变化修改模型，并做出实时预测。这些算法通常用于对物理传感器产生的数据进行在线学习。

对于这样的应用，算法必须在有限数量的内存上无限期地运行。尽管有规定，只要实例一经处理就被丢弃，但仍然有必要存储部分实例的部分信息，否则这个模型就是静态的。随着时间的推移，模型会不可避免地增长，但是不能任由其无约束地增长。当处理大数据时，内存很快会被耗尽，除非对其使用的各个方面都加以限制。从空间转向时间，为了使算法应用于实时应用，就必须比实例到达的速度更快地处理实例，在一个确定的、不变的、最好是短的时间限制内处理每一个实例。这不允许对一个树模型进行偶尔复杂的重组，除非时间消耗可以被多个实例摊销，而这会引入更深层的复杂性。

朴素贝叶斯是一个罕见的、不需要调整就能处理数据流的算法——只要流中没有实质性的变化。训练是增量的：它仅涉及更新一组固定的数值参数集。这种算法的内存使用量也很小，因为没有结构需要添加到模型中。包括1R和基本的感知机在内的其他分类器也有同样的特征。多层神经网络通常也有一个固定的结构，正如在7.2节所看到的那样，随机反向传播算法在每一个训练实例被处理之后增量地更新权值，而不是批量操作，因此也适用于在线学习。包含例外的规则通过将异常表达为现有的规则来增量地修改规则模型，而不是重新设计整个规则集，因此可以使其适用于数据流学习，但是需要注意确保随着异常的增加，内存使用量不能无限地增加。基于实例的方法以及其相关的方法（如局部加权回归）也是增量的算法，但是通常不能工作在一个固定的内存范围内。

为了表达一个标准的算法如何被调整以便用于流处理的特点，本书将考查决策树——它有在一个可以解释的形式下进化结构的优势。增量归纳决策树的早期工作是想办法创建一棵树，当收集到足够多的证据认为另一版本更好时允许重构这棵树。然而，这需要保留大量的信息来支持重构操作，在某些情况下需要所有训练数据。此外，重构操作往往是很慢的，有时比从零开始创建整棵树更慢。尽管很有趣，但是这些方法不支持无限期地实时处理数据流。

它们的问题是都采用了尽可能多的从可用实例获得信息的普通范式。对于数据流来说，这就不一定合适，丢弃实例的部分信息是完全可以接受的，因为如果信息是重要的，它总会重复出现。"Hoeffding树"的新范式于2000年提出，只要数据是静态的并且实例的数量足够大，用此树所建的模型被证明与标准决策树是等价的。

Hoeffding树是基于称为Hoeffding边界（Hoeffding bound）的简单想法。从直观意义上看，给定足够多的独立观察，超过特定量之后，随机变量的真实均值和估计均值的差值不会超过某一定值。实际上，Hoeffding边界表明，概率为$1-\delta$、值域为R的一个随机变量的真实均值不会小于估计均值减ε，其中，

$$\varepsilon = \sqrt{\frac{\ln(1/\delta)}{2n}} \times R$$

这个边界忽略了该值的概率分布。一般来讲，它比分布-依赖的边界更保守。尽管对于特定的分布有更严格的边界，但实践证明 Hoeffding 公式仍然工作得很好。

在决策树归纳中，基本的问题是在每个阶段选择一个属性来进行分支。要使用 Hoeffding 边界，首先要设定一个较小的 δ（如 10^{-7}），这表示选择的属性为不正确的概率。将被估计的随机变量是两个最好属性之间信息增益的差异，R 是可能的类标数量的底为 2 的对数。例如，如果被估计的最好的两个属性之间的增益差达到 0.3，前面所述公式的值为 $\varepsilon=0.1$，那么这个边界确保在很大的概率上实际的增益差超过 0.2，这就代表着为最好的属性做正面的分隔。因此可以安全地分裂。

如果最好的两个属性之间的信息增益的差值低于 ε，此时的分裂便是不安全的。然而，ε 随着 n 的持续增加会减少，因此这是一个等待更多被访问例子的简单问题，虽然这样会改变谁是两个最好属性的估计，以及它们之间相距多远的程度。

这种简单的测试是 Hoeffding 树的核心准则：要确定在概率为 $1-\delta$ 的条件下，一个特定的属性获得了比其他所有属性都大的信息增益。换言之，此属性和它最近的竞争者之间的差超过 ε。边界值随着所见实例的增多会迅速递减——例如，对于一个二分类问题（$R=1$），$\delta=10^{-7}$，在第一批 1000 个实例之后，ε 就下降到低于 0.1，第一批 100 000 实例之后会下降到 0.01。一个可能的目标是随着叶子结点数量的无限增加，虽然每一个的错误概率低于 δ，但其做出错误决策的概率会不断地增加。这是真实的，除此之外，在有限的内存上工作，叶子结点的数量不会无限制地增长。给定树的最大规模，保持整体的错误概率在一个给定的范围内，仅仅是为 δ 选择一个合适的值的问题。除了信息增益之外，这个基本准则也可以用于进行其他度量，且可用于除决策树之外的学习算法。

还有许多其他问题。在最好的两个属性表现出非常相似的信息增益的情况下，一种打破这种僵局的策略是允许决策树进一步生长。实际上，两个相同属性的存在会从根本上阻止决策树的生长。为了阻止这种情况发生，无论什么时候 Hoeffding 边界下降到低于预先设定的打破僵局的参数，或者无论与下一个最佳选择联系多紧密，结点都应该被分裂。为了提高效率，在 k 个新实例到达之后仅有一个混合类到达这个叶子结点时，可以为每个叶子结点定期执行 Hoeffding 测试；否则，不需要分裂。预剪枝是另一种简单的可行方案。算法可以通过评估根本不分裂的优势与之（预剪枝）相结合，也就是说，只在当这个结点的最好属性的信息增益超过 0 时才执行分裂。与批处理学习环境下的预剪枝不同的是，这不是一个永久的决策：只是阻止结点分裂，直到发现分裂是有用的。

现在考虑内存使用量。必须存储在叶结点处的信息是为每一个属性值简单地统计每一类标到达此叶结点的次数。这对数值属性来说就会存在问题，需要单独处理。无监督的离散化是很简单的，但有监督的预离散是不可行的，因为这与基于流的处理不一致。高斯近似在每个类基础上可以用于数值属性，使用简单的增量更新算法对均值和方差进行更新。为了阻止内存需求无限制地增长，必须设计一种策略来限制树中结点的总数。这可以通过停用部分叶子结点做到，即那些在决策树进一步生长时没有希望获得准确率增益的叶子结点会被停用。潜在的增益会被叶子结点可能出现错的预期数量限制，因此显然这也是衡量其期望（获得准确率增益）的候选方式。可以定期将叶子结点根据其期望从大到小地排序并暂停相关叶子结点。更进一步节省空间的一种可能方法是放弃那些预测性能看起来较差的属性，并从模型中丢弃它们的统计数据。

虽然本节关注用于分类的决策树，但研究人员已经研究了所有经典数据挖掘问题的基于流的版本：回归、聚类、集成学习、关联规则等。一个用于大型在线分析的开源系统 Moa，与 Weka 紧密相关，包含了一系列的在线学习算法以及评估工具[⊖]。

13.4 融合领域知识

本书自始至终强调在进行实际数据挖掘工作时，了解数据是十分重要的。专业领域的知识对于（挖掘）成功是绝对必要的。数据的数据通常称为元数据（metadata），而机器学习的一个前沿就是改进学习方案，使学习方案能将元数据以有用的方式纳入考虑范围。

无须寻觅如何运用元数据的实例。在第 2 章中，我们将属性分为名目属性和数值属性两大类。我们也注意到或许有更好的分类定义。假如属性为数值的，则意味着隐含着某种排序序列，但 0 点的存在时有时无（对于时间区间存在，对于日期则不存在）。序列还可能是非标准的，角度的序列不同于通常的整数序列，因为 360° 和 0° 是一样的，180° 与 −180° 是一样的，甚至与 900° 也是一样的。离散化方案假设普通的线性排序序列，作为学习方案，它适合数值属性，但是在将其扩展到循环序列时，线性序列就会存在问题。分类数据也可以被排序。设想一下如果字母表中的字母没有传统的排序，我们会遇到多少的困难。日常的生活节奏也反映出循环的序列：每星期的天数，每年的月份数。进一步使问题复杂化会有许多其他类型的序列，譬如在子集上的局部排序：子集 A 可能包括子集 B，或者子集 B 包括子集 A，或者互不包括。扩展普通的学习方案，将此类信息以令人满意的通用方式来考虑，还有待进一步的研究。

元数据通常包含了属性之间的关系。显然，有三种关系：语义关系、因果关系及函数关系。两个属性间的语义（semantic）关系意味着，如果第一个属性包括在某一条规则中，那么第二个属性也应该包括在其中。既然这样，将其作为一个前提，就是这两个属性只有在一起才有意义。例如，在我们分析过的农业数据中，名为产奶量（milk production）的属性度量一头奶牛产多少牛奶，调查的目的意味着这个属性与其他三个属性存在语义关系：奶牛标识符（cow-identifier）、牛群标识符（herd-identifier）和牧场主标识符（farmer-identifier）。换句话说，产奶量的具体值只有在综合考虑这些情况的前提下才能被理解，这包括产奶的那头奶牛，那头奶牛进一步联系到某个已知牧场主所拥有的特定牛群。语义关系当然取决于具体问题，它们不但取决于数据集，而且取决于用户要用数据集去干什么。

当一个属性引发另一个属性时，因果（causal）关系就产生了。在一个试图预测某个属性的系统中，这个属性是由另一个属性引起的，我们知道必须将另一个属性包括进来预测才有意义。例如，上面所述的农业数据中存在着一条从牧场主标识符、牛群标识符到奶牛标识符的链条，这根链条继续从那些经过度量的属性延伸，如产奶量，直到记录了牧场主是否拥有或出售了某头奶牛的那个属性。学到的规则应该能识别这条链上的依赖关系。

函数依赖（functional dependencies）关系存在于许多数据库中，为了对数据库中的关系进行规范化，数据库的建立者试图识别出它们。当从数据中学习时，某个属性对另一个属性的函数依赖关系的重要性在于，假如后者在规则中已被使用了，就没有必要再考虑前者了。学习方案经常重新发现这个已被知晓的函数依赖关系。这不仅产生无意义的（或者准确来说是同义反复的规则，而且某些更令人感兴趣的模式也许会被函数关系所掩盖。然而，人们在

⊖ http://moa.cs.waikato.ac.nz。Moa 和 Weka 类似，像一只不会飞的新西兰鸟，但非常大，而且不幸的是，很少有人使用了。

自动数据库设计上已经做了许多工作来解决从样本查询导出函数依赖的问题，所开发的方法应该对于清除学习算法所产生的同义反复的规则是有用的。

当使用已经遇到过的任何学习算法来做归纳时，将这些元数据或者先验领域知识纳入考虑范围，看上去并不构成任何大的技术上的挑战。唯一真正的问题——而且是个大问题——是如何将元数据以一种概要的、容易理解的方法来表达，使得人们能生成这些元数据，并为算法所使用。

使用与机器学习方法所生成的表示法相同的方法来表达元数据知识是有吸引力的。我们将重点放在作为这项工作标准的规则上。这些指定元数据的规则对应于该领域的先验知识。给出训练样本，可以用以前介绍过的某个规则归纳方案来获得额外的规则。通过这种方法，这个系统也许可以将"经验"（来自样本）和"理论"（来自领域知识）结合起来。它还可以确认和修正这些建立在实践证据上并已被结合进来的知识。简单地说，使用者告诉系统他所知道的，给系统一些样本，系统就能自己找出其余的！

为了有效灵活地利用以规则表达的先验知识，系统必须能执行逻辑推导。否则，知识必须精确地以适当的方式表达以使学习算法能利用它，这在实际运用中可能过于强求了。考虑有因果关系的元数据：如果属性 A 引发 B 而属性 B 引发 C，那么我们希望系统能演绎出 A 引发 C，而不是明确地陈述事实。虽说在这个简单的例子中明确阐述这个新的（A 引发 C）事实不会有什么问题，但在实际中，当存在大量元数据时，期望用户能表达出先验知识的所有逻辑结果是不现实的。

从事先确定的领域知识中演绎出的结果以及从训练样本上所获的归纳结果的组合，看上去是一种灵活的容纳元数据的方式。在一种极端情况下，当样本缺乏（或不存在）时，演绎是一种主要（或唯一）的产生新规则的方式。在另一种极端情况下，当样本丰富而元数据缺乏（或不存在）时，本书叙述的标准机器学习技术就起作用了。实际情况介于这两种情况之间。

这是一个引人注目的现象，在 3.4 节中提到的归纳逻辑编程法，提供了一种使用正式的逻辑语言的陈述来清楚地阐明领域知识的通用方法。但是，目前的逻辑编程方法在实际环境里存在严重的缺陷。它们较为脆弱并缺乏鲁棒性，而且计算量过大，几乎完全不可能运用于任何实际大小的数据集中。也许这源自它们使用一阶逻辑的事实，也就是说，它们允许将变量引入规则中。我们所见过的机器学习方法的输入和输出以属性和常量来表示，使用命题逻辑而没有变量，极大地缩小了搜索空间并避免了循环工作和终止程序的困难。

有些人渴望采用简化的推理系统来避免完整逻辑编程中的脆弱和计算无法实现这两个问题。还有些人坚信 9.2 节中介绍过的贝叶斯网络的一般机制，在贝叶斯网络中因果约束可以在该网络的最初结构中表达出来，并可以自动假设和评估隐藏的变量。概率逻辑学习提供了一种处理现实世界中复杂性和不确定性的方法，它是通过结合逻辑编程和统计推理来实现的。对于允许表示不同种类的领域知识的系统是否会得到广泛应用，我们将拭目以待。

13.5 文本挖掘

数据挖掘是在数据中寻找模式。类似地，文本挖掘就是在文本中寻找模式，它是一个分析文本并从中提取出有助于某个特定用途的信息的过程。与本书里一直讨论的数据相比，文本是无结构的、无一定形态的，并且是难以处理的。毋庸置疑，在当代西方文化里，文本是交换信息最有效的媒介。从文本中提取有用信息的动机是极有吸引力的，即便只是部分成功。

文本挖掘和数据挖掘之间的表面相似性掩盖了它们真正的差异。在本书第 1 章中，将数据挖掘定义为从数据中将暗藏的、以前所不知道的、却是有潜在价值的信息提取出来。在文本挖掘中，所要提取的信息却是清楚明了地陈述在文本中的，一点都没有隐藏，大多数作者都是经过很大的努力来确保清楚、不含糊地表达他们自己的思想。从人的思维角度来看，"以前所不知道的"的含义只能是由于时间限制使人无法靠他们自己来阅读文本。问题在于信息传达的方式无法适用于自动化处理。文本挖掘试图将信息以一种适合由计算机或没有时间阅读整个文本的人群可以消化理解的形式呈现出来。

数据挖掘和文本挖掘都是探索如何提取出潜在有用的信息。一方面，这意味着可以可付诸行动（actionable），即有能力为某些自动采取的行动提供一个基础。从数据挖掘的角度上看，这个概念可以用一种相对独立于领域知识的方式来表达：可付诸行动的模式就是那些能对相同来源的新数据做出非平凡预测的模式。可以用成功与失败的累计数来度量性能，可以应用统计技术在相同问题上比较不同的数据挖掘方法等。然而，在许多文本挖掘问题上，要想以独立于手头某个具体领域的方式来为"可付诸行动"做一个定义是极其困难的。这使得要寻找一种公正、客观的度量成功的方法变得困难重重。

正如本书所强调的，"潜在有用"在实际数据挖掘中通常有另外一种解释：成功的关键在于所提取出的信息必须是可理解的，即可以帮助诠释数据。这对于最终结果是用于被人脑理解而不是（或者同时）用于自动操作都是必需的。这条标准不那么适用于文本挖掘，因为与数据挖掘不同，（文本挖掘的）输入本身是可以理解的。有着可以理解的输出的文本挖掘等同于对一个大文本的重要部分所做的总结，这也是（文本挖掘）本身的一个子领域：文本摘要（text summarization）。

13.5.1 文档分类与聚类

我们已经遇到过一个重要的文本挖掘问题：文档分类（document classification），即每个实例代表一个文档，而实例的类是文档的主题。文档的性质是由文档中出现的词所决定的。每一个单词的出现或缺失都可以看作一个布尔属性，或者将单词出现的频率纳入考虑，文档可以当作一个词袋而不是词集。我们在 4.2 节中遇到了这种不同，那里学习了如何扩展朴素贝叶斯为词袋表示，从而产生算法的多项式版本。

不同单词的数量当然是极其众多的，它们中的大多数对于文档分类都不是很有用。这是一个经典的属性选择问题。有些词，如功能词汇，通常称为停用词（stopword），可被先验消除，这些词虽然出现频繁但它们的总数并不多。其他单词出现次数过于稀少，似乎也不会对分类有用。奇怪的是，单词出现概率不频繁是普遍现象——文档或语料库中近一半的词只出现一次。荒谬的是，将停用词都去除后仍然存在这么多的词汇，因此有必要使用 8.1 节中所属的方法来进行更深入的属性选择。另一个问题是词袋（或词集）模型忽略了单词次序和上下文效果。有充足的理由说明检测通用词组并将其看作单独个体来处理是有用的。

文档分类是有监督的学习：类别是已知的，每个训练文档都事先赋予了类别。无监督的问题称为文档聚类（document clusting）：这时类别不是事先确定的，但找出的是同类的文档。文档聚类可以帮助信息检索，它在相似的文档之间建立联系，一旦其中的一个文档被认定与所查询的文档相关时，相关的文档就依次被检索出来。

文档分类的应用是相当多的。第一类问题是相对较容易的分类任务语言识别（language identification），为国际文件库提供了一项重要的元数据。一种简单而语言识别效果不错的表达方式是用文档中出现的 n-grams 或者 n 个连续的字母序列（常用一些小的值，如 n=3）所构成的文档概况来描述每个文件。出现次数最为频繁的 300 个字母序列或称 n-grams 是与这种语言密切相关的。一个更富挑战性的应用是作者归属（authorship ascription）问题，应用于一个文档的作者不确定，必须从文本中来猜测的情况。这里起作用的是停用词，而非内容词汇，因为停用词的分布取决于作者而与主题无关。第三类问题是从一个受控的可能词组的词汇表里向文档赋予关键词组（assignment of key phrase），给定大量加了标签的训练文档，标签也源自词汇表。

13.5.2 信息提取

另一类常见的文本挖掘问题是元数据提取（metadata extraction）。前面将元数据称为数据的数据，在文本领域里这个术语一般是指作品的显著特征，如它的作者、题目、主题分类、主题词以及关键词。元数据是一种高度结构化的（因此也是可以付诸行动的）文档归纳。元数据这个概念常常被扩展，可以包含代表世界上的事物或"实体"的单词或词组，这就产生了实体提取（entity extraction）这个术语。普通的文档中遍布这类术语，如电话号码、传真号码、街道号码、电子邮件地址、电子邮件签名、文章概要、内容目录、索引文件清单、表格、图形、标题、会议声明、网址等。此外，还有数不胜数的特定领域的实体，例如国际标准书号（ISBN）、股票代码、化学结构式以及数学方程等。将这些术语当作词汇表中的单独词汇项，如果它们能被识别出来，那么许多文档处理工作可以得到极大的改进。它们对于文档搜索、内容链接以及在文档之间的交叉引用工作都有帮助。

文本实体是如何识别的呢？机械的学习方法（即查字典）固然是一个办法，特别是手头有现成的资料，如人名或组织清单、来自地名字典的地址信息和缩简字字典。另一种办法是利用人名或简称的大写和标点符号模式，称谓（女士 Ms.）、后缀（Jr.）以及贵族的前缀（von），罕见外国人名的语言统计等。对于人工结构，如统计资源定位符（URL）可以用正规统一的表达式来满足，可以使用显式的语法来识别日期和金钱数量。即便是最简单的任务也是提供了学习如何应付实际生活中千变万化的文档的机会。举个例子来说，还有什么比查询表中的名字更为简单的任务？但是利比亚前领导人穆阿迈尔·卡扎菲的名字在美国国会图书馆所收集到的文档中居然有 47 种不同的表达形式！

许多篇幅短小的文件对某个特定的主题或者事件进行描述，将多个实体组合成更高级别的合成体来代表文档的完整内容。识别合成体结构的任务称为信息提取（information extraction），这个合成结构通常可以表示为含有许多插槽的模板，每个槽里填有单条结构信息。一旦实体被识别出来后，文本就被解析以决定实体之间的关系。典型的抽取问题要求寻找预先决定的一组命题的谓词结构。这些通常是简单的解析技术（如有限状态语法）就能捕获了，虽然由于不明确的代词、介词短语以及其他一些修饰词可能使情况变得复杂一些。机器学习技术已经用于信息提取，通过寻找提取模板槽内填充内容的规则来实现。这些规则也许是以模式-行为的形式存在，模式表达了对填充物以及上下文中词汇的限制条件。这些限制条件可能关系到词汇本身、它们的词性标签以及它们的语义类别。

将信息提取再深入一步，被提取的信息可以在接下来的步骤中用来学习规则，这不是关于如何提取信息的规则，而是为文本本身的内容定性的规则。这些规则可能会从文本的其余部分中来预测某个槽中的填充内容。在那些严格受限的情况中，例如在互联网上张贴与计算机相关的职位，就其推断出的规则质量而言，建立在少量人工组建的训练样本基础上的信息提取能与完全由人工组建的数据库相媲美。

关于文本挖掘所涵盖的内容还没有达成真正的共识：广义解释是所有自然语言处理都在文本挖掘的范围内。据介绍，条件随机场已经是并且仍然是这一领域的主要工具之一。第9章提到的，从非结构化的电子邮件提取会议信息的问题仅仅是一个例子，许多其他信息提取的任务也有类似的条件随机场公式。

13.5.3 自然语言处理

自然语言处理，一个有着悠久历史的、丰富的研究领域，是一个活跃的深度学习的应用领域。我们已经知道隐含语义分析（LSA）和隐含狄利克雷分布（LDA[b]）可用于探索文档集合的主题分析。最近观察到，神经语言建模技术在保存单词之间的关系上明显比 LSA 的执行效果好，此外，LDA[b] 很难扩展到真正的大规模数据上。

谷歌研究人员创建了一套称为 word2vec 的语言模型，基于单隐层（single-hidden-layer）网络训练大量的数据——首次实验用了 783 亿单词，后来用了 300 亿单词（相关的软件可在线见到）。一个这样的模型可通过训练一个神经词袋（bag-of-words）模型产生连续的词表示对给定的上下文进行单词预测。因为在上下文窗口中词序是不可捕获的，这就是所谓的"连续词袋"模型。另一个模型 skip-gram 让每个单词与线性投影层（浅神经网络的一种形式）对应来训练对数线性分类器用于在源词前后的特定距离内预测附近词。这里输出状态的数量等于词汇量的大小，对于词汇范围在 $10^5 \sim 10^9$ 规模的数据，输出是一棵称为"hierarchical softmax"的二叉树，其中对于 V-word 词汇，只需 $\log_2(V)$ 个输出结点而不是 V 个输出结点。

这项工作一个特别值得注意的方面是学习表示为单词产生预测值，该词被允许推断其意义并以向量形式操作。例如，将单词巴黎、法国、意大利和罗马投射到一个学习表示，就发现了一个简单的向量加减法关系：巴黎 – 法国 + 意大利≈罗马。更准确地说，当所有单词都投射到这个表示时，发现最接近的词是罗马。

许多研究和开发组织挖掘大量的文本数据为了从头开始尽可能多地学习替换功能，这些功能之前是手工设计的，现在是自动地学习。大型神经网络被应用于情绪分类、翻译、对话和问答任务中。第 10 章的末尾讨论了深度编码器–解码器，给出了这样一个例子：谷歌研究人员基于大量的数据用它来从头开始学习如何翻译语言。

13.6 Web 挖掘

万维网是一个文本的大型储藏室。由于它包含了明确的结构标记，所以几乎全部与普通的"简单"文本不同。有些标记属内部结构，标明了文档的组织结构或格式；其他则属外部结构，定义了文档之间明确的超文本链接。这些信息资源为 Web 文档挖掘提供了额外的支持。Web 挖掘（Web mining）与文本挖掘类似，只是还拥有额外信息所带来的优势，经常可以利用标题目录和其他 Web 上的信息来改善结果。

考查内部标记。包含关联数据的互联网资源，如电话号簿或产品目录等使用超文本标记语言（HTML）格式命令向网络用户清楚地展示它们所包含的信息。然而，要从这种资源里自动地将信息提取出来是相当困难的。为达到这一目的，软件系统使用称为包装器（wrappers）的简单分析模块来分析网页的结构并提取所需的信息。如果手头有编写好的包装器，这就成了简单的文本挖掘问题了，因为信息可以从固定的、预定结构的网页中使用算法提取出来。但是网页很少遵守规则。它们的结构是多变的，网站也在发展。在人看来并不显著的错误会使自动提取程序完全错误。当变化发生时，人工调整包装器是一件令人痛苦的事情，这既需要考虑当前程序并对其进行修补而又不能导致其他地方遭到破坏。

13.6.1 包装器归纳

现在来看包装器归纳（wrapper induction）——自动从实例中学习包装器。输入是一个带有元组的网页训练集，元组代表从每个网页上提取出的一系列信息。输出是一系列规则，这些规则是通过分析网页来提取元组。例如，它也许会寻找某些 HTML 分隔符（如分段符（<p>）、输入序列符（<li>）或粗体符（<b>））——网页设计者用它们分隔关键信息项，并学习显示信息的序列。这项工作可以通过对所有分隔符选择进行迭代来完成，当遇到一致的包装器就停止。然后只根据最少的提示来识别，对输入中无关的文本和记号做一些防御。或者，也可以按照 5.9 节最后所提到的 Epicurus（伊壁鸠鲁）的建议来寻找一个强壮的包装器，采纳多种提示以备意外变化。自动包装器归纳的一大优点是，当由于格式变化而引起错误时，只要简单地将它们添加到训练数据中，再重新归纳一个将其考虑进去的新包装器就可以了。包装器归纳减少了当出现微小变化时识别中存在的问题，并使结构发生根本变化时，产生新的提取规则集则容易多了。

13.6.2 网页分级

Web 中的一个问题是其中的很多内容都是无意义的。为了去其糟粕取其精华，谷歌的开创者引入了称为 PageRank 的度量。它也被其他搜索引擎以其他方式使用，同时也被用于许多其他 Web 挖掘应用。它试图去度量网页或网站的权威性。权威（prestige），根据字典的定义是："通过成功或影响所取得的崇高地位"。希望这是一个好的判别权威的方法，定义为"专家信息或建议的公认来源"。之前表 13-1 中将 PageRank 算法确认为十大数据挖掘算法之一，它也是迄今为止唯一没有被介绍的算法。也许将其视为数据挖掘算法还存在疑虑，但是仍然值得在此阐述。

关键是超链接形式的外部标记。在一个网络社区中，人们用链接奖励成功。如果你链接到我的网页，可能是因为你发现它是有用的且内容丰富，这就是一个成功的网页。如果有一群人链接到它，这就显示出了权威性：我的网页是成功的和有影响力的。图 13-1 展示了 Web 中微小的一部分，是带有相互连接的网页。你认为哪一个网页是最具权威的？网页 F 有 5 个链入链接，这就表示有 5 个人发现它是值得链接的，因此这个网页就有很大的机会比其他网页更有权威。B 次之，有 4 个链接。

仅仅统计链接数是一个很粗糙的度量。有些 Web 网页有数以千计的链出链接，而其他的却仅有一两个。罕见的链接更有识别度，应该比其他的链接更重视。如果你的网页有少量的链出链接，则一个从你的网页到目标网页的链接更有权威性。在图 13-1 中，从网页 A 中发出了许多的链接，也就意味着每条链接带有的权值较少，这仅仅是因为 A 是一个多产的链接者。以 F 的角

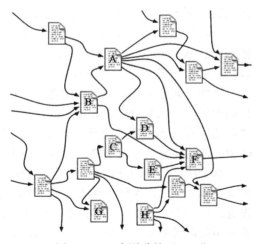

图 13-1　一个混乱的"Web"

度看，来自 D 和 E 的链接比来自 A 的链接可能更有价值。还有另一个因素：来自权威网页的链接更有价值。从 B 到 F 的链接比其他到 F 的链接更有价值，因为 B 更具权威性。诚然，这个因素涉及一个特定循环，没有进一步的分析，还不清楚其是否有用。但是，它确实是有用的。

以下是详细信息。定义 PageRank 为度量某个网页权威性的 0～1 的数值。每一条链接到网页的链接都对其权威性有贡献。贡献的大小是网页所有链出链接所平分的 PageRank 值。每一网页的 PageRank 值是所有链入链接贡献之和。图 13-1 中 D 的 PageRank 值为：A 的 1/5（因为 A 有 5 个链出链接）加上 C 的 1/2。

简单的迭代方法可用于解决计算中自然而然出现的循环问题。开始时，为每一网页赋一个随机初始值。然后重新计算每一网页的 PageRank 值，如前面所描述的，对它的链入链接累加求和。如果初始值是其 PageRank 值的近似值，则新的 PageRank 值是更好的近似值。继续生成第三个近似值，第四个，以此类推。在每个阶段，都要为 Web 中的每个网页重新计算 PageRank 值。直到下一次迭代所得到的值和上一次所得到的值几乎完全一样时停止。

受到后面将介绍的两个修改的限制，此迭代确保是收敛的和相当快速的。虽然具体的细节是保密的，现在的搜索引擎可以找到的最终值的精度在 10^{-9} 和 10^{-12} 之间。在计算细节成为商业机密之前，早期的实验报告称有 50 次的迭代用于比现在 Web 小得多的网络。现在肯定是需要其数倍的迭代次数。为整个 Web 计算其 PageRank 值，谷歌被认为需要数天一直运行程序，同时这个操作每隔几周会被执行一次（至少过去曾是）。

在前述的计算中存在两个问题。从图 13-1 中，你也许已经在脑海里形成了 PageRank 值流经路线画面，通过链入链接流入网页，通过链出链接流出网页。那么对于那些没有链入链接的（网页 H）或没有链出链接的（网页 G），情况会是怎样呢？

继续使用这张图，假设一个网页浏览者点击链接是随机的。他在当前网页随机选择一条链出链接，然后浏览这条链接的目标网页。如果有很多的链出链接，点击某一特定链接的概率是非常小的，这也正是我们希望从 PageRank 中得到的行为结果。事实证明给定网页的 PageRank 值与网页浏览者随机搜索停留在此网页上的概率成比例。

现在没有链出链接的网页中表现出的问题变得更加明显：这称为 PageRank 陷阱（PageRank sink），因为浏览者进入了此页面就无法跳转出去。更一般来说，一组网页集可能相互链接而不是四处链接。这种过分紧密的团体也是 PageRank 陷阱：浏览者就像是被困在了一个陷阱里。那么没有链入链接的网页呢？随机的浏览者不会到达这个网页。实际上是，他们不会从 Web 中其他部分到达任何没有链入链接的网页团体，即使它们之间有内部链接以及链接到外部 Web 的链出链接。

这两个问题表明上文提到的迭代计算不会收敛，尽管之前声明它会收敛。但是解决办法是简单的：超距跳转（teleportation）。用一个确定的小概率值，表示让浏览者到达一个随机选择的网页而不是遵循他所在网页的一个链接。这同时解决了两个问题。如果浏览者被困在 G 中，他们终究会跳转出来。同样，如果通过浏览不能到达 H，他们最终也会到达 H。

这个跳转概率对迭代算法的收敛速度和其结果准确度都有很大的影响。极端情况下，如果这个值达到 1，这就意味着浏览者总是在跳转，链接结构对 PageRank 就没有影响，也就没有迭代的必要。如果为 0，则浏览者不会跳转，这个计算也根本不会收敛。早期发表的实验使用的跳转概率是 0.15。有人猜测搜索引擎将其增加了一点以加速收敛。

除了跳转到一个随机选择的页面，也可以选择为每个网页预先设定一个概率值，这样的话，一旦决定跳转，利用那个概率还可决定转向哪个页面。这也不会影响计算过程，但是会影响计算结果。如果某一网页因为获得了一个比其他网页更小的概率而被歧视，它就会得到比其本身应有的 PageRank 值更小的值。这就给了搜索引擎运营商一个影响计算结果的机会，一个他们可能用来排挤某些网站的机会（例如，那些他们认为正在利用 PageRank 系统试图获得不公平优势的网站）。这些都可作为诉讼所需的材料。

13.7 图像和语音

直到最近，图像和语音信号仍很少受到数据挖掘研究者的关注。然而，深度学习的再次兴起改变了这一切。信号处理一般是一个可容易获得大量数据的领域，而且非常适合将自动提取的底层特征成功转换成深层网络能很好执行的高层特征。信号数据一般是无标签的，大量有标记数据的产生促使研究者将深度学习技术应用到许多信号处理任务中，主要是图像识别以及人脸验证与识别。

13.7.1 图像

第 10 章讨论了深度学习技术如何革新计算机视觉领域的各个方面。这才有可能影响学术团体和科技公司进行大量投资来挖掘和标记大规模数据。精心策划的可用性数据集支持高容量监督或区别深度学习技术将识别性能推进到更多的可用领域的应用程序中，除了下面强调的例子，卷积神经网络架构已用于脑瘤分割和计算用立体照相机拍摄的一个场景的深度，拓展阅读部分还会给出具体的例子。

深度卷积神经网络技术改变了目标分类识别领域。大型视觉识别（如 ImageNet）在达到与人类的判断一致上可以做得比人类更好。ImageNet 的图像是一个大规模的学术项目从互联网上挖掘并标记的。谷歌已经准备了一个通过使用大量的街景图像来挖掘并标记房子号码来获得数字的数据集，再次说明深度卷积神经网络在人类判断方面上胜于人类。

在识别对象分类和识别特定对象之间有一个重要的区别：在一张照片中识别你的汽车与识别一辆汽车是相当不同的。这里的基于深度学习的方法是不断提高识别性能。另一种方法"SIFT 描述符"是基于规模不变的特征转换，已经部署在系统中用于识别特定对象。这些描述符是计算从图像中发现的"兴趣点"而来的，在相同对象的不同角度的图像中容易找到并定位类似角落的点。一旦发现了这些点，受到人类视觉系统的刺激，基于一种技巧计算出描述符，帮助选择一个适当的规模和方向。这涉及以一定的方向和旋转速度裁剪一块碎片，然后用碎片创建一个图像梯度的直方图。SIFT 描述符在三维重建中找到了最大的用武之地，全景创建和自动映射也广泛用于识别和跟踪特定对象的实体。

人脸识别是对象识别的一个重要特例，已经是几十年来的一个研究热题——而且深度卷积网络已改变了该领域。Better-than-human 性能已在人脸验证任务中实现，使用数据库，如由马萨诸塞大学收集的"在自然环境下的有标签的脸部"数据。人脸验证是给出两张照片问它们是否属于同一个人。好的结果是通过使用一个特殊的"Siamese 网络"架构将两张图片作为输入并用卷积神经网络的内部表示比较它们。通常要对图像进行预处理以便在一个普通的坐标系上定位中心、裁剪并注册它们。面部关键点或标记检测方法被用于注册和变形过程，或局部化用作输入的关键域。

考虑到第 1 章绪论中讨论的数据挖掘和伦理，值得注意的是人脸验证和人脸识别引出的棘手的伦理问题。联邦政府在打击国际恐怖主义中部署此技术；机场用它来减少移民阵容。

其在广泛的视频监控中的潜在应用对安全、隐私和其他公民自由的平衡中产生深远的影响。就个体层面而言，追踪者希望为终端用户提供人脸识别的网络服务。

13.7.2　语音

语音识别正迅速成为一种广泛使用的技术。大公司使用大型数据集使他们的系统在不同的扬声器和噪声源上更具鲁棒性。典型架构使用前端信号处理来计算特征，而特征受到从音频输入的光谱分析的人类听觉系统的启发，并将它们传递到一个大型的用可能的观察值得到的高斯混合模型组成的隐马尔可夫模型的系统。复杂的语言模型用于帮助消除音频中出现的词的歧义。这里的深度学习方法有实质性的影响，并且许多大型工业集团正用深度学习技术（如复发性神经网络）取代经典的语音识别管道。

13.8　对抗情形

机器学习的一个重要应用是垃圾邮件的过滤。在写本书第 2 版时（2004 年年底），垃圾邮件是一个极为令人烦恼的问题。现在写第 3 版的时候（2010 年年初），尽管垃圾邮件在不断增长，但这个问题似乎已经减少很多了（据估计，垃圾邮件占所有邮件的 95%）。这主要是因为广泛地使用了垃圾邮件过滤，通常使用的是学习技术。乍看上去，垃圾邮件过滤是一个标准的文件分类问题：根据它们所包含的文字内容，在大量训练数据的指导下，将文档分成"非垃圾"和"垃圾"两大类型。但它不是一个标准的文档分类问题，因为它有对抗性的一面。被分类的文档不是从那个无法想象的、巨大的、所有可能的文档集中随机抽取的，它们包含那些经过精心包装可以逃避过滤程序、被特意设计来击败系统的电子邮件。

早期的垃圾过滤器简单地将包含诸如暗示性、钱财及诈骗的典型垃圾邮件字的信息清除掉。当然，许多诉讼来往（邮件）涉及性别、金钱和药物，因此必须有所权衡。所以过滤器的设计者们运用贝叶斯文本分类方案，在训练过程中力求找到一个适当权衡。垃圾邮件的制造者们很快调整了策略，利用拼写错误将那些典型字隐藏起来，用合法的文本包装它们——也许是在白色的背景下用白色的字打印的，使得只有通过特别的过滤器才可以看到；或者简单地将垃圾文本放在其他地方，放在图像或 URL 上——绝大多数邮件阅读器会自动下载它们。

很难客观地比较垃圾邮件侦察算法，这个事实使问题变得更为复杂了。虽然训练数据很多，但隐私问题阻碍了将大量有代表性的邮件公之于众。并且还有强烈的时间效应，垃圾邮件快速地改变特性，使交叉验证之类的敏感统计检验无效。最后，"坏人"也可以利用机器学习。例如，如果他们能够得到过滤器所阻止的和所放行的样本，就可以用这些作为训练数据学习如何逃避过滤。

不幸的是，在今天的世界里还有许多其他对抗性的学习情形的例子。和垃圾邮件问题密切相关的是搜索引擎垃圾：网站试图误导互联网搜索引擎，将它们置于搜索结果清单中显眼的位置上。排列靠前的网页由于表明有广告机会，对利润追逐者具有强烈的诱惑力，从而能为网页的拥有者创造经济利益。还有就是计算机病毒战争，令病毒制造者和杀毒软件的设计者一争高下。这个动机是一般的破坏和拒绝服务，而非直接赚钱。

计算机网络安全是一场没有止境且愈演愈烈的战役。保护者们强化网络、操作系统以及应用。而攻击者们在这三方面寻找薄弱环节。入侵检测系统能搜寻出不同寻常的、可能是由黑客试探行为引起的活动模式。攻击者意识到这一点并且试图掩盖他们的踪迹，他们要么采取间接工作，要么延长活动时间，要么迅速地攻击。数据挖掘运用于这个问题上，试图去发现被入侵检测系统忽略的、计算机网络数据中存在的入侵者踪迹之间的语义关系。这是一个大规模的问题：用来监测计算机网络安全的审核日志，即使是一个中等规模的组织，每天的量也是要以10亿字节计的。

许多自动威胁检测系统都建立在将当前的数据与已知的攻击种类的匹配上。美国联邦航空管理局开发了计算机辅助旅客预筛选系统（CAPPS），这套系统根据旅客航空记录对旅客进行筛选，并对那些需要额外行李检查的个人做标记。例如，CAPPS将现金支付归入高风险的一类，虽然明确的细节是不予公布的。但是，这种方法只能发现已知的或是能预计到的威胁。研究人员现在正在运用无监督的方案，例如进行异常和离群点检测，试图检测出可疑的行为。除了检测潜在威胁以外，异常检测系统还可以用来检测金融诈骗或者洗钱这样的非法活动。

数据挖掘现今正以国家防御的名义用在大量的数据中。各种不同种类的异构信息，例如金融交易、健康医疗记录、网络通信等，正被挖掘出来建立各种概要文件、社会网络模型以及监测恐怖分子的通信联系。这些活动引起了人们对隐私问题的极大关注，促进了保护隐私的数据挖掘技术的发展。这些算法试图辨别存在于数据中的模式却不直接访问原始数据，典型方法是使用随机值使其失真。为了保护隐私，必须保证挖掘过程中所获得的信息不足以重建原始数据。说来容易，要实现可就难了。

说点乐观的，并非所有对抗性的数据挖掘都是针对穷凶极恶的活动的。在复杂的、有噪声的实时领域中，多智能体系统包括了一些自治代理，它们不仅要在一个团队中协作，并且要与对手竞争。如果你很难想象这种情形，不妨联想一下足球。机器人足球是一个丰富而普及的领域，可用以探究机器学习是如何应用在如此困难的问题中的。球员不仅要磨练基本功，还要学习怎样相互配合以对付不同类型的对手。

最后，机器学习已用来解决历史文献之谜，它"揭秘"了一个试图隐藏身份的作者。如Koppel和Schler（2004）所述，Ben Ish Chai是19世纪末巴格达（Baghdad）地区重要的希伯来语（rabbinic）学者。在他的大量文献中有两个文集，包括大约500封以希伯来–亚拉姆（Hebrew-Aramaic）文字写成的回答法律质询的信件。已经知道是他写了一个文集。虽说Chai声称在一个档案中发现了另一个文集，但历史学家怀疑他也是另一个文集的作者，只是故意改变文风试图掩盖他的作者身份。这个案例给机器学习提出的难题是没有其他的文集可归属于这个神秘作者。虽然有一些已知的候选对象，但这些信件是由其他任何一个人所写的可能性是相同的。一种称为"揭秘"（unmasking）的新技术已被开发出来，利用它建立一种模型能够区别已知作者的作品A和未知作者的作品X，迭代去除那些对于辨别二者最为有用的属性，随着越来越多的属性被去除，交叉验证正确率不断下降，考察这个正确率的下降速度。前提是如果作品X由作品A的那个想隐藏身份的作者所写，那么作品X和A之间的差别与作品X和另外一个不同作者的作品B之间的差别相比较，差别会表现在相对较少的部分属性上。换句话说，将作品X与作品A、B分别比较时，随着属性的去除，与作品A相比较时的正确率曲线下降比与B相比较时快得多。Koppel和Schler得出的结论是，Ben Ish Chai确实撰写了神秘信件，他们的这项技术是一个令人注目的、新颖原创的、机器学习应用于对抗情形的例子。

13.9 无处不在的数据挖掘

本书开篇便指出了数据无处不在的事实。这些数据影响着普通人的生活，然而影响最大的要数国际互联网了。目前，网上大约有 100～200 亿份文档，总计超过 50TB，而且还在持续增长。没有什么能和信息激增同步。数据挖掘源于数据库所在的企业界，文本挖掘使机器学习技术从公司移入家庭。无论何时，当我们被网络上的数据淹没时，文本挖掘为我们提供工具来驯服它（数据）。应用是众多的，例如寻找朋友并和他们联系、维护金融投资组合、在电子世界中讨价还价地购物、用于任何方面的数据检测器，所有这些都可以是自动完成的，不需要显式地编程。文本挖掘技术已经用来预测用户要点击的下一个链接、为用户整理文档、处理邮件以及为搜索结果排序。在这样一个数据无处不在同时又是杂乱无章的世界中，文本挖掘绝对是用户所需要的解决方法。

许多人相信互联网预示着一个更为强大的范式转变，称为无处不在的计算（ubiquitous computing）。随处可见小型的便携式装置——移动电话、个人电子助手、个人立体声录像播放器、数码相机和移动 Web 访问。有的设备已经综合了所有这些功能。它们知道用户的时空位置，帮助用户在社会空间通信、组织个人计划、回顾用户的过去并将用户包含在全球信息空间里。在当今美国任何一个中产阶级家庭里都可以轻松地找到许多处理器。它们互相之间并不交流，也不和全球信息系统交流，至少目前还没有，但终有一天会的，而这一天来到时，数据挖掘的潜力就会爆发出来。

拿音乐制品来说，流行音乐是引导技术进步的先锋。索尼最初的随身听为今天随处可见的便携式电子设备铺平了道路，苹果公司的 iPod 率先开发了大容量的便携式存储。Napster 的网络技术促进了对等协议的发展。诸如 Firefly 的推荐系统将计算引入社会网络中。在不久的将来，能进行内容识别的音乐服务将嵌入便携式设备。数据挖掘技术在网络化的音乐服务社区用户上的应用将是大量的：发现音乐潮流走向、追踪偏好和品位以及分析收听习惯。

普适计算将会把数字空间和现实世界的活动紧密地连接在一起。对许多人来说，推断他们自己的计算机经历总是存在挫折感、神秘的技术、感到个人（能力）不足乃至出现机器故障，这看上去就像是场噩梦。然而倡导者们指出，情况并不会如此，如果是这样，就不可行了。当今的幻想家们预见到了一个"平静"的计算机世界，在这个世界里，隐蔽的机器在幕后默默地联合工作着，使人类的生活更加丰富和方便。它们处理的问题大到公司财务和家庭作业，小到一些令人烦恼的小事，诸如车钥匙在哪里、有停车位吗、上星期在 Macy 看到的那件 T 恤衫还在衣架上吗？当没有了电源时，时钟能知道正确的时间、微波炉能从互联网上下载新的菜谱、儿童玩具能够自动更新获得新游戏和新词汇。衣服标签能够跟踪洗涤、咖啡杯"通知"清洁工来清洗、如果没有人在房间里电灯开关将会处于节能模式、铅笔能将我们所画的画数字化。在这个全新的世界里，数据挖掘在哪里呢？到处都是。

要指出现在尚不存在的未来的某个例子是困难的。然而，用户界面技术还有待提高。在直接操作的计算机界面上，许多重复性的任务不能使用标准的应用工具实现自动化，迫使计算机用户必须重复进行相同的界面操作。这也是先前提到的挫折感的一个代表，谁应对此负责：人，还是机器？经验丰富的程序员会编写一些脚本程序由机器来完成这样的任务，但是随着操作系统在复杂层上的累计增加，程序员对机器施加命令的权力越来越小，并且当复杂的功能被嵌入设备中而不是通用计算机时，这个权力就消失了。

在演示编程（programming by demonstration）方面的研究使普通的计算机用户能够让机器自动完成任务而无须了解任何编程知识。用户只需知道执行这个任务的常规方法以便和计算机交流。一种称为 Familiar 的系统，能帮助用户自动完成苹果机上应用程序的重复任务。它不仅能完成这些任务，还能执行它所未遇见过的新任务。这是通过使用苹果的脚本语言从每个应用上收集信息并利用这些信息来做出预测而实现的。代理机还能容忍噪声。它告知用户它所做的预测，并结合考虑反馈信息。它具有适应性：为个体用户学习特定的任务。而且，它对每个用户的风格是敏感的。如果两个人都在传授一个任务，正好给出的也是相同的示范，Familiar 系统不一定推断出相同的程序——它会根据用户的习惯进行调整，因为它是要从人机之间的交互历史中学习的。

Familiar 应用标准的机器学习技术来推断用户的意图。用规则来评估预测，以使在每个阶段都能提供给使用者最佳的预测。这些规则是有条件的，因此用户可以教导分类任务，如按文件类型进行文件整理，并根据文件的大小来赋予标签。它们是增量地学习的：代理机通过记录人机之间的交互历史来适应个体使用者。

出现了许多困难。一是数据的缺乏。用户讨厌对一个任务重复示范多次，他们认为代理机应该立即理解他们正在做的事。一名数据挖掘者认为含 100 个实例的数据集是很小的，而用户示范一个任务多次便已恼火。二是过多的属性。计算机桌面环境拥有数以百计的属性，任何行动都可能依赖这些属性。这意味着小的数据集极可能包含了一些看似极具预测力而实际无关的属性，还需要用特别的统计检验来比较假设。三是这种迭代的、不断改进的发展模式，这个特性会导致数据挖掘应用失败。从理论上看，不可能为类似示范编程这样的交互式问题来建立一个固定的训练和测试集，因为代理机的每次改进，会通过模仿用户将如何反应来改变测试数据。四是现有的应用程序只能提供有限制地访问应用以及用户数据：成功操作所依赖的原始资料通常被深埋在应用程序内部，但却不能访问。

数据挖掘在工作中已被广泛运用。在我们阅读电子邮件和网上冲浪时，文本挖掘正将本书中的技术带入我们的生活中。将来，它可能和我们所能想象的不同。日益扩张的计算构架将为学习提供无法预言的机会。数据挖掘将在幕后扮演一个奠基者的角色。

13.10 拓展阅读及参考文献

Wu 等人（2008）阐述了前十大数据挖掘算法产生过程，以此介绍了 2006 年在香港召开的数据挖掘国际会议，随后出版了一本介绍所有数据挖掘算法的书（Wu 和 Kumar，2009）。Hand（2006）发表了关于分类技术领域中进步错觉的文章，他同时也找到了一种简单的分类方法，这种方法所获得的分类精度提高是当时最先进方法的 90% 以上。

关于大型数据集的文献极其可观，这里只能略举一二。Fayyad 和 Smith（1995）论述了数据挖掘在庞大的科学实验数据中的应用。Shafer、Agrawal 和 Metha（1996）描述了一种并行版本的自上而下的决策树归纳法。Mehta、Agrawal 和 Rissanen（1996）为众多的驻留磁盘的数据集开发了一种有序的决策树算法。Breiman（1999）叙述了如何能将任何算法应用于大型数据集，主要是通过将数据集分裂成较小的块，对结果进行装袋或提升。Frank、Holmes、Kirkby 和 Hall（2002）解释了相关剪枝和选择方案。

早期的增量决策树工作是由 Utgoff（1989）以及 Utgoff、Berkman 和 Clouse（1997）开展的。Hoeffding 数是由 Domingos 和 Hulten（2000）提出的。本书已经阐释过，包括对其的扩展和改进，紧跟着的是 Kirkby 的博士论文（2007）。MOA 系统是由 Bifet、Holmes、Kirkby 和 Pfahringer（2010）论述的。

虽然很重要，但有关将元数据纳入实际数据挖掘中的文献还是极少。Giraud-Carrier（1998）考查了一个将领域知识编码成命题规则的方案，以及它在演绎和归纳上的应用。与归纳逻辑编程相关的、通过一阶逻辑规则来处理知识表达，则是由 Bergadano 和 Gunetti

（1996）论述的。概率逻辑学习由 de Raedt（2008）提出。

文本挖掘是一个新兴领域，而且关于整个领域的综合论述还比较少：Witten（2004）给出了一篇。Sebastiani（2002）将大量的属性选择和机器学习技术运用于文本分类上。Martin（1995）描述了文档聚类在信息检索方面的运用。Gavnar 和 Trenkle（1994）演示了如何运用 n-gram 文档概述来正确地确定文档所使用的语言。支持向量机用于作者归属问题是由 Diederich、Kindermann、Leopold 和 Paass（2003）叙述的。Dumais、Platt、Heckerman 和 Sahami（1998）用相同的技术在大量训练文档的基础上，从受控词汇库里对文档赋予关键词汇。Turney（1999）、Frank、Paynter、Witten、Gutwin 和 Nevill-Manning（1999）以及 Medelyan 和 Witten（2008）都研究了怎样使用机器学习从文档文本中提取关键词汇。

Appelt（1996）论述了许多关于信息提取的问题。许多作者运用机器学习技术来为模板的槽内填充内容提取寻找规则，例如，Soderland、Fisher、Aseltine 和 Lehnert（1995），Huffman（1996）以及 Freitag（2002）。Califf 和 Mooney（1999）以及 Nahm 和 Mooney（2000）都探索了从互联网新闻上的招聘启示中提取信息的问题。Witten、Bray、Mahoui 和 Teahan（1999a）报告了一种基于压缩技术、在连续的文本上寻找信息的方法。Mann（1993）从美国国会图书馆所收集到的文档中发现了利比亚前领导人卡扎菲名字的多种表达形式。

Chakrabarti（2003）写了一本优秀的、综合性的、关于 Web 挖掘技术的书籍。Kushmerick、Weld 和 Doorenbos（1997）发展了包装器归纳技术。谷歌创始人撰写的早期文章介绍了 PageRank 算法（Brin 和 Page，1998）。同一时期，Kleinberg（1998）论述了一个称为 HITS（Hypertext-Induced Topic Selection）的系统，它表面上和 PageRank 有相似之处，但却产生了截然不同的结果。

第一篇关于垃圾邮件过滤的论文是由 Sahami、Dumais、Heckerman 和 Horvitz（1998）写的。本书关于计算机网络安全的材料是源于 Yurcik 等人的著作（2003）。CAPPS 系统的信息来自从美国众议院航空委员会（2002），用于威胁检测系统的无监督学习是由 Bay 和 Schwabacher（2003）论述的。当前的保护隐私数据挖掘技术的问题是由 Datta、Kargupta 和 Sivakumar（2003）确定的。Stone 和 Veloso（2000）从机器学习的角度来审视类似机器人足球运动的多智能体系统。令人感兴趣的有关 Ben Ish Chai 的故事以及揭密他身份的技术来自 Koppel 和 Schler（2004）。

一种流行的早期神经框架概率语言模型由 Bengio、Ducharme、Vincent 和 Janvin（2003）提出：该方法的关键因素是将单词映射到一个连续的向量表示上。Collobert 和 Weston（2008）扩展了这个基本思想，提出了一个大的统一的神经网络架构通过使用相同的底层网络和共享词表示来执行许多自然语言处理任务，并显示其性能在许多常见任务的优势。颇具影响力的 word2vec 技术由 Mikolov、Chen、Corrado 和 Dean（2013a，2013b）提出，而 Morin 和 Bengio（2005）探讨了用于语言建模的分层 softmax 技术。

Russakovsky 等人（2015）评论了 IMageNet 挑战和卷积神经网络的崛起，以突显对象分类识别。谷歌街景的房子号码由 Netzer 等人（2011）描述，他以 98% 的准确性估计人为绩效并且当前文献中描述的许多卷积神经网络实验超过了这个数字。David Lowe 提出了 SIFT 描述符。Lowe（2004）给出其实现和应用的细节：它们工作得很好且被申请了专利。

对于人脸识别，脸书的"DeepFace"Siamese 结构使用一种面部关键点检测器，随后是正面脸部的复杂的三维变形过程（Taigman、Yang、Ranzato 和 Wolf，2014）。脸书已经建立了一个巨大的数据库——来自于 4000（平均每人约 1000）人的 4.4 百万个有标签的人脸。

Siamese 神经结构由 Bromley、Guyon、LeCun、Säckinger 和 Shah（1994）提出。第一系统产生的人脸验证优于 Sun、Chen、Wang 和 Tang（2014）的卷积神经网络进行的人为绩效，其使用 10 000 位名人的 200 000 个面部的图像数据库。这个系统使用更少的面部标志和集中在关键点的图像补丁将许多模型集成以产生最佳性能。

在许多其他应用程序中，Havaei 等人（2016）将深度卷积神经网络用于脑部的肿瘤分割；Zbontar 和 LeCun（2015）为立体视觉呈现出令人影响深刻的结果。

平静的计算世界景象和我们提到过的例子来自 Weiser 和 Brown（1997）。关于演示编程不同方法的更多信息可以从 Cypher（1993）和 Lieberman（2001）出版的文献中找到。Mitchell、Caruana、Freitag、McDermott 和 Zabowski（1994）报道了一些学徒学习的经历。Paynter（2000）描述了 Familiar。Good（1994）所述的置换检验是适合小样本问题的统计检验；Frank（2000）讨论了它们在机器学习上的应用。

13.11　Weka 实现

- HoeffdingTree（创建决策树并增量改进）

附录 A

Data Mining: Practical Machine Learning Tools and Techniques, Fourth Edition

理 论 基 础

A.1 代数矩阵

A.1.1 基本操作与特性

一个 d 维的列向量 $\boldsymbol{x}$ 可以表示为：

$$\boldsymbol{x} \equiv \begin{pmatrix} x_1 \\ x_2 \\ \vdots \\ x_d \end{pmatrix} = (x_1 \quad x_2 \quad \cdots \quad x_d)^{\mathrm{T}}$$

其中上标 T 为转置运算符，列向量可以表示为行向量的转置——在定义运行文本中的向量时非常有用。在本书中，如果没有特殊说明，向量均指行向量。

矩阵 $\boldsymbol{A}$ 的转置矩阵 $\boldsymbol{A}^{\mathrm{T}}$ 就是将原矩阵 $\boldsymbol{A}$ 的行向量转换为 $\boldsymbol{A}^{\mathrm{T}}$ 的列向量，因此，一个 m 行 n 列的矩阵通过转置变成 n 行 m 列的矩阵：

$$\boldsymbol{A} \equiv \begin{pmatrix} a_{11} & a_{12} & \cdots & a_{1n} \\ a_{21} & a_{21} & \cdots & a_{2n} \\ \vdots & \vdots & & \vdots \\ a_{m1} & a_{m2} & \cdots & a_{mn} \end{pmatrix} \Rightarrow \boldsymbol{A}^{\mathrm{T}} = \begin{pmatrix} a_{11} & a_{21} & \cdots & a_{m1} \\ a_{12} & a_{21} & \cdots & a_{m2} \\ \vdots & \vdots & & \vdots \\ a_{1n} & a_{2n} & \cdots & a_{nm} \end{pmatrix}$$

相同维度的向量 $\boldsymbol{x}$ 和向量 $\boldsymbol{y}$ 进行点积或内积运算的结果是一个标量，

$$\boldsymbol{x} \cdot \boldsymbol{y} = \langle \boldsymbol{x}, \boldsymbol{y} \rangle = \boldsymbol{x}^{\mathrm{T}} \boldsymbol{y} = \sum_{i=1}^{D} x_i y_i$$

例如，欧几里得范数可以写成向量 $\boldsymbol{x}$ 和它本身的点积的开方，

$$\| \boldsymbol{x} \|_2 = \sqrt{\boldsymbol{x}^{\mathrm{T}} \boldsymbol{x}}$$

m 维向量 $\boldsymbol{x}$ 和 n 维向量 $\boldsymbol{y}$ 进行张量积或者外积（$\otimes$）运算的结果是一个矩阵，

$$\boldsymbol{x} \otimes \boldsymbol{y} \equiv \boldsymbol{x}\boldsymbol{y}^{\mathrm{T}} = \begin{pmatrix} x_1 \\ x_2 \\ \vdots \\ x_m \end{pmatrix} (y_1 \quad y_2 \quad \cdots \quad y_n) = \begin{pmatrix} x_1 y_1 & x_1 y_2 & \cdots & x_1 y_n \\ x_2 y_1 & x_2 y_2 & \cdots & x_2 y_n \\ \vdots & \vdots & & \vdots \\ x_m y_1 & x_m y_2 & \cdots & x_m y_n \end{pmatrix}$$

给定一个 N 行 K 列的矩阵 $\boldsymbol{A}$ 和一个 K 行 M 列的矩阵 $\boldsymbol{B}$，我们将矩阵 $\boldsymbol{A}$ 的每一行表示成 $\boldsymbol{a}_n^{\mathrm{T}}$，将矩阵 $\boldsymbol{B}$ 的每一列表示成 $\boldsymbol{b}_m$，则 $\boldsymbol{AB}$ 的矩阵乘积可以表示为

$$\boldsymbol{AB} \begin{pmatrix} \boldsymbol{a}_1^{\mathrm{T}} \\ \boldsymbol{a}_2^{\mathrm{T}} \\ \vdots \\ \boldsymbol{a}_N^{\mathrm{T}} \end{pmatrix} (\boldsymbol{b}_1 \quad \boldsymbol{b}_2 \quad \cdots \quad \boldsymbol{b}_M) = \begin{pmatrix} \boldsymbol{a}_1^{\mathrm{T}} \boldsymbol{b}_1 & \boldsymbol{a}_1^{\mathrm{T}} \boldsymbol{b}_2 & \cdots & \boldsymbol{a}_1^{\mathrm{T}} \boldsymbol{b}_M \\ \boldsymbol{a}_2^{\mathrm{T}} \boldsymbol{b}_1 & \boldsymbol{a}_2^{\mathrm{T}} \boldsymbol{b}_2 & \cdots & \boldsymbol{a}_2^{\mathrm{T}} \boldsymbol{b}_M \\ \vdots & \vdots & & \vdots \\ \boldsymbol{a}_N^{\mathrm{T}} \boldsymbol{b}_1 & \boldsymbol{a}_N^{\mathrm{T}} \boldsymbol{b}_2 & \cdots & \boldsymbol{a}_N^{\mathrm{T}} \boldsymbol{b}_M \end{pmatrix}$$

如果将矩阵 A 的每一列表示成 a_k，把矩阵 B 的每一行表示成 b_k^T，那么 AB 的矩阵乘积也可以用张量积来表示：

$$AB = (a_1 \quad a_2 \quad \cdots \quad a_k)\begin{pmatrix} b_1^T \\ b_2^T \\ \vdots \\ b_K^T \end{pmatrix} = \sum_{k=1}^{K} a_k b_k^T$$

两个矩阵的元素乘积和 Hadamard 积具有相同的大小：

$$A \circ B = \begin{pmatrix} a_{11} & a_{12} & \cdots & a_{1n} \\ a_{21} & a_{21} & \cdots & a_{2n} \\ \vdots & \vdots & & \vdots \\ a_{m1} & a_{m2} & \cdots & a_{mn} \end{pmatrix} \circ \begin{pmatrix} b_{11} & b_{12} & \cdots & b_{1n} \\ b_{21} & b_{21} & \cdots & b_{2n} \\ \vdots & \vdots & & \vdots \\ b_{m1} & b_{m2} & \cdots & b_{mn} \end{pmatrix}$$

$$= \begin{pmatrix} a_{11}b_{11} & a_{12}b_{12} & \cdots & a_{1n}b_{1n} \\ a_{211}b_{21} & a_{21}b_{21} & \cdots & a_{2n}b_{2n} \\ \vdots & \vdots & & \vdots \\ a_{m1}b_{m1} & a_{m2}b_{m2} & \cdots & a_{mn}b_{mn} \end{pmatrix}$$

如果存在一个方阵 $B = A^{-1}$，使得 $AB = BA = I$，则这个 n 行 n 列的方阵 A 是可逆的，其中 I 是一个对角线元素全为 1、其他元素全为 0 的单位矩阵。方阵如果不可逆则奇异。一个方阵 A 当且仅当它的行列式 (det(A)) 等于零时奇异。下面的等式说明了为什么行列式为零的矩阵不可逆：

$$A^{-1} = \frac{1}{\det(A)} C^T$$

其中 det(A) 是矩阵 A 的行列式，C 是由矩阵 A 中各个位置的代数余子式构成的矩阵。最后，如果矩阵 A 是正交的，则 $A^{-1} = A^T$。

A.1.2　向量和标量函数的导数

给定 m 维列向量 x 的标量函数 y，

$$\frac{\partial y}{\partial x} \equiv \begin{pmatrix} \frac{\partial y}{\partial x_1} \\ \frac{\partial y}{\partial x_2} \\ \vdots \\ \frac{\partial y_1}{\partial x_m} \end{pmatrix} = g$$

这个量 g 被称为梯度，我们在这里将它定义为列向量，但有时也会将它定义为行向量。通过将梯度定义为列向量来代表后面定义的其他工程量的特定方向，所以请记住这些导数也有可能以转置的形式出现。利用前面方向的定义，可以进行算法中的参数更新，例如梯度下降算法中的参数更新的表达式 $\theta^{new} = \theta^{old} - g$，其中 θ 是一个参数向量（列向量）。

给定一个标量 x 和一个 n 维向量函数 y，

$$\frac{\partial y}{\partial x} \equiv \begin{pmatrix} \frac{\partial y_1}{\partial x} & \frac{\partial y_2}{\partial x} & \cdots & \frac{\partial y_n}{\partial x} \end{pmatrix}$$

对于一个 m 维向量 $\boldsymbol{x}$ 和一个 n 维向量 $\boldsymbol{y}$，可以给出相应的雅可比矩阵：

$$\frac{\partial \boldsymbol{y}}{\partial \boldsymbol{x}} \equiv \begin{pmatrix} \frac{\partial y_1}{\partial x_1} & \frac{\partial y_2}{\partial x_1} & \cdots & \frac{\partial y_n}{\partial x_1} \\ \frac{\partial y_1}{\partial x_2} & \frac{\partial y_2}{\partial x_2} & \cdots & \frac{\partial y_n}{\partial x_2} \\ \vdots & \vdots & & \vdots \\ \frac{\partial y_1}{\partial x_m} & \frac{\partial y_2}{\partial x_m} & \cdots & \frac{\partial y_n}{\partial x_m} \end{pmatrix}$$

在以上数据给定的情况下，雅可比矩阵有时也被定义为上面这个矩阵的转置矩阵。相对于 $m \times n$ 维矩阵 $\boldsymbol{X}$ 的标量函数 $y = f(\boldsymbol{x})$ 的导数是一个梯度矩阵，由下式给出

$$\frac{\partial f}{\partial \boldsymbol{X}} \equiv \begin{pmatrix} \frac{\partial y}{\partial x_{11}} & \frac{\partial y}{\partial x_{12}} & \cdots & \frac{\partial y}{\partial x_{1n}} \\ \frac{\partial y}{\partial x_{21}} & \frac{\partial y}{\partial x_{22}} & \cdots & \frac{\partial y}{\partial x_{2n}} \\ \vdots & \vdots & & \vdots \\ \frac{\partial y}{\partial x_{m1}} & \frac{\partial y}{\partial x_{m2}} & \cdots & \frac{\partial y}{\partial x_{mn}} \end{pmatrix} = \boldsymbol{G}$$

我们对这些量的选择意味着梯度矩阵与原始矩阵具有相同的布局，所以更新参数矩阵 $\boldsymbol{X}$ 可以采用 $\boldsymbol{X}^{\text{new}} = \boldsymbol{X}^{\text{old}} - \boldsymbol{G}$ 的形式。

虽然很多量可以表示为标量、向量或者矩阵，但也有很多类型是无法表示的。受到 Minka（2000）表格可视化的启发，通过对不同类型的量的组合求导数得到的标量、向量、矩阵以及张量见表 A-1。

表 A-1 多种导数类型的量（受 Minka（2000）的启发）

	标量 $\frac{\partial}{\cdot}$	向量 $\frac{\partial \boldsymbol{f}}{\cdot}$	矩阵 $\frac{\partial \boldsymbol{F}}{\cdot}$
标量 $\frac{\cdot}{\partial x}$	标量：$\frac{\partial f}{\partial x} = g$	向量：$\frac{\partial \boldsymbol{f}}{\partial x} \equiv \left(\frac{\partial f_i}{\partial x}\right) = \boldsymbol{g}^{\text{T}}$	矩阵：$\frac{\partial \boldsymbol{F}}{\partial x} \equiv \left(\frac{\partial f_{ij}}{\partial x}\right) = \boldsymbol{G}^{\text{T}}$
向量 $\frac{\cdot}{\partial \boldsymbol{x}}$	向量：$\frac{\partial f}{\partial \boldsymbol{x}} \equiv \left(\frac{\partial f}{\partial x_i}\right) = \boldsymbol{g}$	矩阵：$\frac{\partial \boldsymbol{f}}{\partial \boldsymbol{x}} \equiv \left(\frac{\partial f_i}{\partial x_j}\right) = \boldsymbol{G}$	Tensor：$\frac{\partial \boldsymbol{F}}{\partial \boldsymbol{x}} \equiv \left(\frac{\partial \mathrm{F}_{ij}}{\partial x_K}\right)$
矩阵 $\frac{\cdot}{\partial \boldsymbol{X}}$	矩阵：$\frac{\partial f}{\partial \boldsymbol{X}} \equiv \left(\frac{\partial f}{\partial x_{ij}}\right) = \boldsymbol{G}$	Tensor：$\frac{\partial \boldsymbol{f}}{\partial \boldsymbol{X}} \equiv \left(\frac{\partial f_i}{\partial x_{jK}}\right)$	Tensor：$\frac{\partial \boldsymbol{F}}{\partial \boldsymbol{X}} \equiv \left(\frac{\partial f_{ij}}{\partial x_{Kl}}\right)$

A.1.3 链式法则

函数 y 和函数 x 都是标量，则关于函数 z 的链式法则为

$$\frac{\partial z}{\partial x} = \frac{\partial z}{\partial y} \frac{\partial y}{\partial x}$$

根据乘法交换律，可以将这两项互换位置。现给定一个 m 维向量 $\boldsymbol{x}$、一个 n 维向量 $\boldsymbol{y}$ 和一个 o 维向量 $\boldsymbol{z}$，如果 $\boldsymbol{z} = \boldsymbol{z}(\boldsymbol{y}(\boldsymbol{x}))$，则

$$\frac{\partial z}{\partial x} \equiv \begin{pmatrix} \frac{\partial z_1}{\partial x_1} & \frac{\partial z_2}{\partial x_1} & \cdots & \frac{\partial z_o}{\partial x_1} \\ \frac{\partial z_1}{\partial x_2} & \frac{\partial z_2}{\partial x_2} & \cdots & \frac{\partial z_o}{\partial x_2} \\ \vdots & \vdots & & \vdots \\ \frac{\partial z_1}{\partial x_m} & \frac{\partial z_2}{\partial x_m} & \cdots & \frac{\partial z_o}{\partial x_m} \end{pmatrix}$$

这个 $m \times n$ 维矩阵中的元素可以用下面的公式进行计算

$$\frac{\partial z_i}{\partial x_j} = \sum \frac{\partial y_k}{\partial x_j} \frac{\partial z_i}{\partial y_k} = \left(\frac{\partial}{\partial x_j}\right)\left(\frac{\partial z_i}{\partial}\right)$$

也可以用向量形式来表示

$$\frac{\partial z}{\partial x} = \begin{pmatrix} \frac{\partial y_1}{\partial x_1} & \frac{\partial y_2}{\partial x_1} & \cdots & \frac{\partial y_n}{\partial x_1} \\ \frac{\partial y_1}{\partial x_2} & \frac{\partial y_2}{\partial x_2} & \cdots & \frac{\partial y_n}{\partial x_2} \\ \vdots & \vdots & & \vdots \\ \frac{\partial y_1}{\partial x_m} & \frac{\partial y_2}{\partial x_m} & \cdots & \frac{\partial y_n}{\partial x_m} \end{pmatrix} \begin{pmatrix} \frac{\partial z_1}{\partial y_1} & \frac{\partial z_2}{\partial y_1} & \cdots & \frac{\partial z_o}{\partial y_1} \\ \frac{\partial z_1}{\partial y_2} & \frac{\partial z_2}{\partial y_2} & \cdots & \frac{\partial z_o}{\partial y_2} \\ \vdots & \vdots & & \vdots \\ \frac{\partial z_1}{\partial y_n} & \frac{\partial z_2}{\partial y_n} & \cdots & \frac{\partial z_o}{\partial y_n} \end{pmatrix}$$

$$\frac{\partial z}{\partial x} = \frac{\partial y}{\partial x} \frac{\partial z}{\partial y}$$

向量的链式法则就这样产生了，与标量的链式法则一样，链是向左延伸而不是向右延伸。对于最终函数计算结果为标量的特殊情况（在优化损失函数时经常遇到），有

$$\frac{\partial z}{\partial x_j} = \sum_{k=1}^{n} \frac{\partial y_k}{\partial x_j} \frac{\partial z}{\partial y_k}$$

$$\frac{\partial z}{\partial x} = \frac{\partial y}{\partial x} \frac{\partial z}{\partial y}$$

将这条规则进行推广，如果还有另一个向量函数 w 是关于函数 x 的，中间变量为 z，则有

$$\frac{\partial w}{\partial x} = \frac{\partial y}{\partial x} \frac{\partial z}{\partial y} \frac{\partial w}{\partial z}$$

将链式法则进行推广，还可以找到矩阵函数的导数。例如，X 是一个矩阵，如果 $Y = f(X)$，则函数 $g(Y)$ 的导数为

$$\frac{\partial g(Y)}{\partial X} = \frac{\partial g(f(X))}{\partial X}$$

$$\frac{\partial g(Y)}{\partial x_{ij}} = \sum_{k=1}^{K} \sum_{l=1}^{L} \frac{\partial g(Y)}{\partial y_{kl}} \frac{\partial y_{kl}}{\partial x_{ij}}$$

A.1.4 计算图与反向传播

计算网络有助于为深度学习与反向传播的计算提供合适的梯度。它们也为许多深度学习软件包提供基础，包括半自动或全自动计算。

我们从一个计算中间量（为标量）的示例开始，然后将其扩展到涉及每个结点处变量的向量网络。图 A-1 给出了实现函数 $z_1(y_1, z_2(y_2(y_1), z_3(y_3(y_2(y_1)))))$ 的计算图，并且展示了如何对梯度进行计算。标量函数 a 的链式法则包含了中间结果 $b_1, \cdots, b_k$，它们依赖于 c

$$\frac{\partial a(b_1, \cdots, b_k)}{\partial c} = \sum_{k=1}^{n} \frac{\partial a}{\partial b_k} \frac{\partial b_k}{\partial c}$$

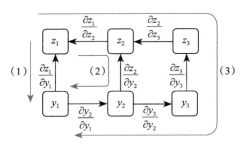

图 A-1 使用计算图分解偏导数

在这个实例中，z_1 关于 y_1 的偏导数包含了三个关系式

$$\frac{\partial z_1}{\partial y_1} = \underbrace{\frac{\partial z_1}{\partial y_1}}_{(1)} + \underbrace{\frac{\partial z_1}{\partial z_2} \frac{\partial z_2}{\partial y_2} \frac{\partial y_2}{\partial y_1}}_{(2)} + \underbrace{\frac{\partial z_1}{\partial z_2} \frac{\partial z_2}{\partial z_3} \frac{\partial z_3}{\partial y_3} \frac{\partial y_3}{\partial y_2} \frac{\partial y_2}{\partial y_1}}_{(3)}$$

$$= \frac{\partial z_1}{\partial y_1} + \frac{\partial z_1}{\partial z_2} \left[\frac{\partial z_2}{\partial y_2} + \frac{\partial z_2}{\partial z_3} \frac{\partial z_3}{\partial y_3} \frac{\partial y_3}{\partial y_2} \right] \frac{\partial y_2}{\partial y_1}$$

沿着原始函数的子计算流程进行计算求得总和。这些可以通过在图中结点处的传递得到有效的实现，如图 A-1 所示。

将这种在图中追随流的高层次概念推广到涉及整个变量层的深层网络。如果图 A-1 中的 z_1 用标量表示，其他结点用向量表示，那么偏导数将会被向量代替。将乘法的顺序颠倒是有必要的，因为在向量的偏导数为向量的情况下，计算会越来越复杂，由此产生了

$$\frac{\partial z_1}{\partial \boldsymbol{y}_1} = \frac{\partial z_1}{\partial \boldsymbol{y}_1} + \frac{\partial \boldsymbol{y}_2}{\partial \boldsymbol{y}_1} \left[\frac{\partial \boldsymbol{z}_2}{\partial \boldsymbol{y}_2} + \frac{\partial \boldsymbol{y}_3}{\partial \boldsymbol{y}_2} \frac{\partial \boldsymbol{z}_3}{\partial \boldsymbol{y}_3} \frac{\partial \boldsymbol{z}_2}{\partial \boldsymbol{z}_3} \right] \frac{\partial z_1}{\partial \boldsymbol{z}_2}$$

下面来看以下情况，假设（1）用向量 $\boldsymbol{x}$ 作为自变量的标量函数 z 的偏导数的链式规则，计算中涉及中间向量 $\boldsymbol{y}$：

$$\frac{\partial z(\boldsymbol{y})}{\partial x_j} = \sum_{k=1}^{n} \frac{\partial y_k}{\partial x_j} \frac{\partial z}{\partial y_k}$$

$$\frac{\partial z}{\partial \boldsymbol{x}} = \frac{\partial \boldsymbol{y}}{\partial \boldsymbol{x}} \frac{\partial z}{\partial \boldsymbol{y}}$$

$$= \boldsymbol{D}\boldsymbol{d}$$

（2）还是同样的标量函数 $z(\boldsymbol{x})$ 的链式法则，但是计算中涉及的是中间矩阵 $\boldsymbol{Y}$：

$$\frac{\partial z(\boldsymbol{Y})}{\partial \boldsymbol{x}} = \sum_{l=1}^{L} \frac{\partial \boldsymbol{y}_l}{\partial \boldsymbol{x}} \frac{\partial z}{\partial \boldsymbol{y}_l}$$

$$= \sum_{l=1}^{L} \boldsymbol{D}_l \boldsymbol{d}_l$$

A.1.5 矩阵和向量函数的导数

这里有一些常用的矩阵和向量函数的导数。Petersen 和 Pedersen（2012）整理了一个更大的列表。

$$\frac{\partial}{\partial \boldsymbol{x}} \boldsymbol{A}\boldsymbol{x} = \boldsymbol{A}^{\mathrm{T}}$$

$$\frac{\partial}{\partial \boldsymbol{x}} \boldsymbol{x}^{\mathrm{T}}\boldsymbol{x} = 2\boldsymbol{x}$$

$$\frac{\partial}{\partial \boldsymbol{a}} \boldsymbol{a}^{\mathrm{T}}\boldsymbol{x} = \frac{\partial}{\partial \boldsymbol{a}} \boldsymbol{x}^{\mathrm{T}}\boldsymbol{a} = \boldsymbol{x}$$

$$\frac{\partial}{\partial \boldsymbol{x}} \boldsymbol{x}^{\mathrm{T}}\boldsymbol{A}\boldsymbol{x} = \boldsymbol{A}\boldsymbol{x} + \boldsymbol{A}^{\mathrm{T}}\boldsymbol{x}$$

$$\frac{\partial}{\partial \boldsymbol{A}} \boldsymbol{y}^{\mathrm{T}}\boldsymbol{A}\boldsymbol{x} = \boldsymbol{y}\boldsymbol{x}^{\mathrm{T}}$$

$$\frac{\partial}{\partial \boldsymbol{x}} (\boldsymbol{a}-\boldsymbol{x})^{\mathrm{T}}(\boldsymbol{a}-\boldsymbol{x}) = -2(\boldsymbol{a}-\boldsymbol{x})$$

注意，如果将雅克比定义为之前矩阵的转置，那么上面的第一个等式就等于简单的 $\boldsymbol{A}$。对于一个对称矩阵 $\boldsymbol{C}$（例如协方差矩阵的逆矩阵）

$$\frac{\partial}{\partial \boldsymbol{a}} (\boldsymbol{a}-\boldsymbol{b})^{\mathrm{T}} \boldsymbol{C} (\boldsymbol{a}-\boldsymbol{b}) = 2\boldsymbol{C}(\boldsymbol{a}-\boldsymbol{b})$$

$$\frac{\partial}{\partial \boldsymbol{b}} (\boldsymbol{a}-\boldsymbol{b})^{\mathrm{T}} \boldsymbol{C} (\boldsymbol{a}-\boldsymbol{b}) = -2\boldsymbol{C}(\boldsymbol{a}-\boldsymbol{b})$$

$$\frac{\partial}{\partial \boldsymbol{w}} (\boldsymbol{y}-\boldsymbol{A}\boldsymbol{w})^{\mathrm{T}} \boldsymbol{C} (\boldsymbol{y}-\boldsymbol{A}\boldsymbol{w}) = -2\boldsymbol{A}^{\mathrm{T}}\boldsymbol{C}(\boldsymbol{y}-\boldsymbol{A}\boldsymbol{w})$$

A.1.6 向量的泰勒级数展开、二阶方法以及学习率

梯度下降的方法、学习率的解释以及更复杂的二阶方法都可以通过函数的泰勒级数展开的镜像来观察。下面提出的方法也称为牛顿法。

函数在点 x_o 处进行泰勒展开，可以写作

$$f(x) = f(x_o) + \frac{f'(x_o)}{1!}(x-x_o) + \frac{f''(x_o)}{2!}(x-x_o)^2 + \frac{f^{(3)}(x_o)}{3!}(x-x_o)^3 + \cdots$$

使用 x 的二阶（平方）项的近似值，取其导数，将结果设置为 0，并求解 x，给出

$$0 = \frac{\mathrm{d}}{\mathrm{d}x}\left[f(x_o) + f'(x_o)(x-x_o) + \frac{f''(x_o)}{2}(x-x_o)^2 \right]$$
$$= f'(x_o) + f''(x_o)(x-x_o)$$

于是求解

$$\delta x \equiv (x-x_o)$$
$$\Rightarrow \delta x = -\frac{f'(x_o)}{f''(x_o)}, \text{ or } x = x_o - \frac{f'(x_o)}{f''(x_o)}$$

将具有矩阵自变量的标量函数的泰勒级数推广到向量版本，其中

$$f(\boldsymbol{\theta}) = f(\boldsymbol{\theta}_o) + \boldsymbol{g}_o^{\mathrm{T}}(\boldsymbol{\theta}-\boldsymbol{\theta}_o) + \frac{1}{2}(\boldsymbol{\theta}-\boldsymbol{\theta}_o)^{\mathrm{T}} \boldsymbol{H}_o (\boldsymbol{\theta}-\boldsymbol{\theta}_o) + \cdots$$

$$\boldsymbol{g}_o = \frac{\mathrm{d}f}{\mathrm{d}\boldsymbol{\theta}_o}, \boldsymbol{H}_o = \frac{\mathrm{d}}{\mathrm{d}\boldsymbol{\theta}_o}\frac{\mathrm{d}f}{\mathrm{d}\boldsymbol{\theta}_o} = \frac{\mathrm{d}^2 f}{\mathrm{d}\boldsymbol{\theta}_o^2}$$

使用上一节中给出的等式，获取对参数向量 $\boldsymbol{\theta}$ 的导数，将其设置为 0，并求解出能使得函数的二次近似值为零的点，则有

$$\frac{\mathrm{d}f(\boldsymbol{\theta})}{\mathrm{d}(\boldsymbol{\theta})} = 0 = \boldsymbol{g}_o + \boldsymbol{H}_o(\boldsymbol{\theta} - \boldsymbol{\theta}_o), \Delta\boldsymbol{\theta} \equiv (\boldsymbol{\theta} - \boldsymbol{\theta}_o)$$

$$\Rightarrow \Delta\boldsymbol{\theta} = -\boldsymbol{H}_o^{-1}\boldsymbol{g}_o$$

这就意味着要更新 $\boldsymbol{\theta}^{\mathrm{new}} = \boldsymbol{\theta}_o - \boldsymbol{H}_o^{-1}\boldsymbol{g}_o$，梯度下降的学习率类似于一个简单的对角矩阵在二阶方法中近似为 Hessian 矩阵的逆矩阵。换句话说，简单的学习率就是做一个近似，故 $\boldsymbol{H}_o^{-1} = \eta\boldsymbol{I}$。

严谨的二阶方法在每次迭代都会采用更有效的步骤，然而这样的计算代价是昂贵的。对诸如 logistic 回归这样的凸问题，一般采用的是 L-BFGS 方法来解决，该方法是利用了 Hessian 矩阵的近似的二阶方法。其中 L 代表有限内存，BFGS 是该方法的发明人 Broyden、Fletcher、Goldfarb 和 Shanno。另一种方法称为共轭梯度算法，当需要解决 $\boldsymbol{x} = \Delta\boldsymbol{\theta}$ 而不是求解 $\boldsymbol{H}_o$ 的逆时，可以利用 $\boldsymbol{H}_o\boldsymbol{x} = -\boldsymbol{g}_o$ 这样的线性关联等式。

在解决非凸问题（比如学习多层神经网络）时，需要记住的是 Hessian 矩阵不一定是正定的，这就意味着它可能是不可逆的。因此，启发式的自适应学习率和动量项的使用对于神经网络方法仍然普遍和有效。

A.1.7 特征向量、特征值和协方差矩阵

协方差矩阵的对角化、主成分分析法、特征值和特征向量间有密切的关系。如果 λ 是矩阵 $\boldsymbol{A}$ 的一个标量特征值，则矩阵 $\boldsymbol{A}$ 存在一个特征向量 $\boldsymbol{x}$ 使得 $\boldsymbol{A}\boldsymbol{x} = \lambda\boldsymbol{x}$。定义一个矩阵 $\boldsymbol{\Phi}$，它的每一列由特征向量组成，再定义矩阵 $\boldsymbol{\Lambda}$，它的对角线元素由相应的特征值组成，则用矩阵等式 $\boldsymbol{A}\boldsymbol{\Phi} = \boldsymbol{\Phi}\boldsymbol{\Lambda}$ 定义矩阵 $\boldsymbol{A}$ 的特征值和特征向量。

有许多数学线性代数软件包（例如 Matlab）都可以求解这个方程。如果 $\boldsymbol{\Phi}$ 的特征向量是正交的，且为对称矩阵，则 $\boldsymbol{\Phi}$ 的逆矩阵等于它的转置矩阵，这意味着可以将等式写为 $\boldsymbol{\Phi}^{\mathrm{T}}\boldsymbol{A}\boldsymbol{\Phi} = \boldsymbol{\Lambda}$。为了找到协方差矩阵的特征向量，设 $\boldsymbol{A} = \boldsymbol{\Sigma}$，$\boldsymbol{\Sigma}$ 为协方差矩阵。这产生了协方差矩阵 $\boldsymbol{\Sigma}$ 的特征向量的定义，作为正交的向量集合存储在矩阵 $\boldsymbol{\Phi}$ 中，并将其归一化为单位长度，于是 $\boldsymbol{\Phi}^{\mathrm{T}}\boldsymbol{\Sigma}\boldsymbol{\Phi} = \boldsymbol{\Lambda}$。由于 $\boldsymbol{\Lambda}$ 是由特征值构成的对角矩阵，$\boldsymbol{\Phi}^{\mathrm{T}}\boldsymbol{\Sigma}\boldsymbol{\Phi}$ 的运算以及被用来解决协方差矩阵的对角化问题。

虽然这些结论第一眼看来是深奥的，但它们使用广泛。例如，在计算机视觉中，用于面部识别的基于基本特征的主成分分析的应用产生了"本征脸"。上述技术广泛应用于不同的情景中，基于本征分析的经典论文在许多不同领域中也被多次引用。

A.1.8 奇异值分解

奇异值分解是一种被广泛应用于数据挖掘和机器学习设置的矩阵分解类型，并且在许多数学线性代数软件包中都是作为核心程序。奇异值分解将矩阵 $\boldsymbol{X}$ 分解为三个矩阵的乘积，如 $\boldsymbol{X} = \boldsymbol{U}\boldsymbol{S}\boldsymbol{V}^{\mathrm{T}}$，其中 $\boldsymbol{U}$ 中每列向量都是正交的，$\boldsymbol{S}$ 是一个对角线元素均为奇异值的对角矩阵，$\boldsymbol{V}$ 中每列向量也都是正交的。通过仅保持 k 个最大的奇异值，这样的因式分解允许对于 k 的每个取值在最小平方意义上以最佳的方式重建数据矩阵。对于任意给定的 k 值，可以写为 $\boldsymbol{X} \approx \boldsymbol{U}_k\boldsymbol{S}_k\boldsymbol{V}_k^{\mathrm{T}}$。图 9-10 形象地阐释了它的分解过程。

在先前对特征分解的讨论中，我们使用等式 $\boldsymbol{\Phi}^{\mathrm{T}}\boldsymbol{\Sigma}\boldsymbol{\Phi} = \boldsymbol{\Lambda}$ 来对协方差矩阵 $\boldsymbol{\Sigma}$ 进行对角化，

其中 $\boldsymbol{\Phi}$ 中存储了特征向量，$\boldsymbol{\Lambda}$ 是由特征值构成的对角矩阵。那么问题就等同于将协方差矩阵分解出来，因式分解得到 $\boldsymbol{\Sigma} = \boldsymbol{\Phi}\boldsymbol{\Lambda}\boldsymbol{\Phi}^\mathrm{T}$。这揭示了主成分分析和存储在矩阵 $\boldsymbol{X}$ 的列中的数据的奇异值分解之间的关系。将均值中心数据作为向量存储在 $\boldsymbol{X}$ 的列中，就可以将协方差矩阵简单表示为 $\boldsymbol{\Sigma} = \boldsymbol{X}\boldsymbol{X}^\mathrm{T}$。正交矩阵具有 $\boldsymbol{U}\boldsymbol{U}^\mathrm{T} = \boldsymbol{I}$ 的特性，通过接下来的替换我们可以看到，$\boldsymbol{X}$ 的右奇异向量矩阵 $\boldsymbol{\Phi}$，对应于协方差矩阵的特征向量。换句话说，为了将协方差矩阵因式分解成 $\boldsymbol{\Sigma} = \boldsymbol{\Phi}\boldsymbol{\Lambda}\boldsymbol{\Phi}^\mathrm{T}$，要计算数据的均值并将 $\boldsymbol{X}$ 进行奇异值分解。那么协方差矩阵 $\boldsymbol{\Sigma} = \boldsymbol{X}\boldsymbol{X}^\mathrm{T} = \boldsymbol{U}\boldsymbol{S}\boldsymbol{D}^\mathrm{T}\boldsymbol{D}\boldsymbol{S}^\mathrm{T}\boldsymbol{U}^\mathrm{T} = \boldsymbol{U}\boldsymbol{S}^2\boldsymbol{U}^\mathrm{T}$，所以 $\boldsymbol{U} = \boldsymbol{\Phi}$，$\boldsymbol{S} = \boldsymbol{\Lambda}^{\frac{1}{2}}$，换言之，所谓的奇异值就是特征值的平方根。

A.2 概率方法的基本要素

A.2.1 期望

一个离散随机变量 X 的期望为

$$E[X] = \sum_x xP(X=x)$$

对 X 的所有可能值求和，给定随机变量 $Y = y$ 的条件下计算离散随机变量 X 的条件期望具有类似的形式

$$E[X|Y=y] = \sum_x xP(X=x|Y=y)$$

为离散随机变量 X 给定一个概率密度函数 $p(x)$，

$$E[X] = \int_{-\infty}^{\infty} xp(x)\mathrm{d}x$$

连续值变量 X 的经验期望是通过在每个观察实验或实例上放置 Dirac delta 函数，并通过归一化实例的数量来定义 $p(x)$。矩阵的期望值被定义为期望值的矩阵。

由一个连续随机变量 X 和一个离散随机变量 Y 构成的函数的期望可以表示为

$$E[f(X,Y)] = \int_{-\infty}^{\infty} \sum_y f(x,Y)p(x,Y=y)\mathrm{d}x$$

对随机变量的总和的期望等于期望的总和，

$$E[X+Y] = E[X] + E[Y]$$

假定存在一个缩放因子 s 和偏差或常量 c，于是

$$E[sX+c] = sE[X] + c$$

方差的定义表示为

$$\begin{aligned}\mathrm{Var}[X] &= \sum_x (x-E[X])^2 p(X=x) \\ &= E[(X-E[X])(X-E[X])] \\ &= E[X^2 - 2XE[X] + (E[X])^2] \\ &= E[X^2] - 2E[X]E[X] + (E[X])^2 \\ &= E[X^2] - E[X^2]\end{aligned}$$

连续随机变量 X 和 Y 与联合概率分布 $p(x,y)$ 的期望由下式给出

$$E[XY] = \int_{-\infty}^{\infty}\int_{-\infty}^{\infty} xyp(x,y)\mathrm{d}x\mathrm{d}y$$

X 和 Y 之间的协方差由下式给出

$$\begin{aligned} \mathrm{Cov}[X,Y] &= E[(X-E[X])(Y-E[Y])] \\ &= \sum_x \sum_y (x-E[X])(y-E[Y])p(X=x,Y=y) \\ &= E[XY] - E[X]E[Y] \end{aligned}$$

因此 $\mathrm{Cov}[X,Y] = 0 \Rightarrow E[XY] = E[X]E[Y]$，$X$ 和 Y 是不相关的。显然 $\mathrm{Cov}[X,X]=\mathrm{Var}[X]$。$d$ 维的连续随机变量 x 的协方差矩阵可以通过下式求出

$$\mathrm{Cov}[\boldsymbol{x}] = \begin{pmatrix} \mathrm{Cov}(x_1,x_1) & \cdots & \mathrm{Cov}(x_1,x_d) \\ \vdots & & \vdots \\ \mathrm{Cov}(x_d,x_1) & \cdots & \mathrm{Cov}(x_d,x_d) \end{pmatrix}$$

A.2.2 共轭先验

在更完善的贝叶斯方法中，将变量和参数都视为随机量。使用先验分布的参数可以提供简单和合理的方式来调整模型参数，并且可以避免过度拟合。应用贝叶斯模型的理论和技术可以对传统极大似然估计进行简单调整。特别是，在适当定义的概率模型中，使用参数的共轭先验分布意味着这个参数的后验分布将与先验分布保持相同的形式。这使得使用极大似然估计和共轭先验的相关参数的简单加权平均去适配传统的极大似然估计的参数变得简单。下面我们将看到这是如何为伯努利分布、分类分布和高斯分布工作的。其他更复杂的贝叶斯操作也可以通过使用共轭得到简化。

A.2.3 伯努利分布、二项分布和 β 分布

伯努利分布是用来定义二项随机变量的。假设 $x \in \{0,1\}$，$x=1$ 的概率由 π 表示，$x=0$ 的概率为 $1-\pi$。其概率分布可由下面的式子来表示

$$P(x;\pi) = \pi^x (1-\pi)^{1-x}$$

伯努利分布是二项分布的一种特殊情况。它定义了二项实验中一定数量的成功次数的概率，其中每一个实验结果都是服从伯努利分布的。进行 n 次二项实验其中 k 次成功的概率为

$$P(k;n,\pi) = \binom{n}{k} \pi^k (1-\pi)^{n-k}$$

并定义 $k = 0, 1, 2, \cdots, n$，其中

$$\binom{n}{k} = \frac{n!}{k!(n-k)!}$$

是二项式系数。直观来看，二项式系数需要考虑到这种分布的定义中忽略的实验结果的顺序——其中 $x=1$ 的 k 个结果可以发生在 n 次实验中的任意位置。二项式系数给出了获得 k 次 $x=1$ 的不同顺序的数量。直观地，π^k 这一项为出现 k 次 $x=1$ 结果的概率，π^{n-k} 为出现 $n-k$ 次 $x=0$ 结果的概率。这两项对于每种可能发生的结果序列都是适用的，因此我们简单地乘以可能序列的数量。

β 分布是定义在随机变量 π 上的分布，其中 $0 \leqslant \pi \leqslant 1$，并用到了两个形参 α 和 β ($\alpha > 0$, $\beta > 0$),

$$P(\pi;\alpha,\beta) = \frac{1}{B(\alpha,\beta)} \pi^{\alpha-1}(1-\pi)^{\beta-1}$$

其中 $B(\alpha, \beta)$ 是 β 函数，并且作为一个归一化常数确保函数的归一化。β 分布可以作为伯努利分布和二项分布的共轭先验分布，也就是说，

$$\pi_B = \left(\frac{\alpha}{\alpha+\beta}\right)$$

这也表明如果伯努利分布的极大似然估计由 π_{ML} 给出，则后验均值为 π_* 的 β 分布为

$$\pi* = w\pi_B + (1-w)\pi_{\text{ML}}$$

其中

$$w = \frac{\alpha+\beta}{\alpha+\beta+n}$$

n 是用来估计 π_{ML} 的实例数量，使用后验均值 π_* 来正则化或者平滑估计，取代伯努利模型中的 π_{ML}，因此根据贝叶斯定理，β- 伯努利模型的后验预测分布的均值等价于将 β 分布的后验均值作为参数插入伯努利分布中是合理的，即

$$P(x|D) = \int_0^1 \text{Bern}(x|\pi)\ \text{Beta}(\pi|D)\mathrm{d}\pi = \text{Bern}(x;\pi*)$$

这支持了 α 和 β 作为 $x=1$ 和 $x=0$ 的虚拟观测的直观概念，这一点通过贝叶斯观点也可以得到解释。

A.2.4 分类分布、多项式分布和狄利克雷分布

分类分布是针对具有两个以上的状态的离散随机变量定义的，它概括了伯努利分布。对于有 K 种类别的分类可以定义为 $A \in \{a_1, a_2, \cdots, a_K\}$ 或者 $x \in \{1, 2, \cdots, K\}$；无论采用哪种方式，用来对类别进行编码的整数的顺序是随机的。x 为状态或类别 k 时的概率用 π_k 表示，并且如果使用一个"独热"编码来表示将 x 进行向量表示，用 x 除了一个维度等于 1、其余元素均为 0 来代表 x 的状态或类别，则分类分布为

$$P(\boldsymbol{x};\boldsymbol{\pi}) = \prod_{k=1}^{K} \pi_k^{x_k}$$

多项分布概括了分类分布。给定对于每个类别 k 都有一个固定分类概率 π_k 的离散随机变量的多项独立观测值，多项分布定义了每个类别出现特定数量的实例的概率。如果向量 $\boldsymbol{x}$ 定义为每种类别出现的次数的数量，那么多项分布可以表示为

$$P(\boldsymbol{x};n,\pi) = \binom{n!}{x_1!,\cdots,x_k!}\prod_{k=1}^{K}\pi_k^{x_k}$$

狄利克雷分布是为随机变量或参数向量 $\boldsymbol{\pi}$ 定义的，例如 $\pi_1, \cdots, \pi_K > 0$，$\pi_1, \cdots, \pi_K < 1$，$\pi_1 + \pi_2 + \cdots, \pi_K = 1$，这正是定义分类和多项分布之上的 $\boldsymbol{\pi}$ 的形式。包含参数 $\alpha_1, \cdots, \alpha_K > 0$（$K \geqslant 2$）的狄利克雷分布为

$$P(\pi;\alpha) = \frac{1}{B(\alpha)}\prod_{i=k}^{K}\pi_k^{\alpha_k-1}$$

其中 $B(\alpha)$ 是多项 β 函数，作为归一化因子确保函数归一化：

$$B(\alpha) = \frac{\prod_{k=1}^{K}\Gamma(\alpha_k)}{\Gamma\left(\sum_{k=1}^{K}\alpha_k\right)}$$

其中 $\Gamma(\cdot)$ 是伽马函数。

狄利克雷分布可以作为分类分布和多项分布的共轭先验分布，它意味着（向量）

$$\pi_D = \frac{\alpha}{\sum_{k=1}^{K}\alpha_k}$$

并且它概括了具有 β 先验的伯努利分布实例。也就是说，这可以解释为如果分类分布的极大似然估计由 π_{ML} 给出，那么由分类可能性和狄利克雷后验组成的模型的后验均值 π_* 和具有均值的狄利克雷分布形式相同

$$\pi_* = w\pi_D + (1-w)\pi_{\text{ML}}$$

其中

$$w = \frac{\alpha_K}{\alpha_K + n}, \quad \alpha_K = \sum_{k=1}^{K}\alpha_K$$

并且 n 是用来估算 π_{ML} 的实例数量。用后验均值 π_* 做正则化或平滑估计来替代分类概率模型中的 π_{ML} 在贝叶斯理论下是合理的，因为具有狄利克雷先验的分类模型的后验预测分布的均值相当于插入了后验平均参数的狄利克雷后验的分类概率模型，即

$$p(\boldsymbol{x}|D) = \int_{\pi}\text{Cat}(\boldsymbol{x}|\boldsymbol{\pi})\ \text{Dirichlet}(\boldsymbol{\pi}|D)\mathrm{d}\boldsymbol{\pi} = \text{Cat}(\boldsymbol{x};\boldsymbol{\pi}*)$$

再者，将狄利克雷的参数向量 $\boldsymbol{\alpha}$ 的每一个元素 α_k 直观概念作为虚拟观察，这在贝叶斯分析下是合理的。

A.2.5 估计离散分布的参数

假设要估计的离散概率分布的参数是二元分布的特殊情况。记变量属于类别 k 的概率为 π_k，并将分布的参数记为长度为 k 的向量 $\boldsymbol{\pi}$。将每个实例都用一个独热编码向量 $\boldsymbol{x}_i$ 进行编码，其中 $i=1,\cdots,N$，该向量中有一个维度用来表示其观测类别，其余维度均为 0，比如 $x_i, k=1$。一个数据集出现的概率可表示为

$$P(\boldsymbol{x}_1,\cdots,\boldsymbol{x}_N;\boldsymbol{\pi}) = \prod_{i=1}^{N}\prod_{k=1}^{K}\pi_k^{x_{i,k}}$$

如果 n_k 代表类别 k 被观测到的次数，那么数据的对数似然函数为

$$\log P(n_1,\cdots,n_k;\boldsymbol{\pi}) = \sum_{k=1}^{K}n_k\ \log\pi_k$$

为了确保参数向量定义为一个有效概率，利用拉格朗日乘数 λ 对对数似然函数进行扩充。拉格朗日乘数 λ 可以强制约束概率总和为 1。

$$L = \sum_{k=1}^{K}n_k\ \log\pi_k + \lambda\left[1 - \sum_{k=1}^{K}\pi_k\right]$$

获取关于 λ 的函数的导数并将其结果置为 0，也就是说，模型中的概率和应为 1。然后，我们将关于每个参数的函数导数设为 0，如下

$$\frac{\partial L}{\partial \pi_k} = 0 \quad \Rightarrow \quad n_k = \lambda\pi_k$$

通过对等式两边在 k 上的求和来得到 λ：

$$\sum_{k=1}^{K} n_k = \lambda \sum_{k=1}^{K} \pi_k \implies \lambda = \sum_{k=1}^{K} n_k = N$$

因此当满足下式时,我们可以确定增广目标函数的梯度为 0

$$\pi_k = \frac{n_k}{N}$$

有了概率估计的经验,不难得出这样的结果。

我们在上文中讨论了如何为参数指定一个狄利克雷先验可以使估计问题正则化,同时计算出一个平滑的概率 π_k^*。正则化也可以等效地看做虚数据或者对每个类别 k 的计数 α_k,以给出估计

$$\pi_k^* = \frac{n_k + \alpha_k}{N + \alpha_K}, \quad \alpha_K = \sum_{k=1}^{K} \alpha_k$$

也可以写为

$$\pi_k^* = \left[\frac{\alpha_K}{N + \alpha_K}\right]\left(\frac{\alpha_k}{\alpha_K}\right) + \left[\frac{N}{N + \alpha_K}\right]\left(\frac{n_k}{N}\right)$$

根据上述分析还可以得到,平滑概率 $\boldsymbol{\pi}_*$ 可以用先验概率向量 $\boldsymbol{\pi}_D$ 和极大似然估计 $\boldsymbol{\pi}_{\mathrm{ML}}$ 以加权组合的形式表示,$\boldsymbol{\pi}_* = w\boldsymbol{\pi}_D + (1-w)\boldsymbol{\pi}_{\mathrm{ML}}$。

A.2.6 高斯分布

一维高斯概率分布的形式如下:

$$P(x; \mu, \sigma) = \frac{1}{\sigma\sqrt{2\pi}} \exp\left[-\frac{(x-\mu)^2}{2\sigma^2}\right]$$

其中模型的参数均值 μ 和方差 σ^2(标准差 σ 是平方差的平方根)。给定 N 个例子 $x_i = 1, \cdots, N$,这两个参数的极大似然估计为

$$\mu = \frac{1}{N}\sum_{i=1}^{N} x_i, \quad \sigma^2 = \frac{1}{N}\sum_{i=1}^{N}(x_i - \mu)^2$$

在估计方差时,上述等式有时会将分母中的 N 替换成 $N-1$ 来获得一个无偏估计,给出的标准差为

$$\sigma = \sqrt{\frac{1}{N-1}\sum_{i=1}^{N}(x_i - \mu)^2}$$

特别是当样本量小于 10 时。这被称为样本标准差(校正后)。

高斯分布可以从一维扩展到二维,事实上可以扩展到任意维。考虑一个二维模型,其每个维度都是由独立的高斯分布组成。当写成矩阵形式时,就相当于一个具有对角协方差矩阵的模型。可以将二维高斯分布中的标量转换为矩阵符号:

$$P(x_1, x_2) = \frac{1}{\sqrt{2\pi}\sigma_1}\exp\left[-\frac{(x_1 - \mu_1)^2}{2\sigma_1^2}\right]\frac{1}{\sqrt{2\pi}\sigma_2}\exp\left[-\frac{(x_2 - \mu_2)^2}{2\sigma_2^2}\right]$$

$$= (2\pi)^{-1}(\sigma_1^2\sigma_2^2)^{-1/2}\exp\left\{-\frac{1}{2}(\boldsymbol{x} - \boldsymbol{\mu})^{\mathrm{T}}\begin{bmatrix}\sigma_1^2 & 0 \\ 0 & \sigma_2^2\end{bmatrix}^{-1}(\boldsymbol{x} - \boldsymbol{\mu})\right\}$$

$$= (2\pi)^{-1} | \boldsymbol{\Sigma} |^{-1/2} \exp\left\{-\frac{1}{2}(\boldsymbol{x}-\boldsymbol{\mu})^{\mathrm{T}} \boldsymbol{\Sigma}^{-1}(\boldsymbol{x}-\boldsymbol{\mu})\right\}$$

模型中的协方差矩阵由 $\boldsymbol{\Sigma}$ 给出，向量 $\boldsymbol{x} = (x_1 x_2)^{\mathrm{T}}$，均值向量 $\boldsymbol{\mu} = (\mu_1 \mu_2)^{\mathrm{T}}$。这个等式的过程是成立的，因为对角矩阵的逆矩阵可以简单地看作由原始对角元素组成的一个对角矩阵，这也解释了如何将标量符号转换为逆协方差矩阵符号的。协方差矩阵在第 i 行第 j 列有该项：

$$\Sigma_{ij} = \mathrm{cov}(x_i, x_j) = E[(x_i - \mu_i)(x_j - \mu_j)]$$

其中 $E[.]$ 特指期望值，$\mu_i = E[x_i]$。均值可以用向量形式表示：

$$\boldsymbol{\mu} = \frac{1}{N}\sum_{i=1}^{N} \boldsymbol{x}_i$$

用于估计协方差矩阵的方程是

$$\boldsymbol{\Sigma} = \frac{1}{N}\sum_{i=1}^{N}(\boldsymbol{x}_i - \boldsymbol{\mu})(\boldsymbol{x}_i - \boldsymbol{\mu})^{\mathrm{T}}$$

一般来讲，多元的高斯分布可以写为

$$P(x_1, x_2, \ldots, x_d) = (2\pi)^{-d/2} | \boldsymbol{\Sigma} |^{-1/2} \exp\left\{-\frac{1}{2}(\boldsymbol{x}-\boldsymbol{\mu})^{\mathrm{T}} \boldsymbol{\Sigma}^{-1}(\boldsymbol{x}-\boldsymbol{\mu})\right\}$$

当一个变量服从数学期望为 μ、协方差矩阵为 $\boldsymbol{\Sigma}$ 的高斯分布时，可记作 $P(\boldsymbol{x}) = N(\boldsymbol{x}; \mu, \boldsymbol{\Sigma})$。注意，其中的分号意味着均值和协方差被视为参数。相反，将参数视为变量并将其不确定性建模时，使用"|"（或者"given"）标记。在贝叶斯方法中，广泛使用参数作为随机变量，比如隐含的狄利克雷分布。

A.2.7 线性高斯模型的性质

假定一个高斯随机变量 $\boldsymbol{x}$ 具有均值 $\boldsymbol{\mu}$ 和协方差矩阵 $\boldsymbol{A}$，$p(\boldsymbol{x}) = N(\boldsymbol{x}; \mu, \boldsymbol{A})$，随机变量 $\boldsymbol{y}$ 的条件分布为 $\boldsymbol{x}$，随机变量 $\boldsymbol{y}$ 服从均值为 $\boldsymbol{Wx} + \boldsymbol{b}$、协方差矩阵为 $\boldsymbol{B}$ 的高斯分布，$p(\boldsymbol{y}|\boldsymbol{x}) = N(\boldsymbol{y}; \boldsymbol{Wx} + \boldsymbol{b}, \boldsymbol{B})$。$\boldsymbol{y}$ 的边缘分布和给定条件分布为 $\boldsymbol{y}$ 的 $\boldsymbol{x}$ 可分别表示为

$$p(\boldsymbol{y}) = N(\boldsymbol{y}; \boldsymbol{Wx}+\boldsymbol{b}, \boldsymbol{B}+\boldsymbol{WAW}^{\mathrm{T}}),$$
$$p(\boldsymbol{x}|\boldsymbol{y}) = N(\boldsymbol{x}; \boldsymbol{C}[\boldsymbol{W}^{\mathrm{T}}\boldsymbol{B}^{-1}(\boldsymbol{y}-\boldsymbol{b})+\boldsymbol{A}^{-1}\boldsymbol{\mu}], \boldsymbol{C})$$

其中 $\boldsymbol{C} = (\boldsymbol{A}^{-1} + \boldsymbol{W}^{\mathrm{T}}\boldsymbol{B}^{-1}\boldsymbol{W})^{-1}$。

A.2.8 概率主成分分析和协方差矩阵的特征向量

在 9.6 节介绍主成分分析时，我们讨论了协方差矩阵 $\boldsymbol{\Sigma}$ 对角化的概念，也就是要寻找特征向量矩阵 $\boldsymbol{\Phi}$，满足 $\boldsymbol{\Phi}^{\mathrm{T}}\boldsymbol{\Sigma}\boldsymbol{\Phi} = \boldsymbol{\Lambda}$，$\boldsymbol{\Lambda}$ 为一个对角矩阵。其目标等同于将协方差矩阵因式分解为 $\boldsymbol{\Sigma} = \boldsymbol{\Phi}\boldsymbol{\Lambda}\boldsymbol{\Phi}^{\mathrm{T}}$。回忆一下我们在第 9 章对概率主成分分析的介绍时，主成分分析下的 $P(\boldsymbol{x})$ 的边缘概率涉及一个给定的协方差矩阵 $\boldsymbol{\Sigma} = (\boldsymbol{W}^{\mathrm{T}}\boldsymbol{W} + \sigma^2 \boldsymbol{I})$。因此，当 σ^2 趋于 0 时，如果 $\boldsymbol{W} = \boldsymbol{\Phi}\boldsymbol{\Lambda}^{\frac{1}{2}}$，基于特征分解的矩阵分解方法恰巧可以获得相同的 $\boldsymbol{W}$。重要的是，对于 $\sigma^2 > 0$，可以看到极大似然学习可以产生一般不正交的 W（Tipping and Bishop，1999a，1999b）；然而，近期的一些论文已经表明了如何在基于极大似然的优化过程中施加正交约束。

A.2.9 指数族分布

指数族分布包括高斯、伯努利、二项式、Beta、伽马、分类、多项式、狄利克雷、卡方、

指数和泊松等。除了常用的形式外，这些分布都可以用标准化的指数族形式表示，使得它们可以更方便地用于代数方程中：

$$p(\boldsymbol{x}) = h(\boldsymbol{x}) \exp[\boldsymbol{\theta}^\mathrm{T} T(\boldsymbol{x}) - A(\boldsymbol{\theta})]$$

其中 $\boldsymbol{\theta}$ 是自然参数向量，$T(\boldsymbol{x})$ 是充分统计向量，$A(\boldsymbol{\theta})$ 是累积量生成函数，$h(\boldsymbol{x})$ 是 $\boldsymbol{x}$ 的附加函数。举个例子，对于一维的高斯分布，这些参数分别是 $\boldsymbol{\theta} = [\frac{\mu}{\sigma^2} - 1/(2\sigma^2)]^\mathrm{T}$，$T(\mathrm{x}) = [x x^2]^\mathrm{T}$，$h(\boldsymbol{x}) = 1/\sqrt{2\pi}$，$A(\boldsymbol{\theta}) = \frac{\mu^2}{2\sigma^2} + \ln|\sigma|$。

A.2.10 变分法和 EM 算法

对于后验分布不能精确计算的复概率模型，可以使用名为变分 EM 的方法。该方法涉及在 EM 优化过程中手动逼近模型的真实后验分布。下述的变分方法还有助于说明 EM 算法求取精确后验分布的方式和原因。

在开始前，使用具有近似分布的变分法，这有助于区分用于构建真实后验分布的近似参数和原始模型的参数。概率模型具有一组隐藏变量 H 和一组观测变量 X。观测变量由 $\tilde{X}$ 给出。令 $p = p(H|\tilde{X};\theta)$ 为模型的精确后验分布，$q = q(H|\tilde{X};\Phi)$ 为近似变分，Φ 为变分参数集。

为了了解在实践中如何使用变分法，首先检查著名的"变分约束"。它使用了两个技巧：第一个是划分并乘以相同的量；第二个是应用 Jensen 不等式。于是可以在边缘对数似然上构造变分下界 $L(q)$：

$$\begin{aligned}
\log p(\tilde{X};\theta) &= \log \sum_H p(\tilde{X},H;\theta) \\
&= \log \sum_H \frac{q(H|\tilde{X};\Phi)}{q(H|\tilde{X};\Phi)} p(\tilde{X},H;\theta) \\
&\geqslant \sum_H q(H|\tilde{X};\Phi) \log \frac{p(\tilde{X},H;\theta)}{q(H|\tilde{X};\Phi)} \\
&= E[\log P(\tilde{X},H;\theta)]_q + H(q) \\
&= L(q)
\end{aligned}$$

其中，$H(q)$ 是 q 的熵，表示为

$$H(q) = -\sum_H q(H|\tilde{X};\Phi) \log q(H|\tilde{X};\Phi)$$

当 $q = p$ 时，约束 $L(q)$ 变成了一个等式。在 EM "精确"的情况下，证实每一个 M 步骤能够增大数据的可能性。然而，为了使下界能够马上准备下一个 M 步骤，在随后的 E 步骤中必须用更新后的参数重新计算新的精确后验。

当 q 只是 p 的近似值时，边缘对数似然和分布 q 预期的对数似然之间的关系可以用一个等式（而不是不等式）来表达：

$$\begin{aligned}
\log P(\tilde{X};\theta) &= E[\log p(\tilde{X},H;\theta)]_q + H(q) + D_{\mathrm{KL}}(q \| p) \\
&= L(q) + D_{\mathrm{KL}}(q \| p)
\end{aligned}$$

$\mathrm{KL}(q\|p)$ 为 q 和 p 之间的 Kullback-Leibler(KL) 散度，可度量分布 q 和 p 之间的距离。但是从数学角度上讲它并不是真实距离，而总是一个大于零的数，只有当 $q = p$ 时为零。根

据下式：

$$D_{KL}(q \| p) = \sum_H q(H | \tilde{X}; \Phi) \log \frac{q(H | \tilde{X}; \Phi)}{p(H | \tilde{X}; \theta)}$$

对数边缘似然和约束变分之间的差异由近似 q 和真实 p 之间的 KL 散度给出。这意味着如果 q 是近似值，则可以通过提高近似 q 到真实后验 q 的质量来收紧边界。所以，正如上面看到的，当 q 不是近似值而是恰好等于 p 时，$D_{KL}(q\|p) = 0$ 且

$$\log P(\tilde{X}; \theta) = E[\log P(\tilde{X}, H; \theta)]_q + H(q)$$

变分推理技术通常用于提高 EM 算法中近似后验分布的质量，术语"变分 EM"就是指这种一般方法。然而，有时变分推理技术的结果本身就是有用的。变分方法的一个关键特征就是约束变分，算法实际就是在 KL 散度上迭代地将 q 更接近于 p 的过程。

平均场方法是最简单的变分法之一，它最小化了近似值之间的 KL 散度，该方法中的变量都具有独立变分分布（和参数）以及真实的联合分布。"完全因子变分近似"可以写为

$$q(H | \tilde{X}; \Phi) = \prod_j q_j(h_j | \tilde{X}; \phi_j)$$

给出每个参数的独立分布的初始参数 $q_j = q_j(h_j)$，给定其他变量的当前变分近似下的模型期望，在这种情况下，迭代更新每一个变量。更新的一般形式为：

$$q_j(h_j | \tilde{X}; \phi_j) = \frac{1}{Z} E[\log P(X, H; \theta)]_{\prod_{i \neq j} q_i(h_i)}$$

其中用除去 h_j 之外的所有变量 h_i 的近似 qs 来计算期望，Z 是通过对所有 h_j 值的分子求和而得到的归一化常数。

Jordan、Ghahramani、Jaakkola 和 Saul（1999）的论文在图形模型的变分方法的早期文章中很有代表性。如果分布是建立在参数和隐藏变量上的，则可以使用变分贝叶斯方法和变分贝叶斯 EM 来执行更充分的贝叶斯学习（Ghahrmani and Beal, 2001）。Winn 和 Bishop（2005）通过消息传递算法很好地将可信传播和变分推理方法进行了比较。Bishop 编写的教材（Bishop, 2006）以及 Koller 和 Friedman（2009）编写的教材都从变分的视角提出了更多的细节和更先进的机器学习方法。

附录 B
Data Mining: Practical Machine Learning Tools and Techniques, Fourth Edition

Weka 工作平台

Weka 工作台是机器学习算法和数据预处理工具的集合，其中几乎包含了本书中描述的所有算法。它的设计使用户能够以灵活的方式快速地尝试新数据集上的现有方法。它为实验数据挖掘的整个过程提供了广泛的支持，包括准备输入数据、统计地评估学习模式以及可视化输入数据和学习结果。除了各种各样的学习算法，它还包括各种各样的预处理工具。这一多样化和全面的工具包可以通过一个通用界面进行访问，以便用户可以比较不同的方法，并确定最适合手头问题的方法。

Weka 在新西兰怀卡托大学开发，名称代表用于知识分析怀卡托环境。在大学外面，Weka 被认为与"麦加"押韵，是一只不寻常的鸟，这种鸟只在新西兰的岛屿才有。该系统是用 Java 编写的，根据 GNU 通用公共许可证的条款分发。它几乎可以运行任何平台上，并已在 Linux、Windows 和 Macintosh 操作系统下进行了测试。

B.1　Weka 是什么

Weka 提供了学习算法的实现，可以很方便地应用于数据集。它还包括用于数据集转换的各种工具，例如用于离散化和抽样的算法。用户可以预处理数据集，然后对其执行学习方案，并分析生成的分类器及其性能，整个过程无须编写任何程序代码。

工作平台包括解决数据挖掘问题的方法：回归、分类、聚类、关联规则挖掘和属性选择。了解数据是工作的一部分，所以 Weka 提供了许多数据可视化工具和数据预处理工具。所有算法都是以单个关系表的形式采用它们的输入，这些关系表可以从文件中读取或者通过数据库查询生成。

Weka 的使用方法之一就是将学习算法应用在数据集上，然后通过分析输出来了解关于数据的更多信息。另一种方法就是使用学习模型来预测新的实例。第三种方法就是应用多种不同学习算法并对比它们的效果，以选择一个来进行预测。在 Weka 的交互界面中，用户可以从菜单中选择所需的学习算法。许多算法参数都是可调的，用户可以通过属性表或者对象编辑器访问它们。通用评估模块用于估量所有分类器的性能。

实际学习方案的启用是 Weka 提供的最有价值的资源。但是，用于数据预处理的工具（过滤器）紧随其后。和分类器一样，用户可以从菜单中选择过滤器，并根据自己的需求进行调整。

B.1.1　如何使用它

Weka 最简单的使用方法是使用称为探索者的图形用户界面。用户可以通过菜单选择和表格填写来访问其所有工具。举个例子，用户可以从文件中快速读取数据集并从中构建决策树。探索者界面通过将操作以表单填写的形式来指引用户。当鼠标滑过屏幕上的选项时，会弹出提示窗口来解释其作用。合理的默认值可以确保用户以最少的努力获得结果，但是前提是用户必须知道自己要实现什么，以便理解结果的意义。

Weka 还有另外 3 个用户图形界面。用户可以在知识流界面设计处理流数据的配置。探索者界面的一个根本缺点就是它将所有内容都保存在主内存中，当打开一个数据集时，它立即加载全部内容。这意味着它只能应用在中小型问题中。然而，Weka 还包含一些可用于处理非常大的数据集的增量算法。在知识流界面中，用户可以在屏幕上拖动表示学习算法和数据源的框，并将它们一起加入配置中。它让用户可以通过连接代表数据源、预处理工具、学习算法、评估方法和可视化模块的组件来指定数据流。如果过滤器和学习算法能够进行增量学习，数据将被逐步地加载和处理。

Weka 的第三个界面是实验者界面，旨在帮助用户在应用分类和回归技术时回答一个基本的实际问题：对于给定的问题，哪些方法和参数值是最有效的？这个问题通常无法先验地回答，而开发工作平台的一个原因就是希望能为 Weka 用户提供一个可以比较各种学习算法的环境。这可以用探索者界面交互实现。在实验者界面中，用户可以在数据集语料库上运行设置了不同参数的分类器和过滤器、收集性能统计数据以及执行显著性检测来实现流程自动化。高级用户可以在实验者界面调用 Java 远程方法将计算负载分配到多台机器上。这样就可以进行大规模的统计实验，并让它们运行起来。

第四个界面是工作台，它是一个可以将其他 3 个（以及用户已安装的任何插件）组合到一个应用中的统一界面。工作台是高度可配置的，允许用户指定应用和插件及其相关的设置。

Weka 中的这些交互界面都是由基础功能组成的。用户可以通过命令行访问系统的所有功能。启动 Weka 时，用户必须通过 Weka 图形界面选择器选择 5 种不同的用户界面：探索者界面、知识流界面、实验者界面、工作台界面以及命令行界面（本节不考虑命令行界面）。大多数用户都会选择探索者界面，至少在最初阶段是这样的。

B.1.2 还可以做什么

使用 Weka 时，一个重要的资源就是在线文档，它是由源代码自动生成的，并简明地反映了其结构。在线文档提供了可用算法的唯一完整列表，因为 Weka 在不断更新并由原代码自动生成，所以在线文档始终是最新的。此外，如果用户想进入下一个阶段并且调用自己 Java 程序中的库或者测试自己编写学习方案，在线文档是至关重要的。

在大多数数据挖掘应用中，机器学习组件只是大型软件系统中的一小部分。如果用户打算编写数据挖掘应用程序，可以在代码中访问 Weka 的程序，这样可以以最少的附加程序解决应用中的部分机器学习问题。

如果用户想要成为机器学习算法专家（或者已经是专家了），想要实现自己的算法但是又不想实现其中的细节，比如从文件中读取数据、实现过滤算法或者提供代码来评估结果。如果是这样，那这是一个好消息：Weka 已经涵盖了这些的实现。为了能够充分利用，用户必须熟悉基本的数据结构。

针对高级用户的使用手册和命令行界面的描述，将作为附录的扩展内容给出，用户可登录 http://www.cs.waikato.ac.nz/ml/book.html 进行访问。

B.2 包管理系统

自本书第 3 版出版以来，Weka 软件已经有了很大的变化。系统中增加了许多新算法和特性，其中一部分是由社区贡献的。如此多的算法对新用户来说很难选择的。因此，一些算法和社区贡献被移除并放入了插件包。包管理系统便于用户浏览并选择安装感兴趣的包。

引入包管理系统的另一个动机是让 Weka 软件使用起来更方便,并减轻 Weka 开发团队的维护负担。插件的贡献者负责维护其代码并托管可安装的文件存档,而 Weka 只跟踪包的元数据。包管理系统还打开了使用第三方图书馆的大门,这种方式在过去为了保证 Weka 的轻量级封装是并不鼓励的。

通过 Weka 的用户图形(GUI)选择器的工具菜单可以访问包管理系统的图形包管理器。首次访问包管理系统时,它会下载当前可用包的相关信息。这需要网络连接,不过,下载了包的元数据后就可以使用包管理器在离线时浏览包管理系统中的包信息。当然,实际安装一个包的时候还是需要连接互联网。

包管理系统窗口顶部会显示软件包列表,底部的面板处会显示列表中当前选定的软件包的信息。用户可以选择显示未安装的可用软件包、安装的软件包或者所有软件包。该列表显示了每个包的名称、它所属于的类别、当前安装的版本(如果已安装)、与当前使用的 Weka 版本兼容的可用的最新版本,以及一个用于表示 Weka 是否成功加载该软件包的字段。虽然乍一看不明显,但是还是可以安装特定包的旧版本的。列表中的 Repository 版本字段实际上是一个下拉框。通过单击包列表的名称可以按包名称或类别进行升序或者降序排序。

在窗口底部的信息面板中有指定包的每个版本的链接。"Latest"是指软件包的最新版本,也就是版本号最高的版本。单击其中一个链接会显示更多的信息,如这个软件包的作者信息、授权信息、可安装的位置以及其依赖关系。每个软件包的信息也可以在 Weka 的包元数据存放的本地路径中查看。所有软件包都至少有一个依赖关系——它们都可以在核心 Weka 系统的最低版本中使用。一些软件包列出了对其他软件包的进一步依赖关系。比如,multi-InstanceLearning 软件包依赖于 multi-InstanceFilters 软件包。当安装 multi-InstanceLearning 软件包时,如果 multi-InstanceFilters 软件包尚未安装,系统将会通知用户安装所需的 multi-InstanceFilters 软件包,并自动安装。

包管理系统中显示了 Weka 的官方软件包。这些软件包都是通过 Weka 团队审查并将其元数据上传到了官方元数据存储中心。软件包的作者也可能由于某些原因决定让该软件包以非官方的途径使用。这些软件包不会出现在官方列表上,也不会显示在包管理系统的图形界面列表中。如果用户知道存档非官方软件包的 URL,则可以通过包管理系统窗口右上角的按钮进行安装。

当有可用的新软件包或者新版本时,包管理系统会通过显示一个大的黄色警告图标来通知用户。鼠标悬停在该图标上时会弹出一个提示窗口,显示新软件包列表,并提示用户单击"刷新存储库缓存"按钮。单击该按钮,可将所有更新软件包的新副本下载到用户的计算机。

包管理系统窗口顶部的"安装"和"卸载"按钮可以安装和卸载软件包。选择列表中的多个条目,就可以一次性安装或卸载多个软件包。默认情况下,Weka 会尝试加载所有已安装的软件包,如果由于某种原因无法加载软件包,则会在"已加载"列表中显示一条信息。用户也可以通过单击"切换加载"按钮来阻止某些特定的软件包被加载。这将会对该软件包进行标记,在 Weka 启动时就不会加载该软件包。如果不稳定的软件包生成和另一个软件包(可能是由于第三方库)冲突的错误,或者阻碍了 Weka 的正常运行,这种方法是非常有用的。

B.3 探索者界面

探索者界面是 Weka 历史上使用最广泛的图形用户界面,其全部功能都可通过菜单选择或者表单填写来访问。首先，通过顶部的选项卡可以选择 6 个不同的面板，它们对应了 Weka 支持的各种数据挖掘任务。通过安装恰当的软件包可以开发更多的面板。

1. 加载数据

为了说明探索者可以用来做什么，假定要从 Weka 下载包含天气数据的数据集构建一个决策树。启动 Weka 用户图形界面选择器后，在右侧的选项中选择探索者界面（前人曾提到过：Simple CLI 是老式的命令行界面）。

用户将会看到探索者界面的主页面，顶部的 6 个选项卡代表探索者界面支持的基本操作：现在开始预处理操作。单击"打开文件"按钮，会打开一个标准对话框，可以通过该对话框来选择文件。选择 weather.arff 文件。如果使用的是 CSV 格式，请将 ARFF 数据文件更改为 CSV 数据文件。

文件加载完成后，预处理页面会显示数据集的相关信息：该数据集具有 14 个实例和 5 个属性（中间偏左）；这些属性分别是天气趋势（outlook）、温度（temperature）、湿度（humidity）、刮风（windy）和可玩（play）。第一个属性是天气趋势（outlook），采用默认选择（也可以点击选择别的属性），没有缺失值，有 3 个不同的值，没有唯一值；实际值分别为晴（sunny）、多云（overcast）和雨（rainy），它们分别出现了 5 次、4 次和 5 次（中间偏右）。右下方的直方图显示了在不同的天气趋势（outlook）属性值下，可玩（play）的两个属性值中每个值出现的频率。之所以采用天气趋势（outlook）属性，是因为它在直方图上方的框中。用户也可以绘制其他任何属性的直方图。在这里，play 代表类别属性，用于给直方图着色，任何涉及类值的过滤器都会使用到它。

天气趋势（outlook）属性是标称型属性。如果选择数字属性，则会看到其最小值和最大值、均值以及标准差。在这种情况下，直方图会显示类别分布来表示函数属性。

用户可以通过选中复选框并单击 Delete 按钮来删除属性。单击 All 按钮可以选中全部的复选框，单击 None 按钮使全部复选框取消选中，单击 Invert 按钮可反选当前选择，单击 Pattern 按钮选择和正则表达式匹配的属性。用户可以通过单击 Undo 按钮撤销更改。单击 Edit 按钮会弹出一个编辑器，可供用户检查数据、搜索特定值并编辑它们，删除实例和属性。右键单击值和列标题会显示相应的环境菜单。

2. 构建决策树

要构建决策树，需要单击"分类"选项卡来访问 Weka 的分类和回归方案。在"分类"面板中，通过单击左上角的 Choose 按钮来选择分类器，打开出现的分层菜单中的"trees"部分，并找到 J48。菜单结构表示 Weka 代码组织的模块，所需要选择的项目通常都处于最低级别。选择后，J48 及其默认参数值将出现在 Choose 按钮旁边的行中。如果单击该行，就会打开 J48 分类器的对象编辑器，用户可以查看参数的含义，并根据需要更改其值。探索者界面通常会默认选择合适的值。

分类器选择好后，单击 Start 按钮就可以调用分类器。Weka 在工作的这段时间，探索者界面右下角的小鸟会跳起舞来，然后生成 J48 的输出。

3. 检查输出

在输出的开始部分是对数据集的总结，并且使用 10 折交叉验证来评估它。这是默认选择的，如果仔细观察"分类"面板，用户将看到左侧的交叉验证框处于被选中的状态。然后以文本的形式修剪决策树。此处显示的模型是由"预处理"面板提供的完整数据集生成的。

输出的下一部分对决策树的性能进行估计。使用 10 折分层交叉验证获得。除了分类错误，评估模块还输出了其他几个性能统计信息。

"分类"面板还包括了其他几个测试选项：使用训练集（通常不推荐）；提供测试集，指定包含测试集的独立文件；按比例分割（可以选择一定百分比的数据进行测试）。用户可以通过单击"更多"选项按钮并检查相应的条目来输出每个实例的预测。还有其他可用的选择，比如取消部分输出，并包含其他统计信息（如输出熵评估和成本敏感评估）。

4. 使用模型

"分类"面板左下方的小窗格包含一个突出显示的行，这是结果的历史列表。当用户运行分类器时，探索者就会新添加一行。要返回到先前的结果集就单击相应的行，则该运行的输出显示在分类器输出面板中。这样就可以方便地探索不同的分类器或评估方案，并重新审视结果进行比较。

当右键单击条目时，将出现一个菜单，可以在单独的窗口中查看结果或者保存结果缓存。更重要的是，用户可以保存 Weka 以 Java 对象文件形式生成的模型。用户可以重新加载之前保存的模型，该模型会在结果列表中生成一个新的条目。如果用户现在重新提供测试集，就可以在新的数据集上评估旧模型。

右键单击菜单上的几个项目可以不同的方式将结果可视化。探索者界面的顶部有一个单独的"可视化"选项卡，不同的是：它显示数据集，而不是特定模型的结果。通过单击历史记录列表中的条目，用户可以看到分类器错误。如果模型是树或者贝叶斯网络，那么用户可以看到它的结构。用户还可以查看边缘曲线以及各种成本和阈值曲线，并进行成分/效果分析。

B.3.1 探索者界面

我们已经简单考察了探索者界面顶部 6 个选项卡中的两个。下面对所有基本标签进行总结：

1）预处理：选择数据集，并以不同的方式对其进行修改。
2）分类：训练用于分类或回归的学习方案，并对其进行评估。
3）聚类：学习数据集聚类方案。
4）关联：学习数据的关联规则，并对其进行评估。
5）选择属性：选择数据集中最相关的属性。
6）可视化：查看不同的二维数据散点图，并与其进行互动。

每个标签都可以访问一系列工具。到目前为止，我们几乎没有接触到预处理和分类面板的表面。

每个面板的底部都有一个状态栏和"日志"按钮。状态栏显示消息，让用户了解发生了什么。例如，状态框会显示探索者正在加载文件。右键单击此框中的任意位置会弹出一个带有两个选项的菜单：显示 Weka 可用的内存以及运行 Java 垃圾回收器。需要指出的是，垃圾回收器是一个不间断运行的后台任务。

单击"日志"按钮，打开 Weka 在此会话中执行的操作的日志文本以及每项操作的时间戳。

如前所述，当 Weka 活跃时，窗口右下角的小鸟会跳起舞来。× 旁边显示的数字代表正在运行的并发进程的个数。如果小鸟站立但停止移动，这是病态的，代表出现了错误，用户可能需要重新启动探索者界面。

1. 加载和过滤文件

位于"预处理"面板顶部的是用于打开文件、URL 和数据库的按钮。文件浏览器在最初只出现以 .arff 为扩展名的文件，若要查看其他类型的文件，可更改文件选择框中的格式项。

使用"预处理"面板中的"保存"按钮，可以将数据保存为各种格式。也可以使用"生成"按钮人工生成数据。除了加载和保存数据集之外，"预处理"面板还可以进行过滤操作。单击"预处理"面板中的"选择"按钮（靠近左上角）可以看到过滤器列表。我们将介绍如何使用简单的过滤器从数据集中删除指定属性，换句话说，就是手动选择属性。通过使用复选框选择相关属性并单击"删除"按钮，可以更轻松地实现相同的效果。作为一个例子，我们将明确地描述等效的过滤操作。

"Remove"是一个无监督的属性过滤器，要查看它，就必须先展开无监督分类，然后展开属性分类。过滤器列表相当长，以至于要找到"Remove"不得不向下滚动。选择后，将在"选择"按钮旁边一行显示选中的过滤器及其参数值。在这种情况下，该行只显示"Remove"。单击该行可以打开一个通用的对象编辑器，用户可以使用该对象编辑器来检查和更改过滤器的属性。

如果要了解它，可以单击"更多"按钮。这说明该过滤器从数据集中删除指定范围的属性。有一个 attributeIndices 选项，用来指定作用范围；另一个 invertSelection 选项用来决定该过滤器是选择还是删除这些属性。这两个选项都在对象编辑器中。配置完对象后，会在"选择"按钮旁显示探索者设置的命令行公式。

Weka 中的算法可能会提供可处理的数据特征的信息，如果有，则可以在通用对象编辑器中"更多"按钮的下方看到"能力"按钮。单击这个按钮会显示该方法可以做什么的信息。对于"Remove"，就会显示可以处理许多属性特征，比如不同类型（标称、数字、关系）和缺失值，并显示了"Remove"操作所需的最少实例数。

通过单击通用对象编辑器底部的"过滤器"按钮可以获取所选的功能限制列表。如果当前数据集有列表中选中的特征，但是"Remove"过滤器的功能中缺少某些特征，则"预处理"面板中"选择"右侧的"应用"按钮将会变成灰色，"选择"按钮被按下的同时显示列表中的条目。虽然不能"应用"它，但仍然可以使用通用对象编辑器选择一个灰色条目来检验其选项、文档和功能。用户可以通过在约束列表中取消选择来释放单个约束，或者单击"删除过滤器"按钮以清除所有约束。

2. 聚类和关联规则

使用"聚类"和"关联"面板来调用聚类算法和查找关联规则的方法。在聚类时，Weka 显示簇的数量以及每个簇中包含的实例数量。对于某些算法，可以通过在对象编辑器中设置参数来指定簇的数量。对于概率聚类方法，Weka 会计算簇与训练数据的对数似然度：该数值越大，说明这个模型越适合该数据。增加簇数量通常会增大似然度，同时也可能会过载。

"聚类"面板上的控件和"分类"面板上的类似。用户可以指定一些相似的评估方法——使用训练集、提供训练集以及按比例分割（后两种方法与对数似然度一起使用）。更进一步的方法是：以类别作为簇的评估标准，比较所选择的簇和预先分配的类别间的匹配程度。用户选择一个属性（必须是标称值）来表示"true"类。将数据进行聚类后，Weka 确定每个簇中的大多数类，并生成一个混淆矩阵，显示如果使用簇而不是 true 类会出现多少错误。如果数据集具有类属性，则可以通过从属性下拉列表中选择簇来忽略它，并查看簇与实际类别的对应关系。最后，用户可以选择是否存储簇以进行可视化。不这样做的唯一原因是可以节省空间。与分类器一样，用户可以通过右键单击结果列表来显示结果，从而可以查看二维散点图。如果用户选择了类来对簇进行评估，则会显示类分配错误。对于 Cobweb 聚类方案，也可以将其可视化为树结构。

"关联"面板比"分类"和"聚类"面板更简单。Weka 包含了集中用于确定关联规则的算法，但是没有用于评估此类规则的方法。

3. 选择属性

"选择属性"面板可以用于访问多种属性选择方法。其中涉及属性评估器和搜索方法。两者都可以用一般的方式进行选择，并使用对象编辑器进行配置。用户还需要确定要用作类的属性。可以使用完整的训练集或使用交叉验证来进行属性选择。在交叉验证中，分别在每个折中操作，并输出显示次数，比如折数 – 被选择的每个属性。其结果会存储在历史记录列表中。当右键单击此处的条目时，用户可以根据所选属性可视化数据集（选择可视化来减少数据）。

4. 可视化

"可视化"面板可以用于可视化数据集，不是可视化分类或聚类模型的结果，而是可视化数据集本身，显示的是每对属性的二维散点图矩阵。用户通常可以使用底部控件选择一个属性来对数据点着色。如果属性是标称型的，会显示离散的着色；如果属性是数值型的，根据连续值，颜色光谱会由蓝色（低值）到橙色（高值）。没有类值的数据点会以黑色显示。用户可以更改每个绘图的大小、点的大小和抖动量，抖动量是应用于 X 和 Y 值的随机位移，用来分离重叠点。如果没有抖动，在同一个数据点上千个实例和一个实例的显示是相同的。用户可以通过选择某些属性来减小图形矩阵的大小，还可以对数据进行子抽样来提高效率。单击"更新"按钮后控件的更改才会生效。

单击矩阵中的一个图将其放大。用户可以通过右上角的菜单选择"矩形"，并在显示区域上拖动矩形，从而放大面板中的任何区域。单击左上角附件中的"提交"按钮可以将矩阵重新调整到观察区域。

B.3.2 过滤算法

现在我们仔细看看 Weka 中实现的过滤算法。有两类过滤器：无监督过滤器和有监督过滤器。这种看似普通的区分掩盖了一个根本问题。过滤器通常应用于训练数据集，也应用于测试文件。如果过滤器是有监督的，比如，如果使用带类值的离散化过滤器将训练得到的良好间隔施加到训练集中，可能会使结果偏倚。从训练数据得到的离散间隔必须施加在训练数据上。所以在使用有监督过滤器时，必须十分小心以确保结果的公平性。如果使用无监督的过滤器，通常不会出现这样的问题。

由于普遍的需求，Weka 允许用户调用有监督过滤器来完成预处理操作，无监督过滤器也一样。但是，如果想用它们来进行分类，则需要采用不同的方法。"分类"面板中提供了一个"meta-learner"，它可以通过将学习算法包装到过滤机制中的方式来调用过滤器。这会用到由训练数据创建的过滤器来过滤测试数据。对于部分无监督过滤器来说，这种方式也是有用的。例如，在 Weka 中的"StringToWordVector"（字符串转换为字符向量）过滤器中，词典仅由训练数据得到；测试数据中出现的新词会被丢弃。如果想用这种方式来使用有监督过滤器，可以在"分类"面板中单击"选择"按钮，选择显示菜单中的 meta 选项，选择调用"FilteredClassifier"的元学习方案。

通过类型区分，属性过滤器作用于数据集属性，实例过滤器作用于数据集实例。要了解更多关于特定过滤器的信息，可以在 Weka 的探索者界面中选择它，并查看其关联的对象编辑器。对象编辑器中定义了该过滤器所执行的操作和所需的参数。

B.3.3 学习算法

在"分类"面板上，当用"选择"按钮来选择学习算法时，分类器的命令行版本将会出现在按钮旁边，用减号符号对应其指定参数。如果要更改参数，可以单击该行以获取相应的对象编辑器。Weka 中的分类器包括贝叶斯分类器、树、规则、功能、消极分类器、元分类器和杂项分类器。

元学习算法将分类器转化为更强大的学习者，或者将分类器添加到其他应用程序中。它们用于执行增强、封装、成本敏感的分类和学习、参数的自动优化以及许多其他任务。前面提到的 FilteredClassifier 通过一个参数对已经通过过滤器的数据进行分类。过滤器的参数完全由训练数据决定，用这种方式将有监督过滤器应用于测试数据是合适的。

B.3.4 选择属性

在探索者的"选择属性"选项卡中可以进行属性选择。通常通过搜索属性子集来对每个属性子集进行评估。对属性单独评估并对其进行排序的方法更快但是不太准确，因为会丢弃低于所选临界点的属性。Weka 对这两种方法都支持。

属性子集评估器选取属性集的一个子集，并返回一个指导搜索的度量数值，这些评估器可以像其他 Weka 对象那样配置。单一属性评估器和 Ranker 搜索方法一起使用，Ranker 在删除部分属性后得到一个给定数量的属性排名列表。

搜索方法会遍历属性空间以找到好的属性子集。通过所选的子集评估器来评估子集的质量。每种搜索方法都可以像评估器对象一样使用 Weka 的对象编辑器来配置。

B.4 知识流界面

使用知识流界面，用户从工具栏中选择 Weka 组件，将它们放在布局画布上，并将其连接到处理和分析数据的有向图。它为那些喜欢思考数据在系统中流向的探索者提供了一种替代方法。它还允许设计和执行资源管理器不能做的流数据处理配置。用户可以通过从 GUIChooser 的选项中选择 KnowledgeFlow 来调用知识流界面。

B.4.1 入门指南

让我们通过例子逐步演示加载数据文件，并使用 J48 决策树来执行交叉验证。首先通过知识流界面左侧的"设计"面板中展开 DataSources 文件夹来创建数据源，然后选择 ArffLoader 组件。这时，鼠标光标会变成十字形，表示所放置组件的位置。通过单击布局区域上的任意位置来执行此操作，然后在布局区域上就可以看到 ArffLoader 组件的图标。如果要连接 ARFF 文件，可以右键单击 ArffLoader，会弹出菜单，通过单击"配置"来获取编辑器对话框。然后，可以单击"浏览"按钮来浏览 ARFF 文件，或者在文件名字段中输入一个路径。

现在使用 ClassAssigner 组件来指定类别属性。在"设计"面板中的展开"评估"条目，选择 ClassAssigner 组件，并将其放在布局区域上。如果要将数据源连接到 ClassAssigner，可以右键单击数据源图标,从弹出的快捷菜单中选择 dataset。此时会出现一条橡皮筋线,将鼠标指针移动到 ClassAssigner 组件,然后会看到一条标记为"dataset"的红线将这两个组件连接起来。连接 ClassAssigner 后,右键单击这个类,选择"配置",然后输入该类属性的位置。

我们将对 J48 分类器执行交叉验证。在数据流模型中,我们首先连接 CrossValidation-FoldMaker 来创建运行分类器的折,然后将其输出传递给代表 J48 的对象。CrossValidationFoldMaker 位于"评估"条目下,选择它并将其放到布局区域中,然后通过右键单击并从弹出的快捷菜单中选择 dataset 来连接到 ClassAssigner。接下来从 Classifiers 目录下的 tree 子目录中选择 J48,并在布局区域上放置一个 J48 组件。首先单击 CrossValidationFoldMaker,从其弹出的菜单中选择"trainingSet"连接到 J48 组件。再次右击 CrossValidationFoldMaker,选择"testSet"连接到 J48 组件。下一步就是从"评估"条目下选择 ClassifierPerformanceEvaluator,并单击 J48 组件,从其弹出的菜单中选择 batchClassifier 菜单项,连接到 J48。最后,从"可视化"条目中选择 TextViewer 组件并将其放置到布局区域。通过从性能评估器的弹出菜单中选择 text 条目,连接到 ClassifierPerformanceEvaluator 组件。

单击主工具栏左侧的两个三角形"播放"按钮之一,启动流程执行。最左侧的播放按钮并行启动流中的所有数据源;另一个播放按钮顺序启动数据源,可以通过在组件名称开头包含一个数字来指定执行顺序(可以通过弹出菜单中的"设置名称"项来设置一个名称)。对于一个小型数据集,执行时间很短。界面底部的状态区域提示进度信息。状态区域中的条目显示了流程中每一个步骤的进度,以及其参数设置(用于学习方案)和已用时间。在执行过程中发生的任何错误都会通过红色突出显示状态区域相应的行。单击 TextViewer 组件,在其弹出菜单中选择"显示结果",就会在单独的窗口中显示交叉验证的结果,其格式与探索者界面的形式相同。

为了完成这个例子,我们可以添加一个 GraphViewer 组件并连接到 J48 的图形输出,以查看交叉验证的每个折生成的树状结构。只要用此额外组件进行了交叉验证,就可以在弹出菜单中选择"显示结果"来生成树列表,交叉验证的每个折都会生成一棵树。知识流模型通过创建交叉验证折并将其传递给分类器来嵌入每个折的结果。

我们刚才所考虑的流程(除去 GraphViewer)实际上是用内置模板实现的。通过"模板"按钮可以访问示例模板,该模板按钮在知识流界面顶部工具栏右侧的第三个图标处。Weka 附带了很多模板,只要通过包管理系统安装了相应的软件包,菜单中就会显示更多的模板。大多数模板的流程是可执行的,无须进行进一步的修改,因为它们在 Weka 中随着数据的加载就已经配置好了。

B.4.2 知识流界面中的组件

知识流界面中的大部分组件都和探索者界面的类似。Classifiers 条目下包含了 Weka 的所有分类器,Filters 条目下包含了过滤器,Clusterers 条目下包含了聚类器,AttSelection 条目下包含用于属性选择的评估和搜索方法,"关联"面板包含了关联规则的学习方法。知识流界面中的所有组件都是运行在单线程中,除了数据正在逐步处理的情况——在这种情况下,如果用单线程,会因为给每个处理量很小的数据点都分配一个单线程而导致开销过大。

B.4.3 组件的配置和连接

用户可以通过配置各个组件并将其连接起来构建知识流。通过右键单击各个组件出现的菜单分为三类：编辑、连接和动作。用"编辑"操作来删除组件并打开其配置面板。用户可以通过从弹出的菜单中选择"设置名称"来给组件命名。分类器和过滤器的配置与探索者界面中一样。通过打开文件（如前所述）或设置数据库连接来配置数据源，并通过设置参数（例如交叉验证的折数）来配置评估组件。"连接"操作用于从源组件中选择连接类型，然后单击目标对象来将组件连接在一起。但这并不是对所有目标都适用：适用于该组件的目标突出显示；不能适用于该组件的连接，在连接菜单上的选择类型是被禁用（灰色）的。

从数据源出来的连接有两种：数据集连接和实例连接。前者用于批量操作，如 J48 分类器等；后者用于流操作，如 NaiveBayesUpdateable（贝叶斯分类器的增量版本）。一个数据源组件不能同时连接两种类型的连接：一旦选中某种类型，另一种类型会被禁用。当对批量分类器进行数据集连接时，分类器需要知道该数据集提供的到底是训练集还是测试集。为此，用户需要先在"评估"面板中选择 TestSetMaker 或 TrainingSetMaker 组件将数据源设置为测试集或者训练集。此外，增量分类器的实例连接是直接进行的：训练集和测试集之间没有进行区分，因为实力流增量更新分类器。在这种情况下，对每个输入的实例进行预测，并将其纳入测试结果中，然后分类器在该实例上训练。如果将实例连接到批量分类器，则将会作为测试实例，因为训练不可能是增量进行的，而测试总是增量的。相反，在批量模式下使用数据集连接来测试增量分类器是可行的。

当组件接收来自数据源的输入时，就启动过滤器组件的连接，从而进行后续的数据集连接和实例连接。实例连接不能使用增量处理数据（例如 Discretize）的有监督过滤器或无监督过滤器。为了从过滤器获取测试集或训练集，必须使用适当的过滤器组件。

分类器菜单有两种类型的连接。第一种连接类型，即 graph（图形）和 text（文本）连接，以图形和文字的方式展示了分类器的学习状态，只有在分类器接收到训练集输入后才会激活。第二种连接类型，即 batchClassifier（批量分类器）和 incrementalClassifier（增量分类器）连接，能为性能评估器提供数据，只有为分类器提供测试集输入时它才会激活。用户可以根据分类器的类型决定激活连接中的哪一个。

Evalution 条目十分混杂。TrainingSetMaker 组件和 TestSetMaker 组件将数据集转化为训练集或测试集。CrossValidationFoldMaker 组件将数据集拆分为训练集和测试集。ClassifierPerformanceEvaluator 组件为可视化组件产生文本和图形输出。其他评估组件像过滤器一样操作，根据输入激活后续的 dataSet、instance、training set，或 test set 连接（例如，ClassAssigner 组件为数据集分配一个分类）。可视化组件没有连接部分，有些组件有动作部分，如 Show results（显示结果）和 Clear results（清除结果）。

B.4.4 增量学习

知识流界面和探索者界面的大部分功能是类似的：在进行类似操作的同时，知识流界面还提供了一些其他的灵活性——例如，J48 为交叉验证的每个折都生成了树。但知识流界面最大的优势在于它的增量操作。

如果知识流界面中已连接的组件逐渐开始运作起来，那么学习系统也随之生成。和探索者界面中一样，在学习算法开始运行前不会读取数据集。相反，数据源组件通过实例读取输入实例并通过知识流链来进行传递。

从"模板"菜单中选择"Learn and evaluate Naive Bayes incrementally"模板，会显示一个可以递增执行的配置。加载器到类分配器之间可以建立实例连接，并将其依次连接到可更新的朴素贝叶斯分类器。分类器的文本输出将传递给给定模型的文本描述查看器。此外，相应的性能评估器将进行 incrementalClassifier 连接。这会生成图表类型的输出，该输出通过管道传输到条形图可视化组件以生成条状数据图。

特定的知识流配置可以处理任意大小的输入文件，甚至不在计算机主内存的文件也可以处理。然而，这一切都取决于分类器在内部以何种方式运行。比如，尽管这些操作是递增的，但是还是有许多基于实例的学习算法在内部存储了整个数据集。

B.5 实验者界面

探索者界面和知识流界面可以帮助用户确定机器学习方案执行给定数据集的性能如何。但是调查工作会涉及大量实验——通常会在不同的数据集上运行多种学习方案，还需要进行各种参数设置，而这些探索者界面和知识流界面并不适用于这种情况。实验者界面使用户可以设置大型实验，在实验开始运行后，用户可以暂时离开，待实验运行完成后，再分析已经收集好的性能统计数据，从而实现了实验过程的自动化。统计信息可以存储在文件或者数据库中，并且作为进一步的数据挖掘的主题。用户可以单击 Weka GUI 选择器窗口右边的 Experimenter 按钮来启动实验者界面。

知识流界面超越了空间的限制，不必一次加载整个数据集就可以运行；实验者界面则超越了时间的限制，它提供了让高级用户使用 Java RMI 在多台机器间分配计算负载的功能。这样，用户就可以设置数据量很大的实验，且在实验运行时可以离开。

B.5.1 入门指南

例如，比较 J48 决策树算法和作为基线算法的 OneR 和 ZeroR 算法。实验者界面有三个面板：安装、运行和分析。要配置实验，首先单击窗口（右上方）的 New 按钮来新建实验（该行中的另外两个按钮分别用于保存实验和打开以前保存的实验）。然后，在下面的行中选择 Result Destination 子面板，输入文件名"Experiment1"，并选择 CSV 文件。下一步是选择数据集，我们只用到一个数据集——Iris 数据。在数据集的右侧选择要测试的算法，我们需要测试 3 个算法。用户可以通过单击 Add new 按钮并从 Weka 对象编辑器中选择和配置算法。重复该操作添加 3 个算法。现在，实验就准备好了。

其他设置都采用默认值。如果想配置列表中存在的分类器，可以通过 Edit selected（编辑所选）来对其进行编辑。用户还可以将指定分类器的配置以 XML 格式的文件保存，以便以后可以直接使用。用户可以在条目上单击右键将配置复制到剪贴板，然后从剪贴板添加或更改分类器的配置。

1. 运行实验

要将实验运行，需要选择 Run 标签页，单击 Start 按钮。操作完成后，会显示一个简短的报告。生成一个文件名为"Experiment1.csv"的文件，CSV 格式的文件可以直接用电子表格软件打开。文件中的每一行代表了 10 折交叉验证中的一折（参见折叠列）。对于每一个分类器（Scheme 列）都会运行 10 次交叉验证（run 列）。因此，该文件中每个分类器都包含了 100 行，共有 300 行（加上标题行）。每行都包含了大量信息，包括提供给机器学习方案的配置，训练实例和测试实例的数量，正确、不正确和未分类实例的数量（和百分比），平均绝对误差，均方根误差等。

电子表格中包含了大量信息，但很难消化。尤其，很难回答之前的问题：如何比较 J48

决策树算法和作为基线算法的 OneR 和 ZeroR 算法？为此，我们还需要用到 Analyze 标签页。

2. 结果分析

之所以用 CSV 格式文件来生成输出，是因为它可以让用户在电子表格中分析由实验者界面生成的原始数据。实验者界面通常以 ARFF 格式生成输出。也可以将文件名留空，对于这种情况，实验者界面会将结果存储在临时文件中。

要分析刚才运行的式样，选择 Analyze 标签页，然后单击标签页顶部右侧的 Experiment 按钮。否则将会另外提供一个实验结果文件。然后单击 Perform test 按钮（靠近左侧底部）。第一个学习方案（J48）和另两个学习方案（OneR 和 ZeroR）的显著性统计的测试结果会显示在右侧的大面板中。

比较统计量的百分比：默认情况下会选择左侧输出比较字段。这 3 种学习方案水平显示，分别用编号（1）、（2）和（3）作为表格的标题。底部列标签分别是 tree.J48、rules.OneR 和 rules.ZeroR，此处应保证了标题栏中有足够的空间。方案名称旁边的连续整数表示正在使用的方案的版本。它们都是默认存在的，以此避免使用不同版本的算法所生成的结果之间产生混淆。Iris 行（100）开头的括号中的值是实验运行的次数：10 次 10 折交叉验证。

界面中分别显示了 3 种学习方案的正确率百分比：方案一的正确率为 94.73%，方案二的正确率为 92.53%，方案三的正确率为 33.33%。结果表明，标记（v）和标记（*）表示结果的统计显著性水平比基线方案（当前是 J48）在指定显著性水平（目前是 0.05）上更好（v）或更坏（*）。在本例中，方案三比方案一差很多，应为在它的正确率后面显示了 *。在每一列的底部显示（x/y/z）的形式，表明与实验中使用的数据集的基线方案相比该列方案优于（x），相同（y），或者不如（z）的次数。在本例中，只有一个数据集，方案二和方案一（基线）相同的次数为一次，不如方案三的次数为一次。

Analyze 标签页中的输出可以通过单击 Save output 按钮保存到文件中。也可以通过单击 Open Explorer 按钮来打开 Weka Explorer 窗口，进一步分析所获得的实验结果。

B.5.2 高级设置

实验者界面中有高级模式，可以通过 Setup 标签页顶部的下拉列表框选择 Advanced 选项来访问。这扩大了可用于控制实验的选项，包括诸如生成学习曲线的选项。然而，高级模式很难使用，简单版本已经能够满足大多数的需要。例如，在高级模式下，用户可以设置一个迭代来测试一系列不同参数值的算法，在简单模式下通过将算法多次放入列表中并使用不同的参数值也可以实现相同的效果。

用户可以在高级模式下执行某些操作，但是在简单模式下无法运行使用了聚类算法的实验。在这里，实验仅限于可以计算概率或密度估计的聚类实验，且用于比较的主要评估方法是对数似然。高级模式的另一个用途就是设置分布式实验。

B.5.3 "分析"面板

用户可以通过演示使用"分析"面板对学习方案（J48）和另外两个学习方案（OneR 和 ZeroR）进行显著性统计测试。测试的是误差率。可以从下拉菜单中选择其他统计信息，包括各种熵。此外，用户可以通过选中 Show std deviations 复选框来查看要评估属性的标准偏差。

单击 Test base 菜单后面的 Select 按钮，在弹出窗口中选择 J48 作为新的基线方案，除了选择学习方案外，在 Select base 中还可以进行两种选择：摘要和排名。前者是将每个学习方案和其他每个学习方案进行比较，并打印出一个矩阵，其单元格包含的数据集数量明显优于另一个。后者根据该数据集的测试结果（代表优于（>）和不及（<））的总数进行统计并生成表格。输出的第一行给出的是优于数量和不及数量之间的差异。

行和列字段决定了对比矩阵的维度。单击 Select 按钮将显示实验中测试的所有功能的列表。用户可以选择矩阵的行和列（由于可以同时选择多个参数，所以不会在"选择"中显示所选项）。

其中有一个按钮可用于选择要显示的列子集（始终包含基线列），另一个按钮可以选择输出的格式：纯文本（默认）、LaTeX 排版输出、CSV 格式、HTML、数据和脚本、适用于输入到 GNUPlot 图形绘图软件的格式以及纯文本格式的重要符号。也可以在输出中显示均值和缩写的过滤器名。

选择是否适用配对校验 T 检验或者标准 T 检验来计算显著性。可以通过在下拉列表框中选择 Sorting（asc.）选项来更改结果的排序方式。默认使用自然排序，按照用户在"安装"面板中输入的数据集名称的顺序来呈现。或者，也可以根据"比较"字段中可用的任何方式来对其进行排序。

索 引

索引中的页码为英文原书页码，与书中页边标注的页码一致。

注意：页码后的"f"标记和"t"标记分别代表图和表。

符号

0-1 loss function（0-1 损失函数），176
0.632 bootstrap（0.632 自助法），170
1R（1-rule，1 规则），93
 discretization（离散化），296
 example use（使用示例），94t
 missing values and numeric data（缺失值和数值数据），94-96
 overfitting for（过度拟合），95
 pseudocode（伪代码），93f
11-point average recall（11 点平均召回率），191

A

Accuracy（准确率），of association rules（关联规则），79，120
 minimum（最小），79，122，124
Accuracy（准确率），of classification rules（分类规则），102，115
Activation functions（激活函数），270，424-426，425t
Acuity parameter（敏锐度参数），152
AD trees（AD 树），见 All-dimensions（AD）trees
AdaBoost，487-489
AdaBoost.M1 algorithm（AdaBoost.M1 算法），487
Additive logistic regression（累加 logistic 回归），492-493
Additive regression（累加回归），490-493
ADTree algorithm（ADTree 算法），501
Adversarial data mining（对抗数据挖掘），524-527
Agglomerative clustering（凝聚聚类），142，147
Aggregation（聚合），438
Akaike Information Criterion（AIC，Akaike 信息准则），346

AlexNet model（AlexNet 模型），435
All-dimensions（AD）trees（全维树），350-351
 generation（生成），351
 illustrated examples（示例图），350f
Alternating decision trees（交替式决策树），495
 example（例子），495f，496
 prediction nodes（预测结点），495
 splitter nodes（分裂结点），495
Analysis of variance（ANOVA，方差分析），393
Analyze panel（Analyze 面板），568，570-571
Ancestor-of relation（祖先关系），51
AND（与），262
Anomalies（异常），detecting（检测），318-319
Antecedent（前件），of rule（规则的），75
AODE，见 Averaged one-dependence estimator
Applications（应用），503
 automation（自动化），28
 challenge of（挑战），503
 data stream learning（数据流学习），509-512
 diagnosis（诊断），25-26
 fielded（领域），21-28
 incorporating domain knowledge（融合领域知识），512-515
 massive datasets（大型数据集），506-509
 text mining（文本挖掘），515-519
Apriori algorithm（Apriori 算法），234-235
Area under the curve（AUC，曲线下面积），191-192
Area under the precision-recall curve（AUPRC，召回率–精确率曲线下面积），192
ARFF files（ARFF 文件），57
 attribute specifications in（属性说明），58
 attribute types in（属性类型），58
 defined（定义），57
 illustrated（示例图），58f
Arithmetic underflow（算术下溢），344-345

Aspect model（切面模型），378-379
Assignment of key phrases（赋予关键词组），516
Association learning（关联学习），44
Association rules（关联规则），11-12，79-80，见 Rules
  accuracy（confidence）（准确率（置信度）），79，120
  characteristics（特点），79
  computation requirement（计算需求），127
  converting item sets to（转换项集为），122
  coverage（support）（覆盖量（支持度）），79，120
  double-consequent（双后件），125-126
  examples（例子），11-12
  finding（寻找），120
  finding large item sets（寻找大项集），240-241
  frequent-pattern tree（频繁模式树），235-239
  mining（挖掘），120-127
  predicting multiple consequences（预测多个结果），79
  relationships between（之间的关系），80
  single-consequent（单后件），126
  in Weka（Weka 中），561
Attribute evaluation methods（属性评估方法），562
  attribute subset evaluators（属性子集评估），564
  single-attribute evaluators（单一属性评估器），564
Attribute filters（属性过滤器），563
  supervised（有监督的），563
  unsupervised（无监督的），563
Attribute selection（属性选择），287-295，见 Data transformations（转换）
  backward elimination（反向删除），292-293
  beam search（束搜索），293
  best-first search（最佳优先搜索），293
  filter method（过滤方法），289-290
  forward selection（正向选择），292-293
  instance-based learning methods（基于实例的学习方法），291
  race search（竞赛搜索），294
  recursive feature elimination（递归特征消除），290-291
  schemata search（模式搜索），294
  scheme-independent（独立于方案的），289-292
  scheme-specific（具体方案相关的），293-295
  searching the attribute space and（搜索属性空间），292-293
  selective Naïve Bayes（选择性朴素贝叶斯法），295
  symmetric uncertainty（对称不确定性），291-292
  in Weka（Weka 中），562
  Weka evaluation methods for（Weka 评估方法），562
  wrapper method（包装方法），289-290
Attribute subset evaluators（属性子集评估器），564
Attribute-efficient learners（有效属性学习器），135
Attributes（属性），43，53-54，95
  ARFF format（ARFF 格式），58
  Boolean（布尔类型），55-56
  causal relations（因果关系），513
  combination of（的组合），120
  conversions（转换），94
  date（日期），58
  difference（差异），135-136
  discrete（离散的），55-56
  evaluating（评估），94t
  highly branching（高度分支的），110-113
  identification code（标识码），95
  interval（区间），55
  irrelevant（无关的），289
  nominal（名目的），54，357
  normalized（标准化的），61
  numeric（数值型的），54，210-212
  ordinal（有序的），55
  ratio（比率），55
  relations between（之间的关系），83
  relation-valued（赋值关系），58
  relevant（相关的），289
  semantic relation between（之间的语义关系），513
  string（字符串），58，313
  string（字符串），conversion（转换），313
  types of（的类型），44，61-62
  values of（的值），53-54
  weighting（加权），246-247
AUC，见 Area under the curve（AUC）
AUPRC，见 Area under the precision-recall curve（AUPRC）

Authorship ascription（作者归属），516
AutoClass，156，359
　　Bayesian clustering scheme（贝叶斯聚类方案），359-360
Autoencoders，445-449
　　combining reconstructive and discriminative learning，（重构和判别式学习的结合），449
　　denoising autoencoders（降噪自动编码器），448
　　layerwise training（分层训练），448
　　pretraining deep autoencoders with RBMs（用RBM预训练深度自动编码器），448
Automation applications（自动化应用），28
Averaged one-dependence estimator（AODE，平均单依赖估计器），348-349
Average-linkage method（平均链接方法），147-148

B

Background knowledge（背景知识），508
Backpropagation（反向传播），263，426-429
　　checking implementations（验证实现），430-431
　　stochastic（随机的），268-269
Backward elimination（反向删除），292-293
Backward pruning（反向剪枝），213
Bagging（装袋），480
　　algorithm for（算法），483f
　　bias-variance decomposition（偏差–方差分解），482-483
　　with costs（考虑成本的），483-484
　　idealized procedure versus（理想化的过程），483
　　instability neutralization（缓解不稳定性），482-483
　　for numeric prediction（用于数值预测），483
　　as parallel（并行的），508
　　randomization versus（随机化），485-486
Bagging algorithm（Bagging算法），480-484
Bags（袋），156-157
　　class labels（类标），157
　　instances（实例），joining（连接），474
　　positive（正例），475-476
　　positive probability（正例概率），476
Balanced iterative reducing and clustering using hierarchies（BIRCH，基于层次的平衡迭代代约简和聚类），160
Balanced Winnow（平衡的Winnow），134-135
Ball trees（球树），139
　　in finding nearest neighbors（寻找最近邻），140
　　illustrated（示例图），139f
　　nodes（结点），139-140
　　splitting method（分裂方法），140-141
　　two cluster centers（两个聚类中心），145f
Batch learning（批量学习），268-269
Batch normalization（批量归一化），436
Bayes Information Criterion（贝叶斯信息准则），159-160
Bayes' rule（贝叶斯规则），337，339，362-363
Bayesian clustering（贝叶斯聚类），358-359
　　AutoClass，359
　　DensiTree，359，360f
　　hierarchical（层次），359
Bayesian estimation and prediction（贝叶斯估计与预测），367-370
　　probabilistic inference methods（概率推理方法），368-370
Bayesian Latent Dirichlet allocation（LDA[b]，贝叶斯隐含狄利克雷分配），379-380
Bayesian multinet（贝叶斯复网），349
Bayesian networks（贝叶斯网络），158，339-352，382-385
　　AD tree（AD树），350-351，350f
　　algorithms（算法），347-349
　　conditional independence（条件独立性），343-344
　　data structures for fast learning（用于快速学习的数据结构），349-352
　　EM algorithm to（EM算法），366-367
　　example illustrations（示例图），341f，342f
　　for weather data（天气数据），341f，342f
　　K2 algorithm（K2算法），411
　　learning（学习），344-347
　　making predictions（做出预测），340-344
　　Markov blanket（马尔可夫毯），347-348
　　predictions（预测），340-344
　　prior distribution over network structures（网络结构的先验分布），346-347
　　specific algorithms（具体算法），347-349
　　structure learning by conditional independence

tests（条件独立测试的结构学习），349
TAN，348
BayesNet algorithm（贝叶斯网络算法），416
Beam search（束搜索），293
Belief propagation，见 Probability propagation
Bernoulli process（伯努利过程），165
BestFirst method，334
Best-first search（最佳优先搜索），295
Bias（偏差），33-35
    language（语言），33-34
    multilayer perceptron（多层感知机），263
    overfitting-avoidance（避免过度拟合），35
    search（搜索），34-35
Bias-variance decomposition（偏差–方差分解），482-483
Binary classification problems（二元分类问题），69
Binary events（二元事件），337
BIRCH，见 Balanced iterative reducing and clustering using hierarchies Bits，106-107
Block Gibbs sampling（块吉布斯抽样），454
Boltzmann machines（玻尔兹曼机），449-451
Boolean attributes（布尔属性），55-56
Boolean classes（布尔类），78
Boosting（提升），486-490
    AdaBoost，487-489
    algorithm for（算法），487，488f
    classifiers（分类器），490
    in computational learning theory（计算学习理论），489
    decision stumps（决策桩），490
    forward stagewise additive modeling（前向逐步累加模型），491
    power of（威力），489-490
Bootstrap（自助法），169-171
Bootstrap aggregating（自助聚集），见 Bagging
Box kernel（盒核函数），361
"Burn-in" process（"老化"过程），369
"Business understanding" phase（"业务理解"阶段），28-29

C

C4.5，113，216，219-220，288-289
    functioning of（功能），219
    MDL-based adjustment（基于MDL的调整），220
C5.0，221
Caffe，465
Calibration（校准），class probability（类概率），330
    discretization-based（基于离散化的），331
    logistic regression（logistic 回归），330
    PAV-based（基于PAV的），331
Capabilities class（Capabilities 类），561
CAPPS，见 Computer-Assisted Passenger Prescreening System
CART system（CART系统），210，283
    cost-complexity pruning（成本–复杂度剪枝），220-221
Categorical and continuous variables（分类和连续变量），452-453
Categorical attributes（类别属性），见 Nominal attributes
Category utility（分类效用），142，154-156
    calculation（计算），154
    incremental clustering（增量聚类），150-154
Causal relations（因果关系），513
CBA technique（CBA 技术），241
CfsSubsetEval method（CfsSubsetEval 方法），334
Chain rule（链式法则），327，343-344
Chain-structured conditional random fields（链约束条件随机场），410
Circular ordering（循环的顺序），56
CitationKNN algorithm（CitationKNN 算法），478
Class boundaries（类边界）
    non-axis parallel（不平行于坐标轴的），251
    rectangular（矩形的），248-249，249f
Class labels（类标）
    bags（袋），157
    reliability（可靠性），506
Class noise（类噪声），317
Class probability estimation（类概率估计），321
    dataset with two classes（含有两个类的数据集），329，329f
    difficulty（难度），328-329
    overoptimistic（过于乐观的），329
ClassAssigner component（ClassAssigner 组件），

564-565
ClassAssigner filter（ClassAssigner 过滤器），564-565，567
Classes（类），45
    Boolean（布尔型），78
    membership functions for（隶属函数），129
    rectangular（矩形），248-249，249f
Classical machine learning techniques（经典的机器学习技术），418
Classification（分类），44
    clustering for（聚类），468-470
    cost-sensitive（成本敏感），182-183，484
    document（文档），516
    k-nearest-neighbor（k 最近邻），85
    Näıve Bayes for（朴素贝叶斯），103-104
    nearest-neighbor（最近邻），85
    one-class（单类），319
    pairwise（成对），323
Classification learning（类边界），44
Classification rules（分类规则），11-12，75-78，见 Rules
    accuracy（准确率），224
    antecedent of（的前件），75
    criteria for choosing tests（选择测试的标准），221-222
    disjunctive normal form（析取范式），78
    with exceptions（包含例外的），80-82
    exclusive-or（异或），76，77f
    global optimization（全局优化），226-227
    good rule generation（生成好的规则），224-226
    missing values（缺失值），223-224multiple（多个），78
    numeric attributes（数值属性），224
    from partial decision trees（从局部决策树），227-231
    producing with covering algorithms（用覆盖算法生成），223
    pruning（剪枝），224
    replicated subtree（重复子树），76，77f
    RIPPER rule learner（RIPPER 规则学习器），227，228f，234
ClassifierPerformanceEvaluator，565，567
ClassifierSubsetEval method（ClassifierSubsetEval 方法），334

Classify panel（Classify 面板），558-559，563
    classification error visualization（可视化分类错误），559
Cleansing（清洗）
    artificial data generation（生成人工数据），321-322
    detecting anomalies（异常检测），318-319
    improving decision trees（改进决策树），316-317
    one-class learning（一分类学习），319-320
    outlier detection（异常值检测），320-321
    robust regression（稳健回归），317-318
"Cliques"（"最大子图"），385
Closed-world assumptions（封闭世界假定），47，78
CLOSET + algorithm（CLOSET+ 算法），241
Clustering（聚类），44，141-156，352-363，473
    Agglomerative（凝聚），142，147
    Algorithms（算法），87-88
    category utility（分类效果），142
    comparing parametric, semiparametric and nonparametric density models（比较参数、半参数和无参数的密度模型），362-363
    with correlated attributes（具有相关属性），359-361
    document（文档），516
    EM algorithm（EM 算法），353-356
    Evaluation（评估），200
    expectation maximization algorithm（期望最大化算法），353-356
    extending mixture model（扩展混合模型），356-358
    for classification（用于分类），468-470
    group-average（组平均），148
    hierarchical（层次的），147-148
    in grouping items（将项分组），45
    incremental（增量的），150-154
    iterative distance-based（基于距离的迭代），142-144
    k-means（k 均值），144
    MDL principle application to（MDL 原理应用于），200-201
    number of clusters（聚类个数），146-147
    using prior distributions（使用先验分布），358-

359
 and probability density estimation（和概率密度估计），352-363
 representation（代表性），88f
 statistical（统计），296
 two-class mixture model（两个聚类的混合模型），354f
 in Weka（在 Weka 中），561
Cobweb algorithm（Cobweb 算法），142，160，561-562
Co-EM，471，
"Collapsed Gibbs sampling"（折叠吉布斯抽样），380-381
Column separation（列分隔），325
Comma-separated value（CSV，以逗号分隔的值）
 data files（数据文件），558
 format（格式），558
Complete-linkage method（全连接方法），147
Computation graphs and complex network（计算图以及复杂的网络）
 Structures（结构），429-430
Computational learning theory（计算学习理论），489
Computational Network Toolkit（CNTK，计算网络工具包），465
Computer-Assisted Passenger Prescreening System（CAPPS，计算机辅助旅客预筛选系统），526
Concept descriptions（概念描述），43
Concepts（概念），44-46，见 Input
 Defined（定义的），43
"Condensed" representation（"压缩"表示），473
Conditional independence（条件独立性），343-344
Conditional probability models（条件概率模型），392-403
 generalized linear models（广义线性模型），400-401
 gradient descent and second-order methods（梯度下降和二阶方法），400
 using kernels（使用核），402-403
 linear and polynomial regression（线性和多项式回归），392-393
 multiclass logistic regression（多类 logistic 回归），396-400

 predictions for ordered classes（有序类的预测），402
 using priors on parameters（使用参数优先级），393-395
  matrix vector formulations of linear and polynomial regression（线性矩和多项式阵向量公式回归），394-395
Conditional random fields（条件随机字段），406-410
 chain-structured conditional random fields（链结构条件随机场），410
 linear chain conditional random fields（线性链接条件随机场），408-409
 from Markov random fields to（从马可夫随机字段到），407-408
 for text mining（用于文本挖掘），410
confidence（置信度）
 of association rules（关联规则的），79，120
 intervals（区间），173-174
 upper/lower bounds（上／下界），246
confidence limits（置信边界）
 in error rate estimation（在误差率估计中），215-217
 for normal distribution（用于正态分布），166t
 for Student's distribution（用于学生分布），174t
 on success probability（成功概率），246
confusion matrix（混淆矩阵），181
consequent（后件），of rule（规则的），75
ConsistencySubsetEval method（ConsistencySubsetEval 方法），334
constrained quadratic optimization（约束二次优化），254
contact lens problem（隐形眼镜问题），12-14
 covering algorithm（覆盖算法），115-119
 rules（规则），13f
 structural description（结构描述），14，14f
continuous attributes（连续属性），见 Numeric attributes
contrastive divergence（对比分歧），452
convex hulls（凸包），253
convolution（卷积），440-441
Convolutional Neural Networks（CNN，卷积神经网络），419，437-438
 convolutional layers and gradients（卷积层和梯

度),443-444
  deep convolutional networks(深度卷积网络),438-439
  from image filtering to learnable convolutional layers(从图像过滤到可学习的卷积层),439-443
  ImageNet evaluation(Image Net评估),438-439
  Implementation(实施),445
  pooling and subsampling layers and gradients(池化和二次抽样层及梯度),444
corrected resampled t-test(更正的重抽样t检验),175-176
cost curves(成本曲线),192-194
  cost in(成本),193
  cost matrixes(成本矩阵),182,182t,186
cost of errors(错误成本),179-180
  cost curves(成本曲线),192-194
  cost-sensitive classification(成本敏感分类),182-183
  cost-sensitive learning(成本敏感学习),183
  examples(例子),180
  lift charts(提升图),183-186
  problem misidentification(问题错误识别),180
  recall-precision curves(精确率－召回率曲线),190
  ROC curves(ROC曲线),186-190
costbenefit analyzer(成本－收益分析器),186
cost-complexity pruning(成本－复杂度剪枝),220-221
cost-sensitive classification(成本敏感分类),182-183,484
cost-sensitive learning(成本敏感学习),183
  two-class(两类),183
co-training(协同训练),470
  EM and(EM),471
counting the cost(计算成本),179-194
covariance matrix(协方差矩阵),356-357
coverage(覆盖量),of association rules(关联规则的),79,120
  minimum(最小),124
  specifying(指定),127
covering algorithms(覆盖算法),113-119
  example(例子),115

  illustrated(示例图),113f
  instance space during operation of(操作过程中的实例空间),115f
  operation(操作),115
  in producing rules(用于产生规则),223
  in two-dimensional space(在二维空间中),113-114
CPU performance(GPU性能),16
  dataset(数据集),16t
Cross-correlation(交叉关系),440-441
Cross-validation(交叉验证),167-168,432-433
  estimates(评估),173
  folds(折),168
  leave-one-out(留一法),169
  repeated(重复的),175-176
  for ROC curve generation(用于生成ROC曲线),189
  stratified threefold(分层三折),168
  tenfold(10折),168,286-287
  threefold(3折),168
CrossValidationFoldMaker,565,567
CSV,见Comma-separated value
CuDNN,465-466
customer support/service applications(客户支持/服务应用),28
cutoff parameter(截止参数),154

D

data(数据),38
  augmentation(增加),437
  evaluation phase(评估阶段),29-30
  linearly separable(线性可分),131-132
  noise(噪声),7
  overlay(重叠),57
  scarcity of(缺乏),529
  sparse(稀疏),6061
  structures for fast learning(快速学习结构),349-352
data cleansing(数据清洗),65,288,316-322,见Data transformations
  anomaly detection(异常检测),318-319
  decision tree improvement(改进决策树),316-317

methods（方法），288
　　one-class learning（单类学习），319-320
　　robust regression（稳健回归），317-318
data mining（数据挖掘），5~6，9，28-30
　　adversarial（对抗的），524-527
　　applying（应用），504-506
　　as data analysis（作为数据分析），5
　　ethics and（道德），35~38
　　learning machine and（机器学习），4~9
　　life cycle（生命周期），29f
　　scheme comparison（方案比较），172-176
　　ubiquitous（无处不在的），527-529
data preparation（数据准备），见 InputARFF files，57-60
　　attribute types（属性类型），61-62
　　data gathering in（收集数据），56-57
　　data knowledge and（数据知识），65
　　inaccurate values in（不准确的值），63-64
　　missing values in（缺失值），62-63
　　sparse data（稀疏数据），60-61
data projections（数据投影），287，304-314
　　partial least-squares regression（偏最小二乘回归），307-309
　　principal components analysis（主成分分析），305-307
　　random（随机），307
　　text to attribute vectors（从文本到属性向量），313-314
　　time series（时间序列），314
data stream learning（数据流学习），509-512
　　algorithm adaptation for（改进算法用于），510
　　Hoeffding bound（Hoeffding 边界），510
　　memory usage（内存使用情况），511-512
　　Naïve Bayes for（朴素贝叶斯），510
　　tie-breaking strategy（打破平局策略），511
data transformations（数据转换），285
　　attribute selection（属性选择），288-295
　　data cleansing（数据清洗），288，316-322
　　data projection（数据投影），287，304-314
　　discretization of numeric attributes（数值属性离散化），287，296-303
　　input types and（输入类型和），305
　　methods for（方法用于），287
　　multiple classes to binary ones（多分类问题转换成二分类问题），288-289，315-316
　　sampling（抽样），288，315-316
"Data understanding" phase（"数据理解"阶段），28-29
data warehousing（数据仓库），56-57
data-dependent expectation（数据依赖期望），451
dataSet connections（数据集连接），566-567
date attributes（日期属性），58
decimation（抽取），438
decision boundaries（决策边界），69
decision lists（决策列表），11
　　rules versus（规则与），119
decision stumps（决策桩），490
decision tree induction（决策桩归纳），30，316
　　complexity（复杂度），217-218
　　top-down（自顶向下），221
decision trees（决策树），6，70-71，109f
　　alternating（交替式），495-496，495f
　　C4.5 algorithm and（C4.5 算法和），219-220
　　constructing（创建），105-113
　　cost-complexity pruning（成本-复杂度剪枝），220-221
　　for disjunction（用于析取），76f
　　error rate estimation（误差率估计），215-217
　　examples（例子），14f，18f
　　highly branching attributes（高度分支属性），110-113
　　improving（改进），316-317
　　information calculation（计算信息量），108-110
　　missing values（缺省值），71，212-213
　　nodes（结点），70-71
　　numeric attributes（数值属性），210-212
　　partial（局部的），obtaining rules from（从中获取规则），227-231
　　pruning（剪枝），213-215
　　with replicated subtree（带有重复子树），77f
　　rules（规则），219
　　in Weka（在 Weka 中），558-559
DecisionStump algorithm（DecisionStump 算法），490
DecisionTable algorithm（DecisionTable 算法），334
dedicated multi-instance methods（专用多实例方法），475-476
deep belief networks（深度信念网络），455-456

deep Boltzmann machines（深度玻尔兹曼机），453-454
deep feedforward networks（深度前馈网络），420-431
　activation functions（深层前馈网络），424-426，425t
　backpropagation（反向传播），426-429
　　checking implementations（检查实现），430-431
　　computation graphs and complex network structures（计算图和复杂网络），429-430
　deep layered network architecture（深度分层网络架构），423-424
　feedforward neural network（前馈神经网络），424f
　losses and regularization（损失和正则化），422-423
　MNIST evaluation（MINST 评估），421-422，421t
deep layered network architecture（深度分层网络架构），423-424
deep learning（深度学习），418
　Autoencoders（自动编码器），445-449
　deep feedforward networks（深度前馈网络），420-431
　recurrent neural networks（递归神经网络），456-460
　software and network implementations（软件和网络实现），464-466
　stochastic deep networks（随机深度网络），449-456
　techniques（技术），418
　three-layer perceptron（三层感知器），419
　training and evaluating deep networks（训练和评估深度网络），431-437
　　batch normalization（批量归一化），436
　　cross-validation（交叉验证），432-433
　　data augmentation and synthetic transformations（数据增加和合成转换），437
　　dropout（丢弃），436
　　early stopping model（早停模型），431-432
　　hyperparameter tuning（超参数调整），432-433
　　learning rates and schedules（学习率和时间表），434-435
　　mini-batch-based stochastic gradient descent（小批量随机梯度下降），433-434
　　parameter initialization（参数初始化），436-437
　　pseudocode for mini-batch based stochastic gradient descent（基于小批量的随机梯度下降的伪代码），434，435
　　regularization with priors on parameters（先验参数正则化），435
　　unsupervised pretraining（无监督预训练），437
　　validation（验证），432-433
Deeplearning4J（深度学习 4J），465
Delta，314
dendrograms（树状图），87-88，147
denoising autoencoders（去噪自动编码器），448
denormalization（反规范化），50
　problems with（问题），51
DensiTree，359，360f
　visualization（可视化），359，360f
diagnosis applications（诊断应用），25-26
　faults（故障），25-26
　machine language in（机器语言），25
　performance tests（性能测试），26
difference attributes（不同属性），135-136
dimensionality reduction（维度降低），PCA for，377-378
direct marketing（直销），27
directed acyclic graphs（有向无环图），340
discrete attributes（离散化属性），55-56
　1R（1-rule）(1 规则)，296
　converting to numeric attributes（转换成数值属性），303
　discretization（离散化），287，296-303，见 Data Transformations
　decision tree learners（决策树学习器），296
　entropy-based（基于熵的），298-301
　error-based（基于误差的），301
　global（全局的），296
　partitioning（划分），94-95
　proportional k-interval（均衡 k 区间），297-298
　supervised（有监督的），297
　unsupervised（无监督的），297
discrete events（离散事件），337
discretization-based calibration（基于离散化的校准），330
discriminative learning（判别学习），449

disjunctive normal form（析取范式），78
distance functions（距离函数），135-136
　　difference attributes（不同属性），135-136
　　generalized（泛化），250
　　for generalized exemplars（用于泛化样本集），248-250
　　missing values（缺失值），136
diverse-density method（多样性密度方法），475-476
divide-and-conquer（分治法），105-113，289
document classification（文档分类），516，见 Classification
　　in assignment of key phrases（赋予关键词组），516
　　in authorship ascription（作者归属），516
　　in language identification（语言识别），516
　　as supervised learning（作为有监督学习），516
document clustering（文档聚类），516
domain knowledge（领域知识），19
double-consequent rules（双后件规则），126
dropout（丢弃），436
dynamic Bayesian network（动态贝叶斯网络），405

E

early stopping（提前停止），266-268
　　model（模型），431-432
eigenvalues（特征值），306
eigenvectors（特征向量），306
"Elastic net" approach（弹性网络方法），394
EM algorithm（EM 算法），416
EM for PPCA（EM 用于 PPCA），375-376
END algorithm（END 算法），334
"Empirical Bayesian" methods（经验贝叶斯方法），368
empirical risk（经验风险），422-423
ensemble learning（集成学习），479
　　additive regression（累加回归），490-493
　　bagging（装袋），481-484
　　boosting（提升），486-490
　　interpretable ensembles（可解释的集成器），493-497
　　multiple models（多个模型），480-481
　　randomization（随机化），484-486
　　stacking（堆栈），497-499
entity extraction（实体提取），in text mining（文本挖掘中），517
entropy（熵），110
entropy-based discretization（基于熵的离散化），298-301
　　error-based discretization versus（基于误差的离散化），301
　　illustrated（示例图），299f
　　with MDL stopping criterion（用 MDL 停止准则），301
　　results（结果），299f
　　stopping criteria（停止准则），293，300
enumerated（枚举的），55-56
enumerating concept space（枚举概念空间），32-33
equal-frequency binning（等频装箱），297
equal-interval binning（等区间装箱），297
error rate（误差率），163
　　decision tree（决策树），215-217
　　repeated holdout（重复旁置），167
　　success rate and（成功率和），215-216
　　training set（训练集），163
error-based discretization（基于误差的离散化），301
errors（误差）
　　estimation（估计），172
　　inaccurate values and（不准确的值），63-64
　　mean-absolute（平均绝对），195
　　mean-squared（均方），195
　　propagation（传播），266-268
　　relative-absolute（相对绝对），195
　　relative-squared（相对平方），195-196
　　resubstitution（再代入），163
　　squared（平方），177
　　training set（训练集），163
estimation error（估计误差），172
ethics（道德），35-38
　　issues（问题），35
　　personal information and（个人信息），37-38
　　reidentification and（再识别），36-37
Euclidean distance（欧几里得距离），135
　　between instances（实例间），149

function（函数），246-247
evaluation（评估）
　clustering（聚类），200-201
　as data mining key（作为数据挖掘的关键），161-162
　numeric prediction（数值预测），194-197
　performance（性能），162
examples（实例），46-53，见 Instances specific examples（具体实例）
　class of（的类），45
　relations（关系），47-51
　structured（结构化的），51
　types of（的类型），46-53
exceptions（例外），rules with（规则带有），80-82，231-233
exclusive-or problem（异或问题），77f
exclusive-OR (XOR)（XOR，异或），262
exemplars（样本集），245
　generalizing（泛化），247-248
　noisy（噪声），pruning（剪枝），245-246
　reducing number of（减少数量），245
exhaustive error-correcting codes（详尽的误差校正编码），326
ExhaustiveSearch method（ExhaustiveSearch 方法），496
expectation（期望），357
expectation maximization (EM) algorithm（期望最大化算法），353-356，365-366，468
　and cotraining（和协同训练），471
　maximization step（最大化步骤），469
　with Na?ve Bayes（朴素贝叶斯），469
　to train Bayesian networks（训练贝叶斯网络），366-367
expected gradients（期望梯度），364-365
　for PPCA（用于 PPCA），375
expected log-likelihoods（期望对数似然），364-365
　for PPCA（用于 PPCA），374
experimenter，554，568-571，见 Weka workbench
　advanced setup（高级设置），570
　analyze panel（"分析"面板），568-571
　results analysis（结果分析），569-570
　run panel（"运行"面板），568
　running experiments（运行实验），568-569

Setup panel（Setup 面板），568，571
　simple setup（简单设置），570
　starting up（启动），568-570
expert models（专家模型），480
explorer，554，557-564，见 Weka workbench
　ARFF format（ARFF 格式），560
　associate panel（"关联"面板），561-562
　association-rule learning（关联规则学习），234-241
　attribute selection（属性选择），564
　automatic parameter tuning（自动属性选择），171-172
　classify panel（"分类"面板），558
　cluster panel（"聚类"面板），561
　clustering algorithms（聚类算法），141-156
　CSV data files（CSV 数据文件），558
　decision tree building（建立决策树），558-559
　filters（过滤器），560-561，563
　introduction to（介绍），557-564 J48，558-559
　learning algorithms（学习算法），563
　loading datasets（载入数据集），557-558，560-561
　metalearning algorithms（元学习算法），558
　models（模型），559
　Preprocess panel（"预处理"面板），559-560
　search methods（搜索方法），564
　select Attributes panel（"选择属性"面板），562，564
　visualize panel（"可视化"面板），553，562
EXtensible Markup Language（XML，可扩展标记语言），57，568

F

factor analysis（因子分析），373
factor graphs（因子图），382-385
　Bayesian networks（贝叶斯网络），382-385
　Logistic regression model（logistic 回归模型），382-385
　Markov blanket（马尔可夫毯），383f
False Negatives（FN，假负例），180-182，191t
False positive rate（假正率），180-181
False Positives（FP，假正例），180-182，191t
Familiar system（Familiar 系统），528

feature map（特征图），439-440
feature selection（特征选择），331-333
feedforward networks（前馈网络），269-270
　　feedforward neural network（前馈神经网络），424f
fielded applications（应用领域），21-28
　　automation（自动化），28
　　customer service/support（客户服务/支持），28
　　decisions involving judgments（包含评判的决策），22-23
　　diagnosis（诊断），22-23
　　image screening（图像筛选），23-24
　　load forecasting（负载预测），24-25
　　manufacturing processes（人工处理），27-28
　　marketing and sales（市场和销售），26-27
　　scientific（科学领域），28
　　web mining（web挖掘），21-22
file mining（文件挖掘），53
files（文件）
　　ARFF，58-60
　　filtering（过滤），560-561
　　loading（装入），560-561
　　opening（打开），560
filter method（过滤方法），289-290
FilteredClassifier algorithm（FilteredClassifier算法），563
FilteredClassifier metalearning scheme（FilteredClassifier元学习方案），563
Filtering approaches（过滤算法），319
filters（过滤器），554，563
　　applying（应用），561
　　attribute（属性），562-564
　　information on（信息），561
　　instance（实例），563
　　supervised（有监督的），563，567
　　unsupervised（无监督的），563，567
　　in Weka（Weka中），559
finite mixtures（有限混合），353
Fisher's linear discriminant analysis（Fisher线性判别分析），311-312
fixed set（固定集），54，510
flat files（平面文件），46-47
F-measure（F度量），191，202-203
forward pruning（前向剪枝），213

forward selection（正向选择），292-293
forward stagewise additive modeling（前向逐步累加模型），491
　　implementation（实现），492
　　numeric prediction（数值预测），491-492
　　overfitting and（过度拟合），491-492
　　residuals（残差），491
forwards-backwards algorithms（正向–反向算法），386
FP-growth algorithm（FP-growth算法），235，241
frequent-pattern trees（频繁模式树），242
　　building（建立），235-239
　　compact structure（压缩结构），235
　　data preparation example（数据准备的例子），236t
　　header tables（标题表），237
　　implementation（实现），241
　　structure illustration（结构示例），239f
　　support threshold（支持度阈值），240
functional dependencies（函数依赖），513
functional trees（函数树），71-72
fundamental rule of probability（概率的基本规则），见 Product rule

G

gain ratio（增益率），111-112
Gaussian distributions（高斯分布），373，394
Gaussian kernel（高斯核函数），361
Gaussian process regression（高斯过程回归），272
generalization（泛化）
　　exemplar（样本集），247-248，251-252
　　instance-based learning and（基于实例的学习与），251
　　stacked（堆栈式），497-499
generalization as search（将泛化看作搜索），31-35
　　bias（偏差），33-35
　　enumerating the concept space（枚举概念空间），32-33
generalized distance functions（泛化距离函数），250
generalized linear models（广义线性模型），400-401

link functions（联系函数），mean functions（平均函数），and distributions（和分布），401t
Generalized Sequential Patterns（GSP，广义序贯模式），241
generalizing exemplars（泛化样本集），247-248
    distance functions for（距离函数用于），248-250
    nested（嵌套），248
generative models（生成模型），371
Gibbs sampling（吉布斯抽样），368-369
global optimization（全局优化），classification rules for（分类规则用于），226-227
gradient ascent（梯度上升），476
gradient clipping（梯度缩短），457-458
gradient descent（梯度下降），266-268
    illustrated（示例），265f
    and second-order methods（和二阶方法），400
    stochastic（随机的），270-272
    subgradients（次梯度），270-271
graphical models（图模型），352，370-391
    computing using sum-product and max-product algorithms（采用和积和最大乘积算法计算），386-391
    factor graphs（因子图），382-385
    LDA，379-381
    LSA，376-377
    Markov random fields（马尔可夫随机场），385-386
    PCA for dimensionality reduction（PCA 降维），377-378
    and plate notation（和盘子表示法），371
    PPCA，372-376
    probabilistic LSA（概率 LSA），378-379
Graphics processing units（GPU，图形处理器），392
GraphViewer，565
greedy method（贪心算法），for rule pruning（用于规则剪枝），219
GreedyStepwise method（GreedyStepwise 方法），334
group-average clustering（组平均聚类），148
growing sets（生长集），224
GSP，见 Generalized Sequential Patterns（GSP）

H

Hamming distance（汉明距离），325
Hausdorff distance（Hausdorff 距离），475，477
hidden attributes（隐藏属性），340
hidden layer（隐层），multilayer perceptrons（多次感知机），263，266-268，267f
hidden Markov models（隐马尔可夫模型），404-405
hidden variable models（隐藏变量模型），363-367
    EM algorithm（EM 算法），365-366
        to train Bayesian networks（训练贝叶斯网络），366-367
    expected gradients（期望梯度），364365
    expected log-likelihoods（期望对数似然），364-365
hidden variables（隐藏变量），355-356，363
hierarchical clustering（层次聚类），147-148，359，见 Clustering
    agglomerative（凝聚），147
    average-linkage method（平均链接方法），147-148
    centroid-linkage method（中心链接方法），147-148
    dendrograms（树状图），147
    displays（展示），149f
    example（例子），148-150
    example illustration（示例），153f
    group-average（组平均），148
    single-linkage algorithm（单链接算法），147，150
HierarchicalClusterer algorithm（HierarchicalClusterer 算法），160
highly branching attributes（高度分支属性），110-113
hinge loss（合页损失），271，271f
histogram equalization（直方图均衡化），297
Hoeffding bound（Hoeffding 边界），510
Hoeffding trees（Hoeffding 树），510
HTML，见 HyperText Markup Language（HTML）
hyperparameter（超参数）
    selection（选择），171-172
    tuning（调音），432-433

hyperplanes（超平面），252-253
　　maximum-margin（最大间隔），253-254
　　separating classes（分隔类），253f
hyperrectangles（超矩形），247-248
　　boundaries（边界），247-248
　　exception（例外），248
　　measuring distance to（测量距离），250
　　in multi-instance learning（多实例学习中），477
　　overlapping（重叠），248
hyperspheres（超球面），139
HyperText Markup Language（HTML，超文本标记语言）
　　delimiters（分隔符），519-520
　　formatting commands（格式命令），519

I

IB1 algorithm（IB1算法），160
IB3，见Instance-Based Learner version 3（IB3）
IBk algorithm（Ibk算法），284
Id3 algorithm（Id3算法），160
ID3 decision tree learner（ID3决策树学习器），113
identification code attributes（标识码属性），95
　　example（例子），111t
image screening（图像筛选），23-24
　　hazard detection system（危险探测系统），23
　　input（输入），23-24
　　problems（问题），24
ImageNet evaluation（ImageNet评估），438-439
ImageNet Large Scale Visual Recognition Challenge（ILSVRC，ImageNet大规模视觉识别挑战赛），438-439
inaccurate values（不准确的值），63-64
incremental clustering（增量聚类），150-154
　　acuity parameter（敏锐度参数），152-154
　　category utility（分类效用），150-151
　　cutoff parameter（截止参数），154
　　example illustrations（示例），151f，153f
　　merging（合并），151-152
　　splitting（分裂），152
incremental learning（增量学习），567
incremental reduced-error pruning（增量减少–误差剪枝），225，226f
incrementalClassifierEvaluator，567
independent and identically distributed（i.i.d.）（独立同分布），338
independent component analysis（独立成分分析），309-310
inductive logic programming（归纳逻辑编程），84
information（信息量），37-38，106-107
　　calculating（计算），108-110
　　extraction（抽取），517-518
　　gain calculation（计算增益），222
　　measure（度量），108-110
　　value（值），110
informational loss function（信息损失函数），178-179
information-based heuristics（基于信息的启发式规则），223
input（输入），43
　　aggregating（聚集），157
　　ARFF format（ARFF格式），57-60
　　attribute types（属性类型），61-62
　　attributes（属性），53-56
　　concepts（概念），44-46
　　data assembly（数据汇集），56-57
　　data transformations and（数据转换），304
　　examples（例子），46-53
　　flat files（平面文件），46-47
　　forms（形式），43
　　inaccurate values（不准确的值），63-64
　　instances（实例），46-53
　　missing values（缺失值），62-63
　　preparing（准备），56-65
　　sparse data（稀疏数据），60-61
　　tabular format（表格格式），127
input layer（输入层），multilayer perceptrons（多层感知机），263
Instance connections（Instance连接），566-567
instance filters（实例过滤器），563
instance space（实例空间）
　　in covering algorithm operation（覆盖算法操作中），115f
　　partitioning methods（分隔方法），130f
　　rectangular generalizations in（矩形泛化在），

86-87
Instance-Based Learner version 3（IB3，基于实例的学习器版本3），246
instance-based learning（基于实例的学习），84-85，135-141
　　in attribute selection（属性选择中），291
　　characteristics（特点），84-85
　　distance functions（距离函数），135-136
　　　　for generalized exemplars（用于泛化样本集），248-250
　　explicit knowledge representation and（显示的知识表达），251
　　generalization and（泛化和），244-252
　　generalizing exemplars（泛化样本集），247-248
　　nearest-neighbor（最近邻），136-141
　　performance（性能），245-246
　　pruning noise exemplars（剪枝噪声样本集），245-246
　　reducing number of exemplars（减少样本数目），245
　　visualizing（可视化），87
　　weighting attributes（属性加权），246-247
instance-based representation（基于实例的表达），84-87
instances（实例），43，46-47
　　centroid（质心），142-143
　　misclassified（错误分类的），132-133
　　with missing values（有缺失值），212-213
　　multilabeled（多类标的），45
　　order（顺序），59-60
　　sparse（稀疏的），61
　　subset sort order（子集排序顺序），212
　　training（训练），198
interpretable ensembles（可解释的集成器），493-497
　　logistic model trees（logistic 模型树），496-497
　　option trees（选择树），494-496
interval quantities（区间值），55
Iris example（鸢尾花例子），14-15
　　data as clustering problem（用于聚类问题的数据），46t
　　dataset（数据集），15t
　　decision boundary（判定边界），69，70f
　　decision tree（决策树），72，73f

hierarchical clusterings（层次聚类），153f
incremental clustering（增量聚类），150-154
rules（规则），15
rules with exceptions（带有例外的规则），80-82，81f，231-233
isotonic regression（保序回归），330
item sets（项集），120-121
　　checking（检差），of two consecutive sizes（两个相邻规模的），126
　　converting to rules（转换成规则），122
　　in efficient rule generation（用于有效生成规则），124-127
　　example（例子），121t
　　large（大的），finding with association rules（寻找用于关联规则），240-241
　　minimum coverage（最小覆盖量），124
　　subsets of（子集），124-125
items（项），120
iterated conditional modes procedure（迭代条件模式程序），369-370
Iterative distance-based clustering（基于距离的迭代聚类），142-144

J

J48 algorithm（J48算法），558，565，567-568
cross-validation with（使用交叉验证），565
Java virtual machine（Java 虚拟机），508-509
Joint distribution（共同分配），367，452-453
Judgment decisions（判断决定），22-23

K

K2 algorithm（K2算法），411
K2 learning algorithm（K2学习算法），347
Kappa statistic（Kappa 统计），181
KD-trees（KD 树），136
　　building（建立），137
　　in finding nearest-neighbor（寻找最近邻），137-138，137f
　　for training instances（用于训练实例），137f
　　Updating（更新），138-139
Keras（深度学习框架 Keras），465-466
Kernel density estimation（核密度估计），361-362
Kernel logistic regression（核 logistic 回归），261

Kernel perceptron（核感知机），260-261
Kernel regression（核回归），403
Kernel ridge regression（核岭回归），258-259
    computational expense（计算开销），259
    computational simplicity（计算简便），259
    Drawback（缺点），259
Kernels（核），conditional probability models using（条件概率模型使用），402-403
Kernel trick（核技巧），258
K-means algorithm（k 均值算法），355
K-means clustering（k 均值聚类），142-143
    Iterations（迭代），144
    k-means＋＋，144
    Seeds（种子），144
K-nearest-neighbor method（k 最近邻方法），85
Knowledge（知识），37
    Background（背景），508
    Metadata（元数据），513
    prior domain（先验邻域），513
Knowledge Flow interface（Knowledge Flow 界面），554 555，564-567，见 Weka workbench
    Associations panel（Association 面板），566
    Classifiers folder（分类文件夹），566
    clusters folder（群集文件夹），566
    components（组件），566
    components configuration and connection（配置及连接组件），566-567
    dataSet connections（dataSet 连接），566-567
    evaluation components（评估组件），566
    Evaluation folder（Evalution 文件夹），564-565
    Filters folder（Filters 文件夹），566
    incremental learning（增量学习），567
    starting up（启动），564-565
knowledge representation（知识表示），91
    clusters（聚类），87
    instance-based（基于实例的），84-87
    linear models（线性模型），68-70
    rules（规则），75-84
    tables（表），68
    trees（树），70-75
KStar algorithm（KStar 算法），284

L

L_2 regularization（L_2 正则化），399

Labor negotiations example（劳资协商例子），16-18
    dataset（数据集），17t
    decision trees（决策树），18f
    training dataset（训练数据集），18
LADTree algorithm（LADTree 算法），501
language bias（语言偏差），33-34
language identification（语言识别），516
Laplace distribution（拉普拉斯分配法），393-394
Laplace estimator（拉普拉斯估计器），99，358-359
large item sets（大项集），finding with association rules（寻找用于关联规则），240-241
Lasagne，465-466
LatentSemanticAnalysis method（LatentSemanticAnalysis 方法），376-377
Latent Dirichlet allocation（LDA，潜在的狄利克雷分配），379-381
Latent Semantic Analysis（LSA，潜在语义分析），376-377
latent variables（潜在变量），见 Hidden variables
LaTeX typesetting system（LaTeX 排版系统），571
lattice-structured models（格子模型），408
law of diminishing returns（收益递减法则），507
layerwise training（分层训练），448
lazy classifiers（懒惰分类器），in Weka（Weka 中），563
learning（学习）
    association（关联规则），44
    batch（批量），268-269
    classification（分类），44
    concept（概念），54
    cost-sensitive（成本敏感），65-66
    data stream（数据流），509-512
   deep（深度），见 Deep learning
    ensemble（集成），479
    incremental（增量），567
    instance-based（基于实例的），84-85，135-141，244-252
    locally weighted（局部加权），281-283
    machine（机器），79
    multi-instance（多实例），53，156-158，472-476
    one-class（单类），288，319-320

in performance situations(强调性能方面),21
rote(死记硬背),84-85
Semisupervised(半监督的),468-472
statistics versus(统计),30-31
testing(测试),8
Learning algorithms(学习算法),563
Bayes(贝叶斯),563
functions(函数),563
lazy(懒惰的),563
miscellaneous(杂项),563
rules(规则),563
Trees(树),563
learning Bayesian networks(学习贝叶斯网络),344-347
learning paradigms(学习形式),508
learning rate(学习率),267-268
and schedules(和时间表),434-435
least-squares linear regression(最小二乘线性回归),70,129
Least Absolute Shrinkage and Selection Operator(LASSO,最小绝对收缩和选择算子),394
leave-one-out cross-validation(留一交叉验证),169
level-0 models(0层模型),497-498
level-1 mode(1层模型),497-498
LibLINEAR algorithm(LibLINEAR算法),284
LibSVM algorithm(LibSVM算法),284
lift charts(提升图),183-186
data for(数据用于),184t
illustrated(数据),185f
points on(点),194
lift factor(提升系数),183-184
likelihood(似然),337
linear chain conditional random field(线性链条件随机场),408-409
linear classification(线性分类)
logistic regression(logistic回归),129-131
using the perceptron(使用感知机),131-133
using Winnow(使用Winnow),133-135
linear discriminant analysis(线性判别分析),310
linear machines(线性机),159
linear models(线性模型),68-70,128-135
in binary classification problems(二分类问题中),69
boundary decision(决策边界),69
extending(扩展),252-273
generating(生成),252
illustrated(示例图),69f,70f
kernel ridge regression(核岭回归),258-259
linear classification(线性分类),129-131
linear regression(线性回归),128-129
local(局部的),numeric prediction with(用于数值预测),273-284
logistic regression(logistic回归),129-131
maximum-margin hyperplane(最大间隔超平面),253-254
in model tree(模型树中),280t
multilayer perceptrons(多层感知机),261-269
nonlinear class boundaries(非线性边界),254-256
numeric prediction(数值预测),128-129
perceptron(感知机),131-133
stochastic gradient descent(随机梯度下降),270-272
support vector machine use(使用支持向量机),252
support vector regression(支持向量回归),256-258
in two dimensions(二维平面中),68
linear regression(线性回归),128-129,392-393
least-squares(最小二乘),70,129
locally weighted(局部加权),281-283
matrix vector formulations(矩阵向量公式),394-395
multiple(多),491
multiresponse(多元),129
linear threshold unit(线性阈值单元),159
LinearForwardSelection method(LinearForwardSelection方法),334
LinearRegression algorithm(LinearRegression算法),160
LMT algorithm(LMT算法),160
load forecasting(负载预测),24-25
loading files(装入文件),560-561
locally weighted linear regression(局部加权线性回归),281-283
distance-based weighting schemes(基于距离的

加权方案），282
    in nonlinear function approximation（用非线性函数近似），282
logic programs（逻辑编程），84
Logistic model trees（logistic 模型树），496-497
Logistic regression（logistic 回归），129-131，398-399
    additive（累加），492-493
    calibration（校准），330
    generalizing（泛化），131
    illustrated（示例），130f
    model（模型），382-385
    two-class（两类），131
LogitBoost algorithm（LogitBoost 算法），492-493
log-likelihood（对数似然），338
log-normal distribution（对数–正态分布），357-358
log-odds distribution（对数–优势分布），357-358
Long Short Term Memory（LSTM，长短期记忆），457-458
loss functions（损失函数）
    0-1，176
    informational（信息），178-179
    quadratic（二次），177-178
LWL algorithm（LWL 算法），284

M

M5P algorithm（M5P 算法），284
M5Rules algorithm（M5Rules 算法），284
machine learning（机器学习），79
    applications（应用），9
    in diagnosis applications（诊断应用中），25
    expert models（专家模型），480
    modern（现代的），467
    schemes（方案），209-210
    statistics and（统计），30-31
manufacturing process applications（生产制造过程应用），27-28
market basket analysis（购物篮分析），26-27，120
marketing and sales（市场和销售），26-27

churn（流失），26
direct marketing（直销），27
historical analysis（历史分析），27
market basket analysis（购物篮分析），26-27
Markov blanket（马尔可夫毯），347-348
marginal likelihood（边缘似然），355，363
marginal log-likelihood for PPCA（PPCA 的边缘可能性），374
marginal probabilities（边缘概率），387
Markov blanket（马尔可夫毯），347-348，348f，369
Markov chain Monte Carlo methods（马尔可夫链蒙特卡罗方法），368-369
Markov models（马尔可夫模型），403-404
Markov networks（马尔可夫网络），352
Markov random fields（马尔可夫随机区场），385-386，407-408
massive datasets（大规模数据集），506-509
Massive Online Analysis（MOA，大量在线分析），512
max-product algorithms（最大乘积算法），391
max-sum algorithm（最大求和算法），见 Max-product algorithms
maximization（最大化），357
maximum-margin hyperplane（最大间隔超平面），253-254
    illustrated（示例图），253f
    support vectors（支持向量），253-254
maximum likelihood estimation（最大似然估计），338-339
maximum posteriori parameter estimation（最大后验参数估计），339
MDL，见 Minimum description length Principle
mean-absolute errors（平均绝对误差），195
mean-squared errors（均方误差），195
mean function（均值函数），401
memory usage（内存使用量），511-512
MetaCost algorithm（MetaCost 算法），484
metadata（元数据），56，512
    application examples（应用例子），512-513
    knowledge（知识），513
    relations among attributes（属性间的关系），513
metalearners（元学习器），563
metalearning algorithms（元学习器算法），in Weka

(Weka 中)，563
metric trees（度量树），141
Metropolis-Hastings algorithm（Metropolis-Hastings 算法），368-369
MIDD algorithm（MIDD 算法），478
MILR algorithm（MILR 算法），478
mini-batch-based stochastic gradient descent（小批量随机梯度下降），433-434
 pseudocode for（伪代码），434，435f
minimum description length（MDL）principle（最短描述长度原理），179，197-200
 applying to clustering（应用于聚类），200-201
 metric（度量），346
 probability theory and（概率理论和），199
 training instances（训练实例），198
MIOptimalBall algorithm（MIOptimalBall 算法），478
MISMO algorithm（MISMO 算法），478
missing values（缺失值），62-63
 1R，94-96
 classification rules（分类规则），223-224
 decision trees，（决策树）70-71，212-213
 distance function（距离函数），136
 instances with（实例带有），212
 machine learning schemes and（机器学习方案和），63
 mixture models（混合模型），358
 Naïve Bayes（朴素贝叶斯），100
 partial decision trees（局部决策树），230-231
 reasons for（的原因），63
MISVM algorithm（MISVM 算法），478
MIWrapper algorithm（MIWrapper 算法），160
mixed-attribute problems（混合属性问题），11
Mixed National Institute of Standards and Technology（MNIST，混合国家标准研究所技术），421-422，421t
mixture models（混合模型），353，370
 extending（扩展），356-358
 finite mixtures（有限混合），353
 missing values（缺失值），357
 nominal attributes（名目属性），357
 two-class（两类），354f
mixture of Gaussians（高斯混合）
 expectation maximization algorithm（期望最大化算法），353-356
mixtures（混合），353
 of factor analyzers（因子分析器），360-361
 of principal component analyzers（MOA，主成分分析器），360-361，见 Massive Online Analysis
model's expectation（模型的期望值），451
model trees（模型树），75，273-275
 building（建立），275
 illustrated（示例图），74f
 induction pseudocode（归纳的伪代码），277-281，278f
 linear models in（线性模型），280t
 Logistic，496-497
 with nominal attributes（带有名目属性），279f
 pruning（剪枝），275-276
 rules from（规则从），281
 smoothing calculation（平滑计算公式），274
multiclass prediction（多类预测），181
multiClassClassifier algorithm（MultiClassClassifier 算法），334
multiclass classification problem（多类分类问题），396
multiclass logistic regression（多类 logistic 回归），396-400
 matrix vector formulation（矩阵向量公式），397-398
 priors on parameters（参数先验），398-400
multi-instance learning（多实例学习），53，156-158，472，见 Semisupervised learning
 aggregating the input（聚集输入），157
 aggregating the output（聚集输出），157-158
 bags（袋），156-157，474
 converting to single-instance learning（转换成单实例学习），472-474
 dedicated methods（专用方法），475-476
 hyperrectangles for（超矩形用于），476
 nearest-neighbor learning adaptation to（调整最近邻学习用于），475
 supervised（有监督的），156-157
 upgrading learning algorithms（升级学习算法），475
multi-instance problems（多实例问题），53
 ARFF file（ARFF 文件），60f

converting to single-instance problem（转换成单实例问题），157
multilabeled instances（多类标实例），45
multilayer perceptrons（多层感知机），261-269
    backpropagation（反向传播），264-269
    Bias（偏差），263
    datasets corresponding to（对应的数据集），262f
    as feed-forward networks（作为前馈网络），269
    hidden layer（隐层），263，266-267，267f
    input layer（输入层），263
    units（单元），263
multilayerPerceptron algorithm（MultilayerPerceptron 算法），284
multinomial logistic regression（多项式 logistic 回归），396
multinominal Naïve Bayes（多项式朴素贝叶斯），103
Multiple classes to binary transformation（多分类问题转换成二分类问题），322-328，324t，见 Data Transformations
    error-correcting output codes（误差校正输出编码），324-326
    nested dichotomies（嵌套二分法），326-328
    one-vs.-rest method（一对多方法），323
    pairwise classification（成对分类），323
    pairwise coupling（成对耦合），323
    simple methods（简单方法），323-324
multiple linear regression（多元线性回归），491
multiresponse linear regression（多响应线性回归），129
    drawbacks（缺点），129
    membership function（隶属函数），129
multistage decision property（多阶段决策特性），110

N

Naïve Bayes（朴素贝叶斯），99，289
    classifier（分类），347
    for document classification（用于文档分类），103-104
    with EM（与 EM），469
    independent attributes assumption（独立属性假设），469
    locally weighted（局部加权的），283
    missing values（缺失值），100-103
    multinominal（多项式），103
    numeric attributes（数值属性），100-103
    selective（选择性），295
    semantics（语义），105
NaïveBayes algorithm（朴素贝叶斯算法），160
NaïveBayesMultinomial algorithm（NaïveBayesMultinomial 算法），160
NaïveBayesUpdateable algorithm（NaïveBayesUpdateable 算法），566-567
NAND（与非），263
nearest-neighbor classification（最近邻分类），85
    speed（速度），141
nearest-neighbor learning（最近邻学习），475
    attribute selection（属性选择），290
    Hausdorff distance variants and（Hausdorff 距离变体），477
    instance-based（基于实例的），136
    multi-instance data adaptation（多实例数据的修改），475
nested dichotomies（嵌套二分法），326-328
    code matrix（编码矩阵），327t
    defined（定义的），327
    ensemble of（的集成），328
neural networks（神经网络），445
    approaches（方法），471-472
neuron's receptive field（神经元的接受领域），440
n-fold cross-validation（n 折交叉验证），169
n-grams（n 元），403-404，516
Nnge algorithm（Nnge 算法），284
noise（噪声），7
"Noisy-OR" function（"Noisy-OR" 函数），476
nominal attributes（名目属性），54
    mixture model（混合模型），356-358
    numeric prediction（数值预测），276
    symbols（符号），54
nonlinear class boundaries（非线性类边界），254-256
nonparametric density models for classification（用于分类的非参数密度模型），362-363
normal distribution（正态分布）
    assumption（假设），103，105

confidence limits（置信区间），166t
normalization（规范化），184，408
norm clipping（标准裁剪）. 见 Gradient clipping
NOT（非），262
novelty detection（鲁棒的异常点检测），见 Outlier - detection of
nuclear family（核心家庭），50
null hypothesis（零假设），59
numeric attributes（数值属性），54，296-303
 1R，94
 classification rules（分类规则），224
 converting discrete attributes to（离散属性转换为），303
 decision tree（决策树），210-212
 discretization of（的离散化），287
 Naïve Bayes（朴素贝叶斯），100
 normal-distribution assumption for（正态分布假设用于），105
numeric prediction（数值预测），16，44
 additive regression（累加回归），490-493
 bagging for（装袋用于），483
 evaluating（评估），194-197
 linear models（线性模型），128-135
 outcome as numeric value（结果作为数值），46
 performance measures（性能度量），195t，197t
 support vector machine algorithms for（支持向量机算法用于），256
numeric prediction (local linear models)（数值预测（局部线性模型）），273-284
 building trees（创建树），275
 locally weighted linear regression（局部加权线性回归），281-283
 model tree induction（模型树归纳），277-281
 model trees（模型树），274-275
 nominal attributes（名目属性），276
 pruning trees（剪枝树），275-276
 rules from model trees（由模型树得到规则），281
numeric thresholds（数值阈值），211
numeric-attribute problems（数字属性问题），11

O

Obfuscate filter（Obfuscate 过滤器），304-305，525
object editors（对象编辑器），553-554
Occam's Razor（奥卡姆剃刀），197，200，489-490
one-class classification（一分类问题），见 Outlier - detection of
one-class learning（一分类学习），288，319-320
 multiclass classifiers（多类分类器），320-321
 outlier detection（离群点检测），320-321
one-dependence estimator（单依赖估计器），348-349
"One-hot" method（"one-hot"方法），393
OneR algorithm（OneR 算法），568
one-tailed probability（单尾概率），166
one-vs.-rest method（一对多方法），323
option trees（选择树），494-496
 as alternating decision trees（作为交替式决策树），495，495f
 decision trees versus（决策树与），494
 example（例子），494f
 generation（生成），494-495
OR（或），262
order-independent rules（顺序独立的规则），119
ordered classes（有序类），predictions for（预测），402
"ordered logit" models（"有序 logit" 模型），402
orderings（排序），54
 circular（循环的），56
 partial（偏），56
ordinal attributes（有序属性），55-56
 coding of（的编码），55-56
orthogonal coordinate systems（正交坐标系），305
outliers（离群点），320
 detection of（检测），320-321
output（输出）
 aggregating（聚集），157
 clusters（聚类），87-88
 instance-based representation（基于实例的表示），84-87
 knowledge representation（知识表示），91
 linear models（线性模型），68-70
 rules（规则），75-84

tables（表），68
trees（树），70-75
overfitting（过度拟合），95
    for 1R（对于1R），95
    backpropagation and（反向传播和），268
    forward stagewise additive regression and（前向逐步累加回归和），491-492
    support vectors and（支持向量机和），255
overfitting-avoidance bias（避免过度拟合偏差），35
overlay data（重叠数据），57

P

PageRank，21，504，520-522
    recomputation（重新计算），521
    sink（陷阱），522
    in Web mining（在Web挖掘中），521
pair-adjacent violators（PAV）algorithm（Pair-adjacent violators（PAV）算法），330
paired t-test（配对 t 检验），173
pairwise classification（成对分类），323
pairwise coupling（成对耦合），323
parabolas（抛物线），249
parallelization（并行化），507-508
parameter initialization（参数初始化），436-437
parametric density models for classification（用于分类的参数密度模型），362-363
partial decision trees（局部决策树）
  best leaf（最好的叶子结点），230
  building example（构建的例子），230f
  expansion algorithm（扩展算法），229f
  missing values（缺失值），230-231
  obtaining rules from（获取规则从），227-231
partial least squares regression（偏最小二乘回归），307-309
partial ordering（偏序），56
partitioning（划分）
  for 1R，95
  discretization（离散化），94
  instance space（实例空间），86f
  training set（训练集），213
partition function（偏函数），385
Parzen window density estimation（Parzen窗口密度估计），361
PAV.，见 Pair-adjacent violators（PAV）algorithm
perceptron learning rule（感知机学习规则），132
  illustrated（示例），132f
  updating of weights（更新权值），134
perceptrons（感知机），133
  instance presentation to（将实例放入），133
  kernel（核），260-261
  linear classification using（线性分类器使用），131-133
  multilayer（多层），261-269
  voted（投票），261
Performance（性能）
  classifier（分类器），predicting（预测），165
  comparison（比较），162
  error rate and（误差率和），163
  evaluation（评估），162
  instance-based learning（基于实例的学习），246
  for numeric prediction（用于数值预测），195t，197t
  predicting（预测），165
  text mining（文本挖掘），515
personal information use（个人信息使用），37-38
PKIDiscretize filter（PKIDiscretize过滤器），334
"Plate notation"（"板符号"），370-371
PLSFilter filter（PLS过滤器），334
poisson distribution（泊松分布），357-358
polynomial regression（多项式回归），392-393
  matrix vector formulations（矩阵向量公式），394-395
posterior distribution（后验分布），337
posterior predictive distribution（后验预测分布），367-368
postpruning（后剪枝），213
  subtree raising（子树提升），214
  subtree replacement（子树置换），214
prediction（预测）
  with Bayesian networks（贝叶斯网络），340-344
  multiclass（多类），181
  nodes（结点），495
  outcomes（结果），180-181，180t
  three-class（三类），181t
  two-class（两类），180t
prepruning（预剪枝），213
pretraining deep autoencoders with RBM（用

RBM 预处理深度自动编码器), 448
principal component analysis（PCA，主成分分析), 305-307, 372
　of dataset（数据集的), 306f
　for dimensionality reduction（维度降低), 377-378
　principal components（主成分), 306
　recursive（递归的), 307
principal components regression（主成分回归), 307
principalComponents filter（主成分过滤器), 334
principle of multiple explanations（多种解释原理), 200
prior distribution（先验分布), 337
　clustering using（聚类使用), 358-359
prior knowledge（先验知识), 514
prior probability（先验概率), 98-99
PRISM rule-learning algorithm（PRISM 规则学习算法), 39, 110, 118-119
probabilistic inference methods（概率推理方法), 368-370
　probability propagation（概率传播), 368
　sampling（抽样), simulated annealing（模拟退火), and iterated（迭代）
　conditional modes（条件模型), 368-370
　variational inference（变分推理), 370
probabilistic LSA（pLSA，概率 LSA), 376, 378-379
probabilistic methods（概率法), 336
　Bayesian estimation and prediction（贝叶斯估计与预测), 367-370
　Bayesian networks（贝叶斯网络), 339-352
　clustering and probability density estimation（聚类和概率密度估计), 352-363
　conditional probability models（条件概率模型), 392-403
　factor graphs（因子图), 382-385
　foundations（基础), 336-339
　graphical models（图形模型), 370-391
　hidden variable models（隐藏变量模型), 363-367
　maximum likelihood estimation（最大似然估计), 338-339
　maximum posteriori parameter estimation（最大后验参数估计), 339
　sequential and temporal models（连续时间模型), 403-410
　software packages and implementations（软件包和实现), 414-415
probabilistic principal component analysis（PPCA，概率主成分分析), 360-361, 372-376
　EM for, 375-376
　expected gradient for（预期梯度), 375
　expected log-likelihood for（预期对数似然), 374
　inference with（推论), 373-374
　marginal log-likelihood for（边缘对数似然), 374
probabilities（概率)
　class（类), calibrating（校准), 328-331
　maximizing（最大化), 199
　one-tailed（单尾), 166
　predicting（预测), 176-179
　probability density function relationship（概率密度函数关系), 177
　with rules（规则), 13
probability density estimation（概率密度估计), 352-363
　clustering and（聚类), 352-363
　comparing parametric（比较参数), semiparametric and（半参数)
　nonparametric density models（非参数密度模型), 362-363
　expectation maximization algorithm（期望最大化算法), 353-356
　extending mixture model（扩展混合模型), 356-358
　Kernel density estimation（核密度估计), 361-362
　two-class mixture model（两类混合模型), 354f
probability density functions（概率密度函数), 102
probability estimates（概率估计), 340
probability propagation（概率传播), 368
probability theory（概率论), 336-337
product rule（乘积规则), 337, 343-344
programming by demonstration（演示编程), 528
projection（投影). 见 Data projections
projections（预测)

Fisher's linear discriminant analysis（Fisher 线性判别分析），311-312
independent component analysis（独立成分分析），309-310
linear discriminant analysis（线性判别分析），310
quadratic discriminant analysis（二次判别分析），310-311
random（随机的），307
"Proportional odds" models（"Proportional odds"模型），402
proportional k-interval discretization（均衡 k 区间离散化），297-298
pruning（剪枝）
    cost-complexity（成本－复杂度），220-221
    decision trees（决策树），213-215
    example illustration（示例），216f
    incremental reduced-error（增量减少误差），225，226f
    model trees（模型树），275-276
    noisy exemplars（噪声样本），245-246
    postpruning（后剪枝），213
    prepruning（预剪枝），213
    reduced-error（减少误差），215，225
    rules（规则），219
    subtree lifting（子树提升），218
    subtree raising（子树提升），214
    subtree replacement（子树置换），213
pruning sets（剪枝集），224
pseudoinverse（伪逆），394

Q

quadratic discriminant analysis（二次判别分析），310-311
quadratic loss function（二次损失函数），177-178

R

race search（竞赛搜索），294
RaceSearch method（RaceSearch 方法），334
radial basis function (RBF)（径向基函数），270
    kernels（核），256
    networks（网络），256

output layer（输出层），270
random projections（随机投影），307
random subspaces（随机子空间），485
RandomCommittee algorithm（RandomCommittee 算法），501
RandomForest algorithm（RandomForest 算法），501
randomization（随机化），484-486
    bagging versus（装袋与），485-486
    rotation forests（旋转森林），486
RandomSubSpace algorithm（RandomSubSpace 算法），501
Ranker method（Ranker 法），564
ratio quantities（比率值），55
RBF，见 Radial basis function (RBF)
RBFNetwork algorithm（RBFNetwork 算法），284
RBMs, pretraining deep autoencoders with（预训练深度自动编码器），448
recall-precision curves（召回率－准确率曲线），190
    area under the precision-recall curve（召回率－准确率曲线下的面积），192
    points on（上的点），194
reconstructive learning（重建学习），449
rectangular generalizations（矩形泛化），86-87
rectified linear units（ReLU，修正线性单元），424-425
rectify() function（Rectify（）函数），424-425
recurrent neural networks（回复式神经网络），269，456-460
    deep encoder-decoder recurrent network（深度编码器－解码器回复式网络），460f
    exploding and vanishing gradients（梯度爆炸和梯度消失），457-459
    recurrent network architectures（回复式网络架构），459-460
recursive feature elimination（递归特征消除），290-291
reduced-error pruning（减少误差剪枝），225，269
    incremental（增量），225，226f
reference density（参考密度），322
reference distribution（参考分布），321
regression（回归），68
    additive（累加），490-493

isotonic（保序），330
kernel ridge（核岭），258-259
linear（线性），16，128-129
locally weighted（局部加权），281-283
logistic），129-131
partial least-squares（偏最小二乘），307-309
principal components（主成分），307
robust（稳健），317-318
support vector（支持向量），256-258
regression equations（回归方程），75
linear regression（线性回归），16
linear regression equation（线性回归方程），16
regression tables（回归表），68
regression trees（回归树），72，273-274
illustrated（示例），74f
regularization（正规化），273
reidentification（再识别），36-37
RELAGGS system（RELAGGS 系统），477
relations（关系），47-51
ancestor-of（祖先），51
sister-of（姐妹），48f，49t
superrelations（超级关系），50
relation-valued attributes（赋值关系属性），59
instances（实例），61
specification（明确表述），59
relative absolute errors（相对绝对误差），196
relative squared errors（相对平方误差），195-196
RELIEF（Recursive Elimination of Features）（递归特征消除），331
repeated holdout（重复旁置法），167
replicated subtree problem（复制子树问题），76
decision tree illustration（决策树示例），77f
representation learning techniques（代表学习技巧），418
reservoir sampling（蓄水池抽样），315-316
residuals（残差），308
Restricted Boltzmann Machines（RBM，限制玻尔兹曼机），451-452
resubstitution errors（再带入误差），163
RIPPER algorithm（RIPPER 算法），227，228f，234
ripple-down rules（链波下降规则），234
robo-soccer（机器人足球），526
robust regression（稳健回归），317-318

ROC curves（ROC 曲线），186-190
area under the curve（曲线下面积），191-192
from different learning schemes（从不同的学习方案），189
generating with cross-validation（用交叉验证生成），189
jagged（锯齿的），188-189
points on（上的点），194
sample（抽样），188f
for two learning schemes（两个学习方案的），189f
rotation forests（旋转森林），486
RotationForest algorithm（RotationForest 算法），501
Rote learning（Rote 学习），84-85
row separation（行分隔），325
rule sets（规则集）
model trees for generating（模型树用于生成），281
for noisy data（对于噪声数据），222
rules（规则），10，7584
antecedent of（前件），75
association（关联），11-12，79-80，234-241
classification（分类），11-12，75-78
computer-generated（计算机产生的），1921
consequent of（后件），75
constructing（构建），113-119
decision lists versus（决策列表），119
decision tree（决策树），219
efficient generation of（有效生成），124 127
with exceptions（除了），80-82，231-233
expert-derived（专家派生），19-21
expressive（表达），82-84
inferring（推断），93-96
from model trees（从模型树），281
order-independent（顺序独立的），119
perceptron learning（感知机学习），132
popularity（受欢迎），78
PRISM method for constructing（PRISM 方法用于构建），118-119
probabilities（概率），13
pruning（剪枝），218-219
ripple-down（链波下降），234
trees versus（树与），114

S

sampling（抽样），288，315-316，见 Data transformations
  with replacement（有放回），315
  reservoir（蓄水池），315-316
  procedure（程序），366，368-370
  without replacement（无放回），315-316
"Scaled" kernel function（"缩放"核函数），361
schemata search（模式搜索），294
scheme-independent attribute selection（独立于方案的属性选择），289-292
  filter method（过滤器方法），289-290
  instance-based learning methods（基于实例的学习方法），291
  recursive feature elimination（递归特征消除），290-291
  symmetric uncertainty（对称不确定性），291-292
  wrapper method（包装方法），289-290
Scheme-specific attribute selection（具体方案相关的属性选择），293-295
  accelerating（加速），294-295
  paired t-test（配对校验 t 检验），294
  race search（竞赛搜索），294
  results（结果），294
  schemata search（模式搜索），294
  selective Naïve Bayes（选择性朴素贝叶斯），295
scientific applications（科学应用），28
screening images（图像筛选），23-24
SDR，见 Standard deviation reduction
search（搜索），generalization as（泛化为），31-35
search bias（搜索偏差），34-35
search engines（搜索引擎），in web mining（Web 挖掘中），21-22
search methods（Weka）（搜索方法），413，564
second-order analysis（二阶分析），435
seeds（种子），144
selective Naïve Bayes（选择性朴素贝叶斯），295
semantic relationship（语义关系），513
semiparametric density models for classification（分类的半参数密度模型），362-363
semisupervised learning（半监督学习），467-472.
  See also multi-instance learning（多实例学习）
  clustering for classification（聚类用于分类），468-470
  co-EM，471
  cotraining（协同训练），470-471
    EM and，471
  neural network approaches（神经网络方法），471-472
separate-and-conquer algorithms（变治算法），119，289
sequential and temporal models（连续时间模型），403-410
  conditional random fields（条件随机场），406-410
  hidden Markov models（隐马尔可夫模型），404-405
  Markov models（马尔可夫模型），403-404
  n-gram methods（n-gram 方法），403-404
set kernel（集合核），475
shapes problem（形状问题），82
  illustrated（示例），82f
  training data（训练数据），83t
sigmoid function（sigmoid 函数），264f
sigmoid kernel（sigmoid 核），256
SimpleCart algorithm（SimpleCart 算法），242
SimpleKMeans algorithm（SimpleKMeans 算法），160
SimpleLinearRegression algorithm（SimpleLinearRegression 算法），160
SimpleMI algorithm（SimpleMI 算法），160
simple probabilistic modeling（简单概率建模），96-105
simulated annealing（模拟退火），369
single-attribute evaluators（单一属性评估器），564
single-consequent rules（单一后件规则），126
single-linkage clustering algorithm（单链接聚类算法），147，149
skewed datasets（分布偏斜数据集），139
sliding dot product（滑动点积），440
smoothing calculation（平滑计算公式），274
"Sobel" filters（"Sobel"过滤器），441
soft maximum（最大软件），475

softmax function（最大软件函数），397
soybean classification example（大豆分类例子），19-21
  dataset（数据集），20t
  examples rules（样例规则），19
sparse data（稀疏数据），60-61
splitter nodes（分裂结点），495
splitting（分裂），152
  clusters（聚类），146
  criterion（准则），275
  model tree nodes（模型树结点），277-278
squared error（平方误差），178
stacking（堆栈），319，497-499
  defined（定义），159，497
  level-0 model（0层模型），497-498
  level-1 model（1层模型），497-498
  model input（模型输入），497-498
  output combination（组合输出），497
  as parallel（并行的），507-508
standard deviation from the mean（距离均值的标准差），166
Standard deviation reduction（SDR，标准差减少值），275-277
standardizing statistical variables（统计变量标准化），61
statistical clustering（统计聚类），296
statistical modeling（统计建模），406
statistics（统计），machine learning and（机器学习和），30-31
step function（阶跃函数），264f
stochastic backpropagation（随机反向传播），268-269
stochastic deep networks（随机深度网络），449-456，见 Convolutional neural networks
  Boltzmann machines（玻尔兹曼机），449-451
  categorical and continuous variables（分类变量和连续变量），452-453
  contrastive divergence（对比散度），452
  deep belief networks（深度信念网络），455-456
  deep Boltzmann machines（深度玻尔兹曼机），453-454
  restricted Boltzmann machines（限制玻尔兹曼机），451-452

stochastic gradient descent（随机梯度下降），270-272
stopwords（停用词），313，516
stratification（分层），167
  variation reduction（减少变化），168
stratified holdout（分层旁置），167
stratified threefold cross-validation（分层3折交叉验证），168
string attributes（字符串属性），58
  specification（说明），58
  values（值），59
StringToWordVector filter（StringToWordVector过滤器），290，563
structural descriptions（结构的描述），6-7
  decision trees（决策树），6
  learning techniques（学习技术），9
structure learning（结构学习），349
  by conditional independence tests（条件独立测试的），349
"Structured prediction" techniques（"结构预测"技术），407-408
student's distribution with k-1 degrees of freedom（自由度为k-1的学生分布），173-174
student's t-test（学生t检验），173
subgradients（次梯度），270-271
subsampling（二次抽样），444
subtree lifting（子树提升），218
subtree raising（子树提升），214
subtree replacement（子树置换），213
success rate（成功率），error rate and（误差率和），215-216
sum rule（求和规则），337
sum-product algorithms（和积算法），386-391
  example（实例），389-390
  marginal probabilities（边缘概率），387
  probable explanation example（可能解释示例），390
super-parent one-dependence estimator（超父单依赖估计器），348-349
superrelations（超级关系），50
supervised discretization（有监督的离散化），297，332
supervised filters（有监督的过滤器），563

attribute（属性），563
instance（实例），563
using（使用），563
supervised learning（有监督的学习），45
multi-instance learning（多实例学习），472-476
support（支持度），of association rules（关联规则的），79，120
Support Vector Machines（SVM，支持向量机），252，403，471
co-EM with（和 co-EM），471
hinge loss（合页损失），271
linear model usage（线性模型使用），252
term usage（术语使用），252
training（训练），253-254
weight update（更新权值），272
support vector regression（支持向量回归），256-258
flatness maximization（平面度最大化），256-257
illustrated（示例图），257f
for linear case（对于线性情况），257
linear regression differences（线性回归的不同），256-257
for nonlinear case（对于非线性情况），257
support vectors（支持向量），253-254
finding（寻找），254
overfitting and（过度拟合），255
survival functions（生存函数），402
symmetric uncertainty（对称不确定性），291-292
synthetic transformations（合成转换），437

T

tables（表）
as knowledge representation（作为知识表示），68
regression（回归），68
tabular input format（表格输入格式），127
TAN，见 Tree-augmented Naïve Bayes
teleportation（超距跳转），522
tenfold cross-validation（10 折交叉验证），169
tensor flow（张量流），464-465
tensors（张量），420，464-465
testing（测试），163-164

test data（测试数据），163
test sets（测试集），163
testSetMaker，566-567
text mining（文本挖掘），515-519
conditional random fields for（条件随机场的），410
data mining versus（数据挖掘），515
document classification（文档分类），516
entity extraction（实体提取），517
information extraction（信息提取），517-518
metadata extraction（元数据提取），517
performance（性能），515
stopwords（停用词），516
text summarization（文本摘要），515
text to attribute vectors（从文本到属性向量），313-314
theano（一种深度学习工具），464
theory（理论），197
exceptions to（例外），197
MDL principle and（MDL 原理），198
threefold cross-validation（三折交叉验证），168
3-point average recall（3 点平均召回率），191
"Time-homogeneous" models（时间齐次模型），405
time series（时间序列），314
delta，314
timestamp attribute（时间戳属性），314
timestamp attribute（时间戳属性），314
tokenization（分词），313
top-down induction（自顶向下的归纳），of decision trees（决策树的），221
torch，465
training（训练），163-164
data（数据），164
instances（实例），198
support vector machines（支持向量机），261
training sets（训练集），162
error（误差），215
error rate（误差率），163
partitioning（分裂），213
trainingSetMaker，566-567
tree diagrams（树图），见 dendrograms
TreeAugmented Naïve Bayes（TAN，树扩展朴素贝利斯），348

trees（树），70-75，见 decision trees
   AD，350-351，350f
   ball（球），139，139f
   frequent-pattern（频繁模式），235-239
   functional（函数），71-72
   Hoeffding，511
   kD，136-137，137f
   logistic model（logistic 模型），496-497
   metric（度量），141
   model（模型），74f，75，273
   option（选择），494-496
   regression（回归），72，74f，273
   rules versus（规则），114
True Negatives（TN，真负例），180-181，190-191
true positive rate（真正率），186-188
True Positives（TP，真正例），180-181，190-191
t-statistic（t 统计量），174-176
t-test（t 检验），173
   corrected resampled（纠正重复取样），175-176
   paired（配对），173
two-class mixture model（两类混合模型），354f
two-class problem（二分类问题），82
typographic errors（印刷错误），63-64

U

ubiquitous computing（无处不在的计算），527
ubiquitous data mining（无处不在的数据挖掘），527-529
unbalanced data（非均衡数据），64-65
unmasking（揭示），526-527
unsupervised attribute filters（无监督的属性过滤器），563，见 Filters
unsupervised discretization（无监督的离散化），297-298
unsupervised pretraining（无监督预训练），437
user Classifier（用户分类器）（Weka），72

V

validation（验证），432-433
validation data（验证数据），164
validation sets（验证集），508
   for model selection（模型选择的），201-202
variables（变量），standardizing（标准化），61
variance（方差），482
variational bound（变分约束），370
variational inference（变分推理），370
variational parameters（变分参数），370
venn diagrams（维恩图），in cluster representation（用于表示聚类），87-88
visualization（可视化），in Weka，562
visualize panel（可视化面板），562
Viterbi algorithms（Viterbi 算法），386
voted perceptron（投票感知机），261

W

weather problem example（天气问题例子），10-12
   alternating decision tree（交替式决策树），495f
   ARFF file for（ARFF 文件），58f
   association rules（关联规则），11-12，123t
   attribute space（属性空间），292f
   attributes evaluation（属性评估），94t
   attributes（属性），10
   Bayesian networks（贝叶斯网络），341f，342f
   clustering（聚类），151f
   counts and probabilities（统计数和概率），97t
   data with numeric class（数值类数据），47t
   dataset（数据集），11t
   decision tree（决策树），109f
   expanded tree stumps（扩展树桩），108f
   FP-tree insertion（FP 树插入），236t
   identification codes（标识码），111t
   item sets（项集），121t
   multi-instance ARFF file（多实例 ARFF 文件），60f
   numeric data with summary statistics（带有统计汇总的数值数据），101t
   option tree（选择树），494f
   tree stumps（树桩），106f
Web mining（Web 挖掘），21-22，519-522
   PageRank algorithm（PageRank 算法），520-522
   search engines（搜索引擎），22
   teleportation（超距跳转），522

wrapper induction（包装器归纳），519-520
weight decay（权值衰减），269，393，399，435
weighting attributes（属性加权）
    instance-based learning（基于实例的学习），246-247
    test（测试），247
    updating（更新），246-247
weights（权值）
    determination process（确定的过程），16
    with rules（规则的），13
Weka workbench（Weka 工作台），504，553-555
    advanced setup（高级设置），570
    association rules（关联规则），561-562
    attribute selection（属性选择），562
    clustering（聚类），561-562
    components configuration and connection（组件的配置及连接），566-567
    development of（开发），553
    evaluation components（评估组件），566
    experimenter，554，568-571
    explorer，554，557-564
    filters（过滤器），554，563
    GUI Chooser panel（GUI 选择面板），556
    how to use（如何使用），554-555
    incremental learning（增量学习），567
    interfaces（界面），554
    ISO-8601 date/time format（ISO-8601 日期 / 时间格式），59
    J48 algorithm（J48 算法），558-559
    Knowledge Flow，554，564-567
    learning algorithms（学习算法），563
    metalearning algorithms（元学习算法），563
    User Classifier facility（User Classifier 设备），72
    visualization（可视化），562
    visualization components（可视化组件），565，567
winnow，133-135
    Balanced（平衡的），134-135
    linear classification with（线性分类器使用），133-135
    updating of weights（更新权值），134
    versions illustration（版本示例），134f
wisdom（智慧），38
wrapper induction（包装器归纳），519-520
wrapper method（包装方法），289 290
wrappers（包装器），519

X

XML（eXtensible Markup Language，可扩展标记语言），57，568
XOR（exclusive-OR，异或），262-263
XRFF format（XRFF 格式），57

Z

Zero-frequency problem（零频率问题），178-179
ZeroR algorithm（ZeroR 算法），568-569

推荐阅读

数据挖掘：概念与技术（原书第3版）

作者：Jiawei Han, Micheline Kamber ISBN：978-7-111-39140-1 定价：79.00元

本书是数据挖掘领域最具里程碑意义的经典著作，完整而全面地阐述了该领域的重要知识和技术创新。它从数据库角度全面、系统地介绍数据挖掘的概念、方法、技术以及技术研究进展，并关注该领域重要的和新的课题，如数据仓库、流数据挖掘、社会网络挖掘、空间、多媒体和其他复杂数据挖掘等。每章都针对关键专题设置单独的指导，提供最佳算法、并对怎样将技术运用到实际工作中给出了经过实践检验的实用性规则。

数据挖掘：实用机器学习工具与技术（英文版·第4版）

作者：Ian Witten, Eibe Frank, Mark Hall, Christopher Pal ISBN：978-7-111-56527-7 定价：129.00元

本书是数据挖掘和机器学习领域的经典畅销教材，被国内外众多名校选用。第4版全面反映了该领域的最新技术变革，包括关于概率方法和深度学习的重要新章节。此外，备受欢迎的机器学习软件Weka再度升级，读者可以在友好的交互界面中执行数据挖掘任务，通过直观结果加深对算法的理解。

在追踪前沿技术的同时，第4版也继承了之前版本的风格和特色，基础知识清晰详尽，实践工具和技术指导具体实用。从准备输入、解释输出和评估结果，到数据挖掘的核心算法，无一不得到了简洁而优雅的呈现。